今すぐ使える
かんたん
パワーポイント
PowerPoint
完全
コンプリート
ガイドブック
困った解決
&
便利技
2019/2016/2013/365対応版
AYURA著

技術評論社

本書の使い方

- 本書は、PowerPoint の操作に関する質問に、Q&A 方式で回答しています。
- 目次やインデックスの分類を参考にして、知りたい操作のページに進んでください。
- 画面を使った操作の手順を追うだけで、PowerPoint の操作がわかるようになっています。

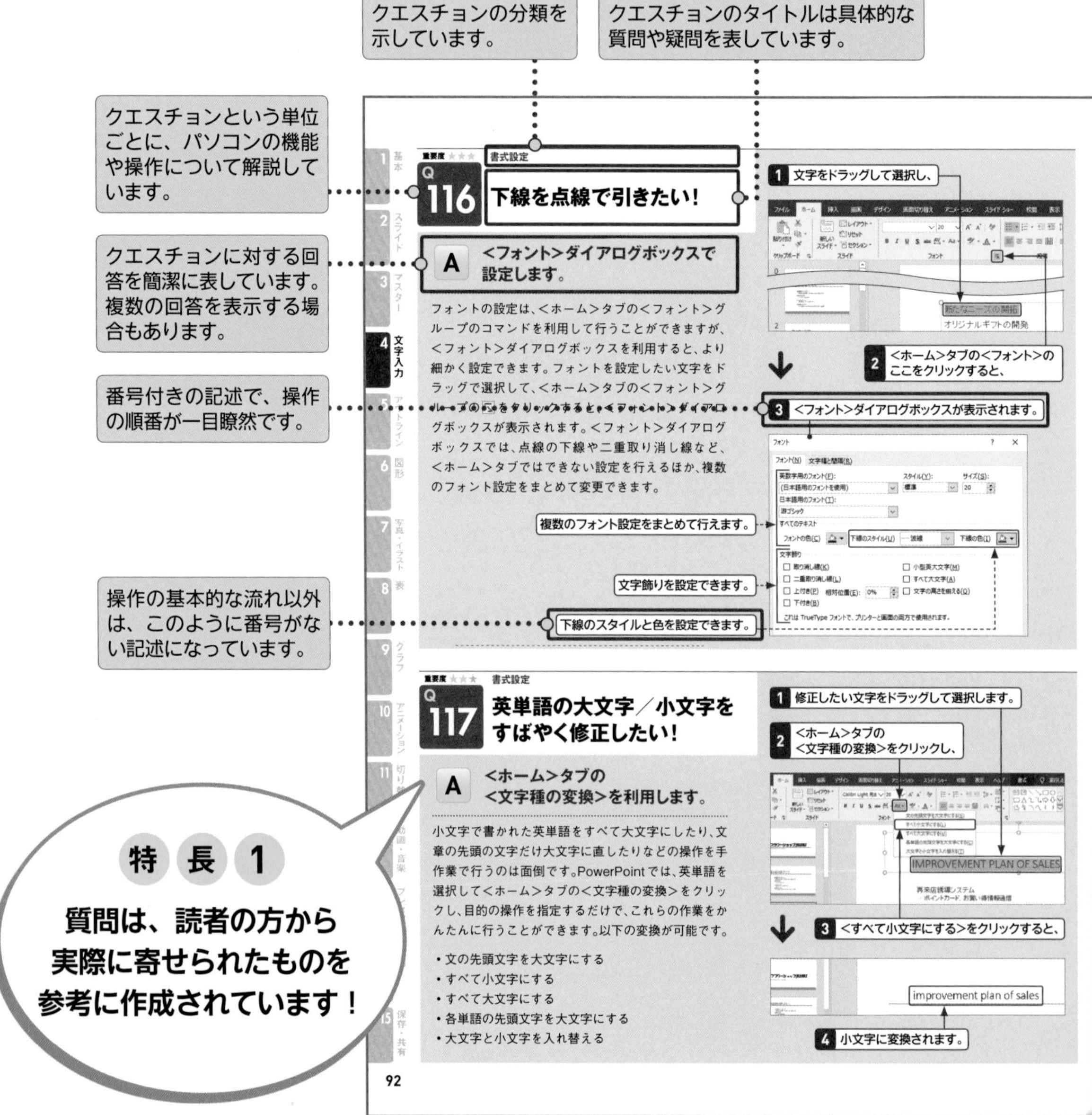
クエスチョンの分類を示しています。
クエスチョンのタイトルは具体的な質問や疑問を表しています。
クエスチョンという単位ごとに、パソコンの機能や操作について解説しています。
クエスチョンに対する回答を簡潔に表しています。複数の回答を表示する場合もあります。
番号付きの記述で、操作の順番が一目瞭然です。
操作の基本的な流れ以外は、このように番号がない記述になっています。
重要度
書式設定
Q 116
下線を点線で引きたい！
A <フォント>ダイアログボックスで設定します。
フォントの設定は、<ホーム>タブの<フォント>グループのコマンドを利用して行うことができますが、<フォント>ダイアログボックスを利用すると、より細かく設定できます。フォントを設定したい文字をドラッグで選択して、<ホーム>タブの<フォント>グ
グボックスが表示されます。<フォント>ダイアログボックスでは、点線の下線や二重取り消し線など、<ホーム>タブではできない設定を行えるほか、複数のフォント設定をまとめて変更できます。
1 文字をドラッグして選択し、
2 <ホーム>タブの<フォント>のここをクリックすると、
3 <フォント>ダイアログボックスが表示されます。
複数のフォント設定をまとめて行えます。
文字飾りを設定できます。
下線のスタイルと色を設定できます。
重要度
書式設定
Q 117
英単語の大文字／小文字をすばやく修正したい！
A <ホーム>タブの<文字種の変換>を利用します。
小文字で書かれた英単語をすべて大文字にしたり、文章の先頭の文字だけ大文字に直したりなどの操作を手作業で行うのは面倒です。PowerPoint では、英単語を選択して<ホーム>タブの<文字種の変換>をクリックし、目的の操作を指定するだけで、これらの作業をかんたんに行うことができます。以下の変換が可能です。
・文の先頭文字を大文字にする
・すべて小文字にする
・すべて大文字にする
・各単語の先頭文字を大文字にする
・大文字と小文字を入れ替える
1 修正したい文字をドラッグして選択します。
2 <ホーム>タブの<文字種の変換>をクリックし、
IMPROVEMENT PLAN OF SALES
3 <すべて小文字にする>をクリックすると、
improvement plan of sales
4 小文字に変換されます。
92
特長1
質問は、読者の方から実際に寄せられたものを参考に作成されています！

特 長 2

やわらかい上質な紙を使っているので、開いたら閉じにくい書籍になっています！

利用できないバージョン（PowerPoint 2016、PowerPoint 2013）がある場合に示しています。

『この操作を知らないと困る』という意味で、各クエスチョンで解説している操作を3段階の「重要度」で表しています。

重要度 ★★★
重要度 ★★★
重要度 ★★★

重要度 ★★★ 書式設定 2016 2013

Q 118 文字を蛍光ペンで強調表示したい！

A ＜ホーム＞タブの＜蛍光ペンの色＞で設定します。

PowerPoint 2019では、テキスト用の蛍光ペンを使用できるようになりました。蛍光ペンを設定する文字を選択して、＜ホーム＞タブの＜蛍光ペンの色＞で任意の色を指定します。

蛍光ペンの色を消すには、手順2の一覧で＜色なし＞をクリックし、マウスポインターの形が変わった状態で文字をドラッグします。ポインターを通常の矢印に戻すには、Tabを押すか、手順2の一覧を表示して、＜蛍光ペンの終了＞をクリックします。

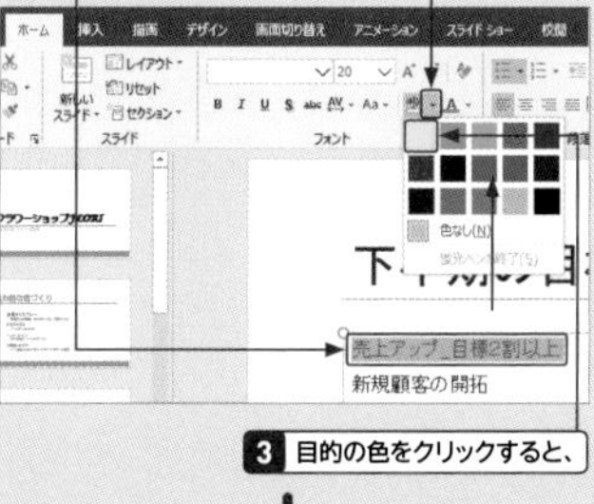

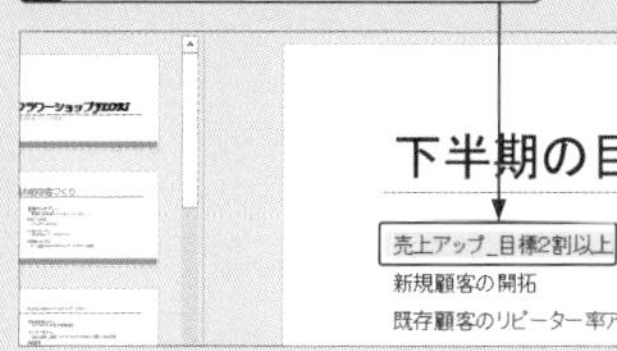

重要度 ★★★ 書式設定

Q 119 文字を特殊効果で目立たせたい！

A ＜書式＞タブの＜文字の効果＞で設定します。

＜描画ツール＞の＜書式＞タブの＜文字の効果＞を利用すると、影、反射、光彩、3-D回転、変形などの効果を文字に設定することができます。文字をドラッグで選択して＜書式＞タブをクリックし、＜文字の効果＞をクリックして目的の効果を指定します。なお、3-D回転と変形はプレースホルダー内のテキスト全体に設定されます。

また、それぞれのメニューの最下段にある＜（項目）のオプション＞をクリックすると、各効果の細かい設定を調節することができます。

1 文字をドラッグして選択し、＜書式＞タブをクリックして、
2 ＜文字の効果＞をクリックします。
3 ここでは＜光彩＞にマウスポインターを合わせて、
4 光彩の種類をクリックすると、
5 文字に効果が設定されます。

魅力的な店づくり

店舗ディスプレー
記念日の活用
アフターサービス

目的の操作が探しやすいように、ページの両側にインデックス（見出し）を表示しています。

基本 1
スライド 2
マスター 3
文字入力 4
アウトライン 5
図形 6
写真・イラスト 7
表 8
グラフ 9
アニメーション 10
画面切り替え 11
動画・音楽 12
プレゼン 13
印刷 14
保存・共有 15

93

特 長 3

読者が抱く小さな疑問を予測して、できるだけていねいに解説しています！

パソコンの基本操作

- 本書の解説は、基本的にマウスを使って操作することを前提としています。
- お使いのパソコンのタッチパッド、タッチ対応モニターを使って操作する場合は、各操作を次のように読み替えてください。

1 マウス操作

▼クリック（左クリック）

クリック（左クリック）の操作は、画面上にある要素やメニューの項目を選択したり、ボタンを押したりする際に使います。

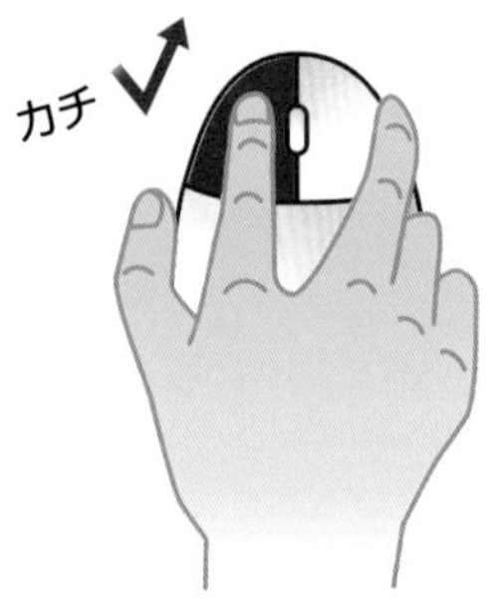

マウスの左ボタンを1回押します。

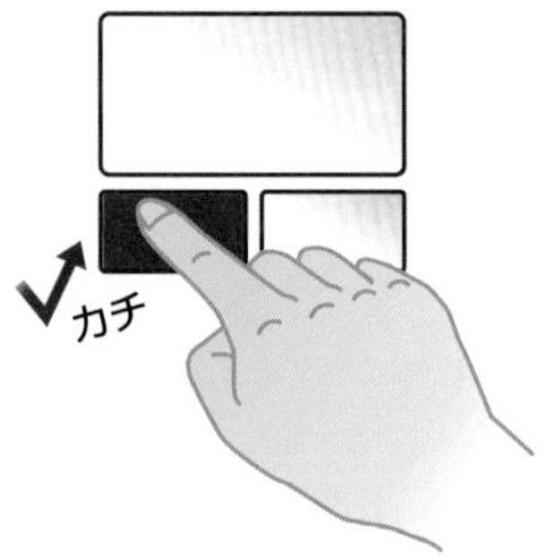

タッチパッドの左ボタン（機種によっては左下の領域）を1回押します。

▼右クリック

右クリックの操作は、操作対象に関する特別なメニューを表示する場合などに使います。

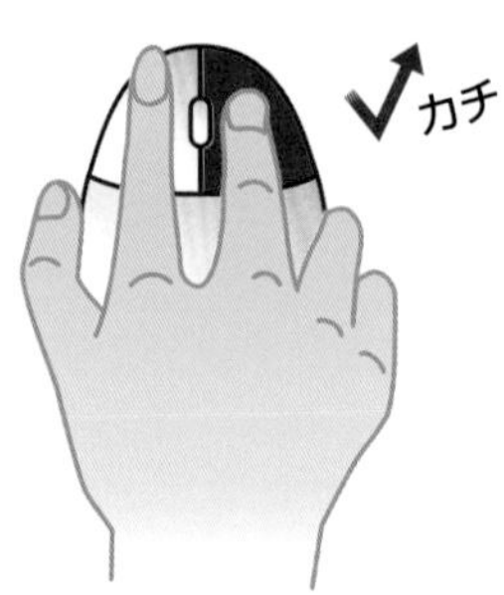

マウスの右ボタンを1回押します。

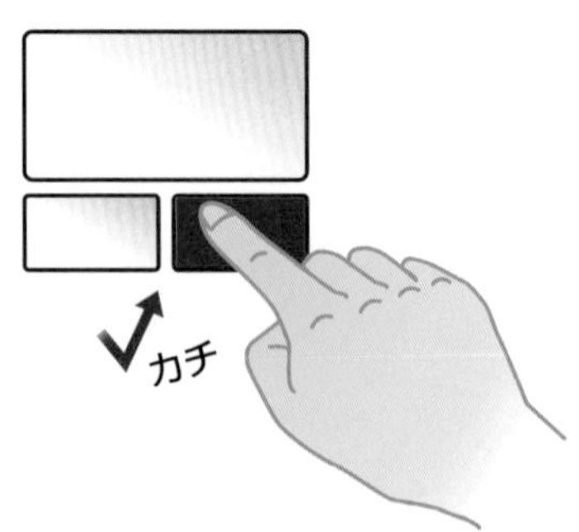

タッチパッドの右ボタン（機種によっては右下の領域）を1回押します。

▼ダブルクリック

ダブルクリックの操作は、各種アプリを起動したり、ファイルやフォルダーなどを開く際に使います。

マウスの左ボタンをすばやく2回押します。

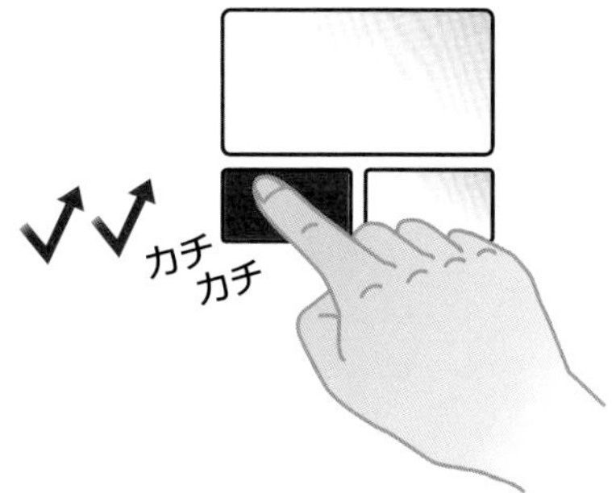

タッチパッドの左ボタン（機種によっては左下の領域）をすばやく2回押します。

▼ドラッグ

ドラッグの操作は、画面上の操作対象を別の場所に移動したり、操作対象のサイズを変更する際などに使います。

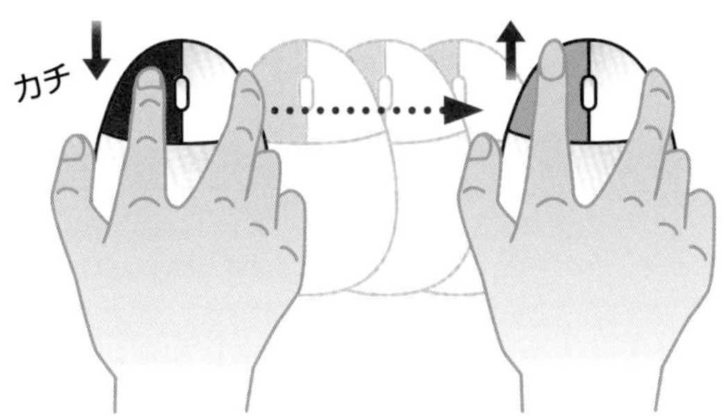

マウスの左ボタンを押したまま、マウスを動かします。目的の操作が完了したら、左ボタンから指を離します。

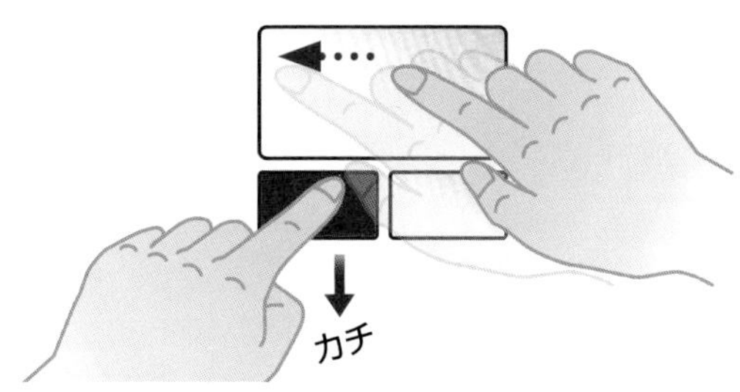

タッチパッドの左ボタン（機種によっては左下の領域）を押したまま、タッチパッドを指でなぞります。目的の操作が完了したら、左ボタンから指を離します。

ホイールの使い方

ほとんどのマウスには、左ボタンと右ボタンの間にホイールが付いています。ホイールを上下に回転させると、Web ページなどの画面を上下にスクロールすることができます。そのほかにも、Ctrl を押しながらホイールを回転させると、画面を拡大／縮小したり、フォルダーのアイコンの大きさを変えることができます。

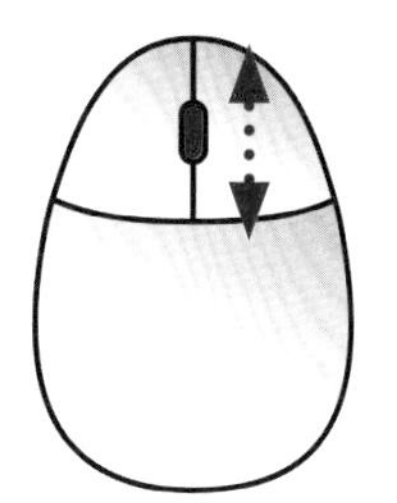

② 利用する主なキー

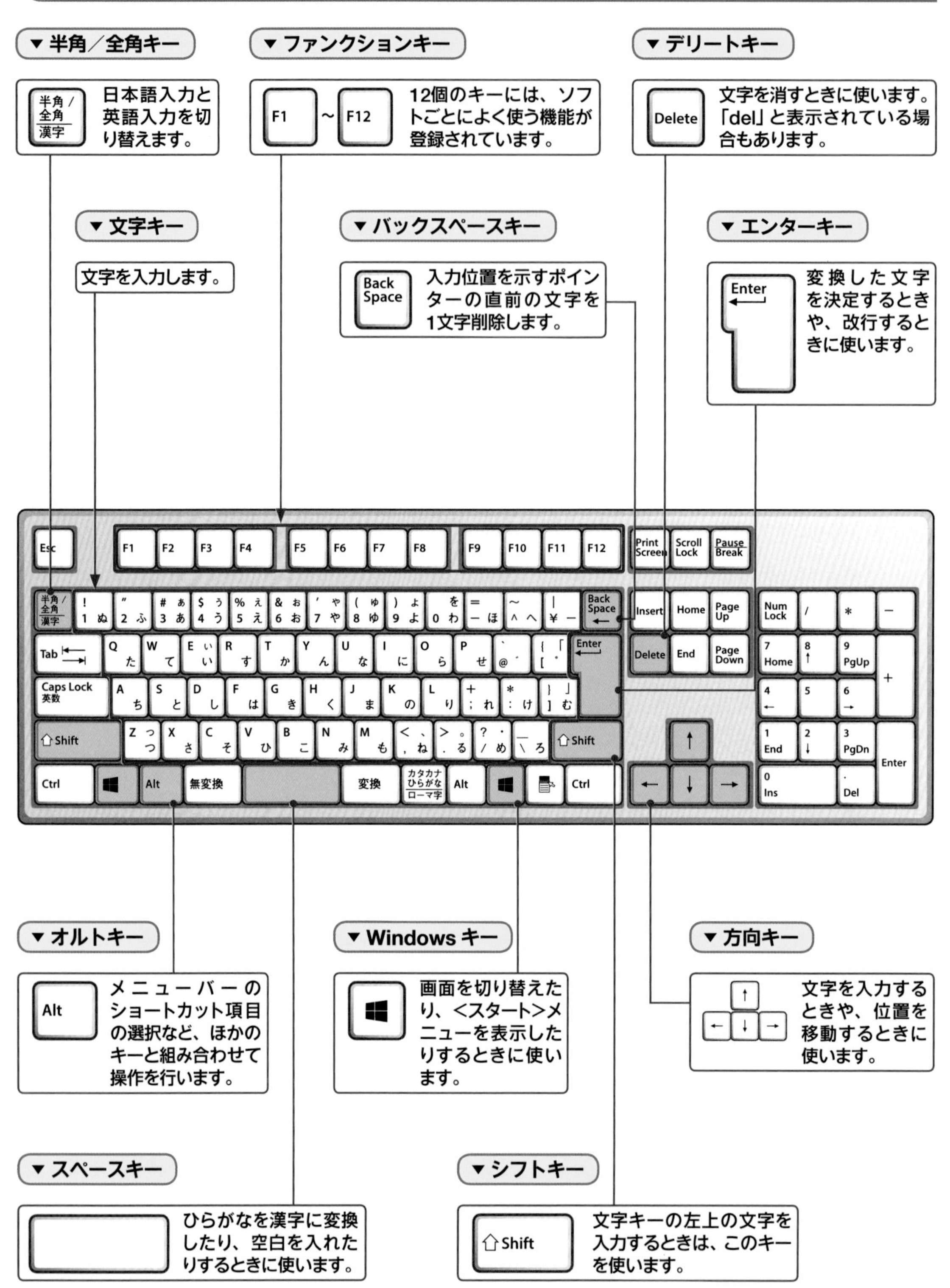

▼半角／全角キー
半角／全角 漢字
日本語入力と英語入力を切り替えます。
▼ファンクションキー
F1 ~ F12
12個のキーには、ソフトごとによく使う機能が登録されています。
▼デリートキー
Delete
文字を消すときに使います。「del」と表示されている場合もあります。
▼文字キー
文字を入力します。
▼バックスペースキー
Back Space
入力位置を示すポインターの直前の文字を1文字削除します。
▼エンターキー
Enter
変換した文字を決定するときや、改行するときに使います。
▼オルトキー
Alt
メニューバーのショートカット項目の選択など、ほかのキーと組み合わせて操作を行います。
▼Windows キー
画面を切り替えたり、<スタート>メニューを表示したりするときに使います。
▼方向キー
文字を入力するときや、位置を移動するときに使います。
▼スペースキー
ひらがなを漢字に変換したり、空白を入れたりするときに使います。
▼シフトキー
Shift
文字キーの左上の文字を入力するときは、このキーを使います。

3 タッチ操作

▼タップ

画面に触れてすぐ離す操作です。ファイルなど何かを選択するときや、決定を行う場合に使用します。マウスでのクリックに当たります。

▼ダブルタップ

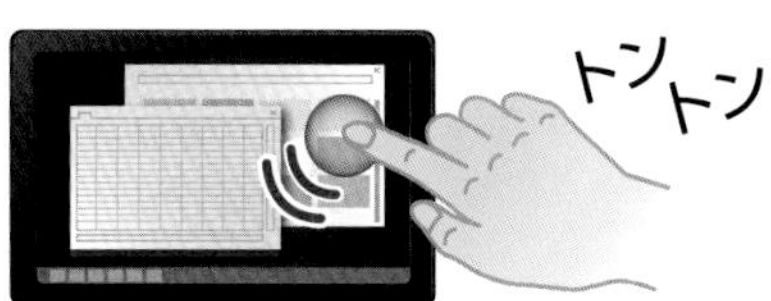

タップを2回繰り返す操作です。各種アプリを起動したり、ファイルやフォルダーなどを開く際に使用します。マウスでのダブルクリックに当たります。

▼ホールド

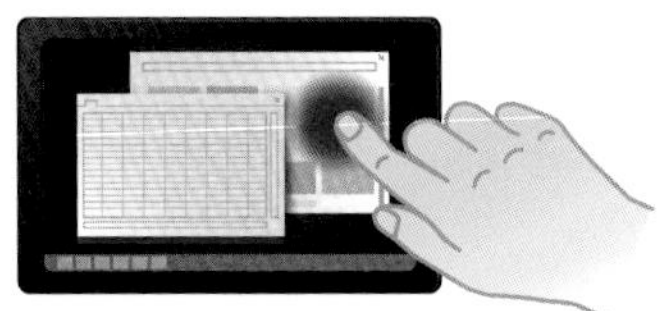

画面に触れたまま長押しする操作です。詳細情報を表示するほか、状況に応じたメニューが開きます。マウスでの右クリックに当たります。

▼ドラッグ

操作対象をホールドしたまま、画面の上を指でなぞり上下左右に移動します。目的の操作が完了したら、画面から指を離します。

▼スワイプ／スライド

画面の上を指でなぞる操作です。ページのスクロールなどで使用します。

▼フリック

画面を指で軽く払う操作です。スワイプと混同しやすいので注意しましょう。

▼ピンチ／ストレッチ

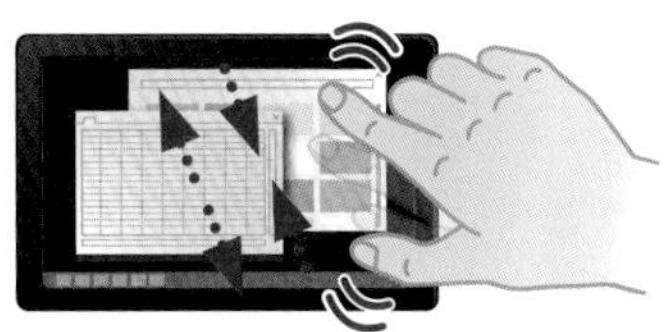

2本の指で対象に触れたまま指を広げたり狭めたりする操作です。拡大(ストレッチ)／縮小(ピンチ)が行えます。

▼回転

2本の指先を対象の上に置き、そのまま両方の指で同時に右または左方向に回転させる操作です。

Contents

第1章 PowerPointの基本技！

ソフトの基礎情報

Question 001 PowerPoint とは？ …… 32
002 Office とは？ …… 32
003 バージョンによって違いはあるの？ …… 32
004 使用している Office の情報を確認するには？ …… 32
005 PowerPoint 2019 の新機能は？ …… 33
006 Microsoft アカウントは必要なの？ …… 33
007 Office 2019 と Microsoft 365 はどんな違いがあるの？ …… 34

PowerPointの起動

Question 008 PowerPoint をすばやく起動したい！ …… 34

スライド作成の基礎知識

Question 009 PowerPoint の画面の見方と用語を知りたい！ …… 35
010 スライドを作る流れを知りたい！ …… 36
011 表示モードについて知りたい！ …… 37

スライドの作成と追加

Question 012 新しいプレゼンテーションを作りたい！ …… 38
013 スライドのデザインを変えるには？ …… 38
014 スライドのテーマを変更したい！ …… 39
015 テーマのバリエーションを変更したい！ …… 39
016 タイトルスライドを作りたい！ …… 40
017 プレースホルダーとは？ …… 40
018 スライドを追加したい！ …… 41
019 レイアウトを選んでスライドを追加したい！ …… 41
020 レイアウトの種類を知りたい！ …… 42
021 スライドのレイアウトを変更したい！ …… 43
022 スライドに文字を入力したい！ …… 43

文字入力のテクニック

Question 023 文字をすばやくコピーしたい！ …… 44
024 文字をかんたんに移動させたい！ …… 44
025 行頭文字を付けずに改行したい！ …… 44
026 離れた文字をまとめて選択したい！ …… 45

‖間違いの修正

Question 027 操作を取り消したい！ …… 45
028 取り消した操作をやり直したい！ …… 45

‖スライドの編集

Question 029 スライドの一覧を見たい！ …… 45
030 スライドの順番を入れ替えたい！ …… 46
031 スライドをコピーしたい！ …… 46
032 不要なスライドを削除したい！ …… 46

‖保存と終了

Question 033 新しくファイルを保存したい！ …… 47
034 ファイルを上書き保存したい！ …… 47
035 PowerPoint を終了したい！ …… 48
036 「変更内容を保存しますか？」と表示された！ …… 48
037 ファイルを保存せずにソフトを終了してしまった！ …… 48
038 以前作ったファイルを開きたい！ …… 49

‖タブとクイックアクセスツールバー

Question 039 リボンが消えてしまった！ …… 49
040 よく使う機能をすばやく使えるようにしたい！ …… 50

第2章 スライド作成の快適技！

‖テンプレートの利用

Question 041 テンプレートについて知りたい！ …… 52
042 テンプレートを利用したい！ …… 53
043 作成したスライドをテンプレートにしたい！ …… 53
044 保存したテンプレートを利用したい！ …… 54

‖テーマの設定

Question 045 テーマを利用したい！ …… 54
046 スライドの配色をかんたんに変更したい！ …… 55
047 背景の色を変更したい！ …… 55
048 スライドの配色を自分で設定して保存したい！ …… 56

Contents

049 保存した配色の設定を利用したい！ 56
050 書式とは？ 57
051 スライド全体のフォントをまとめて設定したい！ 57
052 見出しと本文を別々のフォントで統一したい！ 58
053 すべてのスライドの図形に書式を設定したい！ 58

背景

Question 054 スライドの背景に好きな画像を使いたい！ 59
055 スライドの背景の画像を半透明にしたい！ 59
056 すべてのスライドの背景を同じ画像に統一したい！ 60
057 背景の設定をリセットしたい！ 60

テーマの再利用

Question 058 自分で設定したテーマを保存したい！ 60
059 保存したテーマを利用したい！ 61
060 ほかのファイルのスライドを利用したい！ 61

フッターの入力

Question 061 スライドに会社名や著作権表示の © を入れたい！ 62
062 すべてのスライドにフッターを表示させたい！ 63

日付の表示

Question 063 スライドを作成した日付や時刻を表示したい！ 63
064 日付や時刻の表示形式を変えたい！ 64
065 指定した日付をスライドに表示したい！ 64
066 年度の表示を「令和○○年」にしたい！ 65
067 日付を英語表記にしたい！ 65

スライド番号

Question 068 スライド番号を表示したい！ 66
069 スライド番号などをタイトルスライドに表示させたくない！ 66
070 タイトルスライドの次のスライドから番号を振りたい！ 67

スライドのサイズ

Question 071 スライドの余白を調節したい！ 67
072 スライドを縦長にしたい！ 68
073 スライドの縦横比を変更したい！ 68
074 スライドの大きさを細かく指定したい！ 69

セクションの活用

Question 075 セクションを使って大量のスライドを整理したい！ …… 69
076 セクション名を変更したい！ …… 70
077 編集しないセクションを非表示にしたい！ …… 70
078 セクションの順番を変更したい！ …… 70
079 スライドをほかのセクションに変更したい！ …… 71
080 不要なセクションを削除したい！ …… 71
081 すべてのセクションを削除したい！ …… 71

いろいろな表示モードの活用

Question 082 ノートを使ってスライドにメモを残したい！ …… 72
083 ノートを大きく表示したい！ …… 72
084 スライドをグレースケールにしたい！ …… 72

第3章 スライドマスターの便利技！

スライドマスターの基本

Question 085 スライドマスターとは？ …… 74
086 スライドマスター表示に切り替えたい！ …… 74
087 すべてのスライドの書式を統一したい！ …… 75
088 スライドのレイアウトごとに書式を編集したい！ …… 76
089 スライドマスターにテーマを設定したい！ …… 76
090 スライドマスターの配色を一括で変更したい！ …… 77
091 複数のテーマがあるスライドマスターを編集したい！ …… 77
092 スライドマスターを追加したい！ …… 78

スライドマスターの活用

Question 093 スライドに「社外秘」などの透かし文字を入れたい！ …… 78
094 すべてのスライドに社章やロゴを入れたい！ …… 79
095 見出しと本文で異なる書式を設定したい！ …… 80
096 スライドマスター表示で背景の設定をしたい！ …… 80
097 スライドの背景に透かし図を入れたい！ …… 81

プレースホルダーの編集

Question 098 レイアウトにプレースホルダーを追加したい！ …… 82

Contents

099 追加できるプレースホルダーについて知りたい！ …… 82
100 プレースホルダーの大きさや位置を変更したい！ …… 83
101 フッターの位置をすべてのスライドで変更したい！ …… 83
102 レイアウトから見出しを削除したい！ …… 83
103 白紙のレイアウトに自由にプレースホルダーを配置したい！ …… 84
104 プレースホルダーを削除したい！ …… 84
105 スライドのサイズをまとめて変更したい！ …… 85
106 マスターに表示される要素を変更したい！ …… 85

レイアウトの編集

Question 107 スライドマスターに新しいレイアウトを追加したい！ …… 86
108 追加したレイアウトの名前を変更したい！ …… 87
109 不要なスライドレイアウトを削除したい！ …… 87
110 レイアウトを複製したい！ …… 88
111 レイアウトの要素を変更したい！ …… 88

第4章 文字入力の快速技！

書式設定

Question 112 文字のフォントを変更したい！ …… 90
113 文字を大きくしたい！ …… 90
114 文字に色を付けたい！ …… 91
115 文字を太くしたり飾りを付けたい！ …… 91
116 下線を点線で引きたい！ …… 92
117 英単語の大文字／小文字をすばやく修正したい！ …… 92
118 文字を蛍光ペンで強調表示したい！ …… 93
119 文字を特殊効果で目立たせたい！ …… 93
120 指定した文字だけ書式をリセットしたい！ …… 94
121 スライド内の文字の書式をすべてリセットしたい！ …… 94

コピー

Question 122 文字の書式をコピーしてほかの文字に設定したい！ …… 94
123 「貼り付けのオプション」とは？ …… 95
124 書式を反映させず文字だけをコピーしたい！ …… 95
125 少し前にコピーしたデータをまた使いたい！ …… 96

126 バラバラにコピーした文字をまとめて貼り付けたい！ …… 96
127 文字を貼り付けると書式が変わってしまう！ …… 97

箇条書き

Question 128 箇条書きの行頭記号を変更したい！ …… 97
129 箇条書きに段落番号を付けたい！ …… 98
130 箇条書きに段階を付けたい！ …… 98
131 イラストを箇条書きの行頭記号に利用したい！ …… 99
132 段落番号を 1 以外から始めたい！ …… 99

文章のレイアウト

Question 133 文字どうしの間隔を広くしたい！ …… 100
134 行間を広げたい！ …… 100
135 文章の行頭をきれいに揃えたい！ …… 101
136 文中の文字の位置を揃えたい！ …… 101
137 文章をスライドの左右で揃えたい！ …… 102
138 文章をスライドの上下で揃えたい！ …… 102
139 文章をスライドの中央に揃えたい！ …… 102
140 文章の両端を揃えたい！ …… 103
141 文章の後ろだけ間隔を空けたい！ …… 103
142 段組みを 2 段以上にしたい！ …… 104
143 段組みの間隔を変更したい！ …… 104
144 スライドの文章を縦書きにしたい！ …… 105
145 アルファベットも縦書きにしたい！ …… 105
146 文字を回転させたい！ …… 105

テキストボックス

Question 147 スライド内の好きな場所に文字を入力したい！ …… 106
148 縦書きのテキストボックスを利用したい！ …… 106
149 テキストボックスを線で囲みたい！ …… 106

検索と置換

Question 150 特定の文字をすばやく見つけ出したい！ …… 107
151 特定の文字をほかの文字に置き換えたい！ …… 107
152 特定の文字をすべてほかの文字に置き換えたい！ …… 108
153 特定のフォントをまとめてほかのフォントにしたい！ …… 108

入力のトラブル

Question 154 入力した文字のサイズが小さくなってしまう！ …… 109

155 勝手に不必要な変換をさせないようにしたい！ …… 109
156 メールアドレスやURLの下線を削除したい！ …… 110
157 英語の頭文字が勝手に大文字になってしまう！ …… 110

ワードアート

Question 158 インパクトのあるデザイン文字を利用したい！ …… 110
159 ワードアートを追加したい！ …… 111
160 すでに入力した文字をワードアートにしたい！ …… 111
161 ワードアートの色を変更したい！ …… 112
162 ワードアートのデザインを変更したい！ …… 112
163 白抜き文字を作りたい！ …… 113
164 ワードアートを曲げたり歪ませたりしたい！ …… 113
165 文字は残したままワードアートだけを解除したい！ …… 113

特殊な文字

Question 166 特殊な記号をかんたんに入力したい！ …… 114
167 複雑な数式をかんたんに入力したい！ …… 114

第5章 アウトラインの便利技！

アウトラインの基本

Question 168 アウトラインとは？ …… 116
169 アウトライン表示にしたい！ …… 117
170 アウトライン表示でタイトルを入力したい！ …… 117
171 アウトライン表示でサブタイトルを入力したい！ …… 118
172 アウトライン表示でスライドを追加したい！ …… 118
173 アウトライン表示でスライドの内容を入力したい！ …… 119
174 アウトライン表示で図やグラフを挿入するには？ …… 119
175 アウトライン表示で同じ段落レベルの内容を入力したい！ …… 120

アウトライン入力のテクニック

Question 176 アウトライン表示で段落を変えずに改行したい！ …… 120
177 複数のプレースホルダーに入力するには？ …… 120
178 アウトライン表示で段落レベルを下げたい！ …… 121
179 アウトライン表示で段落レベルを上げたい！ …… 121

180 アウトライン表示で文中にタブを挿入したい！ …… 121
181 アウトライン表示で書式を設定したい！ …… 122
182 テキストファイルからスライドを作成したい！ …… 122

アウトラインのスライド編集

Question 183 アウトライン表示で不要なスライドを削除したい！ …… 123
184 スライド内の文字がアウトラインに表示されない！ …… 123
185 アウトライン表示でタイトルだけを確認したい！ …… 124
186 タイトルだけを表示して全体の流れを確認したい！ …… 124
187 アウトライン表示でスライドの順番を入れ替えたい！ …… 125
188 アウトライン表示でテキストを別のスライドに移動したい！ …… 125
189 アウトラインを保存したい！ …… 126

アウトラインの設定

Question 190 ソフトの起動時からアウトライン表示にさせたい！ …… 127
191 アウトライン表示でスライドの表示を大きくしたい！ …… 127
192 Word のアウトラインからスライドを作成したい！ …… 128

図形作成の活用技！

図形の挿入

Question 193 スライドに図形を挿入したい！ …… 130
194 PowerPoint ではどんな図形が使えるの？ …… 131
195 図形の大きさや位置を変更したい！ …… 131
196 図形に文字を入力したい！ …… 132
197 同じ図形を連続して描きたい！ …… 132
198 水平／垂直な線をきれいに引きたい！ …… 132
199 正円や正方形を作成したい！ …… 133

図形の操作

Question 200 図形の大きさを微調整したい！ …… 133
201 縦横の比率を変えずに図形の大きさを変更したい！ …… 133
202 図形の大きさを数値で指定したい！ …… 134
203 図形の位置を微調整したい！ …… 134
204 図形を垂直／平行に移動させたい！ …… 134

205 図形を少しずつ回転させたい！ …… 134
206 図形を直角に回転させたい！ …… 135
207 図形を反転させたい！ …… 135
208 図形を変形させたい！ …… 135
209 図形の輪郭を自由に変更したい！ …… 136
210 図形どうしを線や矢印で結びたい！ …… 136

色と枠線

Question 211 図形の色を変更したい！ …… 137
212 枠線の色を変更したい！ …… 137
213 枠線を太くしたい！ …… 138
214 見栄えのするデザインを図形に設定したい！ …… 138
215 グラデーションを付けたい！ …… 139
216 手持ちの画像を図形の絵柄に利用したい！ …… 139
217 図形に絵柄を付けたい！ …… 140

特殊効果と書式

Question 218 図形に特殊効果を付けたい！ …… 140
219 図形を半透明にしたい！ …… 140
220 図形の書式をほかの図形に設定したい！ …… 141
221 図形の特殊効果をリセットしたい！ …… 141
222 図形の既定の書式を設定したい！ …… 141

削除とコピー

Question 223 同じ図形をかんたんに増やしたい！ …… 142
224 書式を残したまま図形の種類を変更したい！ …… 142

レイアウト

Question 225 図形を等間隔に並べたい！ …… 142
226 図形をスライドの中央に配置したい！ …… 143
227 スライドに目安になるマス目を表示したい！ …… 143
228 スライドにガイド線を表示したい！ …… 143

重なりと選択

Question 229 図形の重なりの順番を変更したい！ …… 144
230 ほかの図形と重なって見えない図形を選択したい！ …… 144
231 オブジェクトを一時的に隠したい！ …… 145
232 複数の図形を一度に選択したい！ …… 145

複数の図形の組み合わせ

Question 233 複数の図形をまとめて 1 つの図にしたい！ 146
234 オブジェクトがグループ化ができない！ 146
235 グループ化を解除したい！ 146
236 図形を結合させたい！ 147

SmartArt

Question 237 手順や組織図をかんたんに作りたい！ 147
238 文章を SmartArt に入力したい！ 148
239 文章を SmartArt に変換したい！ 148
240 SmartArt のスタイルを変更したい！ 149
241 SmartArt 全体の色合いを変更したい！ 149
242 SmartArt の一部の図形だけ色を変更したい！ 150
243 画像を SmartArt に挿入したい！ 150
244 画像を SmartArt に変換したい！ 151
245 SmartArt の図形を増やしたい！ 151
246 低い階層レベルの図形を増やしたい！ 152
247 SmartArt をバラバラにして利用したい！ 152

第7章 写真やイラストの活用技！

画像の挿入

Question 248 パソコン内の画像をスライドに挿入したい！ 154
249 クラウドを利用して画像を挿入したい！ 155
250 画像の大きさを変更したい！ 155
251 画像の位置を変更したい！ 156
252 画像を左右反転させたい！ 156
253 複数の画像をきれいに配置したい！ 157

オンライン画像の挿入

Question 254 インターネットから画像を探して利用したい！ 158
255 オンライン画像に利用条件はあるの？ 159
256 イラストだけに絞って検索したい！ 159
257 サイズや色を指定してイラストを検索したい！ 160

Contents

トリミング

Question 258 画像の不要な部分をカットしたい！ …… 160
259 画像の背景を削除したい！ …… 161
260 ☆などの図形の形に画像をくり抜きたい！ …… 161
261 好きな形に画像を切り抜きたい！ …… 162
262 画像を正方形に切り抜きたい！ …… 162
263 トリミング部分のデータを削除したい！ …… 162

画像の修整

Question 264 画像を鮮明にしたい！ …… 163
265 画像の明るさを修整したい！ …… 163
266 画像を鮮やかにしたい！ …… 163
267 画像の色合いを修整したい！ …… 164
268 画像をセピア調にしたい！ …… 164
269 画像をアート効果で加工したい！ …… 164

スタイルと書式

Question 270 画像を額縁などで目立たせたい！ …… 165
271 画像に枠線を付けたい！ …… 165
272 画像の枠線を太くしたい！ …… 166
273 画像の周囲をぼかしたい！ …… 166
274 画像の書式設定をコピーしたい！ …… 167
275 画像の書式設定をリセットしたい！ …… 167
276 書式設定を残したままほかの画像に差し替えたい！ …… 168

スクリーンショット

Question 277 スクリーンショットをすばやく挿入したい！ …… 168
278 パソコンの画面の一部をスライドに挿入したい！ …… 169

フォトアルバム

Question 279 複数の写真を上手にスライドに表示したい！ …… 169
280 フォトアルバムを作成したい！ …… 170
281 フォトアルバムに写真を追加したい！ …… 171
282 フォトアルバムでテキストを挿入したい！ …… 171
283 フォトアルバムで写真のレイアウトを変更したい！ …… 172
284 フォトアルバムで写真の並び順を変更したい！ …… 172
285 フォトアルバムでスライドにキャプションを表示したい！ …… 172

第8章 表作成の便利技！

表の作成

Question 286 スライドに表を挿入したい！ …… 174
287 表の行／列を挿入したい！ …… 175
288 行をすばやく挿入したい！ …… 175
289 表の行／列を削除したい！ …… 176
290 行の高さや列の幅を調節したい！ …… 176
291 行の高さや列の幅を指定の数値で揃えたい！ …… 177
292 行の高さや列の幅を揃えたい！ …… 177

セルと文字

Question 293 セルを１つにまとめたい！ …… 178
294 セルを分割したい！ …… 178
295 入力するセルにすばやく移動したい！ …… 179
296 セル内の文字を中央や右に揃えたい！ …… 179
297 セル内の文字の上下の位置を変更したい！ …… 180
298 セル内の余白の広さを変更したい！ …… 180
299 セル内の文字を縦書きにしたい！ …… 181
300 表の文字をかんたんに目立たせたい！ …… 181
301 表に挿入したワードアートの書式を編集したい！ …… 182

罫線の編集

Question 302 罫線を表に引きたい！ …… 182
303 不要な罫線を削除したい！ …… 183
304 マウスポインターをペンから通常の矢印に戻したい！ …… 183
305 罫線の種類を変更したい！ …… 183
306 罫線を太くしたい！ …… 184
307 罫線の色を変更したい！ …… 184
308 斜線を引きたい！ …… 184

デザインの設定

Question 309 表のデザインを変更したい！ …… 185
310 特定のセルに色を付けたい！ …… 185
311 表の色やデザインをまとめてリセットしたい！ …… 186
312 表を縞模様にして見やすくしたい！ …… 186
313 タイトルの行を見やすくしたい！ …… 187

314 集計行を強調したい！ …… 187
315 最初／最後の列を目立たせたい！ …… 187
316 表を立体的にしたい！ …… 188
317 表に影を付けたい！ …… 188

‖サイズと比率

Question 318 表の大きさを数値で指定して変更したい！ …… 189
319 表の縦横の比率を固定したい！ …… 189

‖Excelとの連携

Question 320 Excel で作った表を挿入したい！ …… 189
321 「貼り付けのオプション」について知りたい！ …… 190

第9章 グラフの活用技！

‖グラフの挿入

Question 322 グラフをスライドに挿入したい！ …… 192
323 PowerPoint ではどんなグラフが使える？ …… 193
324 グラフの編集に使う用語について知りたい！ …… 194
325 立体的なグラフを挿入したい！ …… 194

‖データの編集

Question 326 グラフのデータを編集したい！ …… 195
327 グラフの縦軸と横軸の項目を入れ替えたい！ …… 195
328 数値が昇順になるようにデータを並べ替えたい！ …… 196
329 データは保持したままグラフの種類を変更したい！ …… 196

‖デザインの編集

Question 330 グラフのレイアウトをかんたんに変更したい！ …… 197
331 表入りのグラフを利用したい！ …… 197
332 グラフのデザインを変更したい！ …… 197
333 グラフ全体の色合いを変更したい！ …… 198
334 グラフの一部だけ色を変更して強調させたい！ …… 198
335 作成したグラフのデザインを保存したい！ …… 198
336 保存したグラフのテンプレートを利用したい！ …… 199

グラフ要素の表示方法

Question 337 グラフの軸にラベルを追加したい！ …… 199
338 グラフにタイトルを追加したい！ …… 200
339 凡例の表示位置を変更したい！ …… 200
340 グラフの数値を万単位で表示させたい！ …… 201
341 グラフのオブジェクトを正確に選択したい！ …… 201
342 グラフにもとデータの数値を表示させたい！ …… 202
343 データラベルで何が表示できるか知りたい！ …… 202
344 データラベルを吹き出しで表示したい！ …… 203
345 グラフの目盛線の間隔を調節したい！ …… 203
346 グラフの目盛線の最小値を変更したい！ …… 204

棒グラフのテクニック

Question 347 棒グラフどうしの間隔を調節したい！ …… 204
348 棒グラフを 1 本だけ輝かせて目立たせたい！ …… 205
349 絵グラフを作成したい！ …… 205

折れ線グラフのテクニック

Question 350 折れ線グラフの線の太さを変更したい！ …… 206
351 折れ線グラフにマーカーを付けたい！ …… 206
352 折れ線グラフのマーカーと項目名を線で結びたい！ …… 207
353 ローソク足を表示したい！ …… 207

円グラフのテクニック

Question 354 円グラフを一部分だけ切り離して表示させたい！ …… 208
355 円グラフにパーセンテージを表示させたい！ …… 208

応用的なグラフ

Question 356 棒グラフと折れ線グラフを組み合わせたい！ …… 209
357 グラフに第 2 軸を表示させたい！ …… 210
358 Excel で作ったグラフを挿入したい！ …… 210

第10章 アニメーションの活用技！

アニメーションの基本

Question 359 アニメーションについて知りたい！ …… 212
360 アニメーションを設定したい！ …… 213
361 アニメーションの設定は印刷に影響する？ …… 214
362 アニメーションの方向を変更したい！ …… 214
363 設定したアニメーションをプレビューで確認したい！ …… 215
364 アニメーション効果を削除したい！ …… 215
365 アニメーションのプレビューを手動に設定したい！ …… 216

アニメーションの再生方法

Question 366 アニメーションの速度を調節したい！ …… 216
367 スライド切り替え時にアニメーションも再生したい！ …… 216
368 アニメーションを繰り返し再生させたい！ …… 217
369 アニメーションが終わったらもとの表示に戻したい！ …… 217
370 アニメーションを連続して自動で再生したい！ …… 218

アニメーションの組み合わせ

Question 371 複数のアニメーションを設定したい！ …… 218
372 複数のアニメーションを同時に再生したい！ …… 219
373 アニメーションの再生順序を変更したい！ …… 220
374 アニメーションをコピーしたい！ …… 220
375 複数のオブジェクトにすばやくコピーしたい！ …… 221
376 アニメーションの再生中に次の再生を開始したい！ …… 221
377 アニメーションを詳細に設定したい！ …… 222

軌跡のアニメーション

Question 378 オブジェクトを軌跡に沿って動かしたい！ …… 222
379 アニメーションの軌跡を編集したい！ …… 223
380 アニメーションの軌跡を自分で自由に設定したい！ …… 223

アニメーションの詳細設定

Question 381 アニメーションの再生後に文字の色を変えたい！ …… 224
382 アニメーションの再生後にオブジェクトを消したい！ …… 224
383 アニメーションに効果音を付けたい！ …… 225
384 アニメーションの滑らかさを調節したい！ …… 225

385 激しくぶれながらアニメーションを再生させたい！ 226

オブジェクトごとの設定

Question 386 単語ごと／文字ごとにアニメーションを設定したい！ 226
387 箇条書きを 1 行ずつ表示させたい！ 227
388 箇条書きを下から順番に表示させたい！ 227
389 段落を順番に表示させたい！ 228
390 図形内の文字だけにアニメーションを付けたい！ 228
391 グラフの背景にまでアニメーションが付いてしまう！ 228
392 グラフの項目ごとにアニメーションを再生したい！ 229
393 SmartArt グラフィックの図形を順番に表示させたい！ 230
394 SmartArt グラフィックの階層を順番に表示させたい！ 231

アニメーションの活用例

Question 395 文章を行頭から表示させたい！ 231
396 文字が浮かんで消えるように表示させたい！ 232
397 目立たせたい文字や図形の色が変わるようにしたい！ 232
398 目立たせたくない個所を半透明に変化させたい！ 233
399 エンドロールのように文字を流したい！ 233
400 拡大したあと、もとの大きさに戻るようにしたい！ 234
401 文章を太字に変化させて強調したい！ 234
402 タイプライター風に文章を表示させたい！ 235
403 図形の矢印を伸ばしたい！ 235
404 棒グラフを 1 本ずつ順に伸ばしたい！ 236
405 円グラフを時計回りに表示させたい！ 236

第11章 スライド切り替えの活用技！

切り替えの基本

Question 406 「画面切り替え」と「アニメーション」は違う？ 238
407 スライドの切り替えに動きを付けたい！ 238
408 切り替える動きの向きを変更したい！ 239
409 設定した切り替え効果をプレビューで確認したい！ 239
410 すべてのスライドに同じ切り替え効果を設定したい！ 240
411 タイトルスライドに切り替え効果を付けると？ 240

412 切り替え効果を削除したい！ …… 240

切り替えの詳細設定

Question 413 一定時間で自動的に切り替わるようにしたい！ …… 241
414 クリックするとスライドが切り替わるようにしたい！ …… 241
415 スライドの切り替えにかかる時間を調節したい！ …… 241
416 スライドの切り替えに効果音を付けたい！ …… 242
417 パソコン内に保存してある音源を効果音に利用したい！ …… 242

切り替えの活用例

Question 418 暗い画面からスライドが表示されるようにしたい！ …… 243
419 次のスライドがせり上がるように切り替えたい！ …… 243
420 扉の奥から次のスライドが浮かび上がるようにしたい！ …… 244
421 中央から拡大して次のスライドに移るようにしたい！ …… 244
422 モザイク状に次のスライドを表示したい！ …… 245
423 スライド内のオブジェクトだけを切り替えたい！ …… 245
424 カウントダウン風のスライドを作りたい！ …… 246

第12章 動画や音楽の便利技！

動画の挿入

Question 425 パソコン内の動画をスライドに挿入したい！ …… 248
426 パソコンの画面を録画してスライドに挿入したい！ …… 249
427 動画の再生画面の位置や大きさを操作したい！ …… 249

動画のトリミング

Question 428 再生個所を一部分だけ切り抜いて利用したい！ …… 250
429 動画にブックマークを付けて再生したい！ …… 250
430 ブックマークから動画をすばやく頭出ししたい！ …… 251
431 ブックマークを削除したい！ …… 251
432 動画にフェードイン／フェードアウトを設定したい！ …… 251

動画の修整

Question 433 動画の明るさを修整したい！ …… 251
434 動画の色合いを変更したい！ …… 252
435 動画の修整をリセットしたい！ …… 252

動画の再生方法

Question 436 スライド切り替え時に動画も再生させたい！ …… 252
437 動画の再生終了後にもとの状態に戻るようにしたい！ …… 253
438 動画が繰り返し再生されるようにしたい！ …… 253
439 動画の音は流さず映像だけを使いたい！ …… 253

画面のサイズと形

Question 440 数値を指定して動画のサイズを微調整したい！ …… 253
441 動画の再生画面を枠線で縁取りたい！ …… 254
442 動画の再生画面を特殊効果で装飾したい！ …… 254
443 動画の再生画面をトリミングしたい！ …… 254
444 再生画面の大きさを解像度に合わせたい！ …… 255

画面形式と表紙

Question 445 パソコン内の画像を動画の表紙にしたい！ …… 255
446 動画のワンシーンを表紙に設定したい！ …… 256
447 表紙画像をリセットしたい！ …… 256
448 動画の再生中のみ画面が表示されるようにしたい！ …… 257
449 動画を全画面で再生させたい！ …… 257

音楽の挿入

Question 450 スライドに音楽を付けたい！ …… 257
451 スライドショー全体に BGM を設定したい！ …… 258
452 録音した音声をスライドに挿入したい！ …… 258

音楽のトリミング

Question 453 音楽の一部分だけを利用したい！ …… 259
454 音楽にフェードイン／フェードアウトを設定したい！ …… 259
455 音楽にブックマークを付けたい！ …… 259
456 ブックマークから音楽を頭出ししたい！ …… 260

音楽の詳細設定

Question 457 スライド切り替え時に音楽を再生させたい！ …… 260
458 スライドが切り替わっても音楽を再生させ続けたい！ …… 260
459 音楽が繰り返し再生され続けるようにしたい！ …… 260
460 音楽の再生後に自動で巻き戻したい！ …… 261
461 音楽の音量を設定したい！ …… 261
462 サウンドアイコンの位置を変更したい！ …… 261

518 スライドショーを CD-R や USB に保存したい！ ………… 286
519 プレゼンテーションパックを再生したい！ ………… 287
520 オンラインプレゼンテーションとは？ ………… 287
521 オンラインプレゼンテーションを利用したい！ ………… 288
522 オンラインプレゼンテーションを終了したい！ ………… 288

第14章 印刷の快適技！

印刷の基本

Question 523 スライドを印刷したい！ ………… 290
524 1 枚の用紙に複数のスライドを印刷したい！ ………… 291
525 メモ欄付きでスライドを印刷したい！ ………… 291
526 スライドに枠線を付けて印刷したい！ ………… 291
527 印刷用紙の大きさを変更したい！ ………… 292

フッターの印刷

Question 528 印刷する資料に日付やページ番号を追加したい！ ………… 292
529 印刷する資料に会社名を入れたい！ ………… 293
530 印刷する資料のレイアウトを設定したい！ ………… 293
531 ヘッダーやフッターのレイアウトを変更したい！ ………… 294
532 配布資料のヘッダーやフッターの書式を編集したい！ ………… 294
533 配布資料の背景を設定したい！ ………… 295

ノートとアウトラインの印刷

Question 534 補足説明付きでスライドを印刷したい！ ………… 295
535 ノート付き配布資料のレイアウトを設定したい！ ………… 295
536 ノートの書式を編集したい！ ………… 296
537 ノート付き資料のレイアウトを変えたい！ ………… 296
538 スライドのアウトラインを印刷したい！ ………… 297

さまざまな配布資料

Question 539 プレゼンテーションを PDF で配布したい！ ………… 297
540 見やすい企画書を作成したい！ ………… 298
541 A4 サイズ 1 枚の企画書を作成したい！ ………… 298

第15章 保存や共有の便利技！

起動と保存の応用

Question 542 よく使うファイルをすぐに開けるようにしたい！ …… 300
543 よく使うフォルダーを保存先として設定したい！ …… 300
544 古いバージョンのソフトでも編集できるようにしたい！ …… 301
545 古いバージョンで作成されたファイルを開きたい！ …… 301

ファイルの保護

Question 546 ファイルにパスワードを設定したい！ …… 302
547 設定したパスワードを解除したい！ …… 302
548 完成したファイルをスライドショー専用にしたい！ …… 303
549 スライドショー専用にしたファイルを編集したい！ …… 303
550 ファイルに個人情報がないかチェックしたい！ …… 304

共有

Question 551 共有とは？ …… 304
552 ほかの人とファイルを共有したい！ …… 305
553 ほかの人から共有されたファイルを開きたい！ …… 305
554 共有されたファイルを編集したい！ …… 306
555 コメントを付けて共同で編集しやすくしたい！ …… 307
556 変更個所と変更内容を確認したい！ …… 307
557 変更内容を反映したい！ …… 308

タブレット／スマートフォンでの使用

Question 558 タブレットやスマートフォン用のアプリはないの？ …… 308
559 タブレットやスマートフォンでも編集したい！ …… 309
560 タッチ操作しやすいようにしたい！ …… 309

ショートカットキー一覧 …… 310

用語集 …… 312

索　引

目的別索引 …… 320

用語索引 …… 324

ご注意：ご購入・ご利用の前に必ずお読みください

- 本書に記載された内容は、情報提供のみを目的としています。したがって、本書を用いた運用は、必ずお客様自身の責任と判断によって行ってください。これらの情報の運用の結果について、技術評論社および著者はいかなる責任も負いません。

- ソフトウェアに関する記述は、特に断りのないかぎり、2020年5月末日現在での最新バージョンをもとにしています。ソフトウェアはバージョンアップされる場合があり、本書の説明とは機能内容や画面図などが異なってしまうこともあり得ます。あらかじめご了承ください。

- インターネットの情報については、URLや画面などが変更されている可能性があります。ご注意ください。

- 本書では、以下のOSおよびソフトウェアを使用して動作確認を行っています。ほかのバージョンのOSおよびソフトウェアを使用した場合、本書で解説している操作を再現できない場合があります。
  Windows 10 Pro ／ Microsoft Office 2019/2016（PowerPoint 2019/2016）、
  Microsoft 365 Personal
  Windows 8.1 Pro ／ Microsoft Office 2013（PowerPoint 2013）

以上の注意事項をご承諾いただいた上で、本書をご利用願います。これらの注意事項をお読みいただかずに、お問い合わせいただいても、技術評論社および著者は対処しかねます。あらかじめご承知おきください。

第1章

PowerPointの基本技!

001 >>> 007	ソフトの基礎情報
008	PowerPointの起動
009 >>> 011	スライドの基礎知識
012 >>> 022	スライドの作成と追加
023 >>> 026	文字入力のテクニック
027 >>> 028	間違いの修正
029 >>> 032	スライドの編集
033 >>> 038	保存と終了
039 >>> 040	タブとクイックアクセスツールバー

重要度★★★　ソフトの基礎情報

Q 001 PowerPointとは？

プレゼンテーションをかんたんに作成できるソフトです。

提案や企画などの情報を相手に効果的に伝えるには、プレゼンテーションが有効です。Microsoft PowerPoint（以下、PowerPoint）は、図形や画像、グラフ、表などを多用した、わかりやすく見栄えのするプレゼンテーションをかんたんに作成できるソフトです。PowerPointを利用すると、プレゼンテーションの準備から発表までの作業が省力化できます。

重要度★★★　ソフトの基礎情報

Q 002 Officeとは？

マイクロソフトが提供するビジネス用ソフトをまとめたパッケージの総称です。

Office（Microsoft Office）は、マイクロソフトが開発・販売しているビジネス用ソフトをまとめたパッケージの総称です。表計算ソフトのExcel、ワープロソフトのWord、プレゼンテーションソフトのPowerPoint、電子メールソフトのOutlook、データベースソフトのAccessなどが含まれます。各ソフトは、一部の仕様や操作性が統一されており、機能の連携やデータの共有が可能です。

現在発売されているOfficeには、大きく分けて「Office Premium」「Microsoft 365 Personal」「Office 2019」の3種類があります。

●Office 2019

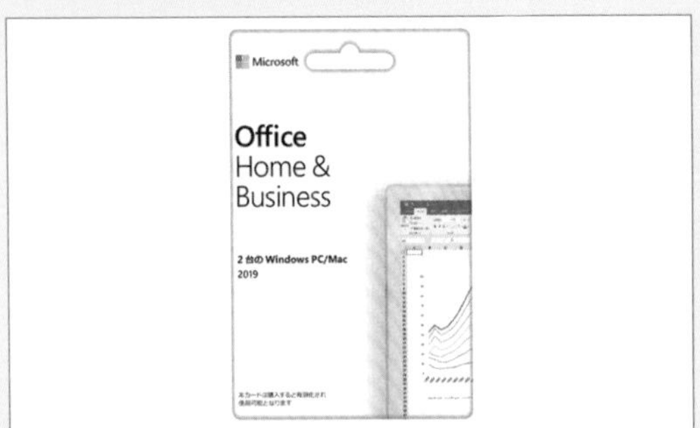

重要度★★★　ソフトの基礎情報

Q 003 バージョンによって違いはあるの？

A

利用できる機能や操作手順が異なる場合があります。

バージョンは、ソフトの改良、改訂の段階を表すもので、ソフト名の後ろに数字で表記され、新しいものほど数値が大きくなります。Windows版のPowerPointには、「2013」「2016」「2019」などのバージョンがあり、現在販売されている最新のバージョンは、PowerPoint 2019です。

バージョンによって、搭載されているリボンやコマンドが違ったり、利用できる機能や操作手順が異なったりする場合があります。また、ソフトのアップデートによって変更されることもあります。

なお、Microsoft 365の場合はソフト名にかかわらず、常にバージョンアップされます。

重要度★★★　ソフトの基礎情報

Q 004 使用しているOfficeの情報を確認するには？

A

<ファイル>タブの<アカウント>で確認できます。

パソコンにインストールされているOffice製品の情報を確認するには、<ファイル>タブから<アカウント>をクリックします。表示される<アカウント>画面の<製品情報>欄で、製品名やバージョン番号などが確認できます。

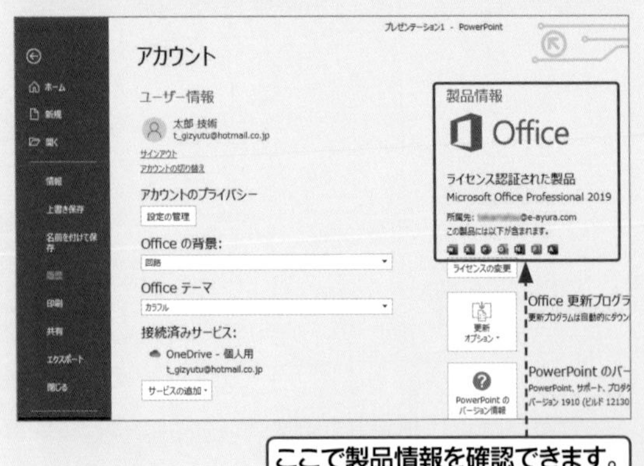

重要度★★★　ソフトの基礎情報　2016　2013

Q 005 PowerPoint 2019の新機能は？

A 以下のような機能が新たに追加されています。

● SVG形式の画像やアイコンを挿入できる

ベクターデータで作られたSVG形式の画像やアイコンをスライドに挿入できるようになりました。挿入した画像やアイコンを図形に変換して、個々のパーツごとに編集することもできます。

● 3Dモデルを挿入できる

パソコンに保存してある3D画像や、オンラインソースから3Dモデルを挿入できるようになりました。任意の方向に回転させたり傾けたりして、プレゼンテーションに視覚的なインパクトを加えることができます。

● テキスト用の蛍光ペンを使用できる

テキスト用の蛍光ペンが使用できるようになりました。蛍光ペンの色を指定して、スライド内の特定のテキスト部分を強調表示できます。

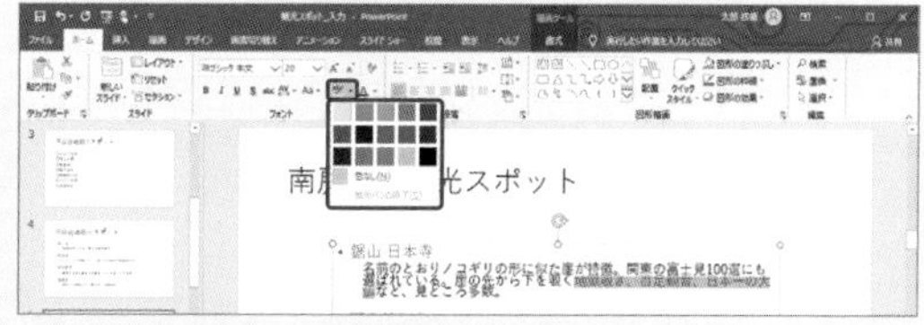

● デジタルインクによる書き込みや描画

リボンに<描画>タブが追加されました。デジタルペンや指、マウスを使って、手書き入力やテキストの強調表示、図形の描画などができます。

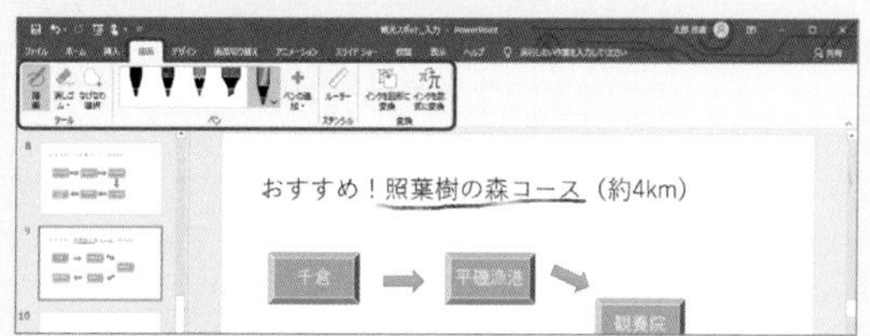

● そのほかの新機能

- <挿入>タブに<ズーム>が追加されました。ズームを作成すると、プレゼンテーション中に特定のスライド、セクション、部分からジャンプできます。
- 画面切り替え効果に<変形>が追加されました。スライドから次のスライドに切り替える際に、滑らかに移動するアニメーションを付けることができます。
- プレゼンテーションをビデオとして保存する場合に、Ultra HD（4K）の解像度を選べるようになりました。
- グラフにじょうごグラフとマップグラフが追加されました。

重要度★★★　ソフトの基礎情報

Q 006 Microsoftアカウントは必要なの？

A マイクロソフトが提供するサービスを利用する場合は必要です。

マイクロソフトがインターネット上で提供しているOneDriveやPowerPoint Onlineなどのサービスを利用する場合は、Microsoftアカウントが必要です。Microsoftアカウントは、「https://signup.live.com」にアクセスして取得することができます。これらのサービスを利用しない場合は、PowerPointの利用にMicrosoftアカウントは必要ありません。

参照▶Q 249, Q 517

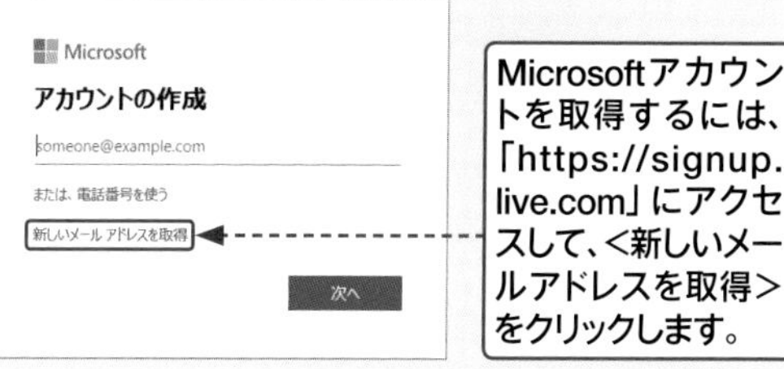

重要度 ★★★ ソフトの基礎情報 2013

Q 007 Office 2019とMicrosoft 365はどんな違いがあるの？

A ライセンス形態やインストールできるデバイスなどが異なります。

Office 2019／2016とMicrosoft 365は、ライセンス形態やインストールできるデバイス、OneDriveの容量などが異なります。
Office 2019／2016は永続ライセンス型で、料金を支払って購入すれば永続的に使用できます。最大2台のパソコンにインストールでき、OneDriveは5GBまで利用できます。
Microsoft 365はサブスクリプション型で、月額あるいは年額の料金を支払い続ければ、常に最新のOfficeアプリケーションを利用できます。契約は自動的に更新されますが、いつでもキャンセルが可能です。複数のデバイスに台数無制限にインストールでき、OneDriveは1TBまで利用できます。
なお、Office 2019／2016とMicrosoft 365の画面は、リボンやコマンドの見た目、名称などが異なりますが、操作方法や操作手順などは変わりません。

● Office 2019の画面

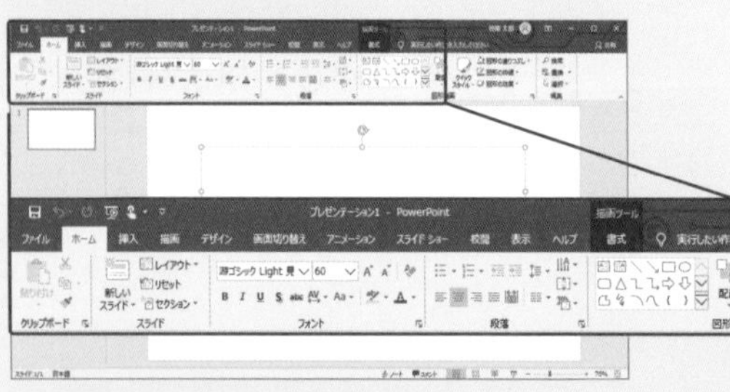

● Microsoft 365の画面

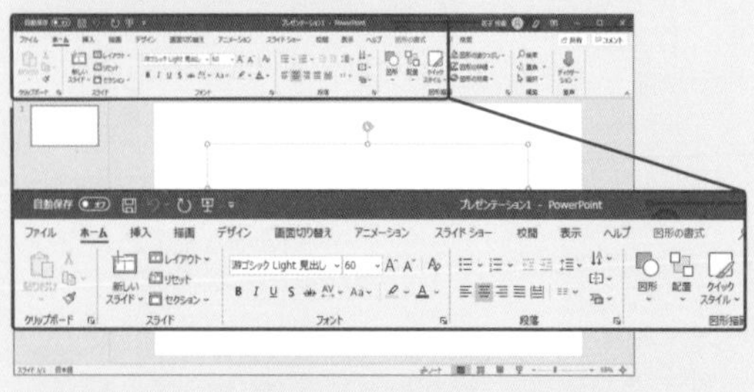

リボンやコマンドの見た目、名称などが異なりますが、操作方法や手順などは変わりません。

重要度 ★★★ PowerPointの起動

Q 008 PowerPointをすばやく起動したい！

A タスクバーにPowerPointのアイコンを登録します。

タスクバーにPowerPointのアイコンを登録しておくと、スタートメニューを開かなくても、アイコンをクリックするだけですばやく起動できます。スタートメニューから登録する方法と、起動したアイコンから登録する方法があります。

● スタートメニューから登録する

1 スタートメニューを表示して、

2 <PowerPoint>を右クリックし、

3 <その他>にマウスポインターを合わせて、<タスクバーにピン留めする>をクリックすると、

4 タスクバーにアイコンが登録されます。

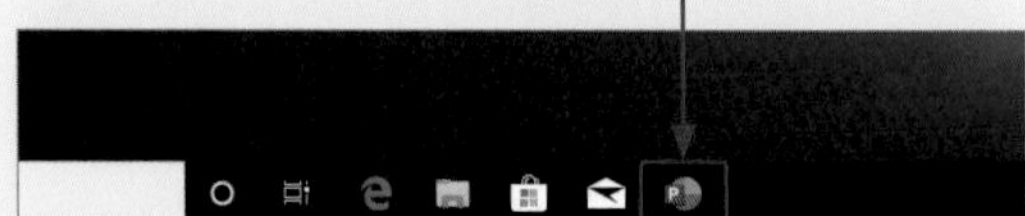

● 起動したPowerPointのアイコンから登録する

1 PowerPointを起動して、PowerPointのアイコンを右クリックし、

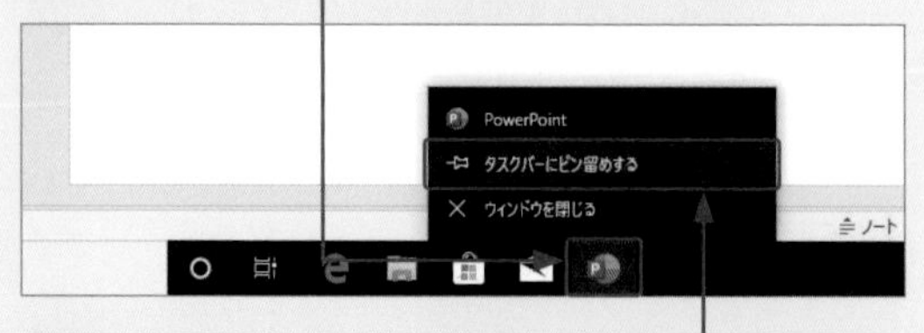

2 <タスクバーにピン留めする>をクリックします。

重要度 ★★★ スライドの基礎知識

Q 009 PowerPointの画面の見方と用語を知りたい!

A PowerPointの標準画面で各部の名称と機能を確認しましょう。

PowerPointの標準画面は、下図のような構成になっています。画面の上部には「コマンド」が機能ごとにまとめられ、「タブ」をクリックして切り替えることができます。画面の中央にはスライドを編集するための「スライドウィンドウ」、左側にはスライドの表示を切り替えるための「スライドのサムネイル」が配置されています。PowerPointでは、それぞれのページを「スライド」、スライドの集まりを「プレゼンテーション」と呼びます。スライドには、テキストやグラフ、画像、表などを挿入するための「プレースホルダー」が表示されています。

クイックアクセスツールバー
よく利用するコマンドなどが配置されています。
タイトルバー
作業中のファイル名が表示されます。
タブ
機能を実行するためのコマンドが分類されています。
リボン
コマンドを一連のタブに整理して分類します。
プレゼンテーション1 - PowerPoint
ファイル ホーム 挿入 描画 デザイン 画面切り替え アニメーション スライド ショー 校閲 表示 ヘルプ
実行したい作業を入力してください
共有
タイトルを入力
サブタイトルを入力
スライド 1/1 日本語
ノート コメント 70%
スライド
プレゼンテーションのそれぞれのページです。
スライドウィンドウ
スライドを編集するための領域です。
プレースホルダー
テキストやグラフ、画像、表などを挿入するための枠です。
ズームスライダー
スライドの表示倍率を変更します。
スライドのサムネイル
すべてのスライドの縮小版(サムネイル)が表示される領域です。
ステータスバー
作業中のスライド番号や表示モードが表示されます。

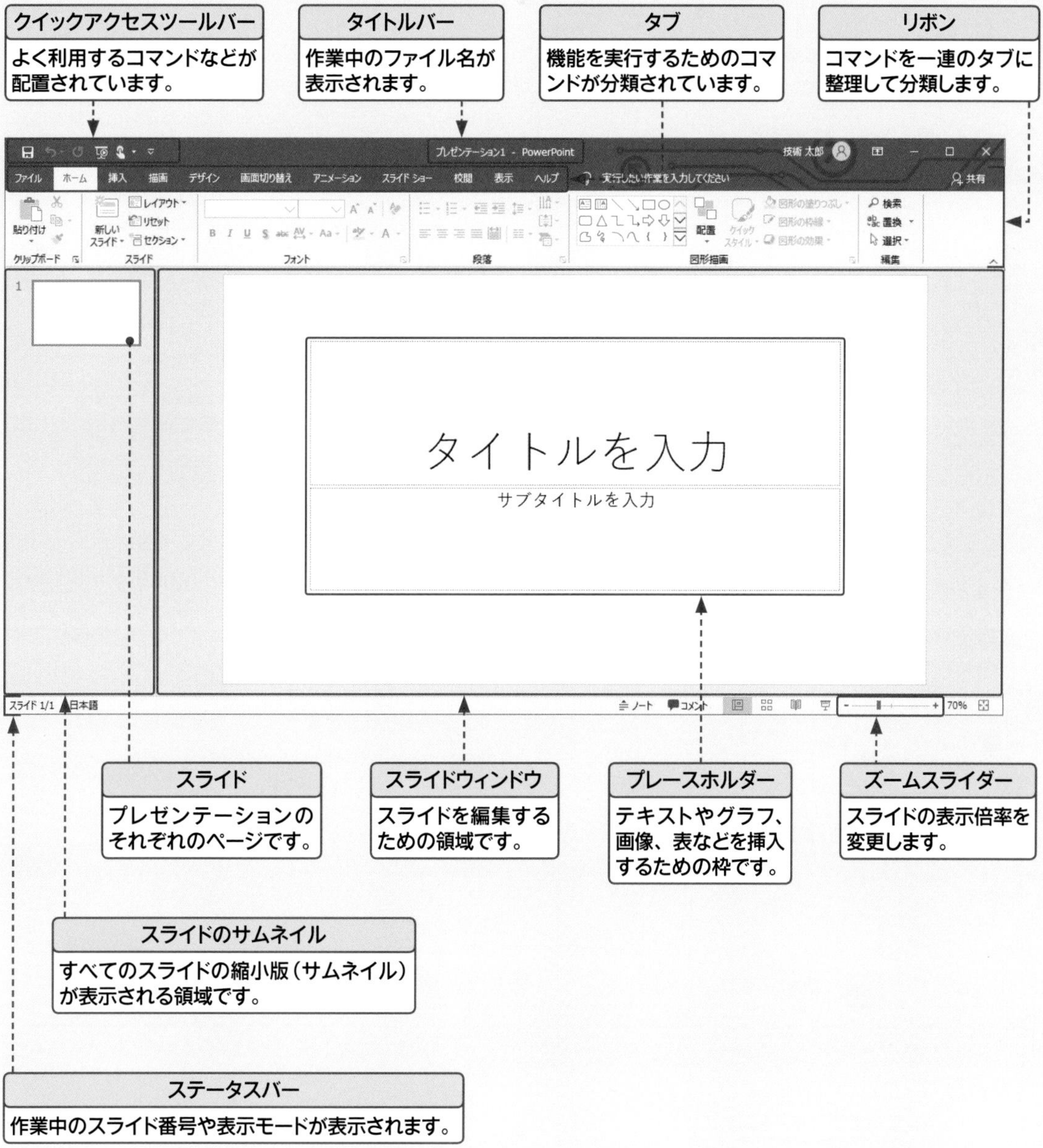

重要度★★★ スライドの基礎知識

Q 010 スライドを作る流れを知りたい！

A スライド全体の構成を決めてから、新規にスライドを作成します。

スライドを作成するには、事前にプレゼンテーションの目的と全体の構成を決めることが重要です。どのような情報をどのような順番や見せ方で伝えるのかを大まかに決めたら、実際にスライドを作成していきます。写真やイラスト、動画などの素材もあらかじめ用意しておきましょう。

❶ タイトルのスライドを作成する

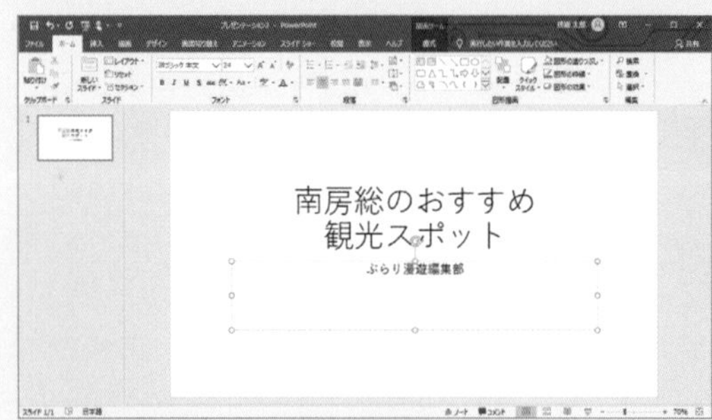

新しいプレゼンテーションを作成すると、タイトル用の「タイトルスライド」が表示されるので、プレゼンテーションのタイトルとサブタイトルを入力します。

❷ スライドのテーマとバリエーションを決める

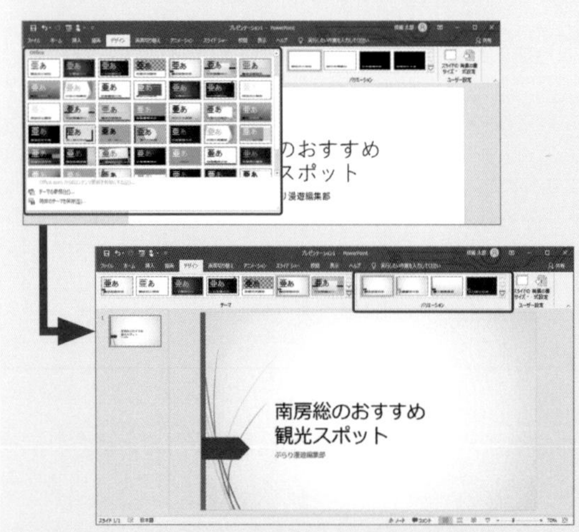

スライドの「テーマ」と「バリエーション」を設定し、プレゼンテーション全体のデザインを決めます。

❸ スライドを追加・作成する

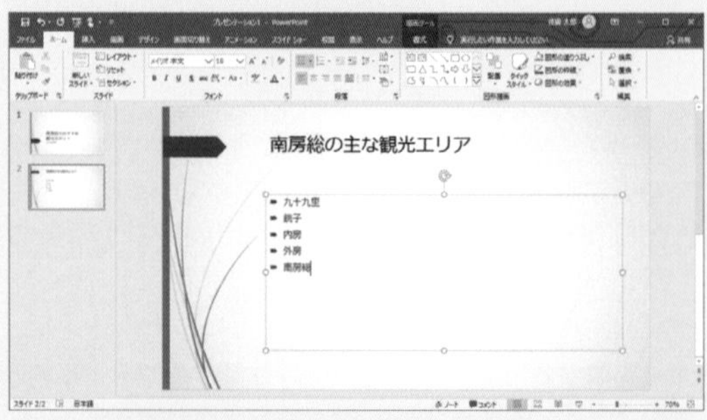

スライドを追加して、各スライドのタイトルとテキストを入力します。スライドを追加するときは、レイアウトを指定できます。

❹ スライドを編集する

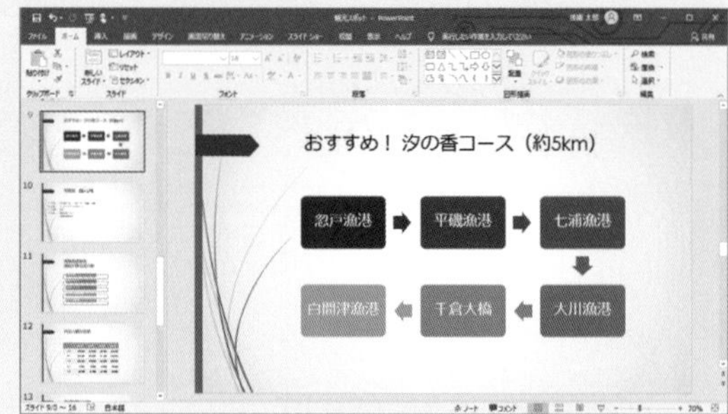

文字や段落の書式を設定したり、図形やグラフ、表などをスライドに追加したりして、見栄えのするスライドに仕上げます。また、プレゼンテーション全体にスライド番号や会社のロゴなどを挿入します。

❺ 画面切り替え効果やアニメーション効果を設定する

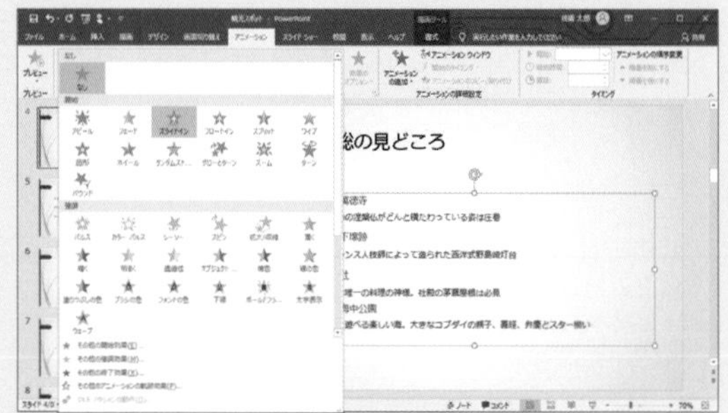

すべてのスライドが完成したら、アニメーション効果やスライドを切り替えるときの効果を設定して、プレゼンテーションを効果的に見せる工夫をします。

Q 011 表示モードについて知りたい！

A 5種類の表示モードが用意されています。

PowerPointには、初期設定で表示される「標準」モードのほかに、「アウトライン表示」「スライド一覧」「ノート」「閲覧表示」の計5つの表示モードが用意されています。それぞれ異なる特徴を持つので、用途に応じて使い分けましょう。
表示モードは、＜表示＞タブの＜プレゼンテーションの表示＞グループから切り替えます。また、「スライド一覧」と「閲覧表示」はステータスバーの右側にあるコマンドから切り替えることもできます。

● 標準表示

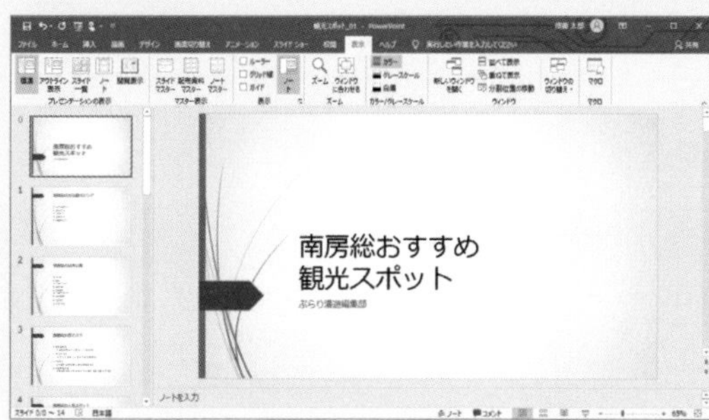

初期設定のモードです。通常のスライドの編集はこのモードで行います。

● アウトライン表示

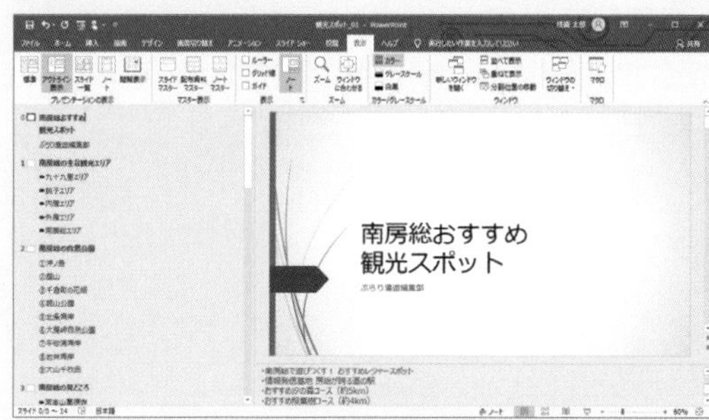

左側のウィンドウに各スライドのテキストだけが表示されます。プレゼンテーション全体の構成を確認しながら編集する際に便利です（Q 168参照）。

● スライド一覧表示

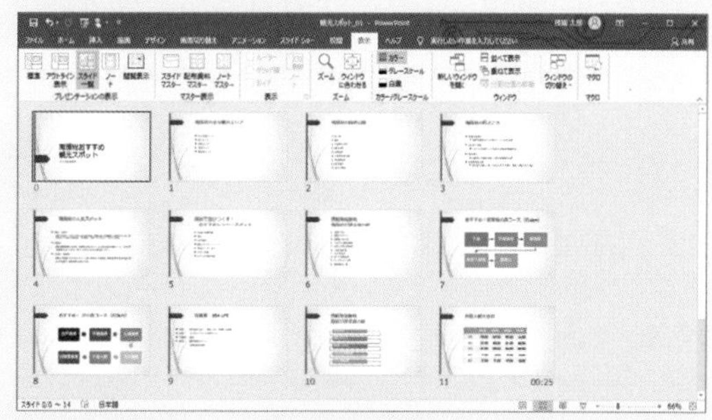

プレゼンテーション全体の構成を確認したいときに便利なモードです（Q 029参照）。

● ノート表示

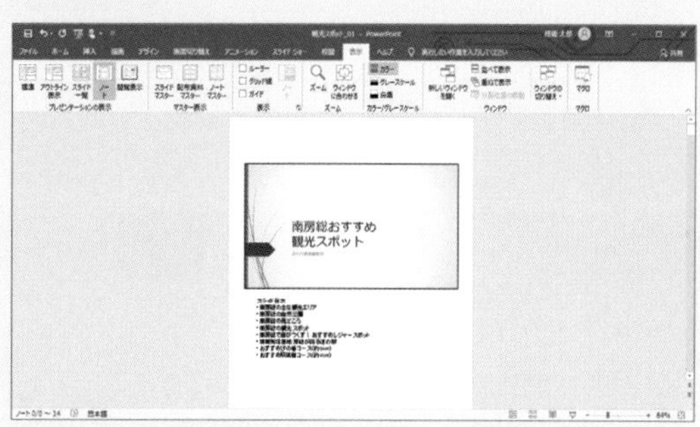

発表者用のメモを編集できます（Q 082参照）。

● 閲覧表示

スライドショーをPowerPointのウィンドウで再生できます（Q 483参照）。

重要度 ★★★　スライドの作成と追加

Q 012 新しいプレゼンテーションを作りたい！

A PowerPointを起動して、<新しいプレゼンテーション>をクリックします。

新しいプレゼンテーションを作成するには、PowerPointを起動して、<新しいプレゼンテーション>をクリックします。

PowerPointを起動したあとで新しいプレゼンテーションを作成するには、<ファイル>タブをクリックして、<新規>をクリックし、<新しいプレゼンテーション>をクリックします。

ここでは無地のプレゼンテーションを作成していますが、テーマやテンプレートを利用して、見栄えのするデザインのスライドを作成することもできます。

参照▶Q 042, Q 045

1 PowerPointを起動して、

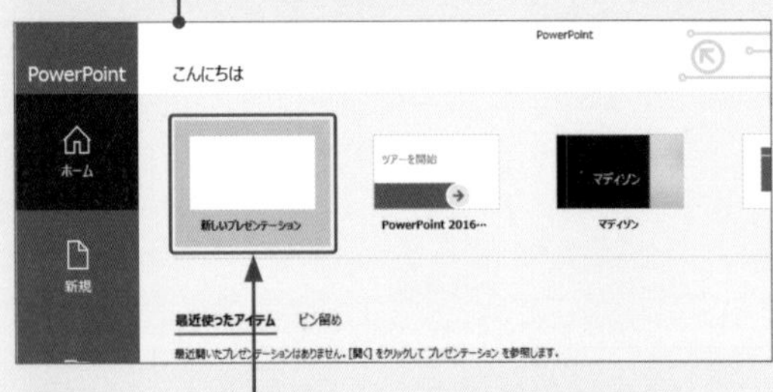

2 <新しいプレゼンテーション>をクリックすると、新しいプレゼンテーションが作成できます。

● 起動後に新しいプレゼンテーションを作成する

1 <ファイル>タブをクリックして、

2 <新規>をクリックし、

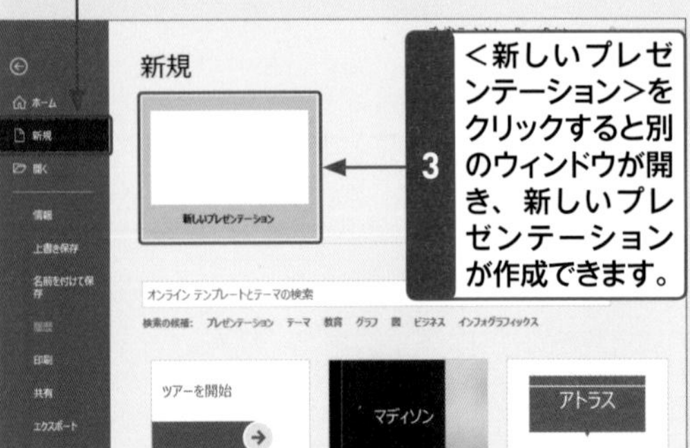

重要度 ★★★　スライドの作成と追加

Q 013 スライドのデザインを変えるには？

A スライドにテーマを設定します。

テーマは、スライドの配色やフォント（書体）、効果、背景色などの組み合わせがあらかじめ登録されているデザインのひな形です。テーマを利用することで、デザイン性の高いプレゼンテーションをかんたんに作成することができます。

テーマは通常、新規のプレゼンテーションを作成する際に設定しますが、プレゼンテーションの編集中に、すでに設定したテーマを変更することができます。また、テーマをカスタマイズして色合いを変えることもできます。

参照▶Q 014, Q 015, Q 045, Q 046, Q 047

1 無地のスライドに、

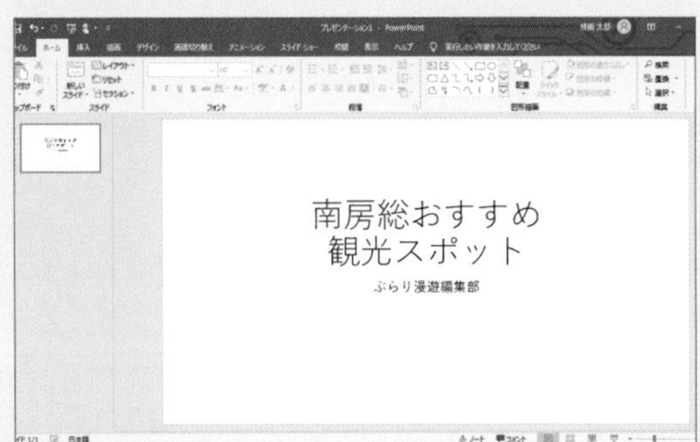

2 テーマを設定すると、デザイン性の高いプレゼンテーションが作成できます。

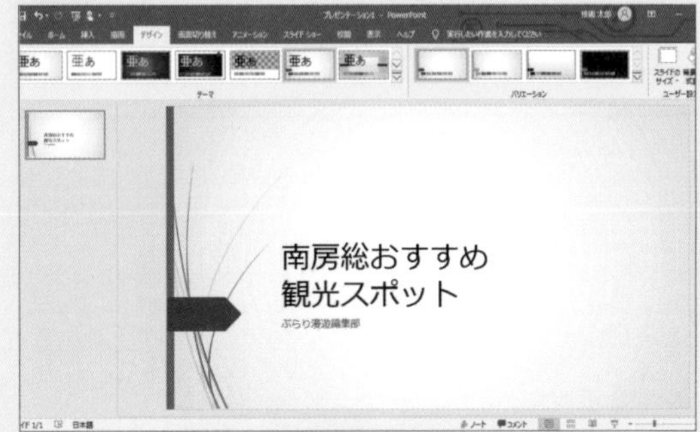

重要度 ★★★　スライドの作成と追加

Q 014 スライドのテーマを変更したい！

A ＜デザイン＞タブの＜テーマ＞から変更します。

すべてのスライドのテーマを変更するには、＜デザイン＞タブの＜テーマ＞から設定したいテーマを選択します。特定のスライドだけテーマを変更したい場合は、変更したいスライドを選択した状態で、目的のテーマを右クリックして、＜選択したスライドに適用＞をクリックします。なお、スライドにすでに図形などのオブジェクトを配置している場合は、レイアウトが崩れてしまう場合があるので注意が必要です。

1 ＜デザイン＞タブをクリックして、

2 ＜テーマ＞の＜その他＞をクリックします。

3 設定したいテーマ（ここでは＜視差＞）をクリックすると、

4 テーマが変更されます。

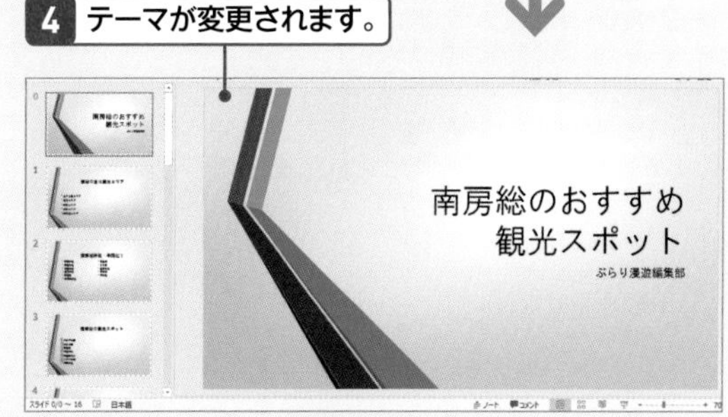

重要度 ★★★　スライドの作成と追加

Q 015 テーマのバリエーションを変更したい！

A ＜デザイン＞タブの＜バリエーション＞から変更します。

テーマには、背景の図柄や色のトーンなどが異なる「バリエーション」が用意されています。すべてのスライドのバリエーションを変更するには、＜デザイン＞タブの＜バリエーション＞から目的のバリエーションを選択します。特定のスライドだけバリエーションを変更したい場合は、変更したいスライドを選択した状態で、目的のバリエーションを右クリックして、＜選択したスライドに適用＞をクリックします。

1 ＜デザイン＞タブをクリックして、

2 目的のバリエーションをクリックすると、

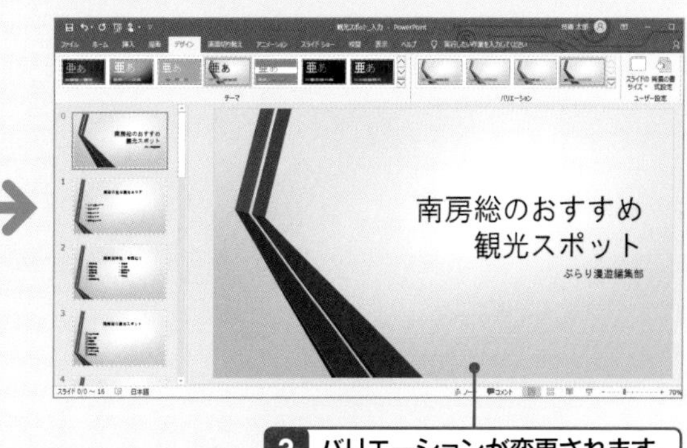

3 バリエーションが変更されます。

重要度★★★ スライドの作成と追加

Q 016 タイトルスライドを作りたい!

A タイトルとサブタイトルを入力します。

新しいプレゼンテーションを作成すると、タイトル用の「タイトルスライド」が最初に表示されます。
タイトルスライドには、タイトル用の枠(プレースホルダー)と、サブタイトル用の枠が用意されています。それぞれのプレースホルダーをクリックして、タイトルとサブタイトルを入力します。
プレースホルダーの位置や文字の配置、書体などは、設定したテーマによって異なります。

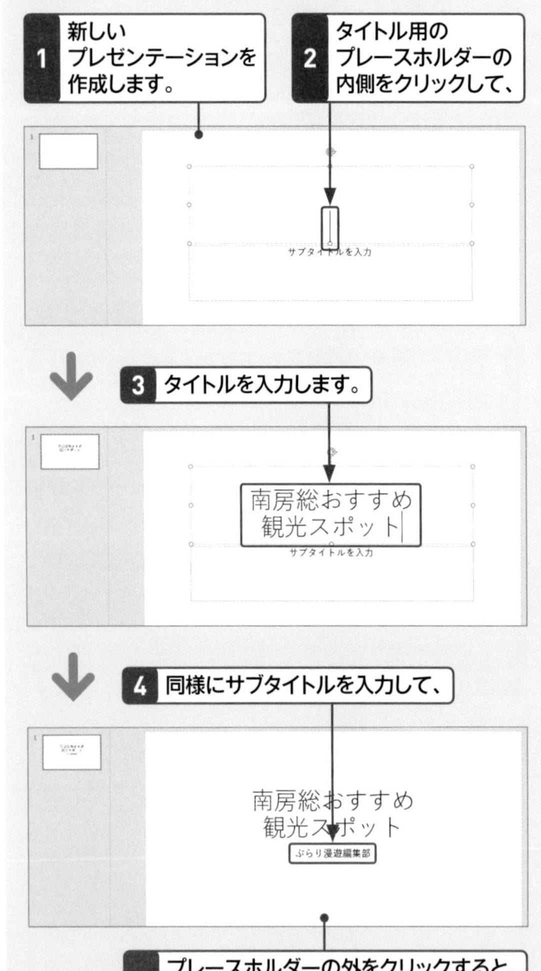
1 新しいプレゼンテーションを作成します。
2 タイトル用のプレースホルダーの内側をクリックして、
サブタイトルを入力
3 タイトルを入力します。
南房総おすすめ観光スポット
サブタイトルを入力
4 同様にサブタイトルを入力して、
南房総おすすめ観光スポット
ぶらり漫遊編集部
5 プレースホルダーの外をクリックすると、入力が完了します。

重要度★★★ スライドの作成と追加

Q 017 プレースホルダーとは?

A スライド上に文字やグラフ、画像などを挿入するための枠です。

プレースホルダーとは、スライド上に文字を入力したり、表やグラフ、画像などのオブジェクトを挿入したりするために配置されている枠のことです。
プレースホルダーには、タイトル用、コンテンツ用、縦書きのコンテンツ用など、さまざまな種類が用意されています。また、スライドにはさまざまなレイアウトがあり、プレースホルダーの種類や配置を選ぶことができます。プレースホルダーは、ドラッグ操作でサイズを変更したり、プレースホルダーを選択した状態で位置を移動したりすることができます。
なお、テキストボックスを利用してもスライドに文字を入力することができます。ただし、アウトラインには表示されないので、プレゼンテーション全体の構成を確認しながらスライドを作成するときは、プレースホルダーに入力しましょう。

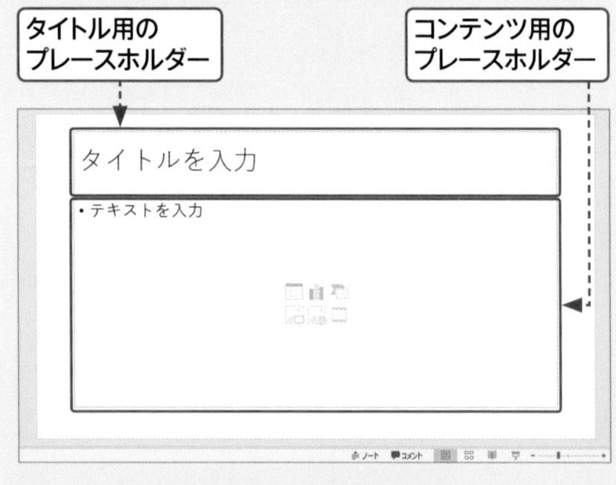
タイトル用のプレースホルダー
コンテンツ用のプレースホルダー
タイトルを入力
• テキストを入力

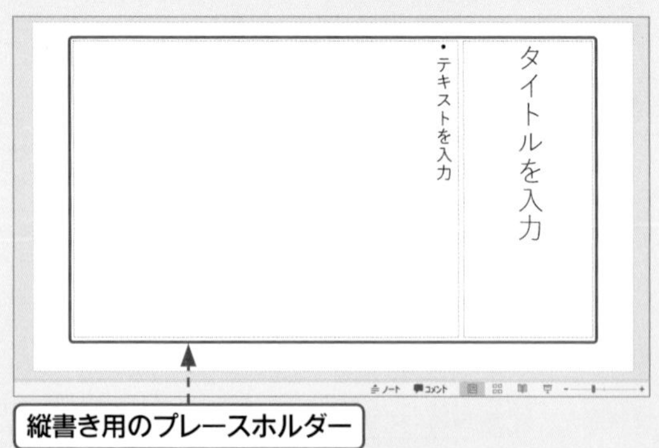
タイトルを入力
• テキストを入力
縦書き用のプレースホルダー

Q 018 スライドを追加したい！

A ＜ホーム＞タブの＜新しいスライド＞をクリックします。

スライドを追加するには、＜ホーム＞タブの＜新しいスライド＞をクリックします。新しいスライドは、現在スライドウィンドウに表示しているスライドのあとに追加されます。追加されるスライドのレイアウトは、直前のスライドと同じですが、タイトルスライドの次は＜タイトルとコンテンツ＞スライドが追加されます。
また、追加したい位置の前のスライドをクリックして、Enterを押しても新しいスライドが追加されます。

1 タイトルのスライドをクリックして、

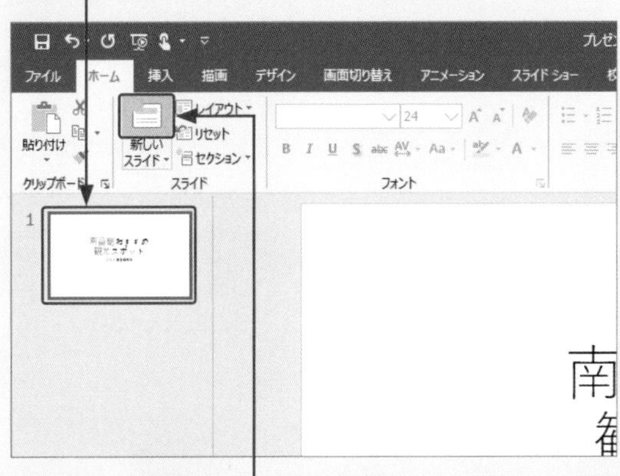

2 ＜ホーム＞タブの＜新しいスライド＞をクリックすると、

3 クリックしたスライドのあとに新しいスライドが追加されます。

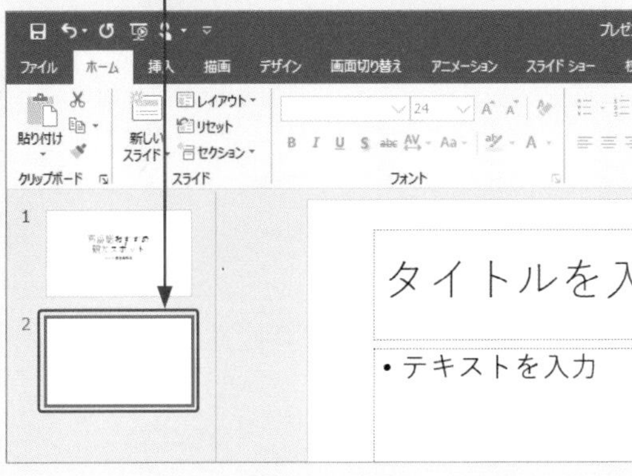

Q 019 レイアウトを選んでスライドを追加したい！

A ＜ホーム＞タブの＜新しいスライド＞からレイアウトを指定します。

＜ホーム＞タブの＜新しいスライド＞の上の部分をクリックすると、既定の＜タイトルとコンテンツ＞スライドか、選択しているスライドと同じレイアウトのスライドが追加されます。
レイアウトを指定してスライドを追加したい場合は、＜新しいスライド＞の下の部分をクリックし、表示される一覧からレイアウトを選択します。

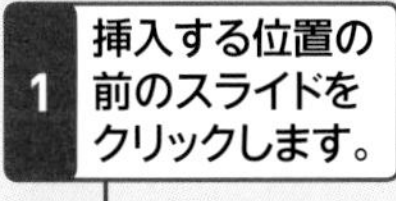

1 挿入する位置の前のスライドをクリックします。

2 ＜ホーム＞タブの＜新しいスライド＞のここをクリックして、

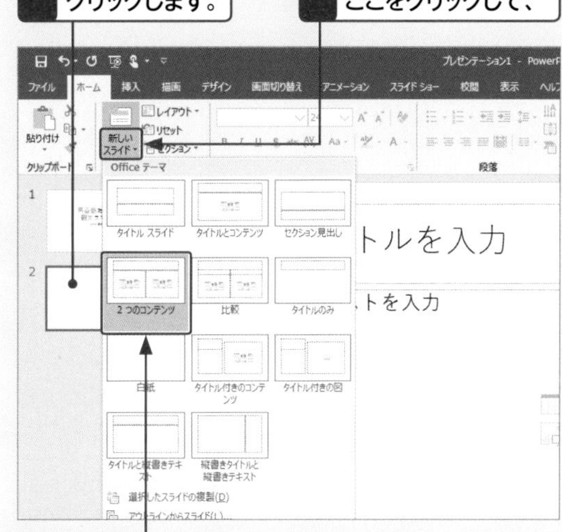

3 目的のレイアウト（ここでは＜2つのコンテンツ＞）をクリックすると、

4 指定したレイアウトのスライドが挿入されます。

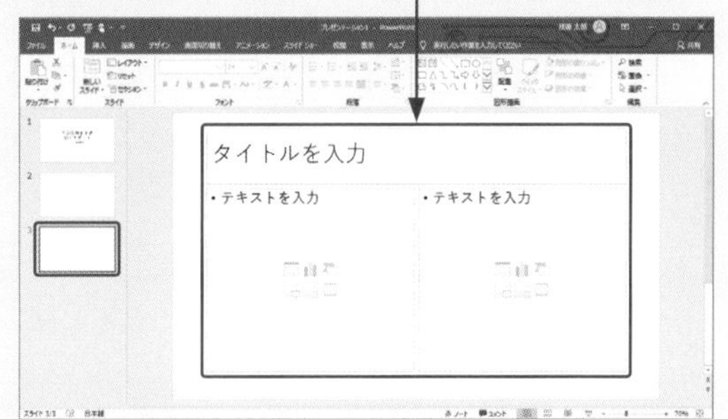

重要度 ★★★ スライドの作成と追加

Q 020 レイアウトの種類を知りたい！

おもなレイアウトは11種類用意されています。

PowerPointにはコンテンツの配置パターンなどが決められたレイアウトが複数用意されています。用意されているレイアウトは、設定しているテーマによって種類や配置などが異なりますが、おもなレイアウトは下の11種類です。スライドの内容に合わせてレイアウトを指定することで、見やすいスライドをかんたんに作ることができます。オリジナルのレイアウトを作成することもできます。
レイアウトの一覧は、<ホーム>タブの<レイアウト>をクリックすると表示されます。

レイアウトの種類と用途

タイトルスライド
プレゼンテーションの表紙を作るときに使います。

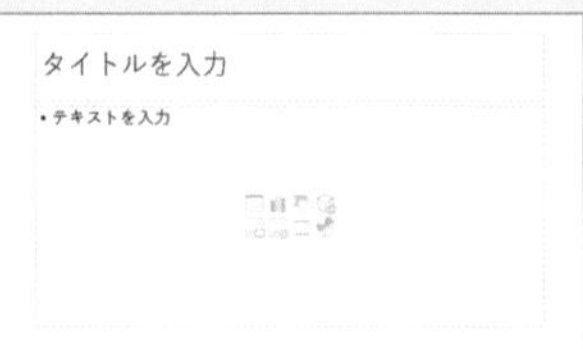

タイトルとコンテンツ
タイトルと、テキスト、表、グラフ、画像、ビデオなどを挿入するときに使います。

セクション見出し
区切りのスライドを作るときに「中表紙」的に使います。

2つのコンテンツ
2つのオブジェクトやテキストを並べて挿入するときに使います。

比較
2つのオブジェクトやテキストにそれぞれタイトルを付けて挿入するときに使います。

タイトルのみ
写真や図形などを自由に配置し、タイトルを付けたいときに使います。

白紙
写真や図形などを自由に配置したいときに使います。

タイトル付きのコンテンツ
各種オブジェクトとタイトル、コメントなどを入れたいときに使います。

タイトル付きの図
画像にタイトルやコメントなどを付けて入れたいときに使います。

タイトルと縦書きテキスト
横書きのタイトルと縦書きのテキストを入れたいときに使います。

縦書きタイトルと縦書きテキスト
縦書きのタイトルと縦書きのテキストを入れたいときに使います。

重要度 ★★★ スライドの作成と追加

Q 021 スライドのレイアウトを変更したい！

A <ホーム>タブの<レイアウト>から変更します。

スライドのレイアウトは、スライドを追加したあとでも自由に変更することができます。<ホーム>タブの<レイアウト>をクリックし、表示される一覧からレイアウトを選びクリックします。レイアウトの変更は、テキストを入力したあとでも行えますが、表示が乱れることもあるので注意しましょう。

<2つのコンテンツ>のスライドが設定されています。

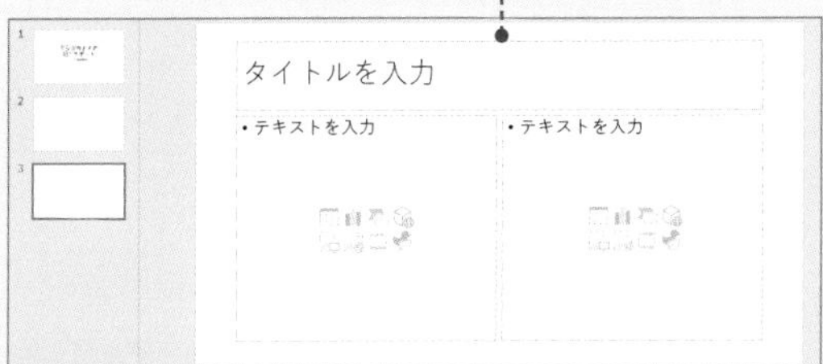

1 <ホーム>タブの<レイアウト>をクリックして、

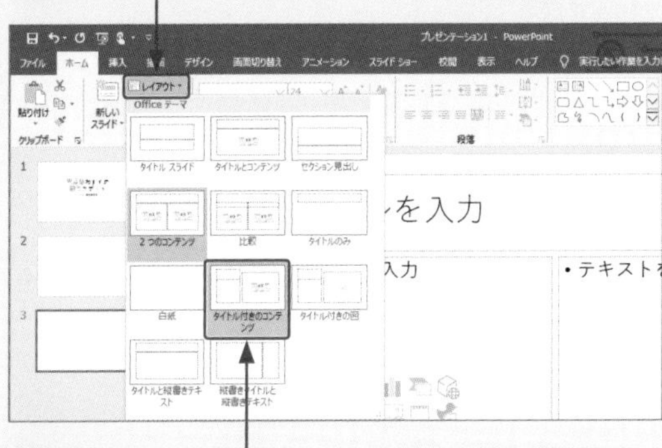

2 変更したいレイアウト（ここでは<タイトル付きのコンテンツ>）をクリックすると、

3 レイアウトが変更されます。

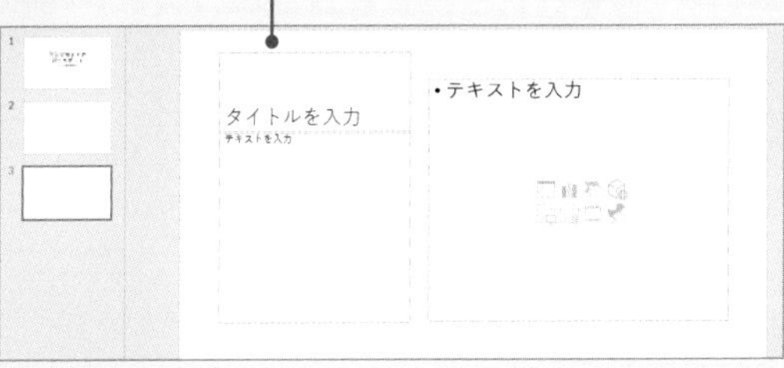

重要度 ★★★ スライドの作成と追加

Q 022 スライドに文字を入力したい！

A プレースホルダー内をクリックしてカーソルを表示します。

文字は通常、プレースホルダー内に入力します。プレースホルダー内をクリックしてカーソルを表示し、必要な文字を入力します。ただし、図だけを追加するプレースホルダーなどには入力できません。

なお、行頭記号（行頭文字）が設定されているプレースホルダーに文字を入力して改行すると、自動的に箇条書きが設定されます。 参照▶Q 025

1 プレースホルダー内をクリックすると、

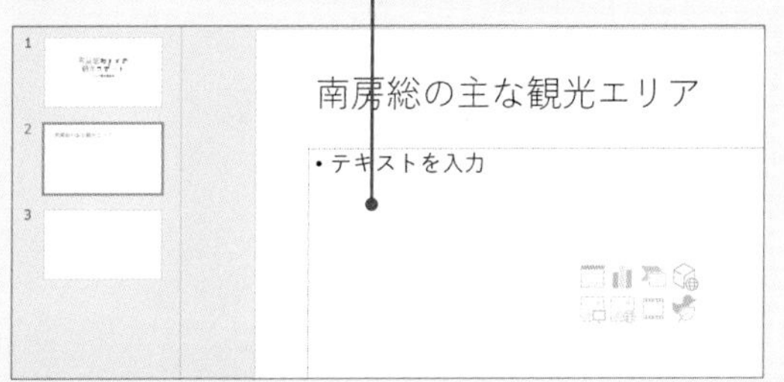

2 カーソルが表示され、文字が入力できる状態になるので、

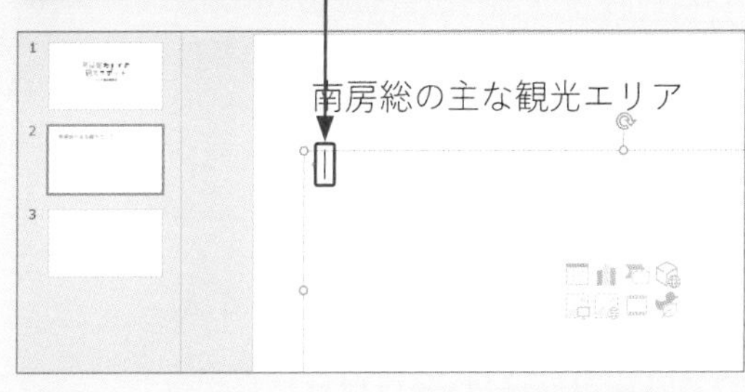

3 文字を入力します。

4 同様に、改行しながら必要な文字を入力します。

重要度 ★★★ 文字入力のテクニック

Q 023 文字をすばやくコピーしたい!

A 文字を選択して[Ctrl]を押しながらドラッグします。

文字をすばやくコピーするには、マウスとキーボードのキーを利用します。コピーする文字をドラッグして選択し、[Ctrl]を押しながら貼り付ける位置までドラッグします。＜ホーム＞タブの＜コピー＞と＜貼り付け＞を利用するより、かんたんにコピーが実行できます。

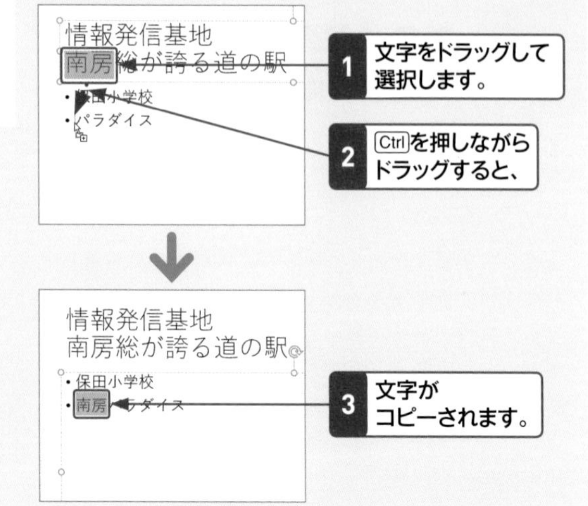

重要度 ★★★ 文字入力のテクニック

Q 024 文字をかんたんに移動させたい!

A 文字を選択してドラッグします。

文字の移動は、マウスだけでかんたんに行えます。移動する文字を選択して、移動先へドラッグすると、文字が移動します。＜ホーム＞タブの＜切り取り＞と＜貼り付け＞を利用するより、かんたんに移動が実行できます。

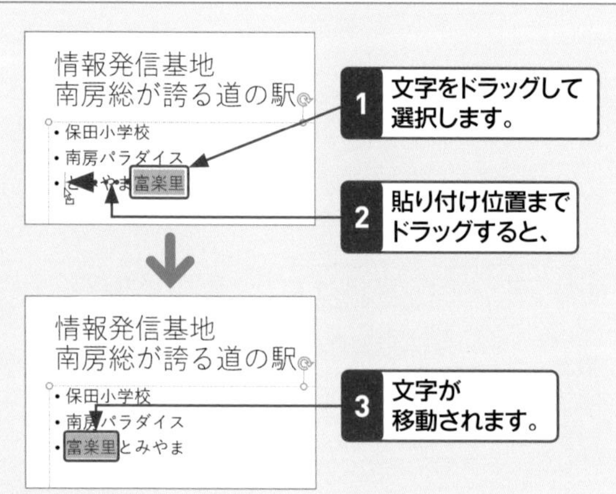

重要度 ★★★ 文字入力のテクニック

Q 025 行頭文字を付けずに改行したい!

A 改行したい位置で[Shift]を押しながら[Enter]を押します。

行頭記号(行頭文字)のあるプレースホルダーに文字を入力して改行すると、次の段落にも行頭文字が自動的に付きます。行頭文字を付けずに改行したいときは、改行時に[Shift]を押しながら[Enter]を押します。

また、行頭文字を[Backspace]などで消去すると、行頭文字が表示されなくなります。

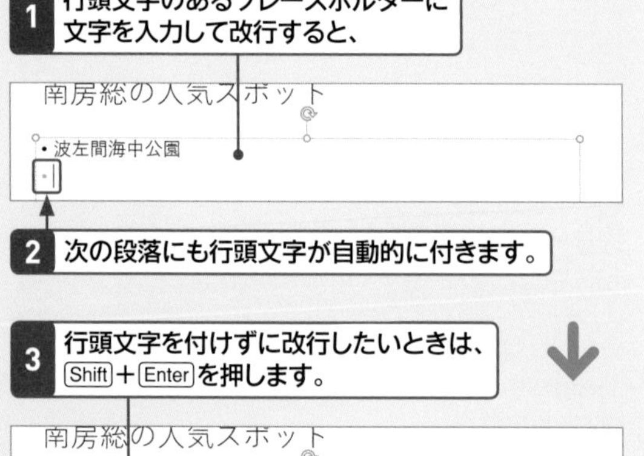

重要度 ★★★ 文字入力のテクニック

Q 026 離れた文字をまとめて選択したい！

A Ctrl を押したまま文字をドラッグします。

離れた文字をまとめて選択するには、Ctrl を押したまま文字をドラッグします。複数の文字に同じ書式を設定したい場合などに有用です。

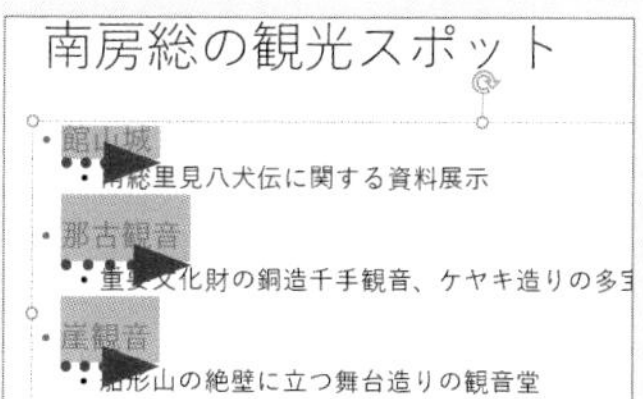

Ctrl を押したまま複数の文字をドラッグします。

重要度 ★★★ 間違いの修正

Q 027 操作を取り消したい！

A クイックアクセスツールバーの<元に戻す>をクリックします。

操作を間違えた場合は、クイックアクセスツールバーの<元に戻す>をクリックすると、直前の操作を取り消すことができます。また、<元に戻す>のをクリックすると、複数の操作をまとめて取り消すことができます。

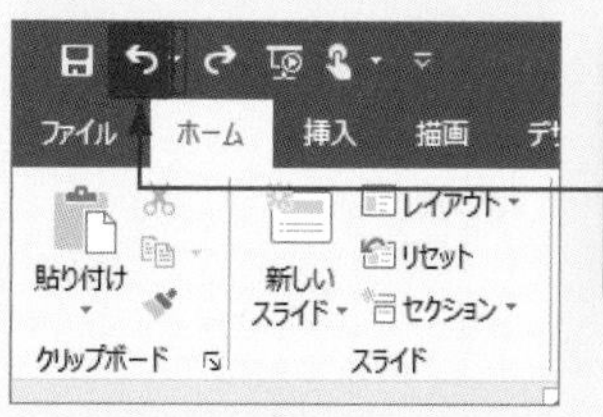

1 <元に戻す>をクリックすると、直前に行った操作を取り消すことができます。

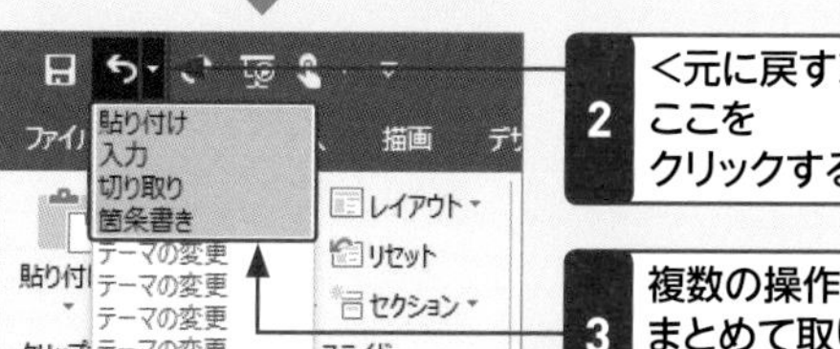

2 <元に戻す>のここをクリックすると、

3 複数の操作をまとめて取り消すことができます。

重要度 ★★★ 間違いの修正

Q 028 取り消した操作をやり直したい！

A クイックアクセスツールバーの<やり直し>をクリックします。

もとに戻した操作をやり直したい場合は、クイックアクセスツールバーの<やり直し>をクリックします。

参照▶Q 027

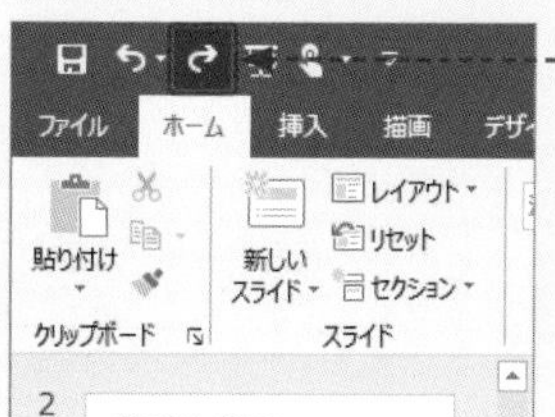

<やり直し>をクリックすると、取り消した操作がやり直されます。

重要度 ★★★ スライドの編集

Q 029 スライドの一覧を見たい！

A 表示モードを「スライド一覧」に切り替えます。

スライドを一覧で見るには、<表示>タブの<スライド一覧>をクリックするか、ステータスバーの<スライド一覧>をクリックして切り替えます。スライドの順番は左下の数字で確認できます。

1 <表示>タブをクリックして、

2 <スライド一覧>をクリックすると、

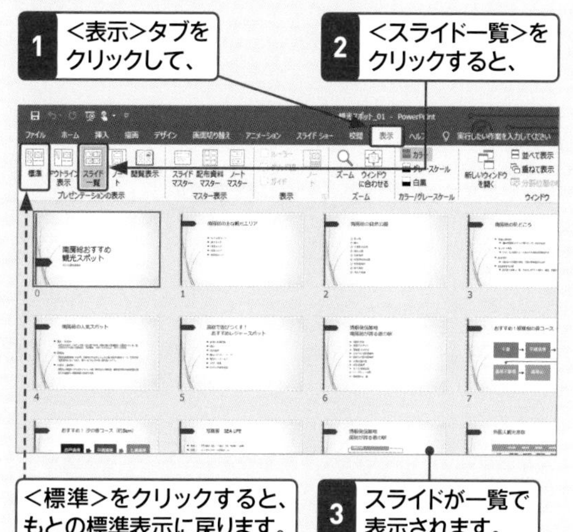

<標準>をクリックすると、もとの標準表示に戻ります。

3 スライドが一覧で表示されます。

重要度★★★ スライドの編集

Q 030 スライドの順番を入れ替えたい！

A スライドのサムネイルでスライドをドラッグします。

スライドの順番を入れ替えたいときは、スライドのサムネイルでスライドを選択し、移動したい位置までドラッグします。スライド一覧表示でもドラッグで移動できます。

参照▶Q 029

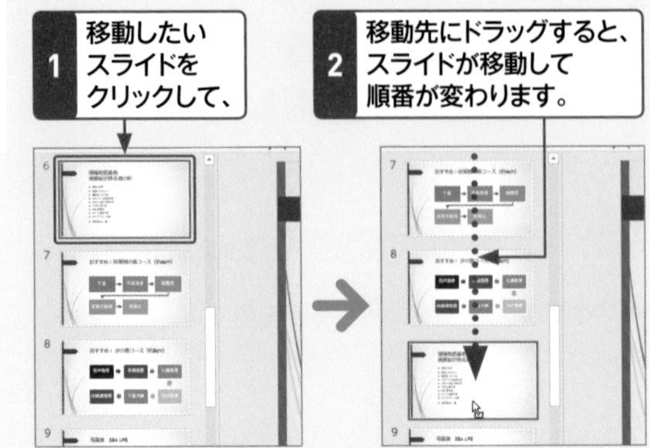

重要度★★★ スライドの編集

Q 031 スライドをコピーしたい！

A <ホーム>タブの<コピー>と<貼り付け>を利用します。

スライドをコピーするには、スライドをクリックして、<ホーム>タブの<コピー>をクリックします。続いて、貼り付け先をクリックして、<ホーム>タブの<貼り付け>をクリックします。

なお、<コピー>の▾をクリックして、<複製>をクリックすると、コピーしたスライドの次にスライドが複製されます。

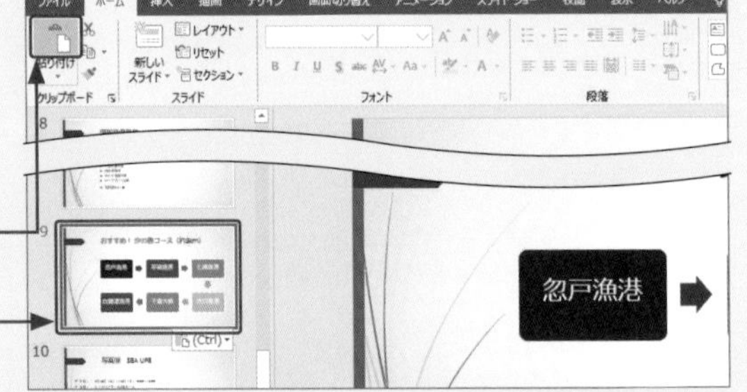

1 スライドをクリックして、
2 <ホーム>タブの<コピー>をクリックします。
3 貼り付ける場所をクリックして、
4 <ホーム>タブの<貼り付け>をクリックすると、
5 スライドがコピーされます。
忍戸漁港

重要度★★★ スライドの編集

Q 032 不要なスライドを削除したい！

A <スライドの削除>をクリックするか、Deleteを押します。

不要なスライドを削除するには、スライドのサムネイルで削除したいスライドを右クリックして、<スライドの削除>をクリックします。あるいは、スライドをクリックしてDeleteまたはBackSpaceを押します。

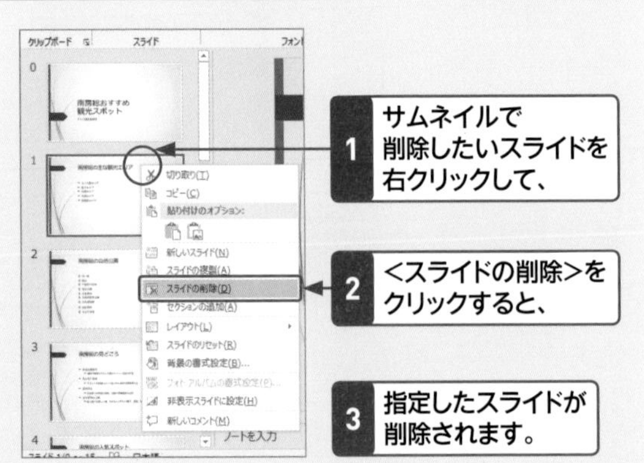

1 サムネイルで削除したいスライドを右クリックして、
2 <スライドの削除>をクリックすると、
3 指定したスライドが削除されます。

重要度 ★★★　保存と終了

Q 033 新しくファイルを保存したい！

A ＜ファイル＞タブから＜名前を付けて保存＞をクリックします。

作成したプレゼンテーションを保存するには、＜ファイル＞タブから＜名前を付けて保存＞をクリックし、＜参照＞をクリックします。

PowerPoint 2013の場合は、＜ファイル＞タブ→＜名前を付けて保存＞→＜コンピューター＞→＜参照＞の順にクリックします。どちらも＜名前を付けて保存＞ダイアログボックスが表示されるので、保存場所を指定してファイル名を入力し、＜保存＞をクリックします。

なお、OneDriveに保存する場合は、手順3で＜OneDrive-個人用＞をクリックして、右側の＜OneDrive-個人用＞にファイル名を入力し、＜保存＞をクリックします。

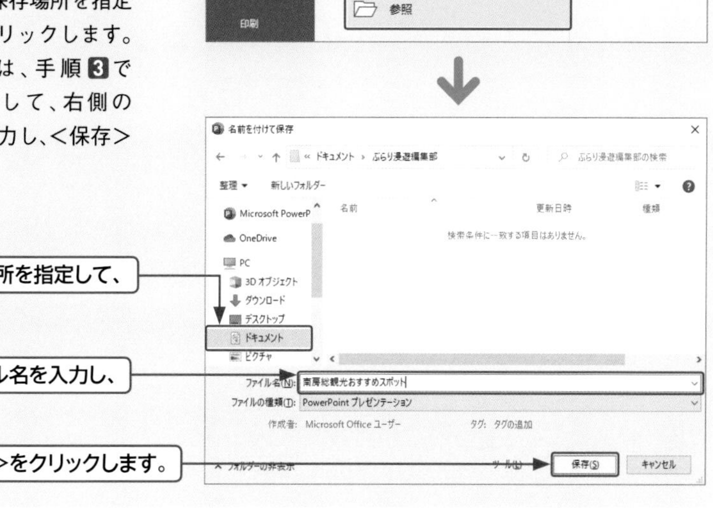

重要度 ★★★　保存と終了

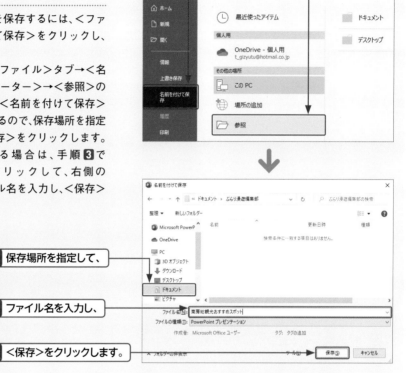

Q 034 ファイルを上書き保存したい！

A クイックアクセスツールバーの＜上書き保存＞をクリックします。

保存したファイルを開いて編集したあと、同じ場所に同じファイル名で保存する場合は、クイックアクセスツールバーの＜上書き保存＞をクリックするか、＜ファイル＞タブから＜上書き保存＞をクリックします。

なお、プレゼンテーションを初めて保存するときに＜上書き保存＞をクリックすると、＜名前を付けて保存＞ダイアログボックスが表示されるので、ファイル名を付けて保存します。

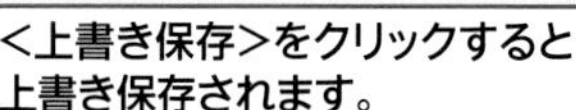

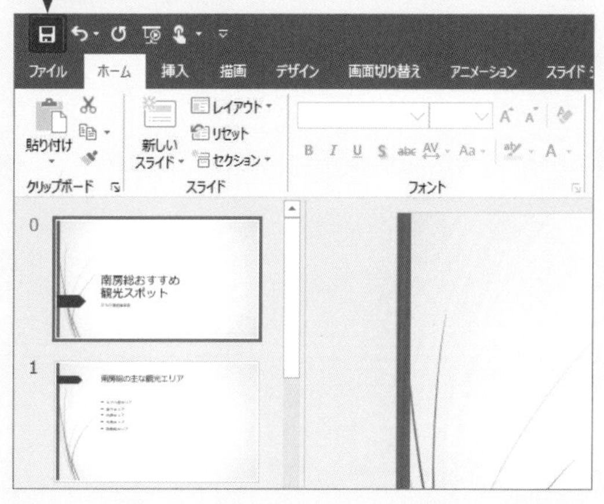

重要度 ★★★ 保存と終了

Q 035 PowerPointを終了したい!

A 画面右上の＜閉じる＞をクリックします。

PowerPointを終了するには、画面右上の＜閉じる＞☒をクリックします。複数のウィンドウを開いている場合は、クリックしたウィンドウのみが閉じます。なお、＜ファイル＞タブをクリックして、＜閉じる＞をクリックすると、PowerPoint自体を終了するのではなく、開いているプレゼンテーションのみが終了します。

重要度 ★★★ 保存と終了

Q 036 「変更内容を保存しますか?」と表示された!

A プレゼンテーションを保存するかどうかを指定します。

プレゼンテーションの作成や編集を行っていた場合に、保存しないでPowerPointを終了しようとすると、確認のメッセージが表示されます。保存してから終了する場合は＜保存＞を、保存せずに閉じる場合は＜保存しない＞を、終了を取り消す場合は＜キャンセル＞をクリックします。

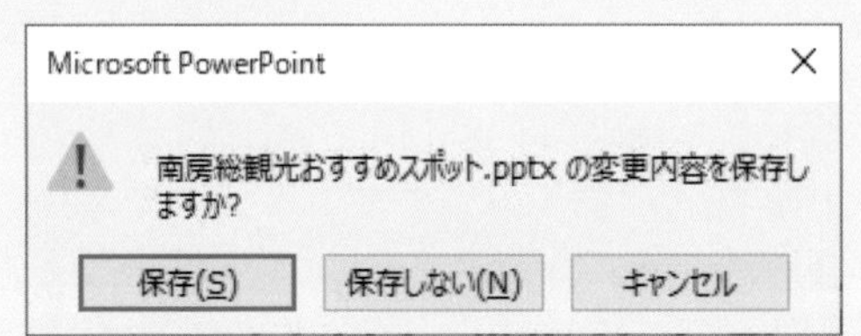

重要度 ★★★ 保存と終了

Q 037 ファイルを保存せずにソフトを終了してしまった!

A 標準で自動保存機能が用意されています。

PowerPointの初期設定では、プレゼンテーションが10分ごとに自動保存されています。また、保存せずに終了してしまった場合、最後に自動保存されたバージョンを残すように設定されています。これらの機能により、作成したプレゼンテーションを保存せずに閉じた場合や、編集内容を上書き保存せずに閉じた場合でも、4日以内であれば、復元ができます。

● 保存をし忘れたプレゼンテーションを回復する

1 ＜ファイル＞タブから＜開く＞をクリックし、

2 ＜保存されていないプレゼンテーションの回復＞をクリックします。

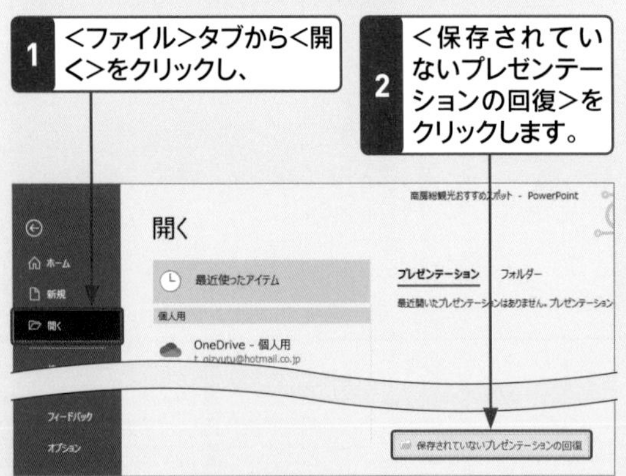

3 ＜ファイルを開く＞ダイアログボックスが表示されるので、開きたいプレゼンテーションをクリックして、＜開く＞をクリックします。

● 編集内容の上書き保存を忘れたファイルを開く

1 編集内容を保存したいファイルを開き、＜ファイル＞タブから＜情報＞をクリックして、＜保存しないで終了＞と表示されているバージョンをクリックします。

2 表示された画面の＜復元＞をクリックすると、自動保存されたバージョンで上書きされます。

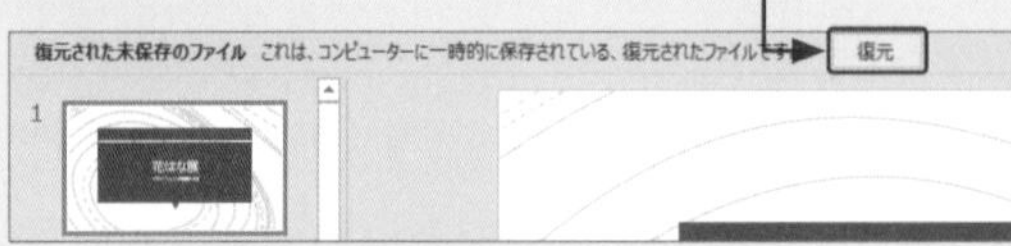

重要度 ★★★　保存と終了

Q 038 以前作ったファイルを開きたい！

A <ファイル>タブから<開く>をクリックします。

保存してあるファイルを開くには、＜ファイル＞タブから＜開く＞をクリックして、＜参照＞をクリックし、目的のファイルを指定します。PowerPoint 2013の場合は、＜ファイル＞タブ→＜開く＞→＜コンピューター＞→＜参照＞の順にクリックします。

1 <ファイル>タブから<開く>をクリックして、

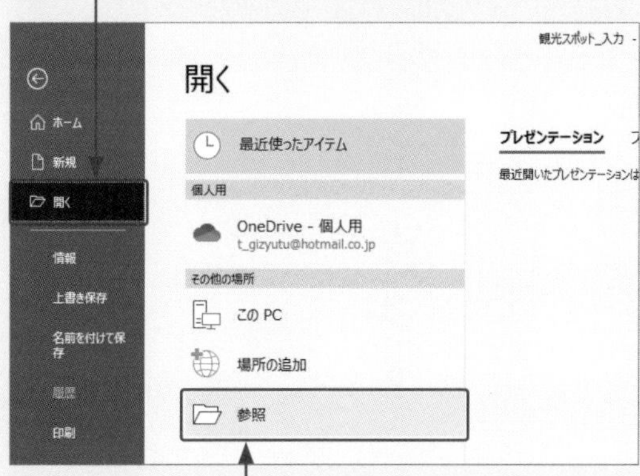

2 <参照>をクリックします。

3 ファイルの保存場所を指定して、

4 目的のファイルをクリックし、

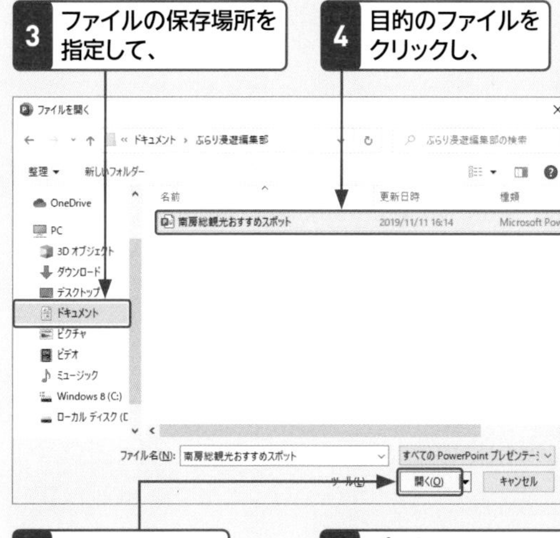

5 <開く>をクリックすると、

6 プレゼンテーションが表示されます。

重要度 ★★★　タブとクイックアクセスツールバー

Q 039 リボンが消えてしまった！

A1 <リボンの表示オプション>をクリックして表示させます。

なんらかの原因でリボンが非表示になってしまった場合は、＜リボンの表示オプション＞ をクリックして、＜タブとコマンドの表示＞をクリックすると表示されます。

リボンがなくなってしまいました。

1 <リボンの表示オプション>をクリックして、

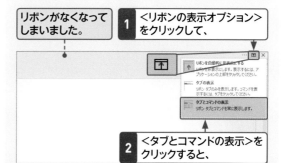

2 <タブとコマンドの表示>をクリックすると、

3 リボンがもとどおりに表示されます。

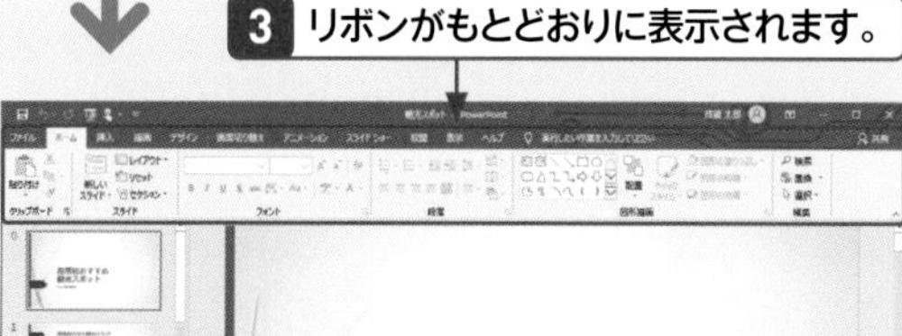

A2 いずれかのタブをダブルクリックして表示させます。

リボンの右端の＜リボンを折りたたむ＞  をクリックすると、タブのみの表示になります。その場合は、いずれかのタブの名前の部分をダブルクリックすると、リボンの表示がもとに戻ります。

1 タブの名前の部分のみが表示されている場合は、

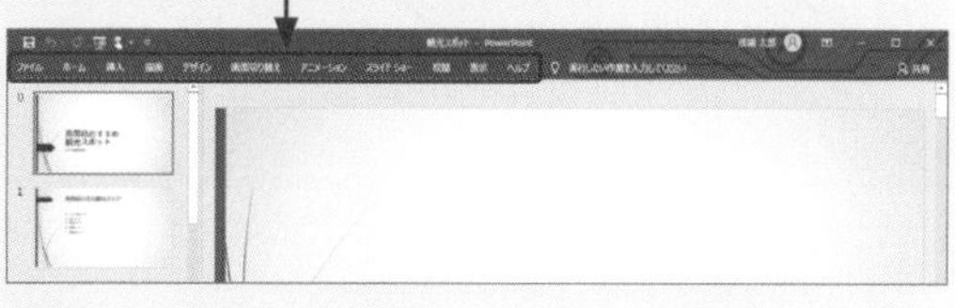

2 いずれかのタブをダブルクリックすると、もとの表示に戻ります。

重要度★★★　タブとクイックアクセスツールバー

Q 040 よく使う機能をすばやく使えるようにしたい！

A クイックアクセスツールバーにコマンドを登録します。

よく使うコマンドをクイックアクセスツールバーに登録しておくと、タブを切り替える手間が省け、すばやく機能を実行することができます。

コマンドを登録するには、<クイックアクセスツールバーのユーザー設定>のメニューから登録する、目的のコマンドを右クリックして登録する、<PowerPointのオプション>ダイアログボックスから登録する、の3つの方法があります。

登録したコマンドを削除したい場合は、クイックアクセスツールバーで削除したいコマンドを右クリックして、<クイックアクセスツールバーから削除>をクリックします。

● メニューから登録する

1 <クイックアクセスツールバーのユーザー設定>をクリックして、

2 追加したいコマンド（ここでは<開く>）をクリックすると、コマンドが登録されます。

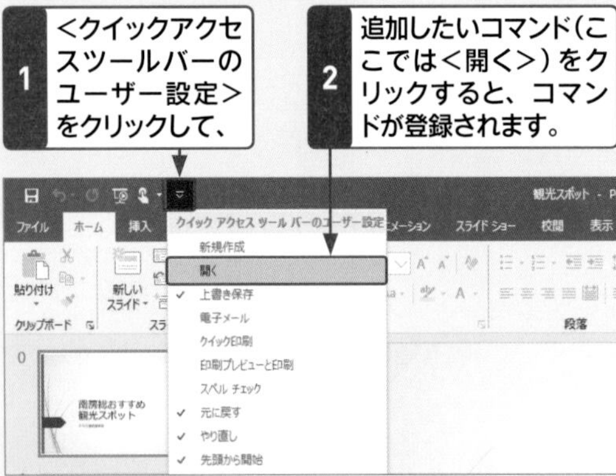

● コマンドの右クリックから登録する

1 登録したいコマンド（ここでは<画像>）を右クリックして、

2 <クイックアクセスツールバーに追加>をクリックすると、コマンドが登録されます。

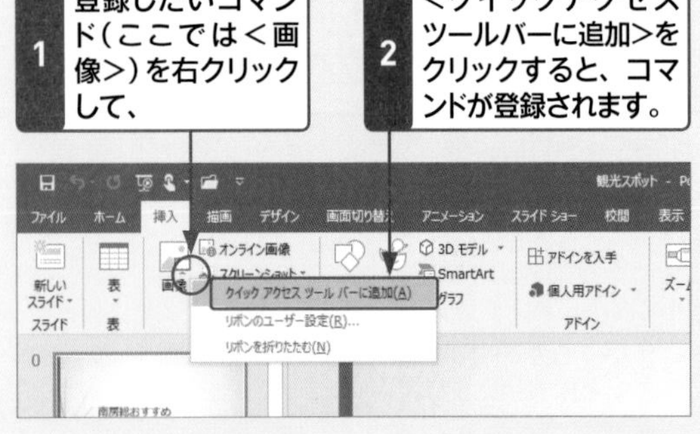

● <PowerPointのオプション>から登録する

1 <クイックアクセスツールバーのユーザー設定>をクリックして、

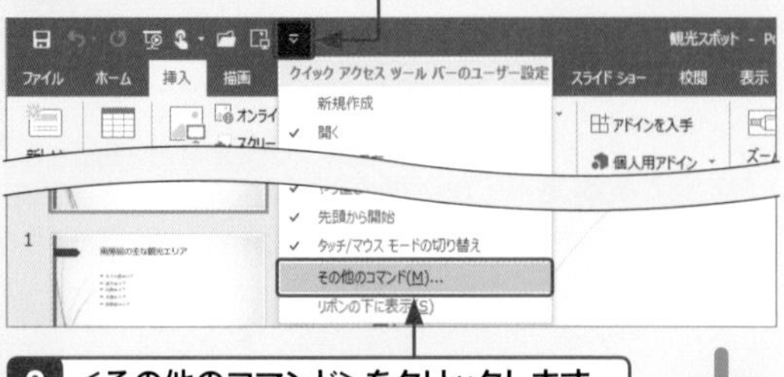

2 <その他のコマンド>をクリックします。

3 <リボンにないコマンド>を選択して、

4 登録したいいコマンド（ここでは<新しいファイル>）をクリックし、

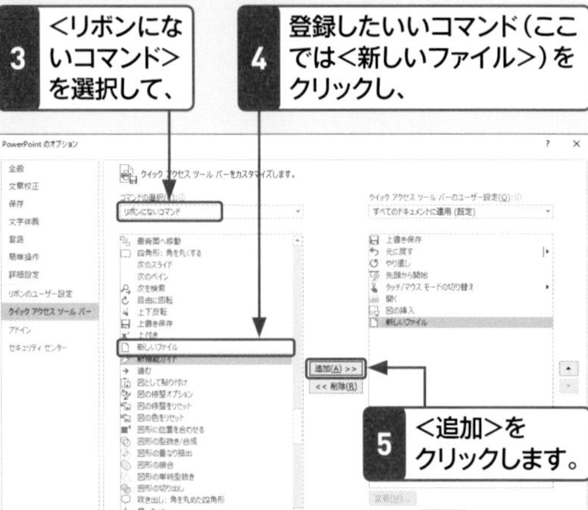

5 <追加>をクリックします。

6 <OK>をクックすると、

7 コマンドがクイックアクセスツールバーに登録されます。

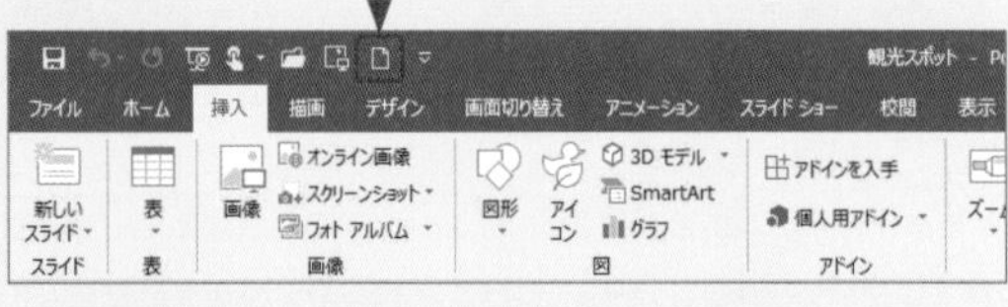

● コマンドの削除

1 コマンドを右クリックして、

2 <クイックアクセスツールバーから削除>をクリックします。

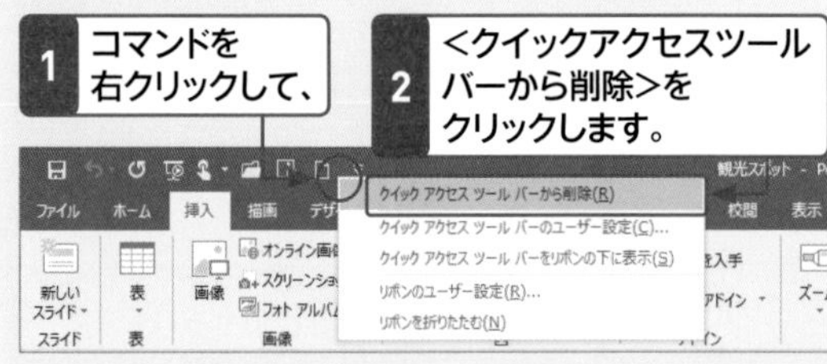

第2章

スライド作成の快適技!

041 >>> 044 テンプレートの利用
045 >>> 053 テーマの設定
054 >>> 057 背景
058 >>> 060 テーマの再利用
061 >>> 062 フッターの入力
063 >>> 067 日付の表示
068 >>> 070 スライド番号
071 >>> 074 スライドのサイズ
075 >>> 081 セクションの活用
082 >>> 084 いろいろな表示モードの活用

重要度 ★★★ テンプレートの利用

Q 041 テンプレートについて知りたい!

A プレゼンテーションを作成する際のひな形のことです。

テンプレートとは、新しいプレゼンテーションを作成する際のひな形となるファイルのことで、利用すれば、ストーリーのあるプレゼンテーションをかんたんに作成することができます。テンプレートには、レイアウトやテーマの色、テーマのフォント、テーマの効果、背景のスタイルが設定されているほか、表やグラフなどのコンテンツがあらかじめ含まれているものもあります。自分で作成したスライドのデザインをテンプレートに登録して、再利用することもできます。

参照▶Q 042, Q 043

● テンプレートに含まれる要素

テンプレートに含まれる要素は、それぞれのテンプレートによって異なりますが、おもに以下のような要素が含まれます。それぞれの要素を編集して、目的のプレゼンテーションを作成します。

スライドタイトルやテキスト

画像やテクスチャ、グラデーション、単色の塗りつぶしなどの背景書式

あなたにとって最適
プレゼンテーションの表紙のタイトル

文字色やフォント、効果、テーマのデザイン

テキストを入力するプレースホルダー

● テンプレートの種類

テンプレートは豊富な種類が用意されています。ビジネス、教育、各種ラベル、業界、イベント、カードなど、用途に応じて探すこともできます。

● プレゼンテーション

● ビジネス

● 教育

● イベント

Q 042 テンプレートを利用したい！

A <新規>画面でテンプレートを検索してダウンロードします。

テンプレートを利用するには、<ファイル>タブから<新規>をクリックして、検索ボックスにキーワードを入力して検索します。あるいは、検索ボックスの下にある<検索の候補>から目的の項目をクリックして、検索します。

1 <ファイル>タブから<新規>をクリックして、

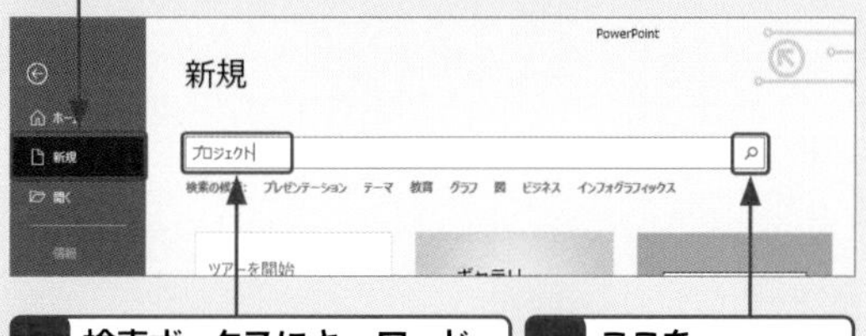

2 検索ボックスにキーワード（ここでは<プロジェクト>）を入力し、

3 ここをクリックします。

4 使用したいテンプレートをクリックして、

5 <作成>をクリックすると、テンプレートがダウンロードされます。

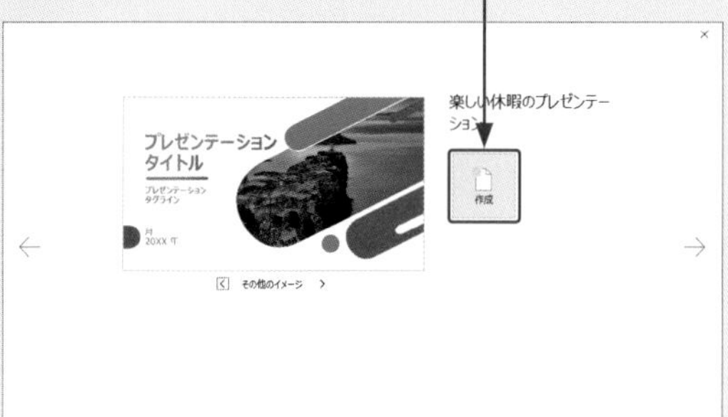

Q 043 作成したスライドをテンプレートにしたい！

A ファイルの種類をPowerPointテンプレートにして保存します。

テーマやレイアウトを編集したスライドを再利用したい場合は、作成したプレゼンテーションをテンプレートに登録します。プレゼンテーションをテンプレートとして登録するには、プレゼンテーションを保存する際に、ファイルの種類を「PowerPointテンプレート」にします。既定の保存先は、<Officeのカスタムテンプレート>フォルダーです。

なお、PowerPoint 2013の場合は、手順1のあとに<コンピューター>をクリックします。

1 <ファイル>タブから<名前を付けて保存>をクリックして、

2 <参照>をクリックします。

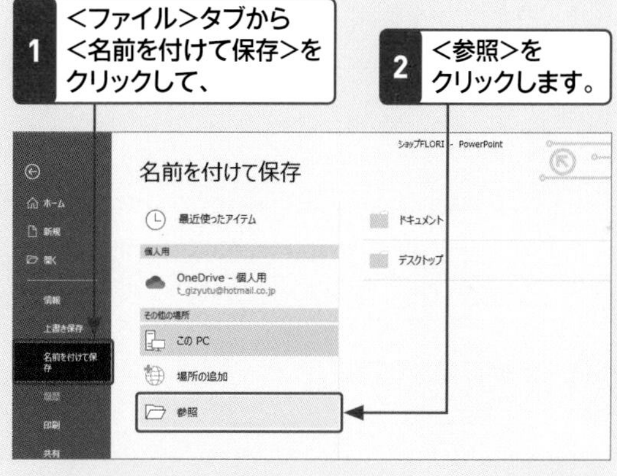

保存先は自動的に指定されます。

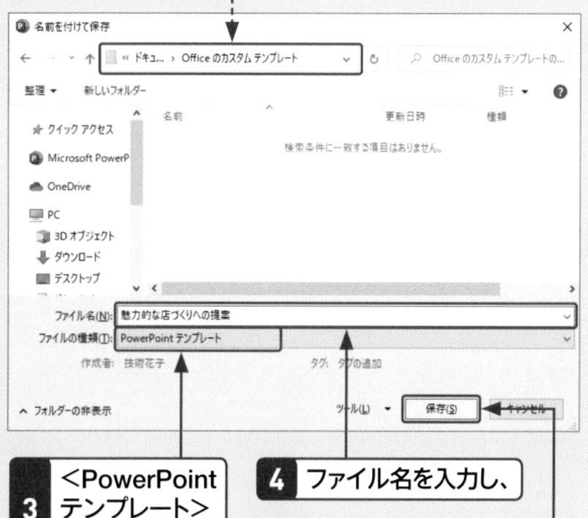

3 <PowerPointテンプレート>を選択して、

4 ファイル名を入力し、

5 <保存>をクリックします。

重要度 ★★★　テンプレートの利用

Q 044 保存したテンプレートを利用したい！

A ＜ファイル＞タブの＜新規＞の＜ユーザー設定＞から開きます。

保存したオリジナルのテンプレートを利用するには、＜ファイル＞タブから＜新規＞をクリックして、＜ユーザー設定＞をクリックして表示します。PowerPoint 2013の場合は、＜ファイル＞タブの＜新規＞から＜個人用＞をクリックして、保存したテンプレートをクリックします。
ただし、既定のフォルダー以外に保存したテンプレートは表示されないので注意しましょう。

参照 ▶ Q 043

1 ＜ファイル＞タブから＜新規＞をクリックして、

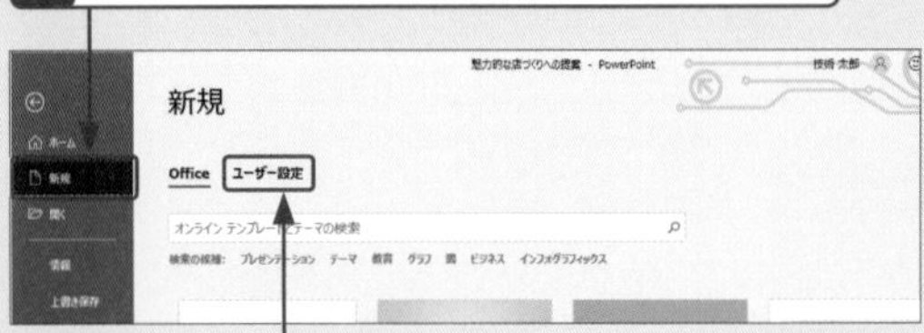

2 ＜ユーザー設定＞をクリックします。

3 ＜Officeのカスタムテンプレート＞をクリックして、

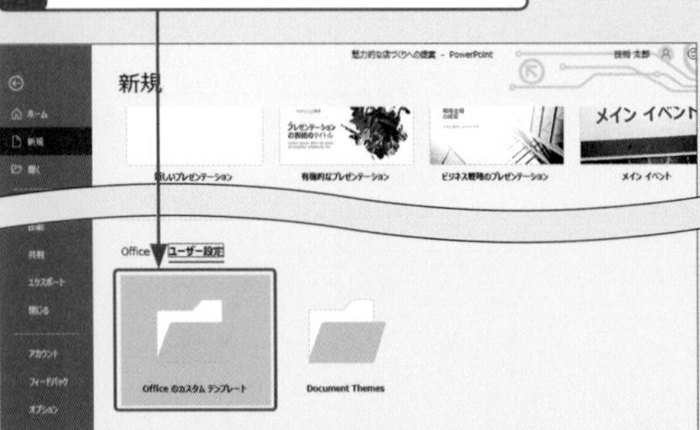

4 保存したテンプレートをクリックし、＜作成＞をクリックします。

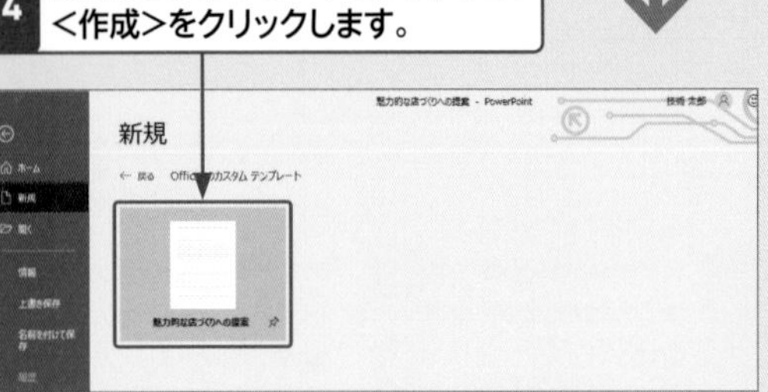

重要度 ★★★　テーマの設定

Q 045 テーマを利用したい！

A ＜ファイル＞タブの＜新規＞からテーマを選びます。

テーマは、＜ファイル＞タブから＜新規＞をクリックすると、＜新規＞画面に一覧で表示されます。＜新規＞画面にはテーマのほかに、過去に利用したテンプレートも表示されます。

参照 ▶ Q 042

1 ＜ファイル＞タブをクリックして、＜新規＞をクリックし、

2 利用したいテーマ（ここでは＜アトラス＞）をクリックします。

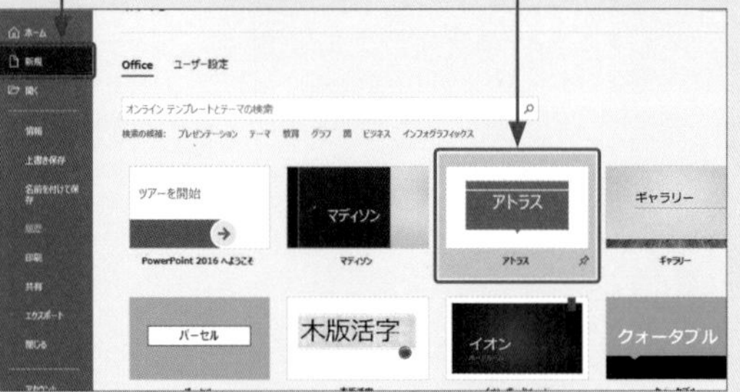

3 バリエーションをクリックして、

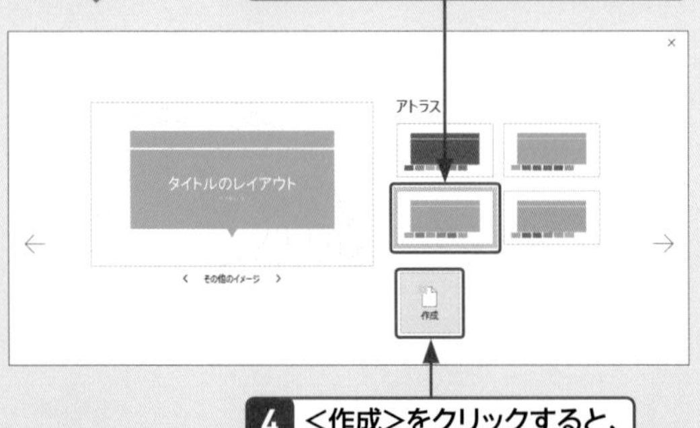

4 ＜作成＞をクリックすると、

5 テーマが設定されます。

Q 046 スライドの配色をかんたんに変更したい！

A ＜デザイン＞タブの＜バリエーション＞の＜配色＞から変更します。

テーマやバリエーションには、テーマの雰囲気に合わせて、背景や文字の配色パターンが複数用意されています。＜デザイン＞タブの＜バリエーション＞の＜その他＞▽をクリックして、＜配色＞から変更したい配色を選択すると、テーマはそのままでスライドの配色だけを変更することができます。
指定したスライドの配色だけを変更する場合は、目的の配色を右クリックして、＜選択したスライドに適用＞をクリックします。

1 ＜デザイン＞タブをクリックして、

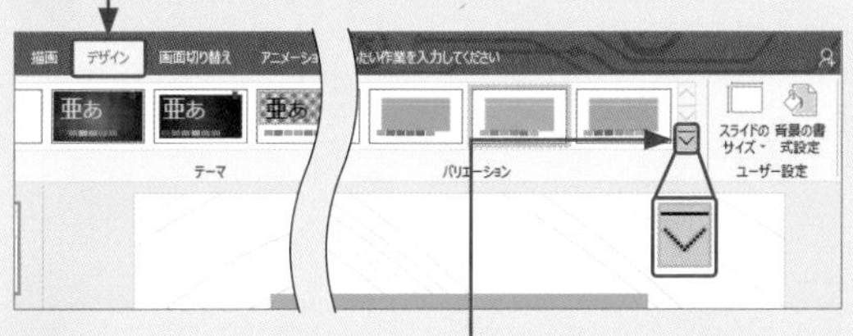

2 ＜バリエーション＞の＜その他＞をクリックします。

3 ＜配色＞にマウスポインターを合わせて、

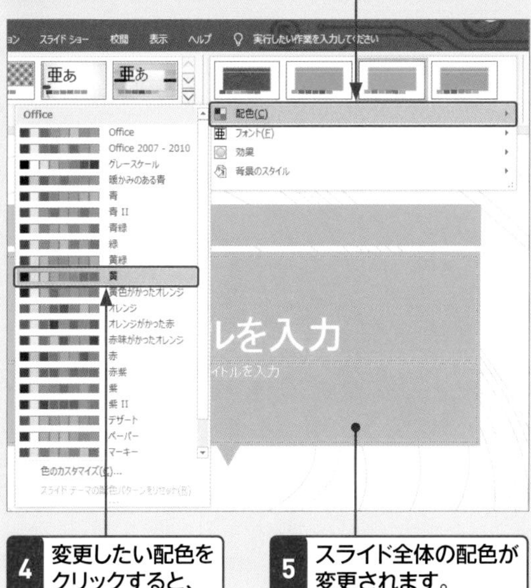

4 変更したい配色をクリックすると、

5 スライド全体の配色が変更されます。

Q 047 背景の色を変更したい！

A ＜バリエーション＞の＜背景のスタイル＞から変更します。

スライド全体の背景の色を変更するには、＜デザイン＞タブの＜バリエーション＞の＜その他＞▽をクリックして、＜背景のスタイル＞から選択します。＜背景のスタイル＞には、背景の色やグラデーションなどのパターンが用意されています。
＜背景のスタイル＞に目的の色がない場合は、手順4で＜背景の書式設定＞をクリックして、＜背景の書式設定＞作業ウィンドウで色を設定できます。

1 ＜デザイン＞タブをクリックして、

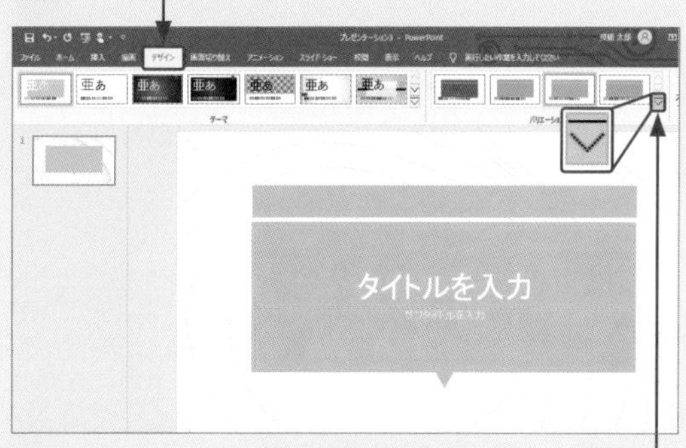

2 ＜バリエーション＞の＜その他＞をクリックします。

3 ＜背景のスタイル＞にマウスポインターを合わせて、

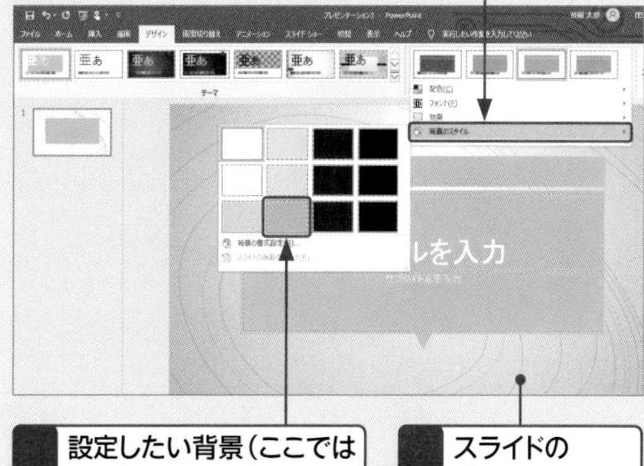

4 設定したい背景（ここでは＜スタイル10＞）をクリックすると、

5 スライドの背景スタイルが変更されます。

重要度★★★ テーマの設定

Q 048 スライドの配色を自分で設定して保存したい！

A ＜配色＞から＜色のカスタマイズ＞をクリックして設定します。

テーマの配色パターンをカスタマイズして、オリジナルの配色を設定することもできます。＜デザイン＞タブの＜バリエーション＞の＜その他＞をクリックして、＜配色＞から＜色のカスタマイズ＞をクリックし、表示されるダイアログボックスで設定します。

1 ＜デザイン＞タブの＜バリエーション＞の＜その他＞をクリックして、

2 ＜配色＞にマウスポインターを合わせ、

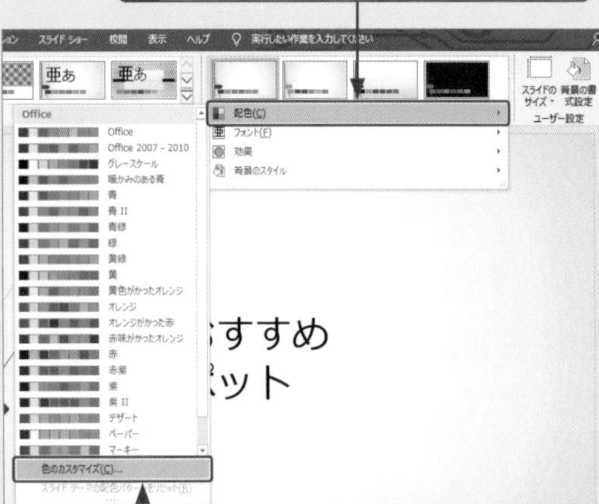

3 ＜色のカスタマイズ＞をクリックします。

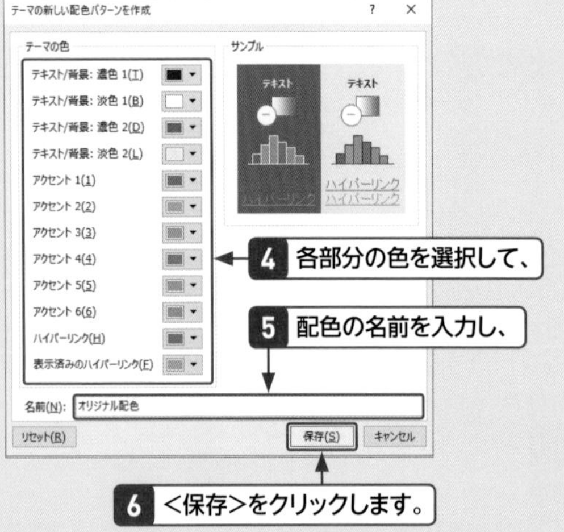

4 各部分の色を選択して、

5 配色の名前を入力し、

6 ＜保存＞をクリックします。

重要度★★★ テーマの設定

Q 049 保存した配色の設定を利用したい！

A ＜バリエーション＞の＜配色＞の＜ユーザー定義＞から利用します。

カスタマイズして保存した配色は、＜配色＞の＜ユーザー定義＞に保存されています。＜デザイン＞タブの＜バリエーション＞の＜その他＞をクリックして、＜配色＞の＜ユーザー定義＞から保存した配色を選択します。保存された配色は、ほかのプレゼンテーションでも利用することができます。 参照▶Q 048

1 ＜デザイン＞タブをクリックして、

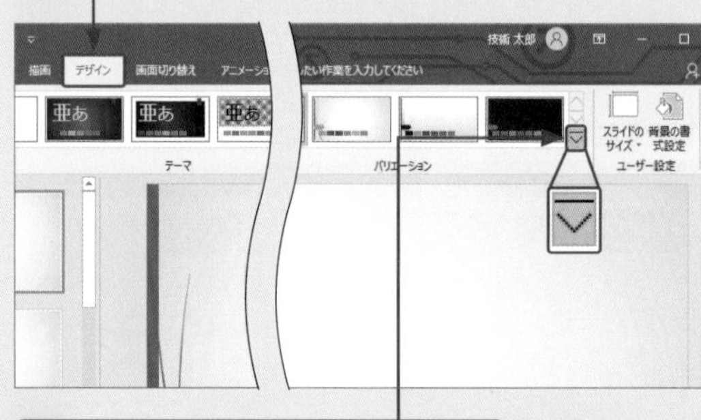

2 ＜バリエーション＞の＜その他＞をクリックします。

3 ＜配色＞にマウスポインターを合わせて、

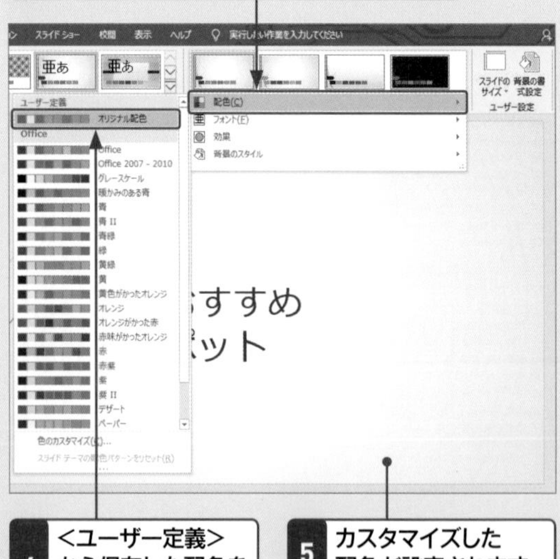

4 ＜ユーザー定義＞から保存した配色をクリックすると、

5 カスタマイズした配色が設定されます。

重要度 ★★★　テーマの設定

Q050 書式とは？

A 文字や図形、画像などの見せ方を設定するのが書式です。

必要な情報を正確に伝え、かつ訴求力のあるプレゼンテーションを作成するには、書式の設定が欠かせません。いかに文字を見やすく読みやすくするか、図や表を効果的に見せるかなどの見せ方を設定するのが「書式」です。

書式には、文字サイズ、文字色、フォント（書体）などを設定する文字書式、箇条書き、文字配置、行間などを設定する段落書式、図や表、グラフの色やスタイルなどを設定する書式があります。

● **文字書式の設定例**

フォント、文字サイズ、文字色を変更し、文字効果（反射）を設定しています。

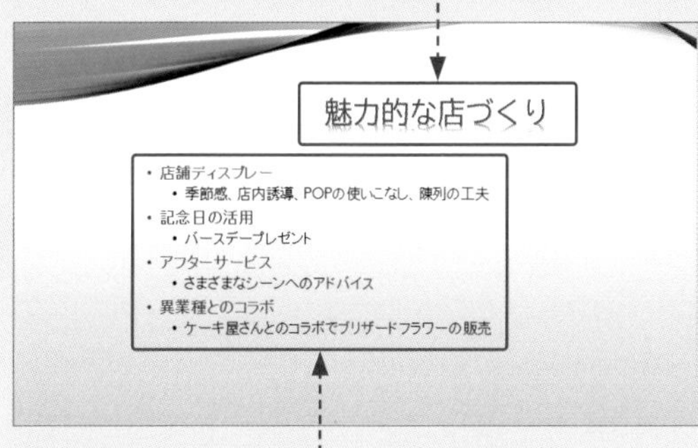
魅力的な店づくり
・店舗ディスプレー
・季節感、店内誘導、POPの使いこなし、陳列の工夫
・記念日の活用
・バースデープレゼント
・アフターサービス
・さまざまなシーンへのアドバイス
・異業種とのコラボ
・ケーキ屋さんとのコラボでプリザードフラワーの販売

箇条書きにレベルを設定し、文字色を変更しています。

● **表に書式を設定した例**

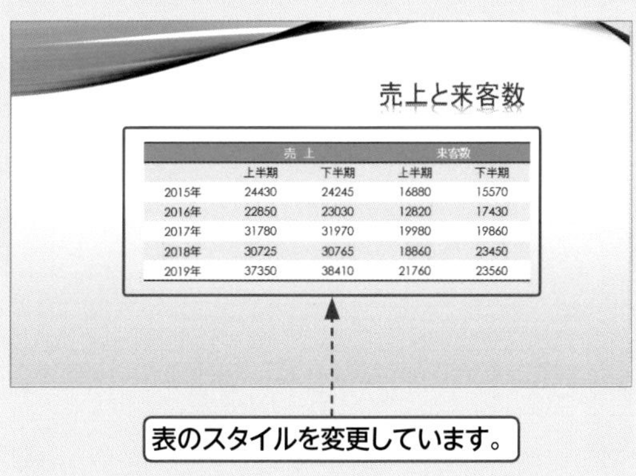
売上と来客数

	売上		来客数	
	上半期	下半期	上半期	下半期
2015年	24430	24245	16880	15570
2016年	22850	23030	12820	17430
2017年	31780	31970	19980	19860
2018年	30725	30765	18860	23450
2019年	37350	38410	21760	23560

表のスタイルを変更しています。

重要度 ★★★　テーマの設定

Q051 スライド全体のフォントをまとめて設定したい！

A <デザイン>タブの<バリエーション>の<フォント>から変更します。

テーマで使われているフォントをまとめて変更するには、<デザイン>タブの<バリエーション>の<その他>をクリックして、<フォント>から変更したいフォントセットを選択します。各フォントセットには、上から「英数字」「見出し」「本文」の3つのフォントの組み合わせが表示されます。ただし、文字のフォントを個別に自分で変更してからスライド全体でフォントを設定した場合は、テーマ全体の変更内容は適用されません。

1 <デザイン>タブをクリックして、

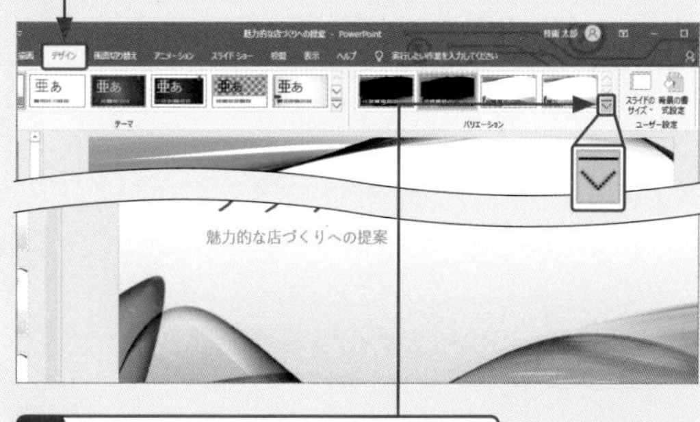
魅力的な店づくりへの提案

2 <バリエーション>の<その他>をクリックします。

3 <フォント>にマウスポインターを合わせて、

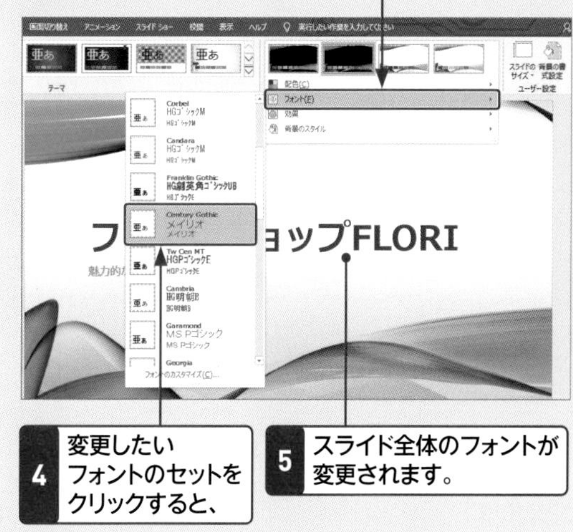
ョップFLORI

4 変更したいフォントのセットをクリックすると、

5 スライド全体のフォントが変更されます。

重要度 ★★★ テーマの設定

Q 052 見出しと本文を別々のフォントで統一したい！

A ＜フォント＞から＜フォントのカスタマイズ＞をクリックして設定します。

スライド全体のフォントを変更するのではなく、見出しと本文を別々のフォントで統一するなど細かい設定をしたい場合は、＜デザイン＞タブの＜バリエーション＞の＜その他＞▽をクリックして、＜フォント＞から＜フォントのカスタマイズ＞をクリックして設定します。カスタマイズしたフォントセットは、フォントの一覧の＜ユーザー定義＞に追加されます。

参照▶Q 051

1 ＜デザイン＞タブの＜バリエーション＞の＜その他＞▽をクリックして、

2 ＜フォント＞にマウスポインターを合わせ、

3 ＜フォントのカスタマイズ＞をクリックします。

4 英数字用の見出しと本文用のフォントを設定して、

5 日本語文字用の見出しと本文用のフォントを設定します。

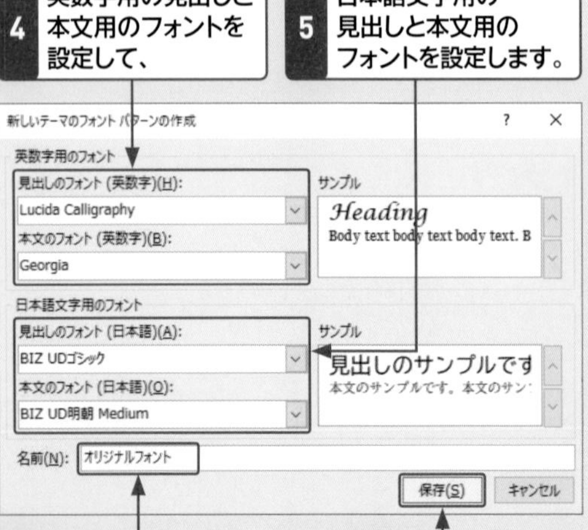

6 フォントセットの名前を入力して、

7 ＜保存＞をクリックします。

重要度 ★★★ テーマの設定

Q 053 すべてのスライドの図形に書式を設定したい！

A ＜デザイン＞タブの＜バリエーション＞の＜効果＞から変更します。

プレゼンテーションの図形には書式の組み合わせである効果をまとめて設定することができます。＜デザイン＞タブの＜バリエーション＞の＜その他＞▽をクリックすると、＜効果＞から効果の種類を選択できます。＜効果＞には、図形に設定する塗りつぶしや枠線、影などの書式の組み合わせが用意されています。

効果の種類にマウスポインターを合わせると、その結果がプレビューされます。何度か試して、最適なものを見つけるとよいでしょう。

1 ＜デザイン＞タブをクリックして、

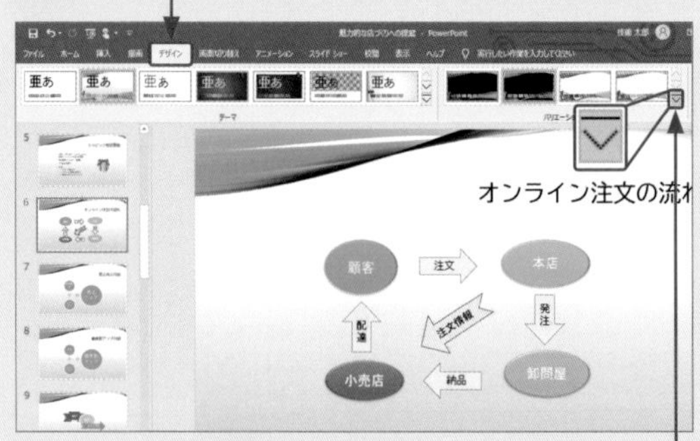

2 ＜バリエーション＞の＜その他＞をクリックします。

3 ＜効果＞にマウスポインターを合わせて、

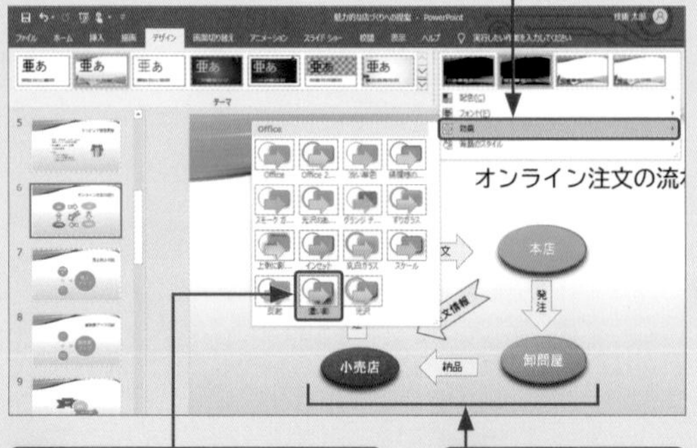

4 設定したい効果の種類（ここでは＜濃い影＞）をクリックすると、

5 図形の書式がまとめて変更されます。

重要度 ★★★ 背景

Q 054 スライドの背景に好きな画像を使いたい！

A <デザイン>タブの<背景の書式設定>から画像を挿入します。

スライドの背景に画像を挿入するには、<デザイン>タブの<背景の書式設定>をクリックして<背景の書式設定>作業ウィンドウを表示し、画像を指定します。なお、PowerPoint 2013の場合は、手順4で<ファイル>をクリックします。手順5は不要です。

1 <デザイン>タブをクリックして、
2 <背景の書式設定>をクリックします。
3 <塗りつぶし（図またはテクスチャ）>をクリックしてオンにし、
4 <挿入する>をクリックして、

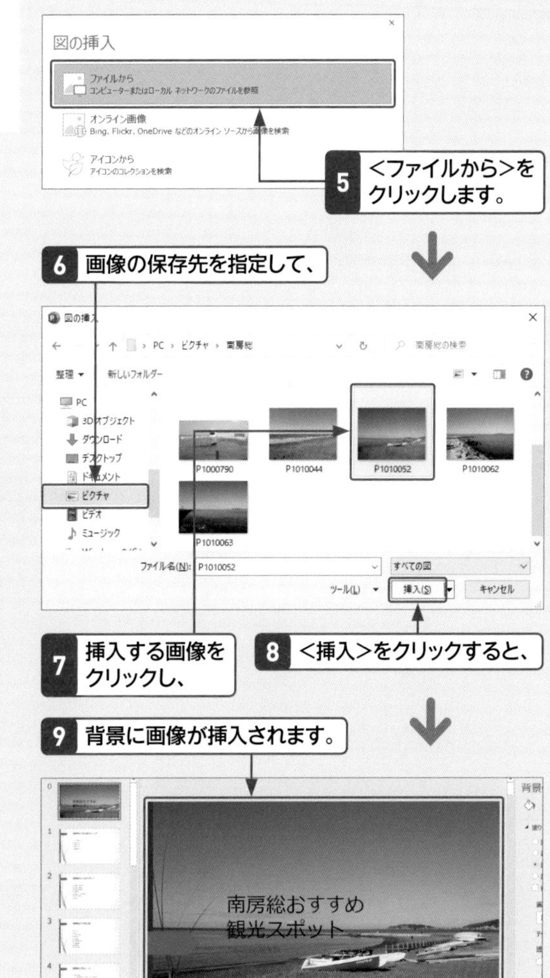

重要度 ★★★ 背景

Q 055 スライドの背景の画像を半透明にしたい！

A <背景の書式設定>作業ウィンドウで透明度を設定します。

スライドの背景には画像を挿入することができますが、挿入した画像によっては、文字が見えにくくなることがあります。この場合は、画像の透明度を調整するとよいでしょう。画像を挿入したスライドを表示して、<背景の書式設定>作業ウィンドウを表示し、透明度を設定します。

参照▶Q 054

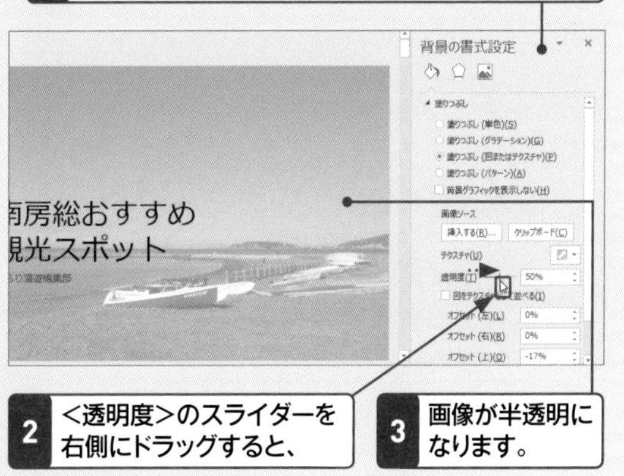

1 <背景の書式設定>作業ウィンドウを表示します。
背景の書式設定
南房総おすすめ
観光スポット
2 <透明度>のスライダーを右側にドラッグすると、
3 画像が半透明になります。

重要度★★★　背景

Q 056 すべてのスライドの背景を同じ画像に統一したい！

A ＜背景の書式設定＞作業ウィンドウで＜すべてに適用＞をクリックします。

すべてのスライドの背景に同じ画像を挿入するには、画像を挿入する際に、＜背景の書式設定＞作業ウィンドウで＜すべてに適用＞をクリックします。

参照►Q 054

＜すべてに適用＞をクリックすると、すべてのスライドの背景に画像が挿入されます。

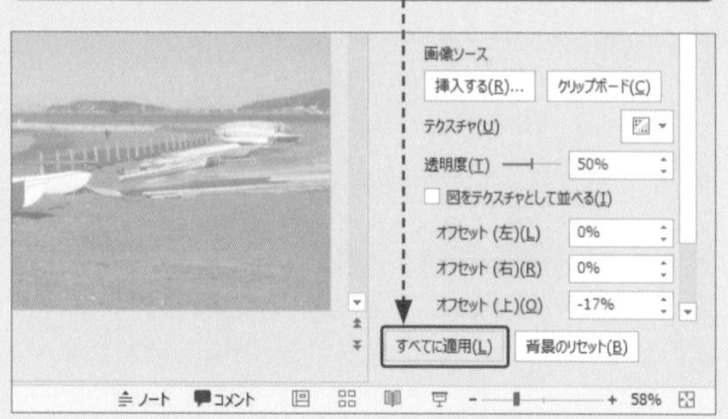

重要度★★★　背景

Q 057 背景の設定をリセットしたい！

A ＜背景の書式設定＞作業ウィンドウで背景をリセットします。

スライドの塗りつぶしや、背景に挿入した画像などを取り消したいときは、＜背景の書式設定＞作業ウィンドウを表示して、＜背景のリセット＞をクリックします。＜背景のリセット＞が選択できない場合は、＜塗りつぶし（グラデーション）＞をクリックして、＜すべてに適用＞をクリックします。

参照►Q 054

＜背景のリセット＞をクリックすると、背景の設定が取り消されます。

重要度★★★　テーマの再利用

Q 058 自分で設定したテーマを保存したい！

A ＜テーマ＞の＜現在のテーマを保存＞を利用します。

配色やフォント、効果、背景のスタイルなどをカスタマイズしたスライドをテーマとして保存すれば、ほかのプレゼンテーションでもそのテーマを利用することができます。＜デザイン＞タブの＜テーマ＞の＜現在のテーマを保存＞で保存します。

1 ＜デザイン＞タブの＜テーマ＞の＜その他＞☑をクリックして、

2 ＜現在のテーマを保存＞をクリックします。

保存先は自動的に指定されます。

3 テーマの名前を入力して、

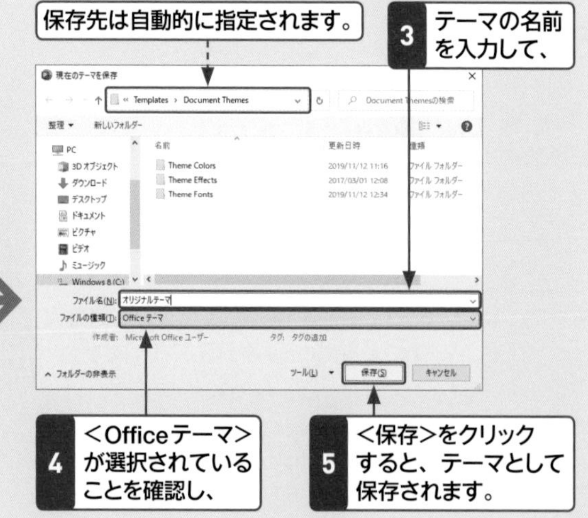

4 ＜Officeテーマ＞が選択されていることを確認し、

5 ＜保存＞をクリックすると、テーマとして保存されます。

重要度 ★★★　テーマの再利用

Q 059 保存したテーマを利用したい!

A <デザイン>タブの<テーマ>の<ユーザー定義>から利用します。

保存したテーマは、<デザイン>タブの<テーマ>の<その他>▽をクリックすると、<ユーザー定義>に表示されます。利用したいテーマをクリックすれば、保存したテーマがスライドに適用されます。また、<新規>画面の<ユーザー設定>をクリックしても選択することができます。

参照▶Q 058

重要度 ★★★　テーマの再利用

Q 060 ほかのファイルのスライドを利用したい!

A <スライドの再利用>を利用します。

ほかのファイルのスライドを現在作成中のプレゼンテーションで利用することができます。<ホーム>タブの<新しいスライド>の下の部分をクリックし、<スライドの再利用>から挿入するスライドを指定します。

挿入したスライドのテーマは、挿入先のテーマに変更されますが、<元の書式を保持する>をオンにしてから挿入すると、もとのスライドのテーマを保持したまま挿入することができます。

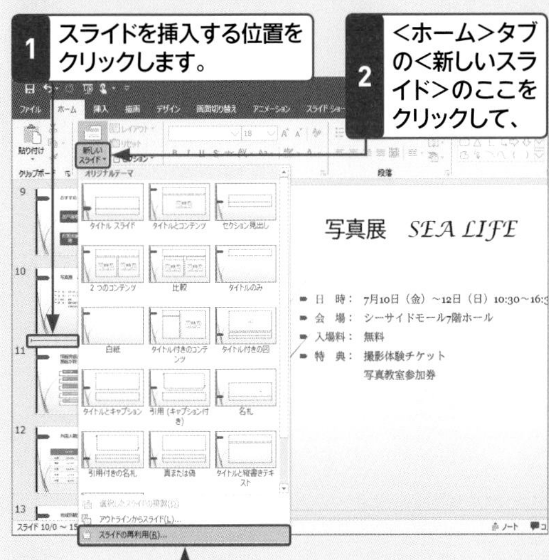

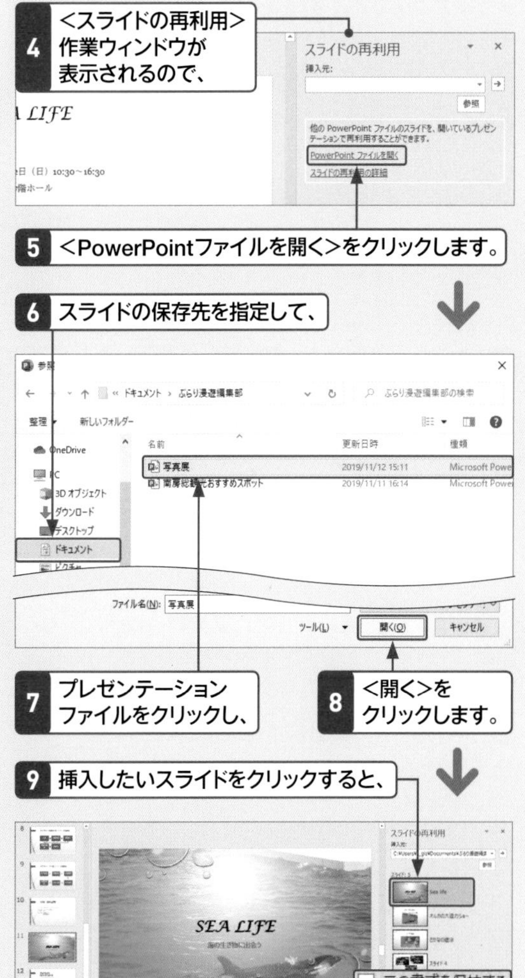

重要度 ★★★ フッターの入力

Q 061 スライドに会社名や著作権表示の©を入れたい!

A ＜挿入＞タブの＜ヘッダーとフッター＞から設定します。

スライドに会社名や著作権表示の© などを入れたい場合は、ヘッダーとフッター機能を利用します。各スライドの上部余白に表示される情報を「ヘッダー」、各スライドの下部余白に表示される情報を「フッター」といいます。会社名や© といったテキストのほかに、現在の日付と時刻やスライド番号などが挿入できます。

フッターを挿入するには、＜挿入＞タブをクリックして、＜ヘッダーとフッター＞をクリックし、＜ヘッダーとフッター＞ダイアログボックスで設定します。フッターの表示される位置は、設定しているテーマによって異なります。

なお、PowerPoint ではヘッダーを直接挿入することができません。ヘッダーを挿入したい場合は、フッターで設定した文字をスライドの上部にドラッグします。

参照 ▶ Q 062, Q 086

1 ＜挿入＞タブをクリックして、

2 ＜ヘッダーとフッター＞をクリックします。

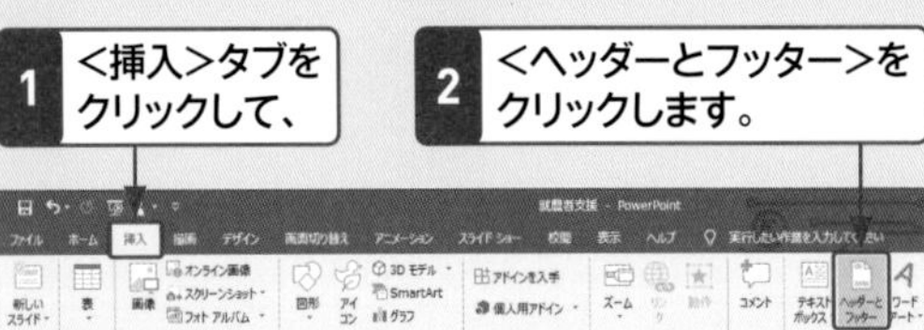

3 ＜スライド＞をクリックし、

ここにフッターの表示位置が表示されます。

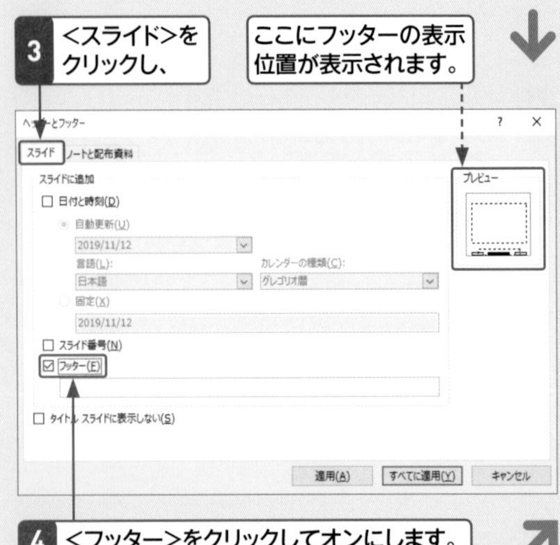

4 ＜フッター＞をクリックしてオンにします。

5 ここに©と会社名などを入力して、

6 ＜適用＞をクリックすると、

7 フッターに入力した文字が挿入されます。

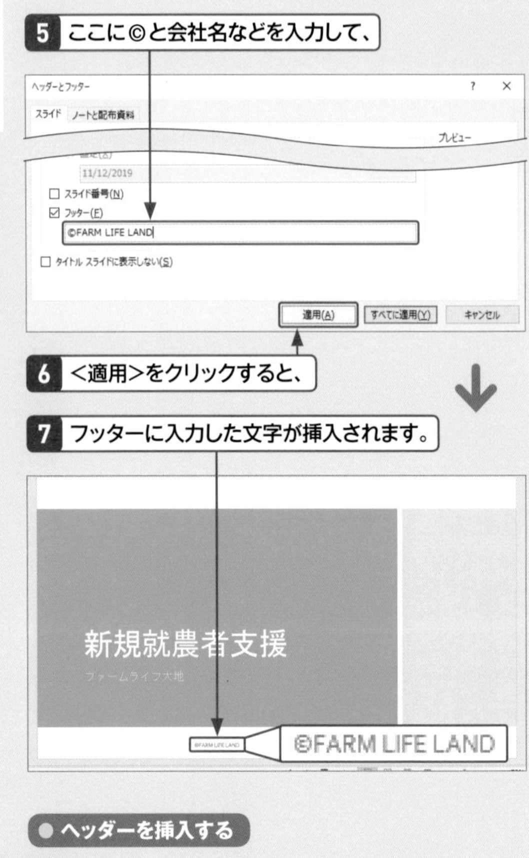

● ヘッダーを挿入する

1 スライドマスターを表示して(Q 086参照)、一番上のスライドマスターをクリックします。

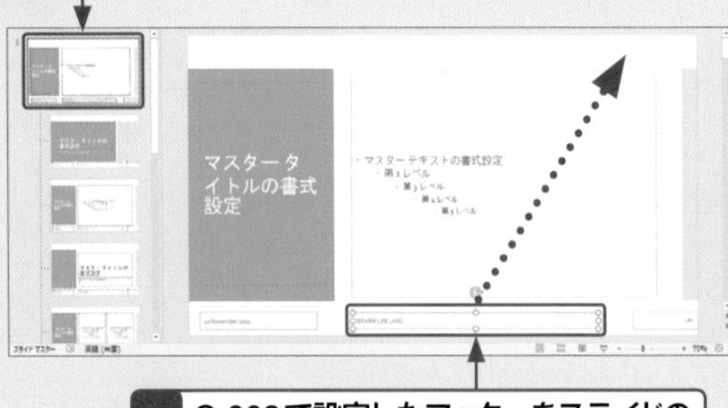

2 Q 062で設定したフッターをスライドの上部にドラッグして、

3 ハンドルをドラッグし、プレースホルダーのサイズを調整します。

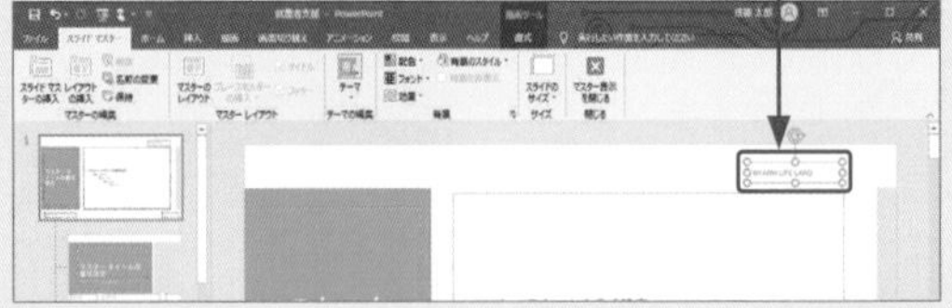

重要度 ★★★　フッターの入力

Q 062 すべてのスライドにフッターを表示させたい！

A ＜ヘッダーとフッター＞で＜すべてに適用＞をクリックします。

＜ヘッダーとフッター＞ダイアログボックスでフッターを設定したあとに＜適用＞をクリックすると、現在選択しているスライドのみにフッターが表示されます。すべてのスライドにフッターを表示したい場合は、＜すべてに適用＞をクリックします。

参照▶Q 061

1 ＜挿入＞タブをクリックして、＜ヘッダーとフッター＞をクリックします。

2 ＜スライド＞をクリックし、

3 ＜フッター＞をクリックしてオンにし、表示する文字を入力します。

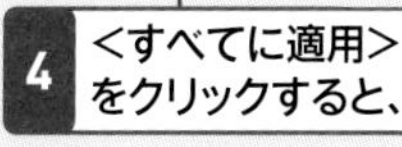

4 ＜すべてに適用＞をクリックすると、

5 すべてのスライドにフッターが表示されます。

重要度 ★★★　日付の表示

Q 063 スライドを作成した日付や時刻を表示したい！

A ＜挿入＞タブの＜日付と時刻＞を＜自動更新＞に設定します。

スライドに日付と時刻を表示するには、＜挿入＞タブの＜日付と時刻＞をクリックし、＜ヘッダーとフッター＞ダイアログボックスで設定します。日付と時刻は初期設定では＜自動更新＞が選択されており、プレゼンテーションを編集した際に、最新の日付に自動的に更新され、表示されます。

1 ＜挿入＞タブをクリックして、

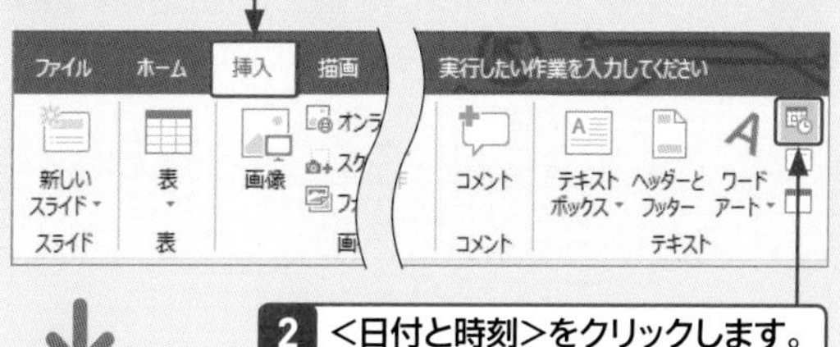

2 ＜日付と時刻＞をクリックします。

3 ＜スライド＞をクリックして、

4 ＜日付と時刻＞をクリックしてオンにします。

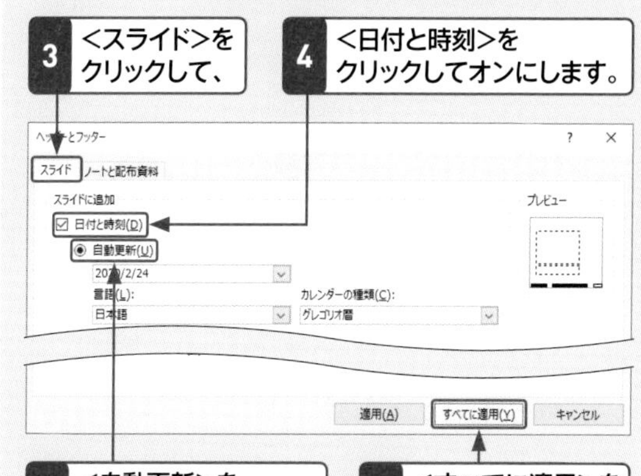

5 ＜自動更新＞をクリックしてオンにし、

6 ＜すべてに適用＞をクリックすると、

7 日付がすべてのスライドに表示されます。

重要度 ★★★ 日付の表示

Q 064 日付や時刻の表示形式を変えたい！

A ＜ヘッダーとフッター＞ダイアログボックスで設定します。

フッターに設定した日付と時刻は、初期設定では「2020/1/1」の形式で表示されますが、この形式は変更することができます。＜ヘッダーとフッター＞ダイアログボックスで、＜日付と時刻＞と＜自動更新＞をオンにして、下のボックスをクリックし、表示される一覧から表示形式を選択します。曜日や時・分を表示させることもできます。

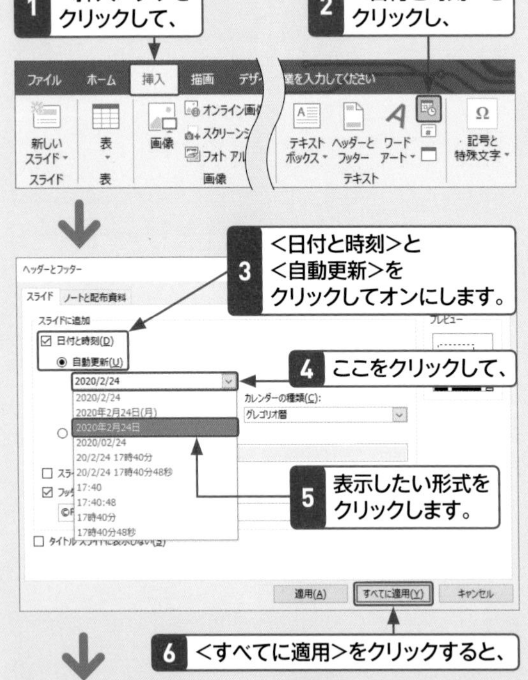

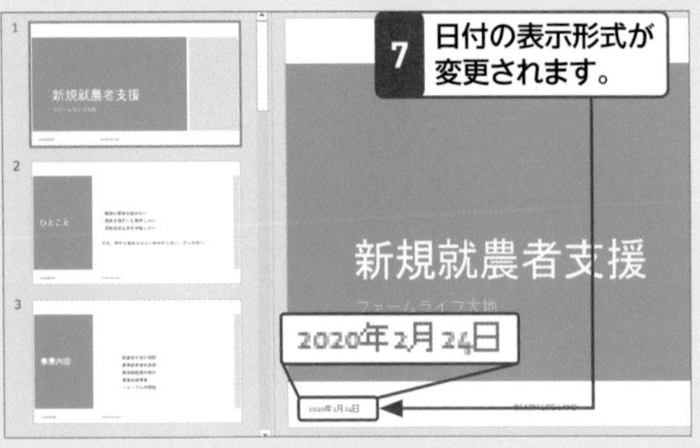

重要度 ★★★ 日付の表示

Q 065 指定した日付をスライドに表示したい！

A ＜日付と時刻＞で＜固定＞をオンにして、日付を入力します。

スライドのフッターに挿入する日付と時刻は、初期設定では＜自動更新＞に設定されています。この場合、プレゼンテーションを編集した際に、最新の日付に自動的に更新されます。
自動的に更新するのではなく、プレゼンする日付など常に同じ日付と時刻を表示したい場合は、＜日付と時刻＞を＜固定＞にして、表示させたい日付を入力します。

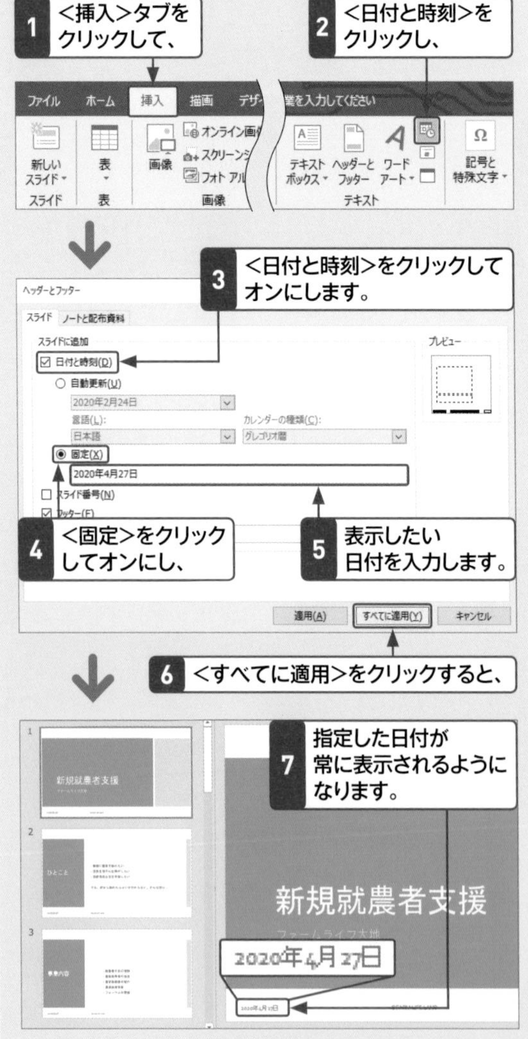

1 ＜挿入＞タブをクリックして、
2 ＜日付と時刻＞をクリックし、
3 ＜日付と時刻＞をクリックしてオンにします。
4 ＜固定＞をクリックしてオンにし、
5 表示したい日付を入力します。
6 ＜すべてに適用＞をクリックすると、
7 指定した日付が常に表示されるようになります。
新規就農者支援
2020年4月27日

Q 066 年度の表示を「令和○○年」にしたい！

A ＜日付と時刻＞の＜カレンダーの種類＞を＜和暦＞にします。

フッターに設定した日付と時刻は、初期設定では「2020/1/1」のような「グレゴリオ暦」(西暦) で表示されますが、「令和2年」のような和暦で表示することもできます。＜ヘッダーとフッター＞ダイアログボックスで、＜日付と時刻＞と＜自動更新＞をオンにして、＜カレンダーの種類＞で＜和暦＞を指定します。

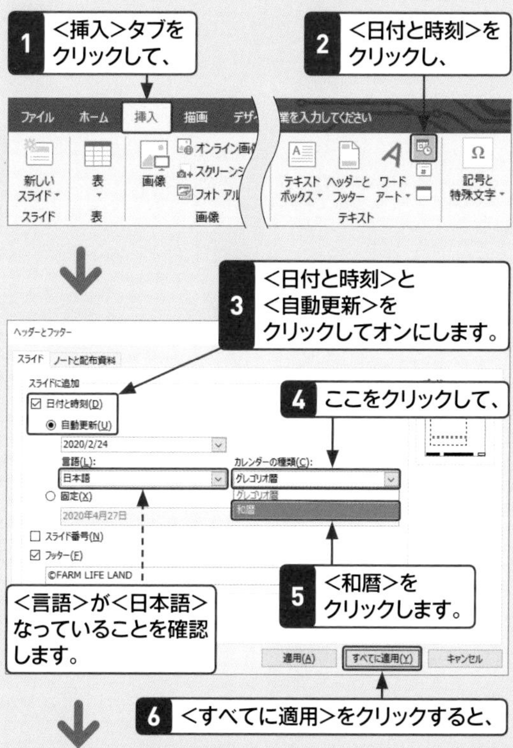

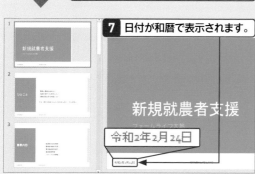

7 日付が和暦で表示されます。

新規就農者支援

令和2年2月24日

Q 067 日付を英語表記にしたい！

A ＜日付と時刻＞の＜言語＞を＜英語 (米国)＞に設定します。

フッターに設定した日付と時刻は、初期設定では日本語で表示されますが、英語表記にすることもできます。＜ヘッダーとフッター＞ダイアログボックスで、＜日付と時刻＞と＜自動更新＞をオンにして、＜言語＞で＜英語 (米国)＞を指定します。

1 ＜ヘッダーとフッター＞ダイアログボックスを表示して、＜日付と時刻＞と＜自動更新＞をクリックしてオンにします。

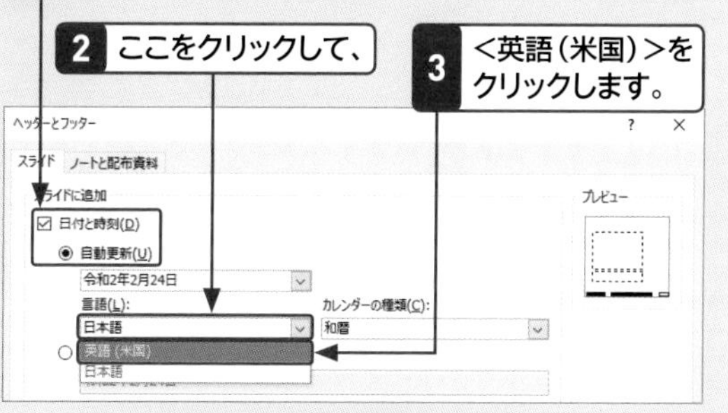

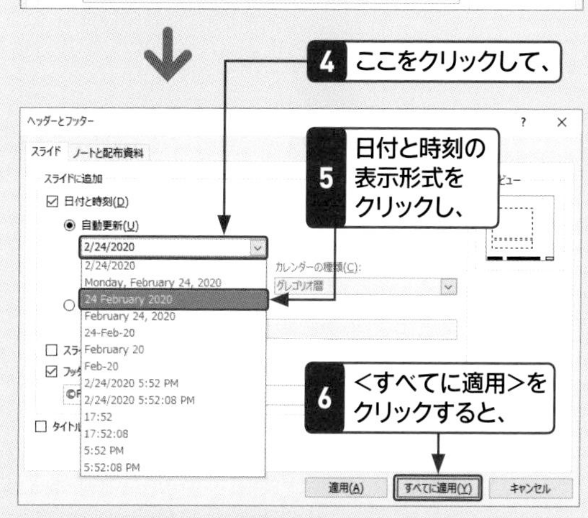

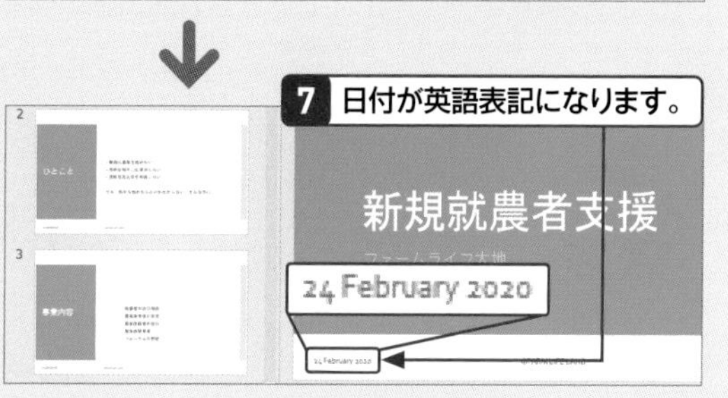

重要度★★★　スライド番号

Q 068 スライド番号を表示したい！

A <ヘッダーとフッター>で<スライド番号>をオンにします。

スライドには通常のページ番号のようにスライド番号を表示できます。スライド番号を表示するには、<挿入>タブの<ヘッダーとフッター>や<スライド番号>をクリックして、<ヘッダーとフッター>ダイアログボックスで設定します。スライド番号が表示される場所は、設定しているテーマによって異なります。

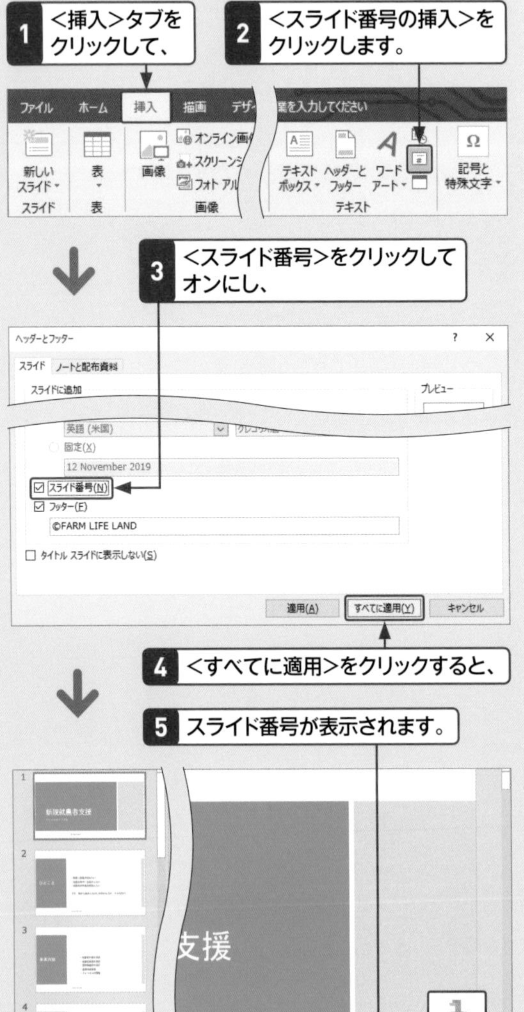

重要度★★★　スライド番号

Q 069 スライド番号などをタイトルスライドに表示させたくない！

A <ヘッダーとフッター>で<タイトルスライドに表示しない>をオンにします。

タイトルスライドはプレゼンテーションの表紙なので、日付やスライド番号などは表示しないのが一般的です。タイトルスライドにフッターを表示させないようにするには、<ヘッダーとフッター>ダイアログボックスで、<タイトルスライドに表示しない>をオンにします。

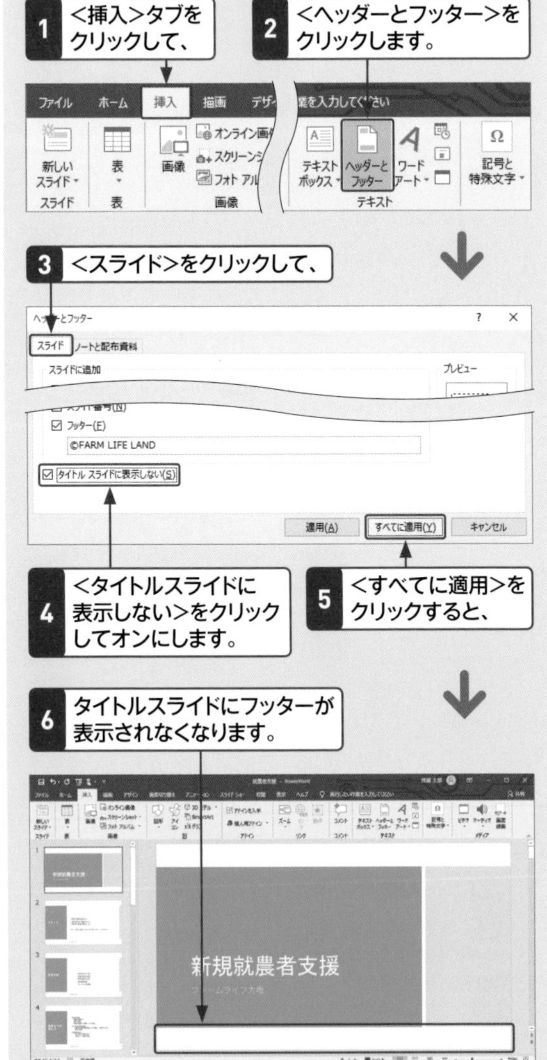

重要度 ★★★　スライド番号

Q 070 タイトルスライドの次のスライドから番号を振りたい！

A ＜スライドのサイズ＞ダイアログボックスで設定します。

スライド番号をタイトルスライドに表示させない設定にしたときに、タイトルスライドの次のスライド番号が「2」から開始されます。これを「1」から開始するようにしたい場合は、＜スライドのサイズ＞ダイアログボックスを表示して、＜スライド開始番号＞を「0」に設定します。

参照▶Q 069

重要度 ★★★　スライドのサイズ

Q 071 スライドの余白を調節したい！

A ＜スライドのサイズ＞ダイアログボックスで設定します。

PowerPointでは余白の設定機能は用意されていませんが、スライドのサイズを指定することで、余白を調整することができます。スライドのサイズは、＜スライドのサイズ＞ダイアログボックスで設定します。

参照▶Q 070

1 ＜デザイン＞タブの＜スライドのサイズ＞から＜ユーザー設定のスライドのサイズ＞をクリックします。

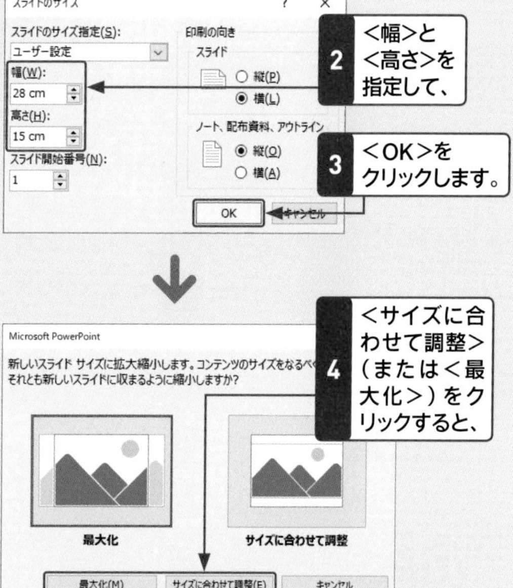

5 余白が変更されます。

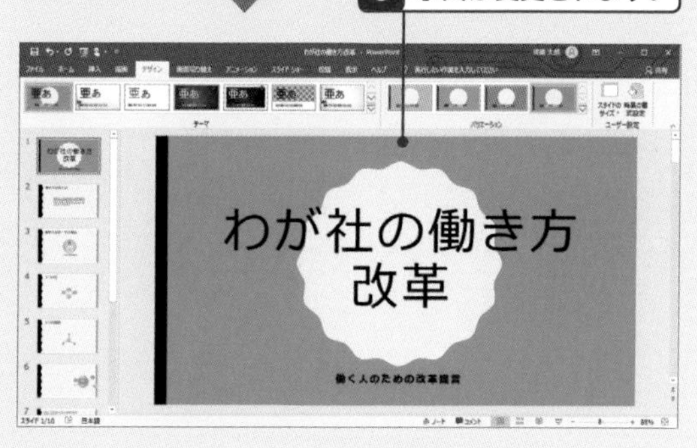

重要度 ★★★　スライドのサイズ

Q 072 スライドを縦長にしたい！

A ＜スライドのサイズ＞ダイアログボックスで設定します。

通常、新規のプレゼンテーションは、横長のスライドで作成されます。スライドを縦長にしたい場合は、＜スライドのサイズ＞ダイアログボックスの＜印刷の向き＞を＜縦＞に設定します。
なお、作成済みのスライドのサイズを変更すると、レイアウトが崩れてしまうことがあります。サイズを変更する場合は、スライドの内容を入力する前に変更しましょう。

参照▶Q 070

1 ＜デザイン＞タブの＜スライドのサイズ＞から＜ユーザー設定のスライドのサイズ＞をクリックします。

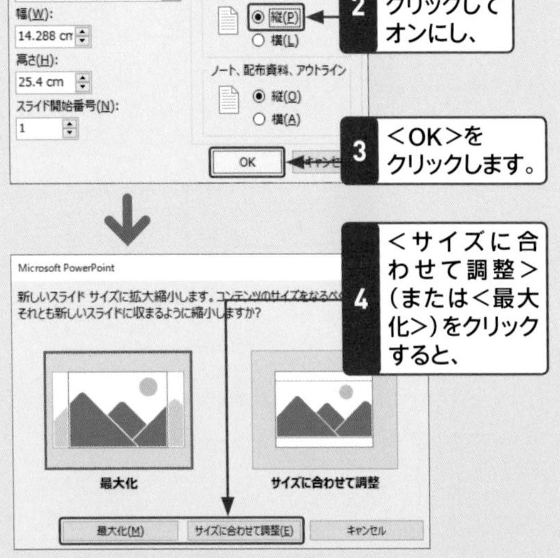

5 スライドが縦長に設定されます。

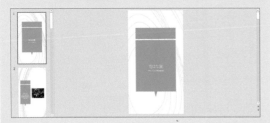

重要度 ★★★　スライドのサイズ

Q 073 スライドの縦横比を変更したい！

A ＜デザイン＞タブの＜スライドのサイズ＞から設定します。

PowerPointでは、既定のスライドサイズがワイド画面(16:9)に対応した縦横比になっています。スライドサイズを標準(4:3)に変更するには、＜デザイン＞タブの＜スライドのサイズ＞をクリックして、＜標準(4:3)＞をクリックし、＜最大化＞または＜サイズに合わせて調整＞を指定します。＜最大化＞を指定すると、コンテンツのサイズによっては、画像などの両端が切れてしまう場合があるので、注意が必要です。画像をすべて収めたい場合は、＜サイズに合わせて調整＞を指定しましょう。

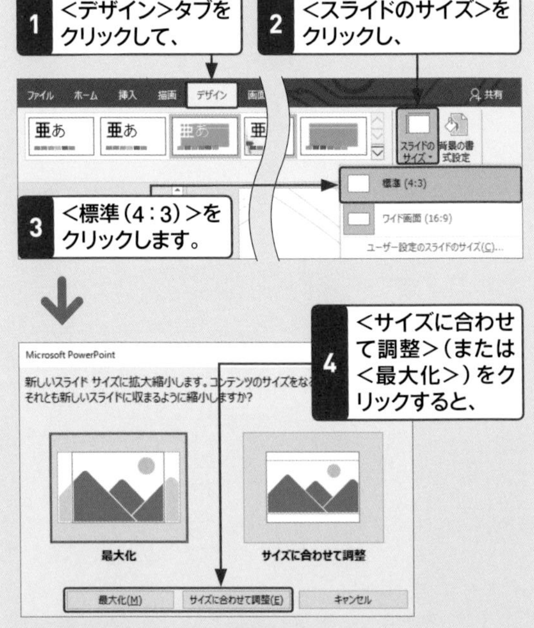

5 スライドのサイズが4:3に変更されます。

重要度★★★　スライドのサイズ

Q 074 スライドの大きさを細かく指定したい！

A <スライドのサイズ>ダイアログボックスで指定します。

スライドのサイズを<ワイド(16:9)><標準(4:3)>以外に指定したい場合は、<スライドのサイズ>ダイアログボックスの<スライドのサイズ指定>のボックスをクリックして、表示される一覧から目的のサイズを指定します。一覧に目的のサイズがない場合は、<幅>と<高さ>で数値を指定します。

参照▶Q 070

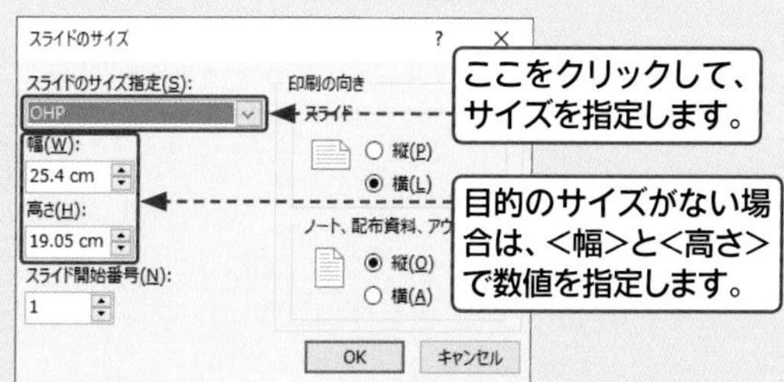

重要度★★★　セクションの活用

Q 075 セクションを使って大量のスライドを整理したい！

A <ホーム>タブの<セクション>からセクションを追加します。

セクションとは、枚数の多いプレゼンテーションをグループに分けて管理する機能のことです。スライドとスライドの区切り位置にセクションを追加することで、次のセクションまでのスライドを1つのグループとして扱えるようになります。スライドをセクションで分けると、まとめて移動したり、一時的に表示／非表示を切り替えたりと、プレゼンテーションの整理がかんたんになります。

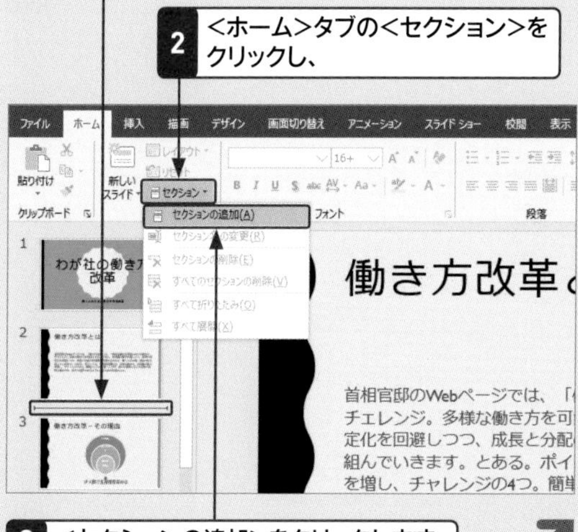

プレゼンテーション内のいずれかでセクションを追加すると、それより前のスライドには<既定のセクション>という名前が自動的に付けられます。

なお、PowerPoint 2013の場合は、手順4のダイアログボックスは表示されず、「タイトルなしのセクション」として追加されます。

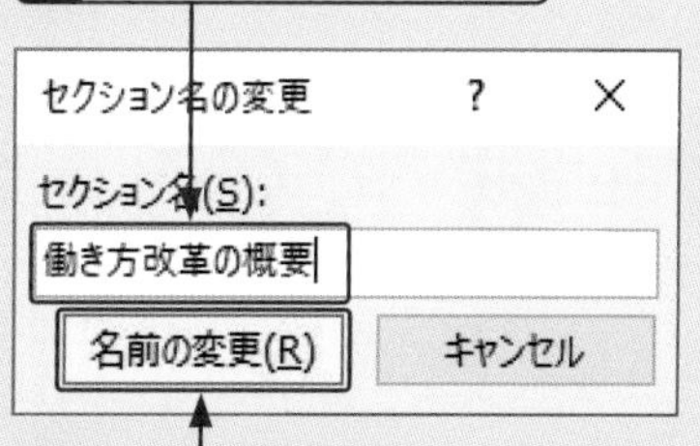

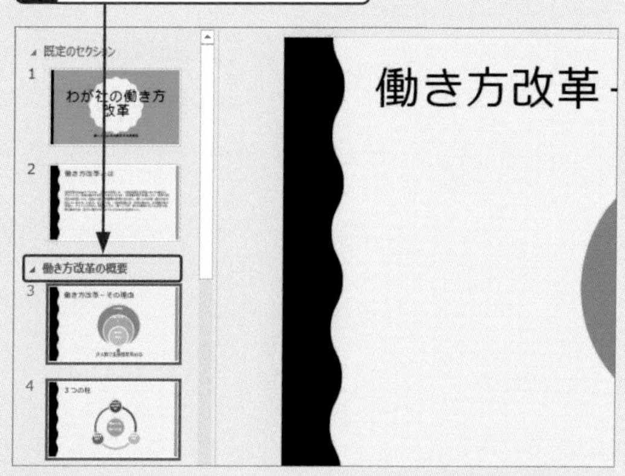

重要度 ★★★ セクションの活用

Q 076 セクション名を変更したい!

A <セクション>から<セクション名の変更>をクリックします。

セクション名を変更するには、タイトル名を変更するセクションをクリックして、<ホーム>タブの<セクション>をクリックし、<セクション名の変更>をクリックして名前を入力します。

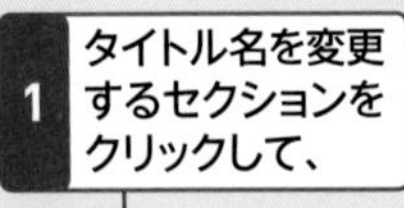

1 タイトル名を変更するセクションをクリックして、

2 <ホーム>タブの<セクション>をクリックし、

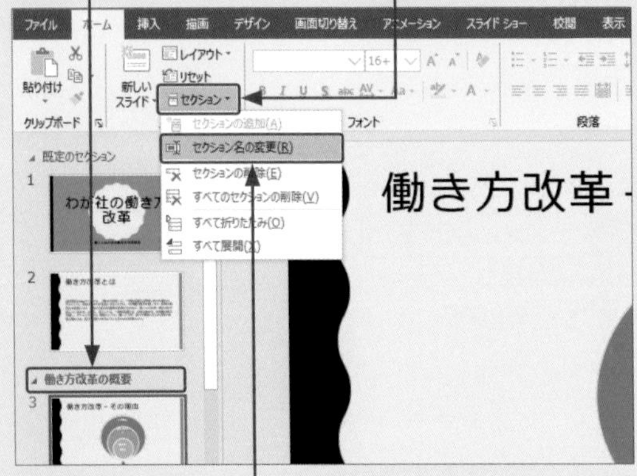

3 <セクション名の変更>をクリックします。

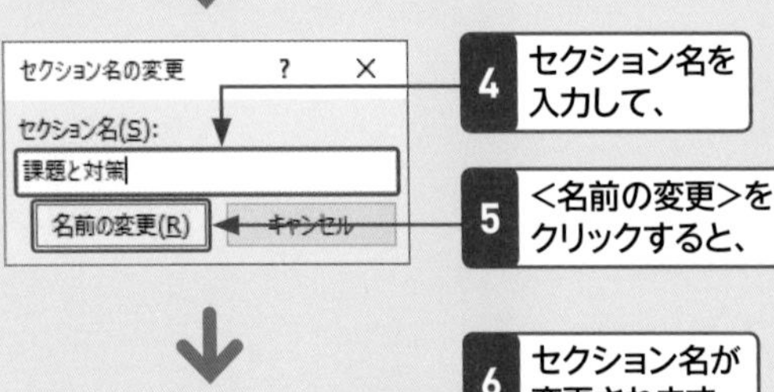

4 セクション名を入力して、

5 <名前の変更>をクリックすると、

6 セクション名が変更されます。

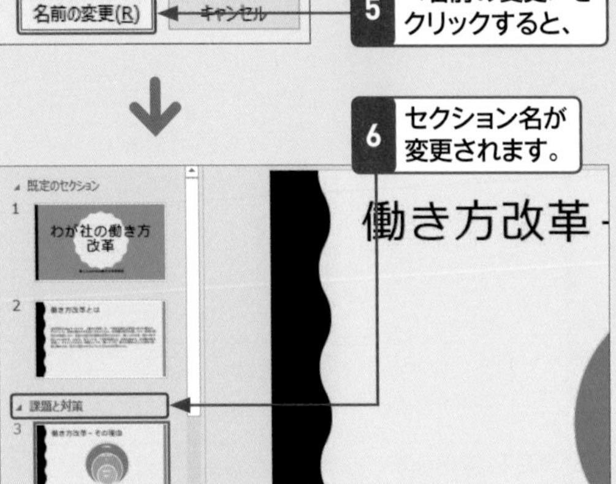

重要度 ★★★ セクションの活用

Q 077 編集しないセクションを非表示にしたい!

A <セクションを折りたたむ>をクリックします。

セクションを追加すると、特定のセクションだけを折りたたんだり、すべてのセクションを折りたたんだりして、サムネイルを非表示にすることができます。セクションごとに非表示にする場合は、セクション名の左に表示されている<セクションを折りたたむ>をクリックします。非表示のセクションを再表示する場合は、<セクションを展開する>をクリックします。

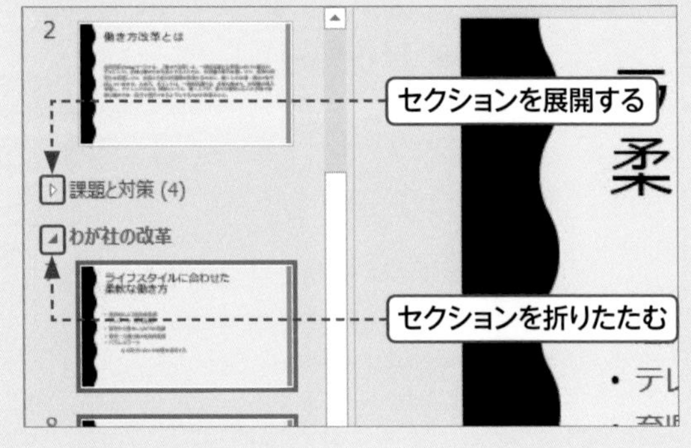

重要度 ★★★ セクションの活用

Q 078 セクションの順番を変更したい!

A セクション名をドラッグして移動します。

セクション名をドラッグすると、セクションの順番を入れ替えることができます。<ホーム>タブの<セクション>をクリックして<すべて折りたたみ>をクリックし、セクション名だけの表示にしてから移動するとかんたんです。

セクション名をドラッグして、順番を入れ替えます。

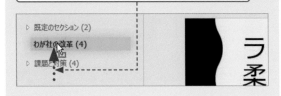

重要度 ★★★　セクションの活用

Q 079 スライドをほかのセクションに変更したい！

A スライド一覧表示に切り替えて、ドラッグして移動します。

スライドをほかのセクションに移動するには、スライドを移動先のセクションまでドラッグします。スライドのサムネイルでも移動できますが、スライドの枚数が多い場合などは、一覧表示に切り替えると操作がしやすくなります。
＜表示＞タブの＜スライド一覧＞をクリックするか、ステータスバーの＜スライド一覧＞田をクリックすると、スライドが一覧で表示されます。

1 スライドをほかのセクションにドラッグすると、

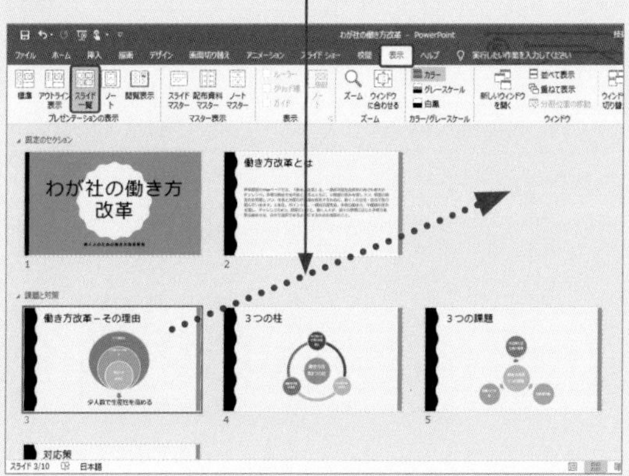

2 スライドが移動されます。

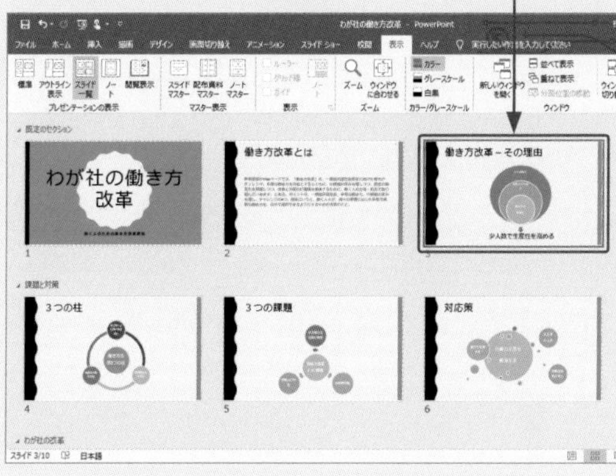

重要度 ★★★　セクションの活用

Q 080 不要なセクションを削除したい！

A ＜セクション＞から＜セクションの削除＞をクリックします。

セクションが不要になった場合は、削除したいセクションをクリックして、＜ホーム＞タブの＜セクション＞をクリックし、＜セクションの削除＞をクリックします。セクションを削除すると、セクションが消えてスライドがつながります。
また、スライドごとセクションが不要になった場合は、セクションを右クリックして＜セクションとスライドの削除＞をクリックすると、スライドごとセクションを削除できます。

1 ＜セクション＞をクリックして、

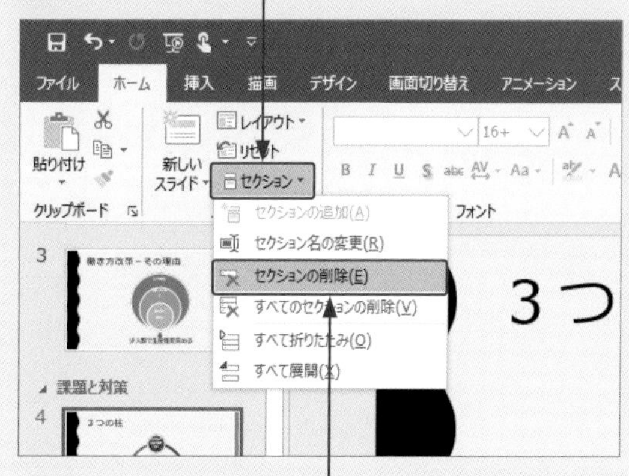

2 ＜セクションの削除＞をクリックします。

重要度 ★★★　セクションの活用

Q 081 すべてのセクションを解除したい！

A ＜セクション＞から＜すべてのセクションの削除＞をクリックします。

設定しているすべてのセクションを削除するには、＜ホーム＞タブの＜セクション＞をクリックして、＜すべてのセクションの削除＞をクリックします。なお、削除されるのは、セクションのみでスライドは削除されません。

重要度 ★★★　いろいろな表示モードの活用

Q 082 ノートを使ってスライドにメモを残したい！

A 「ノートペイン」を表示して入力します。

ノートは、スライドショーの実行中の発表者用のメモとして、また印刷して参考資料として利用する機能です。ノートは、ノートペインに入力します。

初期設定ではノートペインは表示されていません。<表示>タブの<表示>グループにある<ノート>をクリックするか、ステータスバーの<ノート>をクリックすると、ノートペインが表示されます。再度クリックすると、ノートペインが閉じます。

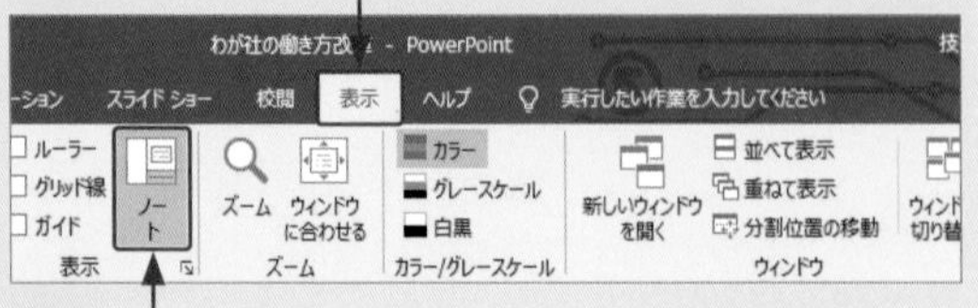

1 <表示>タブをクリックして、
2 <表示>グループの<ノート>をクリックすると、

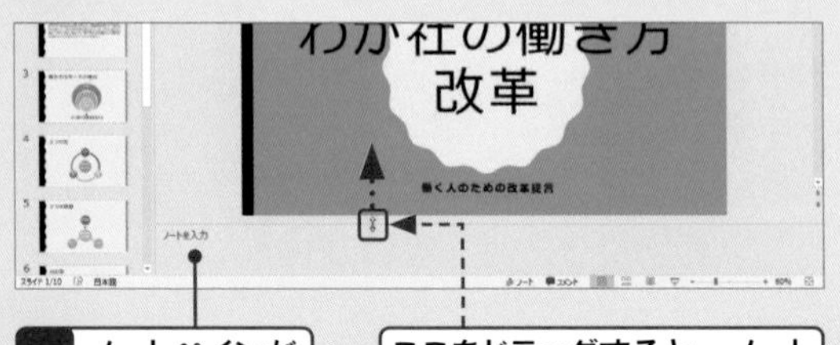

重要度 ★★★　いろいろな表示モードの活用

Q 083 ノートを大きく表示したい！

A 表示モードを「ノート」に切り替えます。

ノートを大きく表示するには、<表示>タブの<プレゼンテーションの表示>グループにある<ノート>をクリックして、表示モードをノートに切り替えます。表示モードをノートに切り替えると、上側にスライド、下側にノートが表示されます。ノートの部分をクリックすると、ノートの入力や編集が行えます。もとの表示に戻すには<表示>タブの<標準>をクリックします。

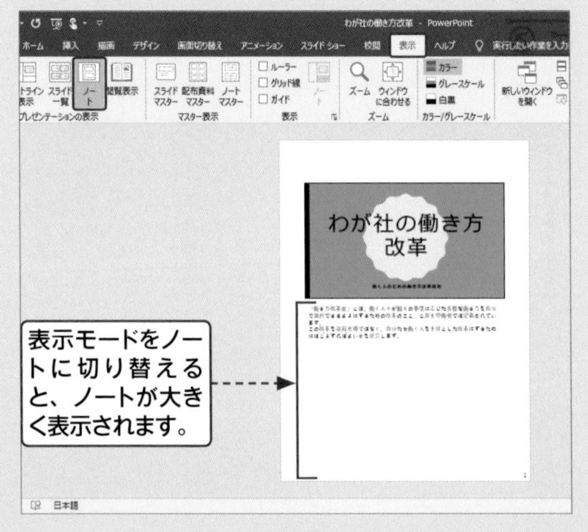

重要度 ★★★　いろいろな表示モードの活用

Q 084 スライドをグレースケールにしたい！

A <表示>タブの<グレースケール>をクリックします。

グレースケールは、スライドをモノクロで印刷する際に、どのように印刷されるかを確認するときなどに利用します。スライドをグレースケールにするには、<表示>タブをクリックして、<グレースケール>をクリックします。カラーに戻すには、<グレースケール>タブの<カラー表示に戻る>をクリックします。

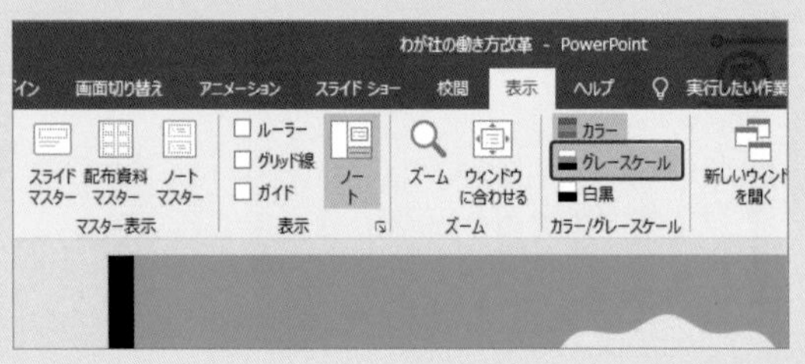

第3章

スライドマスターの便利技!

085 >>> 092　スライドマスターの基本
093 >>> 097　スライドマスターの活用
098 >>> 106　プレースホルダーの編集
107 >>> 111　レイアウトの編集

重要度 ★★★　スライドマスターの基本

Q 085 スライドマスターとは？

A プレゼンテーション全体のスタイルを設定するための機能です。

スライドマスターは、プレゼンテーション全体の書式やレイアウトを設定できる機能です。プレースホルダーのサイズや位置、フォント、色、背景、効果などを設定できるほか、全スライド共通のロゴを追加したりもできます。スライドマスターに加えた変更は、すべてのスライドに反映されますが、特定のスライドのみに適用させることもできます。

スライドマスターには、プレゼンテーション全体のひな形となる「スライドマスター」と、レイアウトごとにマスターが変更される「スライドレイアウト」があります。

スライドマスター

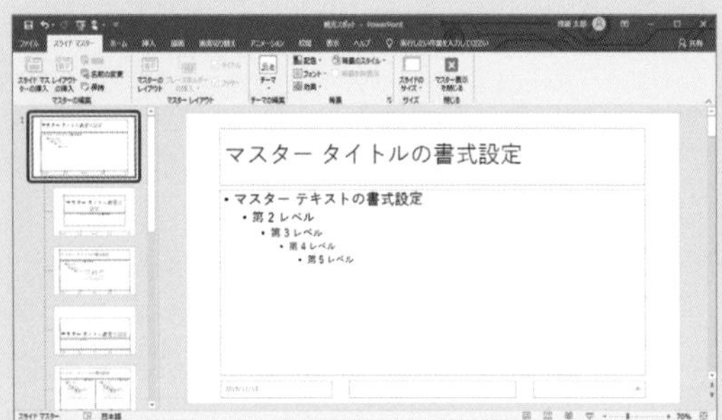

スライドマスターに加えたスタイルの変更は、すべてのスライドに反映されます。

スライドレイアウト

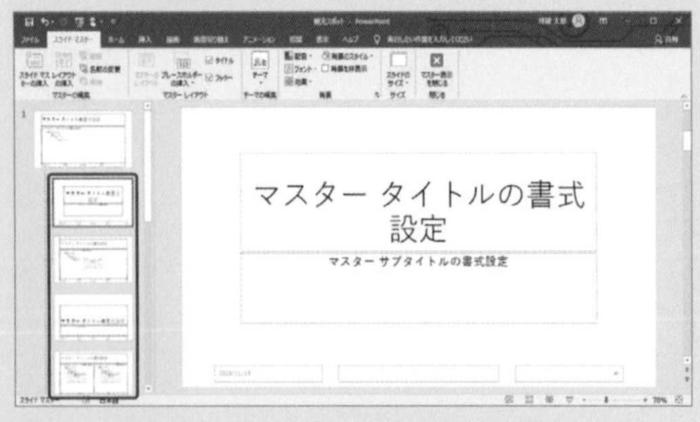

レイアウトごとにスタイルを変更したい場合は、それぞれのスライドレイアウトで設定します。

重要度 ★★★　スライドマスターの基本

Q 086 スライドマスター表示に切り替えたい！

A <表示>タブの<スライドマスター>をクリックします。

プレゼンテーション全体の書式を変更したり、特定のスライドレイアウトの書式を変更したりするには、スライドマスター表示に切り替えます。<表示>タブをクリックして、<スライドマスター>をクリックすると、スライドマスター表示に切り替わり、プレゼンテーションに設定しているテーマで使用するレイアウトが表示されます。

もとの表示に戻るには、<スライドマスター>タブの<マスター表示を閉じる>をクリックします。

1 <表示>タブをクリックして、

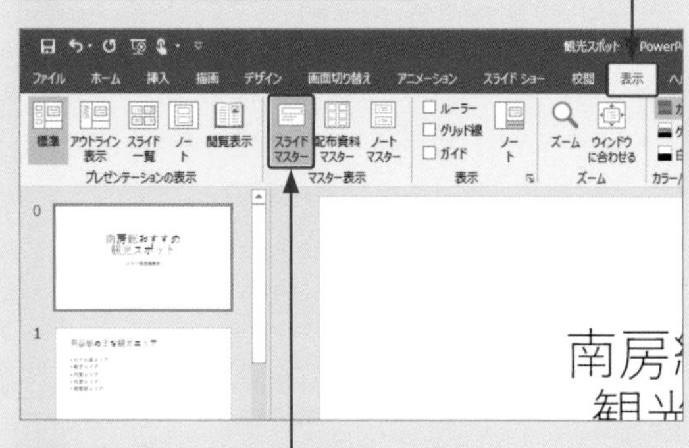

2 <スライドマスター>をクリックすると、

3 スライドマスター表示に切り替わります。

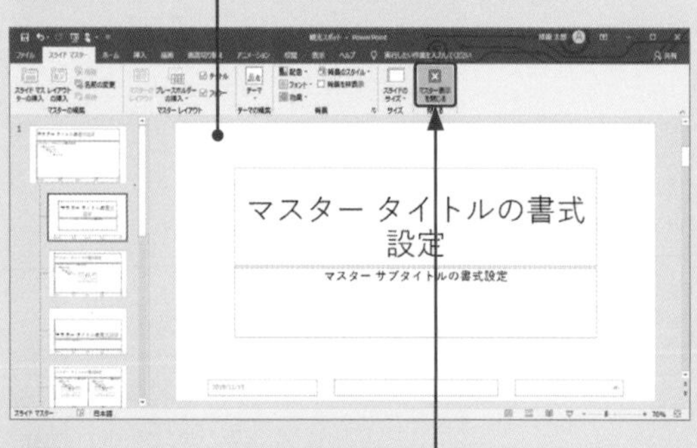

4 <スライドマスター>タブの<マスター表示を閉じる>をクリックすると、もとの表示に戻ります。

重要度★★★ スライドマスターの基本

Q 087 すべてのスライドの書式を統一したい！

A スライドマスターで変更すると、すべてのスライドに反映されます。

すべてのスライドの書式をまとめて変更するには、スライドマスター表示に切り替えて、書式を変更します。＜表示＞タブをクリックして、＜スライドマスター＞をクリックし、画面左側に表示されるサムネイルの一番上のスライドマスターをクリックします。＜ホーム＞タブに切り替えて目的の書式を設定すると、すべてのスライドに設定が反映されます。

ここでは、プレゼンテーション全体のタイトルのフォントの種類を変えてみましょう。

1 ＜表示＞タブから＜スライドマスター＞をクリックして、一番上のスライドマスターをクリックします。

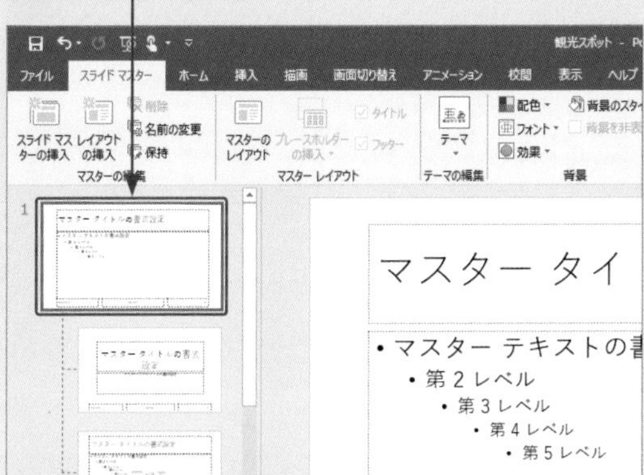

2 ＜ホーム＞タブをクリックして、

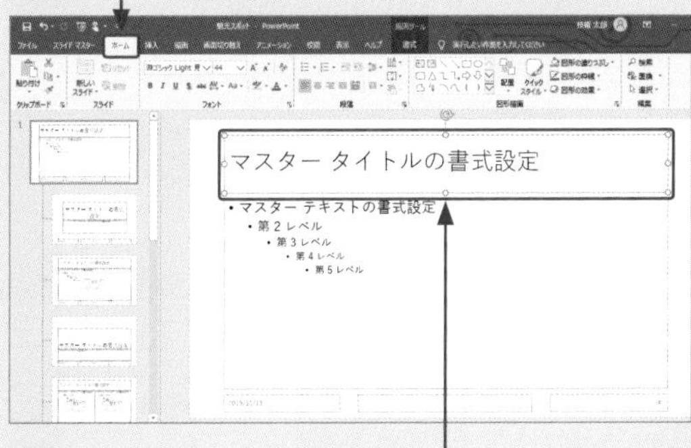

3 プレースホルダーの枠線上をクリックして、プレースホルダーを選択します。

4 ＜フォント＞のここをクリックして、

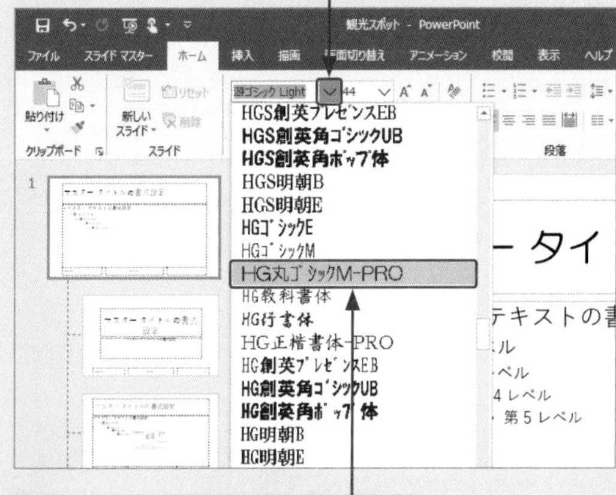

5 フォントの種類をクリックします。

6 ＜スライドマスター＞タブをクリックして、

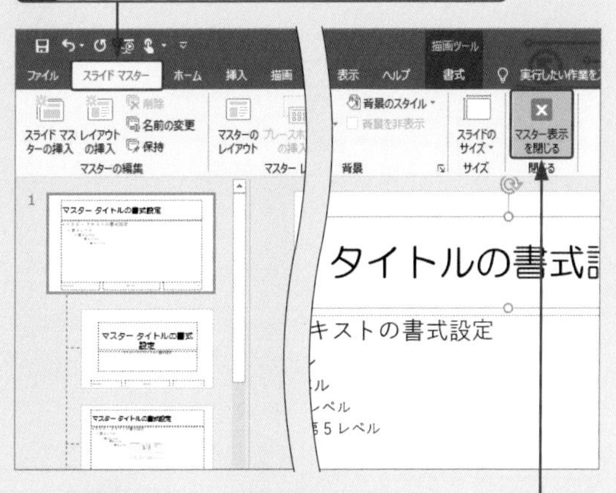

7 ＜マスター表示を閉じる＞をクリックすると、

8 スライドマスターで変更した書式がすべてのスライドに反映されます。

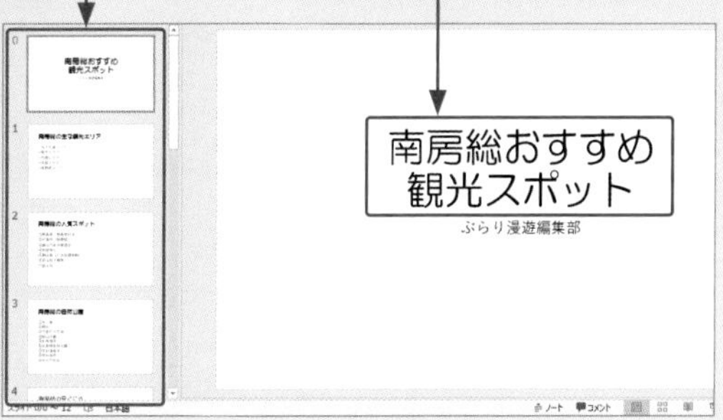

重要度★★★ スライドマスターの基本

Q 088 スライドのレイアウトごとに書式を編集したい!

A スライドレイアウトで編集すると、個別に書式の変更ができます。

スライドのレイアウトごとに書式を変更したい場合は、スライドレイアウトで書式を設定します。
スライドレイアウトの書式を変更すると、以降、そのレイアウトのスライドを追加すると、すでに書式が設定された状態で追加されます。

1 スライドマスターを表示して、書式を変更したいスライドレイアウトをクリックします。

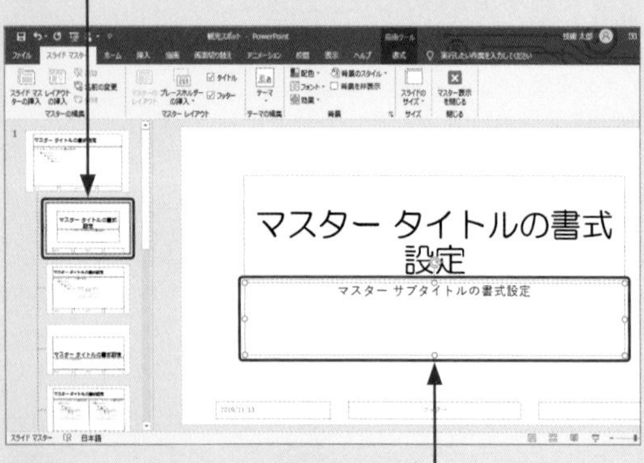

2 プレースホルダーの枠線上をクリックして、プレースホルダーを選択します。

3 <ホーム>タブをクリックして、

4 <フォントの色>のここをクリックし、

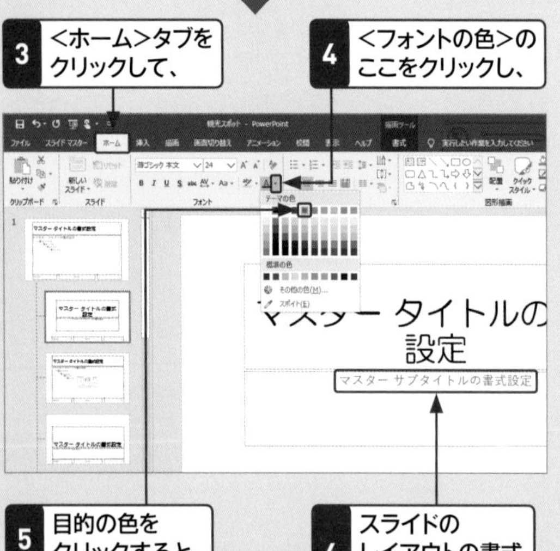

5 目的の色をクリックすると、

6 スライドのレイアウトの書式が変更されます。

重要度★★★ スライドマスターの基本

Q 089 スライドマスターにテーマを設定したい!

A <スライドマスター>タブの<テーマ>から設定します。

スライドマスターにテーマを設定するには、スライドマスター表示に切り替えて、画面左側に表示される一番上のスライドマスターをクリックし、テーマを設定します。スライドマスターに設定したテーマは、すべてのスライドに反映されます。

1 スライドマスターを表示して、一番上のスライドマスターをクリックします。

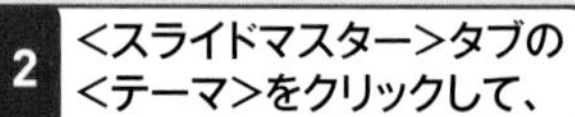

2 <スライドマスター>タブの<テーマ>をクリックして、

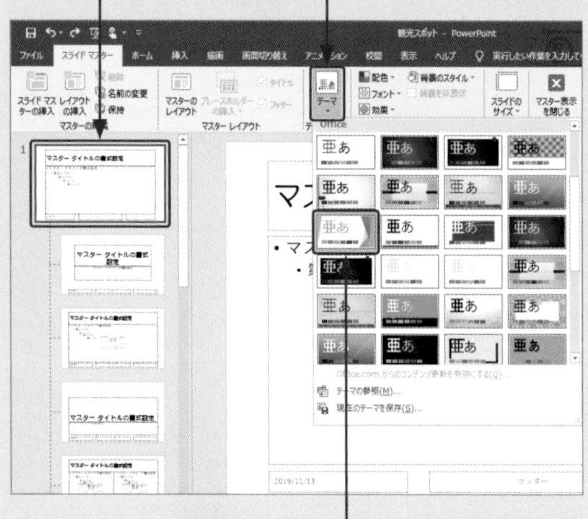

3 利用したいテーマ(ここでは<ファセット>)をクリックすると、

4 スライドマスターにテーマが設定されます。

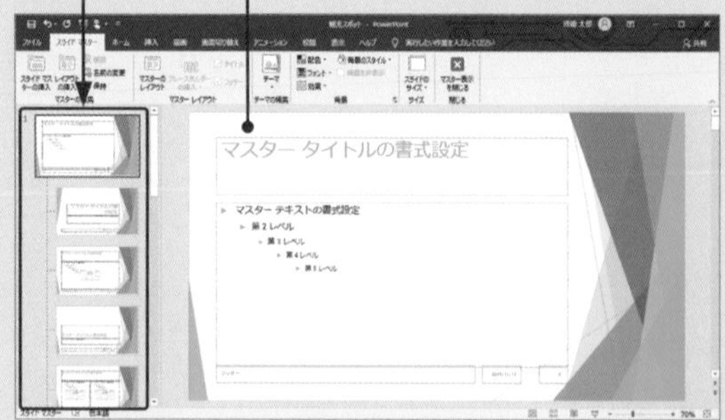

重要度 ★★★　スライドマスターの基本

Q 090 スライドマスターの配色を一括で変更したい！

A ＜スライドマスター＞タブの＜配色＞から変更します。

テーマには、テーマカラー合わせた背景や文字の配色パターンが複数用意されています。スライドマスターの配色を一括で変更するには、＜スライドマスター＞タブの＜配色＞をクリックして、変更したい配色を選択します。スライドマスターで変更した配色は、すべてのスライドに反映されます。

1 スライドマスターを表示して、一番上のスライドマスターをクリックします。

2 ＜スライドマスター＞タブの＜配色＞をクリックして、

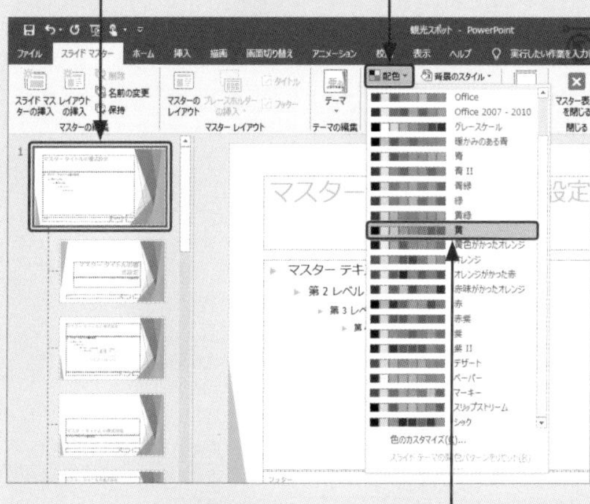

3 変更したい配色をクリックすると、

4 スライドマスターの配色が変更されます。

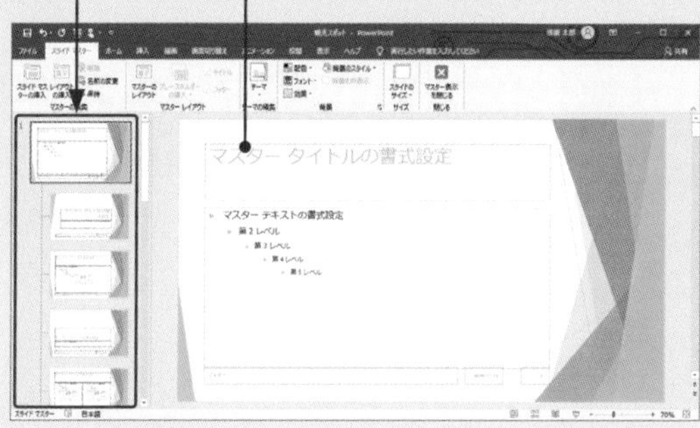

重要度 ★★★　スライドマスターの基本

Q 091 複数のテーマがあるスライドマスターを編集したい！

A それぞれのテーマごとのスライドマスターを変更します。

1つのプレゼンテーションに複数のテーマを設定している場合は、テーマごとにスライドマスターとスライドレイアウトが表示されます。それぞれのテーマのスライドマスターを編集すると、同じテーマのスライドにのみ変更が反映されます。

1 プレゼンテーションに複数のテーマを設定している場合は、

2 テーマごとにスライドマスターとスライドレイアウトが表示されるので、

3 テーマごとにスライドマスターを編集します。

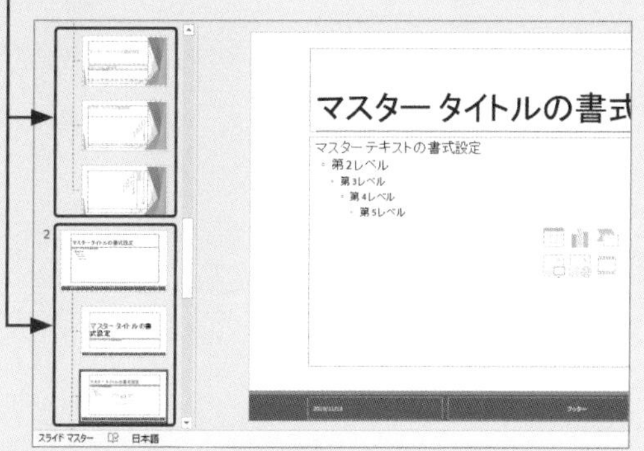

重要度 ★★★ スライドマスターの基本

Q 092 スライドマスターを追加したい!

A ＜スライドマスター＞タブの＜スライドマスターの挿入＞をクリックします。

プレゼンテーションには、複数のスライドマスターを作成してカスタマイズすることができます。1つのプレゼンテーションに複数の異なるスタイルやテーマを設定する場合などに、あらかじめ追加して設定するとよいでしょう。

スライドマスターを追加するには、スライドマスター表示に切り替えて、＜スライドマスター＞タブの＜スライドマスターの挿入＞をクリックします。

1 スライドマスターを表示して、

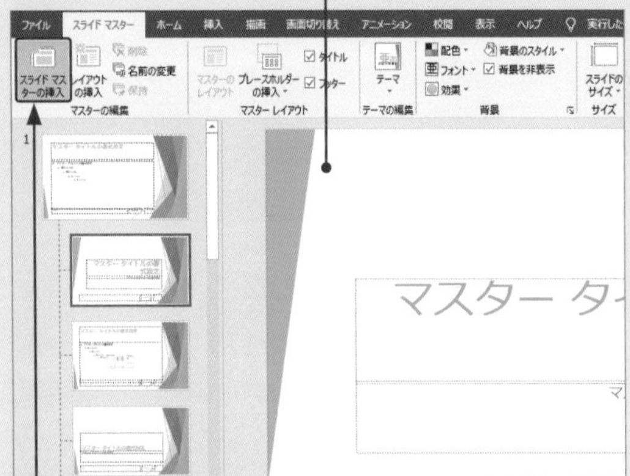

2 ＜スライドマスター＞タブの＜スライドマスターの挿入＞をクリックすると、

3 スライドマスターが追加されます。

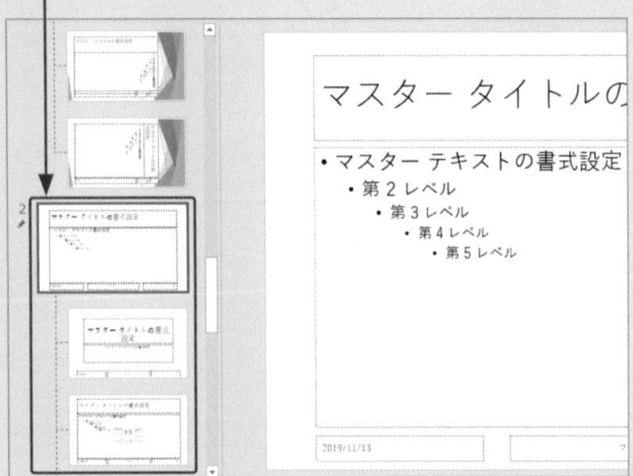

重要度 ★★★ スライドマスターの活用

Q 093 スライドに「社外秘」などの透かし文字を入れたい!

A テキストボックスを挿入して文字を入力し、書式を設定します。

スライドの背景に透かし文字を入れるには、スライドマスターにテキストボックスを挿入して文字を入力し、書式を設定します。文字書式を設定したら＜書式＞タブをクリックして、テキストボックスの配置を最背面へ移動させると、透かし文字が挿入できます。

参照▶Q 147

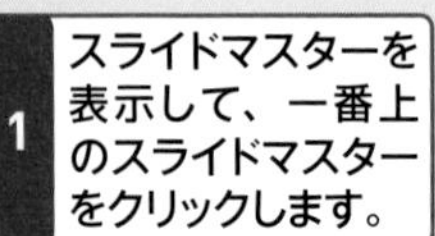

1 スライドマスターを表示して、一番上のスライドマスターをクリックします。

2 ＜挿入＞タブの＜テキストボックス＞をクリックして、テキストボックスを挿入します。

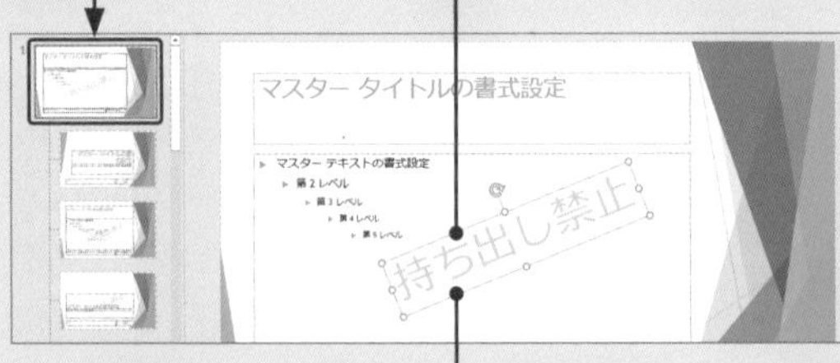

3 テキストボックスに文字を入力し、フォントの種類やサイズ、色を変更します。

4 ＜書式＞タブの＜背面へ移動＞のここをクリックして、

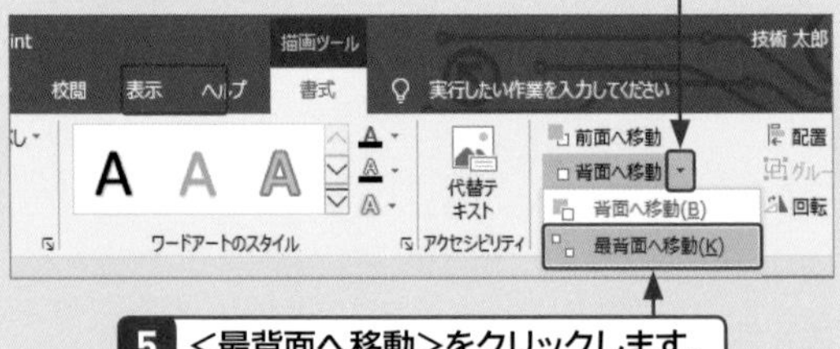

5 ＜最背面へ移動＞をクリックします。

6 ＜スライドマスター＞タブでマスター表示を閉じると、透かし文字が挿入されます。

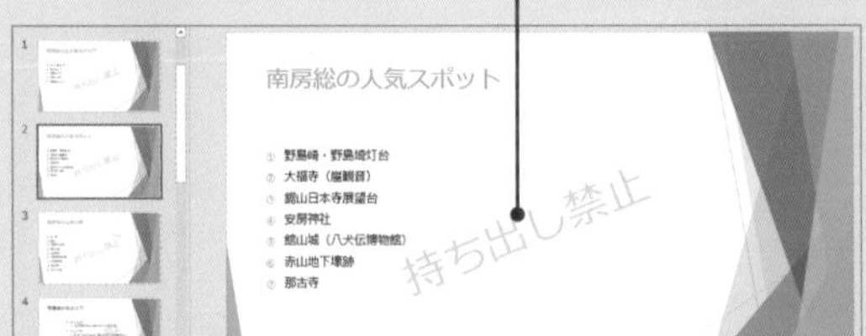

重要度 ★★★　スライドマスターの活用

Q 094 すべてのスライドに社章やロゴを入れたい！

A スライドマスターを表示して画像を挿入します。

すべてのスライドに社章やロゴを入れるには、スライドマスターを表示して一番上のスライドマスターをクリックし、<挿入>タブの<画像>をクリックして、画像を挿入します。

タイトルスライドに画像が表示されない場合は、タイトルスライドのレイアウトをクリックして、<スライドマスター>タブの<背景>グループにある<背景を非表示>をクリックしてオフにすると、表示されます。

1 スライドマスターを表示して、一番上のスライドマスターをクリックします。

2 <挿入>タブをクリックして、

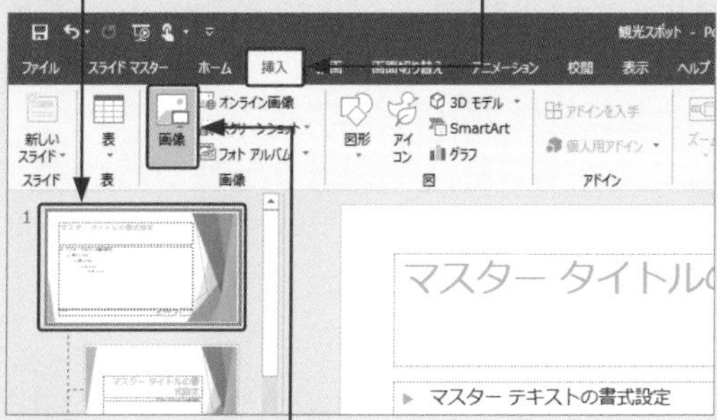

3 <画像>をクリックします。

4 画像の保存場所を指定して、

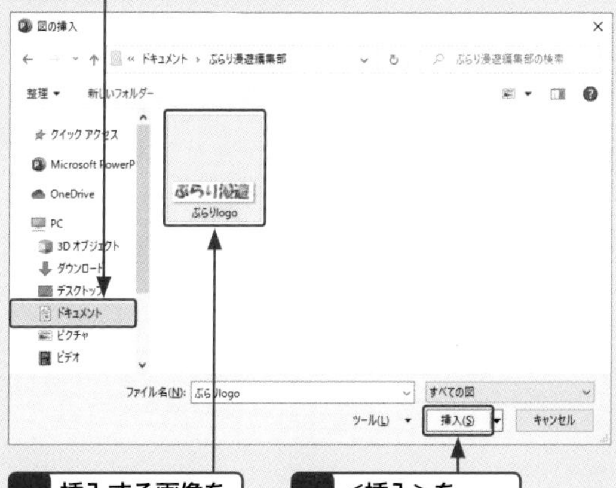

5 挿入する画像をクリックし、

6 <挿入>をクリックすると、

7 画像が挿入されます。

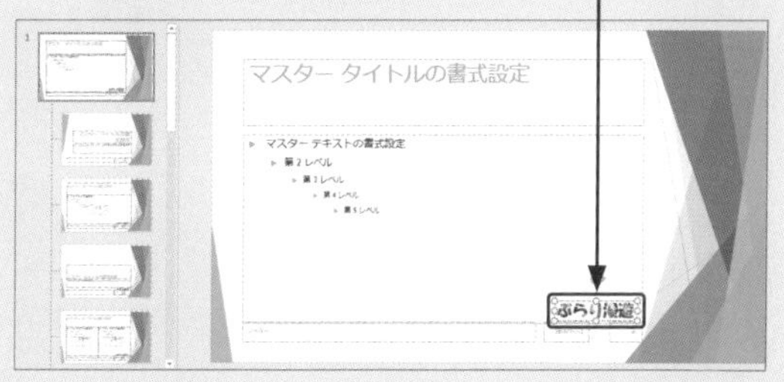

8 画像をドラッグして表示したい位置に移動し、大きさを調整します。

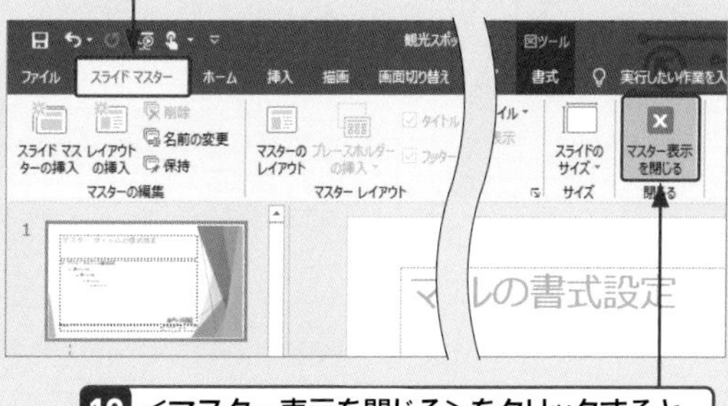

9 <スライドマスター>タブをクリックして、

10 <マスター表示を閉じる>をクリックすると、

11 すべてのスライドに画像が表示されます。

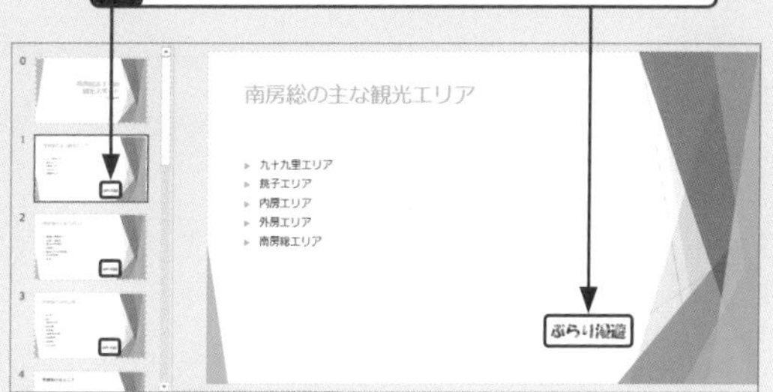

重要度★★★ スライドマスターの活用

Q 095 見出しと本文で異なる書式を設定したい！

A スライドマスター表示で見出しと本文の異なるフォントを設定します。

スライドマスター表示でテーマで使われているフォントをまとめて変更するには、<スライドマスター>タブの<フォント>から設定します。<フォント>の一覧には、「英数字」「見出し」「本文」の3つのフォントの組み合わせがセットで用意されているので、見出しと本文で異なる書式がセットされているものを選択します。

1 スライドマスターを表示して、一番上のスライドマスターをクリックします。

2 <スライドマスター>タブの<フォント>をクリックして、

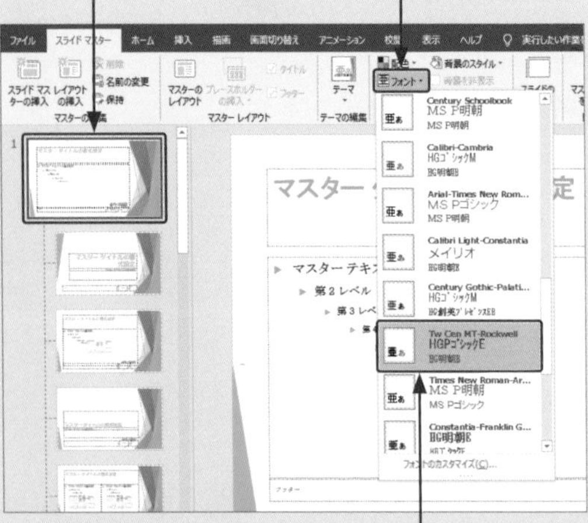

3 見出しと本文で異なる書式がセットされているもの指定すると、

4 見出しと本文で異なる書式が設定されます。

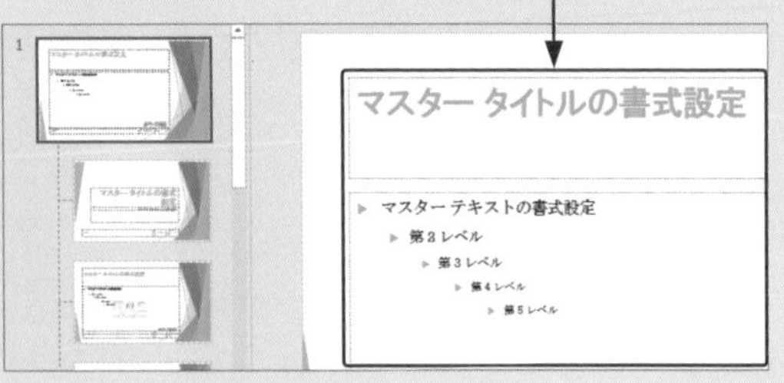

重要度★★★ スライドマスターの活用

Q 096 スライドマスター表示で背景の設定をしたい！

A <スライドマスター>タブの<背景のスタイル>で設定します。

スライドマスター表示で背景のスタイルを変更するには、スライドマスターを表示して、<背景のスタイル>から目的のスタイルを選択します。
<背景のスタイル>の一覧に目的のスタイルがない場合は、手順3で<背景の書式設定>をクリックし、<背景の書式設定>作業ウィンドウを表示して設定します。

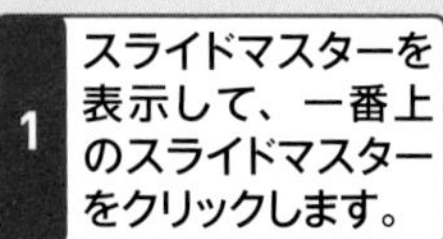

2 <スライドマスター>タブの<背景のスタイル>をクリックして、

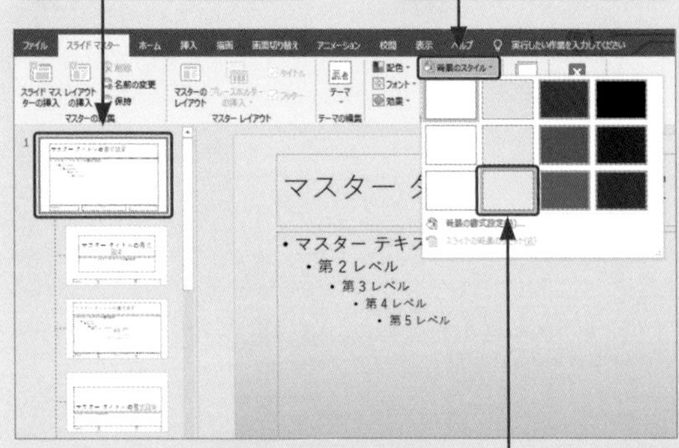

3 目的のスタイルをクリックします。

一覧に目的のスタイルがない場合は、<背景の書式設定>作業ウィンドウを表示して設定します。

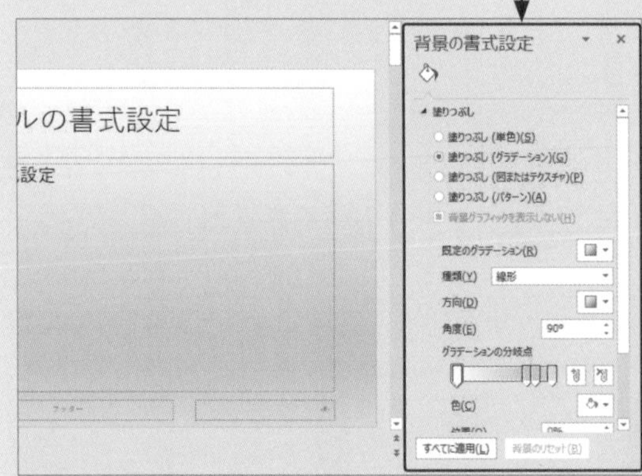

重要度★★★　スライドマスターの活用

Q 097 スライドの背景に透かし図を入れたい！

A ＜背景の書式設定＞から図を挿入して透明度を設定します。

スライドの背景に透かし図を挿入するには、スライドマスターを表示して、透かし図を入れたいスライドレイアウトを右クリックし、＜背景の書式設定＞をクリックして図を挿入し、透明度を設定します。
ここでは、PowerPoint 2019で追加された「アイコン」を挿入してみましょう。
なお、PowerPoint 2016の場合は、手順4で＜挿入する＞をクリックすると、＜画像の挿入＞ダイアログボックスが表示されます。PowerPoint 2013の場合は、手順4で＜ファイル＞をクリックします。

1 スライドマスターを表示して、透かし図を入れたいスライドレイアウトを右クリックし、

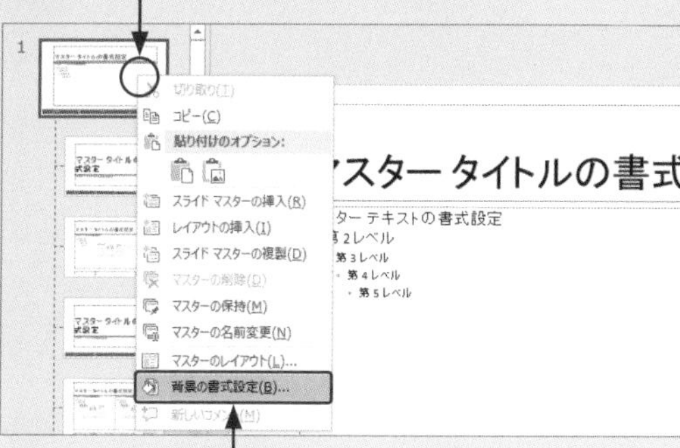

2 ＜背景の書式設定＞をクリックします。

3 ＜塗りつぶし（図またはテクスチャ）＞をクリックしてオンにし、

4 ＜挿入する＞をクリックします。

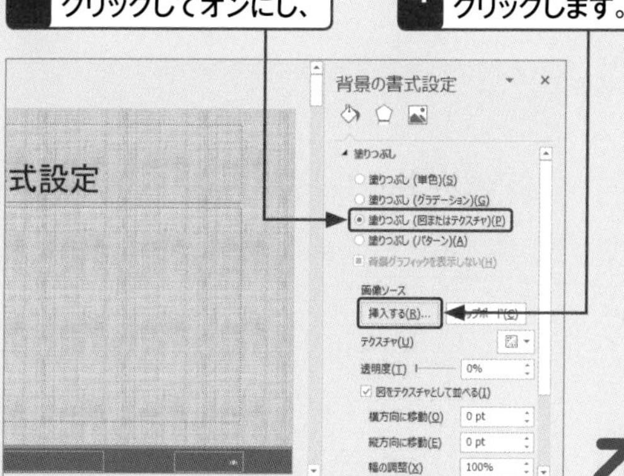

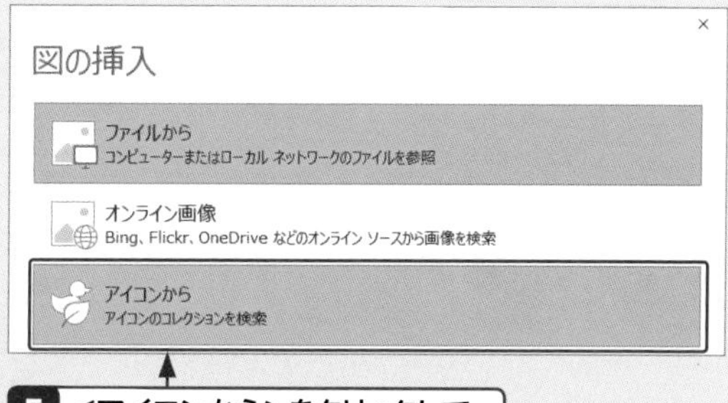

5 ＜アイコンから＞をクリックして、

6 ＜自然とアウトドア＞をクリックします。

7 挿入する画像をクリックして、

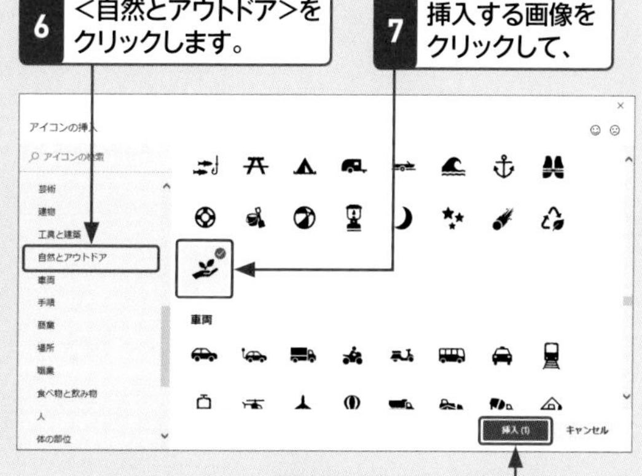

8 ＜挿入＞をクリックすると、

9 背景に画像が挿入されます。

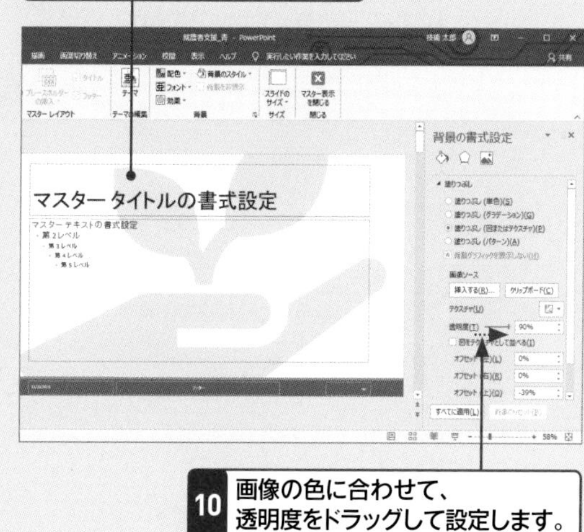

10 画像の色に合わせて、透明度をドラッグして設定します。

重要度 ★★★　プレースホルダーの編集

Q 098 レイアウトにプレースホルダーを追加したい！

A <プレースホルダーの挿入>から目的のコンテンツを追加します。

レイアウトにプレースホルダーを追加するには、追加したいスライドレイアウトをクリックして、<スライドマスター>タブの<プレースホルダーの挿入>をクリックします。プレースホルダーの一覧が表示されるので、挿入したいプレースホルダーの種類をクリックして、スライド上をドラッグします。

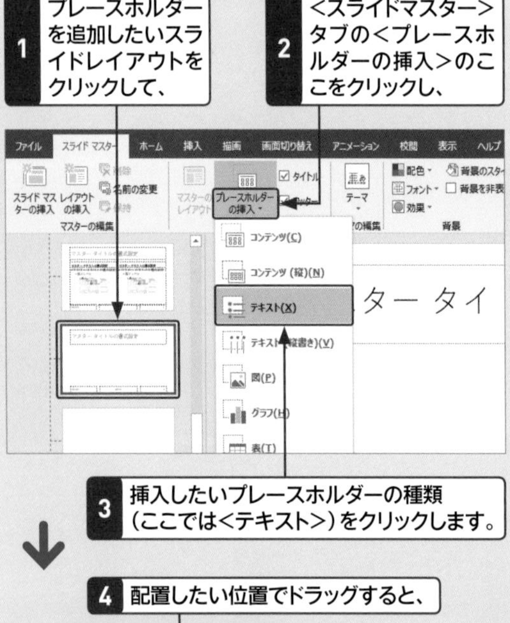

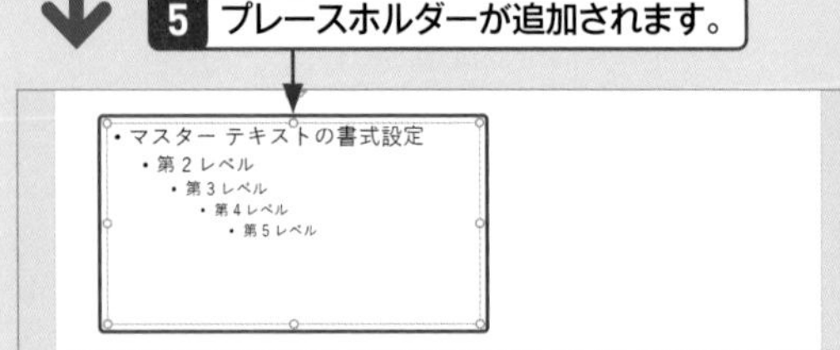

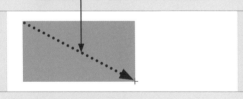

重要度 ★★★　プレースホルダーの編集

Q 099 追加できるプレースホルダーについて知りたい！

A コンテンツや図、グラフなど10種類が用意されています。

<スライドマスター>タブの<プレースホルダーの挿入>の下の部分をクリックすると、追加できるプレースホルダーの種類が一覧で表示されます。プレースホルダーは10種類用意されており、用途に応じて追加できます。<コンテンツ>や<コンテンツ（縦）>を指定すると、テキストやすべての種類のオブジェクトが挿入できるプレースホルダーを挿入できます。また、<図>や<グラフ>のように特定のコンテンツのみ挿入できるものもあります。

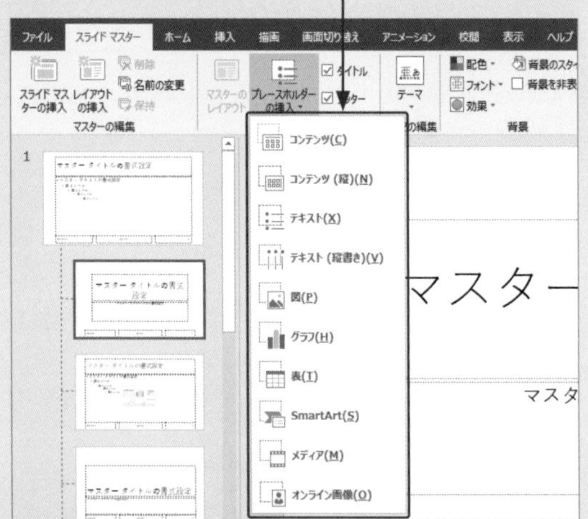

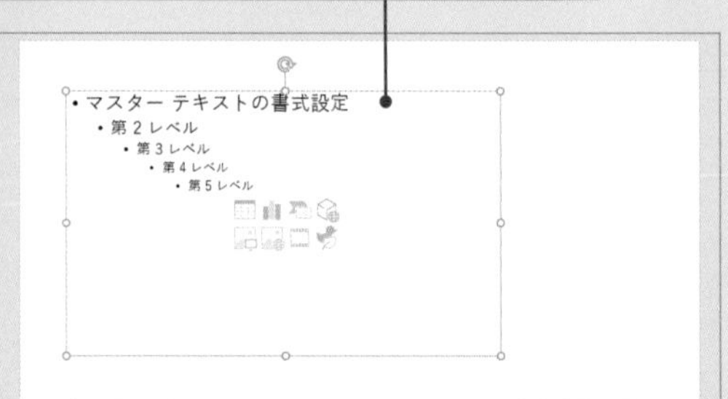

重要度 ★★★ プレースホルダーの編集

Q 100 プレースホルダーの大きさや位置を変更したい!

A プレースホルダーを選択して、ドラッグします。

プレースホルダーのサイズを変更するには、プレースホルダー内をクリックして、周囲に表示されるハンドル○を拡大あるいは縮小したい方向にドラッグします。プレースホルダーを移動するには、プレースホルダーの枠線上にマウスポインターを合わせ、ポインターの形が✥に変わった状態でドラッグします。

1 プレースホルダー内をクリックして、

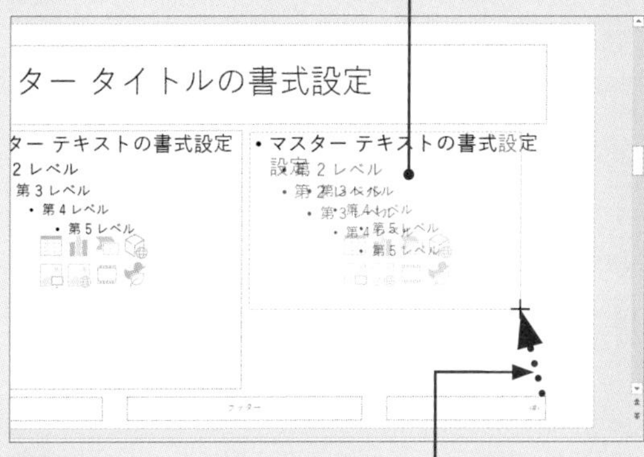

2 周囲に表示されるハンドルをドラッグすると、拡大あるいは縮小されます。

3 プレースホルダーの枠線上にマウスポインターを合わせ、

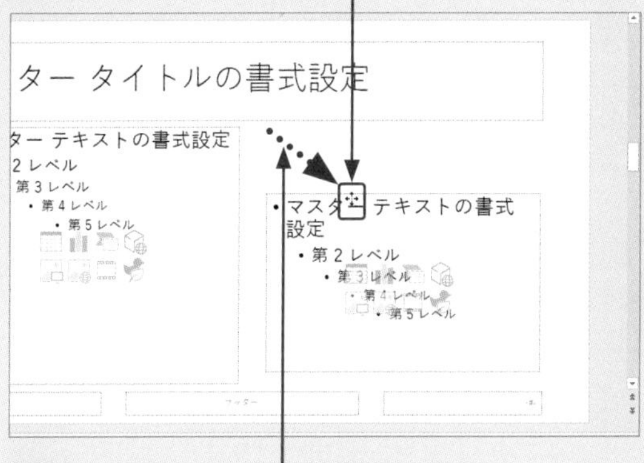

4 ポインターの形が✥に変わった状態でドラッグすると、移動されます。

重要度 ★★★ プレースホルダーの編集

Q 101 フッターの位置をすべてのスライドで変更したい!

A スライドマスターを表示して、フッターをドラッグします。

フッターの表示位置は、設定しているテーマによって異なります。フッターの位置を任意に移動するには、スライドマスターを表示して、フッターのプレースホルダーをドラッグします。

1 スライドマスターを表示して、一番上のスライドマスターをクリックします。

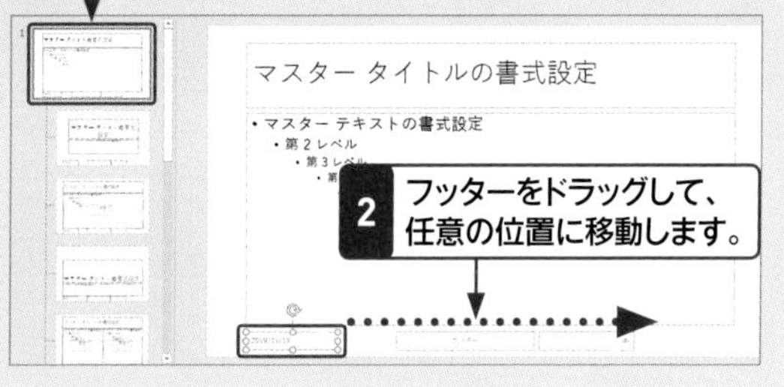

2 フッターをドラッグして、任意の位置に移動します。

重要度 ★★★ プレースホルダーの編集

Q 102 レイアウトから見出しを削除したい!

A <スライドマスター>タブの<タイトル>をクックしてオフにします。

スライドレイアウトのタイトル(見出し)は、<スライドマスター>タブの<タイトル>でオンとオフを切り替えることができます。

1 スライドマスターを表示して、見出しを削除するスライドレイアウトをクリックします。

2 <スライドマスター>タブの<タイトル>をクリックしてオフにすると、

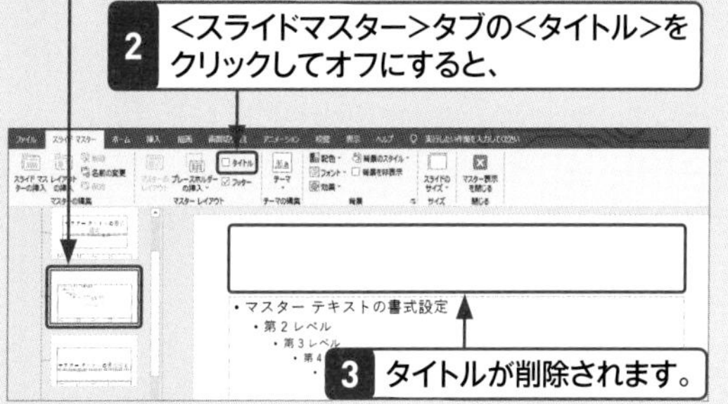

3 タイトルが削除されます。

重要度 ★★★ プレースホルダーの編集

Q 103 白紙のレイアウトに自由にプレースホルダーを配置したい！

A ＜プレースホルダーの挿入＞から追加します。

白紙のレイアウトにプレースホルダーを配置するには、＜スライドマスター＞タブの＜プレースホルダーの挿入＞をクリックして、任意のプレースホルダーを追加します。ここでは、4枚の写真が配置できるレイアウトを作成してみましょう。

1 スライドマスターを表示して、白紙のスライドをクリックし、

2 ＜スライドマスター＞タブの＜プレースホルダーの挿入＞のここをクリックして、

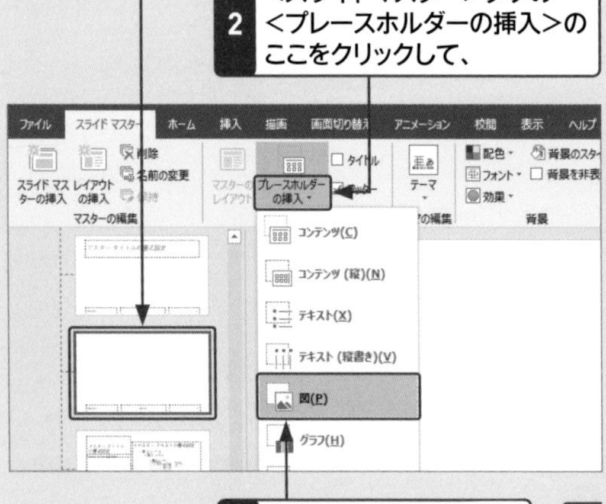

3 ＜図＞をクリックします。

4 配置したい位置でドラッグすると、

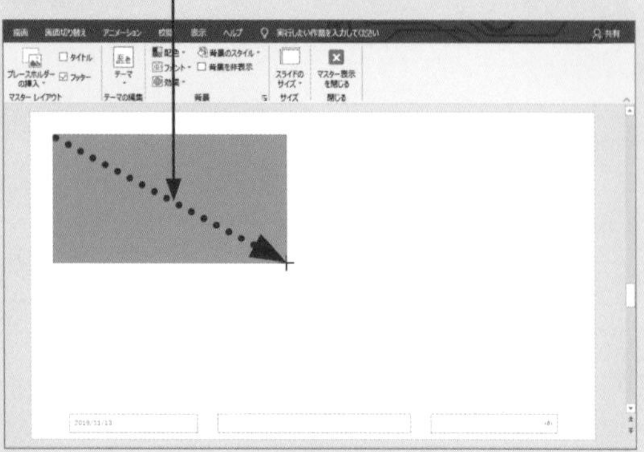

5 プレースホルダーが追加されます。

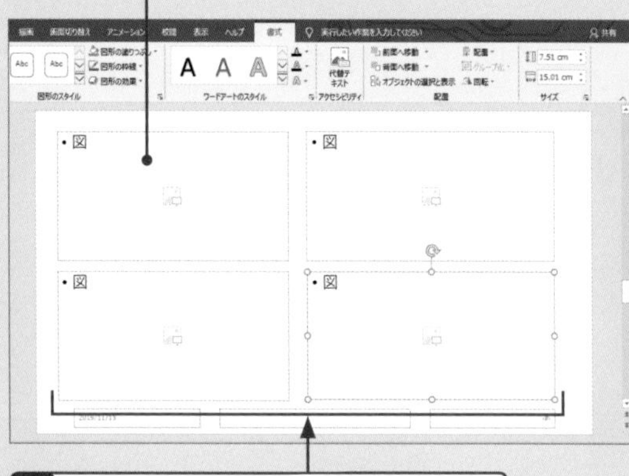

4 手順2～4の操作を繰り返して、必要なプレースホルダーを追加します。

重要度 ★★★ プレースホルダーの編集

Q 104 プレースホルダーを削除したい！

A ＜ホーム＞タブの＜切り取り＞をクリックします。

プレースホルダーを削除するには、プレースホルダーをクリックして、＜ホーム＞タブの＜切り取り＞をクリックします。
あるいは、プレースホルダーをクリックして、Delete または BackSpace を押します。

1 プレースホルダーをクリックして、

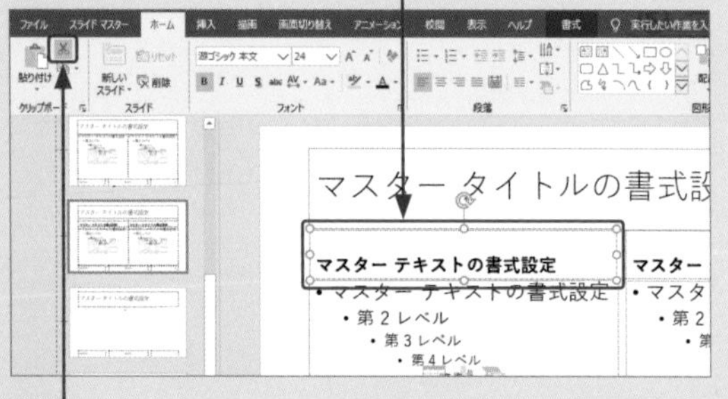

2 ＜ホーム＞タブの＜切り取り＞をクリックすると、

3 プレースホルダーが削除されます。

重要度 ★★★ プレースホルダーの編集

Q 105 スライドのサイズをまとめて変更したい！

A <スライドマスター>タブの<スライドのサイズ>で変更します。

スライドのサイズは、既定ではワイド画面（16:9）に設定されています。スライドのサイズを任意に変更したい場合は、<スライドのサイズ>をクリックして、<ユーザー設定のスライドのサイズ>をクリックし、<スライドのサイズ指定>で変更します。

1 <スライドマスター>タブの<スライドのサイズ>をクリックして、

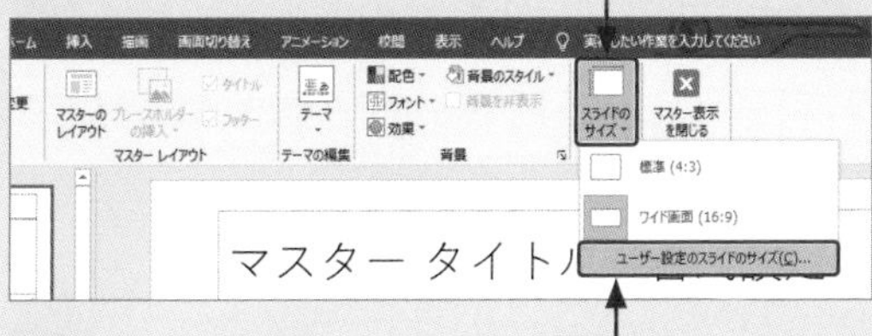

2 <ユーザー設定のスライドのサイズ>をクリックします。

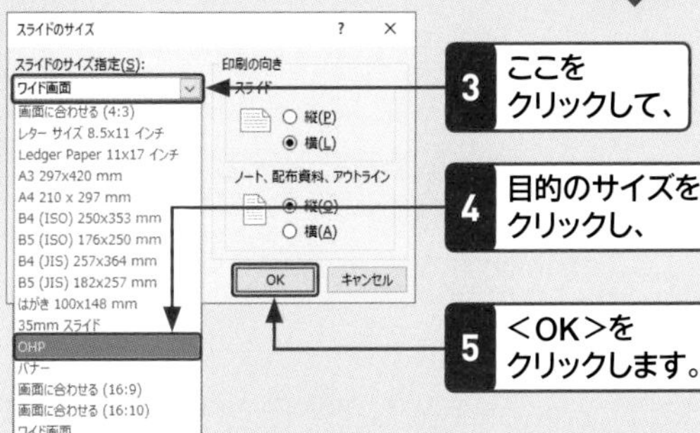

3 ここをクリックして、

4 目的のサイズをクリックし、

5 <OK>をクリックします。

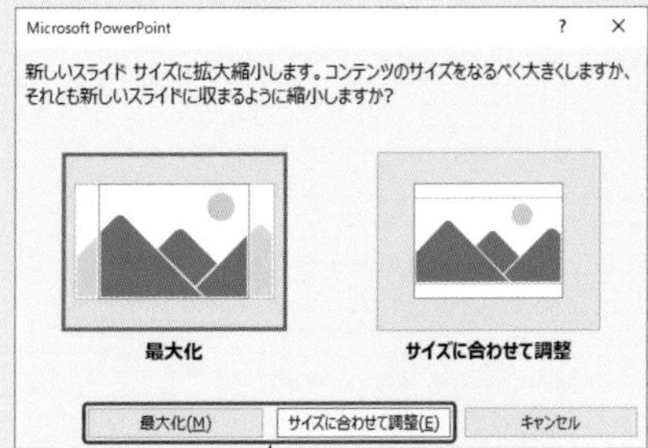

6 <サイズに合わせて調整>（または<最大化>）をクリックします。

重要度 ★★★ プレースホルダーの編集

Q 106 マスターに表示される要素を変更したい！

A スライドマスターの<マスターのレイアウト>で設定します。

スライドマスターには、タイトル、テキスト、日付、スライド番号、フッターの各要素が表示されていますが、これらの要素は表示／非表示を自由に設定することができます。<スライドマスター>タブの<マスターのレイアウト>をクリックして設定します。ここでは、マスタータイトルの日付を非表示にしてみましょう。

1 スライドマスターを表示して、一番上のスライドマスターをクリックし、

2 <スライドマスター>タブの<マスターのレイアウト>をクリックします。

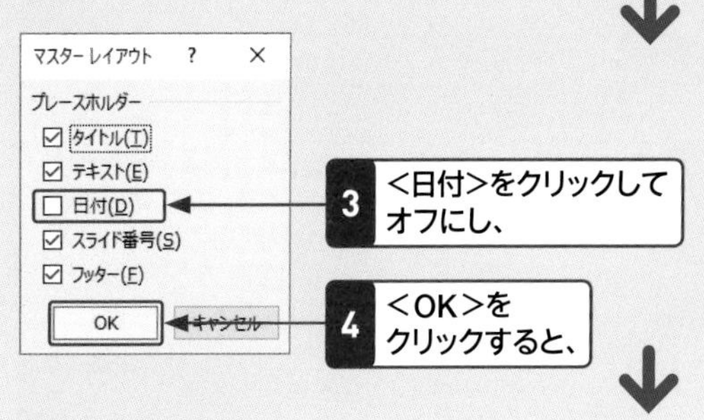

3 <日付>をクリックしてオフにし、

4 <OK>をクリックすると、

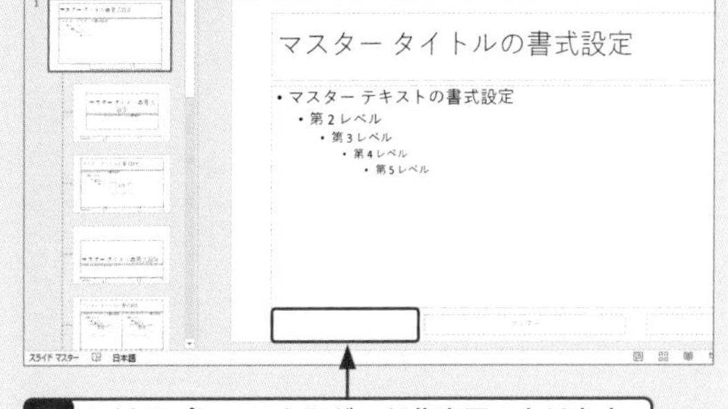

5 日付のプレースホルダーが非表示になります。

Q 107 スライドマスターに新しいレイアウトを追加したい！

A <スライドマスター>タブの<レイアウトの挿入>から追加します。

あらかじめ用意されているレイアウトに利用したいものがない場合は、オリジナルのレイアウトを作成することができます。<表示>タブの<スライドマスター>をクリックして、<スライドマスター>タブで<レイアウトの挿入>をクリックし、新しいスライドレイアウトを追加します。続いて、プレースホルダーを挿入して、位置や大きさを調整します。

追加したレイアウトには、「ユーザー設定レイアウト」という名前が設定されます。

1 <表示>タブの<スライドマスター>をクリックして、<スライドマスター>タブを表示します。

2 <レイアウトの挿入>をクリックすると、

3 新しいレイアウトが挿入されます。

4 <スライドマスター>タブの<プレースホルダーの挿入>のここをクリックして、

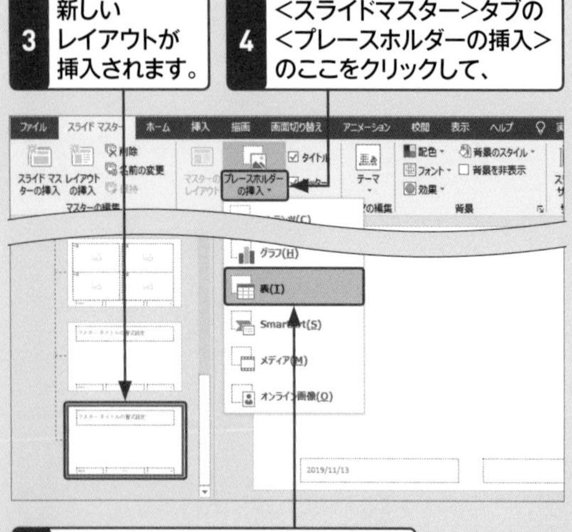

5 挿入したいプレースホルダーの種類（ここでは<表>）をクリックします。

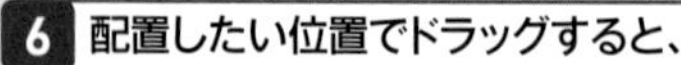

6 配置したい位置でドラッグすると、

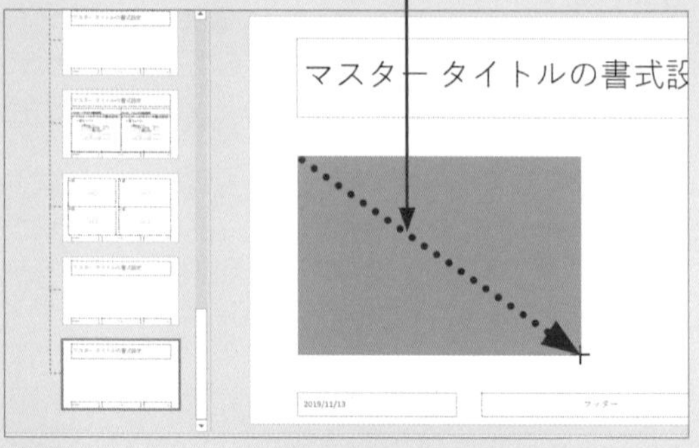

7 プレースホルダーが作成されます。

8 手順4〜6の操作を繰り返して必要なプレースホルダーを追加し、

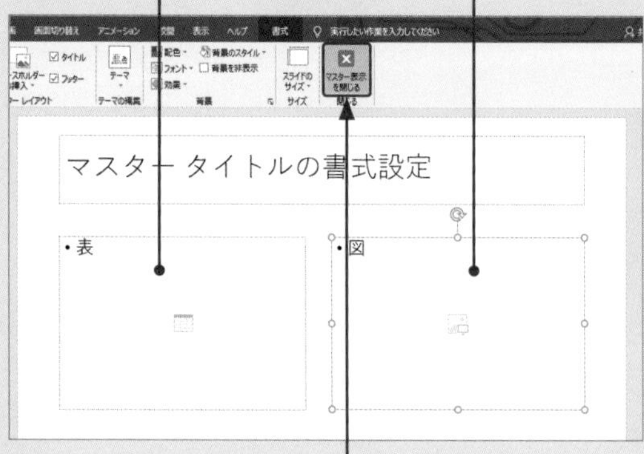

9 <マスター表示を閉じる>をクリックします。

10 <ホーム>タブの<レイアウト>をクリックすると、

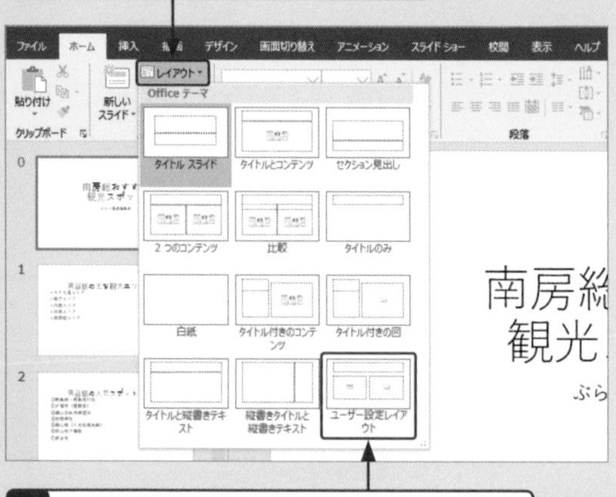

11 作成したレイアウトが追加されていることが確認できます。

重要度★★★ レイアウトの編集

Q 108 追加したレイアウトの名前を変更したい！

A <スライドマスター>タブの<名前の変更>を利用します。

スライドマスターに追加したオリジナルのレイアウトには、「ユーザー設定レイアウト」という名前が設定されます。この名前を変更するには、<スライドマスター>タブの<名前の変更>をクリックし、<レイアウト名の変更>ダイアログボックスで変更します。

参照▶Q 107

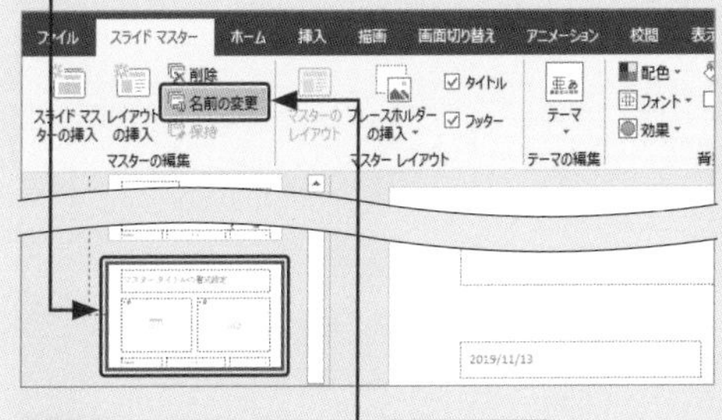

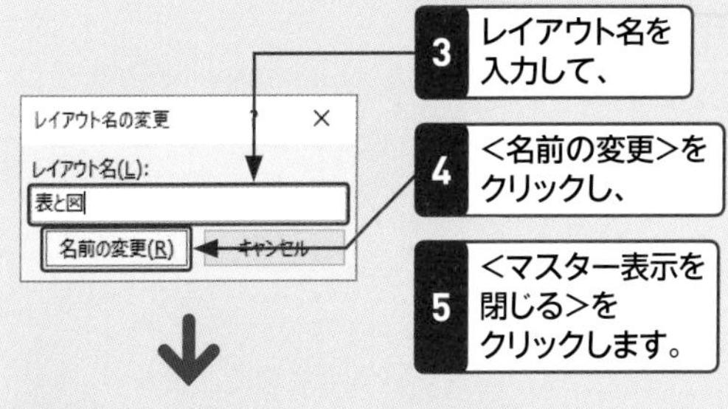

レイアウト名の変更
レイアウト名(L):
表と図
名前の変更(R)
キャンセル
3 レイアウト名を入力して、
4 <名前の変更>をクリックし、
5 <マスター表示を閉じる>をクリックします。

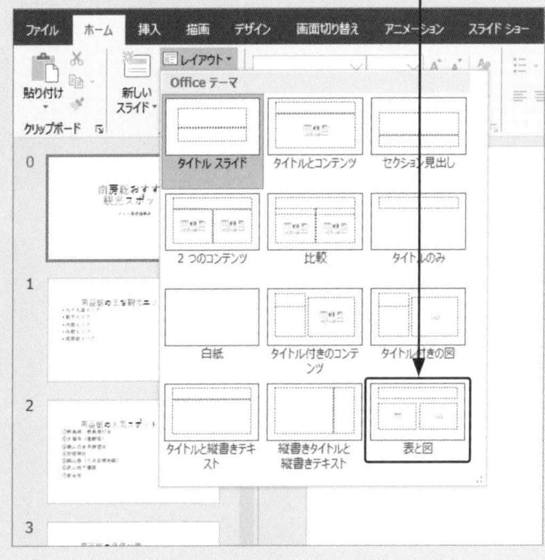

重要度★★★ レイアウトの編集

Q 109 不要なスライドレイアウトを削除したい！

A <スライドマスター>タブの<削除>をクリックします。

スライドマスターに含まれる不要なレイアウトを削除するには、削除するレイアウトをクリックして、<スライドマスター>タブの<削除>をクリックします。削除されたレイアウトは、<新しいスライド>や<レイアウト>の一覧から削除され、現在のプレゼンテーションでは利用できなくなります。

ただし、スライドで使用されているレイアウトは削除することはできません。スライドで使用しているレイアウトを選択すると、<削除>コマンドは利用不可になります。

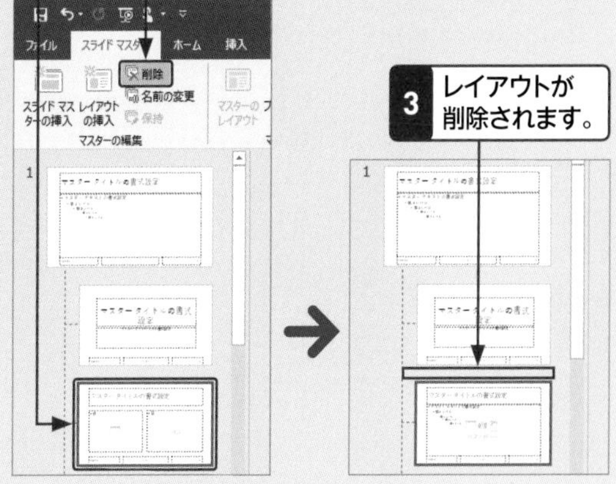

重要度 ★★★ レイアウトの編集

Q 110 レイアウトを複製したい！

A レイアウトを右クリックして、<レイアウトの複製>をクリックします。

スライドマスターでレイアウトを複製するには、複製したいレイアウトを右クリックして、<レイアウトの複製>をクリックします。あるいは、<ホーム>タブの<コピー>の▼をクリックして、<複製>をクリックします。

1 スライドマスターを表示して、複製したいレイアウトを右クリックし、

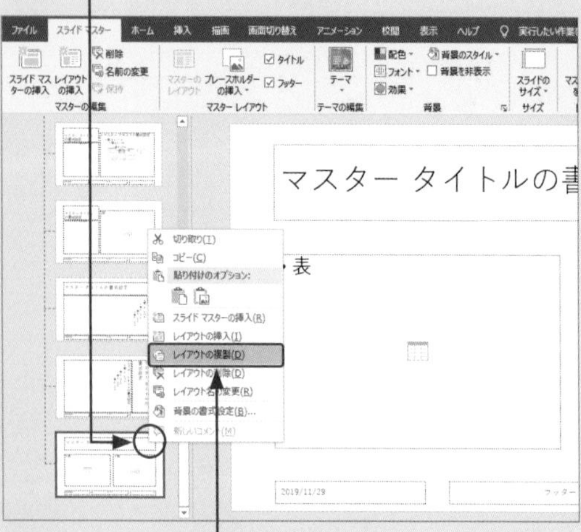

2 <レイアウトの複製>クリックすると、

3 レイアウトが複製されます。

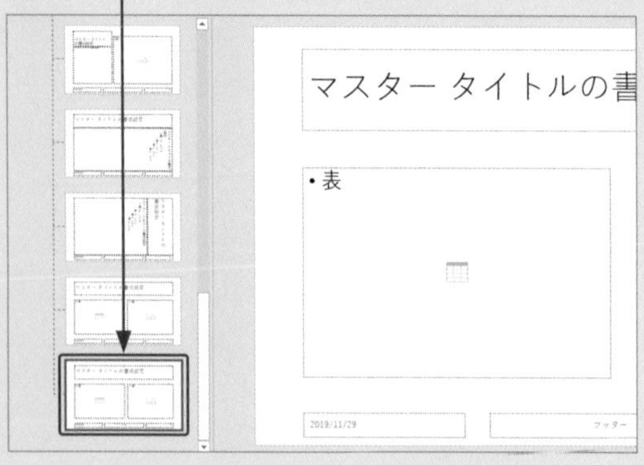

重要度 ★★★ レイアウトの編集

Q 111 レイアウトの要素を変更したい！

A スライドマスターを表示して、目的の要素を変更します。

スライドマスターでレイアウトの要素を変更すると、そのスライドと関連付けられているすべてのスライドレイアウトに変更が反映されます。ここでは、マスタータイトルの位置を変更してみましょう。

1 スライドマスターを表示して、レイアウトを変更したいスライドレイアウトをクリックします。

2 マスタータイトルのプレースホルダーの枠を目的の位置までドラッグして、

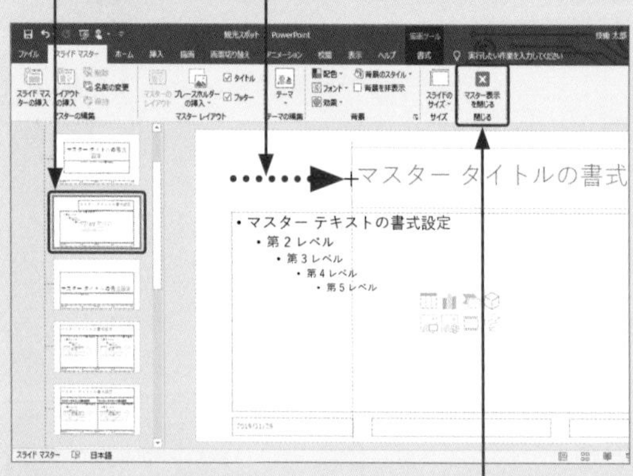

3 <マスター表示を閉じる>をクリックします。

3 関連するスライドのタイトル位置が変更されます。

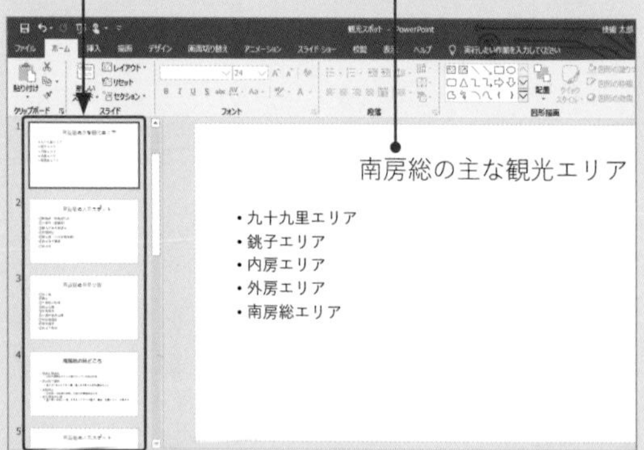

第4章

文字入力の快速技!

112 >>> 121 書式設定

122 >>> 127 コピー

128 >>> 132 箇条書き

133 >>> 146 文章のレイアウト

147 >>> 149 テキストボックス

150 >>> 153 検索と置換

154 >>> 157 入力のトラブル

158 >>> 165 ワードアート

166 >>> 167 特殊な文字

重要度 ★★★　書式設定

Q 112 文字のフォントを変更したい！

A ＜ホーム＞タブの＜フォント＞で変更します。

入力した文字のフォント（書体）を変更するには、フォントを変更したい文字をドラッグで選択して、＜ホーム＞タブの＜フォント＞からフォントの一覧を表示し、種類を指定します。プレースホルダーを選択した状態でフォントを変更すると、プレースホルダー内の文字をまとめて変更することができます。プレースホルダーを選択するには、プレースホルダーの枠線をクリックします。

なお、手順**3**でフォントにマウスポインターを合わせると、そのフォントが一時的に適用されるので、変更後のイメージを確認できます。

1 フォントを変更したい文字をドラッグして選択します。

2 ＜ホーム＞タブの＜フォント＞のここをクリックし、

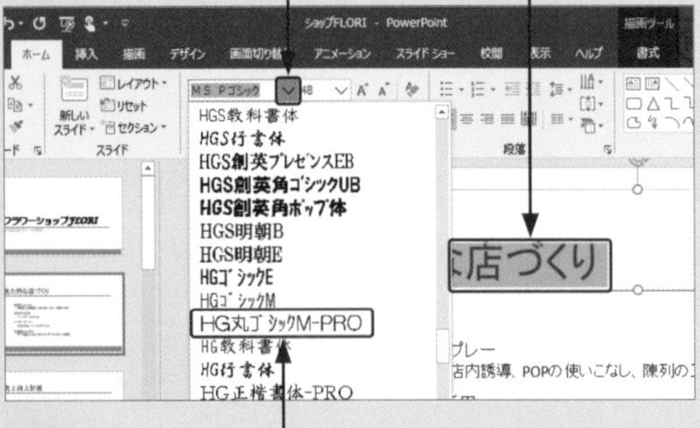

3 フォント名（ここでは＜HG丸ゴシックM-PRO＞）をクリックすると、

4 フォントが変更されます。

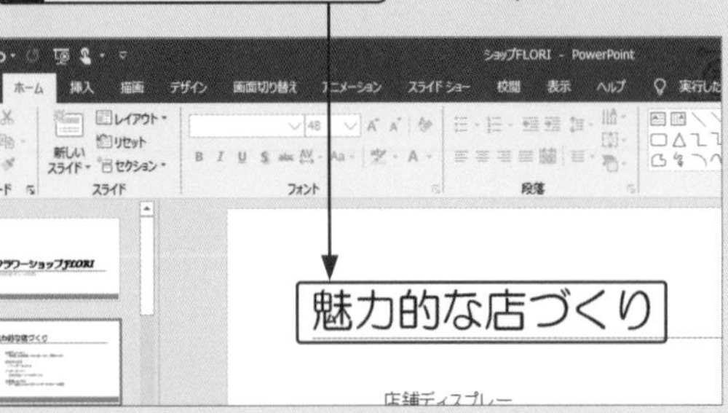

重要度 ★★★　書式設定

Q 113 文字を大きくしたい！

A ＜ホーム＞タブの＜フォントサイズ＞で変更します。

入力した文字のサイズを変更するには、サイズを変更したい文字をドラッグで選択して、＜ホーム＞タブの＜フォントサイズ＞からサイズを指定します。また、＜フォントサイズ＞ボックスに数値を直接入力することでもサイズを変更できます。

プレースホルダーを選択した状態でサイズを変更すると、プレースホルダー内の文字をまとめて変更することができます。プレースホルダーを選択するには、プレースホルダーの枠線をクリックします。

1 文字サイズを変更したい文字をドラッグして選択します。

2 ＜ホーム＞タブの＜フォントサイズ＞のここをクリックし、

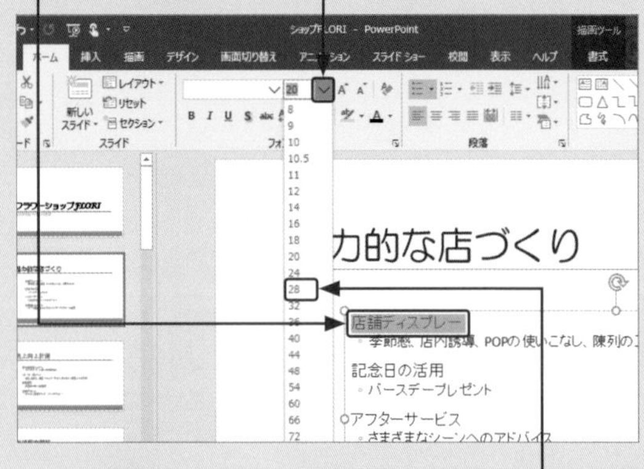

3 サイズ（ここでは＜28＞）をクリックすると、

4 文字のサイズが変更されます。

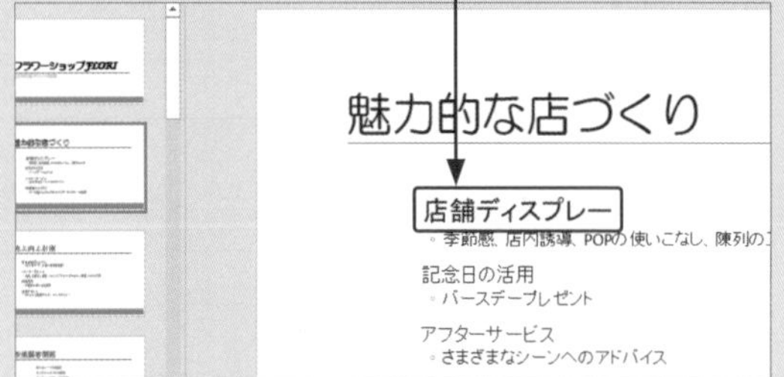

重要度 ★★★　書式設定

Q 114 文字に色を付けたい！

A ＜ホーム＞タブの＜フォントの色＞で変更します。

入力した文字の色を変更するには、色を変更したい文字をドラッグで選択して、＜ホーム＞タブの＜フォントの色＞から色を指定します。手順2で表示される一覧の色は、スライドに設定しているテーマによって異なります。一覧に目的の色がない場合は、＜その他の色＞をクリックして＜色の設定＞ダイアログボックスを表示し、色を指定します。

1 色を変更したい文字をドラッグして選択します。

2 ＜ホーム＞タブ＜フォントの色＞のここをクリックし、

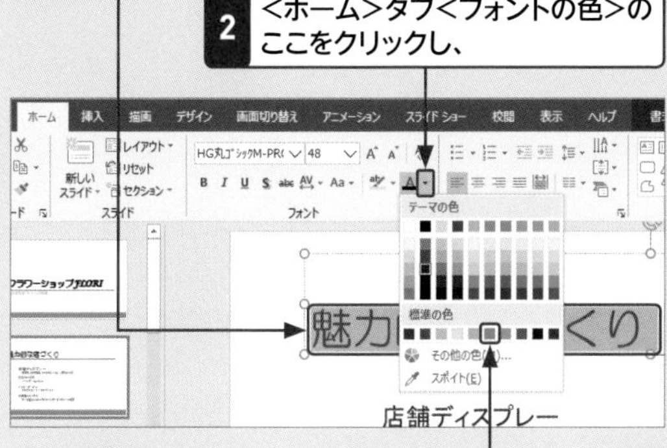

3 色（ここでは＜緑＞）をクリックすると、

4 文字の色が変更されます。

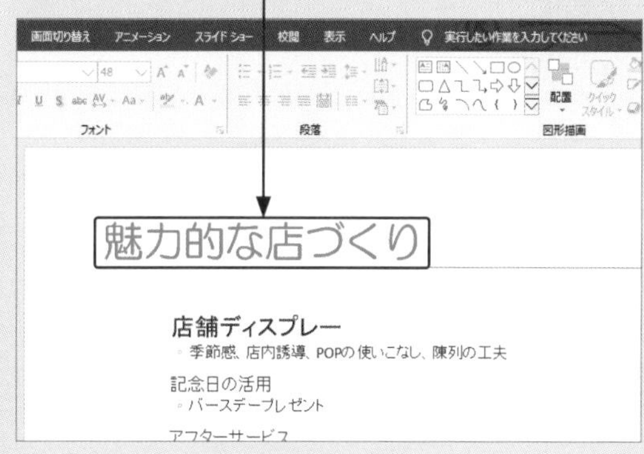

一覧に表示されている以外の色を指定する場合は、手順3で＜その他の色＞をクリックし、＜色の設定＞ダイアログボックスを表示します。

重要度 ★★★　書式設定

Q 115 文字を太くしたり飾りを付けたい！

A ＜ホーム＞タブの＜フォント＞グループのコマンドを利用します。

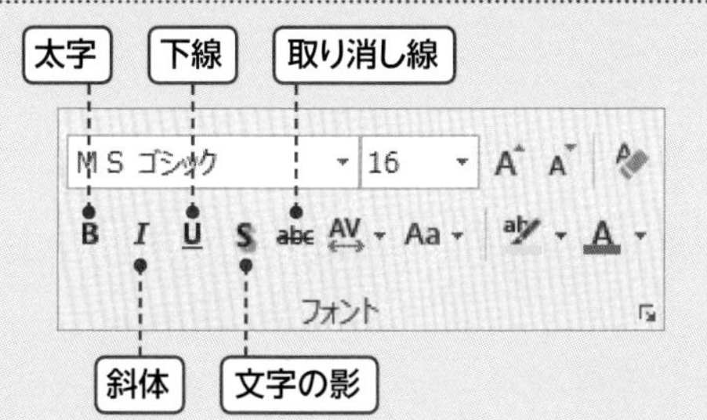

入力した文字には、太字や斜体、下線、影、取り消し線などの飾り（スタイル）を設定することができます。文字をドラッグで選択し、＜ホーム＞タブの＜フォント＞グループにある各コマンドをクリックすることで設定できます。

● 文字飾りの設定例

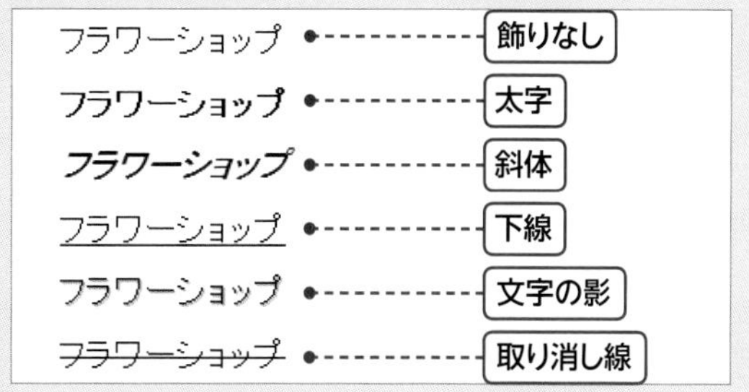

重要度 ★★★ 書式設定

Q 116 下線を点線で引きたい！

A ＜フォント＞ダイアログボックスで設定します。

フォントの設定は、＜ホーム＞タブの＜フォント＞グループのコマンドを利用して行うことができますが、＜フォント＞ダイアログボックスを利用すると、より細かく設定できます。フォントを設定したい文字をドラッグで選択して、＜ホーム＞タブの＜フォント＞グループの ⧉ をクリックすると、＜フォント＞ダイアログボックスが表示されます。＜フォント＞ダイアログボックスでは、点線の下線や二重取り消し線など、＜ホーム＞タブではできない設定を行えるほか、複数のフォント設定をまとめて変更できます。

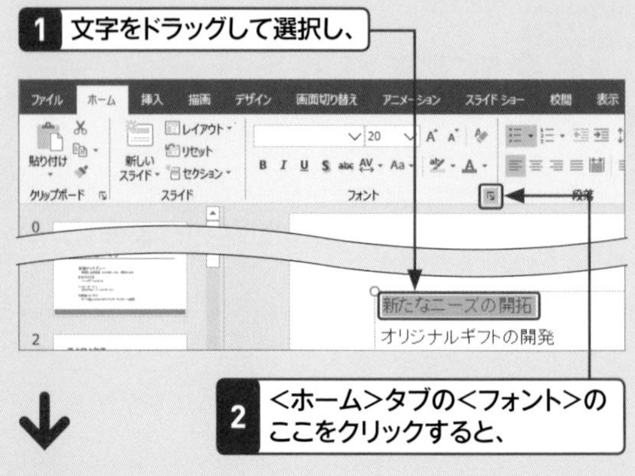

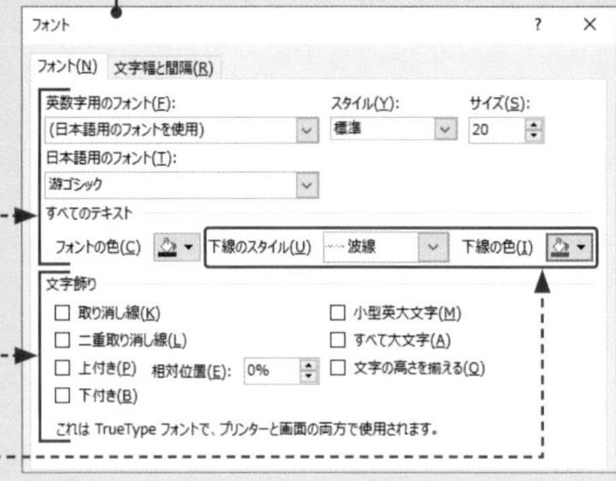

文字飾りを設定できます。

下線のスタイルと色を設定できます。

重要度 ★★★ 書式設定

Q 117 英単語の大文字／小文字をすばやく修正したい！

A ＜ホーム＞タブの＜文字種の変換＞を利用します。

小文字で書かれた英単語をすべて大文字にしたり、文章の先頭の文字だけ大文字に直したりなどの操作を手作業で行うのは面倒です。PowerPointでは、英単語を選択して＜ホーム＞タブの＜文字種の変換＞をクリックし、目的の操作を指定するだけで、これらの作業をかんたんに行うことができます。以下の変換が可能です。

- 文の先頭文字を大文字にする
- すべて小文字にする
- すべて大文字にする
- 各単語の先頭文字を大文字にする
- 大文字と小文字を入れ替える

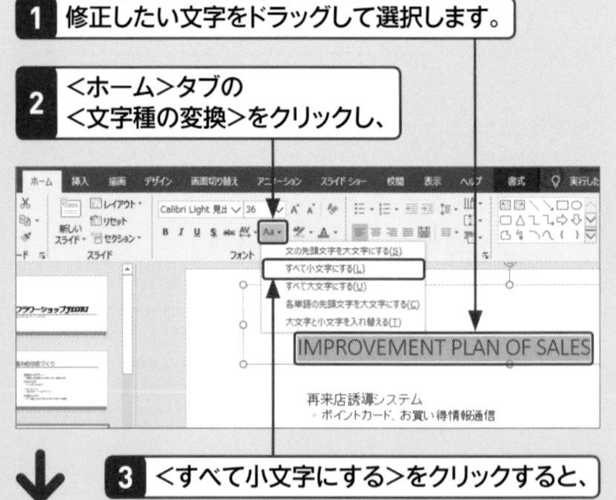

重要度 ★★★ 書式設定 ✖2016 ✖2013

Q 118 文字を蛍光ペンで強調表示したい！

A ＜ホーム＞タブの＜蛍光ペンの色＞で設定します。

PowerPoint 2019では、テキスト用の蛍光ペンを使用できるようになりました。蛍光ペンを設定する文字を選択して、＜ホーム＞タブの＜蛍光ペンの色＞で任意の色を指定します。

蛍光ペンの色を消すには、手順2の一覧で＜色なし＞をクリックし、マウスポインターの形が に変わった状態で文字をドラッグします。ポインターを通常の矢印に戻すには、Tab を押すか、手順2の一覧を表示して、＜蛍光ペンの終了＞をクリックします。

1 蛍光ペンで強調する文字をドラッグして選択します。

2 ＜ホーム＞タブの＜蛍光ペンの色＞のここをクリックして、

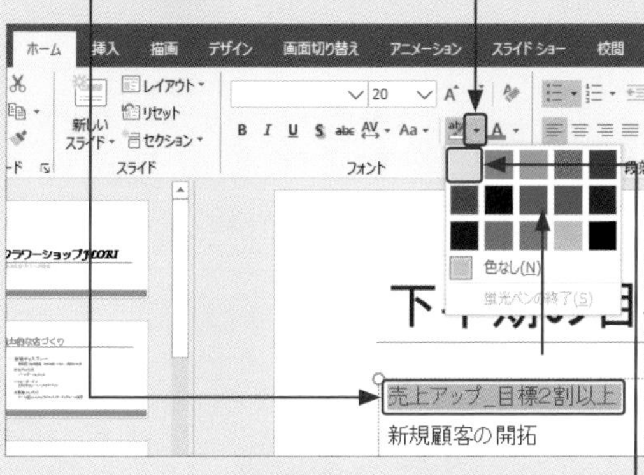

3 目的の色をクリックすると、

4 選択した文字に蛍光ペンが設定されます。

重要度 ★★★ 書式設定

Q 119 文字を特殊効果で目立たせたい！

A ＜書式＞タブの＜文字の効果＞で設定します。

＜描画ツール＞の＜書式＞タブの＜文字の効果＞を利用すると、影、反射、光彩、3-D回転、変形などの効果を文字に設定することができます。文字をドラッグで選択して＜書式＞タブをクリックし、＜文字の効果＞をクリックして目的の効果を指定します。なお、3-D回転と変形はプレースホルダー内のテキスト全体に設定されます。

また、それぞれのメニューの最下段にある＜(項目)のオプション＞をクリックすると、各効果の細かい設定を調節することができます。

1 文字をドラッグして選択し、＜書式＞タブをクリックして、

2 ＜文字の効果＞をクリックします。

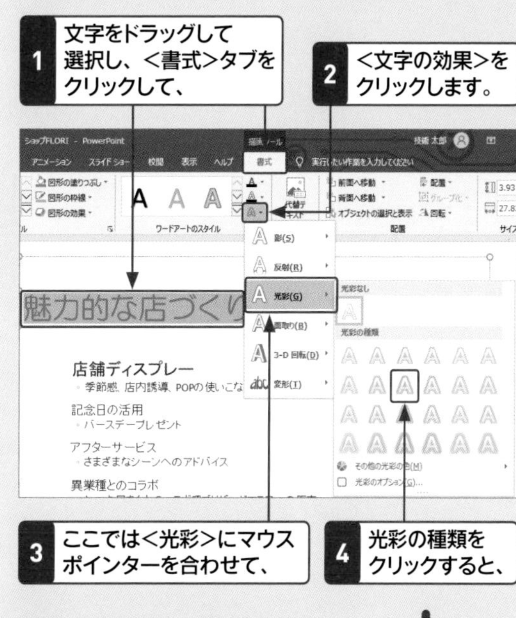

3 ここでは＜光彩＞にマウスポインターを合わせて、

4 光彩の種類をクリックすると、

5 文字に効果が設定されます。

重要度 ★★★ 書式設定

Q 120 指定した文字だけ書式をリセットしたい！

A ＜ホーム＞タブの＜すべての書式をクリア＞をクリックします。

文字に設定したフォントやフォントサイズ、太字や斜体などの文字書式を取り消して初期設定に戻したいときは、書式を取り消したい文字をドラッグで選択して、＜ホーム＞タブの＜すべての書式をクリア＞をクリックします。

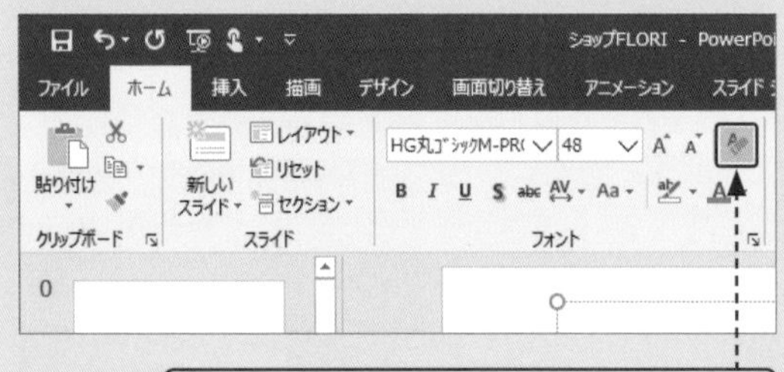
ショップFLORI - PowerPoi
ファイル
ホーム
挿入
描画
デザイン
画面切り替え
アニメーション
貼り付け
新しいスライド
レイアウト
リセット
セクション
クリップボード
スライド
フォント
<すべての書式をクリア>をクリックすると、文字書式がリセットされます。

重要度 ★★★ 書式設定

Q 121 スライド内の文字の書式をすべてリセットしたい！

A ＜ホーム＞タブの＜リセット＞をクリックします。

スライド内の文字に設定した書式をすべて初期設定に戻したいときは、書式を取り消したいスライドをクリックして、＜ホーム＞タブの＜リセット＞をクリックすると、設定した書式がまとめてリセットされます。

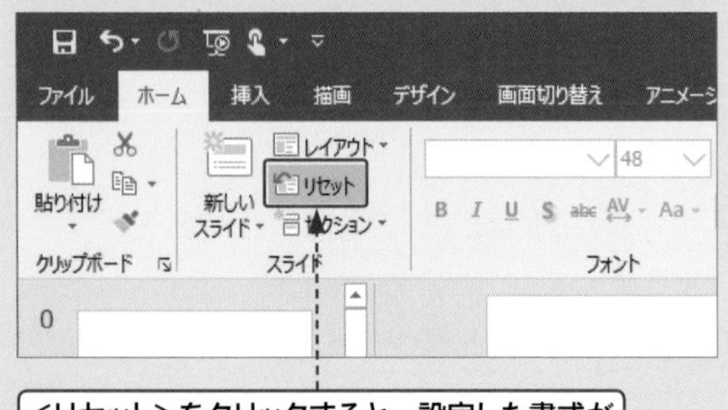
ファイル
ホーム
挿入
描画
デザイン
画面切り替え
貼り付け
新しいスライド
レイアウト
リセット
セクション
クリップボード
スライド
フォント
<リセット>をクリックすると、設定した書式がまとめてリセットされます。

重要度 ★★★ コピー

Q 122 文字の書式をコピーしてほかの文字に設定したい！

A ＜ホーム＞タブの＜書式のコピー／貼り付け＞を利用します。

文字に設定した書式をほかの文字にも設定したい場合は、書式を設定した文字をドラッグで選択して、＜ホーム＞タブの＜書式のコピー／貼り付け＞をクリックし、書式を設定したい文字をドラッグします。なお、書式の貼り付けは、1回のコピーにつき一度しか実行できませんが、手順**2**で＜書式のコピー／貼り付け＞をダブルクリックすると、続けて何度でも貼り付けることができます。再度、＜書式のコピー／貼り付け＞をクリックするか、Escを押すと貼り付けを中止できます。

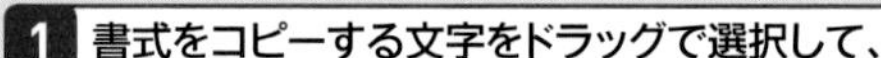
1 書式をコピーする文字をドラッグで選択して、

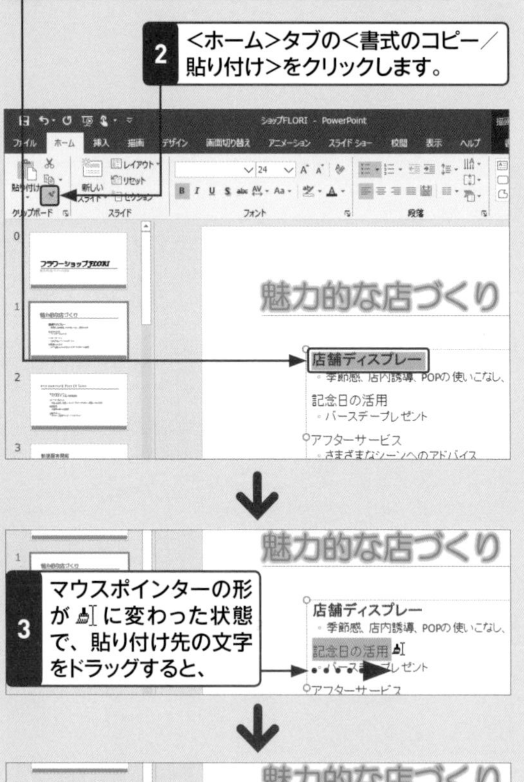
2 <ホーム>タブの<書式のコピー／貼り付け>をクリックします。
ショップFLORI - PowerPoint
魅力的な店づくり
店舗ディスプレー
季節感、店内誘導、POPの使いこなし、
記念日の活用
バースデープレゼント
アフターサービス
3 マウスポインターの形が に変わった状態で、貼り付け先の文字をドラッグすると、
4 書式がコピーされます。

重要度 ★★★　コピー

Q 123 「貼り付けのオプション」とは？

A コピーしたデータを貼り付ける際の形式を指定できる機能です。

スライドのほか、文字や表、図などのデータをコピーして貼り付ける際は、＜貼り付けのオプション＞を利用できます。貼り付けのオプションを利用すると、コピーしたデータをいろいろな形式で貼り付けることができます。たとえば、テキストのコピーの場合は、コピーもとの書式ごとコピーすることも、貼り付け先の書式を反映することもできます。

＜貼り付けのオプション＞は、＜ホーム＞タブの＜貼り付け＞の下の部分をクリックすると利用できます。貼り付けのオプションに表示される項目は、貼り付けるデータによって異なります。

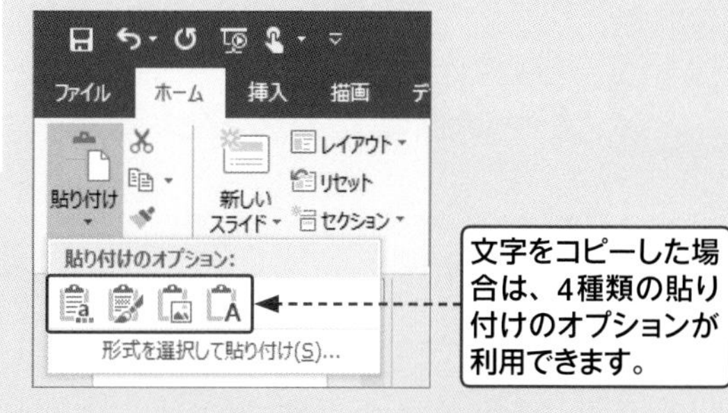

項　目		概　要
	貼り付け先のテーマを使用	貼り付け先のテーマを適用してデータを貼り付けます。
	元の書式を保持	もとの書式のままデータを貼り付けます。
	図	コピーした文字を図として貼り付けます。
	テキストのみ保持	コピーもとの書式などは反映させずに文字のみを貼り付けます。

重要度 ★★★　コピー

Q 124 書式を反映させず文字だけをコピーしたい！

A ＜貼り付けのオプション＞の＜テキストのみ保持＞を利用します。

設定した書式はコピーせずに、テキストのみをコピーしたいときは、＜貼り付けのオプション＞を利用します。コピーする文字をドラッグで選択して＜ホーム＞タブの＜コピー＞をクリックします。貼り付けたい位置をクリックして、＜貼り付け＞の下の部分をクリックし、＜テキストのみ保持＞をクリックすると、もとの書式を反映せずにテキストをコピーできます。

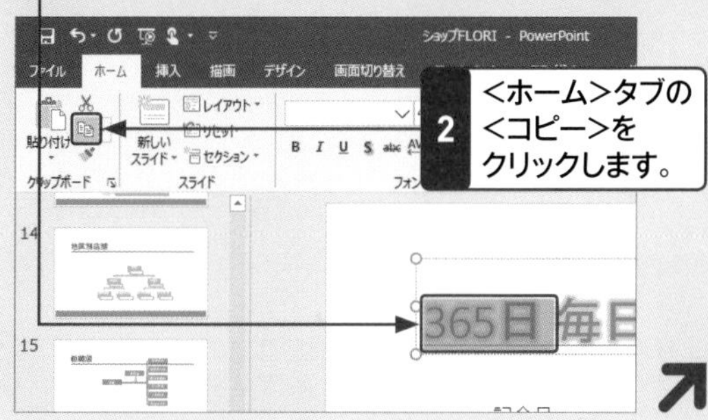

3 貼り付けたい位置をクリックして、

6 テキストのみが貼り付けられます。

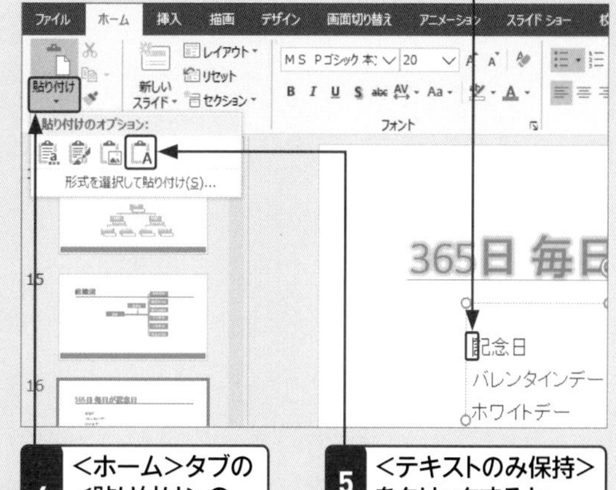

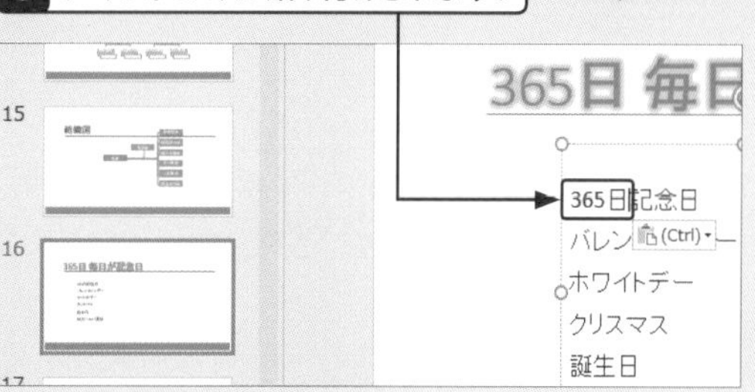

重要度 ★★★ コピー

Q 125 少し前にコピーしたデータをまた使いたい！

A Officeクリップボードを利用します。

コピーした（または切り取った）データが一時的に保管される場所のことを「クリップボード」といいます。PowerPoint内でコピーしたデータは、Officeに搭載されているクリップボードに保管されます。Officeクリップボードはコピーしたデータを最大24個まで保管できます。また、クリップボードに保管されているデータはPowerPointを終了するまで、繰り返し貼り付けることができます。

Officeクリップボードを利用するには、＜ホーム＞タブの＜クリップボード＞グループの をクリックして、＜クリップボード＞作業ウィンドウを表示します。

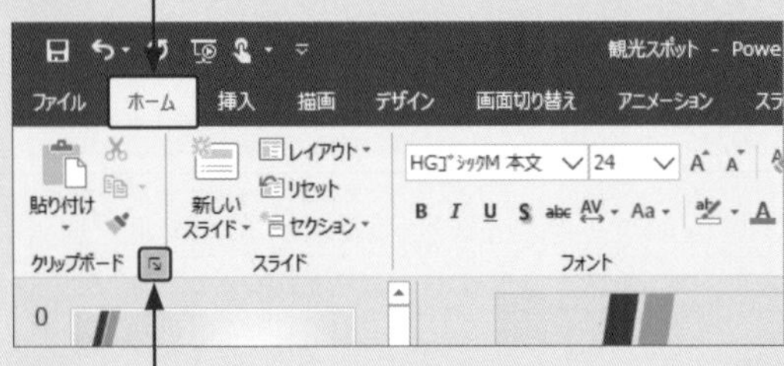

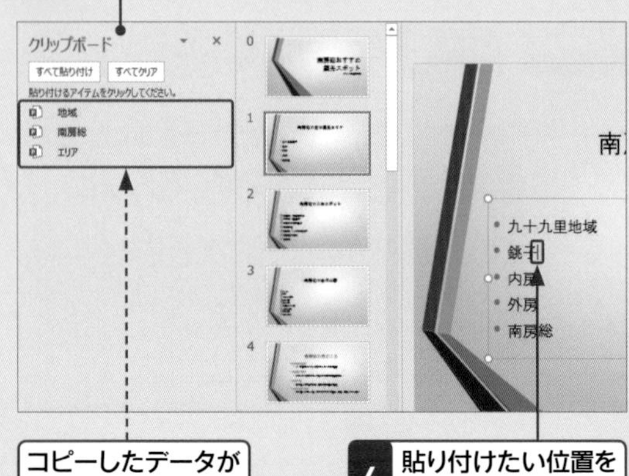

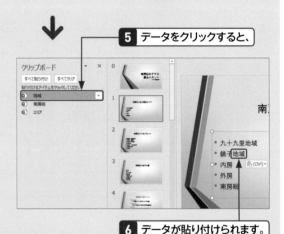

重要度 ★★★ コピー

Q 126 バラバラにコピーした文字をまとめて貼り付けたい！

A Officeクリップボードの＜すべて貼り付け＞を利用します。

クリップボードに保管したデータはまとめてスライドに貼り付けることができます。＜ホーム＞タブの＜クリップボード＞グループの をクリックして、＜クリップボード＞作業ウィンドウを表示し、貼り付けたい位置をクリックして、＜すべて貼り付け＞をクリックします。

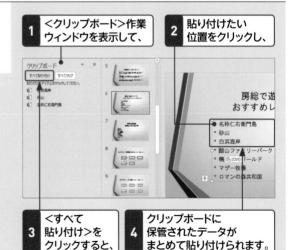

参照▶Q 125

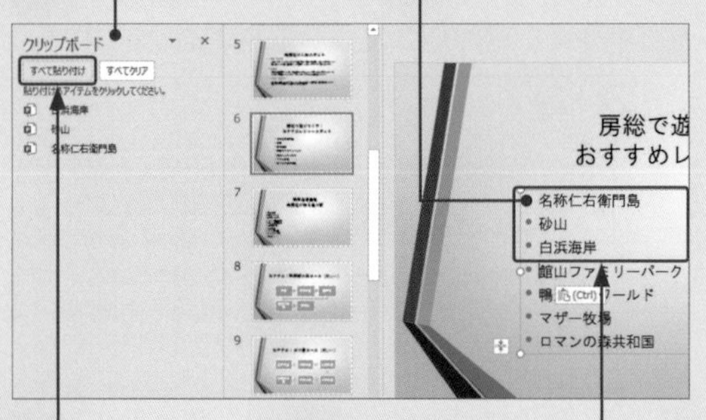

重要度★★★　コピー

Q127 文字を貼り付けると書式が変わってしまう！

A ＜貼り付けのオプション＞の＜元の書式を保持＞を利用します。

文字をコピーして貼り付けると、貼り付け先に合わせて書式が変わってしまうことがあります。もとの書式を保持したまま貼り付けたい場合は、＜貼り付けのオプション＞の＜元の書式を保持＞を利用します。

1 コピーする文字をドラッグで選択して、

2 ＜ホーム＞タブの＜コピー＞をクリックします。
南房総の人気スポットベスト5

3 貼り付けたい位置をクリックして、＜ホーム＞タブの＜貼り付け＞をクリックすると、

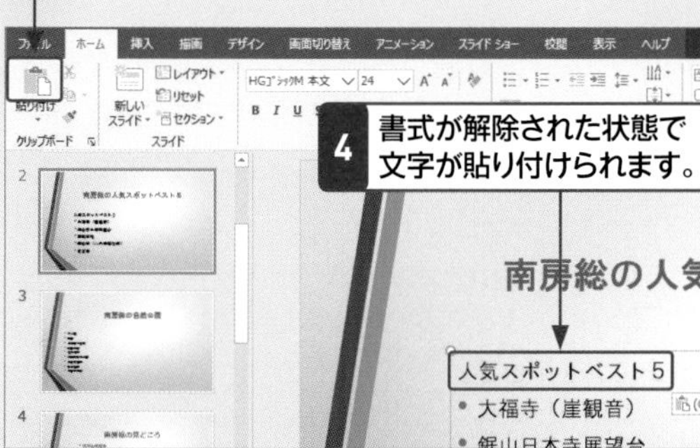
4 書式が解除された状態で文字が貼り付けられます。
南房総の人気
人気スポットベスト5
大福寺（崖観音）

5 ＜ホーム＞タブの＜貼り付け＞のここをクリックして、

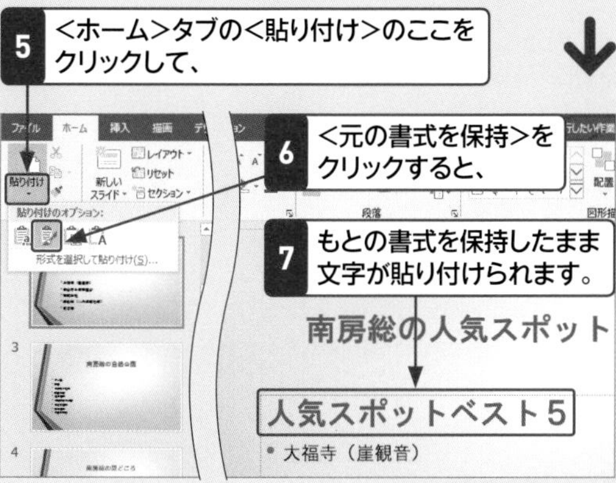
6 ＜元の書式を保持＞をクリックすると、
7 もとの書式を保持したまま文字が貼り付けられます。
南房総の人気スポット
人気スポットベスト5
大福寺（崖観音）

重要度★★★　箇条書き

Q128 箇条書きの行頭記号を変更したい！

A ＜ホーム＞タブの＜箇条書き＞から記号を指定します。

行頭記号（行頭文字）とは、段落の先頭に表示する文字や記号のことです。行頭文字はテーマに合わせたものが自動的に設定されますが、あとから変更することもできます。行頭文字を変更したい箇条書き全体をドラッグで選択し、＜ホーム＞タブの＜箇条書き＞をクリックして行頭文字を指定します。

行頭文字が設定されていない段落の場合でも、この方法で行頭文字を設定することができます。

1 箇条書き全体をドラッグで選択します。

2 ＜ホーム＞タブの＜箇条書き＞のここをクリックして、

3 目的の行頭文字をクリックすると、

4 箇条書きの行頭文字が変更されます。

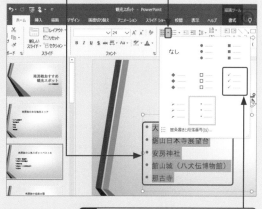

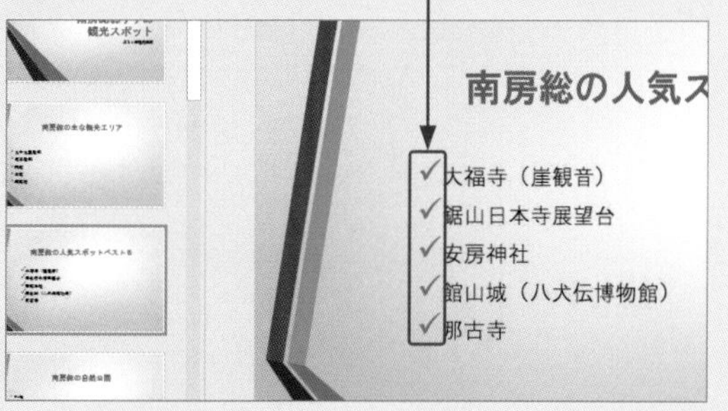
南房総の人気ス
大福寺（崖観音）
鋸山日本寺展望台
安房神社
館山城（八犬伝博物館）
那古寺

重要度★★★　箇条書き

Q129 箇条書きに段落番号を付けたい！

A ＜ホーム＞タブの＜段落番号＞から番号を指定します。

箇条書きの先頭には記号だけでなく、連続した番号を設定することもできます。段落番号を付けたい箇条書き全体をドラッグで選択し、＜ホーム＞タブの＜段落番号＞をクリックして番号の種類を指定します。
行頭文字が設定されていない段落の場合でも、この方法で段落番号を設定することができます。

1 段落番号を付けたい段落全体をドラッグで選択します。

2 ＜ホーム＞タブの＜段落番号＞のここをクリックし、

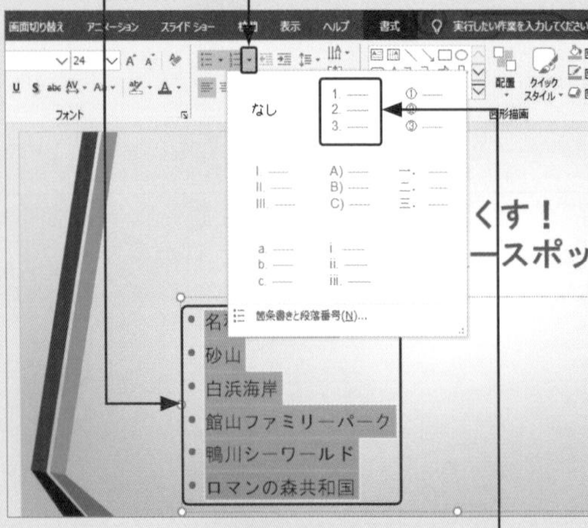

3 番号の種類をクリックすると、

4 段落の先頭に連続した番号が付きます。

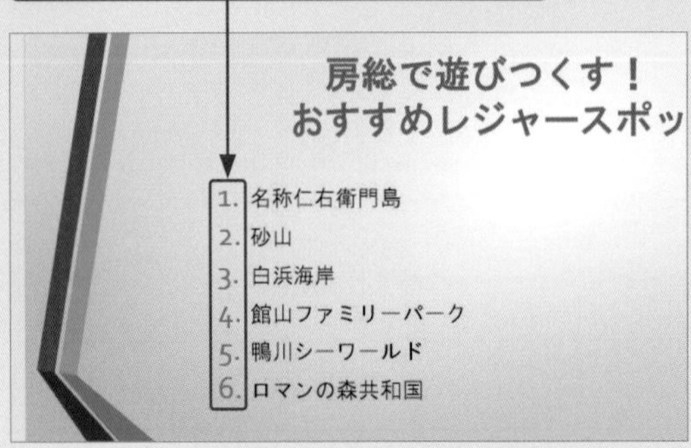

重要度★★★　箇条書き

Q130 箇条書きに段階を付けたい！

A ＜インデントを増やす＞をクリックするか、Tabを押します。

箇条書きには、第1レベル、第2レベル…と段階（レベル）を設定することができます。段落をドラッグで選択して、＜ホーム＞タブの＜インデントを増やす＞をクリックするか、Tabを押すと、段落レベルが1つ下がります。レベルを上げる場合は、段落を選択した状態で＜ホーム＞タブの＜インデントを減らす＞をクリックするか、Shift＋Tabを押します。

1 段落レベルを変更したい箇条書きをドラッグで選択します。

2 ＜ホーム＞タブの＜インデントを増やす＞をクリックすると、

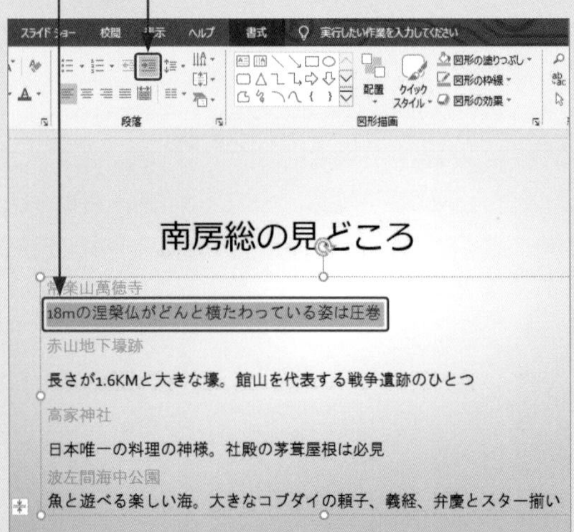

3 段落レベルが1つ下がります。

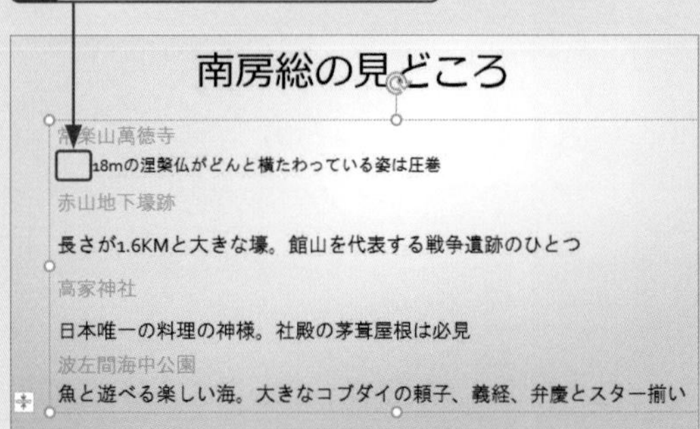

重要度★★★ 箇条書き

Q 131 イラストを箇条書きの行頭記号に利用したい!

A <箇条書きと段落番号>から<図>をクリックして挿入します。

箇条書きの行頭記号には、イラストや画像を利用することもできます。箇条書き全体をドラッグで選択して、<ホーム>タブの<箇条書き>から<箇条書きと段落番号>をクリックします。続いて、<図>をクリックし、画像を指定すると、その記号が行頭記号に設定されます。なお、手順4で<ユーザー設定>をクリックすると、特殊記号を指定することもできます。

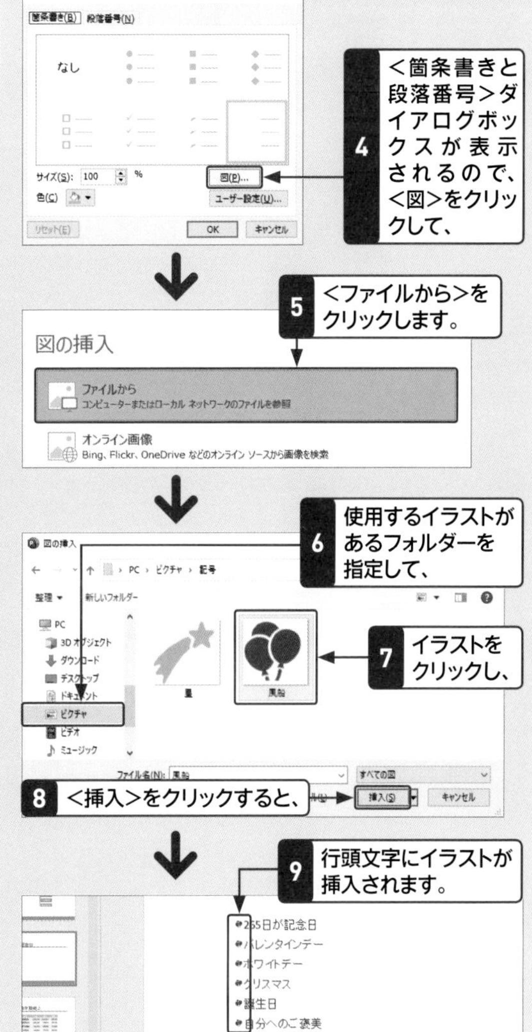

4 <箇条書きと段落番号>ダイアログボックスが表示されるので、<図>をクリックして、
5 <ファイルから>をクリックします。
図の挿入
ファイルから
オンライン画像
6 使用するイラストがあるフォルダーを指定して、
7 イラストをクリックし、
8 <挿入>をクリックすると、
9 行頭文字にイラストが挿入されます。
265日が記念日
バレンタインデー
ホワイトデー
クリスマス
誕生日
自分へのご褒美

重要度★★★ 箇条書き

Q 132 段落番号を1以外から始めたい!

A <箇条書きと段落番号>ダイアログボックスで開始番号を指定します。

段落番号の開始番号を変更するには、<ホーム>タブの<段落番号>から<箇条書きと段落番号>をクリックし、<箇条書きと段落番号>ダイアログボックスで開始番号を指定します。 参照▶Q 129

箇条書きと段落番号

箇条書き(B) 段落番号(N)

サイズ(S): 100 %　開始(T): 2

色(C)

リセット(E)

ここで開始する番号を指定します。

重要度 ★★★　文章のレイアウト

Q 133 文字どうしの間隔を広くしたい!

A <ホーム>タブの<文字の間隔>から間隔を指定します。

文字と文字の間隔を調整するには、<ホーム>タブの<文字の間隔> AV をクリックし、間隔を指定します。<広く>をクリックすると3pt広がります。<狭く>をクリックすると1.5pt狭くなります。また、手順3で<その他の間隔>をクリックして、<フォント>ダイアログボックスの<文字幅と間隔>を開いても間隔が調整できます。

1 文字間隔を調整する文字をドラッグして選択します。

2 <ホーム>タブの<文字の間隔>をクリックし、

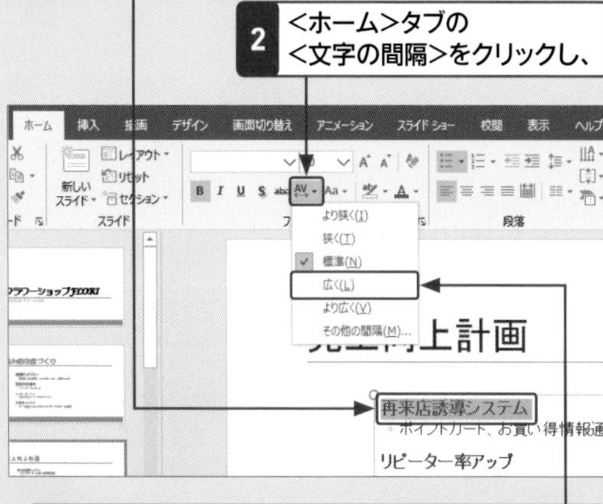

3 目的の間隔（ここでは<広く>）をクリックすると、

4 文字の間隔が調整されます。

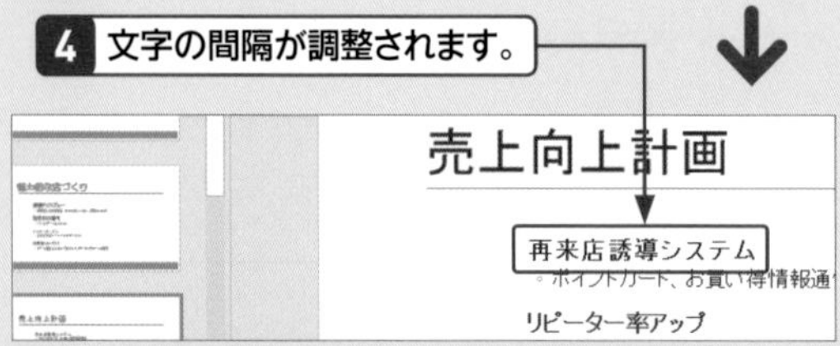

● <フォント>ダイアログボックスを利用する

1 <文字間隔を広げる>か<文字間隔をつめる>を選択して、

2 数値を指定します。

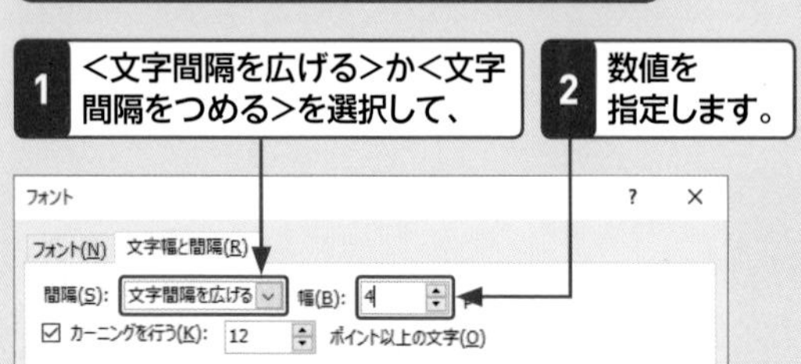

重要度 ★★★　文章のレイアウト

Q 134 行間を広げたい!

A <ホーム>タブの<行間>から間隔を指定します。

文章の行と行の間隔を調整するには、文章またはプレースホルダーを選択して、<ホーム>タブの<行間>から行間の数値を指定します。なお、行間を自由に指定したい場合は、手順3で<行間のオプション>をクリックして、<段落>ダイアログボックスの<インデントと行間隔>の<行間>で指定します。

1 文章をドラッグして選択します。

2 <ホーム>タブの<行間>をクリックし、

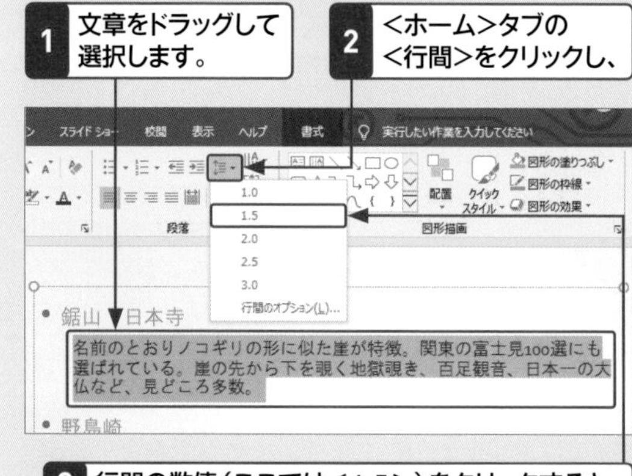

3 行間の数値（ここでは<1.5>）をクリックすると、

4 行間が通常の間隔の1.5倍に広がります。

● <段落>ダイアログボックスを利用する

1 <行間>で<固定値>を選択して、

2 <間隔>を数値で指定します。

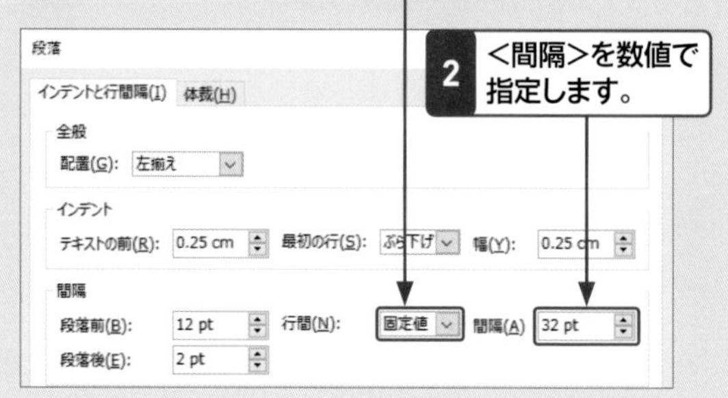

Q135 文章の行頭をきれいに揃えたい!

A ルーラーを表示して、インデントを設定します。

段落の先頭位置を揃えるには、ルーラーを利用してインデントを設定します。ルーラーが表示されていない場合は、<表示>タブの<ルーラー>をオンにして表示します。行頭を揃えたい段落を選択して、左インデントマーカー□をドラッグすると、破線の位置に行頭が揃います。段落が離れている場合は、Ctrlを押しながらドラッグして選択しましょう。

1 <表示>タブをクリックして、

2 <ルーラー>をクリックしてオンにします。

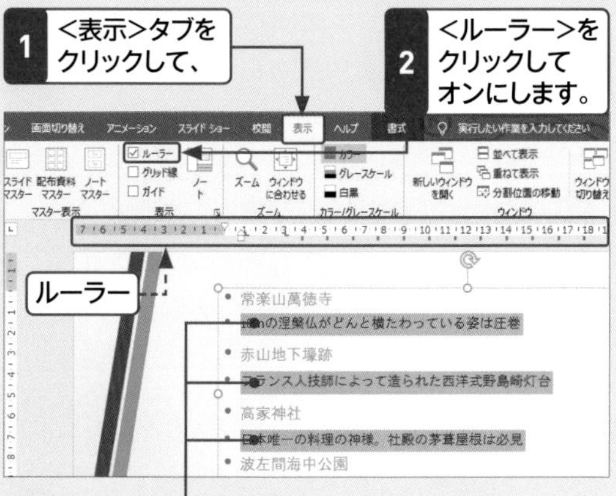

3 行頭を揃えたい段落をドラッグで選択して、

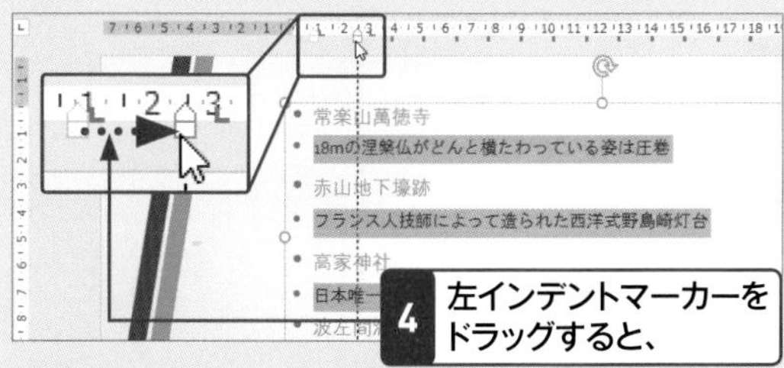

4 左インデントマーカーをドラッグすると、

5 行頭がきれいに揃います。

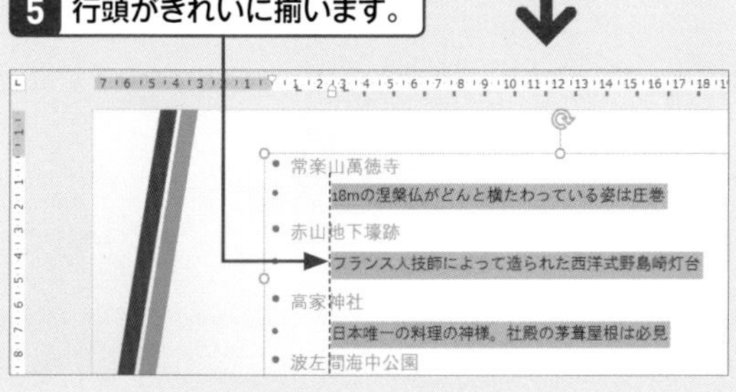

Q136 文中の文字の位置を揃えたい!

A Tabを押してタブを挿入し、ルーラーでタブ位置を揃えます。

行の途中で文字の位置を揃える場合は、Tabを押してタブを挿入したあと、ルーラー上のタブ位置をクリックすると、きれいに揃います。ここでは左揃えのタブを設定しますが、ほかにも右揃え、中央揃え、小数点揃えのタブがあります。ルーラーの左側にあるタブマーカーをクリックしてタブの種類を切り替えます。

1 <表示>タブの<ルーラー>をクリックしてオンにします。

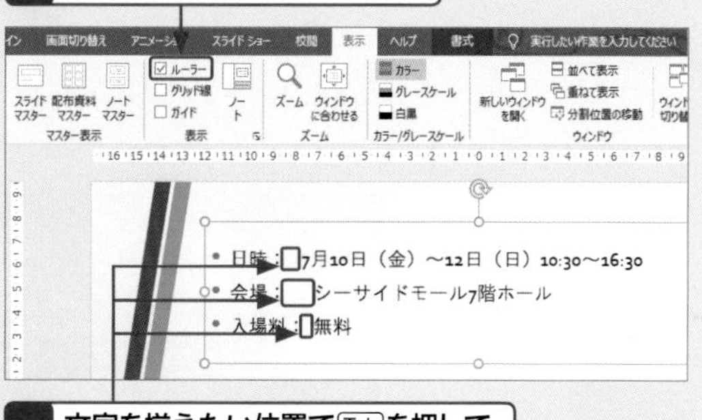

2 文字を揃えたい位置でTabを押して、タブを挿入します。

3 段落をドラッグで選択し、

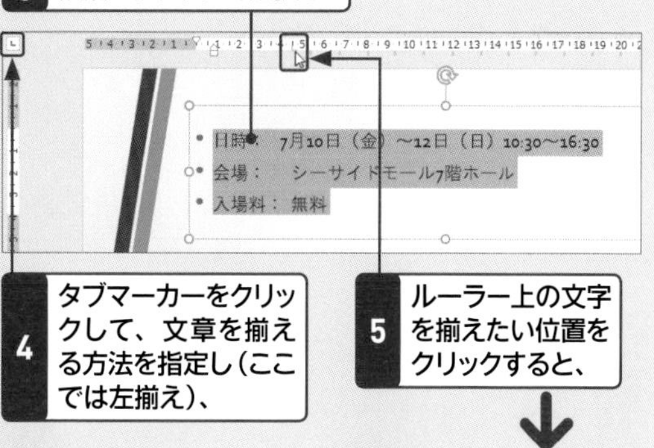

4 タブマーカーをクリックして、文章を揃える方法を指定し（ここでは左揃え）、

5 ルーラー上の文字を揃えたい位置をクリックすると、

6 ルーラー上にタブ位置が設定され、

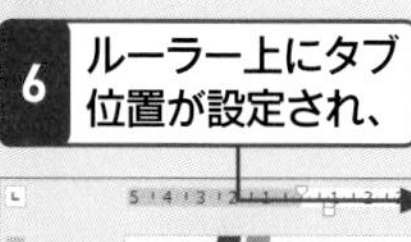

7 文字がタブ位置に揃います。

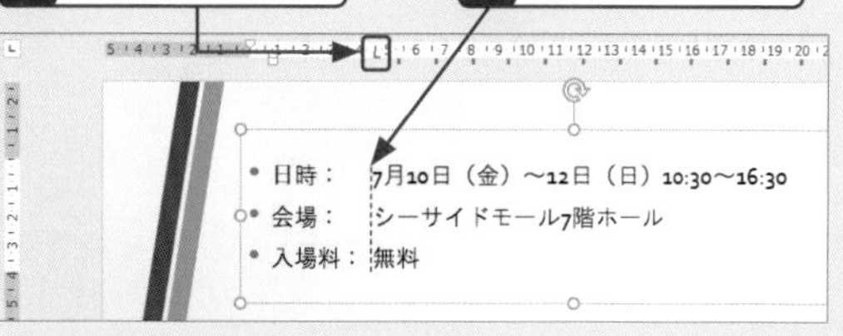

重要度 ★★★　文章のレイアウト

Q 137 文章をスライドの左右で揃えたい！

A ＜ホーム＞タブの＜右揃え＞や＜左揃え＞で揃えます。

プレースホルダー内に文章を入力すると、通常は左揃えで表示されます。文章を右揃えにしたい場合は、文章を選択して、＜ホーム＞タブの＜右揃え＞をクリックします。左揃えに戻したいときは、＜左揃え＞をクリックします。

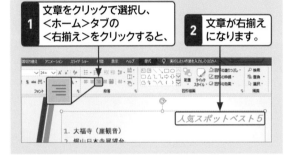

1 文章をクリックで選択し、＜ホーム＞タブの＜右揃え＞をクリックすると、
2 文章が右揃えになります。
人気スポットベスト5
1. 大福寺（崖観音）

重要度 ★★★　文章のレイアウト

Q 138 文章をスライドの上下で揃えたい！

A ＜ホーム＞タブの＜文字の配置＞で設定します。

プレースホルダーに入力した文章の配置は、設定しているテーマによって異なります。文章の配置を変更したい場合は、プレースホルダーを選択して、＜ホーム＞タブの＜文字の配置＞で設定します。

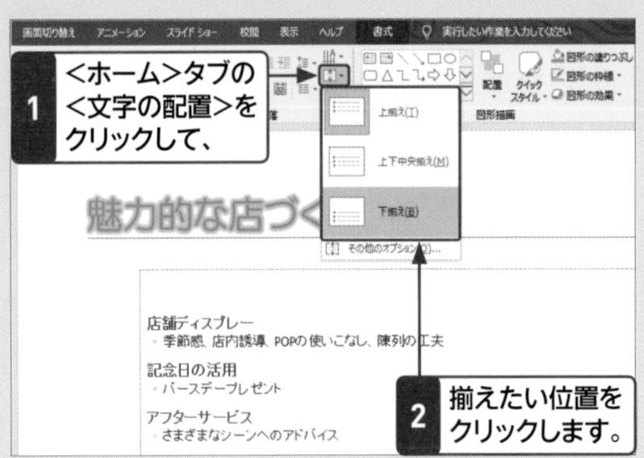
1 ＜ホーム＞タブの＜文字の配置＞をクリックして、
2 揃えたい位置をクリックします。
上揃え(T)
上下中央揃え(M)
下揃え(B)
魅力的な店づく
店舗ディスプレー
季節感、店内誘導、POPの使いこなし、陳列の工夫
記念日の活用
バースデープレゼント
アフターサービス
さまざまなシーンへのアドバイス

重要度 ★★★　文章のレイアウト

Q 139 文章をスライドの中央に揃えたい！

A ＜中央揃え＞と＜文字の配置＞の＜上下中央揃え＞で揃えます。

プレースホルダー内の文章を上下中央に揃えたい場合は、プレースホルダーを選択して、＜ホーム＞タブの＜文字の配置＞をクリックして＜上下中央揃え＞をクリックします。さらに、＜ホーム＞タブの＜中央揃え＞をクリックすると、文章がプレースホルダーの中央に揃います。

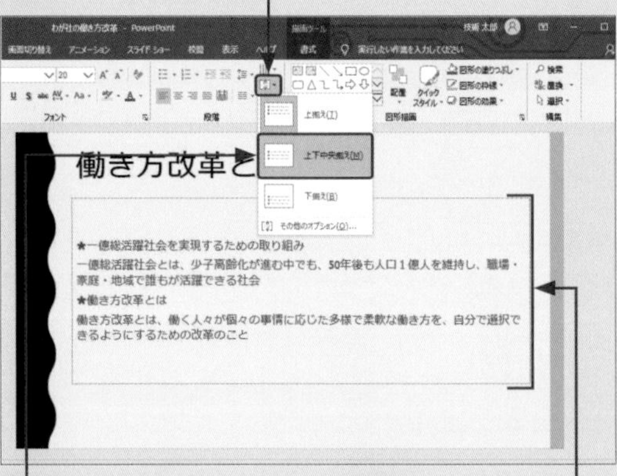
1 プレースホルダーを選択して、＜ホーム＞タブの＜文字の配置＞をクリックし、
働き方改革と
★一億総活躍社会を実現するための取り組み
★働き方改革とは

2 ＜上下中央揃え＞をクリックすると、
3 文章が上下中央に揃います。

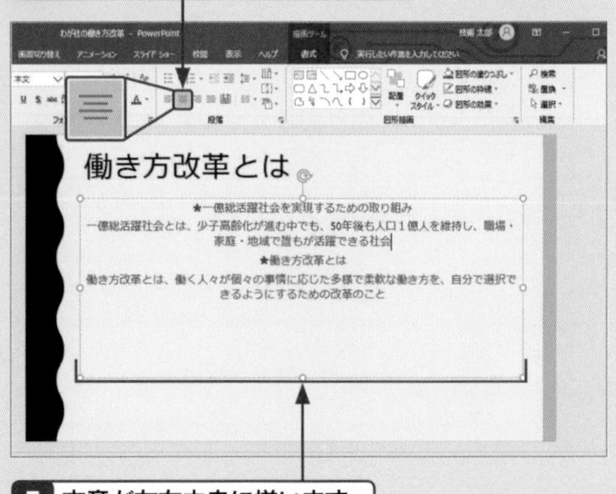
4 ＜ホーム＞タブの＜中央揃え＞をクリックすると、
働き方改革とは
★一億総活躍社会を実現するための取り組み
★働き方改革とは
5 文章が左右中央に揃います。

重要度 ★★★　文章のレイアウト

Q 140 文章の両端を揃えたい!

A <ホーム>タブの<両端揃え>や<均等割り付け>で揃えます。

プレースホルダーに入力した文章の折り返しの行末がきれいに揃わない場合は、両端揃えにすると、行の端がプレースホルダーの端に揃うように文字間隔が調整されます。また、文字列をプレースホルダー内に均等に配置したいときは均等割り付けを利用します。

● 両端揃えを設定する

文章の行末がきれいに揃っていません。

1 プレースホルダーを選択して、<ホーム>タブの<両端揃え>をクリックすると、

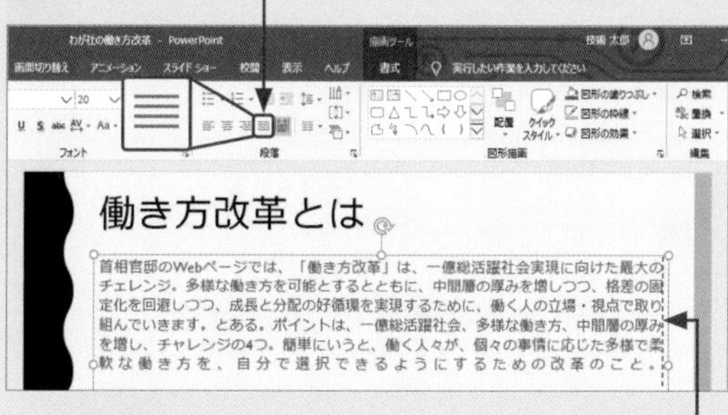

2 行の端がプレースホルダーの端に揃います。

● 均等割り付けを設定する

1 プレースホルダーを選択して、<ホーム>タブの<均等割り付け>をクリックすると、

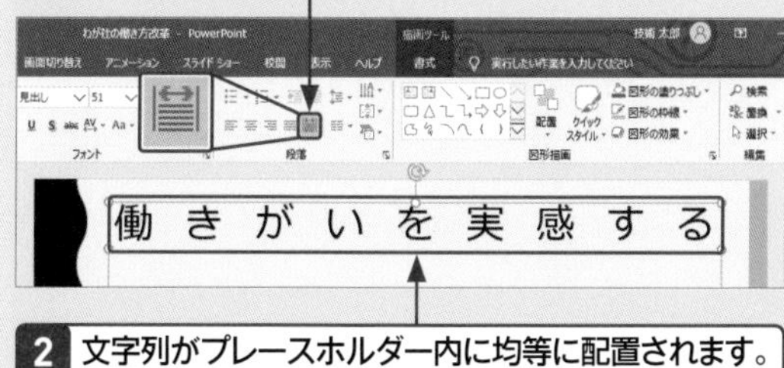

2 文字列がプレースホルダー内に均等に配置されます。

重要度 ★★★　文章のレイアウト

Q 141 段落の後ろだけ間隔を空けたい!

A <段落>ダイアログボックスで設定します。

<ホーム>タブの<行間>から行間を調節すると、文章の前後の間隔が空きます。特定の段落の前だけ、あるいは後ろだけ行間を空けたい場合は、変更したい段落をクリックして、<ホーム>タブの<行間>をクリックし、<行間のオプション>をクリックします。
<行間>ダイアログボックスが表示されるので、<インデントと行間隔>の<段落前>や<段落後>で数値を指定します。

1 変更したい段落をクリックして、<ホーム>タブをクリックし、

2 <行間>をクリックして、

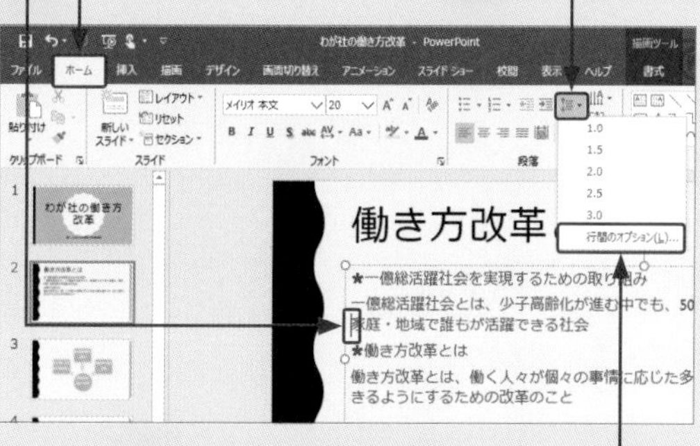

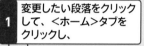

3 <行間のオプション>をクリックします。

4 <インデントと行間隔>の<間隔>(ここでは<段落後>)を数値で指定して、

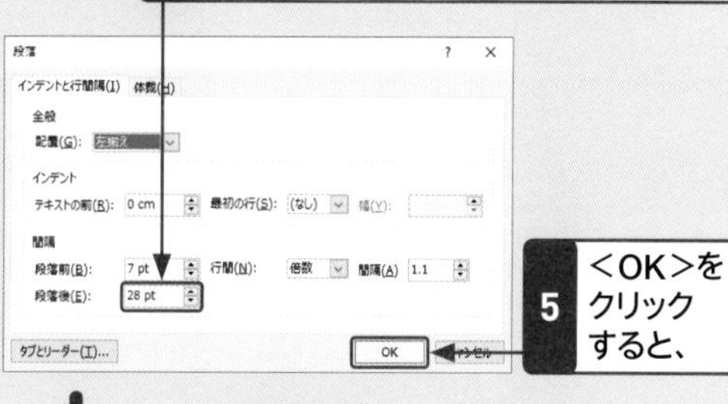

5 <OK>をクリックすると、

6 段落の後ろの間隔が広がります。

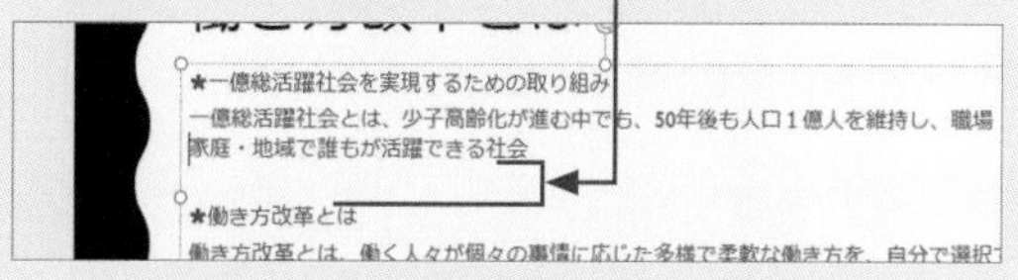

重要度 ★★★ 文章のレイアウト

Q 142 段組みを2段以上にしたい！

A ＜ホーム＞タブの＜段の追加または削除＞で段組みを設定します。

プレースホルダー内の文章が長かったり、箇条書きの行数が多かったりする場合は、2段組みや3段組みにすると読みやすくなります。段組みを設定するには、プレースホルダーを選択して、＜ホーム＞タブの＜段の追加または削除＞から段数を指定します。段組みにした結果、左右のバランスが悪い場合は、改行を入れて調整しましょう。

1 プレースホルダーを選択して、＜ホーム＞タブをクリックし、

2 ＜段の追加または削除＞をクリックして、

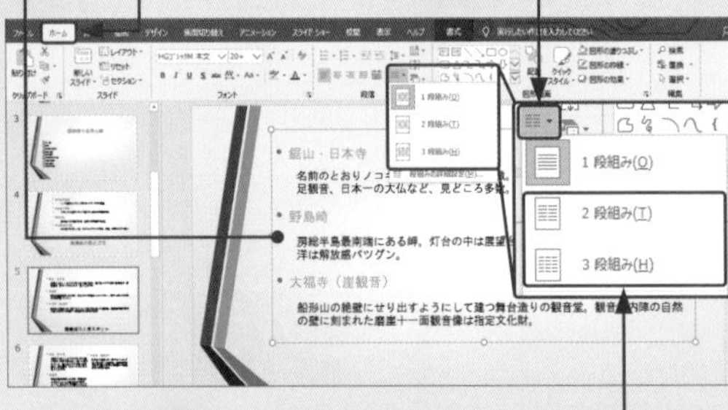

3 ＜2段組み＞（あるいは＜3段組み＞）をクリックすると、

4 段落が2段組みになります。

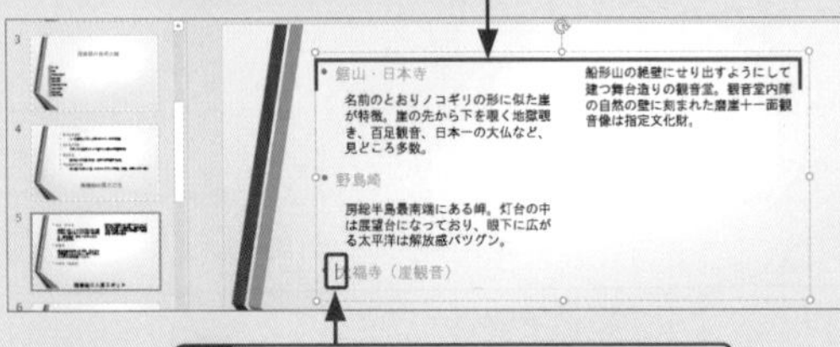

5 右段に移動したい段落の先頭をクリックして、Enter を押すと、

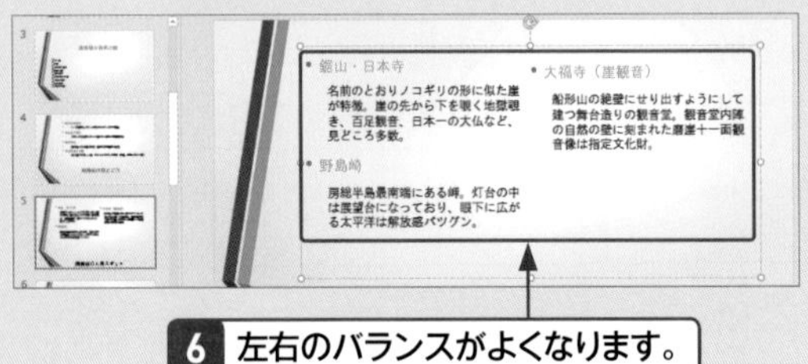

6 左右のバランスがよくなります。

重要度 ★★★ 文章のレイアウト

Q 143 段組みの間隔を変更したい！

A ＜段の追加または削除＞の＜段組みの詳細設定＞を利用します。

文章や段落を段組みにした際に、段組みどうしが近すぎる場合は、段組みの間隔を調整することができます。プレースホルダーを選択して、＜ホーム＞タブの＜段の追加または削除＞から＜段組みの詳細設定＞をクリックして、間隔を指定します。なお、このダイアログボックスで段数を設定することもできます。

1 プレースホルダーを選択して、＜ホーム＞タブをクリックし、

2 ＜段の追加または削除＞をクリックして、

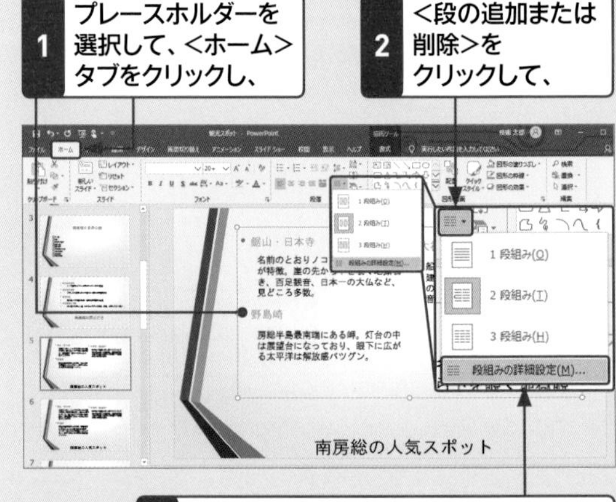

3 ＜段組みの詳細設定＞をクリックします。

4 ＜間隔＞を数値で指定し、

5 ＜OK＞をクリックすると、

6 段と段の間が変更されます。

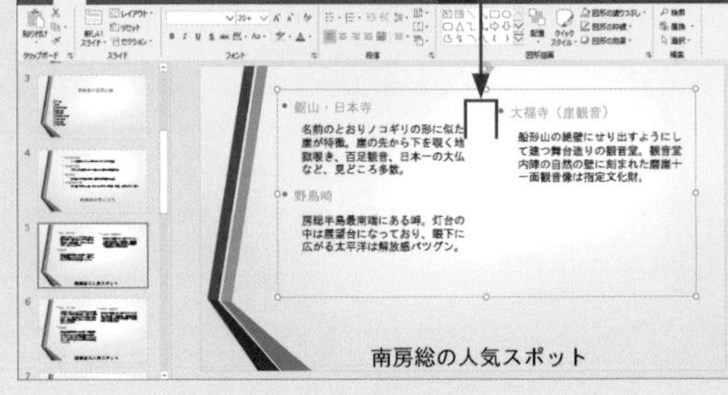

重要度★★★ 文章のレイアウト

Q 144 スライドの文章を縦書きにしたい！

A 文字列の方向を縦書きにするか、縦書きのレイアウトを利用します。

スライドに入力した文章を縦書きにしたい場合は、プレースホルダーを選択して、<ホーム>タブの<文字列の方向>から<縦書き>をクリックします。

タイトルも含めてスライド全体を縦書きに設定する場合は、縦書きにしたいスライドを選択して、<ホーム>タブの<レイアウト>から<縦書きタイトルと縦書きテキスト>をクリックします。

● プレースホルダーに入力した文章を縦書きにする

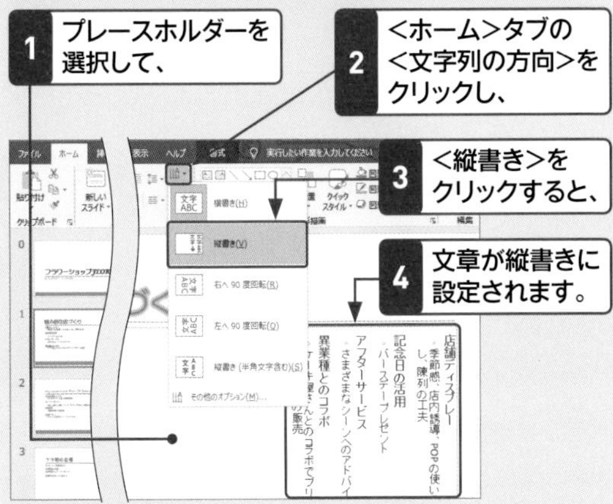

● スライド全体の文章を縦書きにする

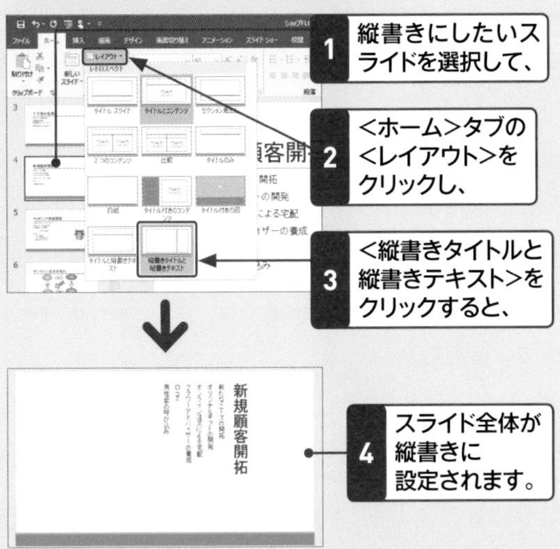

重要度★★★ 文章のレイアウト

Q 145 アルファベットも縦書きにしたい！

A <文字列の方向>から<縦書き（半角文字含む）>を指定します。

文章を縦書きに設定すると、初期設定では、アルファベットなどの半角文字が横向きに表示されます。半角文字も縦書きにしたい場合は、<ホーム>タブの<文字列の方向>をクリックして、<縦書き（半角文字含む）>をクリックします。

参照▶Q 144

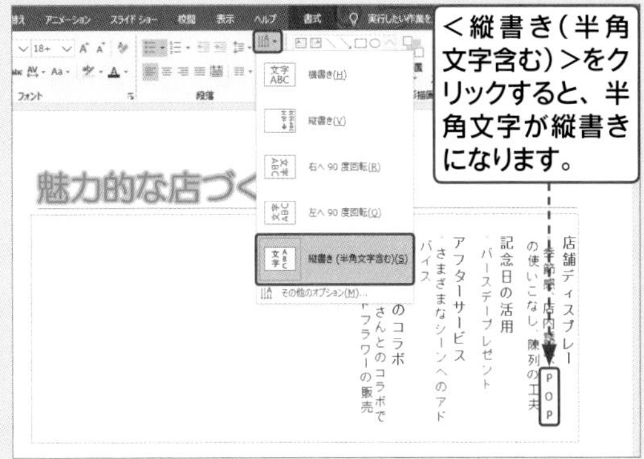

重要度★★★ 文章のレイアウト

Q 146 文字を回転させたい！

A <文字列の方向>から<右へ90度回転>／<左へ90度回転>を指定します。

文字を回転させたい場合は、プレースホルダーを選択して、<ホーム>タブの<文字列の方向>をクリックし、<右へ90度回転>または<左へ90度回転>をクリックします。

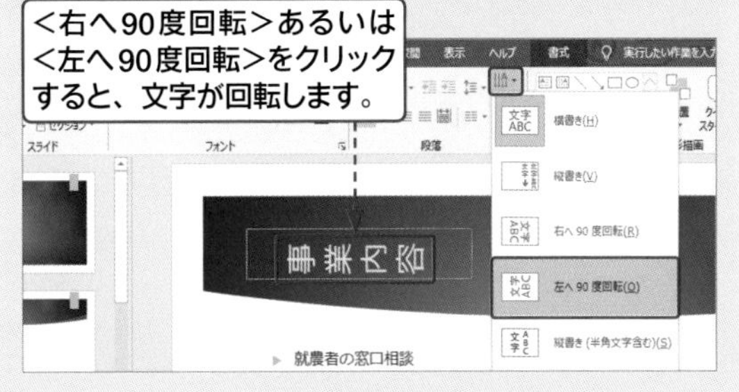

<右へ90度回転>あるいは<左へ90度回転>をクリックすると、文字が回転します。
事業内容
就農者の窓口相談

重要度 ★★★ テキストボックス

Q 147 スライド内の好きな場所に文字を入力したい！

A <挿入>タブの<テキストボックス>からテキストボックスを挿入します。

プレースホルダーとは別に、スライドの任意の場所に文字を挿入したい場合は、テキストボックスを利用します。<挿入>タブの<テキストボックス>をクリックして、<横書きテキストボックスの描画>または<縦書きテキストボックス>をクリックし、スライド上をドラッグまたはクリックします。クリックして作成したテキストボックスは、文字を入力すると、幅や高さが自動的に広がります。

1 <挿入>タブをクリックして、

2 <テキストボックス>のここをクリックし、

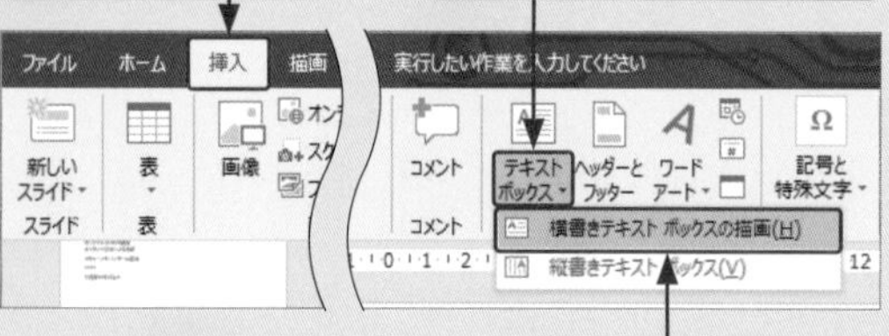

3 <横書きテキストボックスの描画>をクリックします。

4 文字を挿入したい場所で対角線上にドラッグすると、

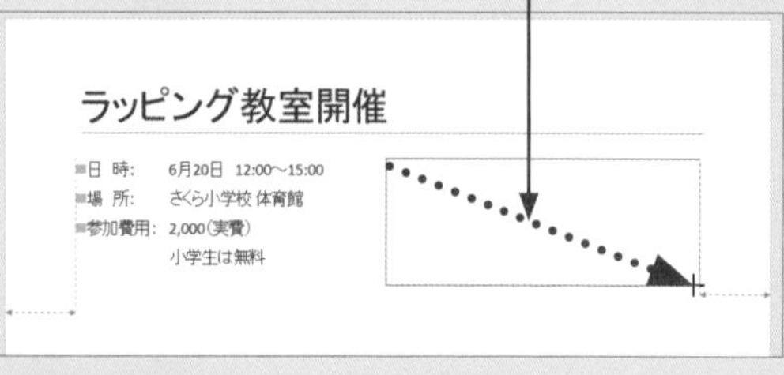

5 テキストボックスの枠が作成されるので、

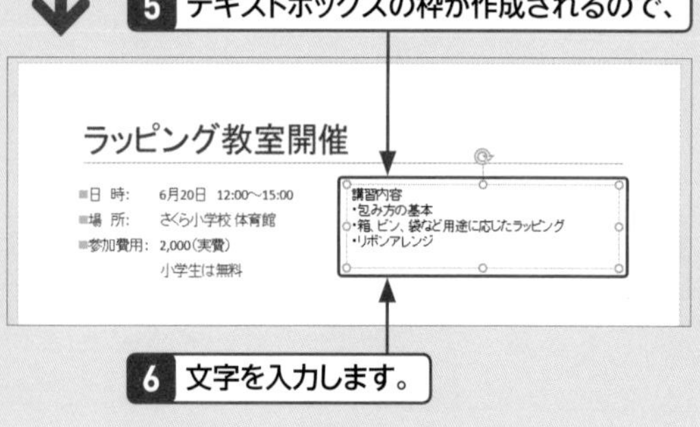

6 文字を入力します。

重要度 ★★★ テキストボックス

Q 148 縦書きのテキストボックスを利用したい！

A <テキストボックス>の<縦書きテキストボックス>を利用します。

縦書きのテキストボックスを利用したいときは、<挿入>タブの<テキストボックス>をクリックして、<縦書きテキストボックス>をクリックし、スライド上をドラッグするかクリックします。

1 <テキストボックス>のここをクリックして、

2 <縦書きテキストボックス>をクリックし、スライド上をドラッグします。

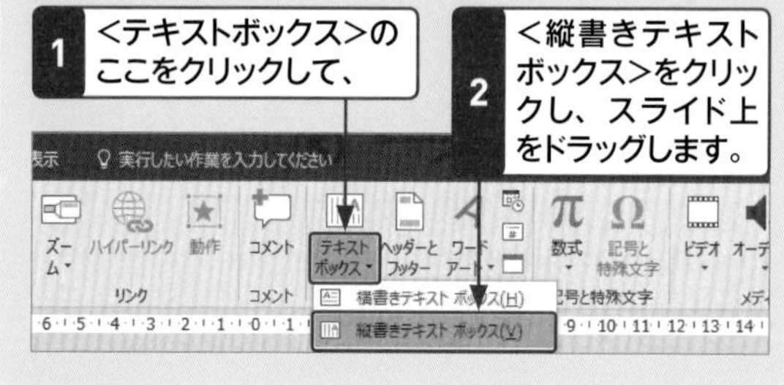

重要度 ★★★ テキストボックス

Q 149 テキストボックスを線で囲みたい！

A <書式>タブの<図形の枠線>から線の色、太さや種類などを指定します。

テキストボックスは初期設定では、プレースホルダーと同様に、枠線が表示されません。テキストボックスに枠線を表示したい場合は、テキストボックスを選択して<書式>タブをクリックし、<図形の枠線>の右側をクリックして、線の色や太さ、種類を指定します。

1 <図形の枠線>の右側をクリックして、

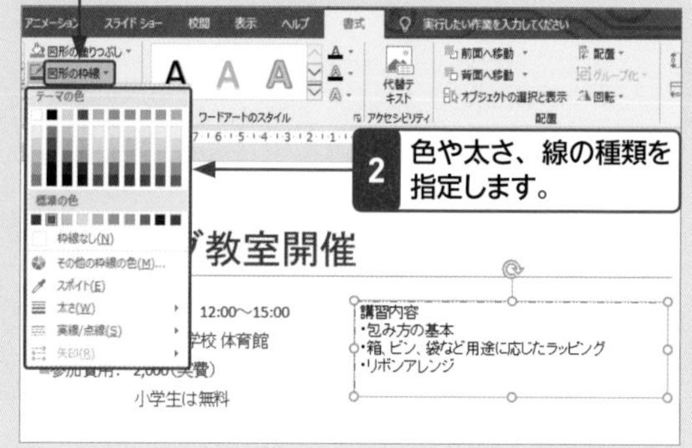

2 色や太さ、線の種類を指定します。

重要度 ★★★　検索と置換

Q150 特定の文字をすばやく見つけ出したい！

A ＜ホーム＞タブの＜検索＞を利用して検索します。

プレゼンテーションの中から特定の文字をすばやく見つけ出したいときは、検索機能を利用すると便利です。＜ホーム＞タブの＜検索＞をクリックして、＜検索＞ダイアログボックスに検索したい文字を入力し、＜次を検索＞をクリックすると、スライド内の文字を次々に検索することができます。検索の条件を指定することも可能です。

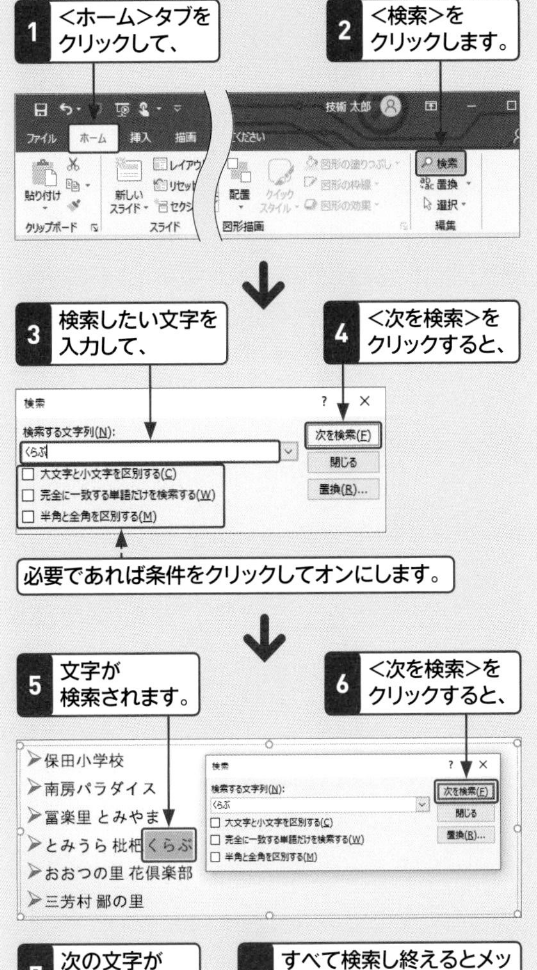

重要度 ★★★　検索と置換

Q151 特定の文字をほかの文字に置き換えたい！

A ＜ホーム＞タブの＜置換＞を利用して置き換えます。

プレゼンテーションの中にある特定の文字を別の文字に置き換えたいときは、置換機能を利用すると便利です。＜ホーム＞タブの＜置換＞をクリックして、＜置換＞ダイアログボックスに検索する文字と置き換える文字を入力し、＜次を検索＞をクリックします。該当する文字が検索されるので、置換する場合は＜置換＞を、置換しない場合は＜次を検索＞をクリックします。

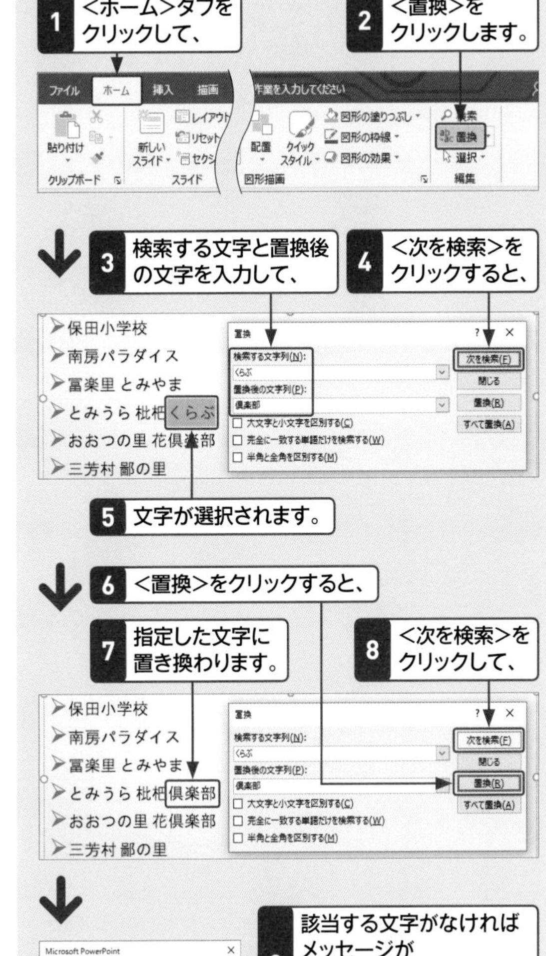

重要度 ★★★ 検索と置換

Q 152 特定の文字をすべてほかの文字に置き換えたい！

A <ホーム>タブの<置換>を利用して置き換えます。

プレゼンテーションの中にある特定の文字を別の文字にまとめて置き換えたいときは、置換機能を利用します。<ホーム>タブの<置換>をクリックして、<置換>ダイアログボックスに検索する文字と置き換える文字を入力し、<すべて置換>をクリックすると、すべての文字をまとめて置き換えることができます。

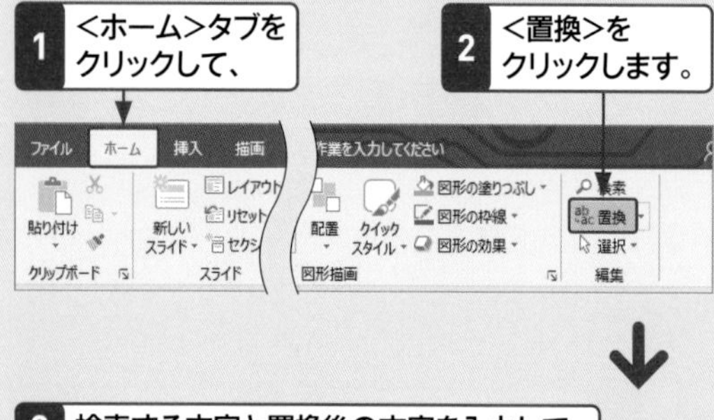

3 検索する文字と置換後の文字を入力して、

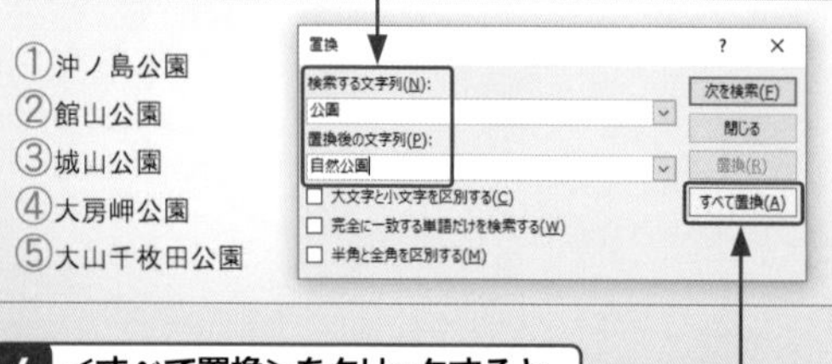

4 <すべて置換>をクリックすると、

5 該当する文字がすべて置き換わります。

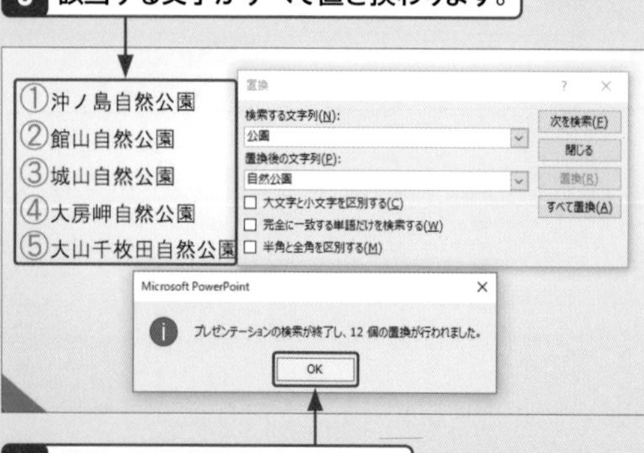

6 検索・置換が終了するとメッセージが表示されるので、<OK>をクリックします。

重要度 ★★★ 検索と置換

Q 153 特定のフォントをまとめてほかのフォントにしたい！

A <置換>から<フォントの置換>を利用します。

プレゼンテーション内の特定のフォントをまとめてほかのフォントに置き換えるには、<ホーム>タブの<置換>の ▾ をクリックして、<フォントの置換>をクリックします。<フォントの置換>ダイアログボックスが表示されるので、置換前のフォントと置換後のフォントを指定して、<置換>をクリックすると、指定したフォントをまとめて変更することができます。

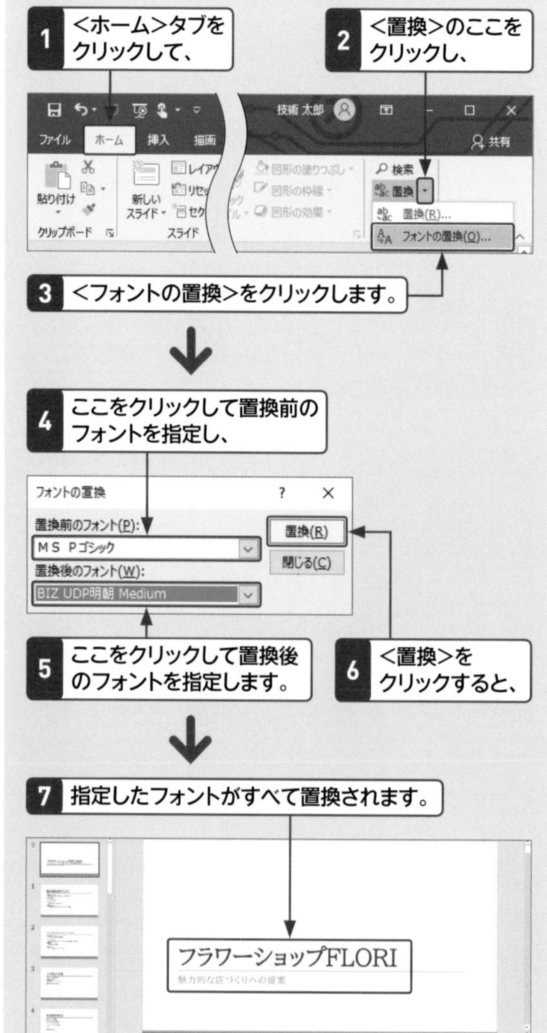

Q 154 入力した文字のサイズが小さくなってしまう!

A <自動調整オプション>で自動調整をしないように設定します。

プレースホルダーに入力した文章の量が多いと、自動的に調整機能が働き、文字サイズが縮小されます。文字をもとのサイズに戻したい場合は、プレースホルダーの左下に表示される<自動調整オプション>をクリックして、<このプレースホルダーの自動調整をしない>をクリックします。

なお、自動調整をしないように設定すると、プレースホルダーから文字がはみ出す場合があります。この場合は、プレースホルダーを広げるか、文字サイズを変更するか、2段組みに設定するとよいでしょう。

参照▶Q 100, Q 113, Q 142

プレースホルダーに入力した文章の量が多いと、文字サイズが自動的に小さくなります。

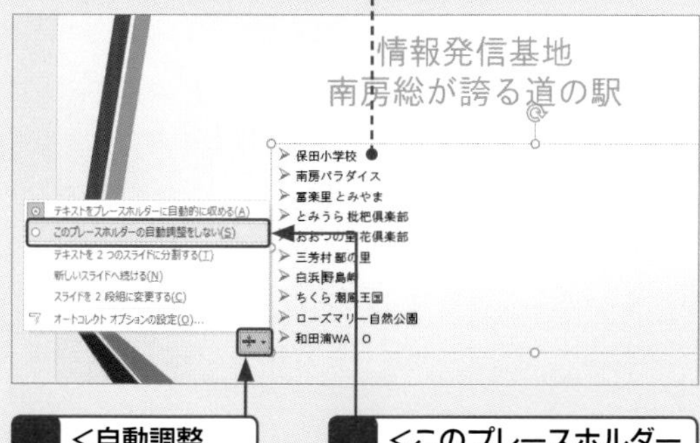

1 <自動調整オプション>をクリックして、

2 <このプレースホルダーの自動調整をしない>をクリックすると、

3 文字の大きさがもとに戻ります。

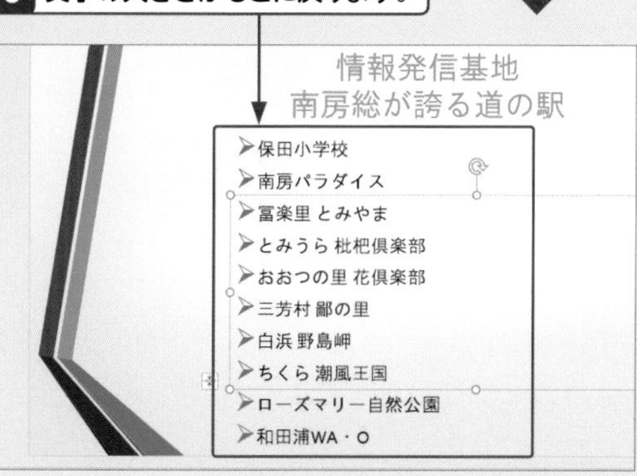

Q 155 勝手に不必要な変換をさせないようにしたい!

A <オートコレクト>で自動修正機能をオフにします。

PowerPointには、入力ミスと思われる単語や文字を自動的に修正したり、小文字で入力した(c)を©に自動的に変換したりする機能が用意されています。この機能をオフにしたい場合は、<ファイル>タブから<オプション>をクリックすると表示される<PowerPointのオプション>ダイアログボックスで設定します。

「(c)」と入力すると、自動的に「©」と変換されてしまいます。

1 <PowerPointのオプション>ダイアログボックスを表示して、

2 <文章校正>をクリックし、

3 <オートコレクトのオプション>をクリックします。

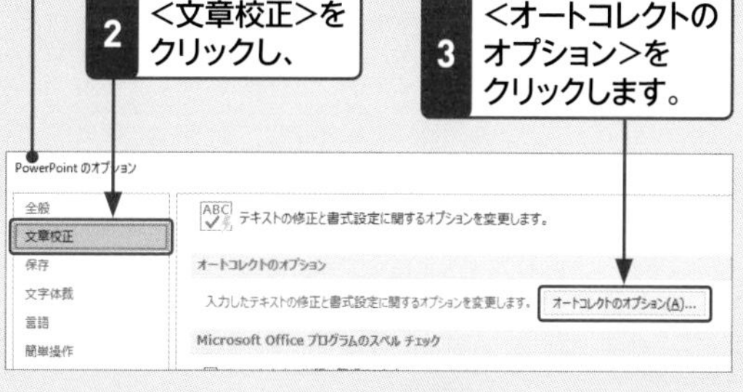

4 <オートコレクト>をクリックして、

5 <入力中に自動修正する>をクリックしてオフにします。

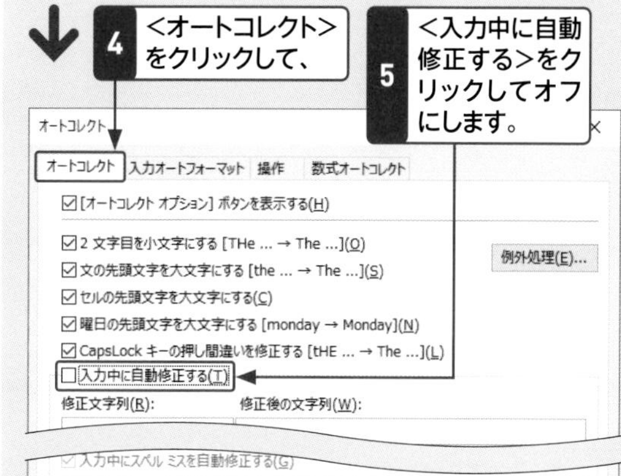

6 <OK>をクリックして、

7 <PowerPointのオプション>ダイアログボックスの<OK>をクリックします。

重要度 ★★★　入力のトラブル

Q 156 メールアドレスやURLの下線を削除したい！

A 入力オートフォーマット機能をオフにします。

メールアドレスやURLを入力すると、入力オートフォーマット機能により、ハイパーリンクに自動で設定され、文字色が変わり下線が付きます。この機能をオフにしたい場合は、<オートコレクト>ダイアログボックスを表示して、<入力オートフォーマット>の<インターネットとネットワークのアドレスをハイパーリンクに変更する>をクリックしてオフにします。

参照▶Q 155

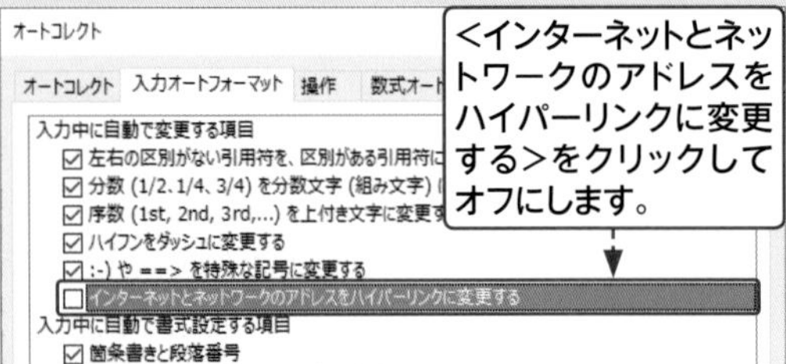

重要度 ★★★　入力のトラブル

Q 157 英語の頭文字が勝手に大文字になってしまう！

A オートコレクト機能をオフにします。

英単語を入力すると、オートコレクト機能によって、自動的に2文字目が小文字になったり、先頭文字が大文字になったりします。この機能をオフにしたい場合は、<オートコレクト>ダイアログボックスを表示して、<オートコレクト>の<文の先頭文字を大文字にする>をクリックしてオフにします。

参照▶Q 155

オートコレクト
オートコレクト　入力オートフォーマット　操作　数式オート
[オートコレクト オプション] ボタンを表示する(H)
2 文字目を小文字にする [THe ... → The ...](O)
文の先頭文字を大文字にする [the ... → The ...](S)
例外処理(E)...
セルの先頭文字を大文字にする(C)
曜日の先頭文字を大文字にする [monday → Monday](N)
CapsLock キーの押し間違いを修正する [tHE ... → The ...](L)
入力中に自動修正する(T)

<文の先頭文字を大文字にする>をクリックしてオフにします。

重要度 ★★★　ワードアート

Q 158 インパクトのあるデザイン文字を利用したい！

A ワードアートを利用します。

ワードアートとは、デザインされた文字を作成するための機能、もしくはその機能を使って作成された文字のことです。あらかじめ用意されたスタイルから選択するだけで、文字に色や影、斜体、反射などの視覚効果が設定されたデザイン文字をかんたんに利用することができます。

ワードアートのスタイルを選ぶだけで、デザイン文字をかんたんに入力できます。

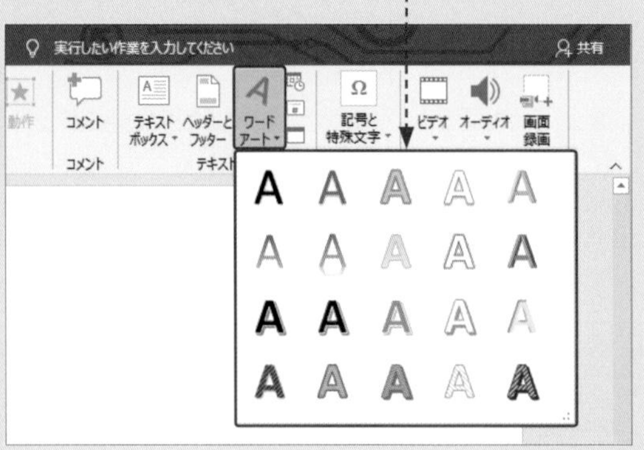

作成したワードアートには、影や反射、光彩などを設定したり、変形したりと、さまざまな編集が可能です。

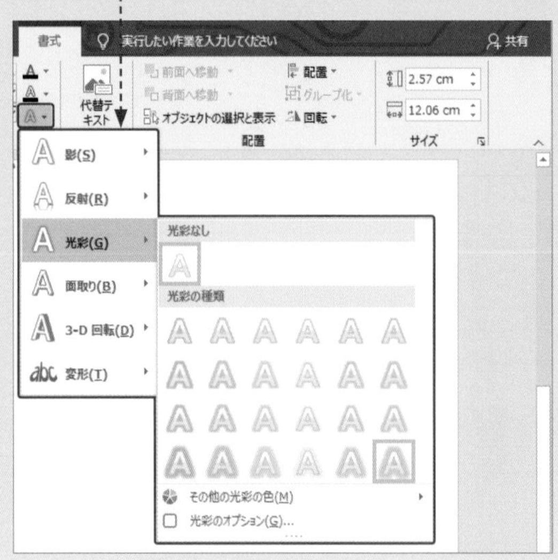

重要度 ★★★ ワードアート

Q 159 ワードアートを追加したい！

A ＜挿入＞タブの＜ワードアート＞からスタイルを指定して挿入します。

スライドにワードアートを挿入するには、＜挿入＞タブの＜ワードアート＞をクリックして任意のスタイルを指定します。テキストボックスが挿入されるので、文字を入力するとワードアートが挿入されます。ワードアートのスタイルに表示される一覧は、設定しているテーマによって配色が異なります

ワードアートを移動するには、ワードアートの枠線上にマウスポインターを合わせ、ポインターの形が に変わった状態でドラッグします。

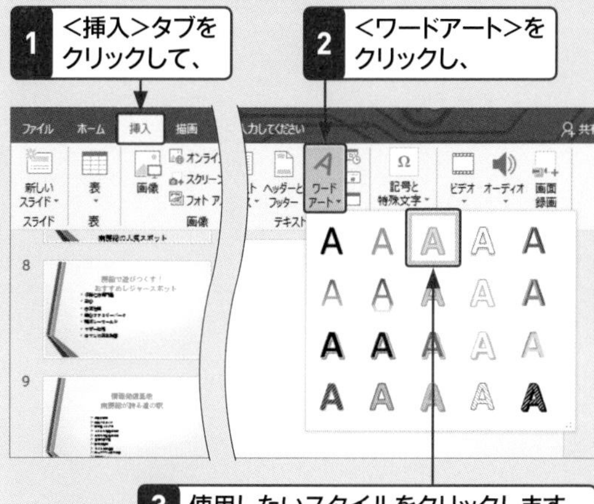

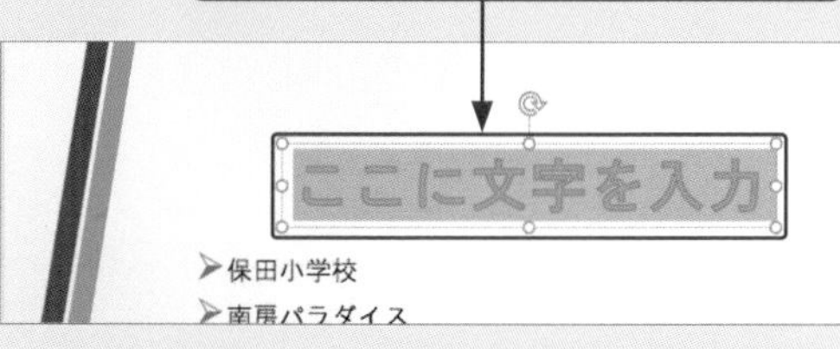

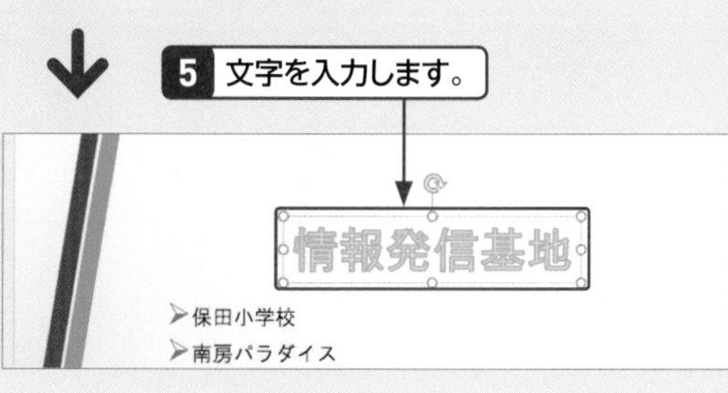

重要度 ★★★ ワードアート

Q 160 すでに入力した文字をワードアートにしたい！

A 文字を選択し、＜書式＞タブからワードアートを指定します。

すでに入力した文字をワードアートに変換することもできます。ワードアートに変換したい文字をドラッグで選択して、＜書式＞タブをクリックし、＜ワードアートのスタイル＞からスタイルを指定します。

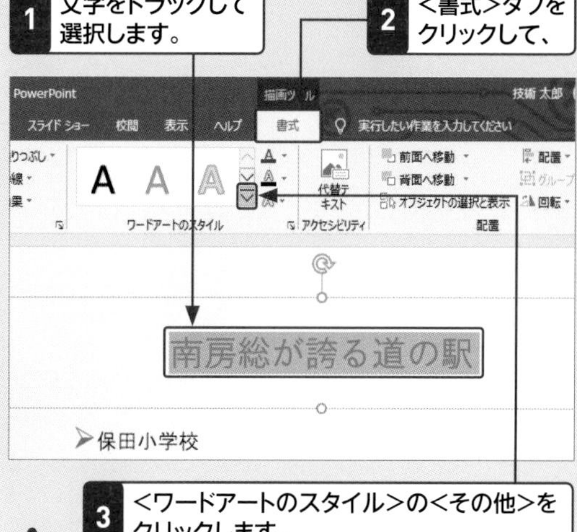

1 文字をドラッグして選択します。
2 ＜書式＞タブをクリックして、
南房総が誇る道の駅
保田小学校
3 ＜ワードアートのスタイル＞の＜その他＞をクリックします。

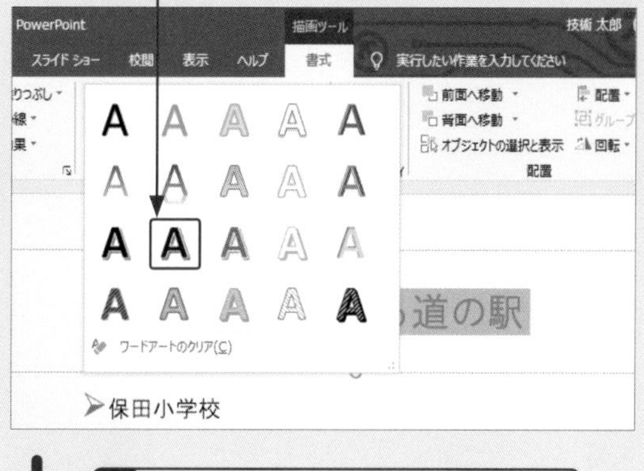

重要度 ★★★　ワードアート

Q 161 ワードアートの色を変更したい！

A ＜書式＞タブの＜文字の塗りつぶし＞から変更します。

ワードアートの色を変更するには、ワードアートを選択して、＜書式＞タブの＜文字の塗りつぶし＞の をクリックし、表示される一覧から色を指定します。一覧に使用したい色がない場合は、＜その他の塗りつぶしの色＞（PowerPoint 2013では＜その他の色＞）をクリックすると表示される＜色の設定＞ダイアログボックスから色を指定します。

また、＜書式＞タブの＜文字の輪郭＞ を利用すると、枠線の色を変更することもできます。

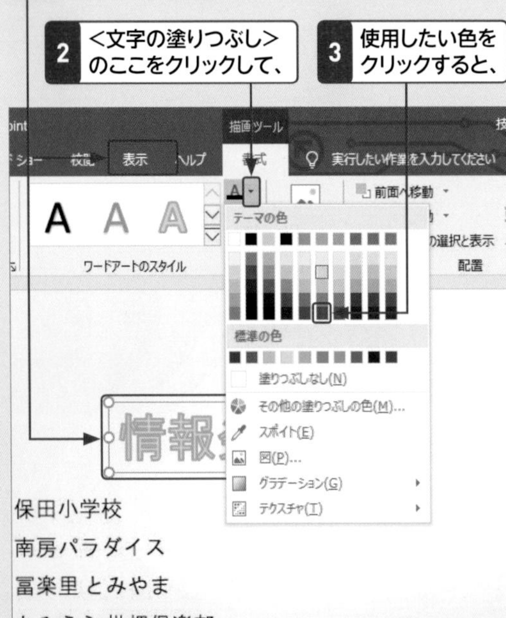

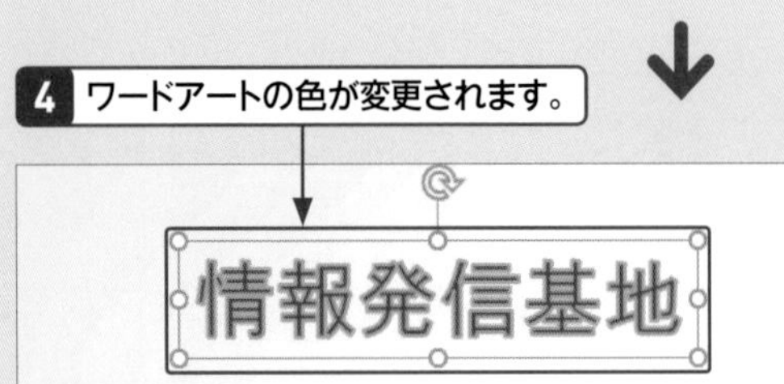

重要度 ★★★　ワードアート

Q 162 ワードアートのデザインを変更したい！

A ＜書式＞タブの＜ワードアートのスタイル＞から変更します。

作成したワードアートのスタイルは変更することができます。ワードアートを選択して、＜書式＞タブをクリックし、＜ワードアートのスタイル＞から変更したいスタイルを指定します。

また、＜文字の効果＞ を利用すると、影や光彩、反射などの視覚効果を設定することもできます。

参照▶Q 164

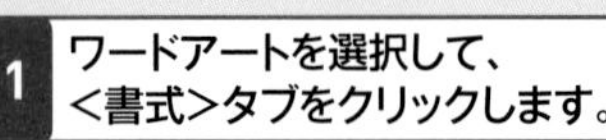

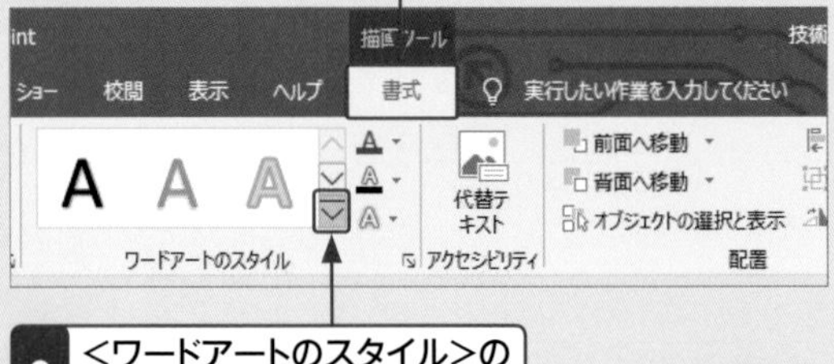

2 ＜ワードアートのスタイル＞の＜その他＞をクリックして、

3 変更したいスタイルをクリックすると、

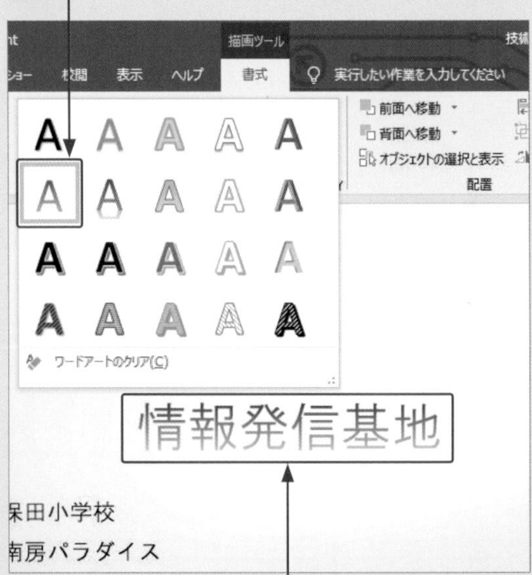

4 ワードアートのスタイルが変更されます。

重要度★★★　ワードアート

Q 163 白抜き文字を作りたい！

A ＜書式＞タブの＜文字の塗りつぶし＞を＜塗りつぶしなし＞にします。

ワードアートは文字の塗りつぶしと文字の輪郭で構成されています。白抜き文字を作りたい場合は、ワードアートを選択して＜書式＞タブをクリックし、＜文字の塗りつぶし＞を＜塗りつぶしなし＞に設定します。

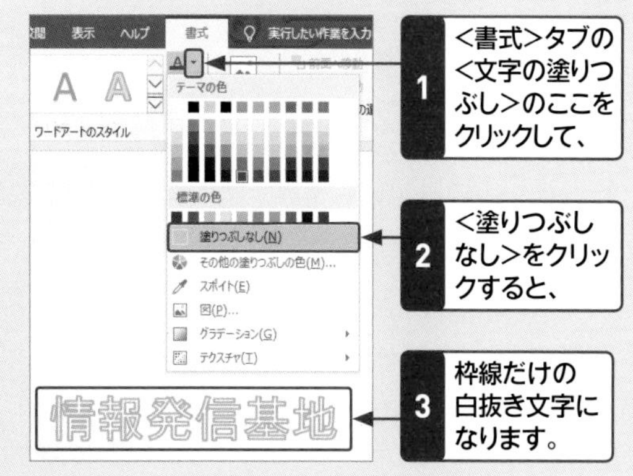

重要度★★★　ワードアート

Q 164 ワードアートを曲げたり歪ませたりしたい！

A ＜文字の効果＞の＜変形＞から変形の種類を指定します。

ワードアートの文字に動きを付けることもできます。文字に動きを付けるには、ワードアートを選択して、＜書式＞タブから＜文字の効果＞をクリックし、＜変形＞から変形の種類を指定します。

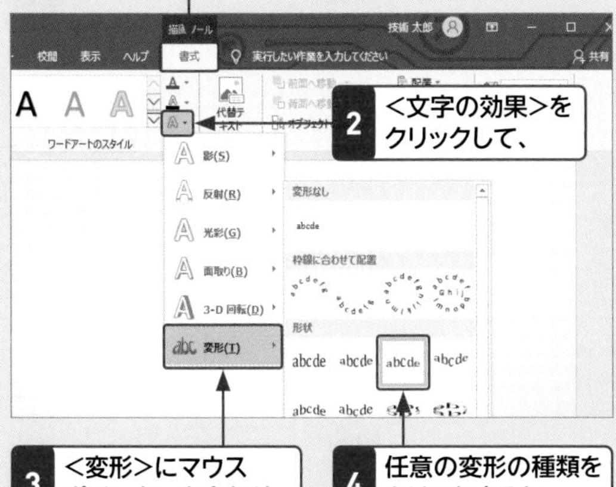

重要度★★★　ワードアート

Q 165 文字は残したままワードアートだけを解除したい！

A ＜ワードアートのスタイル＞から＜ワードアートのクリア＞を指定します。

作成したワードアートを解除して文字のみを残したい場合は、ワードアートを選択して、＜書式＞タブをクリックし、＜ワードアートのスタイル＞から＜ワードアートのクリア＞をクリックします。

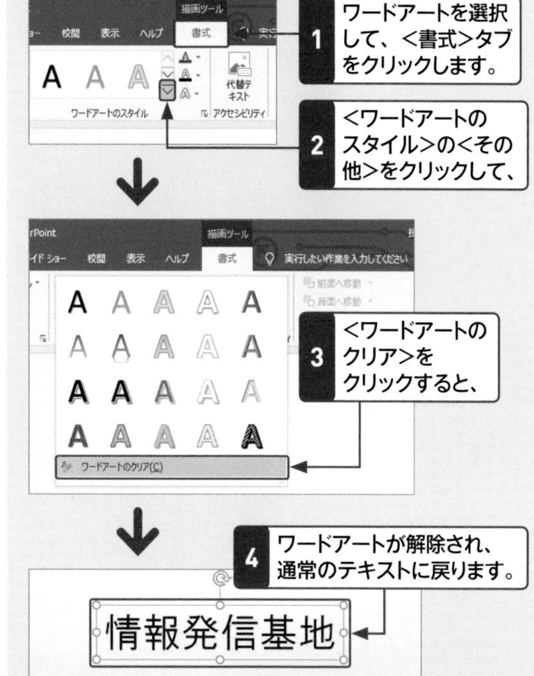

重要度 ★★★ 特殊な文字

Q 166 特殊な記号をかんたんに入力したい！

A <挿入>タブの<記号と特殊文字>を利用します。

キーボードから入力できない特殊な記号を入力するには、記号を入力する位置にカーソルを移動して、<挿入>タブの<記号と特殊文字>をクリックします。<記号と特殊文字>ダイアログボックスが表示されるので、フォントを指定して目的の記号をクリックし、<挿入>をクリックします。

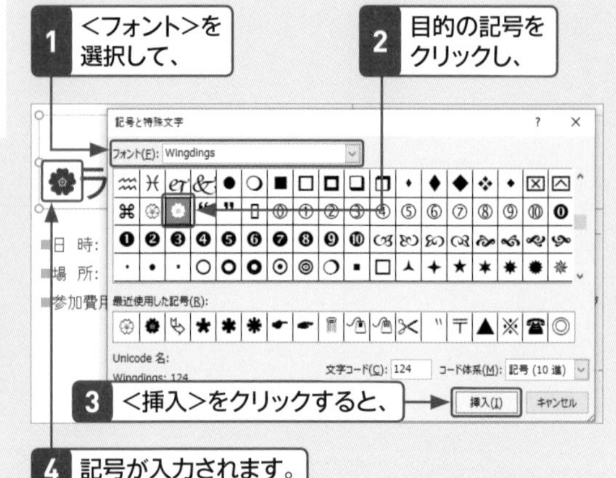

重要度 ★★★ 特殊な文字

Q 167 複雑な数式をかんたんに入力したい！

A <挿入>タブの<数式>を利用します。

スライドに数式を入力するには、<挿入>タブの<数式>をクリックすると表示される<数式ツール>を利用します。数式ツールには、さまざまな数学記号や数式の種類が用意されているので、必要な記号や数式の種類を指定して数字を入力し、数式を完成させます。数式ツールを利用して入力した数式は、画像データとして扱われます。

また、<数式>の下の部分をクリックすると表示される一覧には、円の面積や二項定理、ピタゴラスの定理などの公式が9種類用意されています。

PowerPoint 2019／2016では、<インク数式>を使用して、手書きで数式を入力することもできます。

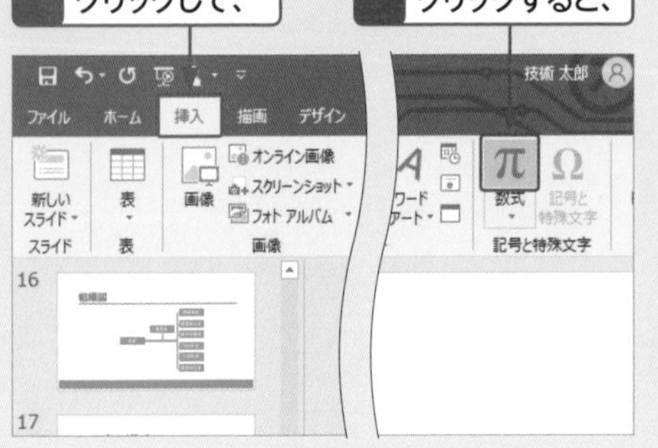

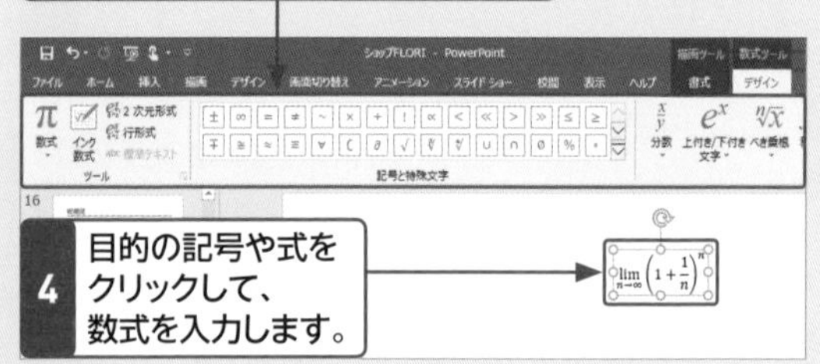

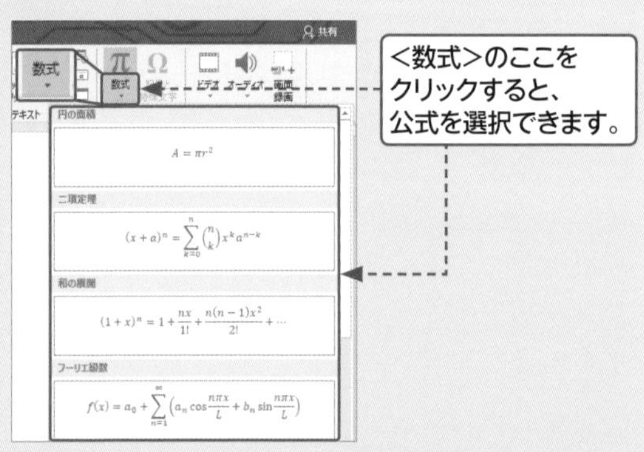

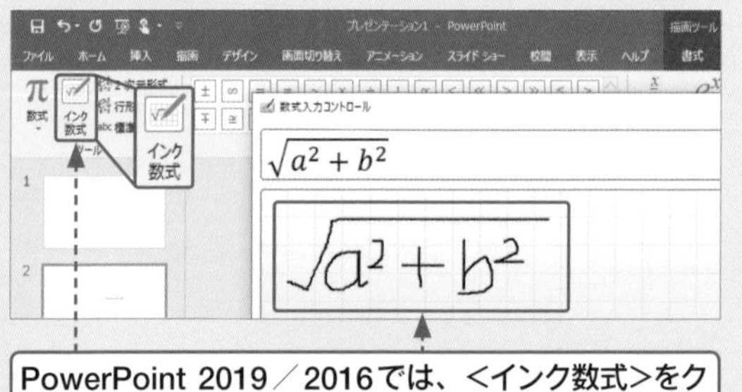

インク数式
数式入力コントロール
PowerPoint 2019／2016では、<インク数式>をクリックして、手書きで数式を入力することもできます。

第5章

アウトラインの便利技!

168 >>> 175　アウトラインの基本
176 >>> 182　アウトライン入力のテクニック
183 >>> 189　アウトラインのスライド編集
190 >>> 192　アウトラインの設定

重要度 ★★★ アウトラインの基本

Q 168 アウトラインとは？

A 文章だけを階層構造で表示し、効率的に全体の構成を作成できる機能です。

アウトラインとは、プレゼンテーション内の文章だけを階層構造で表示する機能のことです。
アウトライン表示では、プレゼンテーション全体が階層構造で表示されるので、全体の流れや項目間の上下関係などがひと目で確認でき、プレゼンテーション全体の構成を考えながら効率的にスライドを作成するのに適しています。タイトルと本文を入れ替えたり、スライドの内容を入れ替える操作もかんたんに行えます。

● アウトライン表示モードの画面

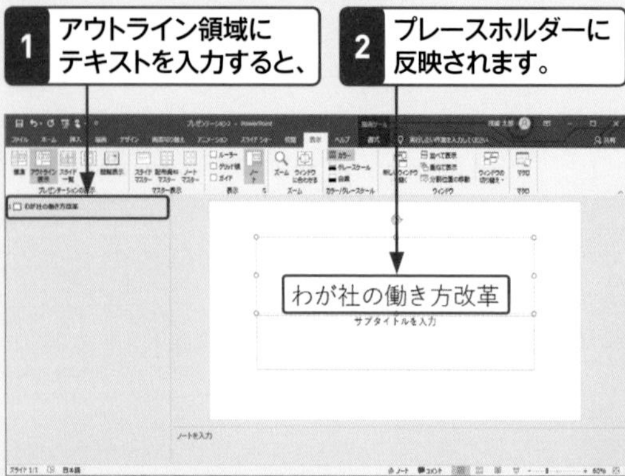

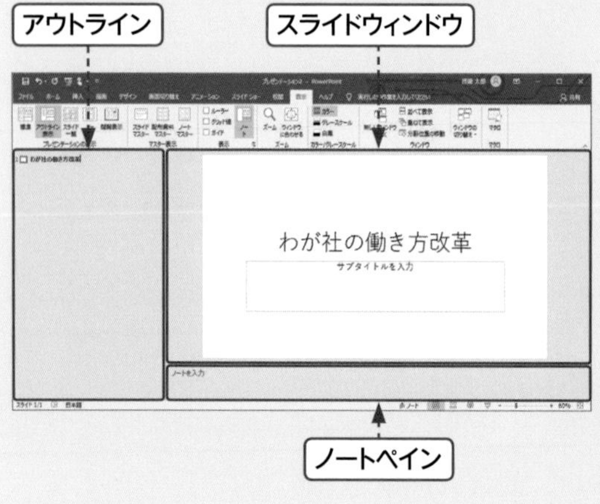

● アウトラインを利用したプレゼンテーション作成の流れ

❶ 全体の構成を考える

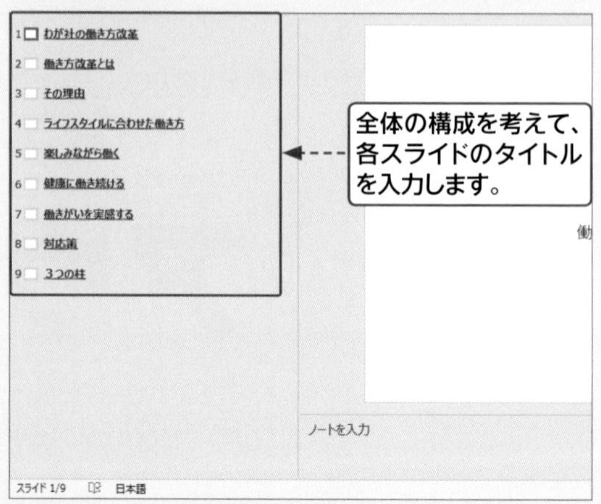

❷ 各スライドの内容を入力する

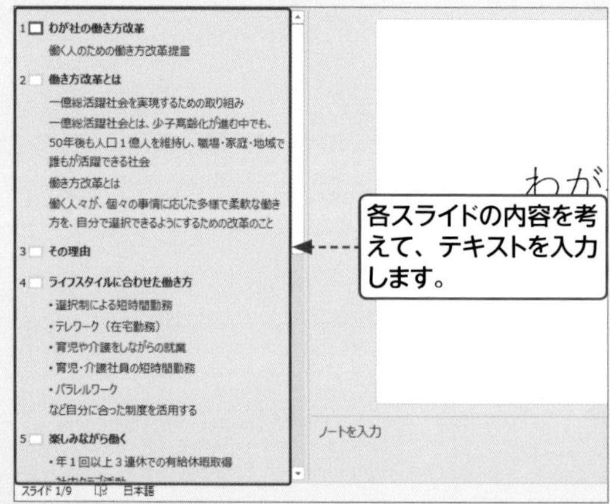

❸ 段落レベルを設定する

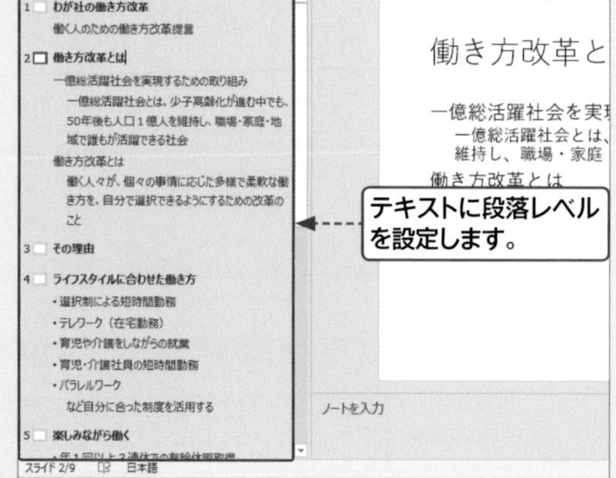

重要度 ★★★　アウトラインの基本

Q169 アウトライン表示にしたい！

A ＜表示＞タブの＜アウトライン表示＞をクリックします。

表示モードをアウトライン表示にするには、＜表示＞タブをクリックして、＜アウトライン表示＞をクリックします。
ここでは、新規のスライドを作成した状態で、アウトライン表示に切り替えます。

1 ＜表示＞タブをクリックして、

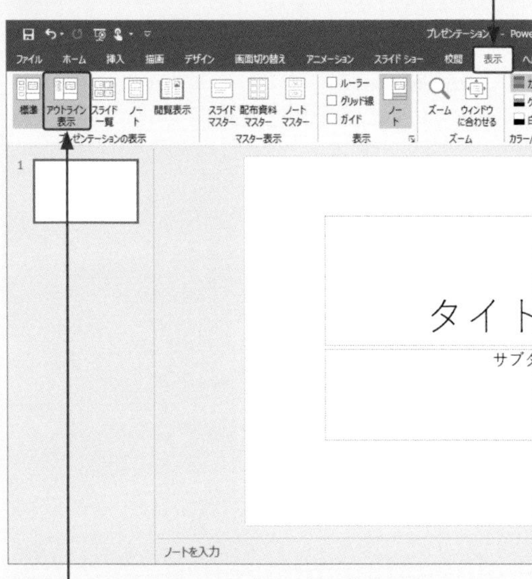

2 ＜アウトライン表示＞をクリックすると、

3 アウトライン表示モードに切り替わります。

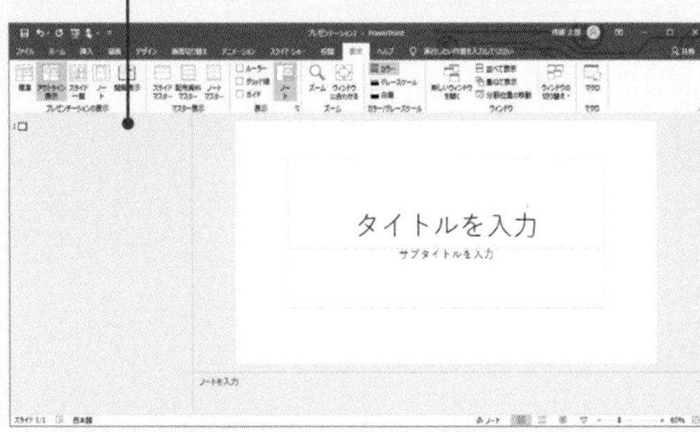

重要度 ★★★　アウトラインの基本

Q170 アウトライン表示でタイトルを入力したい！

A スライドのアイコンの右側をクリックしてタイトルを入力します。

アウトライン表示では、はじめにスライドのタイトルだけを入力して、全体の流れを確認してから、内容を入力していくことで、効率のよいスライド作成ができます。表示モードをアウトラインに切り替えると、左側のウィンドウにはスライドがアイコン□で表示されます。このアイコンの右側にスライドのタイトルを入力します。1枚目のスライドには、全体のタイトルが入力されます。

1 スライドのアイコンの右側をクリックして、

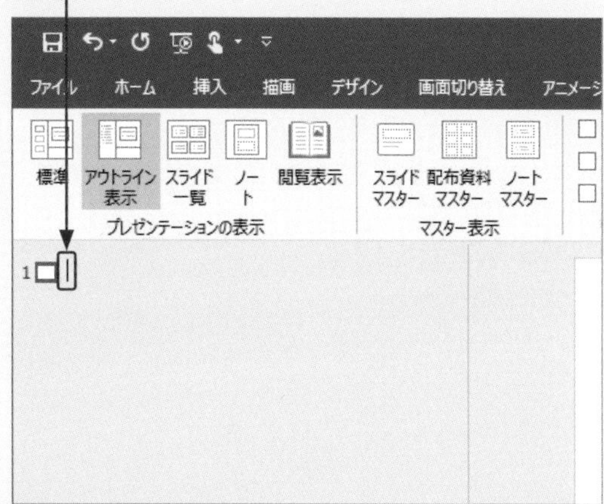

2 タイトルを入力します。

入力したテキストがプレースホルダーに反映されます。

Q 171 アウトライン表示でサブタイトルを入力したい！

A タイトルの行末でCtrlを押しながらEnterを押して入力します。

サブタイトルはタイトルの1つ下の階層になります。サブタイトルを入力するには、タイトルの行末にカーソルを移動して、Ctrlを押しながらEnterを押して改行し、入力します。

1 タイトルの行末にカーソルを移動して、
1 わが社の働き方改革
わが社の働き方改
サブタイトルを入力

2 Ctrl＋Enterを押し、

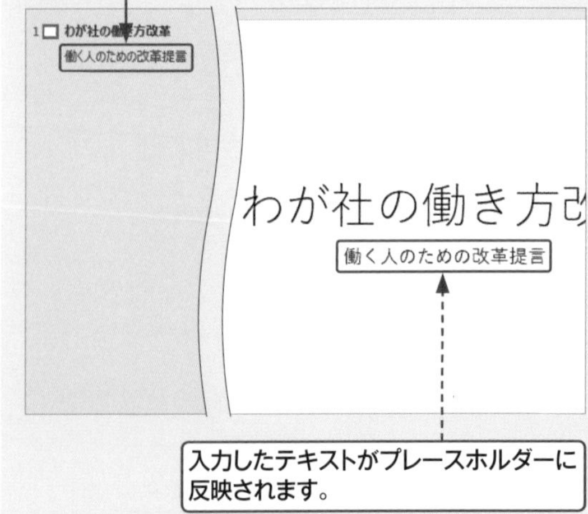
3 サブタイトルを入力します。
1 わが社の働き方改革
働く人のための改革提言
わが社の働き方改
働く人のための改革提言
入力したテキストがプレースホルダーに反映されます。

Q 172 アウトライン表示でスライドを追加したい！

A タイトルを入力したあとにEnterを押して改行します。

アウトライン表示でスライドを追加するには、タイトルを入力したあとにEnterを押して改行します。なお、サブタイトルを入力した場合は、Enterを押して改行すると、サブタイトルにテキストが追加されます。サブタイトルを入力したあとにスライドを追加する場合は、Ctrlを押しながらEnterを押します。

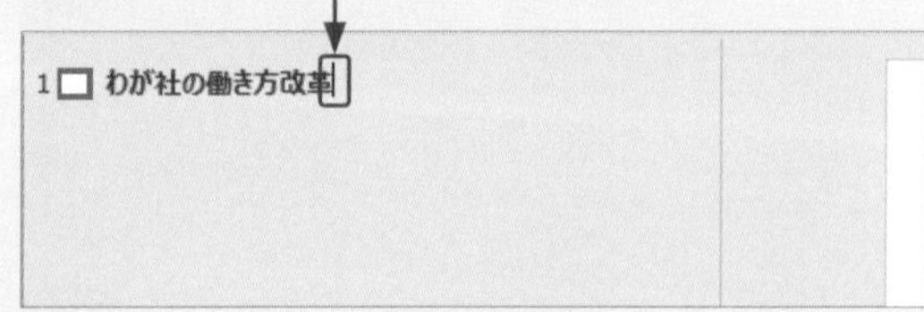
1 タイトルを入力したあとにEnterを押すと、
1 わが社の働き方改革

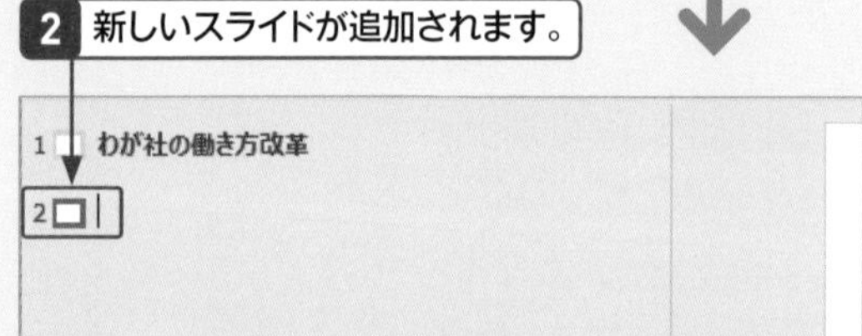
2 新しいスライドが追加されます。
1 わが社の働き方改革
2

● サブタイトルを入力したあとにスライドを追加する

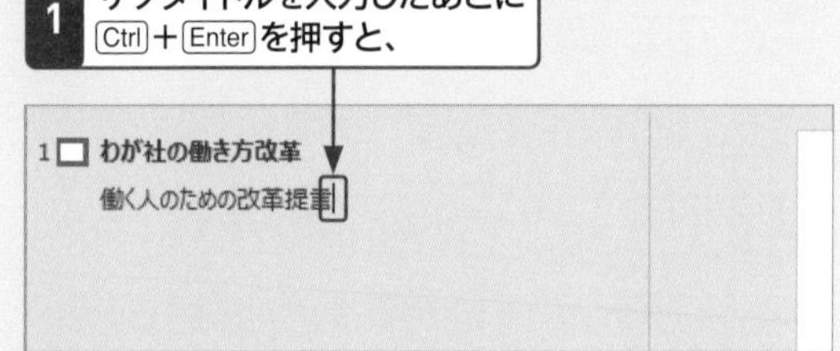
1 サブタイトルを入力したあとにCtrl＋Enterを押すと、
1 わが社の働き方改革
働く人のための改革提言

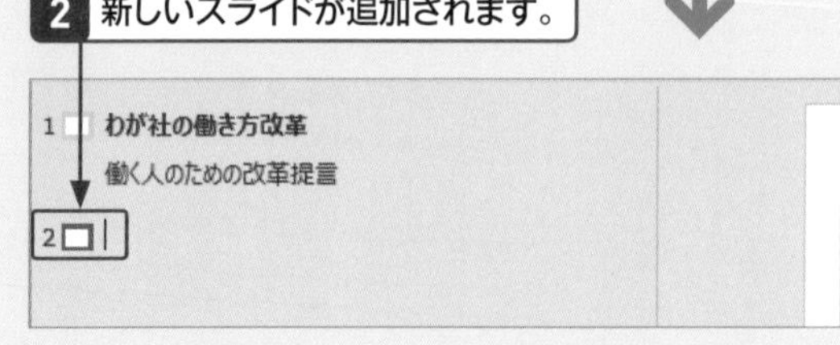
2 新しいスライドが追加されます。
1 わが社の働き方改革
働く人のための改革提言
2

重要度 ★★★ アウトラインの基本

Q 173 アウトライン表示でスライドの内容を入力したい！

A タイトルの行末でCtrlを押しながらEnterを押して入力します。

アウトライン表示でスライドの内容(テキスト)を入力するには、そのスライドのタイトルを入力したあとにCtrlを押しながらEnterを押します。段落レベルが下がり、箇条書きが設定されるので、そこでテキストを入力すると、コンテンツを表示するプレースホルダーにテキストが反映されます。Enterを押して改行すると次の段落に移動するので、さらに内容を入力していきます。

1 タイトルの行末にカーソル移動して、

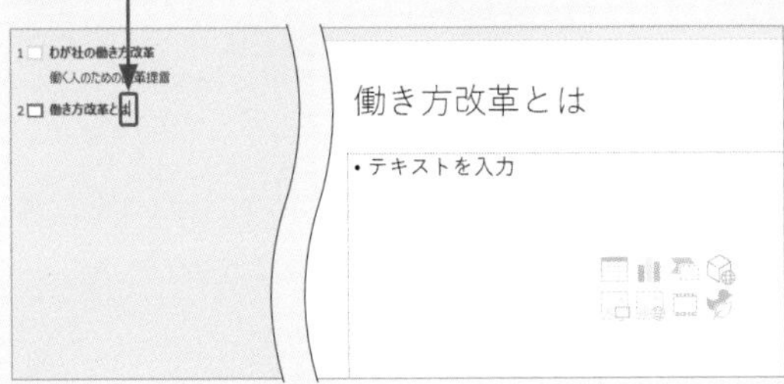

2 Ctrl＋Enterを押します。

3 行頭文字が表示されるので、

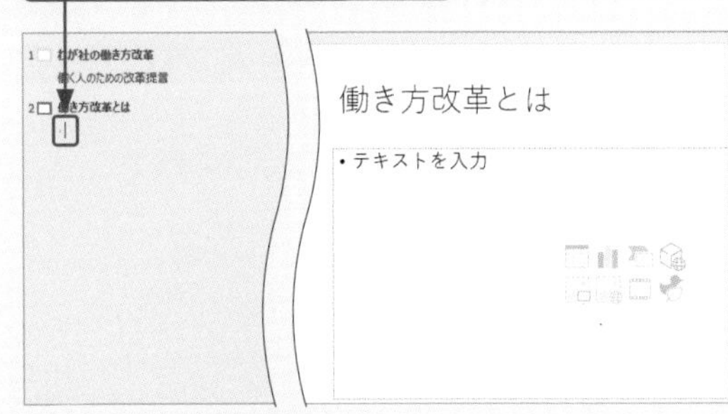

設定しているテーマによっては、行頭文字が表示されない場合があります。

4 テキストを入力します。

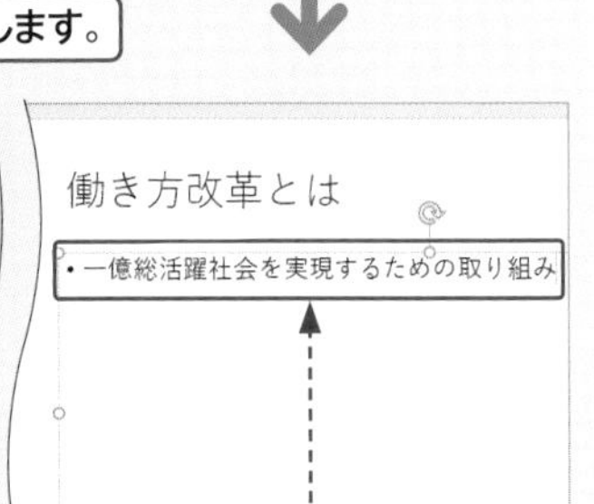

プレースホルダーにテキストが反映されます。

重要度 ★★★ アウトラインの基本

Q 174 アウトライン表示で図やグラフを挿入するには？

A 画面右側のスライドウィンドウに挿入します。

アウトライン表示で表やグラフ、画像などを挿入するには、通常の標準表示モードと同じ方法で操作します。プレースホルダーのアイコンをクリックするか、＜挿入＞タブをクリックして、目的のコマンドをクリックし、オブジェクトを挿入します。

参照▶Q 248

1 挿入したいオブジェクトのアイコンをクリックして、

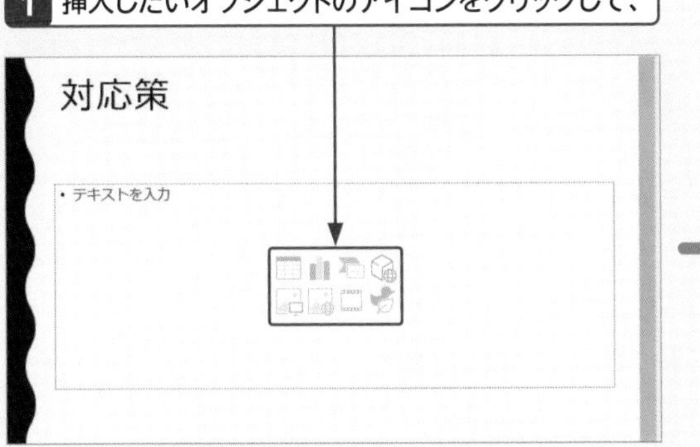

2 オブジェクトを挿入します。

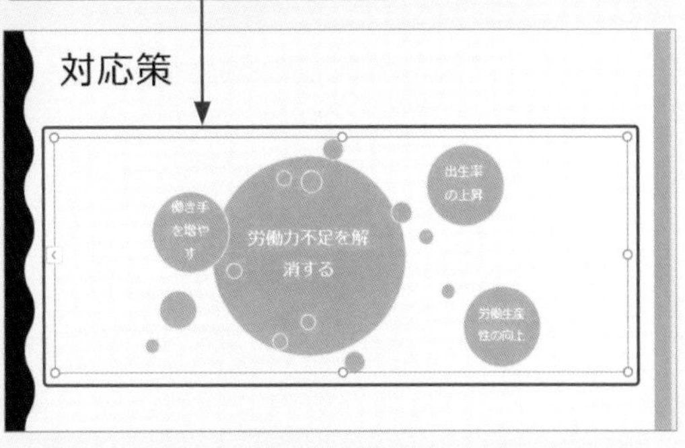

重要度 ★★★ アウトラインの基本

Q 175 アウトライン表示で同じ段落レベルの内容を入力したい！

A 行末にカーソルがある状態で Enter を押します。

アウトライン表示で、同じ段落レベルの内容（テキスト）を続けて入力するには、テキストの行末にカーソルがある状態で Enter を押します。

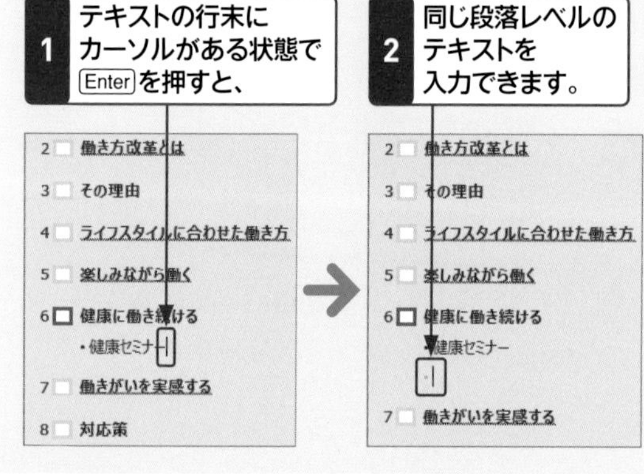

重要度 ★★★ アウトライン入力のテクニック

Q 176 アウトライン表示で段落を変えずに改行したい！

A Shift を押しながら Enter を押します。

テキストを入力して Enter を押すと、段落が変わります。段落を変えずに改行したい場合は、目的の位置にカーソルを移動して、Shift を押しながら Enter を押します。

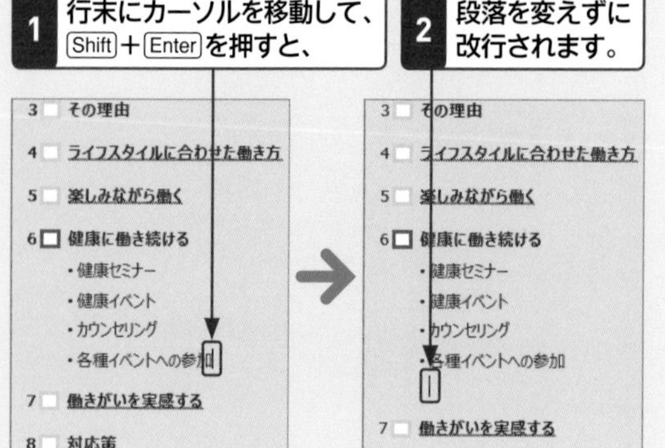

重要度 ★★★ アウトライン入力のテクニック

Q 177 複数のプレースホルダーに入力するには？

A Ctrl を押しながら Enter を押します。

スライドにタイトル以外のプレースホルダーが2つある場合には、行頭にプレースホルダーごとの数字が表示されます。プレースホルダーを移動して入力するには、1つ目のプレースホルダーにテキストを入力したあと、Ctrl を押しながら Enter を押します。次のプレースホルダーにあたる行に改行されるので、テキストを入力します。

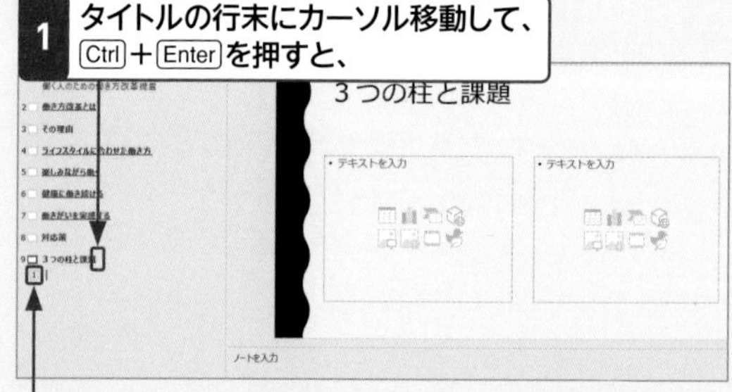

2 行頭に数字が表示されます。

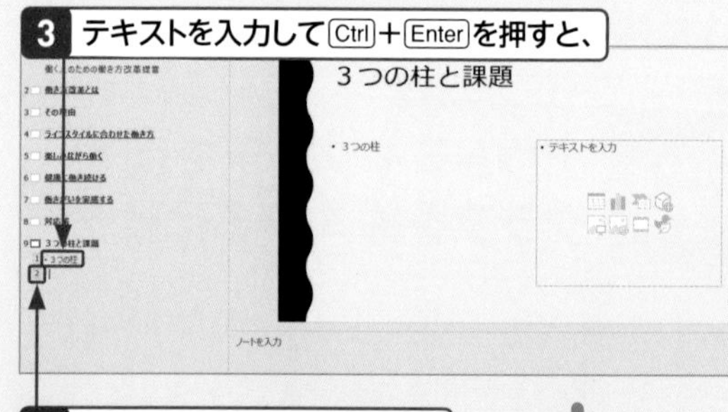

4 行頭の数字が追加されます。

5 テキストを入力すると、

6 それぞれのプレースホルダーにテキストが反映されます。

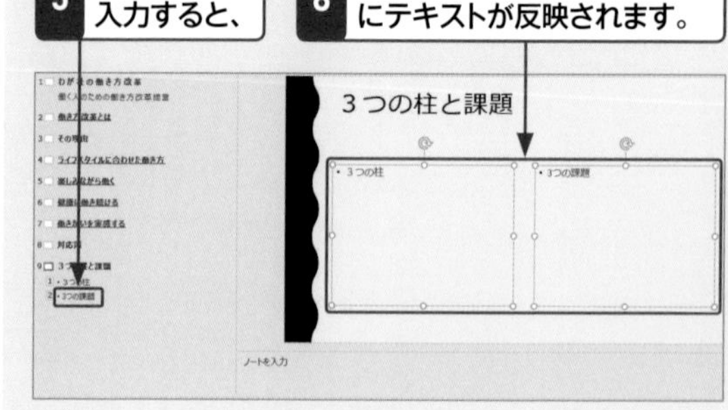

重要度 ★★★　アウトライン入力のテクニック

Q 178 アウトライン表示で段落レベルを下げたい！

A 段落にカーソルを移動して、Tabを押します。

アウトライン表示で入力済みの段落のレベルを下げるには、段落にカーソルを移動してTabを押します。Tabを押すごとに、レベルが1つずつ下がります。スライドのタイトルのレベルを下げると、前のスライドの内容になります。

また、<ホーム>タブの<インデントを増やす>をクリックしても、段落レベルを下げることができます。

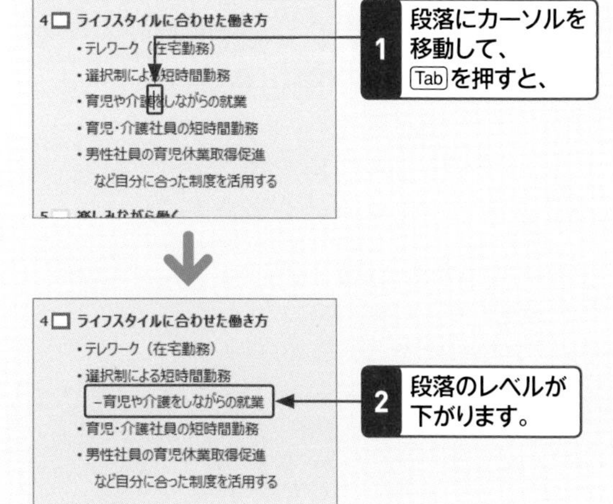

重要度 ★★★　アウトライン入力のテクニック

Q 179 アウトライン表示で段落レベルを上げたい！

A 段落にカーソルを移動して、Shiftを押しながらTabを押します。

アウトライン表示で入力済みの段落のレベルを上げるには、段落にカーソルを移動して、Shiftを押しながらTabを押します。Shiftを押しながらTabを押すごとに、レベルが1つずつ上がります。段落レベルが一番上のテキストのレベルを上げると、新たなスライドのタイトルになります。

また、<ホーム>タブの<インデントを減らす>をクリックしても、段落レベルを上げることができます。

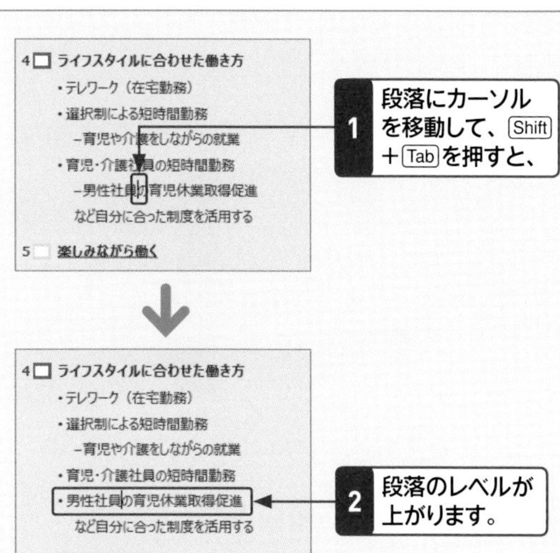

重要度 ★★★　アウトライン入力のテクニック

Q 180 アウトライン表示で文中にタブを挿入したい！

A Ctrlを押しながらTabを押します。

アウトライン表示で文中にタブを挿入したい場合は、タブを挿入したい位置にカーソルを移動して、Ctrlを押しながらTabを押します。Ctrlを押しながらTabを押すごとに、タブが1つずつ増えます。

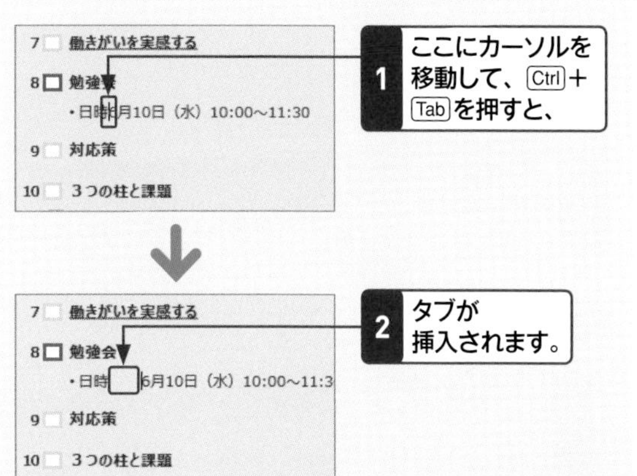

重要度 ★★★　アウトライン入力のテクニック

Q 181 アウトライン表示で書式を設定したい！

A アウトラインに設定するとスライドに反映されます。

アウトライン表示で文字のフォント（書式）や文字サイズ、文字色などを変更するには、アウトラインにこれらの文字書式を設定します。設定した書式は、アウトラインのテキストには反映されませんが、スライド中のテキストには反映されます。

ここでは、文字色を変更して、影を付けてみましょう。

1 書式を設定したい文字をドラッグして選択します。

2 <ホーム>タブの<フォントの色>のここをクリックして、

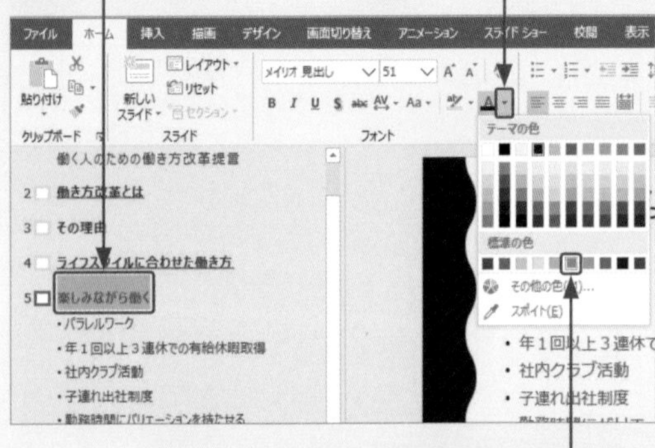

3 色（ここでは<緑>）をクリックすると、

4 スライド上の文字色が変更されます。

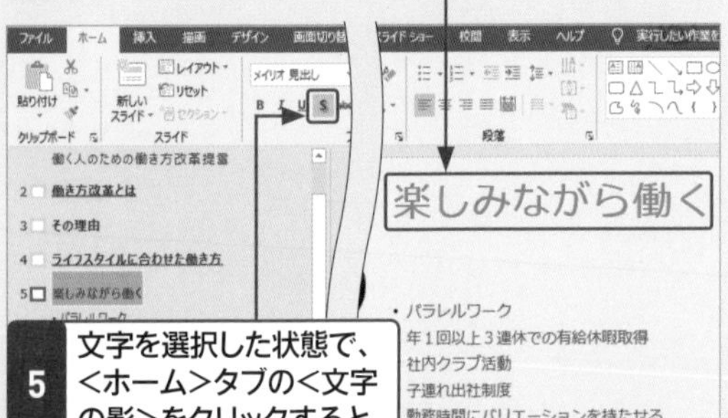

5 文字を選択した状態で、<ホーム>タブの<文字の影>をクリックすると、

6 文字に影が設定されます。

楽しみながら働く

重要度 ★★★　アウトライン入力のテクニック

Q 182 テキストファイルからスライドを作成したい！

A <新しいスライド>の<アウトラインからスライド>を利用します。

PowerPoint 2019／2016では、Unicode形式で保存したテキストファイルをスライドに読み込んで利用することができます。PowerPoint 2013では通常のテキスト形式でも読み込むことができます。

挿入したテキストは、段落ごとにスライドが分かれ、テキストの1行目はスライドのタイトルとして、タブを挿入した部分は箇条書きとして挿入されます。

1 <ホーム>タブの<新しいスライド>のここをクリックして、

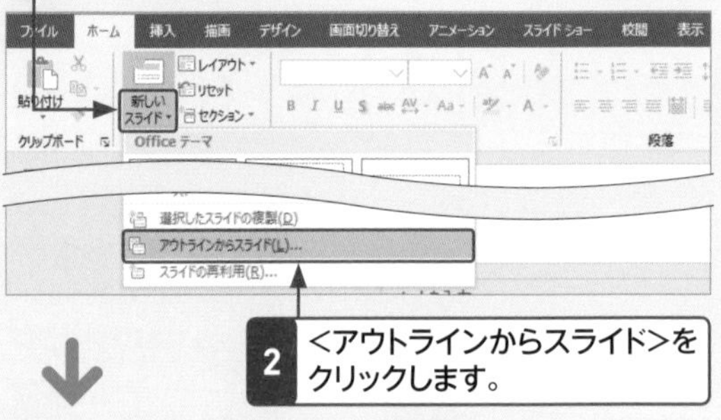

2 <アウトラインからスライド>をクリックします。

3 ファイルの保存場所を指定して、

4 テキストファイルをクリックし、

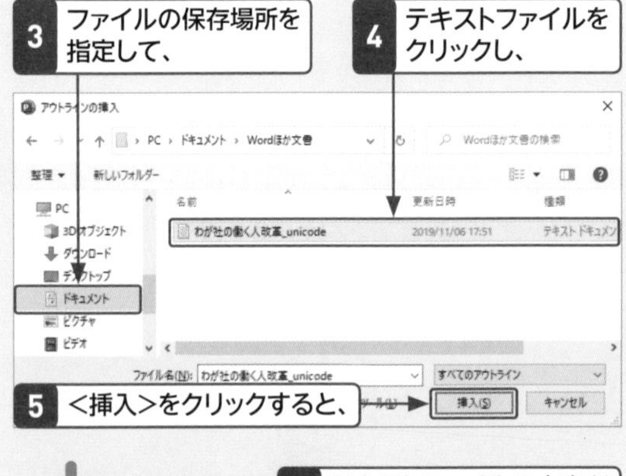

5 <挿入>をクリックすると、

6 テキストファイルの内容がスライドに挿入されます。

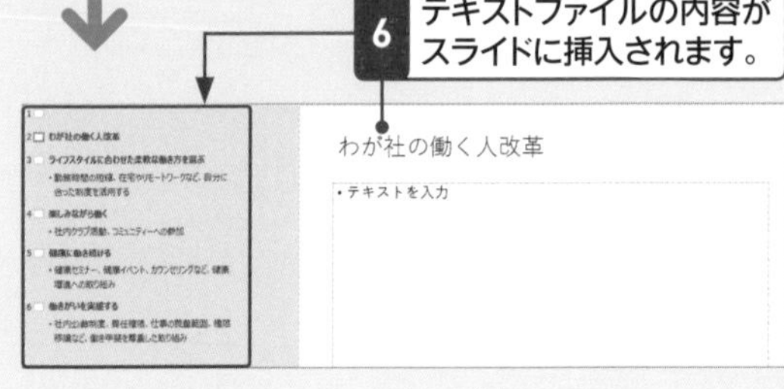

重要度 ★★★　アウトラインのスライド編集

Q 183 アウトライン表示で不要なスライドを削除したい！

A スライドのアイコンを右クリックして＜スライドの削除＞をクリックします。

アウトライン表示で不要なスライドを削除するには、スライドのアイコンを右クリックして、＜スライドの削除＞をクリックします。あるいは、スライドのアイコンをクリックしてスライドを選択し、Delete または BackSpace を押しても削除できます。

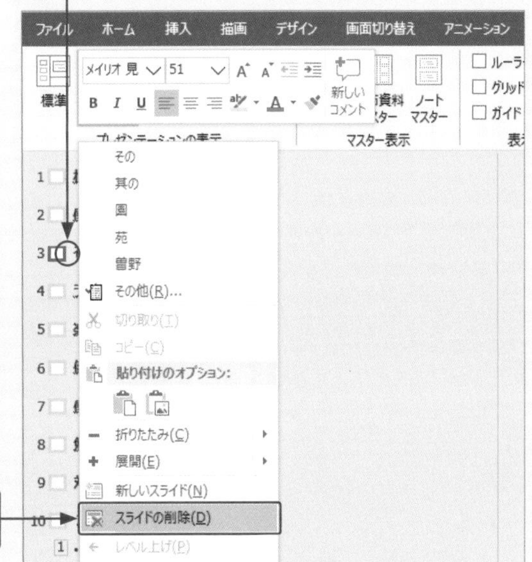

重要度 ★★★　アウトラインのスライド編集

Q 184 スライド内の文字がアウトラインに表示されない！

A テキストボックスや図形に入力した文字は表示されません。

＜アウトライン表示＞モードでは、プレースホルダーに入力されている文字がアウトラインに表示されます。テキストボックスや図形に入力した文字はアウトラインには表示されません。アウトラインにそれらの文字を表示したいときは、テキストボックスを削除してプレースホルダーに入力し直すか、レイアウトを変更して、テキストボックスからプレースホルダーに文章を移動してください。

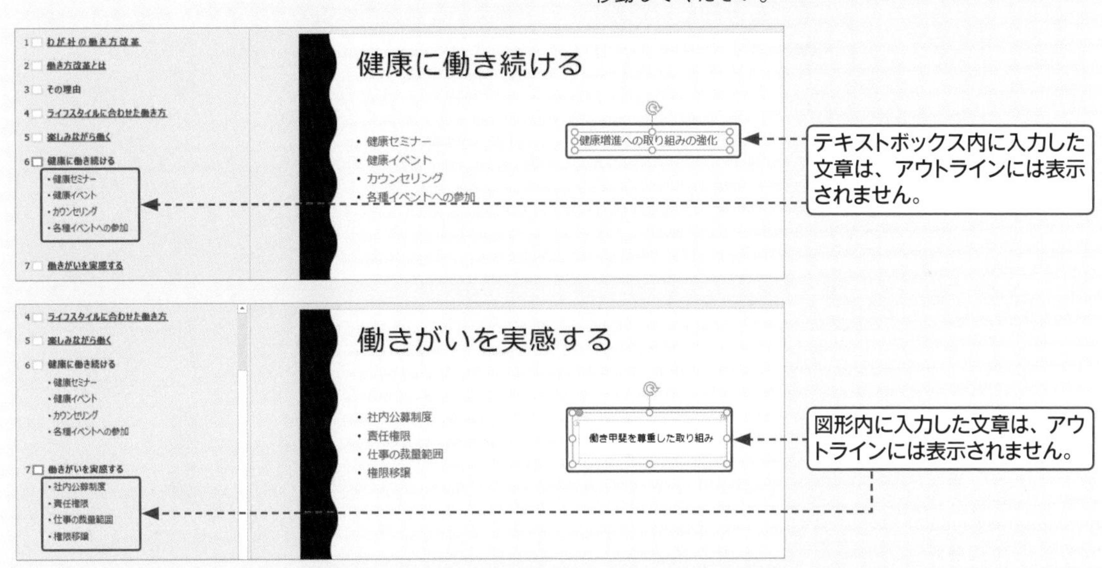

重要度 ★★★ アウトラインのスライド編集

Q 185 アウトライン表示でタイトルだけを確認したい！

A スライドのアイコンをダブルクリックします。

アウトライン表示では、スライドの内容（テキスト）を非表示にして、タイトルだけを表示することができます。スライドのアイコン□をダブルクリックするとテキスト部分が非表示になり、タイトルだけが表示されます。再度ダブルクリックするとテキスト部分が表示されます。

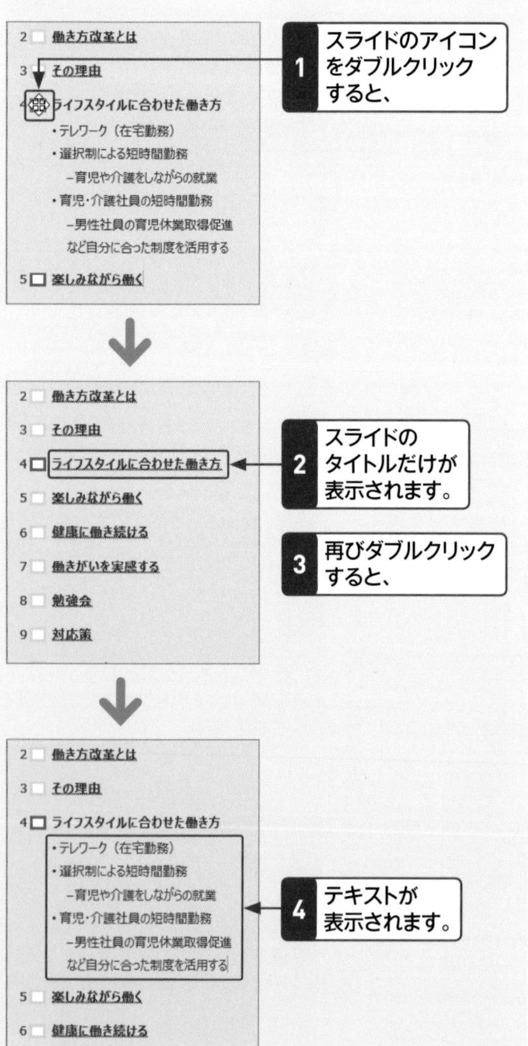

1 スライドのアイコンをダブルクリックすると、
2 スライドのタイトルだけが表示されます。
3 再びダブルクリックすると、
4 テキストが表示されます。
2 働き方改革とは
3 その理由
4 ライフスタイルに合わせた働き方
・テレワーク（在宅勤務）
・選択制による短時間勤務
−育児や介護をしながらの就業
・育児・介護社員の短時間勤務
−男性社員の育児休業取得促進
など自分に合った制度を活用する
5 楽しみながら働く
6 健康に働き続ける
7 働きがいを実感する
8 勉強会
9 対応策

重要度 ★★★ アウトラインのスライド編集

Q 186 タイトルだけを表示して全体の流れを確認したい！

A <折りたたみ>から<すべて折りたたみ>をクリックします。

アウトライン表示では、すべてのスライドの内容（テキスト）を非表示にして、タイトルだけを表示することができます。いずれかのスライドのタイトルを右クリックして<折りたたみ>から<すべて折りたたみ>をクリックします。テキスト部分をすべて表示するには、タイトルを右クリックして<展開>から<すべて展開>をクリックします。

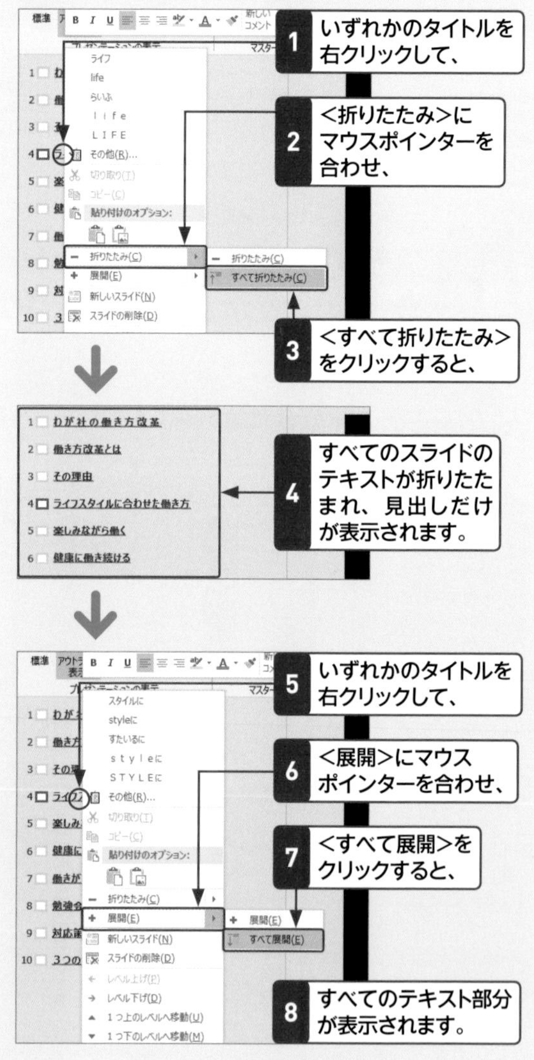

1 いずれかのタイトルを右クリックして、
2 <折りたたみ>にマウスポインターを合わせ、
3 <すべて折りたたみ>をクリックすると、
4 すべてのスライドのテキストが折りたたまれ、見出しだけが表示されます。
5 いずれかのタイトルを右クリックして、
6 <展開>にマウスポインターを合わせ、
7 <すべて展開>をクリックすると、
8 すべてのテキスト部分が表示されます。
折りたたみ(C)
すべて折りたたみ(C)
展開(E)
すべて展開(E)
新しいスライド(N)
スライドの削除(D)
1 わが社の働き方改革
2 働き方改革とは
3 その理由
4 ライフスタイルに合わせた働き方
5 楽しみながら働く
6 健康に働き続ける

重要度 ★★★ アウトラインのスライド編集

Q 187 アウトライン表示でスライドの順番を入れ替えたい!

A スライドのアイコンをドラッグして入れ替えます。

アウトライン表示でスライドの順番を入れ替えたいときは、スライドのアイコンをドラッグして、目的の場所に移動します。入れ替えたいスライドのアイコンにマウスポインターを合わせ、ポインターの形が✥になった状態で、ドラッグします。

1 入れ替えたいスライドのアイコンにマウスポインターを合わせ、ポインターの形が✥になった状態で、

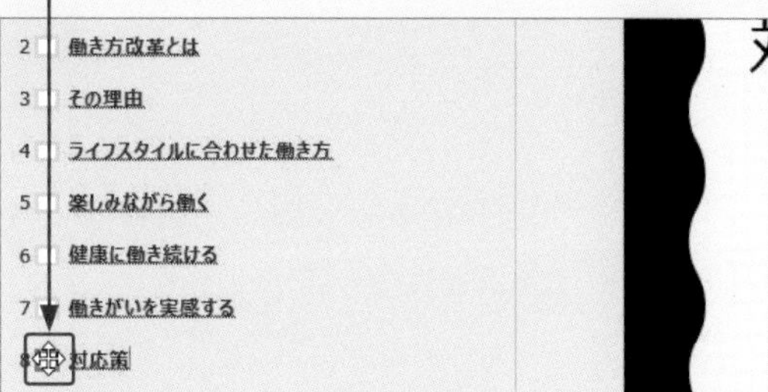

2 移動先までドラッグします。

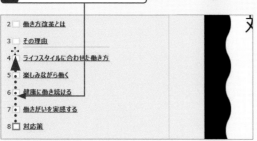

3 マウスのボタンを離すと、スライドの順番が入れ替わります。

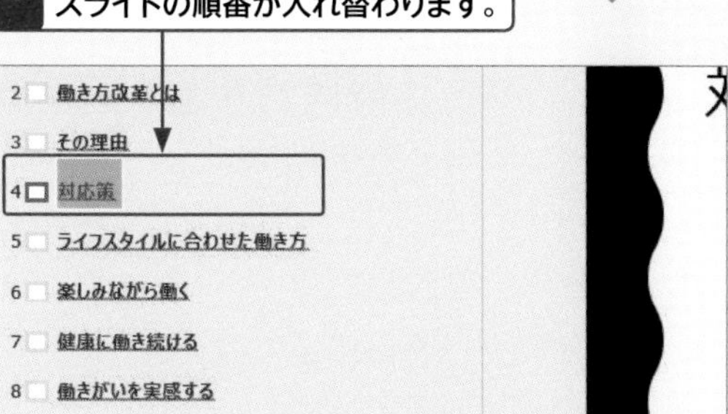

重要度 ★★★ アウトラインのスライド編集

Q 188 アウトライン表示でテキストを別のスライドに移動したい!

A 移動したいテキストを選択して目的の位置までドラッグします。

アウトライン表示でテキストを別のスライドに移動したいときは、移動したいテキストを選択し、目的の位置までドラッグします。移動先はあらかじめ用意しておきます。

1 移動したいテキストをドラッグして選択し、

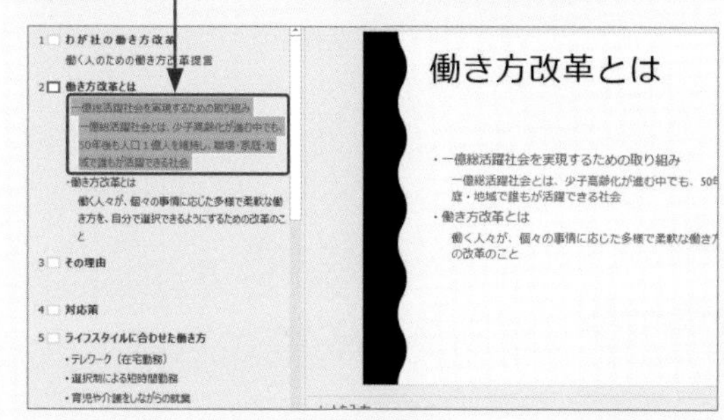

2 目的の位置までドラッグします。

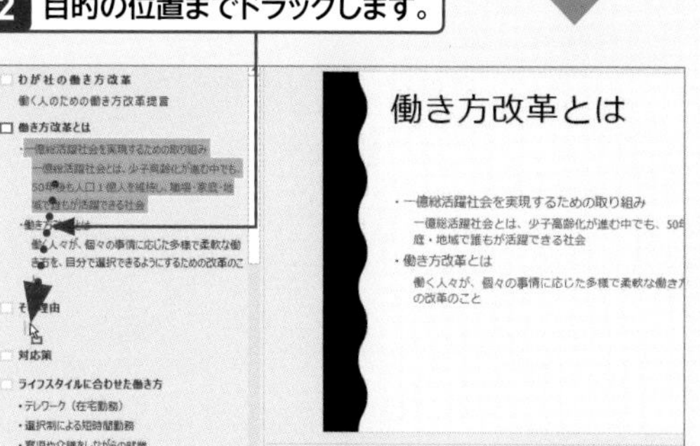

3 マウスのボタンを離すと、テキストが移動します。

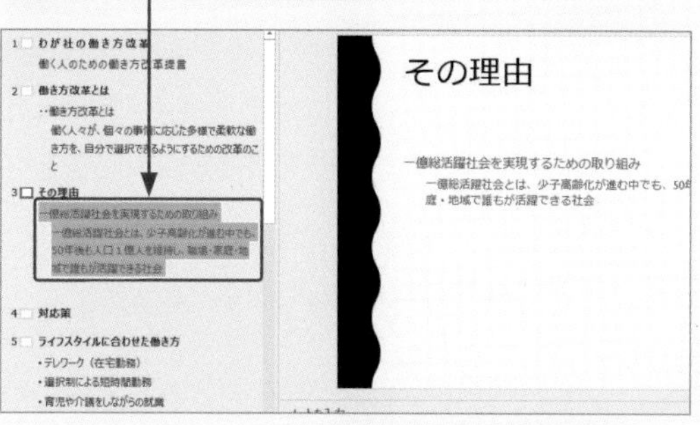

Q 189 アウトラインを保存したい!

A ファイルの種類をアウトライン/リッチテキスト形式で保存します。

アウトラインを保存するときは、保存形式をアウトライン/リッチテキスト形式(.rtf)で保存します。アウトライン/リッチテキスト形式は、文字サイズや文字色などが保持されたテキスト形式で、Wordやワードパッドで開くとPowerPointと同じ見た目で表示することができます。

PowerPoint 2013の場合は、手順1で<ファイル>タブ→<名前を付けて保存>→<コンピューター>の順にクリックします。

1 <ファイル>タブをクリックして、<名前を付けて保存>をクリックし、

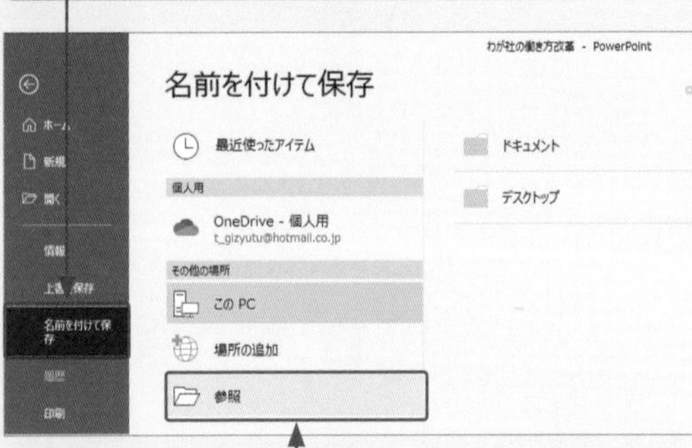

2 <参照>をクリックします。

3 保存場所を指定して、

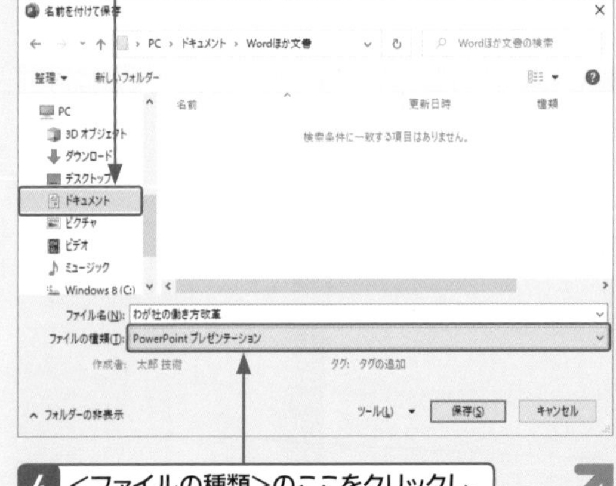

4 <ファイルの種類>のここをクリックし、

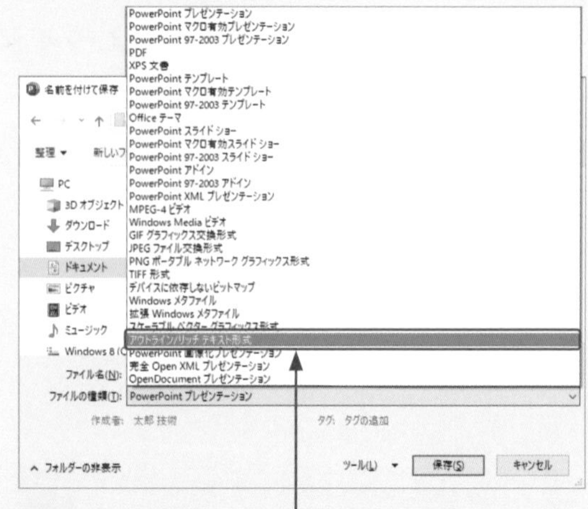

5 <アウトライン/リッチテキスト形式>をクリックします。

6 ファイル名を入力して、

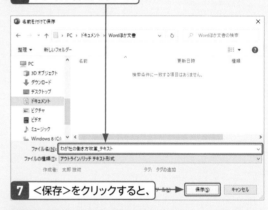

7 <保存>をクリックすると、

8 アウトラインが保存されます。

9 保存したファイルをWordで開くと、文字サイズや文字色などが保持されていることを確認できます。

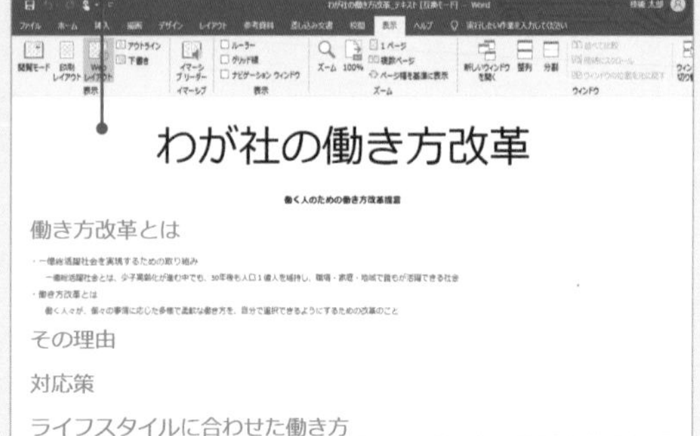

重要度 ★★★　アウトラインの設定

Q 190 ソフトの起動時からアウトライン表示にさせたい！

A ＜PowerPointのオプション＞ダイアログボックスで設定します。

PowerPointを起動したときの画面をアウトライン表示にしたい場合は、＜ファイル＞タブの＜オプション＞をクリックすると表示される＜PowerPointのオプション＞ダイアログボックスから設定します。＜詳細設定＞をクリックし、＜表示＞から起動時の画面を設定できます。

1 ＜ファイル＞タブをクリックして、＜オプション＞をクリックします。

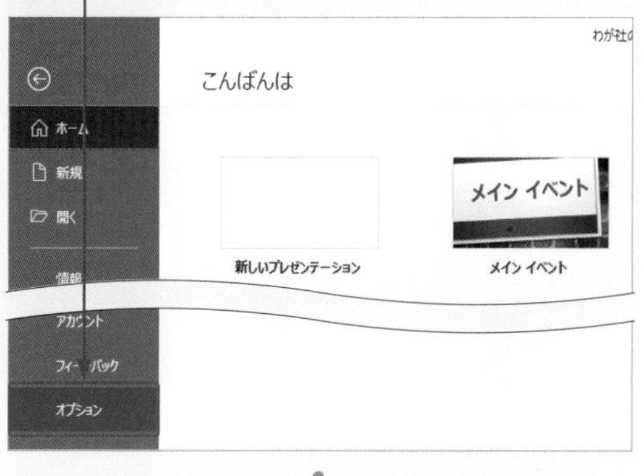

2 ＜詳細設定＞をクリックし、

3 ＜表示＞のここをクリックして＜標準表示モード（アウトライン、ノート、スライド）＞を選択し、

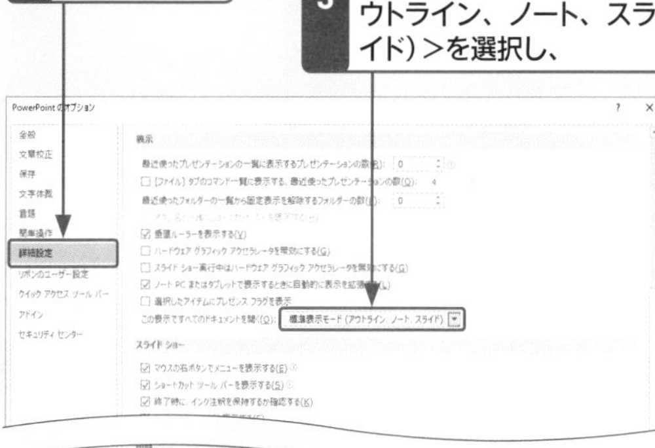

4 ＜OK＞をクリックします。

重要度 ★★★　アウトラインの設定

Q 191 アウトライン表示でスライドの表示を大きくしたい！

A アウトラインの表示とスライドウィンドウの境界をドラッグします。

アウトライン表示でスライドの表示を大きくしたい場合は、アウトラインの表示領域とスライドウィンドウの境界線にマウスポインターを合わせ、ポインターの形が⇔になった状態で左側にドラッグします。右側にドラッグすると、アウトラインの表示領域が広くなります。

1 ここにマウスポインターを合わせて、

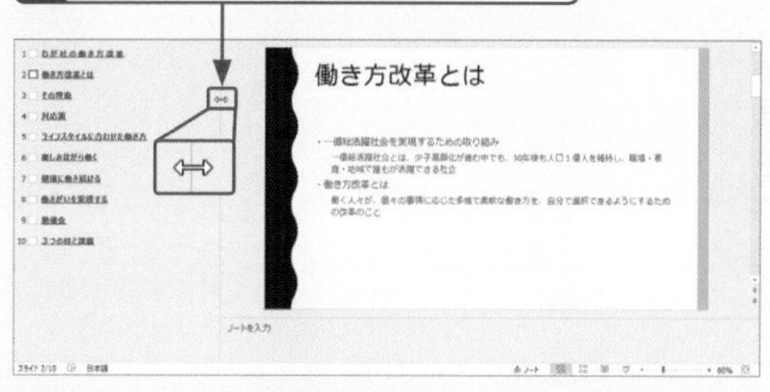

2 左側にドラッグすると、

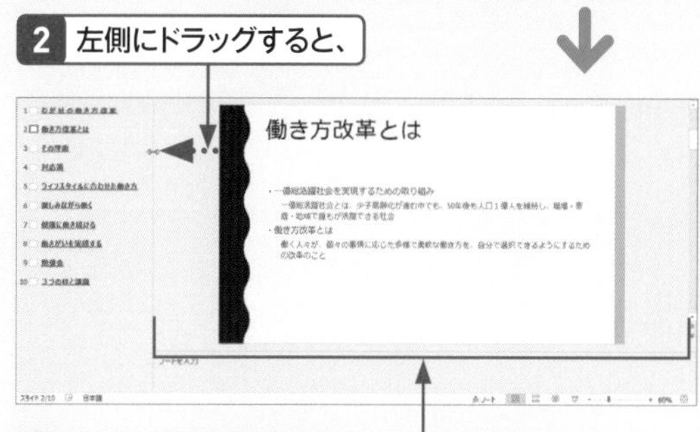

3 スライドの表示が大きくなります。

4 右側にドラッグすると、

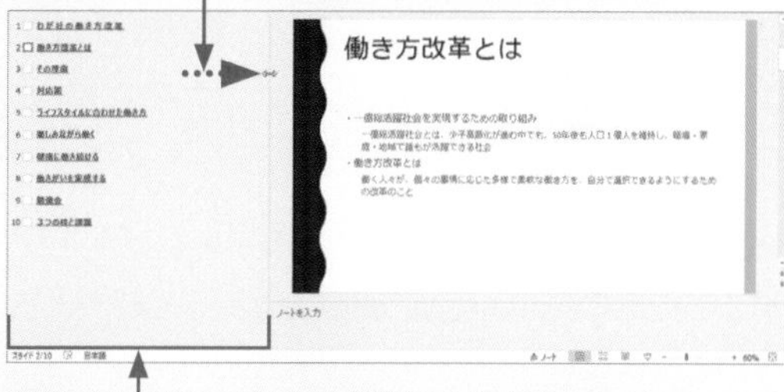

5 アウトラインの表示領域が広くなります。

Q 192 Wordのアウトラインからスライドを作成したい！

A <新しいスライド>の<アウトラインからスライド>を利用します。

Wordの文書にアウトラインを設定すると、Word文書からスライドを作成することができます。Wordで「レベル1」が設定された段落はスライドのタイトルとして、「レベル2」が設定された段落は第1レベルのテキストとして読み込まれます。

アウトラインを設定したWord文書をPowerPointで利用するには、<ホーム>タブの<新しいスライド>をクリックして、<アウトラインからスライド>をクリックして挿入します。

● Wordの文書にアウトラインを設定する

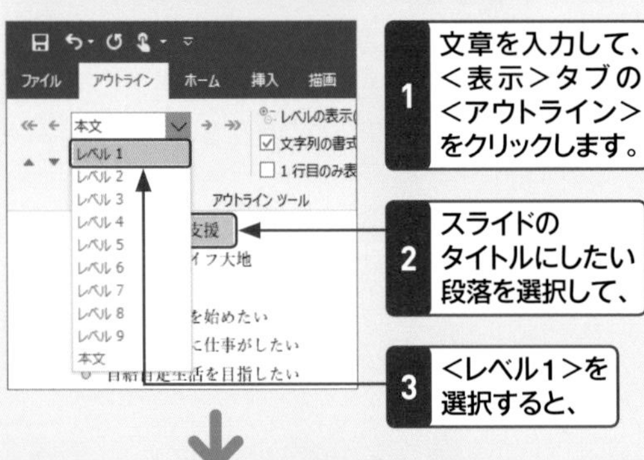

1 文章を入力して、<表示>タブの<アウトライン>をクリックします。
2 スライドのタイトルにしたい段落を選択して、
3 <レベル1>を選択すると、

4 <レベル1>が設定されます。
5 同様にして、アウトラインレベルを設定し、

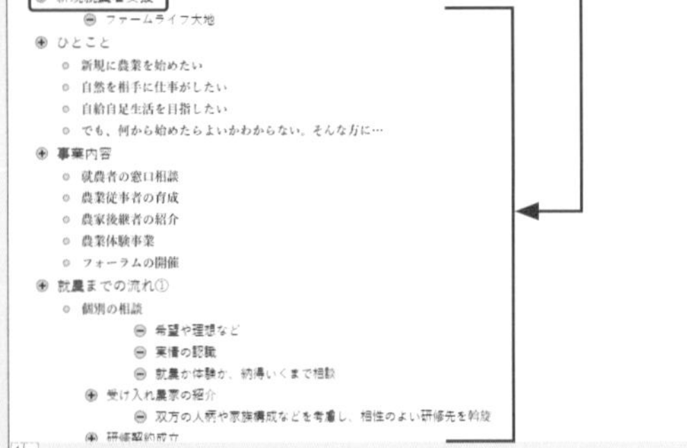

6 文書を保存して閉じます。

● PowerPointに挿入する

1 <ホーム>タブの<新しいスライド>のここをクリックして、

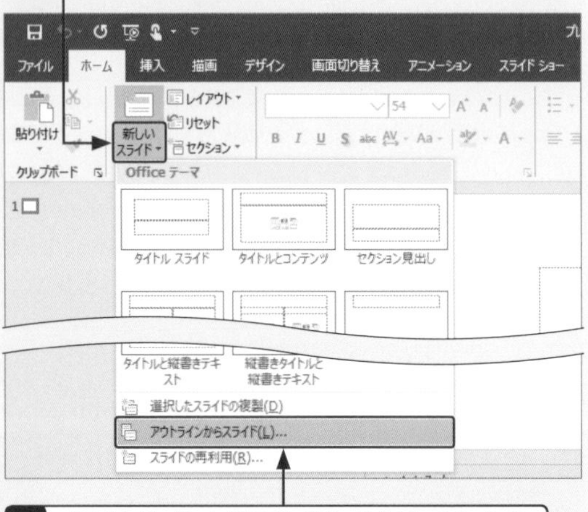

2 <アウトラインからスライド>をクリックします。

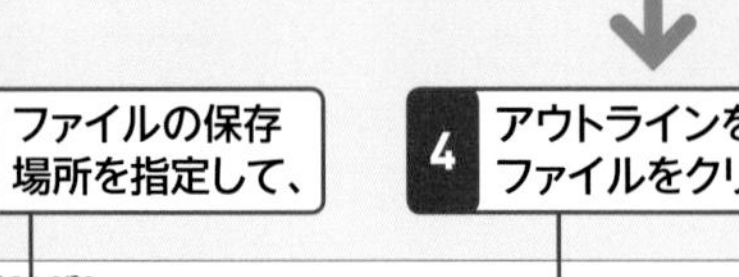

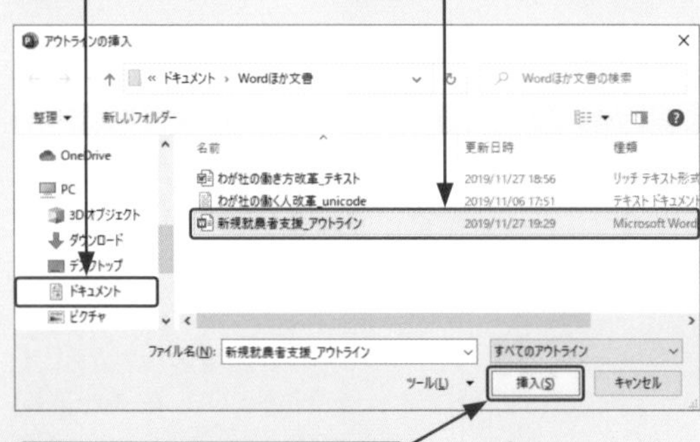

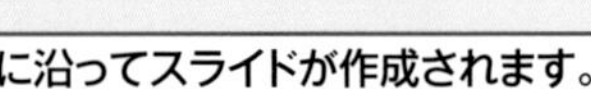

6 アウトラインに沿ってスライドが作成されます。

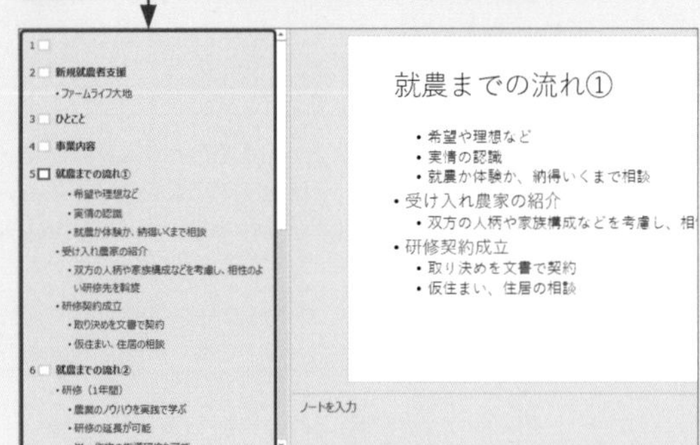

第6章

図形作成の活用技!

193 >>> 199 図形の挿入

200 >>> 210 図形の操作

211 >>> 217 色と枠線

218 >>> 222 特殊効果と書式

223 >>> 224 削除とコピー

225 >>> 228 レイアウト

229 >>> 232 重なりと選択

233 >>> 236 複数の図形の組み合わせ

237 >>> 247 SmartArt

Q 193 スライドに図形を挿入したい！

A <挿入>タブの<図形>から図形の種類を選択します。

図形は、わかりやすく見やすいプレゼンテーションを作成するために欠かせない要素です。スライドに図形を挿入するには、図形を挿入するスライドを指定して、<挿入>タブの<図形>をクリックし、表示される一覧から目的の図形をクリックして、スライド上でクリックあるいはドラッグします。

スライド上をクリックすると、既定の大きさで図が作成されます。スライド上をドラッグすると、ドラッグした大きさで図形が作成されます。

作成される図形や線の色は、設定しているテーマやバリエーションによって異なりますが、作成後に変更することができます。

● 基本の図形を描く

1 <挿入>タブをクリックして、

2 <図形>をクリックし、

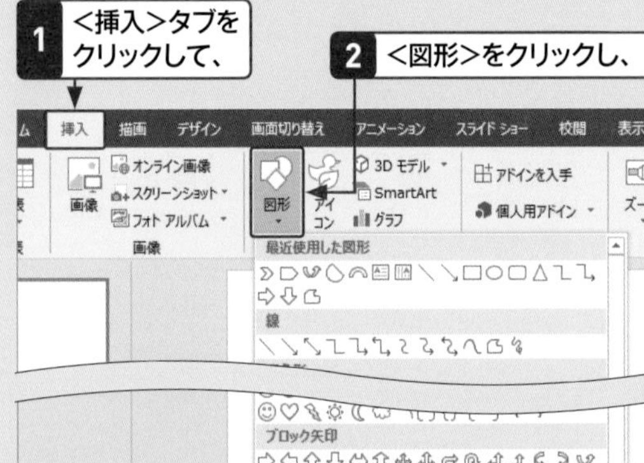

3 図形（ここでは<矢印：山形>）をクリックします。

4 始点にマウスポインターを合わせて、

5 スライド上をドラッグすると、

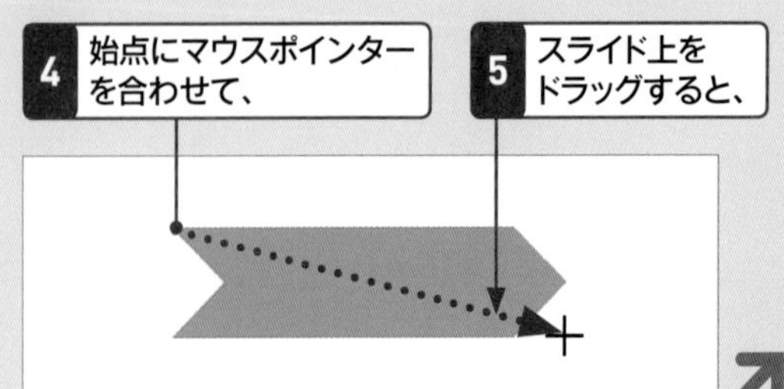

6 ドラッグしたサイズで図形が作成されます。

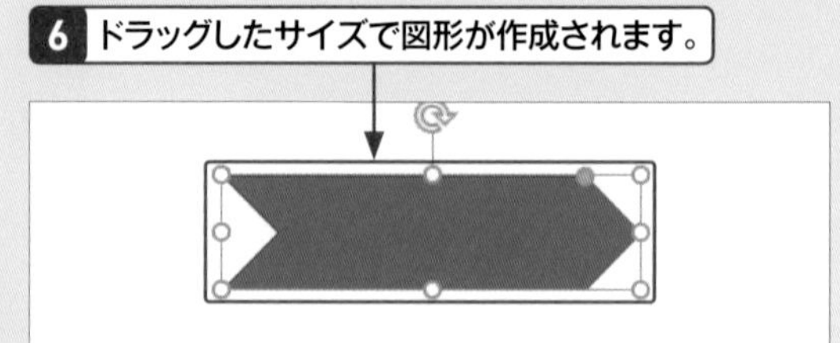

● 曲線を描く

1 左の手順1、2の操作を実行して、<曲線>をクリックします。

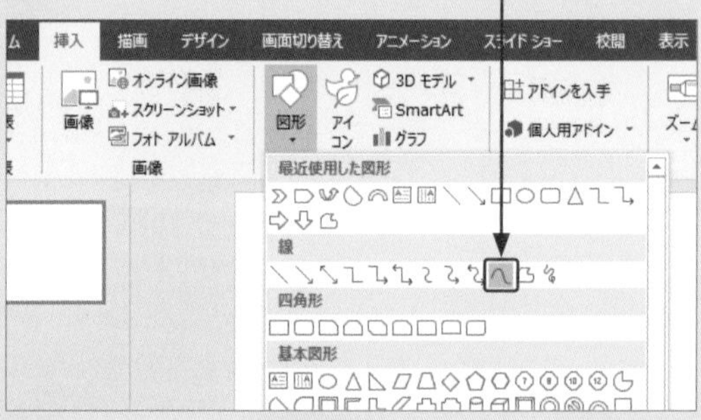

2 始点をクリックして、

3 曲げる位置でクリックします。

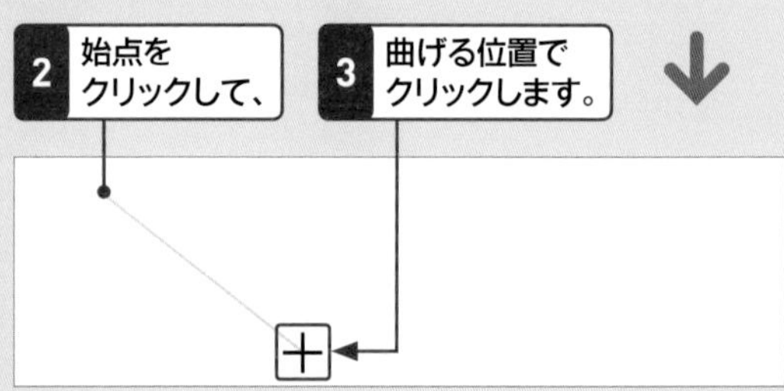

4 同様に曲げる位置でクリックして、

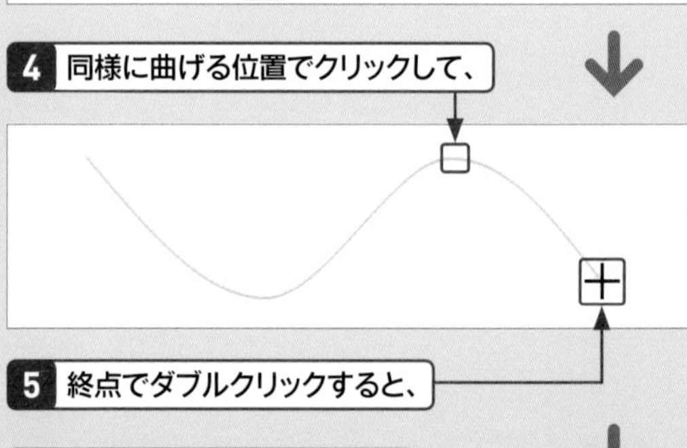

5 終点でダブルクリックすると、

6 曲線を描くことができます。

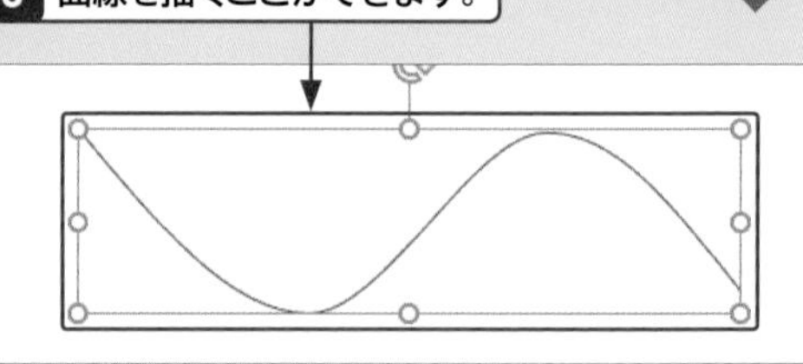

Q194 PowerPointではどんな図形が使えるの？

A 四角形、基本図形、ブロック矢印などさまざまな図形が描けます。

PowerPointで描くことができる図形の種類は、<挿入>タブの<図形>をクリックして表示される一覧で確認できます。一覧には、線、四角形、基本図形、ブロック矢印、吹き出しなどのさまざまな図形の種類が用意されており、図形を個別に描くだけでなく、組み合わせることで、複雑な図形を作成することもできます。作成した図形は、大きさや形状を自由に変更することができます。また、テキストボックスを挿入することもできます。

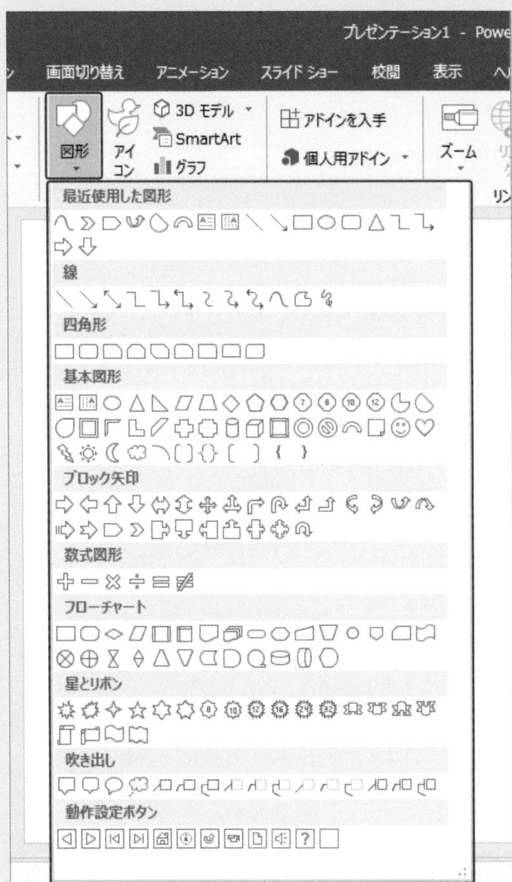

プレゼンテーション1 - Powe
画面切り替え
アニメーション
スライド ショー
校閲
表示
図形
アイコン
3D モデル
SmartArt
グラフ
アドインを入手
個人用アドイン
ズーム
最近使用した図形
線
四角形
基本図形
ブロック矢印
数式図形
フローチャート
星とリボン
吹き出し
動作設定ボタン
基本図形からブロック矢印、フローチャート、吹き出しなど、さまざまな図形を描くことができます。

Q195 図形の大きさや位置を変更したい！

A ハンドルをドラッグしてサイズを変更、ドラッグして移動します。

作成した図形をクリックすると、図形の周囲にハンドル○が表示されます。このハンドルをドラッグすると、図形の大きさを変更することができます。上下のハンドルをドラッグすると縦に、左右のハンドルをドラッグすると横に広がります。
図形を移動する場合は、図形をドラッグします。

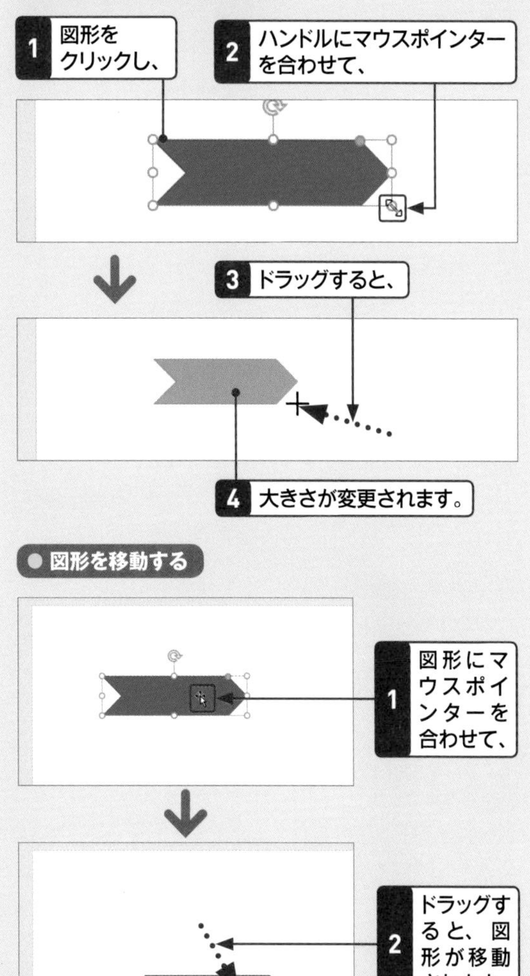

● 図形の大きさを変更する
1 図形をクリックし、
2 ハンドルにマウスポインターを合わせて、
3 ドラッグすると、
4 大きさが変更されます。
● 図形を移動する
1 図形にマウスポインターを合わせて、
2 ドラッグすると、図形が移動されます。

重要度 ★★★ 図形の挿入

Q 196 図形に文字を入力したい!

A 図形をクリックして選択すると、入力できます。

直線や曲線以外の図形には、文字を入力することができます。図形をクリックして選択し、そのまま文字を入力します。図形に入力した文字は、通常の文字と同様に＜ホーム＞タブの＜フォント＞や＜フォントサイズ＞を利用して、文字の種類やサイズを変更することができます。文字の色は、＜書式＞タブの＜文字の塗りつぶし＞から変更できます。

1 図形をクリックして、

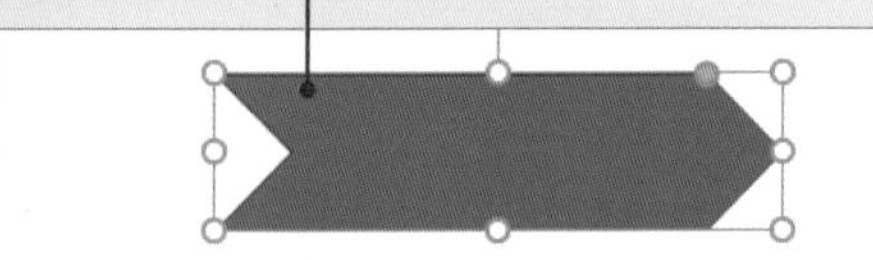

2 文字を入力すると、図形に文字が入力できます。

3 通常の文字と同様に、フォントやフォントサイズ、色を変更することができます。

重要度 ★★★ 図形の挿入

Q 197 同じ図形を連続して描きたい!

A ＜描画モードのロック＞を利用します。

同じ図形を連続して描きたいときは、＜挿入＞タブの＜図形＞をクリックして、目的の図形を右クリックし、＜描画モードのロック＞をクリックします。描画モードをロックすると、Esc を押すまで、同じ図形を続けて描くことができます。

1 目的の図形を右クリックして、

2 ＜描画モードのロック＞をクリックすると、

3 同じ図形を連続して描くことができます。

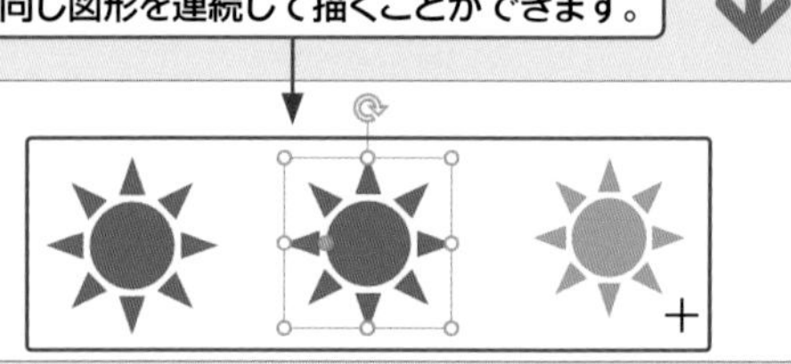

重要度 ★★★ 図形の挿入

Q 198 水平／垂直な線をきれいに引きたい!

A Shift を押しながらドラッグします。

＜挿入＞タブの＜図形＞をクリックして、＜線＞（PowerPoint 2013では＜直線＞）をクリックし、Shift を押しながらドラッグします。45度ずつ線が回転するので、水平線や垂直線、45度の斜線をかんたんに描くことができます。

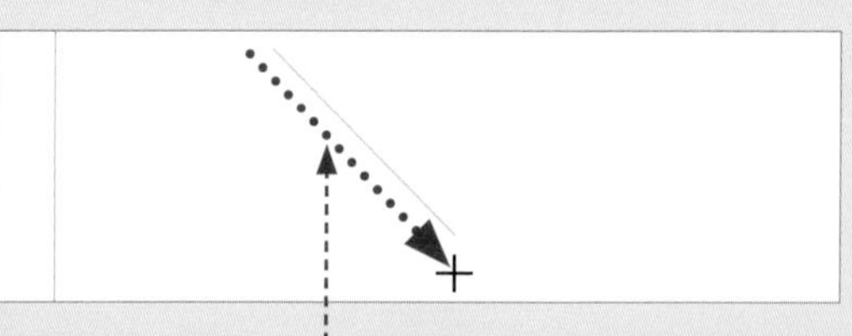

Shift を押しながらドラッグすると、水平線や垂直線、45度の斜線を描くことができます。

重要度★★★　図形の挿入

Q 199 正円や正方形を作成したい！

A Shiftを押しながらドラッグします。

正円や正方形を描くには、＜挿入＞タブの＜図形＞をクリックして、正円の場合は＜楕円＞（PowerPoint 2013では＜円／楕円＞）◯ を、正方形の場合は＜正方形／長方形＞□ をクリックし、Shift を押しながらドラッグします。

作成後、正円や正方形のまま大きさを変えたい場合は、Shiftを押しながら四隅のハンドルをドラッグします。

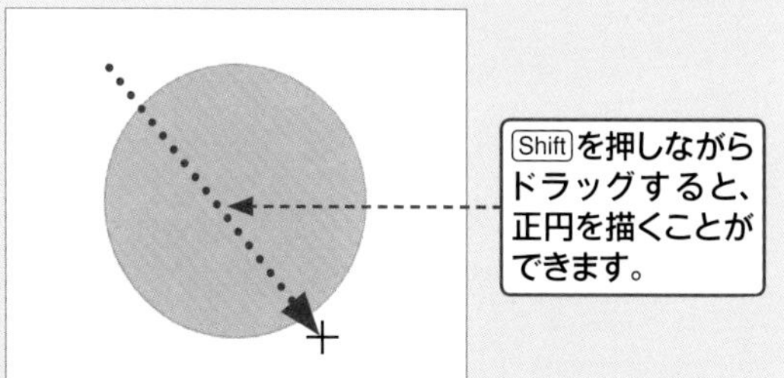
Shiftを押しながら
ドラッグすると、
正円を描くことが
できます。

重要度★★★　図形の操作

Q 200 図形の大きさを微調整したい！

A Shiftを押しながら↑↓←→を押します。

図形の大きさを微調整するには、図形をクリックして、Shiftを押しながら↑↓←→を押します。それぞれ矢印の方向に高さや幅が微調整されます。

1 Shiftを押しながら←を押すと、

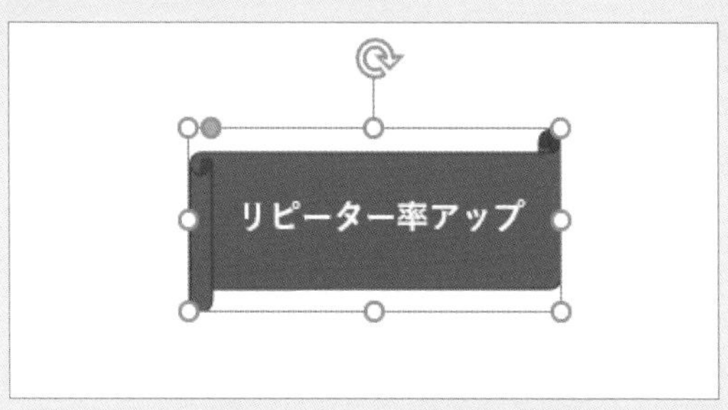
リピーター率アップ

2 横幅が微調整されます。

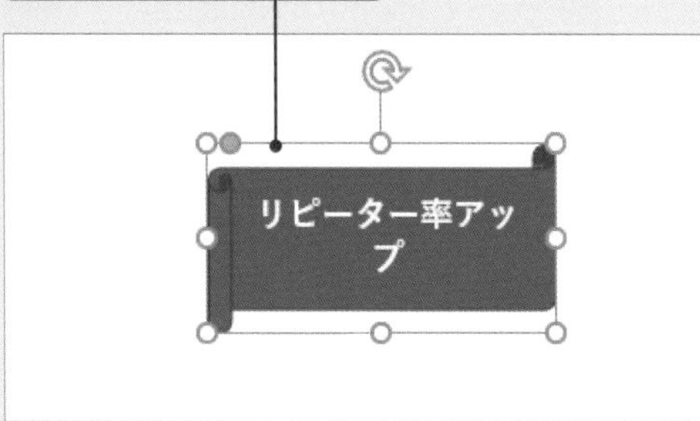
リピーター率アッ
プ

重要度★★★　図形の操作

Q 201 縦横の比率を変えずに図形の大きさを変更したい！

A Shiftを押しながら四隅のハンドルをドラッグします。

図形の縦横の比率を変えずに大きさを変更するには、図形をクリックすると表示される四隅のハンドル◯を、Shiftを押しながらドラッグします。

1 四隅のハンドルをShiftを押しながらドラッグすると、

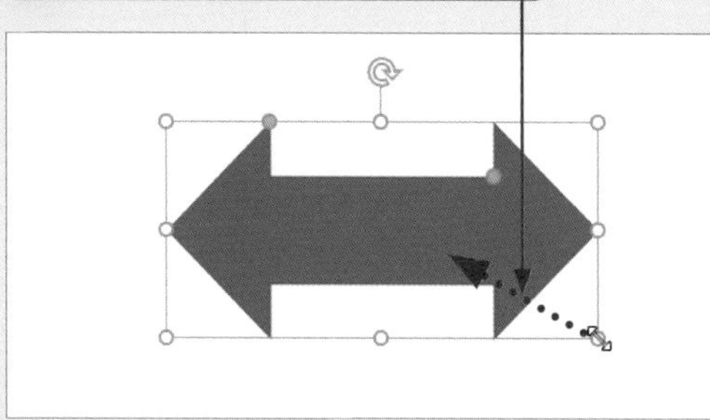

2 縦横比を変えずに大きさを変更できます。

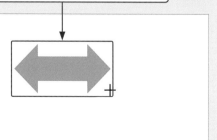

重要度 ★★★ 図形の操作

Q 202 図形の大きさを数値で指定したい！

A <書式>タブの<高さ>と<幅>で数値を指定します。

図形の大きさは、図形をクリックして、<書式>タブの<高さ>や<幅>で、高さと幅の数値を指定することでも変更できます。
また、<サイズ>グループの をクリックすると表示される<図形の書式設定>作業ウィンドウで、<縦横比を固定する>をオンにすると、縦横比を保った状態で図形の大きさを変更できます。

1 図形をクリックして、<書式>タブをクリックし、

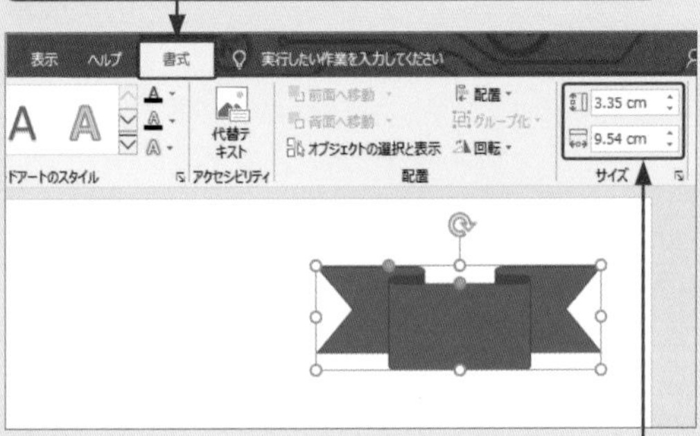

2 <高さ>や<幅>で数値を指定します。

● 縦横の比率を固定する

1 <図形の書式設定>作業ウィンドウの<図形のオプション>の<サイズとプロパティ>をクリックします。

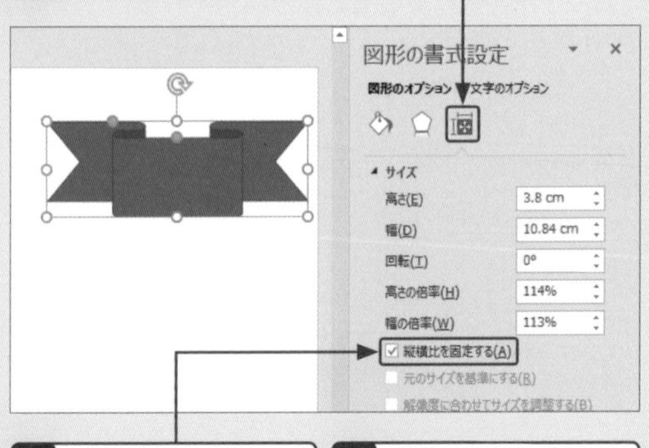

2 <縦横比を固定する>をクリックしてオンにすると、

3 縦横の比率を固定したまま図形の大きさを変更できます。

重要度 ★★★ 図形の操作

Q 203 図形の位置を微調整したい！

A ↑↓←→で移動します。

図形の位置を微調整したい場合は、図形をクリックして、↑↓←→を押します。それぞれ矢印の方向に位置が微調整されます。

重要度 ★★★ 図形の操作

Q 204 図形を垂直／平行に移動させたい！

A Shiftを押しながらドラッグします。

図形を垂直方向または水平方向に移動させるには、Shiftを押しながら上下または左右にドラッグします。また、ShiftとCtrlを押しながらドラッグすると、垂直方向または水平方向に図形をコピーすることができます。

重要度 ★★★ 図形の操作

Q 205 図形を少しずつ回転させたい！

A 回転ハンドルをドラッグします。

図形を少しずつ回転させたい場合は、回転ハンドル をドラッグします。Shiftを押しながらドラッグすると、15度ずつ回転させることができます。また、<書式>タブの<回転>から<その他の回転オプション>をクリックすると表示される<図形の書式設定>作業ウィンドウの<回転>を利用すると、角度を指定して回転させることができます。

参照▶Q 202

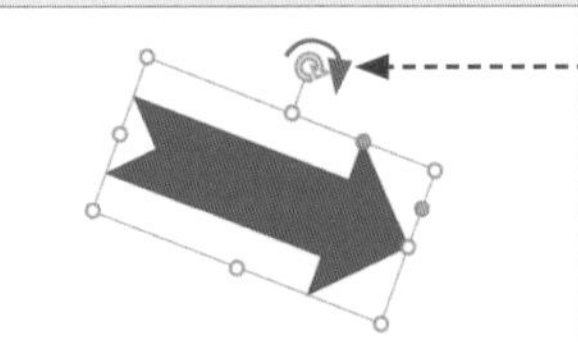

図形を少しずつ回転させたい場合は、回転ハンドルをドラッグします。

重要度 ★★★　図形の操作

Q 206 図形を直角に回転させたい！

A ＜書式＞タブの＜回転＞から回転方向を指定します。

図形を直角に回転させたい場合は、図形をクリックして＜書式＞タブをクリックし、＜回転＞をクリックして、＜右へ90度回転＞あるいは＜左へ90度回転＞をクリックします。

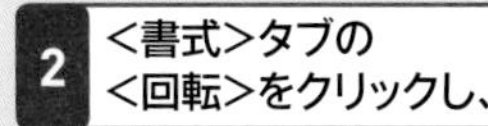

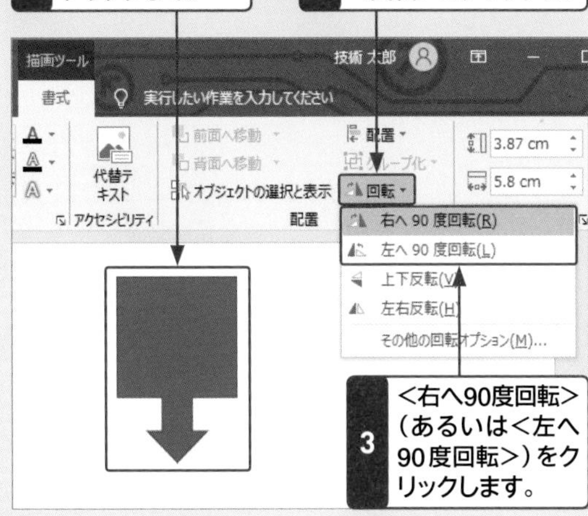

重要度 ★★★　図形の操作

Q 207 図形を反転させたい！

A ＜書式＞タブの＜回転＞から反転方向を指定します。

図形を上下あるいは左右に反転させたい場合は、図形をクリックして＜書式＞タブをクリックし、＜回転＞をクリックして、＜上下反転＞あるいは＜左右反転＞をクリックします。

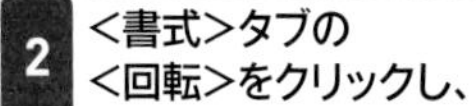

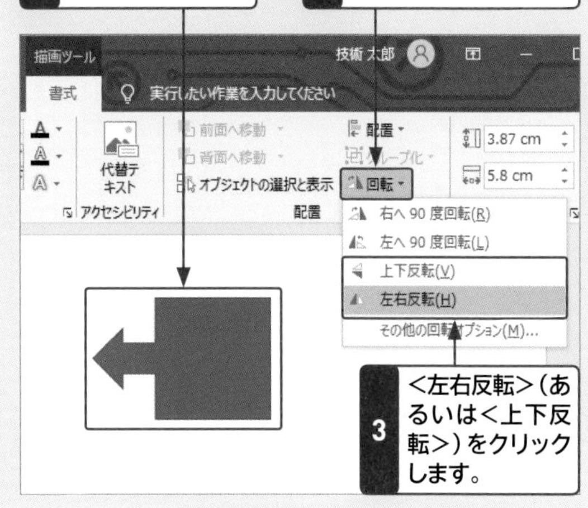

重要度 ★★★　図形の操作

Q 208 図形を変形させたい！

A 黄色の調整ハンドルをドラッグします。

図形をクリックすると、周囲にハンドルが表示されますが、図形によっては調整ハンドルという黄色のハンドルが表示されます。調整ハンドルを利用すると、図形の形状を部分的に変更することができます。調整ハンドルの位置やドラッグの方向によって、変形する場所が異なります。

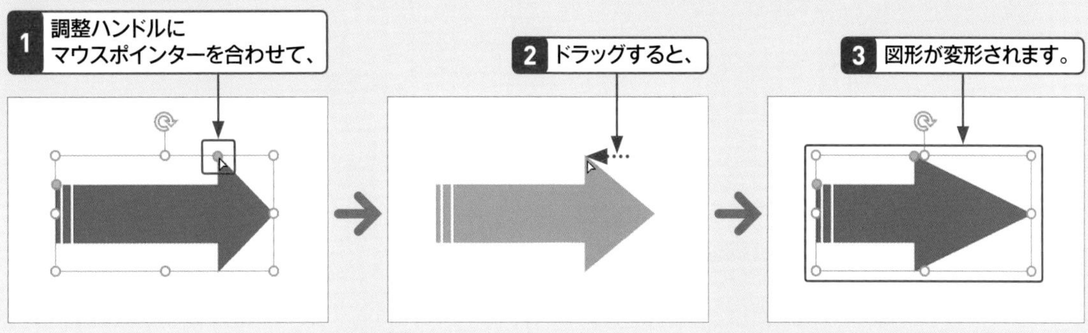

重要度 ★★★ 図形の操作

Q 209 図形の輪郭を自由に変更したい!

A <図形の編集>から<頂点の編集>をクリックして変更します。

図形の輪郭を自由に変更するには、図形をクリックして、<書式>タブの<図形の編集>から<頂点の編集>をクリックします。図形の各頂点に小さい黒い四角形が表示されるので、その四角形をドラッグすると、図形の各頂点を自由に変更することができます。

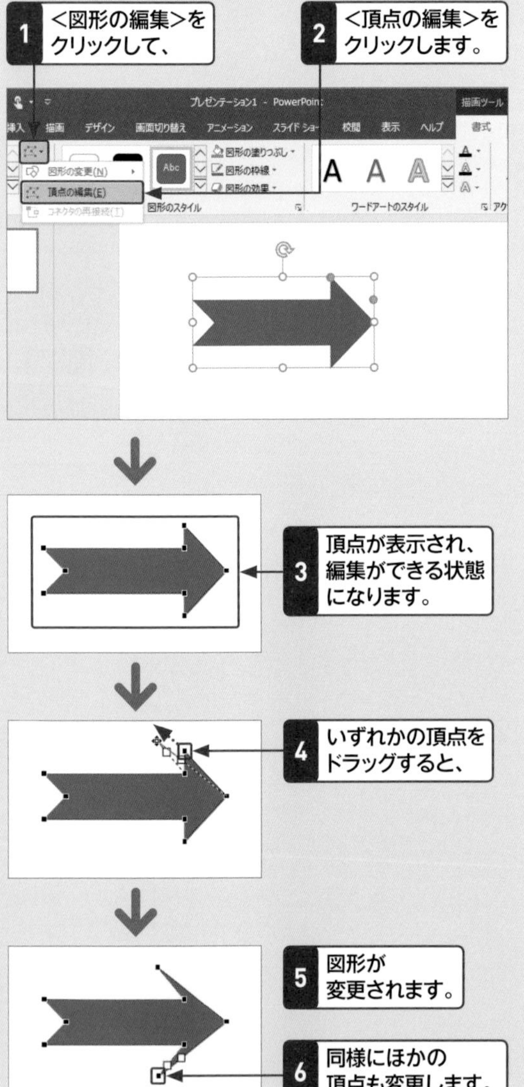

重要度 ★★★ 図形の操作

Q 210 図形どうしを線や矢印で結びたい!

A <挿入>タブの<図形>から線の種類を選択して結合します。

図形どうしを線や矢印で結ぶには、2つの図形を作成して、<挿入>タブの<図形>から線の種類を選択します。図形にマウスポインターを近づけると結合点が表示されるので、マウスポインターを合わせて、もう1つの図形の結合点までドラッグします。この方法で結合すると、図形を移動しても結合部分は維持されます。なお、手順3でクリックしている「コネクタ」とは、複数の図形を結合する線のことです。

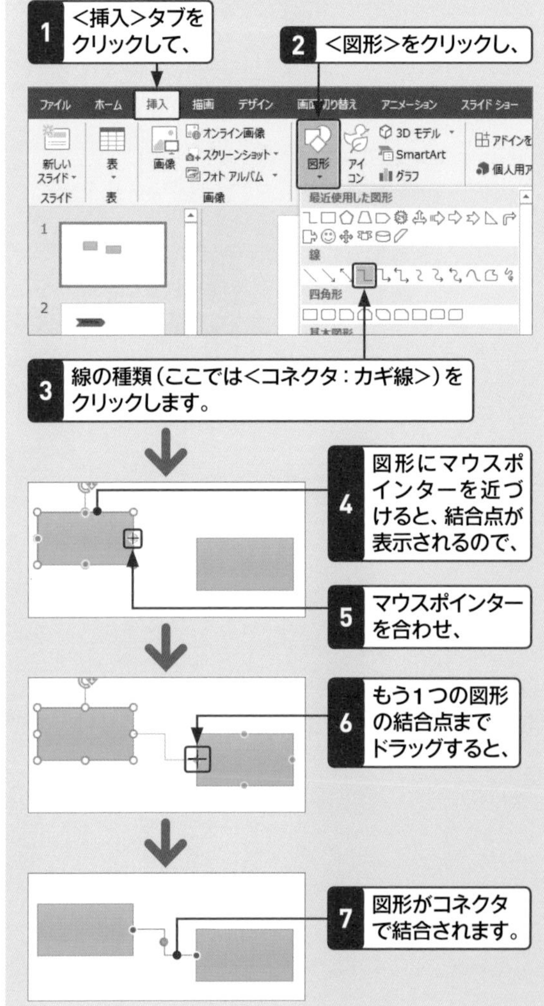

1 <挿入>タブをクリックして、
2 <図形>をクリックし、
ファイル ホーム 挿入 描画 デザイン 画面切り替え アニメーション スライド ショー
新しいスライド 表 画像 オンライン画像 スクリーンショット フォト アルバム 図形 アイコン 3D モデル SmartArt グラフ 個人用ア
最近使用した図形
線
四角形
3 線の種類(ここでは<コネクタ:カギ線>)をクリックします。
4 図形にマウスポインターを近づけると、結合点が表示されるので、
5 マウスポインターを合わせ、
6 もう1つの図形の結合点までドラッグすると、
7 図形がコネクタで結合されます。

Q 211 図形の色を変更したい！

A ＜書式＞タブの＜図形の塗りつぶし＞から色を指定します。

図形を描くと、設定しているテーマやバリエーションに基づいた色で塗りつぶされますが、塗りつぶしの色は、自由に変更することができます。図形をクリックして、＜書式＞タブの＜図形の塗りつぶし＞の右側をクリックし、表示される一覧から目的の色を選択します。一覧に目的の色がない場合は、＜塗りつぶしの色＞（PowerPoint 2013では＜その他の色＞）をクリックして選択します。

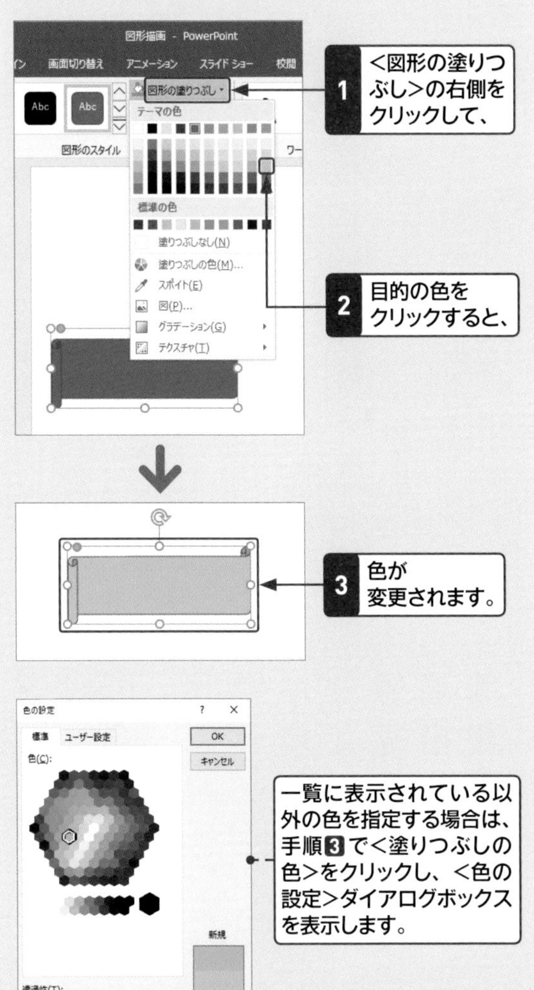

Q 212 枠線の色を変更したい！

A ＜書式＞タブの＜図形の枠線＞から色を指定します。

図形には、図形そのものとは別に枠線にも色が設定されており、枠線の色も自由に変更することができます。図形をクリックして、＜書式＞タブの＜図形の枠線＞の右側をクリックし、表示される一覧から目的の色を選択します。一覧に目的の色がない場合は、＜その他の枠線の色＞（PowerPoint 2013では＜その他の線の色＞）をクリックして選択します。

1 ＜図形の枠線＞の右側をクリックして、

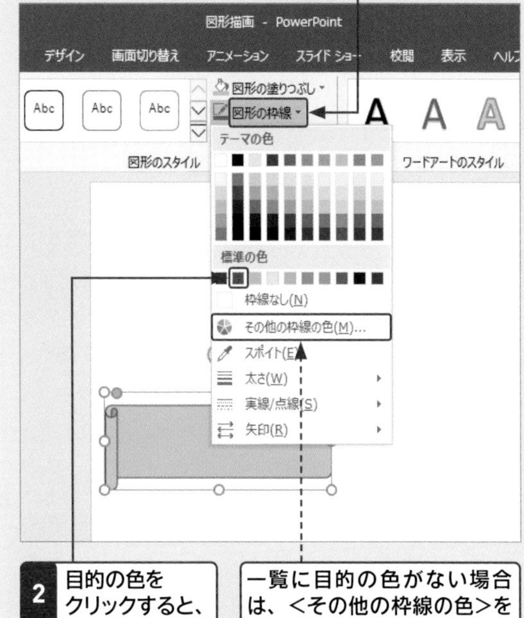

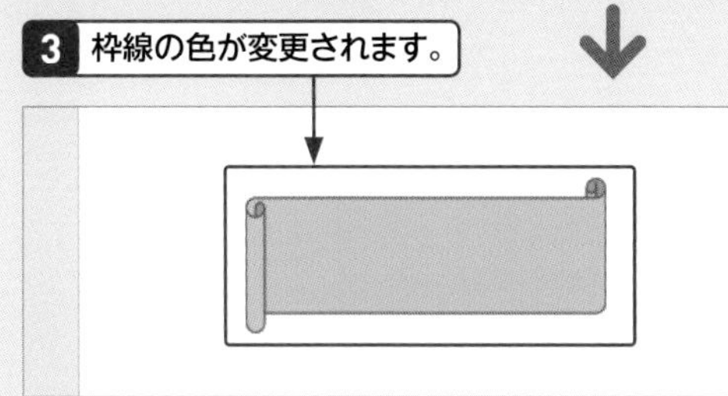

重要度 ★★★　色と枠線

Q 213 枠線を太くしたい!

A <書式>タブの<図形の枠線>から線の種類を選択します。

図形の枠線は、太さや種類も自由に変更することができます。図形をクリックして、<書式>タブの<図形の枠線>の右側をクリックし、<太さ>あるいは<実線／点線>にマウスポインターを合わせ、表示される一覧から目的の太さや線の種類を選択します。

● 枠線の太さを変更する

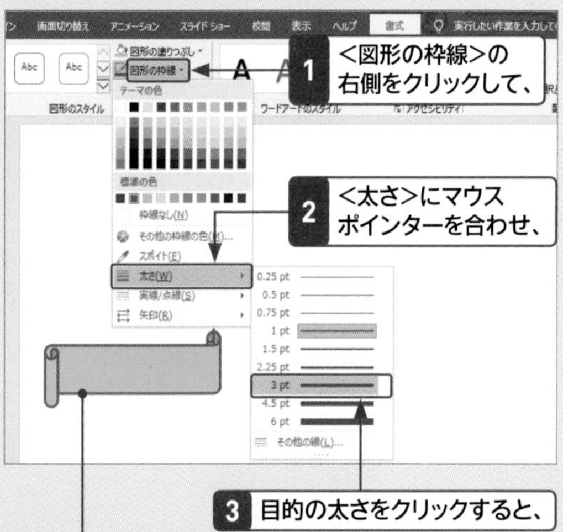
1 <図形の枠線>の右側をクリックして、
2 <太さ>にマウスポインターを合わせ、
3 目的の太さをクリックすると、
4 枠線の太さが変更されます。

● 枠線の種類を変更する

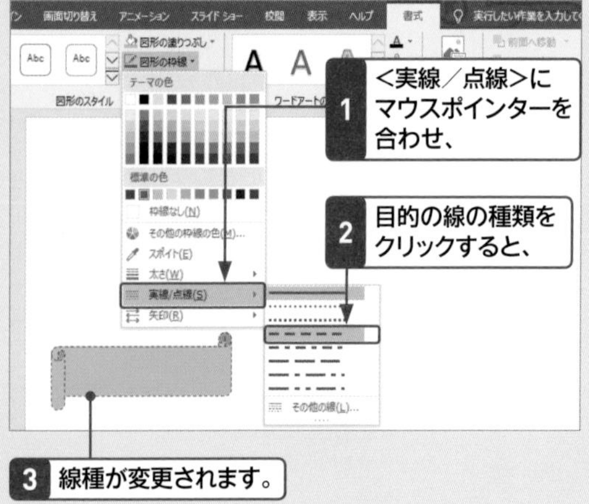
1 <実線／点線>にマウスポインターを合わせ、
2 目的の線の種類をクリックすると、
3 線種が変更されます。

重要度 ★★★　色と枠線

Q 214 見栄えのするデザインを図形に設定したい!

A <書式>タブの<図形のスタイル>からスタイルを設定します。

スタイルとは、図形の色や枠線の色、図形の効果などがあらかじめ組み合わされたものです。<書式>タブの<図形のスタイル>の一覧から利用したいものを選択するだけで、図形の見栄えをよくすることができます。なお、スタイルの一覧に表示される配色は、設定しているテーマやバリエーションによって異なります。

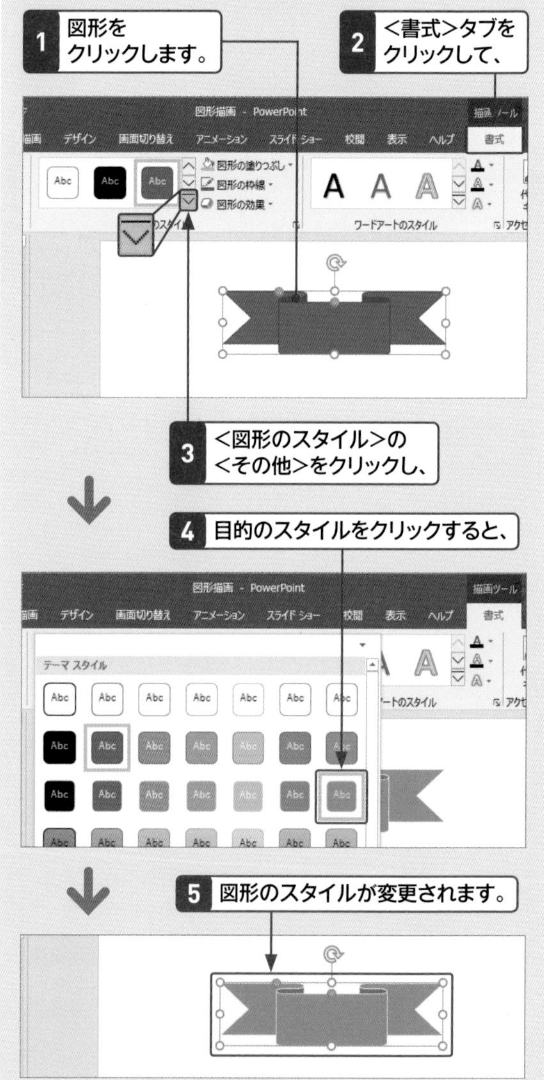
1 図形をクリックします。
2 <書式>タブをクリックして、
3 <図形のスタイル>の<その他>をクリックし、
4 目的のスタイルをクリックすると、
5 図形のスタイルが変更されます。

重要度 ★★★　色と枠線

Q 215 グラデーションを付けたい!

A <図形の塗りつぶし>の<グラデーション>から設定します。

図形には単色だけでなく、グラデーション(色の濃淡)を付けることもできます。図形をクリックして、<書式>タブの<図形の塗りつぶし>の右側をクリックし、<グラデーション>からグラデーションの種類を選択します。

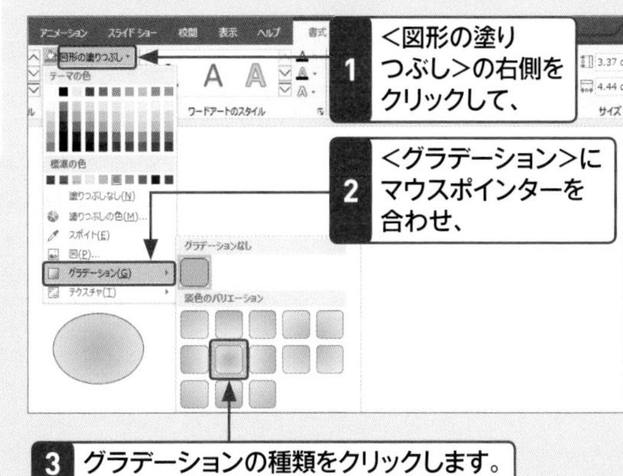

重要度 ★★★　色と枠線

Q 216 手持ちの画像を図形の絵柄に利用したい!

A <図形の塗りつぶし>の<図>から画像を指定します。

画像を図形の絵柄に利用するには、図形をクリックして、<書式>タブの<図形の塗りつぶし>から<図>をクリックし、使用する画像を指定します。また、手順4で<オンライン画像>(PowerPoint 2016/2013では<Bingイメージ検索>)をクリックすると、オンライン画像を利用できます。オンライン画像を利用する場合は、必ずライセンスや利用条件を確認してください。

参照▶Q 255

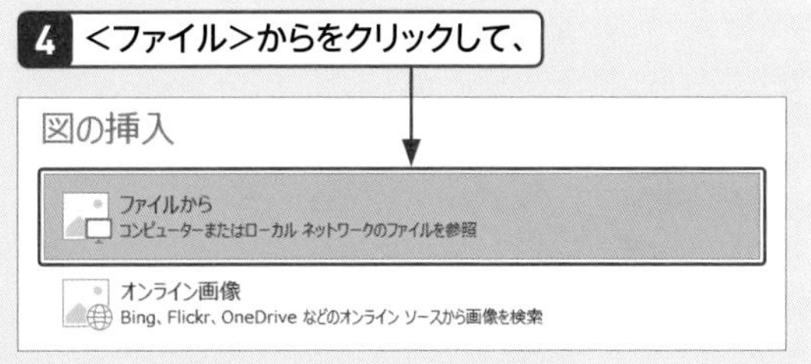

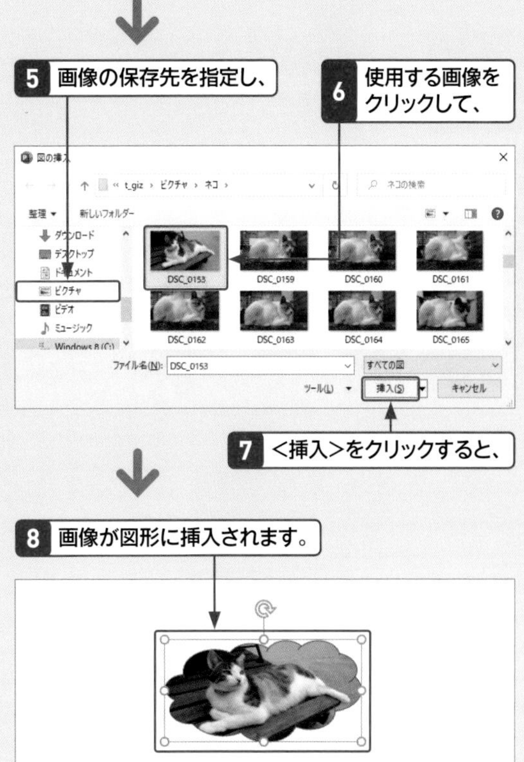

重要度★★★ 色と枠線

Q217 図形に絵柄を付けたい！

A ＜図形の塗りつぶし＞の＜テクスチャ＞から設定します。

図形にはテクスチャ（絵柄）を付けることもできます。図形をクリックして、＜書式＞タブの＜図形の塗りつぶし＞の右側をクリックし、＜テクスチャ＞から目的のテクスチャを選択します。

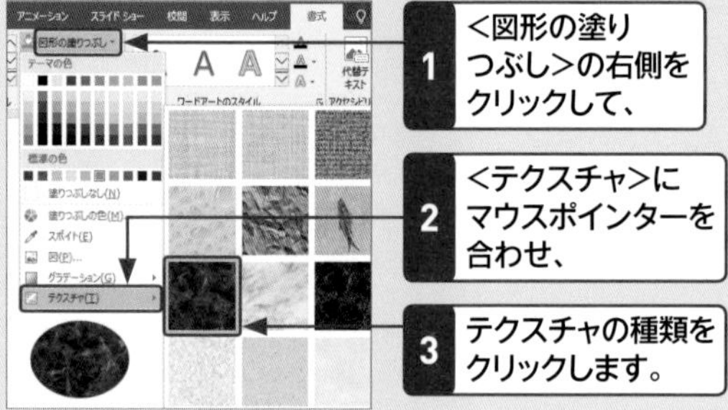
1 ＜図形の塗りつぶし＞の右側をクリックして、
2 ＜テクスチャ＞にマウスポインターを合わせ、
3 テクスチャの種類をクリックします。

重要度★★★ 特殊効果と書式

Q218 図形に特殊効果を付けたい！

A ＜書式＞タブの＜図形の効果＞から設定します。

図形に特殊効果を付けて、図形の外観を変えることができます。図形をクリックして、＜書式＞タブの＜図形の効果＞をクリックし、表示される一覧から目的の効果を選択します。標準スタイルのほか、影、反射、光彩、ぼかし、面取り、3-D回転の特殊効果を設定できます。

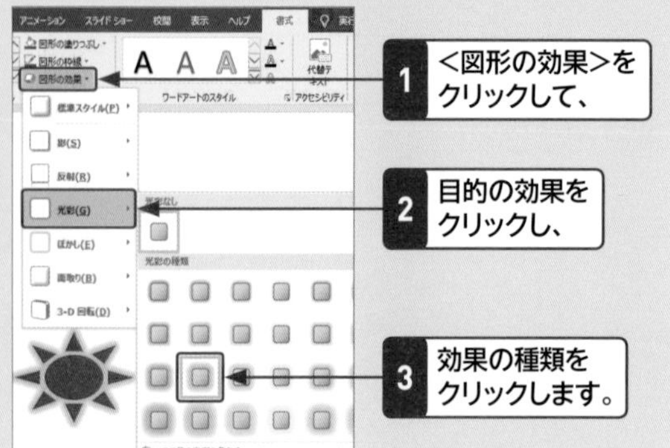
1 ＜図形の効果＞をクリックして、
2 目的の効果をクリックし、
3 効果の種類をクリックします。

重要度★★★ 特殊効果と書式

Q219 図形を半透明にしたい！

A ＜図の書式設定＞作業ウィンドウで透明度を調整します。

図形を半透明にするには、図形をクリックして、＜書式＞タブの＜図形のスタイル＞グループの ⧉ をクリックします。＜図の書式設定＞作業ウィンドウが表示されるので、＜塗りつぶし＞の＜透明度＞で設定します。

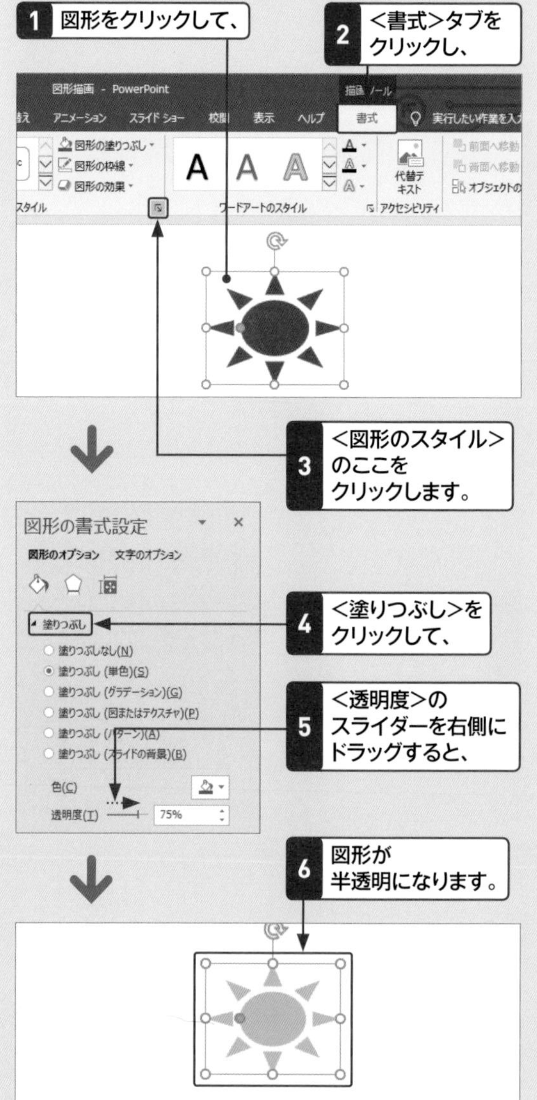
1 図形をクリックして、
2 ＜書式＞タブをクリックし、
3 ＜図形のスタイル＞のここをクリックします。
4 ＜塗りつぶし＞をクリックして、
5 ＜透明度＞のスライダーを右側にドラッグすると、
6 図形が半透明になります。
図形の書式設定
図形のオプション 文字のオプション
塗りつぶし
塗りつぶしなし(N)
塗りつぶし (単色)(S)
塗りつぶし (グラデーション)(G)
塗りつぶし (図またはテクスチャ)(P)
色(C)
透明度(T) 75%

重要度 ★★★　特殊効果と書式

Q 220 図形の書式をほかの図形に設定したい！

A ＜ホーム＞タブの＜書式のコピー／貼り付け＞を利用します。

図形に設定した塗りつぶしや枠線、スタイル、特殊効果などの書式をほかの図形にも設定したい場合は、＜ホーム＞タブの＜書式のコピー／貼り付け＞を利用します。図形にテキストが入力されている場合は、テキストの書式もコピーされます。
なお、＜書式のコピー／貼り付け＞をダブルクリックすると、続けて何度でもコピーすることができます。再度、＜書式のコピー／貼り付け＞をクリックするか、Escを押すと中止できます。

1 書式をコピーする図形をクリックして、

2 ＜ホーム＞タブをクリックし、

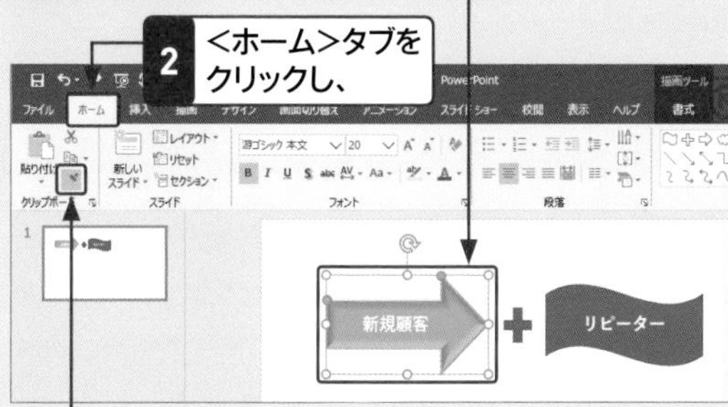

3 ＜書式のコピー／貼り付け＞をクリックします。

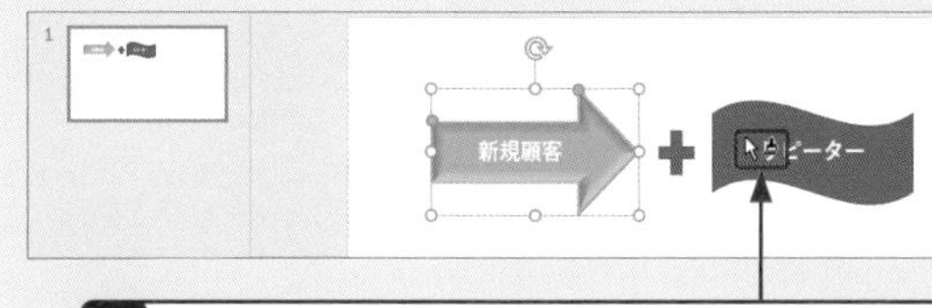

4 マウスポインターの形がに変わった状態で、ほかの図形をクリックすると、

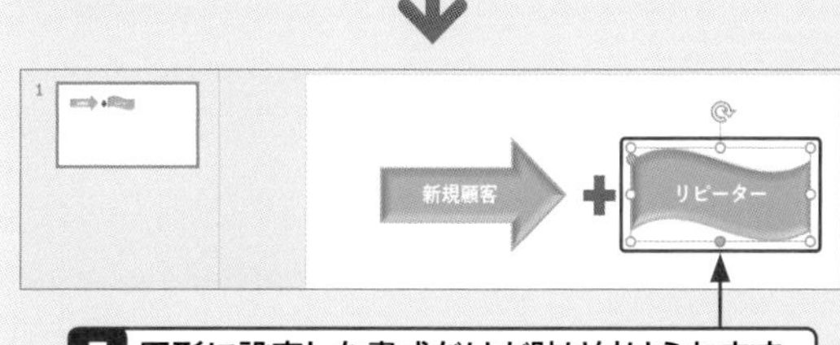

5 図形に設定した書式だけが貼り付けられます。

重要度 ★★★　特殊効果と書式

Q 221 図形の特殊効果をリセットしたい！

A 設定した効果の一覧を表示して、＜(効果)なし＞をクリックします。

図形に設定した特殊効果を解除するには、設定した効果の一覧を表示して、＜(効果)なし＞をクリックします。図形に設定した透明度は、＜図形の書式設定＞作業ウィンドウを表示して、透明度を「0%」に戻します。

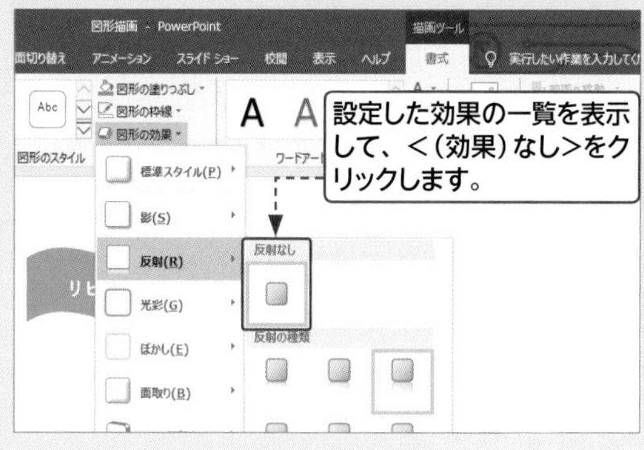

重要度 ★★★　特殊効果と書式

Q 222 図形の既定の書式を設定したい！

A 図形を右クリックして、＜既定の図形に設定＞をクリックします。

よく使う図形の書式を既定に設定しておくと、図形を描いたとき、その書式で図形が作成されます。図形を右クリックして、＜既定の図形に設定＞をクリックすると設定できます。この設定は現在のファイルに対してのみ適用されます。

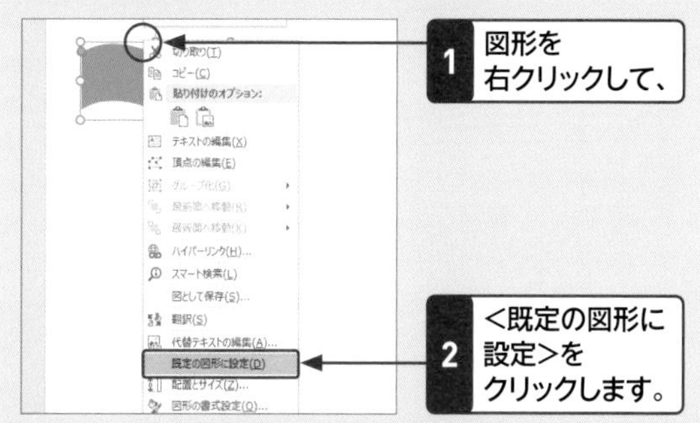

1 図形を右クリックして、

2 ＜既定の図形に設定＞をクリックします。

重要度 ★★★　削除とコピー

Q 223 同じ図形をかんたんに増やしたい！

A Ctrlを押しながらドラッグします。

同じ形や色、大きさの図形を追加したいときは、Ctrlを押しながら図形をドラッグします。複数の書式を設定した図形も、この方法でコピーできるので、最初から書式を設定する手間が省けます。

なお、CtrlとShiftを押しながらドラッグすると、水平または垂直方向にコピーすることができます。

1 Ctrlを押しながら目的の位置までドラッグすると、

2 図形がコピーされます。

重要度 ★★★　削除とコピー

Q 224 書式を残したまま図形の種類を変更したい！

A ＜図形の編集＞の＜図形の変更＞から図形を選択します。

図形に設定したサイズや書式などは保持したまま、図形の種類だけを変更することができます。図形をクリックして、＜書式＞タブの＜図形の編集＞をクリックし、＜図形の変更＞から図形を選択します。

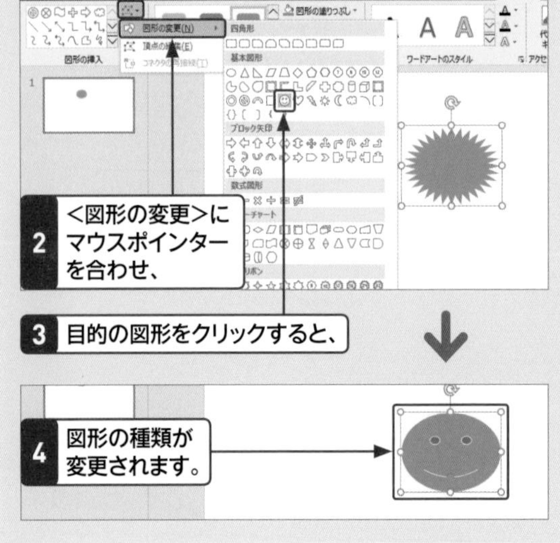

重要度 ★★★　レイアウト

Q 225 図形を等間隔に並べたい！

A ＜書式＞タブの＜配置＞から図形の配置方法を指定します。

複数の図形をきれいに揃えて配置するには、Ctrlを押しながら揃えたい図形をすべてクリックして、＜書式＞タブの＜配置＞をクリックし、図形の配置方法を指定します。上下、左右に等間隔で並べられるほか、図形の左右や上下を揃えることもできます。

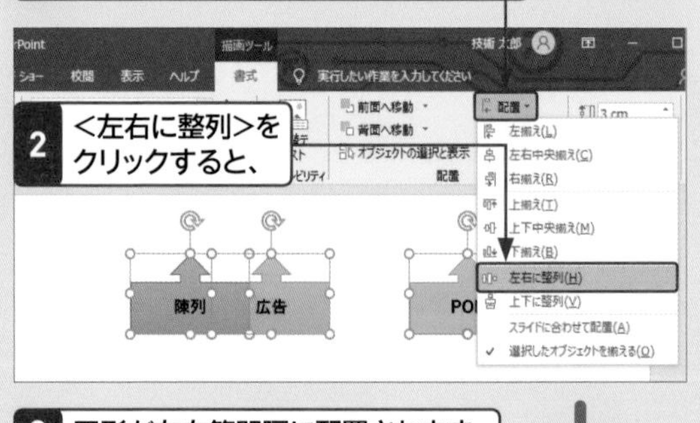

3 図形が左右等間隔に配置されます。

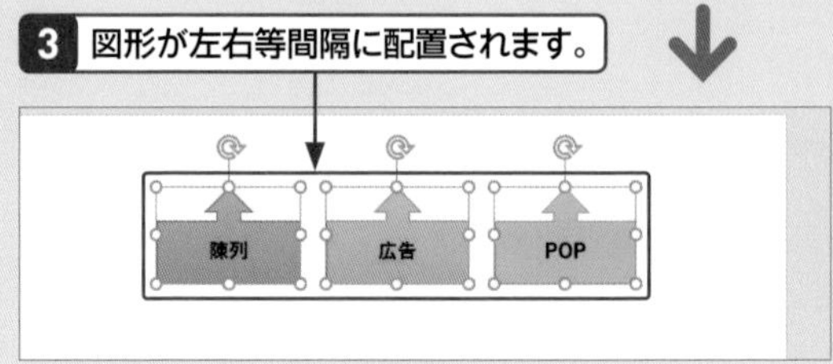

重要度★★★　レイアウト

Q 226 図形をスライドの中央に配置したい！

A ＜配置＞を＜上下中央揃え＞と＜左右中央揃え＞に設定します。

図形をスライドの中央に配置したい場合は、図形をクリックして、＜書式＞タブの＜配置＞をクリックし、＜上下中央揃え＞と＜左右中央揃え＞をそれぞれ設定します。

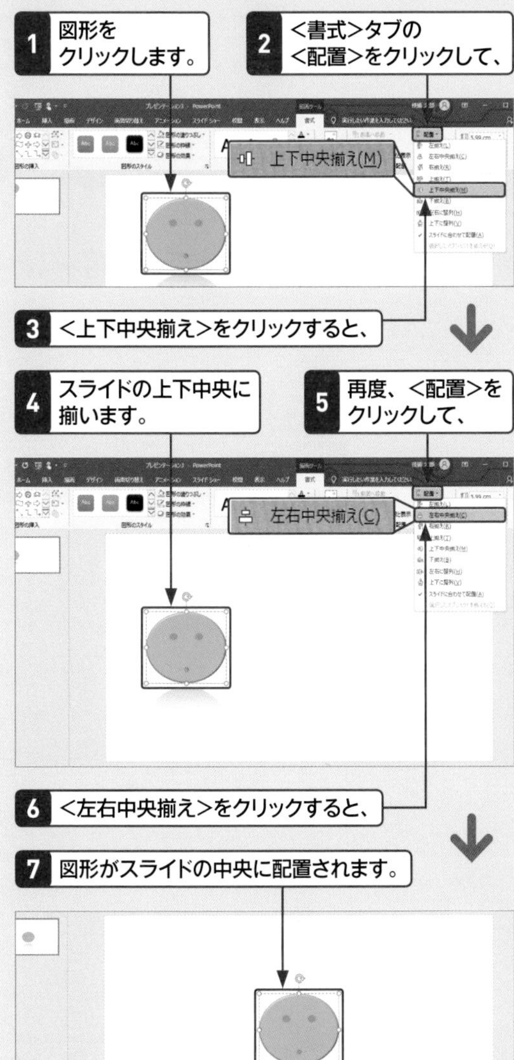

1 図形をクリックします。
2 ＜書式＞タブの＜配置＞をクリックして、
上下中央揃え(M)
3 ＜上下中央揃え＞をクリックすると、
4 スライドの上下中央に揃います。
5 再度、＜配置＞をクリックして、
左右中央揃え(C)
6 ＜左右中央揃え＞をクリックすると、
7 図形がスライドの中央に配置されます。

重要度★★★　レイアウト

Q 227 スライドに目安になるマス目を表示したい！

A ＜表示＞タブの＜グリッド線＞をオンにします。

グリッド線は、スライド上に表示される碁盤の目のような罫線です。図形を作成したり配置したりする際は、グリッド線を表示すると便利です。スライドにグリッド線を表示するには、＜表示＞タブの＜グリッド線＞をクリックしてオンにします。グリッド線は、印刷時やスライドショー再生時には表示されません。

重要度★★★　レイアウト

Q 228 スライドにガイド線を表示したい！

A ＜表示＞タブの＜ガイド＞をオンにします。

ガイドは、スライド上に表示される補助線で、図形などを配置する際に目安として利用できます。初期設定では、スライドの中央に縦横1本ずつのガイドが表示されますが、ドラッグして移動することもできます。また、Ctrl を押しながらドラッグすると、ガイドを増やすこともできます。

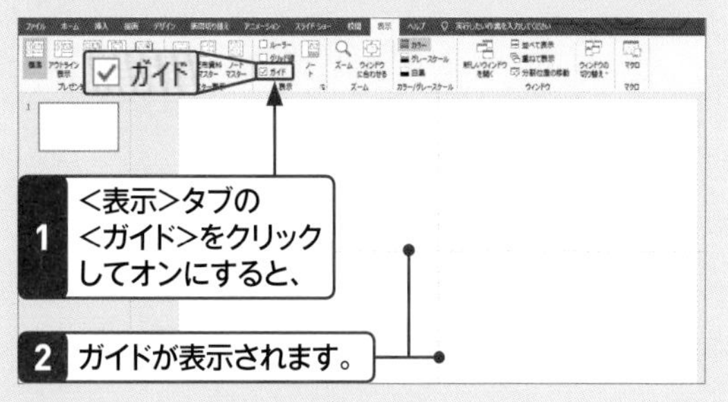

重要度 ★★★ 重なりと選択

Q 229 図形の重なりの順番を変更したい！

A <書式>タブの<前面へ移動>または<背面へ移動>を利用します。

図形を重ねて描くと、あとから描いた図形が前面に表示されます。後ろに隠れた図形を編集したい場合などは、重なり順を変更します。重なり順を変更するには、重なり順を変えたい図形をクリックして、<書式>タブの<前面へ移動>または<背面へ移動>をクリックします。複数の図形が重なっている場合に、最前面や最背面に配置したい場合は、<前面へ移動>や<背面へ移動>の▾をクリックして、<最前面へ移動>や<最背面へ移動>をクリックします。
なお、<選択>作業ウィンドウを利用して並べ替えることもできます。 参照 ▶ Q 230

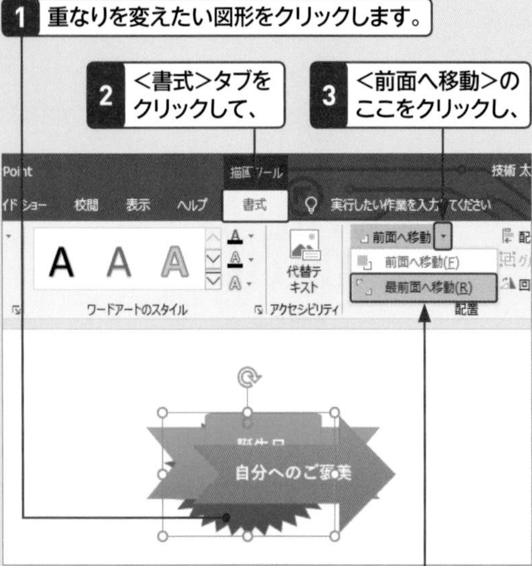
1 重なりを変えたい図形をクリックします。
2 <書式>タブをクリックして、
3 <前面へ移動>のここをクリックし、
描画ツール
書式
実行したい作業を入力してください
前面へ移動
前面へ移動(F)
最前面へ移動(R)
代替テキスト
ワードアートのスタイル
アクセシビリティ
配置
自分へのご褒美
4 <最前面へ移動>をクリックすると、
5 選択した図形が最前面に移動されます。

記念日

重要度 ★★★ 重なりと選択

Q 230 ほかの図形と重なって見えない図形を選択したい！

A <選択>作業ウィンドウを表示して選択します。

重なった図形の下にある図形が選択できない場合は、<書式>タブの<選択>をクリックして、<オブジェクトの選択と表示>をクリックすると表示される<選択>作業ウィンドウを利用します。
また、<選択>作業ウィンドウでは図形をクリックし、<前面へ移動>▲あるいは<背面へ移動>▼をクリックして、重なり順を変更することもできます。

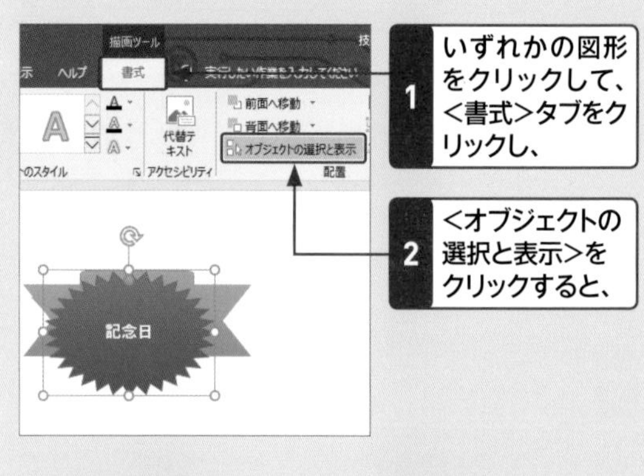
1 いずれかの図形をクリックして、<書式>タブをクリックし、
2 <オブジェクトの選択と表示>をクリックすると、
描画ツール
書式
前面へ移動
背面へ移動
オブジェクトの選択と表示
代替テキスト
配置
記念日

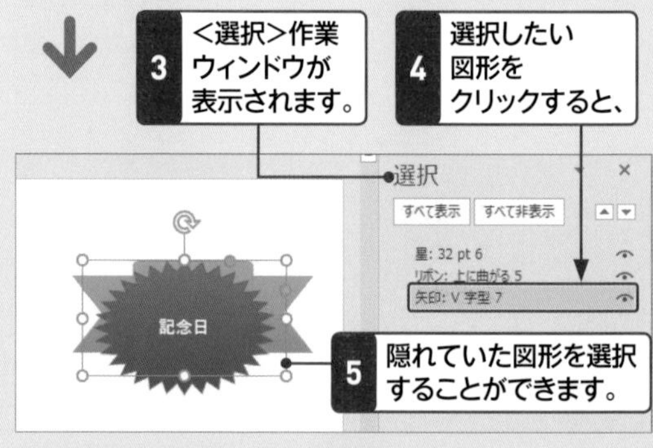
3 <選択>作業ウィンドウが表示されます。
4 選択したい図形をクリックすると、
選択
すべて表示
すべて非表示
星: 32 pt 6
リボン: 上に曲がる 5
矢印: V 字型 7
記念日
5 隠れていた図形を選択することができます。

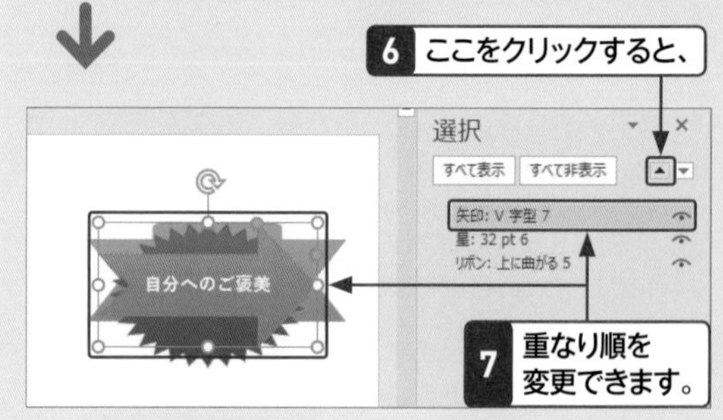
6 ここをクリックすると、
選択
すべて表示
すべて非表示
矢印: V 字型 7
星: 32 pt 6
リボン: 上に曲がる 5
自分へのご褒美
7 重なり順を変更できます。

重要度 ★★★　重なりと選択

Q 231 オブジェクトを一時的に隠したい！

A ＜選択＞作業ウィンドウを表示して、表示／非表示を設定します。

オブジェクトを一時的に隠したい場合は、非表示にすることができます。＜書式＞タブの＜オブジェクトの選択と表示＞をクリックすると表示される＜選択＞作業ウィンドウを利用します。
特定の図形を非表示にする場合は、その図形の名前の横に表示される をクリックします。再表示する場合は、 をクリックします。スライド上の図形をすべて隠したい場合は、＜すべて非表示＞をクリックします。＜すべて表示＞をクリックすると、再表示されます。

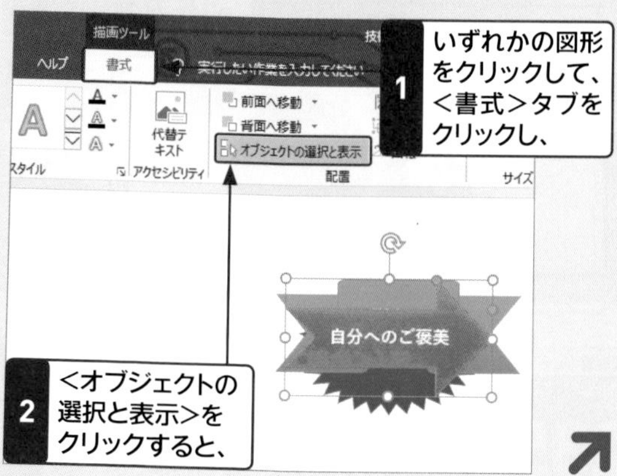

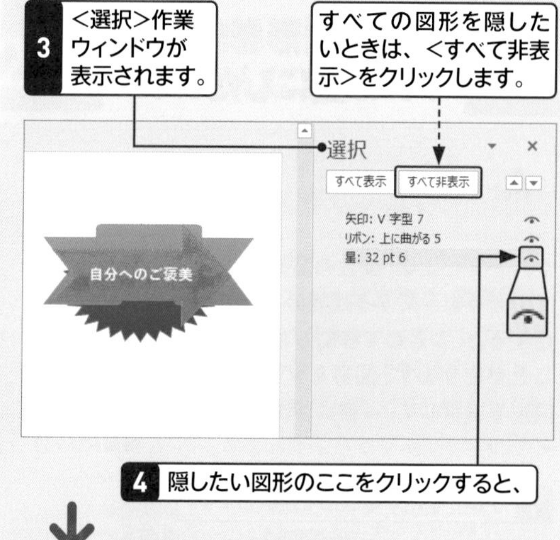

5 選択した図形が非表示になります。

選択
すべて表示　すべて非表示
矢印: V 字型 7
リボン: 上に曲がる 5
星: 32 pt 6
自分へのご褒美

6 ここをクリックすると、再表示されます。

重要度 ★★★　重なりと選択

Q 232 複数の図形を一度に選択したい！

A すべての図形を囲むようにドラッグします。

複数の図形を選択するには、Shift または Ctrl を押しながら選択したい図形をクリックするか、すべてのオブジェクトを囲むようにドラッグします。ドラッグして選択する場合は、ドラッグからはみ出た図形は選択されないので、注意が必要です。

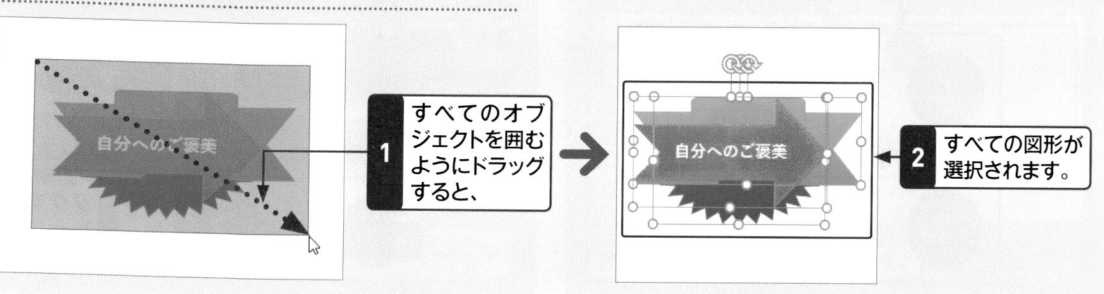

重要度 ★★★ SmartArt

Q 246 低い階層レベルの図形を増やしたい！

A ＜デザイン＞タブの＜図形の追加＞から位置を指定します。

SmartArtグラフィックの組織図などでは、階層レベルを指定して図形を追加することができます。追加したい場所の図形をクリックして、＜デザイン＞タブの＜図形の追加＞から＜上に図形を追加＞や＜下に図形を追加＞をクリックします。組織図の場合は、＜アシスタントの追加＞を指定することもできます。

1 図形を追加したい場所の図形をクリックします。

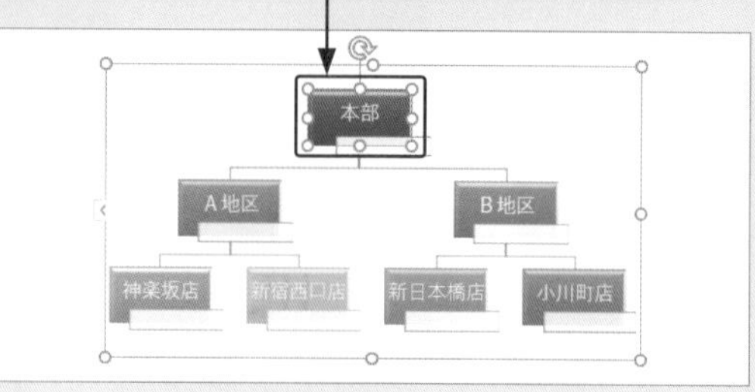

2 ＜デザイン＞タブをクリックして、

3 ＜図形の追加＞のここをクリックし、

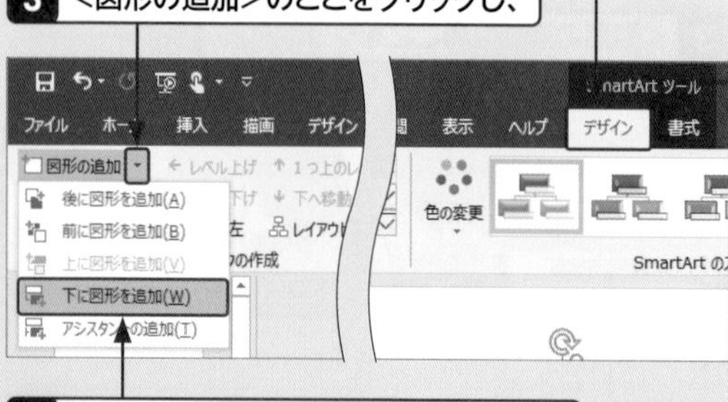

4 追加する位置（ここでは＜下に図形を追加＞）をクリックすると、

5 下のレベルの図形が追加されます。

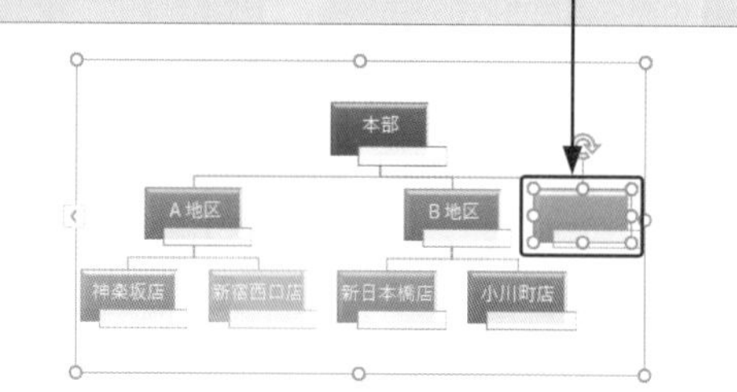

重要度 ★★★ SmartArt

Q 247 SmartArtをバラバラにして利用したい！

A ＜デザイン＞タブの＜変換＞から＜図形に変換＞をクリックします。

SmartArtグラフィックを個別に編集したい場合は、SmartArtグラフィックを選択して、＜デザイン＞タブの＜変換＞から＜図形に変換＞をクリックし、図形に変換します。図形に変換した直後はグループ化されているので、個別に編集する場合はグループ化を解除します。

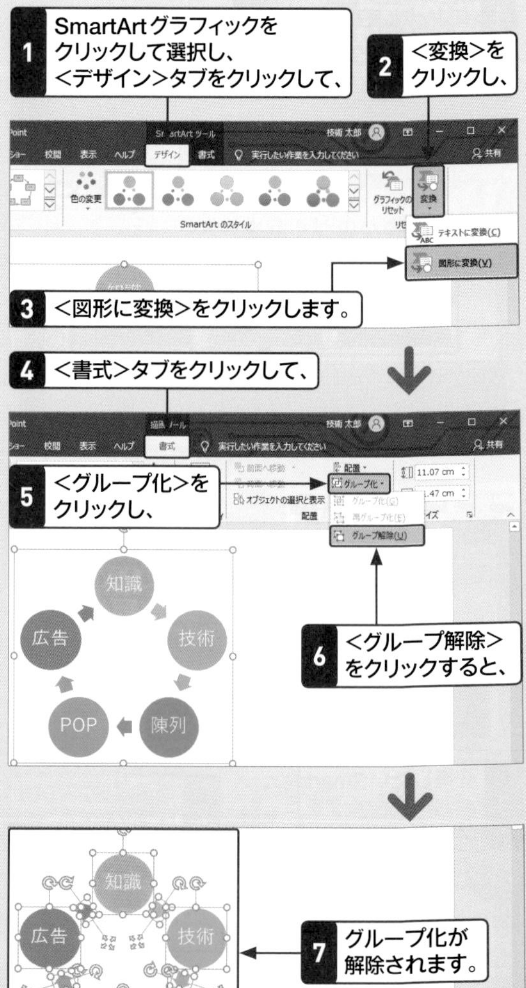

第7章

写真やイラストの活用技!

248 >>> 253　画像の挿入

254 >>> 257　オンライン画像の挿入

258 >>> 263　トリミング

264 >>> 269　画像の修整

270 >>> 276　スタイルと書式

277 >>> 278　スクリーンショット

279 >>> 285　フォトアルバム

重要度 ★★★　画像の挿入

Q 251 画像の位置を変更したい!

A 画像をドラッグして移動します。

スライドに挿入した画像は、自由に移動させることができます。画像の位置を変更するには、画像の上にマウスポインターを合わせ、ポインターの形が ✥ に変わった状態でドラッグします。

1 画像にマウスポインターを合わせ、ポインターの形が ✥ に変わった状態で、

2 ドラッグすると、

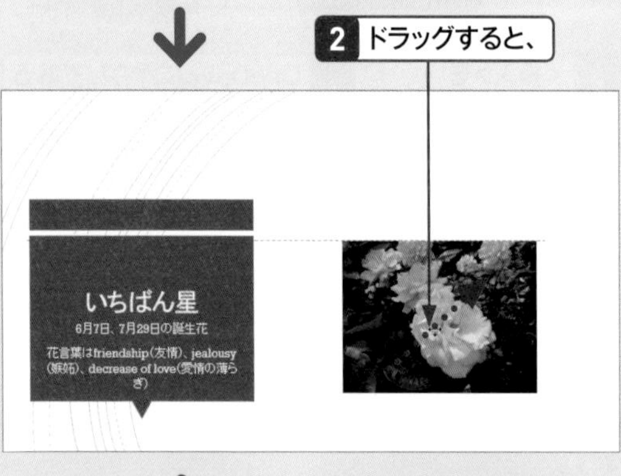

3 画像が移動されます。

重要度 ★★★　画像の挿入

Q 252 画像を左右反転させたい!

A <書式>タブの<回転>から<左右反転>をクリックします。

スライドに挿入した画像は左右や上下に反転させたり、回転させたりすることができます。左右反転させたい場合は、画像をクリックして、<書式>タブの<回転>をクリックし、<左右反転>をクリックします。また、<右へ90度回転>か<左へ90度回転>をクリックすると、画像を回転させることができます。画像をクリックすると表示される回転ハンドル をドラッグしても回転できます。

3 <左右反転>をクリックすると、

4 画像が左右反転されます。

重要度 ★★★　画像の挿入

Q 253 複数の画像をきれいに配置したい！

A1 ＜書式＞タブの＜配置＞から画像の配置方法を指定します。

複数の画像をきれいに揃えて配置するには、Ctrl を押しながら揃えたい画像をすべてクリックして、＜書式＞タブの＜配置＞をクリックし、配置方法を指定します。＜配置＞を利用すると、スライド上にある複数の画像を左右や上下、中央を基準に並べたり、等間隔に並べたりすることができます。

ここでは、はじめに等間隔に配置したあと、上下中央揃えに配置しましょう。

1 複数の画像を Ctrl を押しながらクリックして選択します。

2 ＜書式＞タブをクリックして、＜配置＞をクリックし、

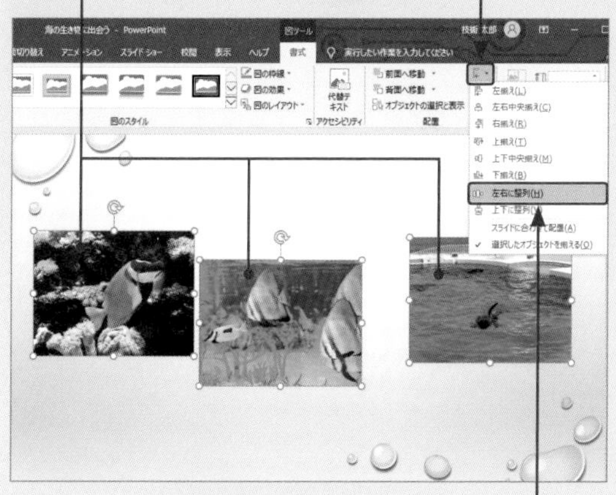

3 ＜左右に整列＞をクリックすると、

4 画像が等間隔に揃います。

5 画像が選択された状態で、＜書式＞タブの＜配置＞をクリックし、

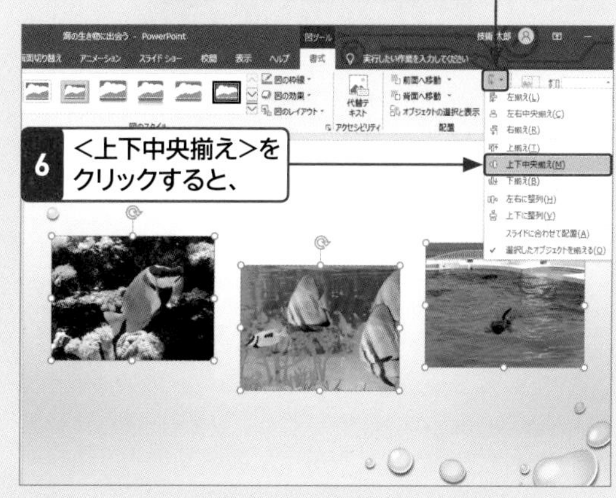

6 ＜上下中央揃え＞をクリックすると、

7 画像がスライドの上下中央に揃います。

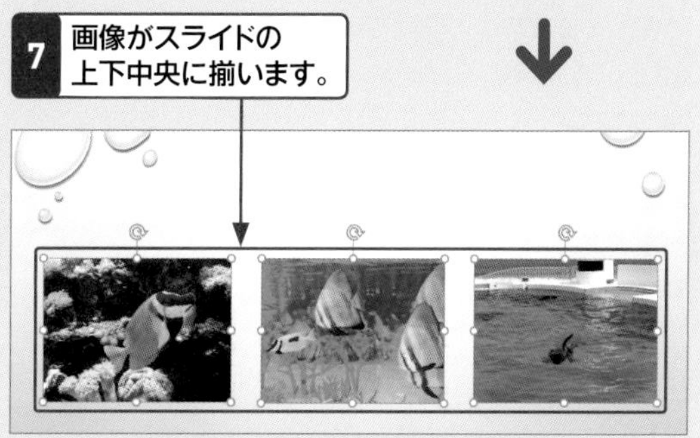

A2 スマートガイドを利用して配置します。

スマートガイドを利用して配置を整えることもできます。画像を等間隔で配置したり上下を揃えるためにドラッグすると、自動的に赤いガイド線（スマートガイド）が表示されるので、これを目安にして画像の配置を調整します。

1 画像をドラッグすると、

2 上端が揃っていることを示すスマートガイドと、

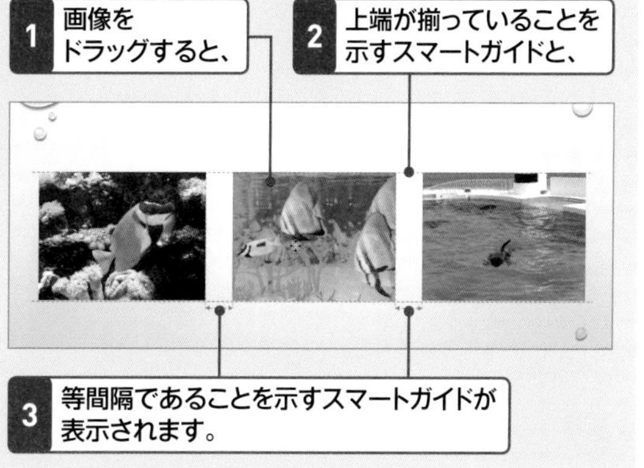

3 等間隔であることを示すスマートガイドが表示されます。

重要度 ★★★　オンライン画像の挿入

Q 254 インターネットから画像を探して利用したい！

A ＜オンライン画像＞をクリックして画像を検索します。

画像はインターネットから検索してスライドに挿入することができます。プレースホルダーの＜オンライン画像＞をクリックして、＜オンライン画像＞画面にキーワードを入力して検索します。PowerPoint 2016／2013の場合は、＜画像の挿入＞画面の＜Bingイメージ検索＞にキーワードを入力して検索します。

プレースホルダー以外の場所に画像を挿入する場合は、＜挿入＞タブの＜画像＞（PowerPoint 2013では不要）から＜オンライン画像＞をクリックして、手順2以降の操作を行います。

なお、オンライン画像を利用する場合は、参照▶Q 255 利用条件を確認してください。

1 プレースホルダーの＜オンライン画像＞をクリックします。

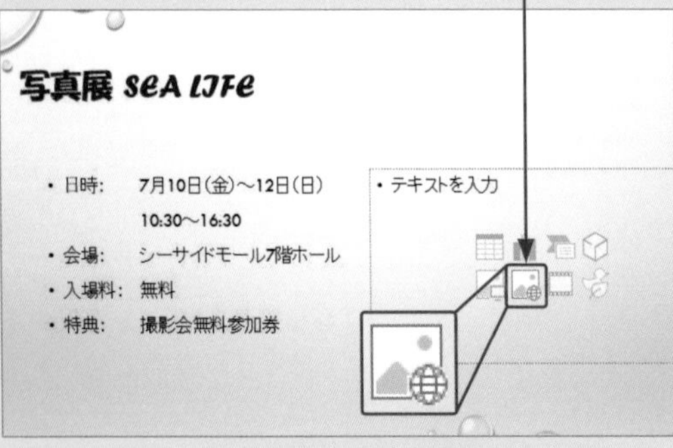

2 キーワードを入力して、

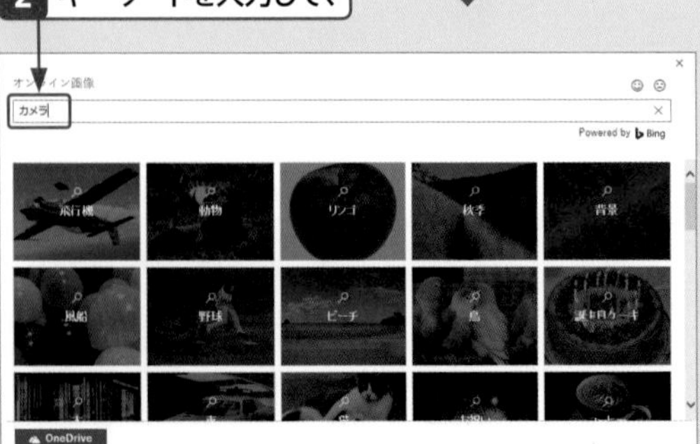

3 Enterを押すと、

4 キーワードに関連する画像が表示されるので、使用したい画像をクリックして、

これらをクリックして画像を絞り込むこともできます。

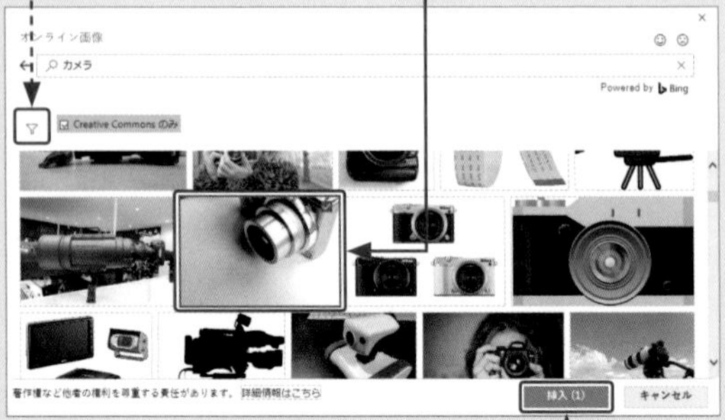

5 ＜挿入＞をクリックすると、

6 画像が挿入されます。

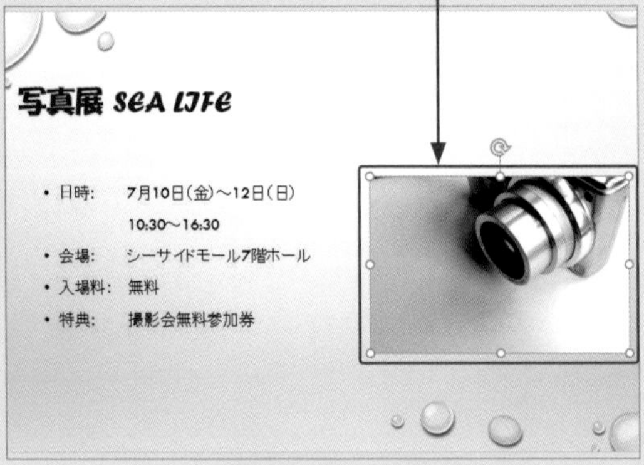

7 必要に応じてサイズと位置を調整します。

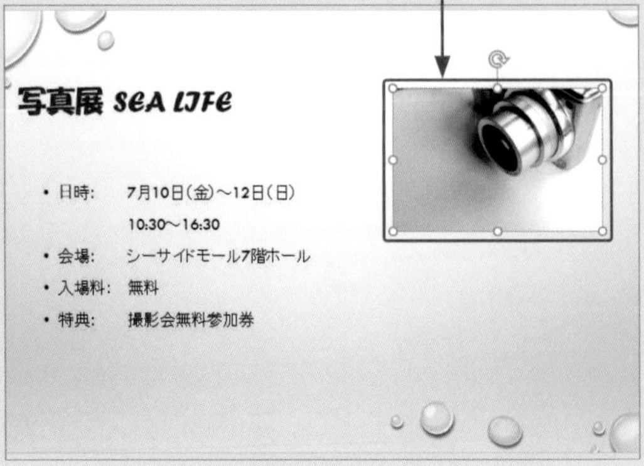

重要度 ★★★ オンライン画像の挿入

Q 255 オンライン画像に利用条件はあるの？

A ライセンスや利用条件に注意する必要があります。

オンライン画像を使用するときは、ライセンスや利用条件に注意する必要があります。検索結果の<オンライン画像>に表示される画像にマウスポインターを合わせると、画像の右下に<詳細とその他の操作>コマンドが表示されます。それをクリックすると、画像の情報が確認できます。

1 <詳細とその他の操作>をクリックすると、

2 画像の情報が確認できます。

重要度 ★★★ オンライン画像の挿入

Q 256 イラストだけに絞って検索したい！

A オンライン画像の検索結果で<クリップアート>を選択します。

インターネットからイラストを検索してスライドに挿入したい場合は、オンライン画像の検索結果画面で<クリップアート>を指定して絞り込みます。
なお、オンライン画像を利用する場合は、ライセンスや利用条件を確認してください。 参照▶Q 255

1 プレースホルダーの<オンライン画像>をクリックします。

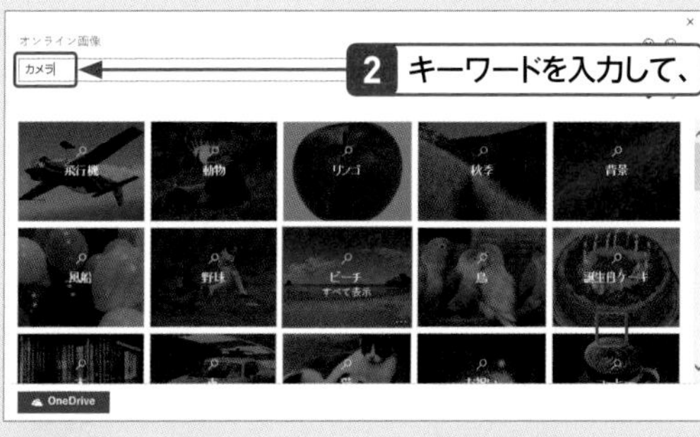

2 キーワードを入力して、

3 Enter を押します。

4 キーワードに関連する画像が表示されるので、<フィルター>をクリックして、

5 <クリップアート>をクリックします。

6 クリップアートのみに絞り込まれるので、目的のイラストをクリックして、

7 <挿入>をクリックすると、

8 イラストが挿入されます。

重要度★★★　オンライン画像の挿入

Q 257 サイズや色を指定してイラストを検索したい！

A オンライン画像の検索結果で<サイズ>や<色>を指定します。

サイズや色を指定してイラストを検索したい場合は、オンライン画像の検索結果画面の<フィルター>で<クリップアート>を選択し、<サイズ>と<色>を指定して絞り込みます。

参照▶Q 256

1 画像を検索して、<フィルター>をクリックし、

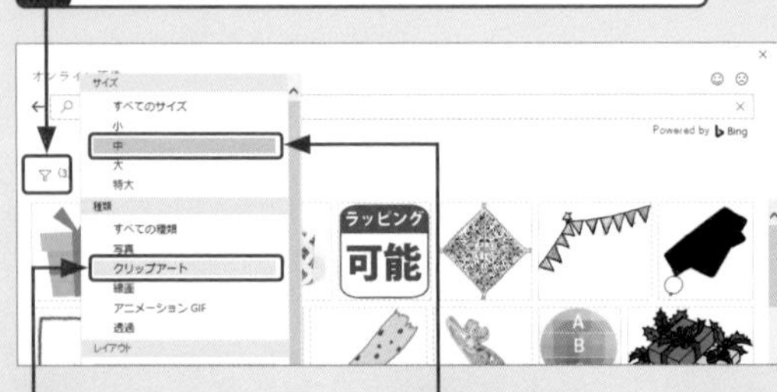

2 <クリップアート>をクリックします。

3 目的のサイズをクリックして、

4 目的の色をクリックすると、

5 条件に合ったイラストが検索されます。

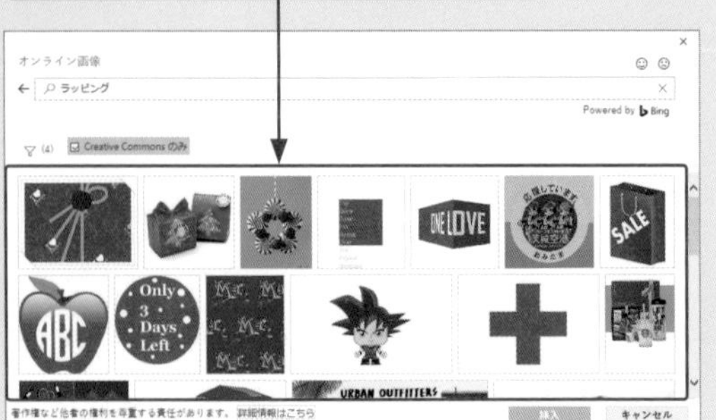

重要度★★★　トリミング

Q 258 画像の不要な部分をカットしたい！

A <書式>タブの<トリミング>を利用します。

画像に不要な部分がある場合は、トリミングして必要な部分だけを表示することができます。トリミングとは画像の一部を切り取ることです。画像をクリックして、<書式>タブの<トリミング>をクリックし、不要な部分をドラッグして取り除きます。

1 画像をクリックして、<書式>タブをクリックし、

2 <トリミング>をクリックすると、

3 画像の周囲にトリミングハンドルが表示されます。

4 必要な部分が収まるようにトリミングハンドルをドラッグします。

5 画像以外をクリックすると、画像の不要な部分が切り取られます。

重要度 ★★★ トリミング

Q 259 画像の背景を削除したい!

A ＜書式＞タブの＜背景の削除＞を利用します。

画像をクリックして、＜書式＞タブの＜背景の削除＞をクリックすると、背景が自動的に認識されます。削除したい部分や残したい部分が正しく認識されない場合は、＜背景の削除＞タブの＜保持する領域としてマーク＞や＜削除する領域としてマーク＞をクリックし、該当の部分をドラッグします。背景の削除を取り消す場合は、再度、＜背景の削除＞をクリックして、＜すべての変更を破棄＞をクリックします。

1 画像をクリックして、＜書式＞タブをクリックし、

2 ＜背景の削除＞をクリックすると、

3 背景が自動的に認識されます。

4 ＜変更を保持＞をクリックすると、

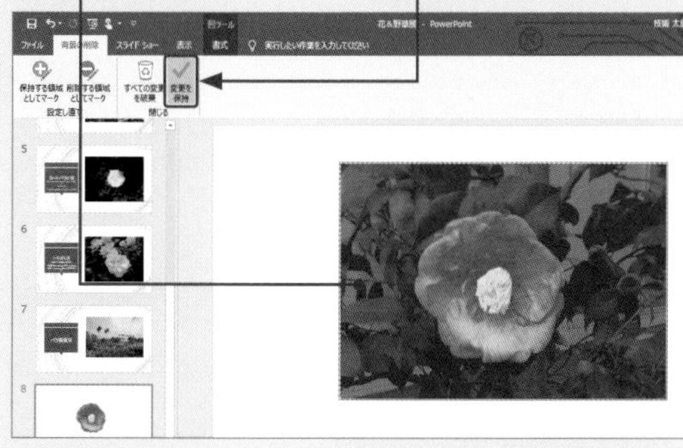

5 画像の背景が削除されます。

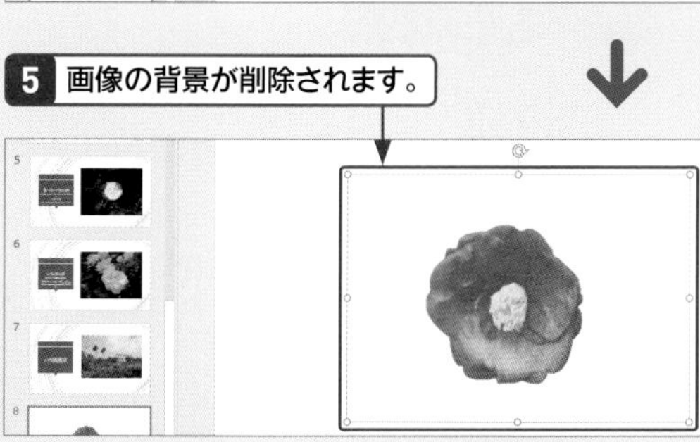

重要度 ★★★ トリミング

Q 260 ☆などの図形の形に画像をくり抜きたい!

A ＜トリミング＞の＜図形に合わせてトリミング＞を利用します。

画像は任意の図形の形にくり抜くことができます。画像をクリックして、＜書式＞タブの＜トリミング＞の下の部分をクリックし、＜図形に合わせてトリミング＞からトリミングしたい図形を指定します。

1 画像をクリックして、＜書式＞タブをクリックします。

2 ＜トリミング＞のここをクリックして、

3 ＜図形に合わせてトリミング＞にマウスポインターを合わせ、

4 くり抜きたい図形（ここでは＜太陽＞）をクリックすると、

5 画像が指定した形にくり抜かれます。

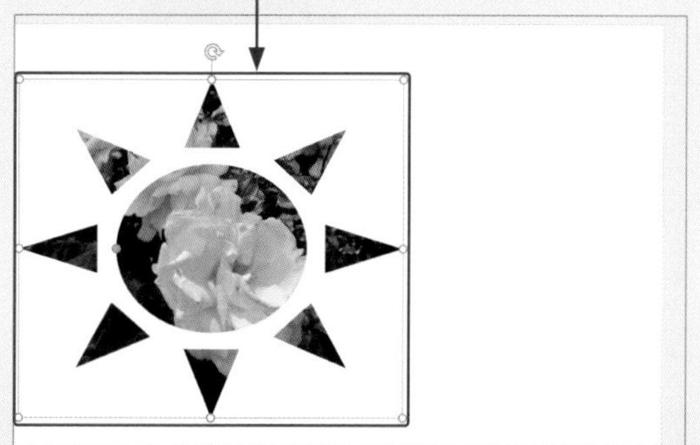

重要度 ★★★ トリミング

Q 261 好きな形に画像を切り抜きたい!

A ＜書式＞タブの＜図形の結合＞を利用します。

フリーフォームの図形やワードアートの形に画像の一部を切り抜くことができます。スライドに挿入した画像の上に図形やワードアートを挿入します。最初に画像をクリックしたあと、Ctrl を押しながら図形やワードアートをクリックし、＜書式＞タブの＜図形の結合＞から＜重なり抽出＞をクリックします。
ここでは、ワードアートの形に画像を切り抜きましょう。

1 スライドに画像を挿入して、画像の上にワードアートを挿入します。

2 画像をクリックして、

3 Ctrl を押しながらワードアートをクリックします。

4 ＜描画ツール＞の＜書式＞タブをクリックして、＜図形の結合＞をクリックし、

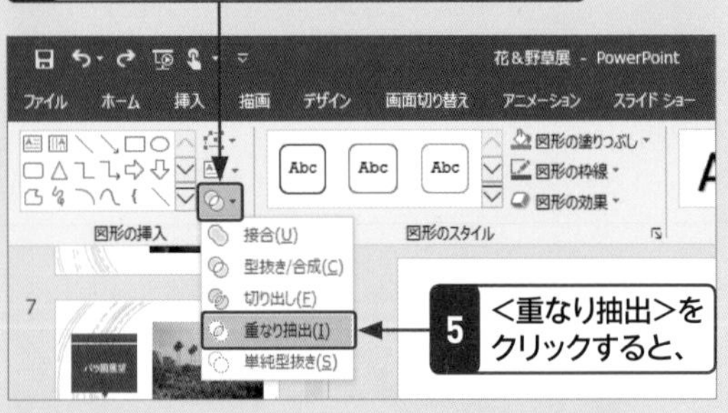

5 ＜重なり抽出＞をクリックすると、

6 画像がワードアートの形に切り抜かれます。

重要度 ★★★ トリミング

Q 262 画像を正方形に切り抜きたい!

A ＜トリミング＞の＜縦横比＞で＜1:1＞を選びます。

画像を正方形にトリミングするには、画像をクリックして、＜書式＞タブの＜トリミング＞の下の部分をクリックし、＜縦横比＞から＜1:1＞を指定します。

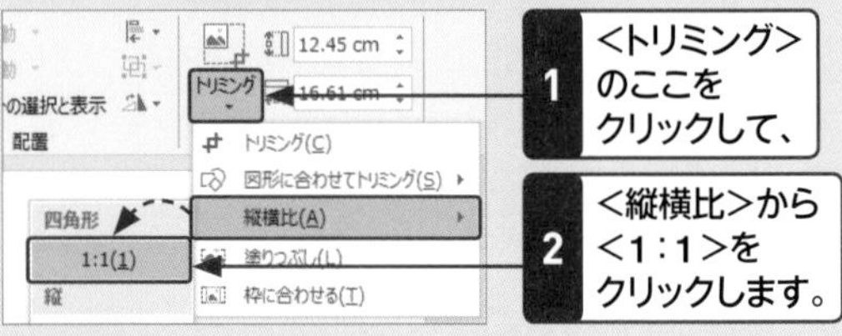

1 ＜トリミング＞のここをクリックして、

2 ＜縦横比＞から＜1:1＞をクリックします。

重要度 ★★★ トリミング

Q 263 トリミング部分のデータを削除したい!

A ＜書式＞タブの＜図の圧縮＞を利用します。

画像をトリミングした場合、切り取った部分はスライドには表示されませんが、データは削除されません。このトリミング部分のデータを削除すると、ファイルの容量を小さくできます。

1 トリミングした画像をクリックして、＜書式＞タブの＜図の圧縮＞をクリックします。

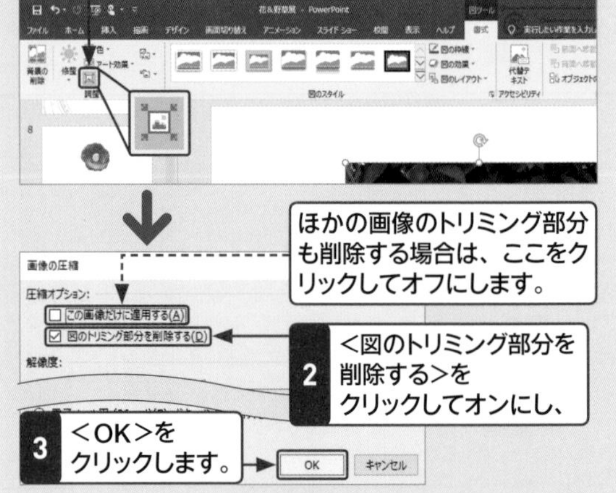

ほかの画像のトリミング部分も削除する場合は、ここをクリックしてオフにします。

2 ＜図のトリミング部分を削除する＞をクリックしてオンにし、

3 ＜OK＞をクリックします。

重要度 ★★★　画像の修整

Q 264 画像を鮮明にしたい!

A ＜書式＞タブの＜修整＞から＜シャープネス＞を指定します。

画像をはっきりさせたり、ぼやけ気味にするなど、鮮明度を修整するには、画像をクリックして、＜書式＞タブの＜修整＞をクリックし、＜シャープネス＞の一覧からシャープネスの割合を指定します。シャープネスとは、画像の輪郭をはっきり見せるようにする処理のことです。もとの画像の状態は、一覧の中央に表示されています。

＜シャープネス＞から目的の割合を指定します。

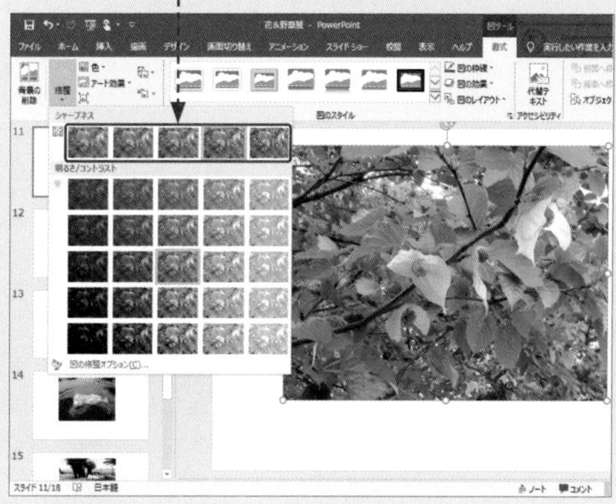

重要度 ★★★　画像の修整

Q 265 画像の明るさを修整したい!

A ＜書式＞タブの＜修整＞から＜明るさ／コントラスト＞を指定します。

画像の明るさやコントラストを修整するには、画像をクリックして、＜書式＞タブの＜修整＞をクリックし、＜明るさ／コントラスト＞の一覧から最適な明るさを指定します。コントラストとは、明るい部分と暗い部分の差のことです。もとの画像の状態は、一覧の中央に表示されています。

＜明るさ／コントラスト＞から最適な明るさを選択します。

重要度 ★★★　画像の修整

Q 266 画像を鮮やかにしたい!

A ＜書式＞タブの＜色＞から＜色の彩度＞を指定します。

画像の色の鮮やかさ修整するには、画像をクリックして、＜書式＞タブの＜色＞をクリックし、＜色の彩度＞の一覧から彩度の割合を指定します。彩度を高くすると画像が鮮やかになります。低くすると色が灰色に近くなります。もとの画像の状態は、一覧の中央に表示されています。

＜色の彩度＞から彩度の割合を指定します。

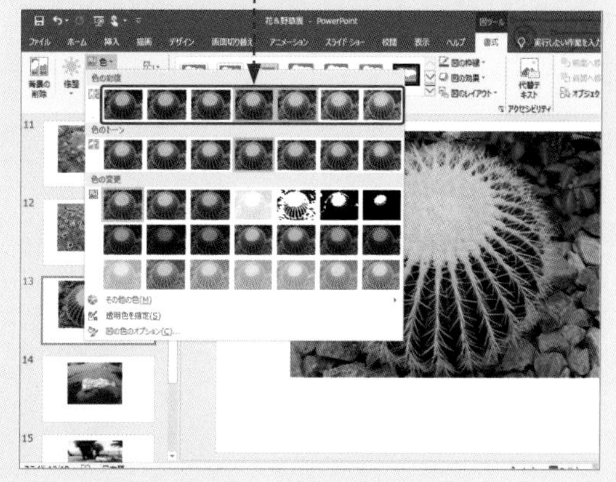

重要度★★★　画像の修整

Q 267 画像の色合いを修整したい！

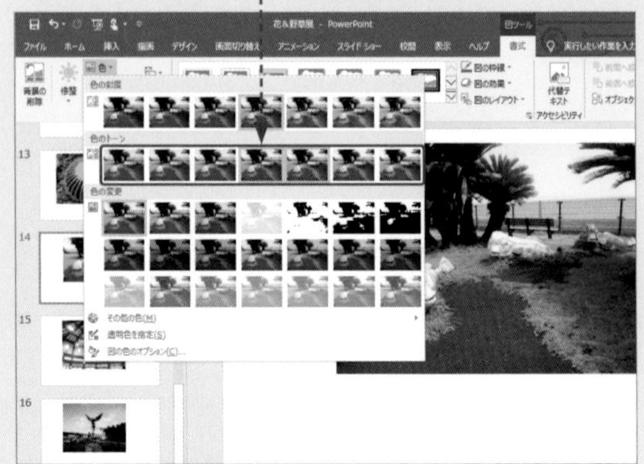

A ＜書式＞タブの＜色＞から＜色のトーン＞を指定します。

画像の色合いを修整するには、画像をクリックして、＜書式＞タブの＜色＞をクリックし、＜色のトーン＞の一覧から指定します。色のトーンでは、画像の色合いが偏って、青色またはオレンジ色が強くなった状態を調整します。もとの画像の状態は、一覧の中央に表示されています。

重要度★★★　画像の修整

Q 268 画像をセピア調にしたい！

A ＜書式＞タブの＜色＞から色調を指定します。

画像は、セピアカラーにしたり、モノトーンにしたり、薄くしたりと、さまざまな色に変換することができます。画像をクリックして、＜書式＞タブの＜色＞をクリックし、＜色の変更＞から色調を指定します。設定した色を取り消すには、＜色の変更＞の一覧の左上にある＜色変更なし＞をクリックします。

重要度★★★　画像の修整

Q 269 画像をアート効果で加工したい！

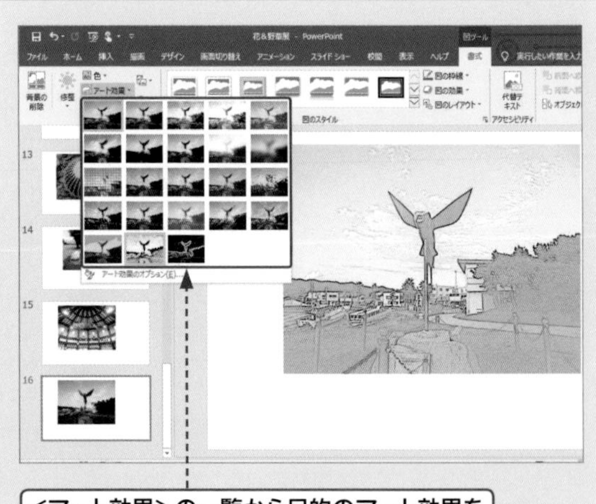

A ＜書式＞タブの＜アート効果＞を利用します。

アート効果は、画像にマーカーや鉛筆画、ぼかし、パッチワーク、エッチングなどの特殊な効果を付けて、画像の外観を変える機能です。画像をクリックして、＜書式＞タブの＜アート効果＞をクリックし、一覧から目的のアート効果を指定します。設定した効果を取り消すには、＜アート効果＞の一覧の左上にある＜なし＞をクリックします。

重要度★★★ スタイルと書式

Q 270 画像を額縁などで目立たせたい!

A <書式>タブの<図のスタイル>から設定します。

スタイルとは、枠線や影、ぼかし、回転などの書式を組み合わせたものです。<図のスタイル>を利用すると、画像にフレームや影、反射を付けたり、楕円に切り取ったり、角度を変えたりして、画像を修飾することができます。画像をクリックして、<書式>タブの<図のスタイル>から設定します。

1 画像をクリックして、<書式>タブをクリックし、

2 <図のスタイル>の<その他>をクリックします。

3 任意のスタイル(ここでは<楕円、ぼかし>)をクリックすると、

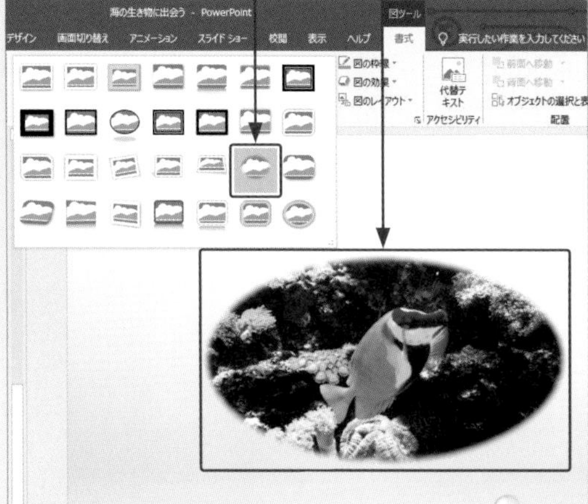

重要度★★★ スタイルと書式

Q 271 画像に枠線を付けたい!

A <書式>タブの<図の枠線>から線の色を指定します。

画像に枠線を付けるには、<書式>タブの<図の枠線>の右側をクリックして、表示される一覧から枠線の色を指定します。一覧に目的の色がない場合は、<その他の枠線の色>(PowerPoint 2013では<その他の線の色>)をクリックすると表示される<色の設定>ダイアログボックスから選択することができます。

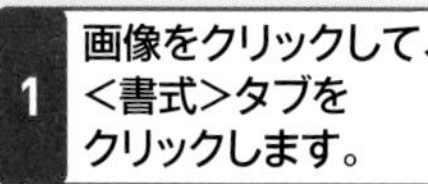

2 <図の枠線>の右側をクリックして、

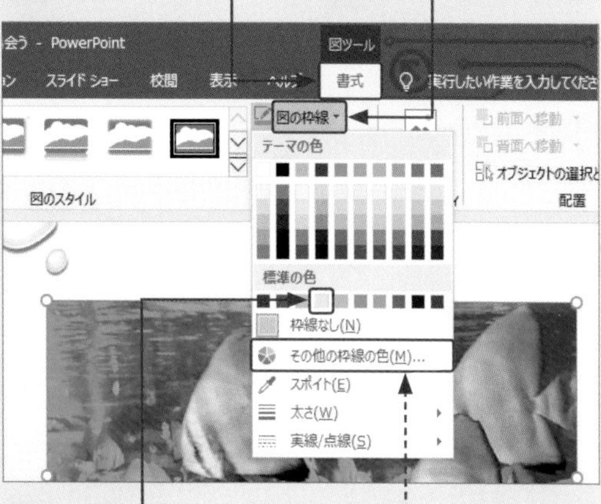

3 目的の色(ここでは<黄>)をクリックすると、

一覧に目的の色がない場合は、ここをクリックして指定します。

4 画像に枠線が付きます。

重要度 ★★★　スタイルと書式

Q 272 画像の枠線を太くしたい！

A ＜書式＞タブの＜図の枠線＞から線の太さを指定します。

枠線を設定すると、既定では0.75ptの実線が表示されます。枠線の太さを変更するには、画像をクリックして、＜書式＞タブの＜図の枠線＞の右側をクリックし、＜太さ＞から設定します。
また、＜実線／点線＞から枠線の種類を変更することもできます。

参照▶Q 271

1 画像をクリックして、＜書式＞タブをクリックします。
2 ＜図の枠線＞の右側をクリックして、

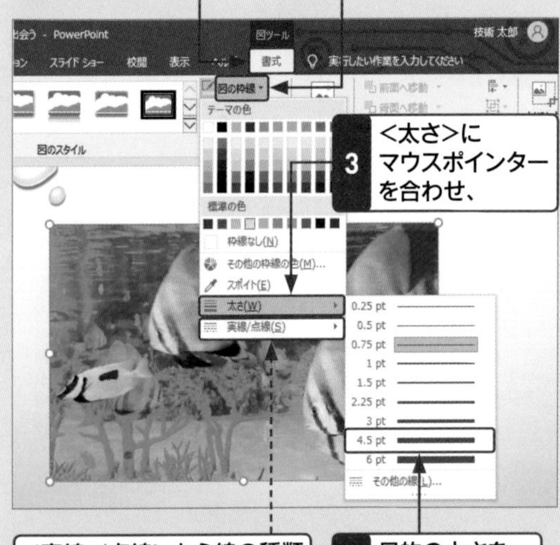

3 ＜太さ＞にマウスポインターを合わせ、
4 目的の太さをクリックすると、
＜実線／点線＞から線の種類を変更することもできます。

5 枠線の太さが変更されます。

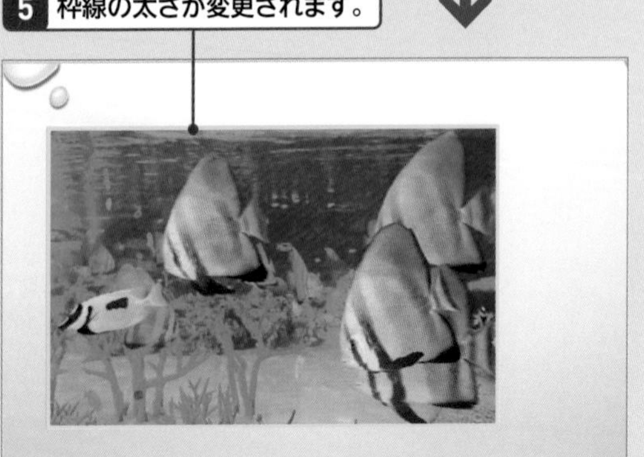

重要度 ★★★　スタイルと書式

Q 273 画像の周囲をぼかしたい！

A ＜書式＞タブの＜図の効果＞の＜ぼかし＞を利用します。

画像の周囲をぼかすには、画像をクリックして、＜書式＞タブの＜図の効果＞をクリックし、＜ぼかし＞から任意のぼかしを指定します。ぼかし以外にも、影や反射、光彩、面取り、3-D回転の効果を設定できます。

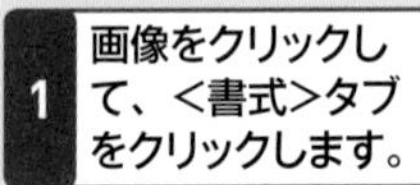

2 ＜図の効果＞をクリックして、

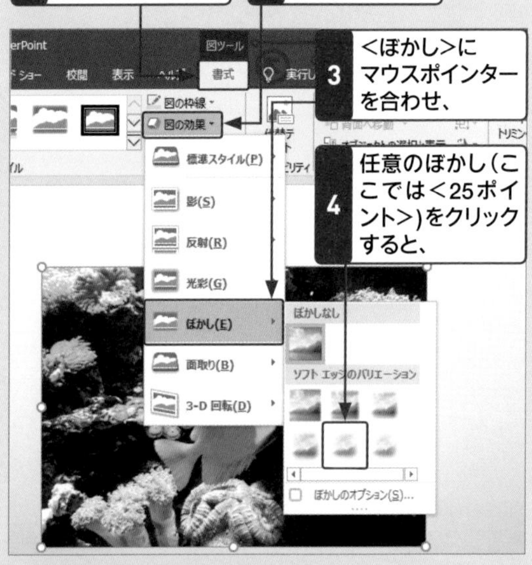

3 ＜ぼかし＞にマウスポインターを合わせ、
4 任意のぼかし（ここでは＜25ポイント＞）をクリックすると、

5 画像にぼかしが設定されます。

重要度 ★★★　スタイルと書式

Q 274 画像の書式設定をコピーしたい！

A ＜ホーム＞タブの＜書式のコピー／貼り付け＞を利用します。

画像に設定したスタイルや書式をほかの画像にも設定したい場合は、＜ホーム＞タブの＜書式のコピー／貼り付け＞を利用します。

なお、手順2で＜書式のコピー／貼り付け＞をダブルクリックすると、複数の画像に続けてコピーすることができます。再度、＜書式のコピー／貼り付け＞をクリックするか、Escを押すと中止できます。

1 書式設定をコピーする画像をクリックして、

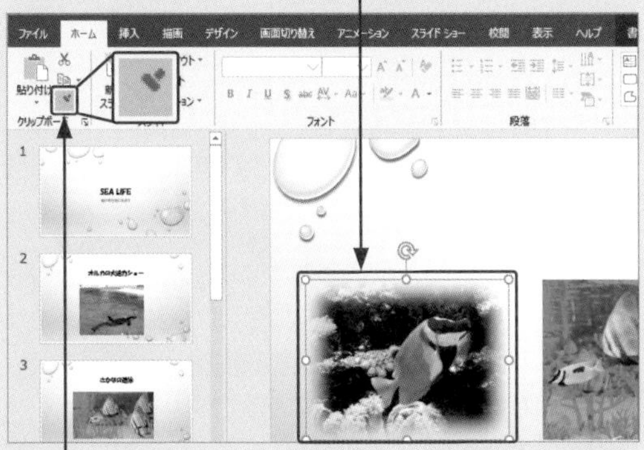

2 ＜ホーム＞タブの＜書式のコピー／貼り付け＞をクリックします。

3 マウスポインターの形がに変わった状態で、ほかの画像をクリックすると、

4 画像に設定した書式だけがコピーされます。

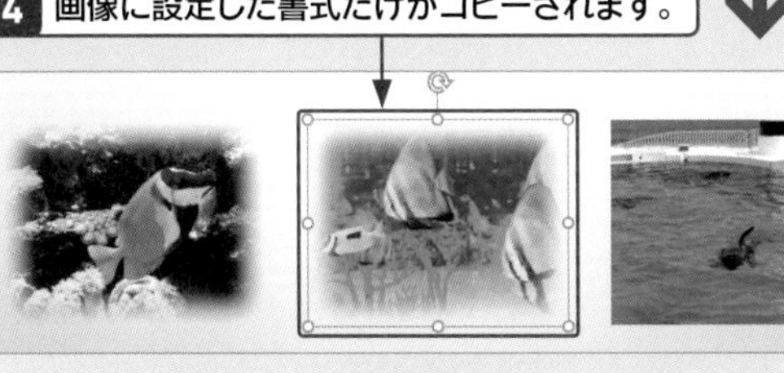

重要度 ★★★　スタイルと書式

Q 275 画像の書式設定をリセットしたい！

A ＜書式＞タブの＜図のリセット＞をクリックします。

画像に設定したさまざまな書式をリセット（解除）して、もとの状態の画像に戻したい場合は、設定を解除したい画像をクリックして、＜書式＞タブの＜図のリセット＞をクリックします。

なお、手順3で＜図のリセット＞の▾をクリックして、＜図とサイズのリセット＞をクリックすると、トリミングや画像のサイズをもとに戻すことができます。ただし、画像の圧縮を行った場合は、トリミングで切り取った部分はもとに戻りません。

参照▶Q 263

1 画像をクリックして、

2 ＜書式＞タブをクリックし、

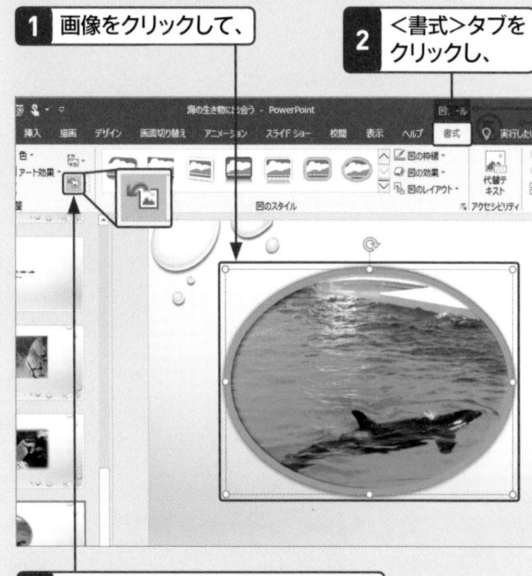

3 ＜図のリセット＞をクリックすると、

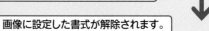

4 画像に設定した書式が解除されます。

重要度★★★　スタイルと書式

Q 276 書式設定を残したまま ほかの画像に差し替えたい！

A <書式>タブの<図の変更>から画像を差し替えます。

画像に設定したスタイルや書式を保持したまま、別の画像に差し替えたい場合は、画像をクリックして、<書式>タブの<図の変更>をクリックし、代わりに挿入する画像を指定します。

PowerPoint 2013の場合は、手順2で<図の変更>をクリックすると、<画像の挿入>画面が表示されるので、<ファイルから>をクリックします。

2 <図の変更>をクリックして、

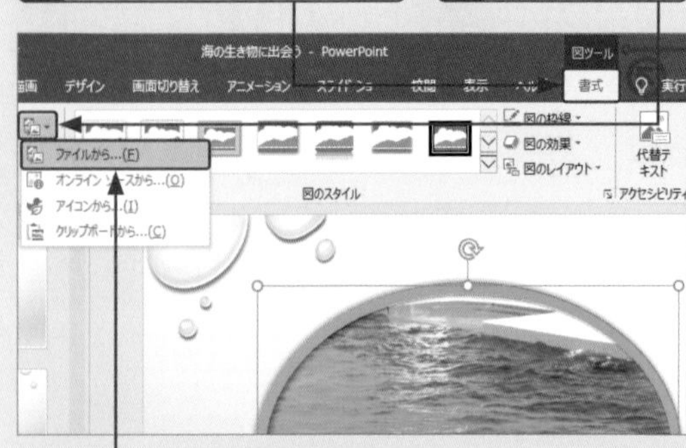

3 <ファイルから>をクリックします。

4 画像の保存場所を指定して、

5 差し替えたい画像をクリックし、

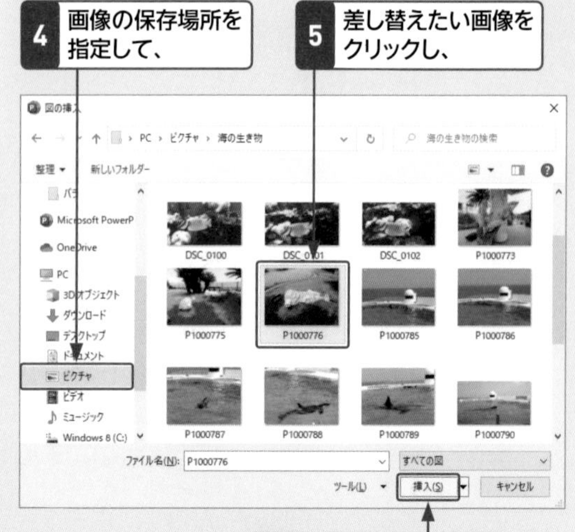

6 <挿入>をクリックすると、

7 書式を保持したまま画像が差し替えられます。

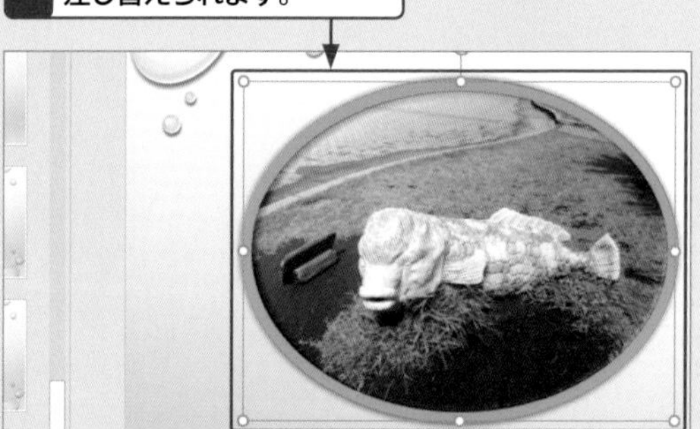

重要度★★★　スクリーンショット

Q 277 スクリーンショットをすばやく挿入したい！

A <挿入>タブの<スクリーンショット>を利用します。

パソコンに表示されている画面のスクリーンショットを撮って、スライドに挿入することができます。あらかじめ使用するウィンドウを表示しておき、<挿入>タブの<スクリーンショット>をクリックして、挿入するウィンドウをクリックします。スクリーンショットはオブジェクトとして挿入されるので、サイズや配置などを自由に変更することができます。

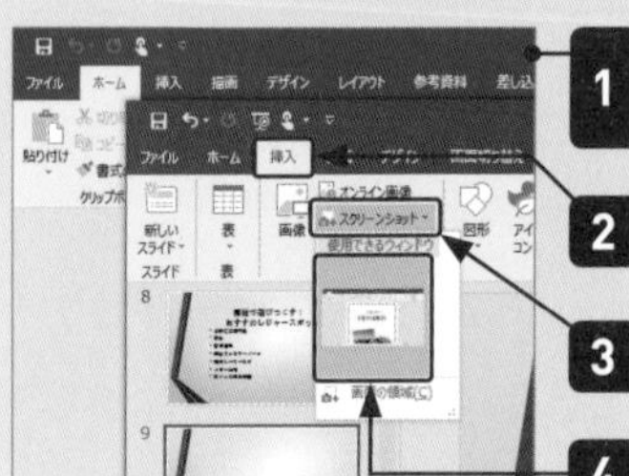

1 スクリーンショットに使用するウィンドウ（ここでは<Word>）を開きます。

2 <挿入>タブをクリックして、

3 <スクリーンショット>をクリックし、

4 目的のウィンドウをクリックすると、

Software Design WEB+DB PRESS も電子版で読める

電子版定期購読が便利!

くわしくは、
「**Gihyo Digital Publishing**」
のトップページをご覧ください。

電子書籍をプレゼントしよう!

Gihyo Digital Publishing でお買い求めいただける特定の商品と引き替えが可能な、ギフトコードをご購入いただけるようになりました。おすすめの電子書籍や電子雑誌を贈ってみませんか?

こんなシーンで…　●ご入学のお祝いに　●新社会人への贈り物に　……

●ギフトコードとは?　Gihyo Digital Publishing で販売している商品と引き替えできるクーポンコードです。コードと商品は一対一で結びつけられています。

くわしい**ご利用方法**は、「**Gihyo Digital Publishing**」をご覧ください。

…のインストールが必要となります。
…を行うことができます。法人・学校での一括購入においても、利用者 1 人につき 1 アカウントが必要となり、

…への譲渡、共有はすべて著作権法および規約違反です。

重要度★★★ スクリーンショット

Q 278 パソコンの画面の一部をスライドに挿入したい！

A <スクリーンショット>を利用して、領域を指定して挿入します。

パソコンに表示されているウィンドウの一部を切り抜いてスライドに挿入することもできます。あらかじめ使用するウィンドウを表示しておき、<挿入>タブの<スクリーンショット>をクリックして、<画像の領域>をクリックし、必要な部分を指定します。

1 スクリーンショットに使用するウィンドウ（ここではMicrosoft EdgeのWebページ）を開きます。

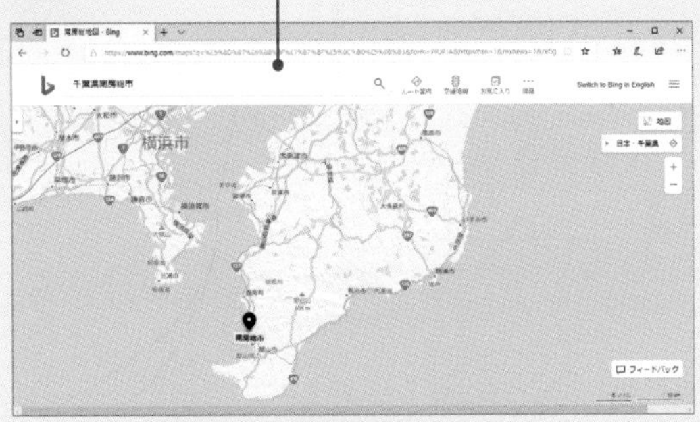

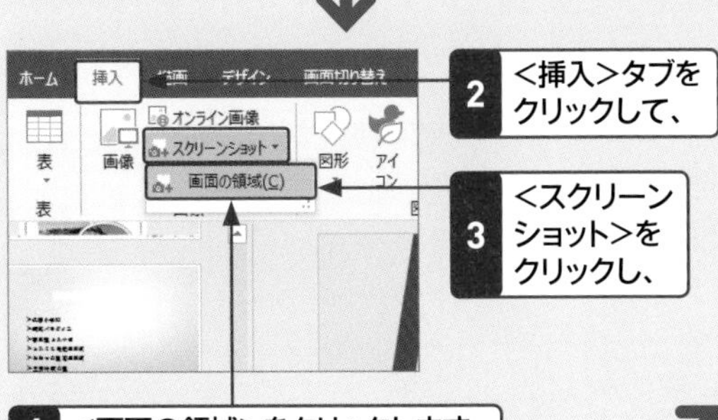

2 <挿入>タブをクリックして、

3 <スクリーンショット>をクリックし、

4 <画面の領域>をクリックします。

5 画面が切り替わるので、貼り付けたい部分をドラッグすると、

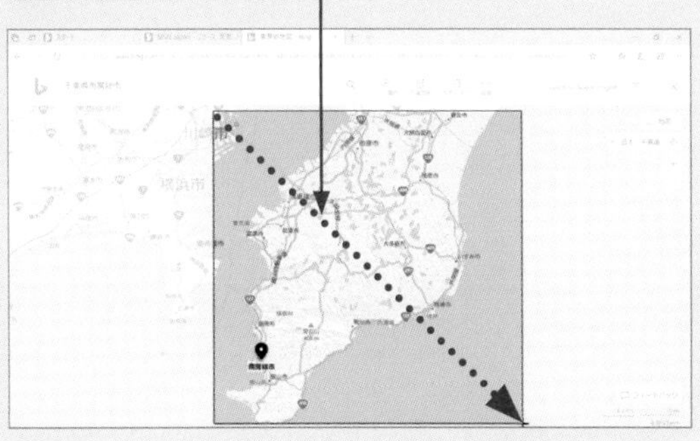

6 ドラッグした範囲がスライドに挿入されます。

重要度★★★ フォトアルバム

Q 279 複数の写真を上手にスライドに表示したい！

A <フォトアルバム>を利用します。

フォトアルバムは、複数の写真を一度にまとめてスライドに挿入する機能です。1枚のスライドに表示する写真の枚数を指定したり、写真に付ける枠を設定したり、PowerPointに用意されているテーマを設定したりして、アルバム風スライドをかんたんに作成することができます。

<フォトアルバム>を利用すると、オリジナルのアルバム風スライドをかんたんに作成できます。

重要度★★★　フォトアルバム

Q 280 フォトアルバムを作成したい！

A ＜挿入＞タブの＜フォトアルバム＞から作成します。

フォトアルバムを作成するには、＜挿入＞タブの＜フォトアルバム＞をクリックすると表示される＜フォトアルバム＞ダイアログボックスで、＜ファイル／ディスク＞をクリックし、挿入する写真を指定します。ここでは、スライドに合わせた状態でフォトアルバムを作成し、作成後にテーマを設定しましょう。

1 ＜挿入＞タブをクリックして、

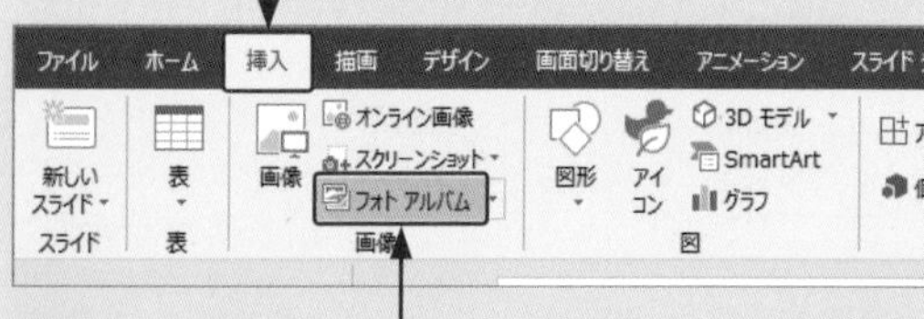

2 ＜フォトアルバム＞をクリックし、

3 ＜ファイル／ディスク＞をクリックします。

4 写真の保存場所を指定して、

5 Ctrl を押しながら、挿入するすべての画像をクリックし、

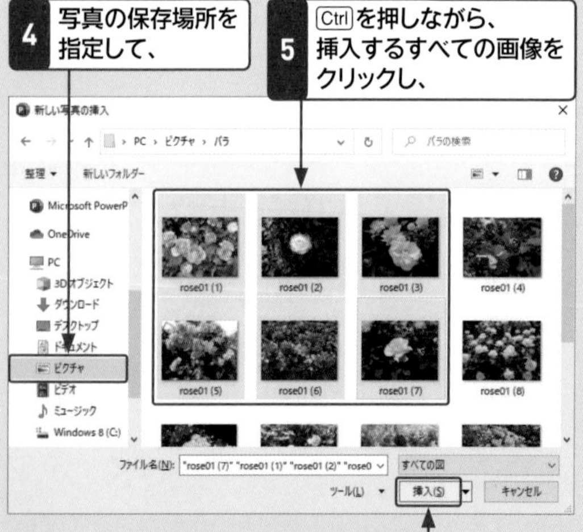

6 ＜挿入＞をクリックします。

7 選択した写真が一覧で表示されたのを確認して、

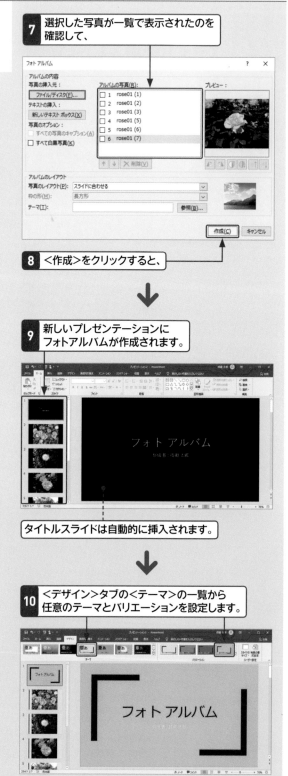

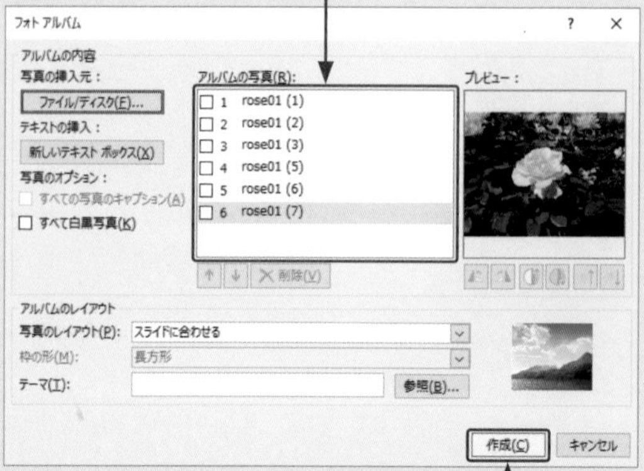

8 ＜作成＞をクリックすると、

9 新しいプレゼンテーションにフォトアルバムが作成されます。

タイトルスライドは自動的に挿入されます。

10 ＜デザイン＞タブの＜テーマ＞の一覧から任意のテーマとバリエーションを設定します。

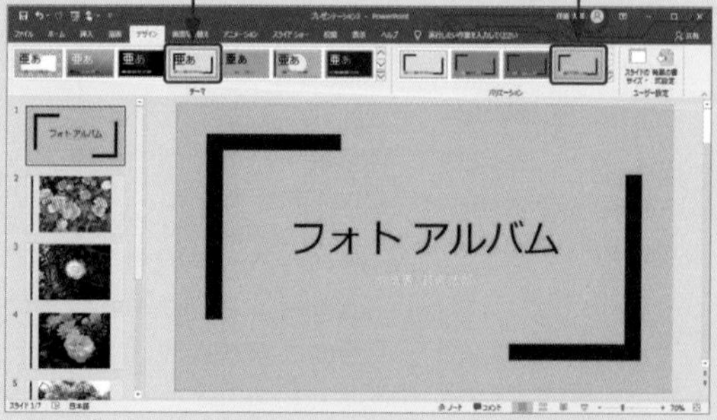

重要度 ★★★ フォトアルバム

Q 281 フォトアルバムに写真を追加したい！

A ＜フォトアルバムの編集＞ダイアログボックスから追加します。

作成したフォトアルバムに写真を追加するには、＜挿入＞タブの＜フォトアルバム＞から＜フォトアルバムの編集＞をクリックします。＜フォトアルバムの編集＞ダイアログボックスが表示されるので、追加したい位置の前の写真をクリックして＜ファイル／ディスク＞をクリックし、写真を追加します。

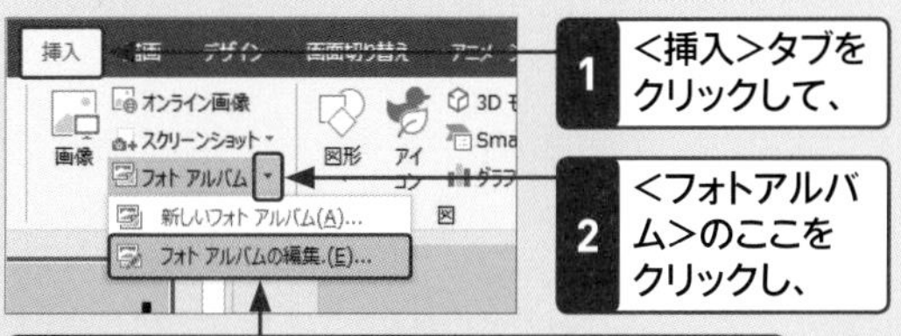

1 ＜挿入＞タブをクリックして、

2 ＜フォトアルバム＞のここをクリックし、

3 ＜フォトアルバムの編集＞をクリックします。

4 写真を追加したい位置の前の写真をクリックして、

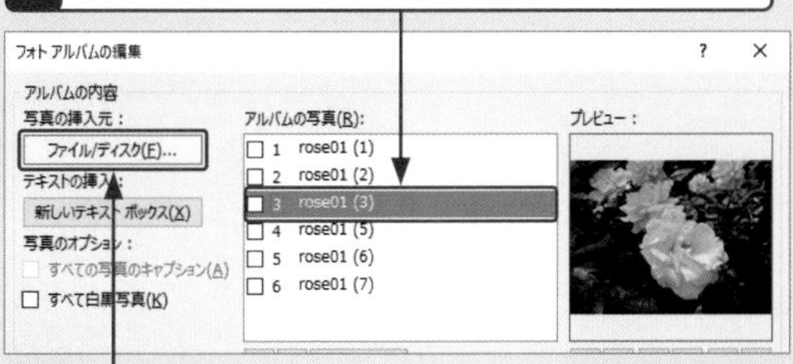

5 ＜ファイル／ディスク＞をクリックし、写真を挿入します。

6 写真が挿入されたことを確認して、

7 ＜更新＞をクリックします。

重要度 ★★★ フォトアルバム

Q 282 フォトアルバムでテキストを挿入したい！

A ＜フォトアルバムの編集＞でテキストボックスを挿入します。

フォトアルバムにテキストを挿入するには、＜挿入＞タブの＜フォトアルバム＞から＜フォトアルバムの編集＞をクリックして、＜フォトアルバムの編集＞ダイアログボックスを表示します。テキストボックスを挿入したい位置の前の写真をクリックして、＜新しいテキストボックス＞をクリックすると、テキストボックスが挿入されます。

参照▶Q 281

1 テキストボックスを挿入したい位置の前の写真をクリックして、

2 ＜新しいテキストボックス＞をクリックします。

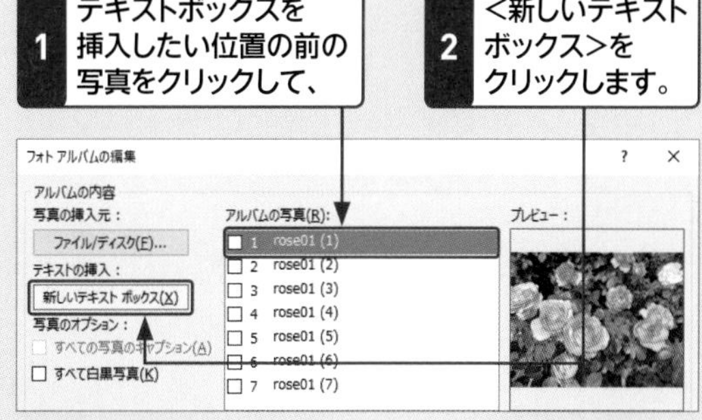

3 テキストボックスが挿入されたことを確認して、

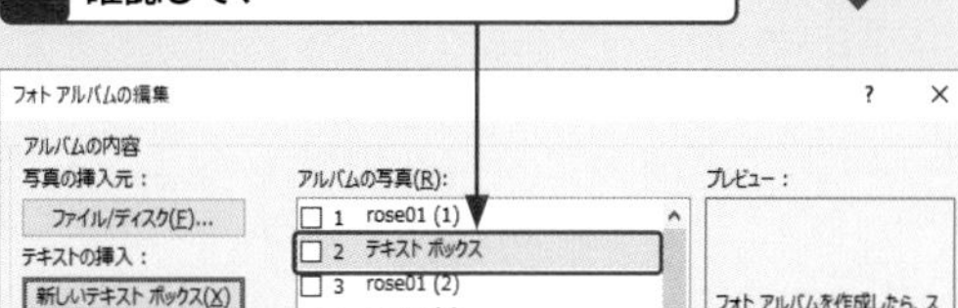

[フォト アルバム] ダイアログ ボックスを使用せずに背景やアニメーションなどを変更してフォト アルバムのスライドを変更した場合、[更新] をクリックするとその変更内容が失われる可能性があります。失われた変更内容を元に戻すには、[編集] メニューの [元に戻す] をクリックします。

更新(U) キャンセル

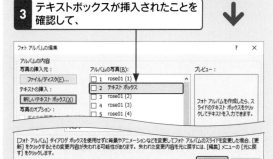

4 ＜更新＞をクリックすると、

5 テキストボックスが挿入されるので、目的のテキストを入力します。

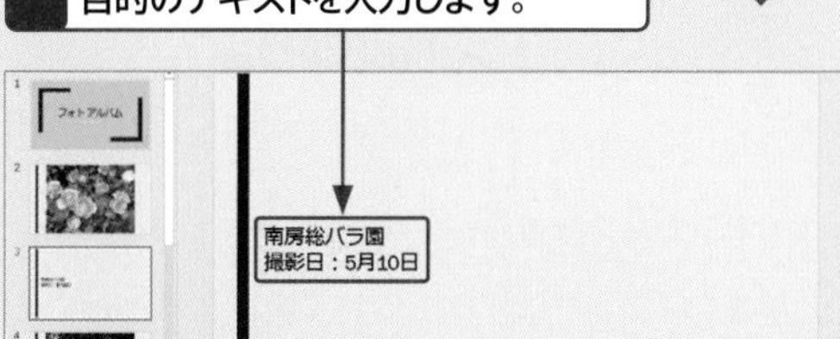

重要度 ★★★ フォトアルバム

Q 283 フォトアルバムで写真のレイアウトを変更したい！

A <フォトアルバムの編集>の<アルバムのレイアウト>で設定します。

作成したフォトアルバムのレイアウトを変更するには、<挿入>タブの<フォトアルバム>から<フォトアルバムの編集>をクリックし、<フォトアルバムの編集>ダイアログボックスを表示します。<写真のレイアウト>をクリックすると、タイトルの有無や1枚のスライドに表示する写真の枚数を選べます。また、<枠の形>をクリックすると枠の形を指定できます。 参照▶Q281

重要度 ★★★ フォトアルバム

Q 284 フォトアルバムで写真の並び順を変更したい！

A <フォトアルバムの編集>ダイアログボックスで順番を変更します。

フォトアルバムの写真の並び順を変更したい場合は、<フォトアルバムの編集>ダイアログボックスを表示します。移動したい写真をクリックしてオンにし、↑あるいは↓をクリックすると、並び順が変更されます。なお、<削除>をクリックすると、フォトアルバムから写真を削除することができます。 参照▶Q 281

重要度 ★★★ フォトアルバム

Q 285 フォトアルバムでスライドにキャプションを表示したい！

A <フォトアルバムの編集>ダイアログボックスを利用します。

フォトアルバムの写真にキャプションを表示したい場合は、<フォトアルバムの編集>ダイアログボックスを表示します。<すべての写真のキャプション>をクリックしてオンにすると、写真のファイル名がキャプションとして表示されます。スライド上でクリックすると編集できるので、必要に応じて変更するとよいでしょう。 参照▶Q 281

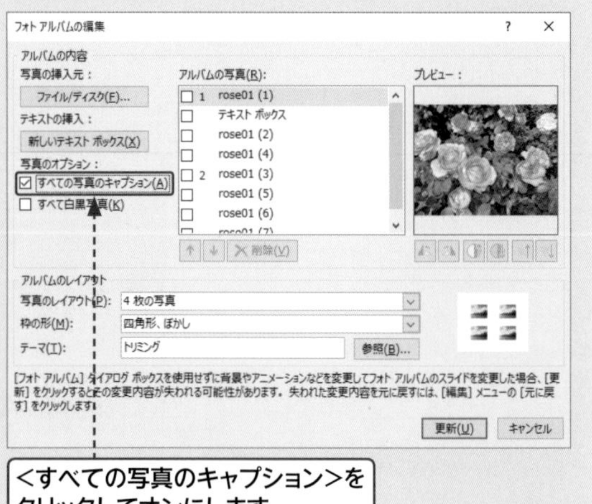

第8章

表作成の便利技!

286 >>> 292　表の作成

293 >>> 301　セルと文字

302 >>> 308　罫線の編集

309 >>> 317　デザインの設定

318 >>> 319　サイズと比率

320 >>> 321　Excelとの連携

重要度★★★ 表の作成

Q 286 スライドに表を挿入したい！

A プレースホルダーや<挿入>タブから列数と行数を指定します。

スライドに表を挿入するには、プレースホルダーの＜表の挿入＞をクリックします。プレースホルダー以外の場所に表を挿入する場合は、＜挿入＞タブの＜表＞をクリックして、行数と列数を指定するか、＜挿入＞タブの＜表＞をクリックして＜表の挿入＞をクリックし、行数と列数を指定します。
ここでは、3通りの作成方法を紹介します。

● プレースホルダーの<表の挿入>を利用する

1 プレースホルダーの<表の挿入>をクリックします。

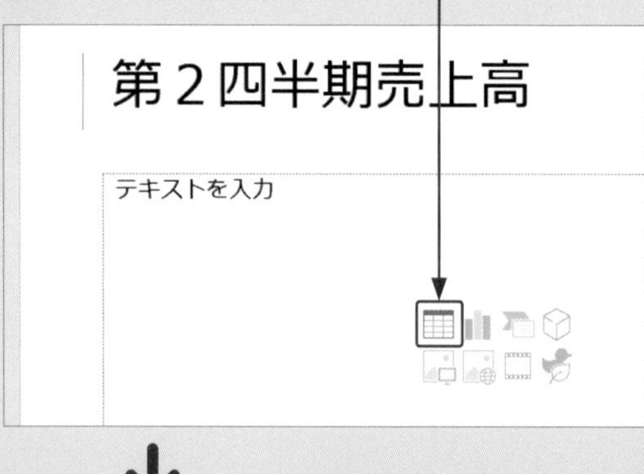

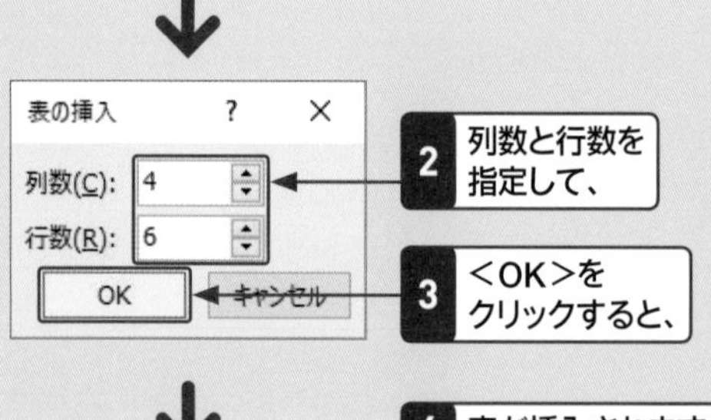

4 表が挿入されます。

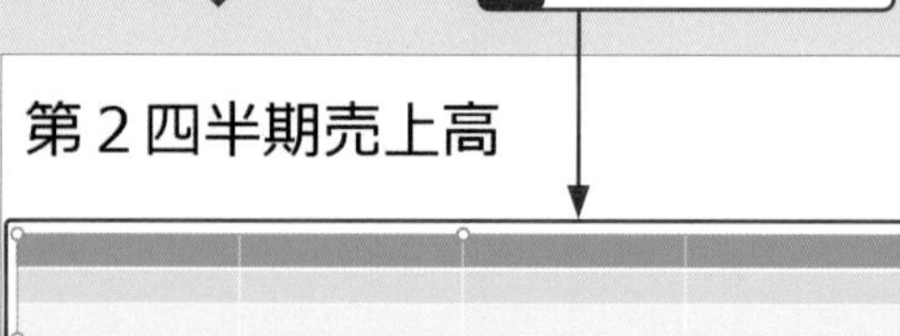

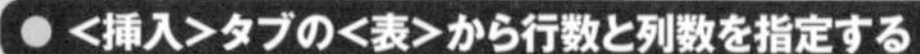

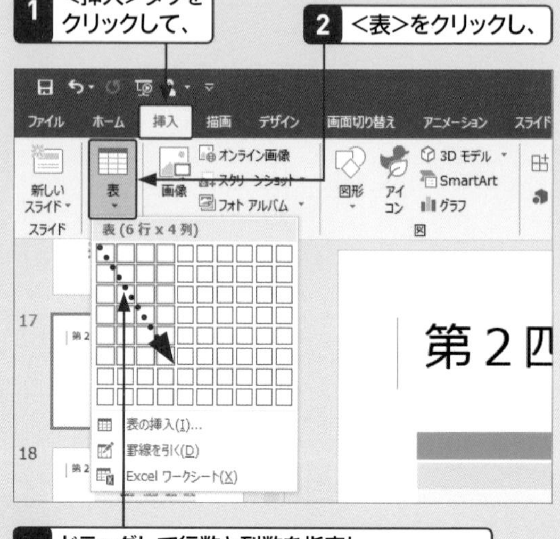

3 ドラッグして行数と列数を指定し、マウスのボタンを離すと、表が挿入されます。

● <表の挿入>から列数と行数を指定する

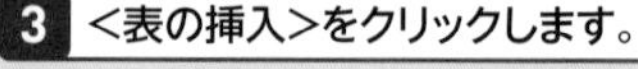

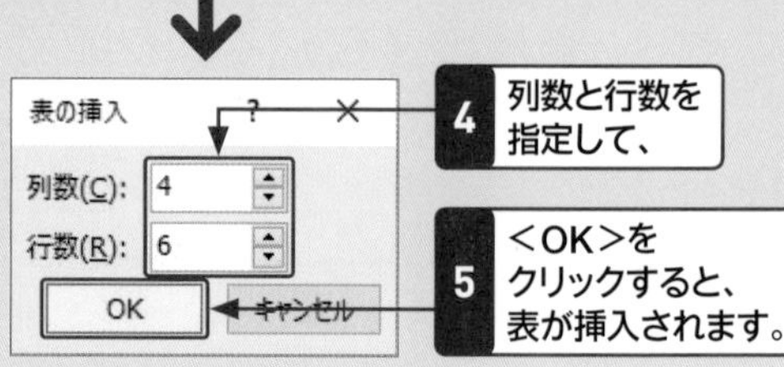

重要度 ★★★ 表の作成

Q 287 表の行／列を挿入したい！

A <レイアウト>タブの<行と列>グループを利用します。

表を作成したあとで行を挿入するには、挿入したい位置の前後の行にカーソルを移動して、<レイアウト>タブの<上に行を挿入>または<下に行を挿入>をクリックします。

列を挿入するには、挿入したい位置の前後の列にカーソルを移動して、<左に列を挿入>または<右に列を挿入>をクリックします。列を挿入すると、列幅が自動的に調整されます。

1 セルをクリックして
カーソルを移動します。

2 <レイアウト>タブをクリックして、

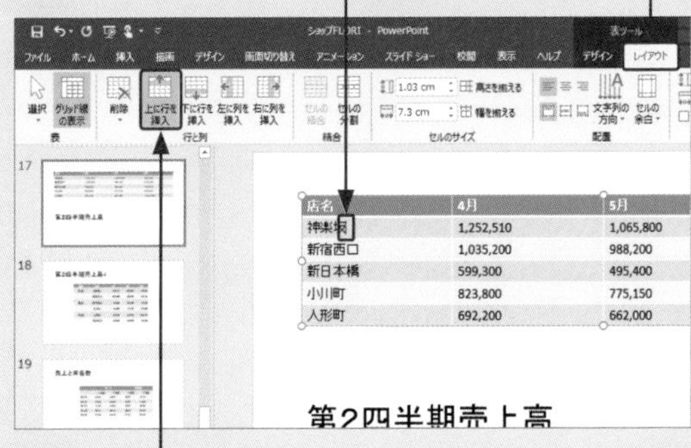

3 <上に行を挿入>をクリックすると、

4 カーソルを移動した行の上に行が挿入されます。

店名	4月	5月	6月
神楽坂	1,252,510	1,065,800	995,400
新宿西口	1,035,200	988,200	976,730
新日本橋	599,300	495,400	773,000
小川町	823,800	775,150	835,600
人形町	692,200	662,000	1,043,780

5 列を挿入したい位置にカーソルを移動します。

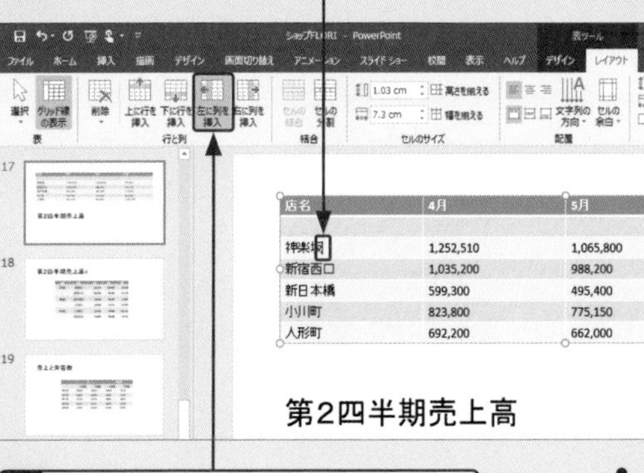

6 <左に列を挿入>をクリックすると、

7 カーソルを移動した列の左に列が挿入されます。

	店名	4月	5月	6月
	神楽坂	1,252,510	1,065,800	995,400
	新宿西口	1,035,200	988,200	976,730
	新日本橋	599,300	495,400	773,000
	小川町	823,800	775,150	835,600
	人形町	692,200	662,000	1,043,780

8 列幅は自動的に調整されます。

重要度 ★★★ 表の作成

Q 288 行をすばやく挿入したい！

A 右下のセルにカーソルを移動して、Tab を押します。

行を挿入する場合、通常は<レイアウト>タブの<上に行を挿入>または<下に行を挿入>を利用しますが、右下のセルにカーソルを移動して Tab を押すと、表の最後に行をすばやく挿入することができます。

参照 ▶ Q 287

1 右下のセルをクリックして、

	店名	4月	5月	6月
	神楽坂	1,252,510	1,065,800	995,400
	新宿西口	1,035,200	988,200	976,730
	新日本橋	599,300	495,400	773,000
	小川町	823,800	775,150	835,600
	人形町	692,200	662,000	1,043,780

	店名	4月	5月	6月
	神楽坂	1,252,510	1,065,800	995,400
	新宿西口	1,035,200	988,200	976,730
	新日本橋	599,300	495,400	773,000
	小川町	823,800	775,150	835,600
	人形町	692,200	662,000	1,043,780

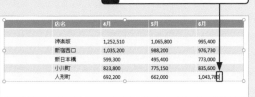

2 Tab を押すと、表の最後に行が追加されます。

重要度 ★★★　表の作成

Q 289 表の行／列を削除したい！

A ＜レイアウト＞タブの＜削除＞を利用します。

不要になった行や列を削除するには、削除したい行や列にカーソルを移動して、＜レイアウト＞タブの＜削除＞をクリックし、＜行の削除＞や＜列の削除＞をクリックします。＜表の削除＞をクリックすると、表全体を削除することができます。
ここでは、行を削除しましょう。

1 削除したい行をクリックします。

	店名	4月	5月	6月
	神楽坂	1,252,510	1,065,800	995,400
	新宿西口	1,035,200	988,200	976,730
	新日本橋	599,300	495,400	773,000
	小川町	823,800	775,150	835,600
	人形町	692,200	662,000	1,043,780

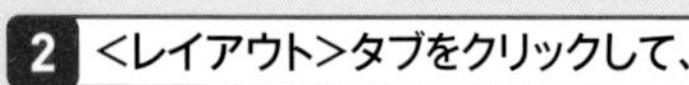
2 ＜レイアウト＞タブをクリックして、

3 ＜削除＞をクリックし、

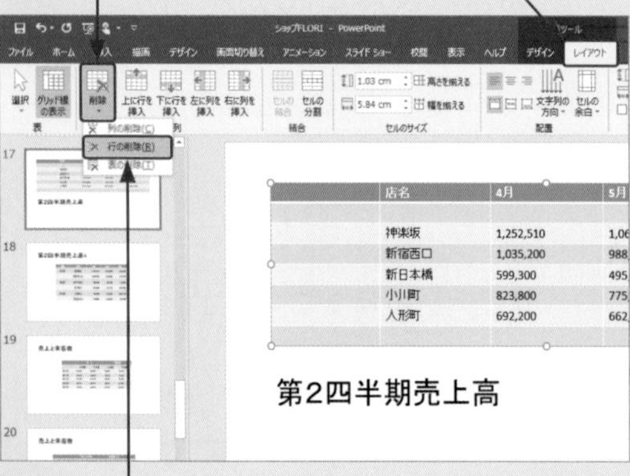

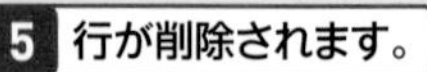
4 ＜行の削除＞をクリックすると、

5 行が削除されます。

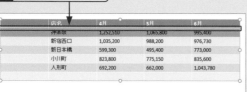

	店名	4月	5月	6月
	神楽坂	1,252,510	1,065,800	995,400
	新宿西口	1,035,200	988,200	976,730
	新日本橋	599,300	495,400	773,000
	小川町	823,800	775,150	835,600
	人形町	692,200	662,000	1,043,780

重要度 ★★★　表の作成

Q 290 行の高さや列の幅を調節したい！

A 行や列の境界線をドラッグします。

行の高さを調整するには、行の境界線にマウスポインターを合わせ、ポインターの形が ✚ に変わった状態で上下にドラッグします。
列の幅を調整するには、列の境界線にマウスポインターを合わせ、ポインターの形が ✚ に変わった状態で左右にドラッグします。
ここでは、列幅を調整しましょう。

1 列の境界線にマウスポインターを合わせ、ポインターの形が ✚ に変わった状態で、

地区	店名	4月	5月
西地区	神楽坂	1,252,510	1,06
	新宿西口	1,035,200	988,
東地区	新日本橋	599,300	495,
	小川町	823,800	775,
南地区	人形町	692,200	662,

2 ドラッグすると、

地区	店名	4月	5月
西地区	神楽坂	1,252,510	1,06
	新宿西口	1,035,200	988,
東地区	新日本橋	599,300	495,
	小川町	823,800	775,
南地区	人形町	692,200	662,

3 列の幅が変わります。

地区	店名	4月	5月
西地区	神楽坂	1,252,510	1,06
	新宿西口	1,035,200	988,
東地区	新日本橋	599,300	495,
	小川町	823,800	775,
南地区	人形町	692,200	662,

重要度 ★★★ 表の作成

Q 291 行の高さや列の幅を指定の数値で揃えたい！

A ＜レイアウト＞タブの＜高さ＞や＜幅＞を数値で指定します。

行の高さや列の幅を数値で揃えたい場合は、表を選択して、＜レイアウト＞タブの＜セルのサイズ＞グループで、＜高さ＞や＜幅＞をcm単位の数値で指定します。なお、表を選択するには、表内をクリックしたあと、表の枠線にマウスポインターを合わせ、ポインターの形が に変わった状態でクリックします。

1 表を選択します。

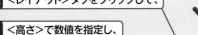

地区	店名	4月	5月	6月
西地区	神楽坂	1,252,510	1,065,800	995,400
	新宿西口	1,035,200	988,200	976,730
東地区	新日本橋	599,300	495,400	773,000
	小川町	823,800	775,150	835,600
南地区	人形町	692,200	662,000	1,043,780

第2四半期売上高

2 ＜レイアウト＞タブをクリックして、

3 ＜高さ＞で数値を指定し、

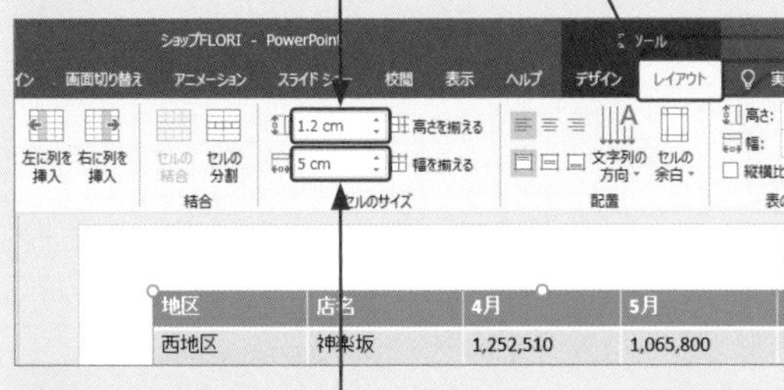

4 ＜幅＞で数値を指定します。

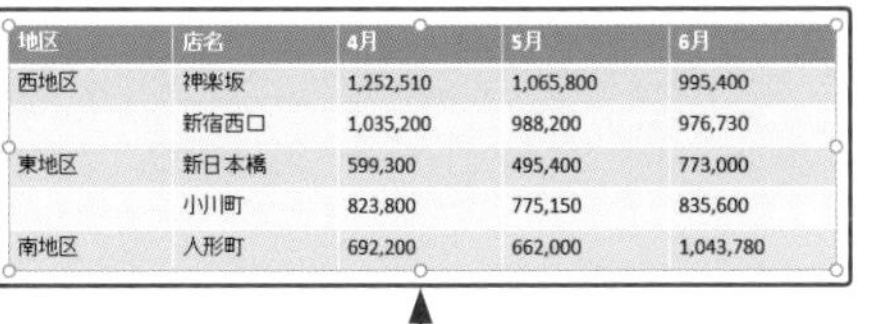

地区	店名	4月	5月	6月
西地区	神楽坂	1,252,510	1,065,800	995,400
	新宿西口	1,035,200	988,200	976,730
東地区	新日本橋	599,300	495,400	773,000
	小川町	823,800	775,150	835,600
南地区	人形町	692,200	662,000	1,043,780

第2四半期売上高

5 行の高さと列の幅が指定した数値で揃えられます。

重要度 ★★★ 表の作成

Q 292 行の高さや列の幅を揃えたい！

A ＜レイアウト＞タブの＜高さを揃える＞や＜幅を揃える＞を利用します。

表全体の列の幅や行の高さを均等に揃えたい場合は、表を選択して、＜レイアウト＞タブの＜高さを揃える＞あるいは＜幅を揃える＞をクリックします。
なお、一部の隣り合う列の幅や行の高さだけを揃えたい場合は、揃えたい列や行をドラッグして選択し、同様に操作します。

1 表を選択します。

2 ＜レイアウト＞タブをクリックして、

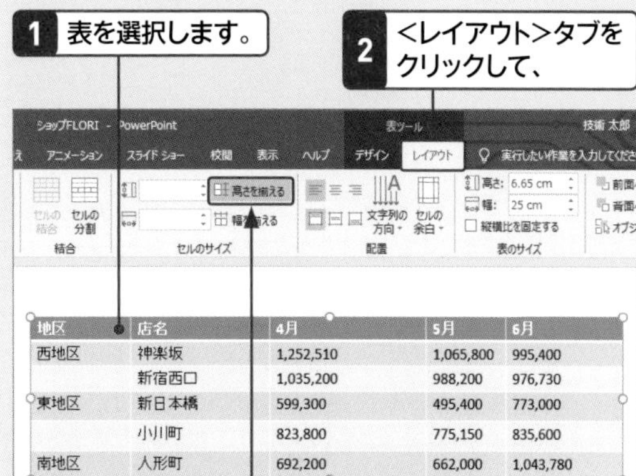

地区	店名	4月	5月	6月
西地区	神楽坂	1,252,510	1,065,800	995,400
	新宿西口	1,035,200	988,200	976,730
東地区	新日本橋	599,300	495,400	773,000
	小川町	823,800	775,150	835,600
南地区	人形町	692,200	662,000	1,043,780

3 ＜高さを揃える＞をクリックすると、

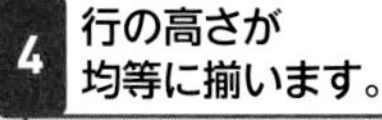

4 行の高さが均等に揃います。

5 ＜幅を揃える＞をクリックすると、

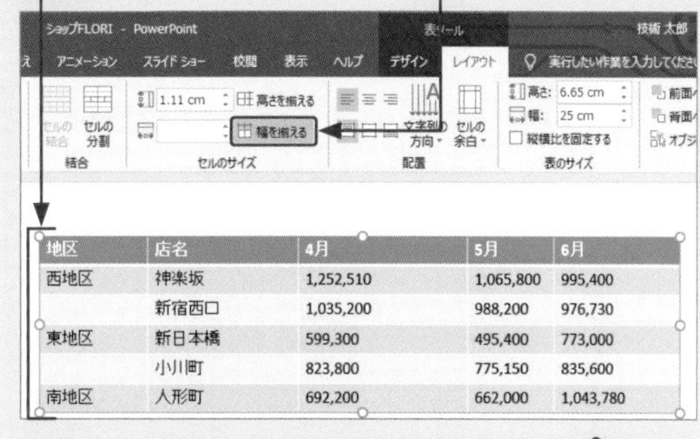

地区	店名	4月	5月	6月
西地区	神楽坂	1,252,510	1,065,800	995,400
	新宿西口	1,035,200	988,200	976,730
東地区	新日本橋	599,300	495,400	773,000
	小川町	823,800	775,150	835,600
南地区	人形町	692,200	662,000	1,043,780

6 列の幅が均等に揃います。

地区	店名	4月	5月	6月
西地区	神楽坂	1,252,510	1,065,800	995,400
	新宿西口	1,035,200	988,200	976,730
東地区	新日本橋	599,300	495,400	773,000
	小川町	823,800	775,150	835,600
南地区	人形町	692,200	662,000	1,043,780

重要度★★★ セルと文字

Q 293 セルを1つにまとめたい！

A ＜レイアウト＞タブの＜セルの結合＞をクリックします。

隣接する複数のセルを1つにまとめることを「セルの結合」といいます。セルを結合するには、結合したいセルをドラッグして選択し、＜レイアウト＞タブの＜セルの結合＞をクリックします。

結合するそれぞれのセルに文字が入力されている場合は、結合されたセルに改行された状態で残ります。

1 結合したいセルをドラッグして選択します。

2 ＜レイアウト＞タブをクリックして、

3 ＜セルの結合＞をクリックすると、

4 セルが結合されます。

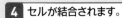

地区	店名	4月	5月	6月
西地区	神楽坂	1,252,510	1,065,800	995,400
	新宿西口	1,035,200	988,200	976,730
東地区	新日本橋	599,300	495,400	773,000
	小川町	823,800	775,150	835,600
南地区	人形町	692,200	662,000	1,043,780
	清澄白川	654,000	588,200	745,240

5 ほかのセルも同様の方法で結合します。

地区	店名	4月	5月	6月
西地区	神楽坂	1,252,510	1,065,800	995,400
	新宿西口	1,035,200	988,200	976,730
東地区	新日本橋	599,300	495,400	773,000
	小川町	823,800	775,150	835,600
南地区	人形町	692,200	662,000	1,043,780
	清澄白川	654,000	588,200	745,240

重要度★★★ セルと文字

Q 294 セルを分割したい！

A ＜レイアウト＞タブの＜セルの分割＞を利用します。

1つのセルを複数のセルに分けることを「セルの分割」といいます。セルを分割するには、分割するセルにカーソルを移動して、＜レイアウト＞タブの＜セルの分割＞をクリックし、分割する列数と行数を指定します。複数のセルをまとめて分割する場合は、複数のセルをドラッグして選択し、同様に操作します。

1 分割したいセルをクリックします。

2 ＜レイアウト＞タブをクリックして、

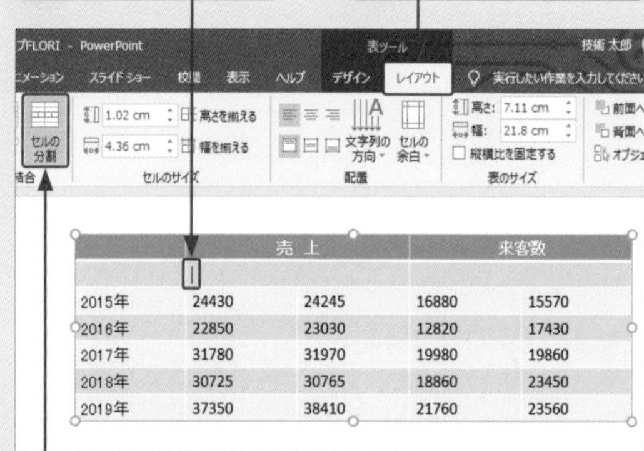

3 ＜セルの分割＞をクリックします。

4 列数と行数を指定して、

5 ＜OK＞をクリックすると、

6 セルが分割されます。

	売上		来客数	
2015年	24430	24245	16880	15570
2016年	22850	23030	12820	17430
2017年	31780	31970	19980	19860
2018年	30725	30765	18860	23450
2019年	37350	38410	21760	23560

Q 295 入力するセルにすばやく移動したい!

A [Tab]で右のセル、[Shift]+[Tab]で左のセルに移動します。

表に文字を入力する際にカーソルをすばやく移動するには、キーを利用します。[Tab]を押すと、右のセル（最終セルでは次の行の先頭セル）へカーソルが移動します。[Shift]+[Tab]を押すと、左のセル（先頭セルでは前行末のセル）にカーソルが移動します。

1 文字を入力して[Tab]を押すと、

区分	2017年	2018年	2019年	2020（予想）
東葛飾地域	687,197			

2 右のセルにカーソルが移動します。

区分	2017年	2018年	2019年	2020（予想）
東葛飾地域	687,197			

3 表の最後のセルで[Tab]を押すと、

区分	2017年	2018年	2019年	2020（予想）
東葛飾地域	687,197	684,621	698,534	670,431

4 次の行の先頭セルにカーソルが移動します。

区分	2017年	2018年	2019年	2020（予想）
東葛飾地域	687,197	684,621	698,534	670,431

Q 296 セル内の文字を中央や右に揃えたい!

A ＜レイアウト＞タブの＜中央揃え＞や＜右揃え＞を利用します。

セル内に文字を入力すると、左揃えで配置されます。セル内の文字の配置を中央に揃えるには、セルを選択して＜レイアウト＞タブの＜中央揃え＞をクリックします。右揃えにするには＜右揃え＞をクリックします。
また、表を選択した状態で＜右揃え＞や＜中央揃え＞をクリックすると、表全体の文字の位置が変わります。

1 セルをドラッグして選択します。

2 ＜レイアウト＞タブをクリックして、

3 ＜中央揃え＞をクリックすると、

区分	2017年	2018年	2019年	2020（予想）
東葛飾地域	687,197	684,621	698,534	670,431
北総地域	225,865	213,487	265,472	254,369
九十九里地域	254,578	243,987	256,729	258,934
南房総地域	669,962	630,887	657,890	684,560

4 選択したセルの文字が中央に配置されます。

区分	2017年	2018年	2019年	2020（予想）
東葛飾地域	687,197	684,621	698,534	670,431
北総地域	225,865	213,487	265,472	254,369
九十九里地域	254,578	243,987	256,729	258,934
南房総地域	669,962	630,887	657,890	684,560

5 セルをドラッグし、＜右揃え＞をクリックすると、選択したセルを右揃えに設定できます。

区分	2017年	2018年	2019年	2020（予想）
東葛飾地域	687,197	684,621	698,534	670,431
北総地域	225,865	213,487	265,472	254,369
九十九里地域	254,578	243,987	256,729	258,934
南房総地域	669,962	630,887	657,890	684,560

1 基本
2 スライド
3 マスター
4 文字入力
5 アウトライン
6 図形
7 写真・イラスト
8 表
9 グラフ
10 アニメーション
11 切り替え
12 動画・音楽
13 プレゼン
14 印刷
15 保存・共有

重要度★★★　セルと文字

Q 297 セル内の文字の上下の位置を変更したい！

A <レイアウト>タブの<上下中央揃え>や<下揃え>を利用します。

セルに入力した文字の上下の位置は、初期設定では上揃えに配置されます。文字をセルの上下中央に配置したい場合は、表を選択して、＜レイアウト＞タブの＜上下中央揃え＞をクリックします。文字を下揃えにしたい場合は＜下揃え＞をクリックします。
また、一部のセルだけをクリックやドラッグで選択しても、同様の操作が実行できます。

1 表を選択します。

	月	西地区	東地区	南地区
第2四半期	4月	2,287,710	1,423,100	1,346,200
	5月	2,054,000	1,270,550	1,250,200
	6月	1,972,130	1,608,600	1,789,020

2 <レイアウト>タブをクリックして、

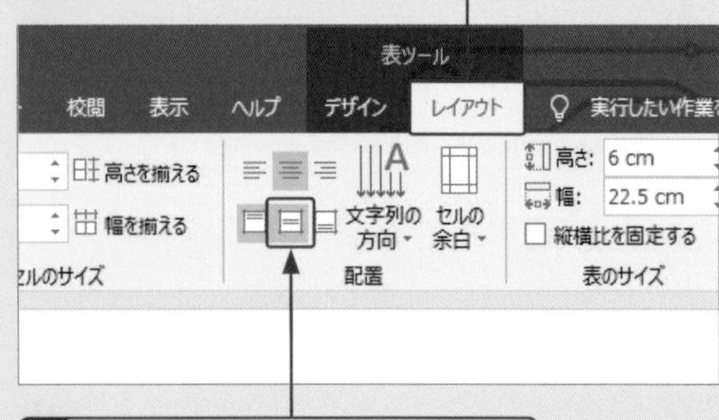

3 <上下中央揃え>をクリックすると、

4 表内の文字が上下中央に配置されます。

	月	西地区	東地区	南地区
第2四半期	4月	2,287,710	1,423,100	1,346,200
	5月	2,054,000	1,270,550	1,250,200
	6月	1,972,130	1,608,600	1,789,020

重要度★★★　セルと文字

Q 298 セル内の余白の広さを変更したい！

A <レイアウト>タブの<セルの余白>から余白を指定します。

セルに入力した文字と罫線との間隔を変更するには、表を選択して、＜レイアウト＞タブの＜セルの余白＞をクリックし、＜狭い＞または＜広い＞を指定します。＜なし＞を指定すると余白が「0」になります。初期設定では＜標準＞に設定されています。

1 表を選択します。

	売上		来客数	
	上半期	下半期	上半期	下半期
2015年	24,430	24,245	16,880	15,570
2016年	22,850	23,030	12,820	17,430
2017年	31,780	31,970	19,980	19,860
2018年	30,725	30,765	18,860	23,450
2019年	37,350	38,410	21,760	23,560

2 <レイアウト>タブをクリックして、

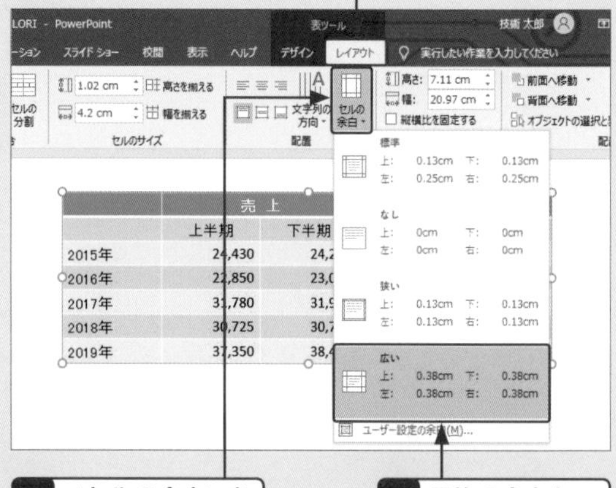

3 <セルの余白>をクリックし、

4 目的の余白をクリックすると、

5 余白が変更されます。

	売上		来客数	
	上半期	下半期	上半期	下半期
2015年	24,430	24,245	16,880	15,570
2016年	22,850	23,030	12,820	17,430
2017年	31,780	31,970	19,980	19,860
2018年	30,725	30,765	18,860	23,450
2019年	37,350	38,410	21,760	23,560

重要度★★★　セルと文字

Q299 セル内の文字を縦書きにしたい！

A <文字列の方向>から<縦書き>をクリックします。

セル内の文字は初期設定では横書きで入力されます。縦書きに変更したい場合は、セルをクリックして、<レイアウト>タブの<文字列の方向>から<縦書き>をクリックします。文字列に半角文字が含まれている場合は、<縦書き（半角文字含む）>をクリックします。

1 セルをクリックします。

	月	西地区	東地区	南地区
第2四半期	4月	2,287,710	1,423,100	1,346,200
	5月	2,054,000	1,270,550	1,250,200
	6月	1,972,130	1,608,600	1,789,020

2 <レイアウト>タブをクリックして、

3 <文字列の方向>をクリックし、

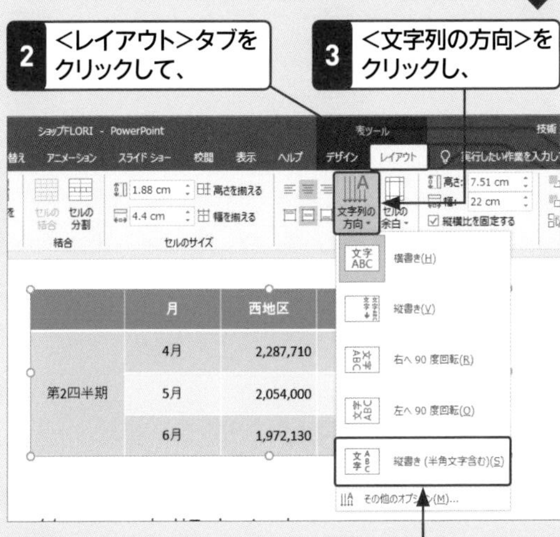

4 <縦書き（半角文字含む）>をクリックすると、

	月	西地区	東地区	南地区
第2四半期	4月	2,287,710	1,423,100	1,346,200
	5月	2,054,000	1,270,550	1,250,200
	6月	1,972,130	1,608,600	1,789,020

5 文字が縦書きになります。

重要度★★★　セルと文字

Q300 表の文字をかんたんに目立たせたい！

A 文字をワードアートに設定します。

表内の文字は、デザインされた文字であるワードアートに設定できます。表内の文字をワードアートにするには、ワードアートにしたい文字、または文字が入力されているセルを選択して、<デザイン>タブの<クイックスタイル>をクリックし、スタイルを指定します。

1 ワードアートにする文字をドラッグして選択します。

	月	西地区	東地区	南地区
第2四半期	4月	2,287,710	1,423,100	1,346,200
	5月	2,054,000	1,270,550	1,250,200
	6月	1,972,130	1,608,600	1,789,020

2 <デザイン>タブをクリックして、

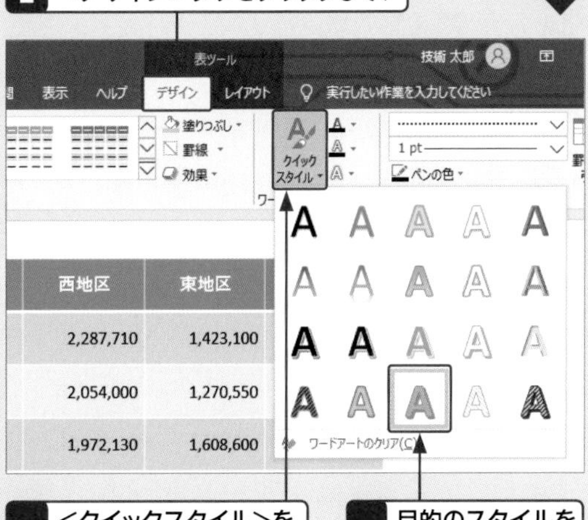

3 <クイックスタイル>をクリックし、

4 目的のスタイルをクリックすると、

5 文字にワードアートスタイルが適用されます。

	月	西地区	東地区	南地区
第2四半期	4月	2,287,710	1,423,100	1,346,200
	5月	2,054,000	1,270,550	1,250,200
	6月	1,972,130	1,608,600	1,789,020

重要度 ★★★ セルと文字

Q 301 表に挿入したワードアートの書式を編集したい!

A <デザイン>タブの<ワードアートのスタイル>を利用します。

文字に設定したワードアートは、文字色や輪郭を変更したり、影や反射、光彩などの文字効果を設定したりすることができます。ワードアートを選択して、<デザイン>タブの<ワードアートのスタイル>グループの各コマンドを利用します。

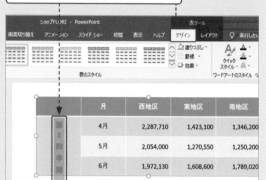

ワードアートを選択して、<デザイン>タブをクリックします。

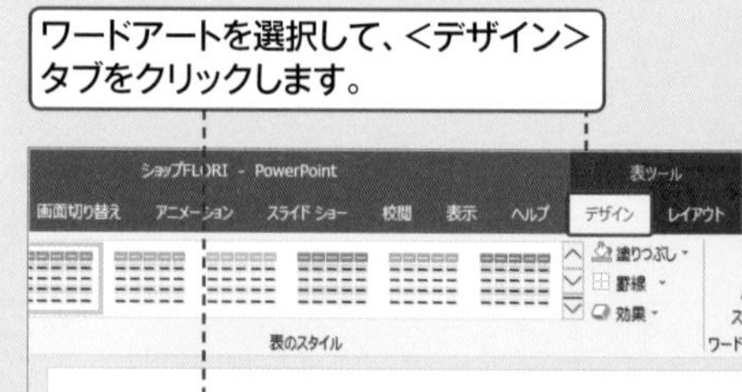

	月	西地区	東地区	南地区
第2四半期	4月	2,287,710	1,423,100	1,346,200
	5月	2,054,000	1,270,550	1,250,200
	6月	1,972,130	1,608,600	1,789,020

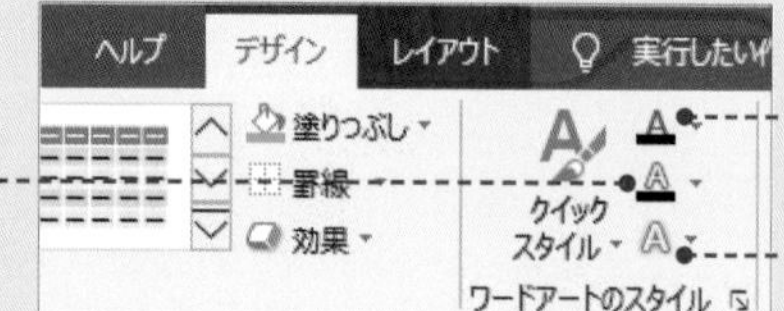

文字の輪郭を変更するときは、<文字の輪郭>を利用します。

文字色を変更するときは、<文字の塗りつぶし>を利用します。

影や反射、光彩などの文字効果を設定する場合は、<文字の効果>を利用します。

重要度 ★★★ 罫線の編集

Q 302 罫線を表に引きたい!

A <デザイン>タブの<罫線を引く>を利用します。

作成した表に罫線を追加するには、表内をクリックして、<デザイン>タブの<罫線を引く>をクリックし、マウスポインターの形が🖉に変わった状態で、罫線を引きたい場所をドラッグします。罫線を引く前に、<ペンのスタイル>や<ペンの太さ>、<ペンの色>で罫線の種類や太さ、色を指定することもできます。

参照▶Q 305, Q 306, Q 307

1 表内をクリックして、<デザイン>タブをクリックし、

2 <罫線を引く>をクリックします。

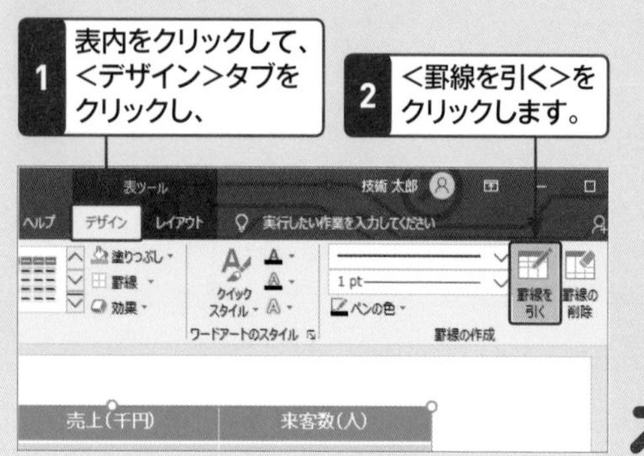

3 罫線を引く場所でドラッグすると、

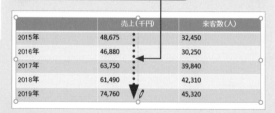

	売上(千円)	来客数(人)
2015年	48,675	32,450
2016年	46,880	30,250
2017年	63,750	39,840
2018年	61,490	42,310
2019年	74,760	45,320

4 罫線が引かれます。

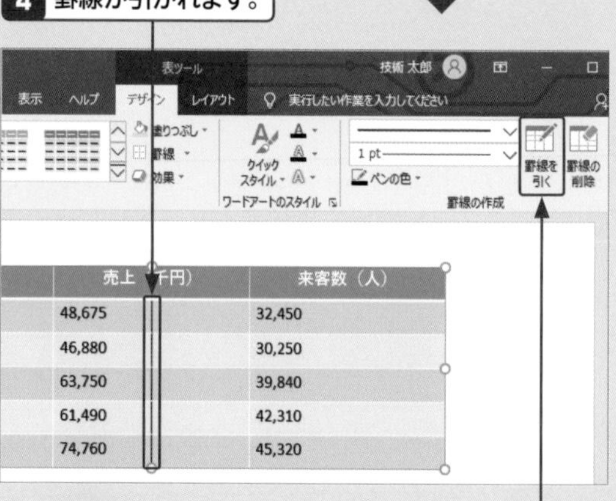

5 再度、<罫線を引く>をクリックするか、Escを押して、ポインターをもとに戻します。

重要度 ★★★　罫線の編集

Q 303 不要な罫線を削除したい！

A <デザイン>タブの<罫線の削除>を利用します。

不要な罫線を削除するには、表内をクリックして、<デザイン>タブの<罫線の削除>をクリックします。マウスポインターの形が に変わった状態で、削除したい罫線上をクリックするか、ドラッグすると、削除されます。

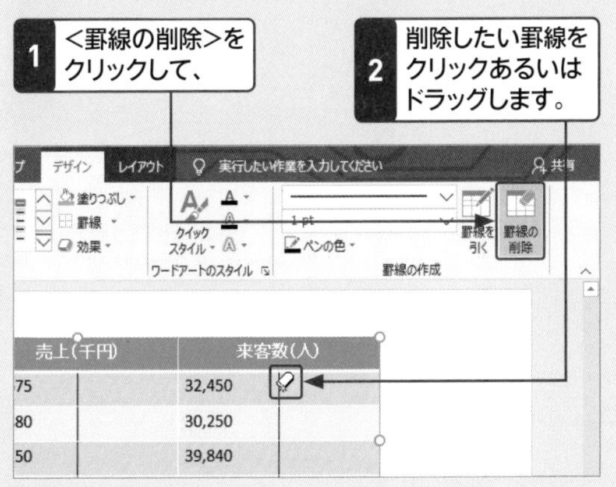

重要度 ★★★　罫線の編集

Q 304 マウスポインターをペンから通常の矢印に戻したい！

A Esc を押すか、直前に操作したコマンドを再度クリックします。

<デザイン>タブの<罫線を引く>や<罫線の削除>をクリックすると、マウスポインターの形がその操作用のポインターに変わります。ポインターを通常の矢印に戻すには、Esc を押すか、もう一度<罫線を引く>（削除の場合は<罫線の削除>）をクリックします。

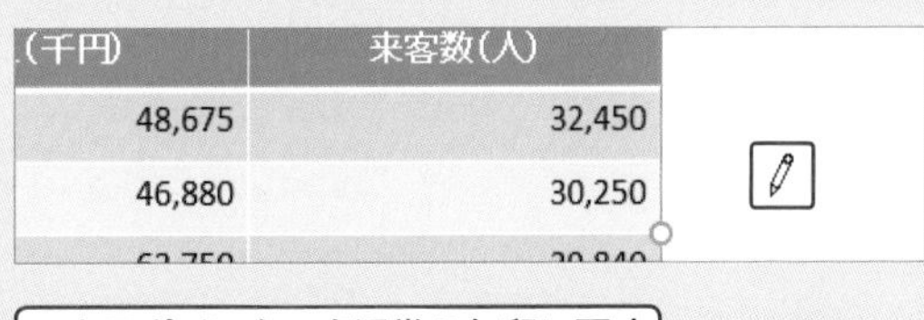

マウスポインターを通常の矢印に戻すには、Esc を押すか、もう一度同じコマンドをクリックします。

.(千円)	来客数(人)
48,675	32,450
46,880	30,250

重要度 ★★★　罫線の編集

Q 305 罫線の種類を変更したい！

A <デザイン>タブの<ペンのスタイル>を利用します。

罫線の種類を変更するには、表内をクリックして、<デザイン>タブの<ペンのスタイル>をクリックします。表示される一覧から線の種類を指定すると、マウスポインターの形が に変わるので、種類を変更したい罫線上をドラッグします。

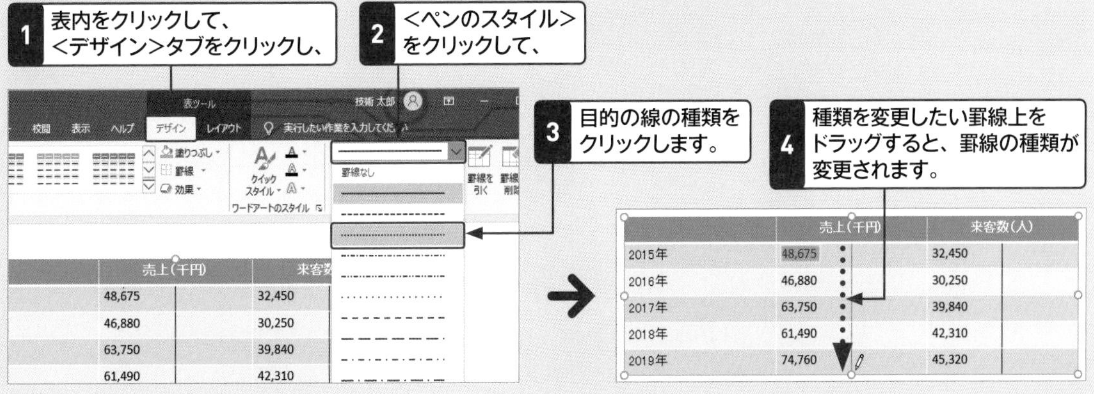

重要度 ★★★ 罫線の編集

Q 306 罫線を太くしたい！

A <デザイン>タブの<ペンの太さ>を利用します。

罫線の太さを変更するには、表内をクリックして、<デザイン>タブの<ペンの太さ>をクリックします。表示される一覧から罫線の太さを指定して、マウスポインターの形が✎に変わった状態で、太さを変更したい罫線上をドラッグします。

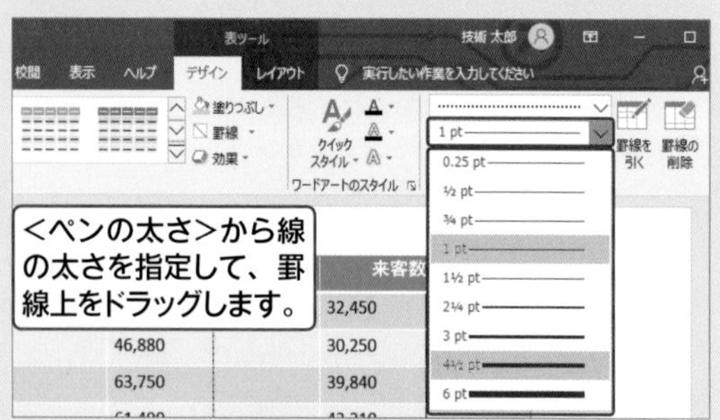

重要度 ★★★ 罫線の編集

Q 307 罫線の色を変更したい！

A <デザイン>タブの<ペンの色>を利用します。

罫線の色を変更するには、表内をクリックして、<デザイン>タブの<ペンの色>をクリックします。表示される一覧から色を指定して、マウスポインターの形が✎に変わった状態で、色を変更したい罫線上をドラッグします。

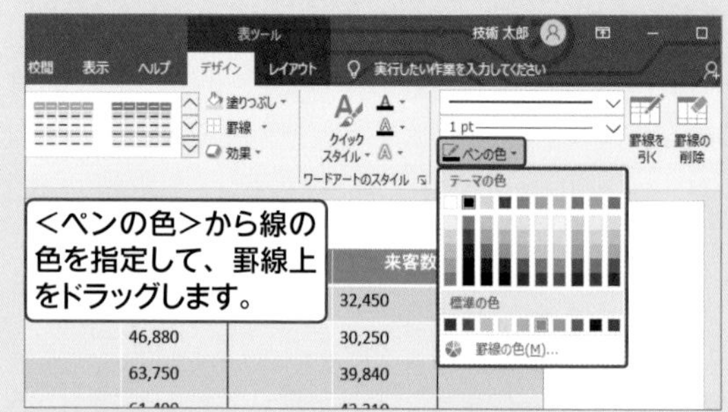

重要度 ★★★ 罫線の編集

Q 308 斜線を引きたい！

A <デザイン>タブの<罫線>の<斜め罫線>を指定します。

セルに斜線を引くには、斜線を引きたいセルにカーソルを移動して、<デザイン>タブの<罫線>の▾をクリックし、一覧から<斜め罫線(右下がり)>あるいは<斜め罫線(右上がり)>をクリックします。なお、罫線の書式は、前回の設定が反映されるので、必要に応じて、罫線の種類や太さ、色を指定してから罫線を引きます。

参照▶Q 305, Q 306, Q 307

1 斜線を引くセルをクリックします。

2 <デザイン>タブをクリックして、

3 <罫線>のここをクリックし、

4 <斜め罫線(右下がり)>をクリックすると、

5 斜めの罫線が引かれます。

ショップFLORI - PowerPoint　表ツール　アニメーション　スライドショー　校閲　表示　ヘルプ　デザイン　レイアウト　表のスタイル　塗りつぶし　罫線

枠なし(N)　格子(A)　外枠(S)　罫線(内側)(I)　上罫線(P)　下罫線(B)　左罫線(L)　右罫線(R)　横罫線(内側)(H)　縦罫線(内側)(V)　斜め罫線(右下がり)(W)　斜め罫線(右上がり)(U)

	売上		来客数	
	上半期	下半期	上半期	下半期
2015年	24,430	24,245	16,880	15,570
2016年	22,850	23,030	12,820	17,430
2017年	31,780	31,970	19,980	19,860
2018年	30,725	30,765	18,860	23,450
2019年	37,350	38,410	21,760	23,560

Q 309 表のデザインを変更したい！

A ＜デザイン＞タブの＜表のスタイル＞から設定します。

作成した表には、設定しているテーマやバリエーションに基づいた色や書式が適用されます。表のスタイルを別のスタイルに変更したい場合は、＜デザイン＞タブの＜表のスタイル＞から設定します。表のスタイルには、セルの背景色や罫線の色、罫線の太さなどを組み合わせたスタイルが多数用意されています。

1 表を選択します。

2 ＜デザイン＞タブをクリックして、

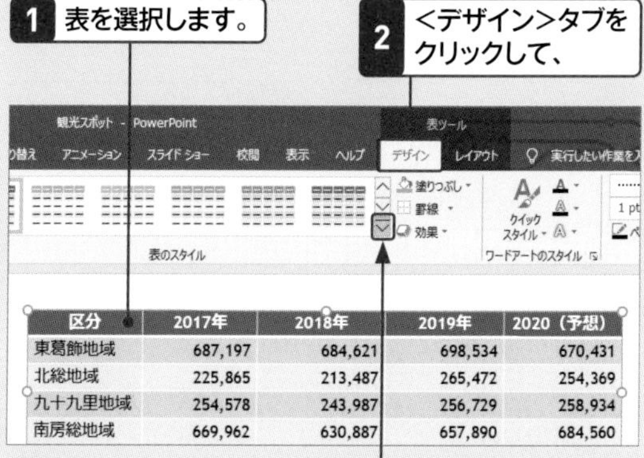

3 ＜表のスタイル＞の＜その他＞をクリックし、

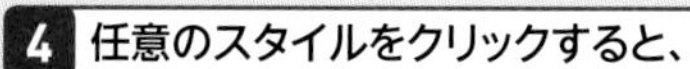

4 任意のスタイルをクリックすると、

5 表のスタイルが変更されます。

区分	2017年	2018年	2019年	2020（予想）
東葛飾地域	687,197	684,621	698,534	670,431
北総地域	225,865	213,487	265,472	254,369
九十九里地域	254,578	243,987	256,729	258,934
南房総地域	669,962	630,887	657,890	684,560
合計	1,837,602	1,772,982	1,878,625	1,868,294

Q 310 特定のセルに色を付けたい！

A ＜デザイン＞タブの＜塗りつぶし＞から色を指定します。

セルに色を付けるには、色を付けるセルをクリックして、＜デザイン＞タブの＜塗りつぶし＞の右側をクリックし、表示される一覧から色を指定します。単色だけでなく、＜グラデーション＞や＜テクスチャ＞を設定することもできます。

1 色を付けたいセルをクリックします。

2017年	2018年	2019年	2020（予想）
687,197	684,621	698,534	670,431
225,865	213,487	265,472	254,369
254,578	243,987	256,729	258,934
669,962	630,887	657,890	684,560

2 ＜デザイン＞タブをクリックして、

3 ＜塗りつぶし＞の右側をクリックし、

4 目的の色をクリックすると、

5 指定したセルに色が付きます。

2017年	2018年	2019年	2020（予想）
687,197	684,621	698,534	670,431
225,865	213,487	265,472	254,369
254,578	243,987	256,729	258,934
669,962	630,887	657,890	684,560

基本 1 スライド 2 マスター 3 文字入力 4 アウトライン 5 図形 6 写真・イラスト 7 表 8 グラフ 9 アニメーション 10 切り替え 11 動画・音楽 12 プレゼン 13 印刷 14 保存・共有 15

重要度 ★★★ デザインの設定

Q 311 表の色やデザインをまとめてリセットしたい！

A <表のスタイル>の一覧で<表のクリア>をクリックします。

テーマに基づいて設定されているスタイルや、ユーザーが任意に設定したスタイルをまとめてリセットするには、表を選択して、<デザイン>タブの<表のスタイル>の<その他>をクリックし、表示される一覧から<表のクリア>をクリックします。

1 表を選択します。

2 <デザイン>タブをクリックして、

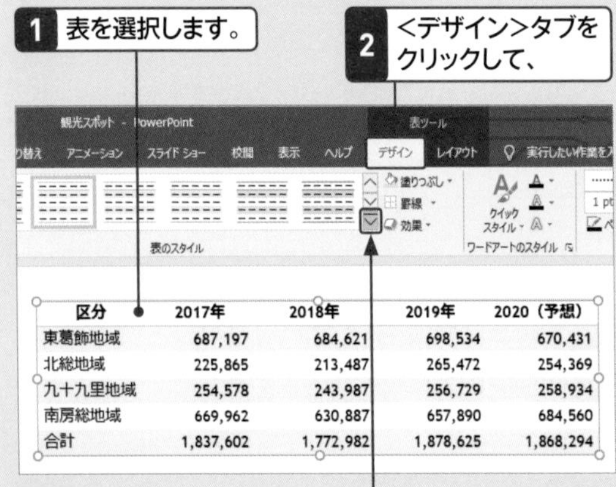

3 <表のスタイル>の<その他>をクリックします。

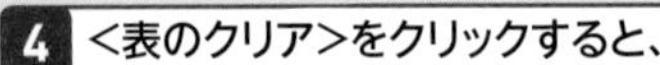
4 <表のクリア>をクリックすると、

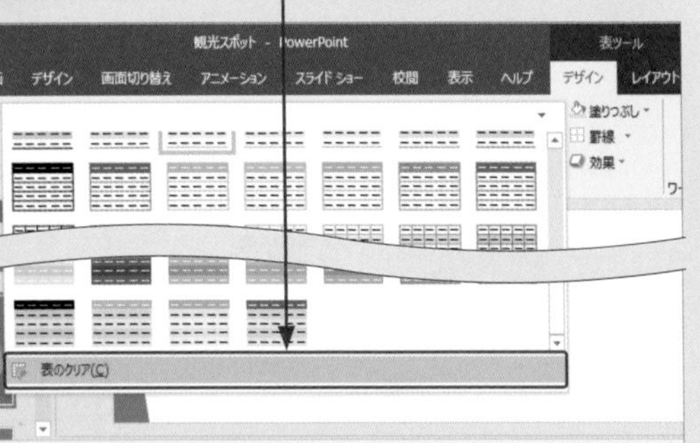

5 設定した書式がまとめて解除されます。

区分	2017年	2018年	2019年	2020（予想）
東葛飾地域	687,197	684,621	698,534	670,431
北総地域	225,865	213,487	265,472	254,369
九十九里地域	254,578	243,987	256,729	258,934
南房総地域	669,962	630,887	657,890	684,560
合計	1,837,602	1,772,982	1,878,625	1,868,294

重要度 ★★★ デザインの設定

Q 312 表を縞模様にして見やすくしたい！

A <デザイン>タブの<表スタイルのオプション>を利用します。

<デザイン>タブの<表スタイルのオプション>を利用すると、タイトル行や集計行など、表の特定の部分のスタイルを変更することができます。それぞれの項目をオンにした結果は、表に設定しているスタイルによって異なります。初期設定では<タイトル行>と<縞模様（行）>がオンになっています。
ここでは、<縞模様（行）>をオフにして、<縞模様（列）>をオンにしてみましょう。

1 表を選択して、

2 <デザイン>タブをクリックします。

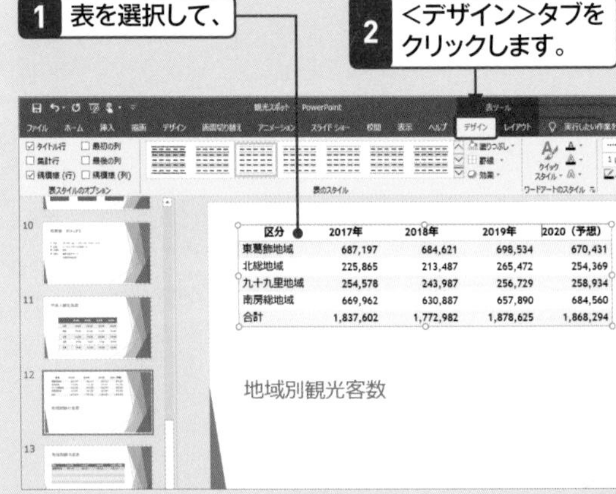

3 <縞模様（行）>をクリックしてオフにし、

4 <縞模様（列）>をクリックしてオンにすると、

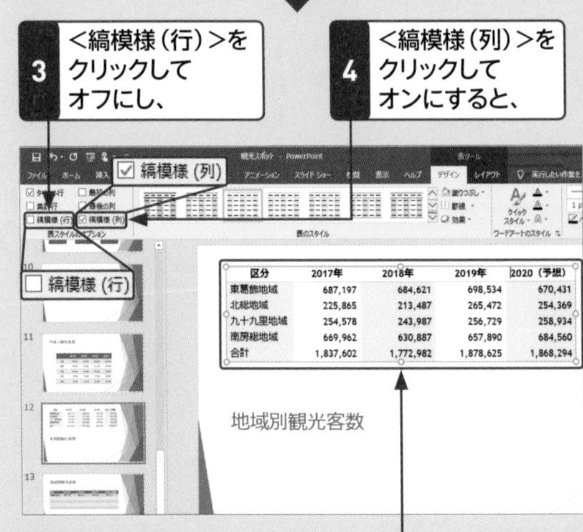

5 縞模様のデザインが変更されます。

重要度 ★★★ デザインの設定

Q 313 タイトルの行を見やすくしたい！

A <表スタイルのオプション>の<タイトル行>をオンにします。

<デザイン>タブの<表スタイルのオプション>を利用すると、表の特定の部分のスタイルを変更することができます。<タイトル行>は初期設定でオンになっています。タイトル行に色が付いていない表スタイルを設定している場合は、文字が強調表示されます。

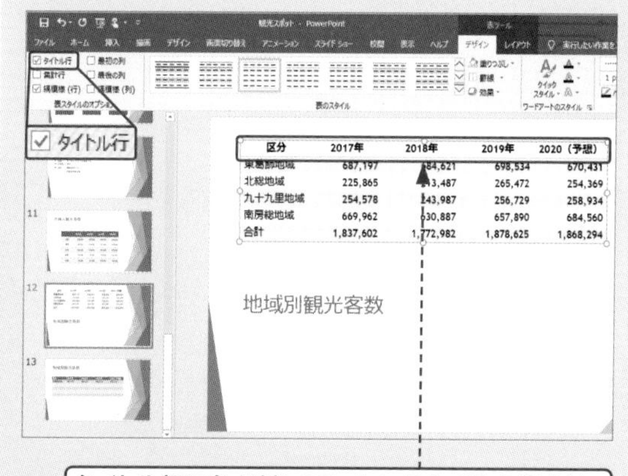

タイトル行に色が付いていないスタイルの場合は、文字が強調表示されます。

重要度 ★★★ デザインの設定

Q 314 集計行を強調したい！

A <表スタイルのオプション>の<集計行>をオンにします。

<デザイン>タブの<表スタイルのオプション>を利用すると、表の特定の部分のスタイルを変更することができます。表の集計行を強調したいときは、スタイルを設定した表をクリックして、<デザイン>タブの<表スタイルのオプション>の<集計行>をクリックしてオンにします。

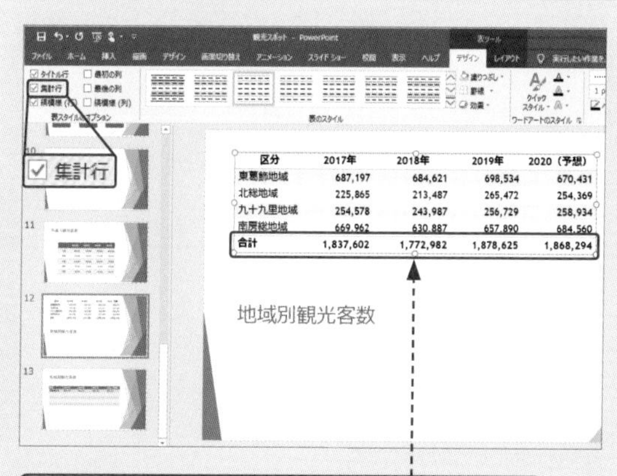

<集計行>をオンにすると、集計行のスタイルが変更されます。

重要度 ★★★ デザインの設定

Q 315 最初／最後の列を目立たせたい！

A <デザイン>タブの<表スタイルのオプション>を利用します。

<デザイン>タブの<表スタイルのオプション>を利用すると、表の特定の部分のスタイルを変更することができます。スタイルを設定した表をクリックして、最初の列を目立たせたい場合は<最初の列>を、最後の列を目立たせたい場合は<最後の列>をクリックしてオンにします。

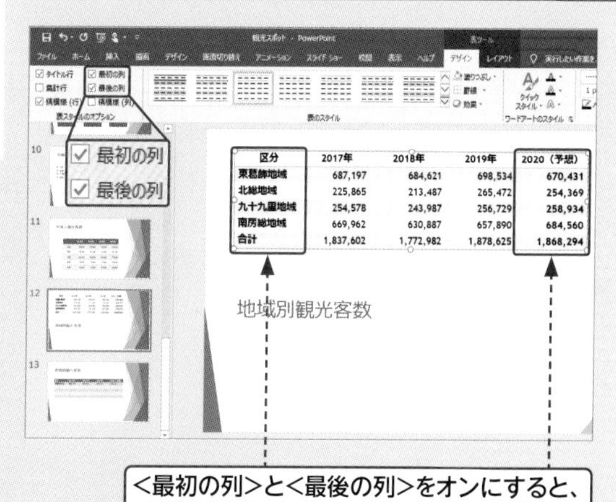

<最初の列>と<最後の列>をオンにすると、最初と最後の列のスタイルが変更されます。

重要度 ★★★ デザインの設定

Q 316 表を立体的にしたい！

A <効果>から<セルの面取り>を設定します。

表には影や反射、面取りなどの効果を設定することができます。表を立体的に見せるには、面取りを設定します。表を選択して、<デザイン>タブの<効果>をクリックし、<セルの面取り>にマウスポインターを合わせ、表示される一覧から面取りの種類を指定します。設定した効果を解除するには、同様に操作して、一覧から<面取りなし>をクリックします。

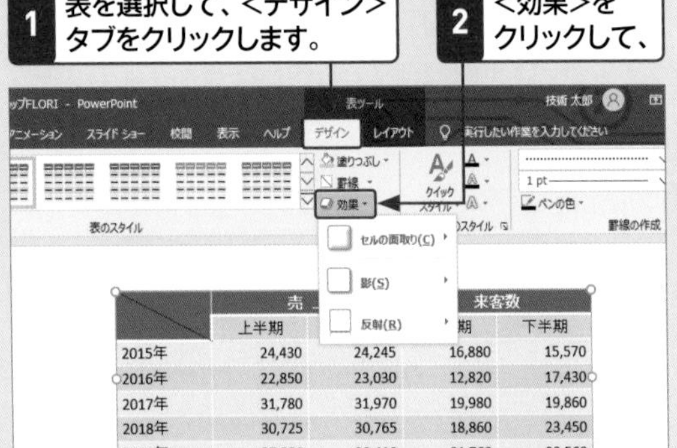

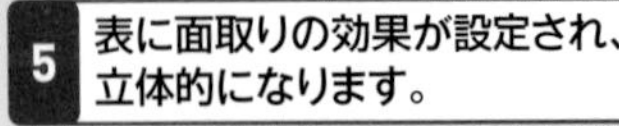

	売上		来客数	
	上半期	下半期	上半期	下半期
2015年	24,430	24,245	16,880	15,570
2016年	22,850	23,030	12,820	17,430
2017年	31,780	31,970	19,980	19,860
2018年	30,725	30,765	18,860	23,450
2019年	37,350	38,410	21,760	23,560

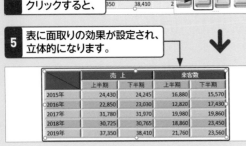

重要度 ★★★ デザインの設定

Q 317 表に影を付けたい！

A <効果>から<影>を設定します。

表全体に影を付けるには、表を選択して、<デザイン>タブの<効果>をクリックし、<影>にマウスポインターを合わせ、影の種類を指定します。解除するには、同様に操作して、一覧から<影なし>をクリックします。

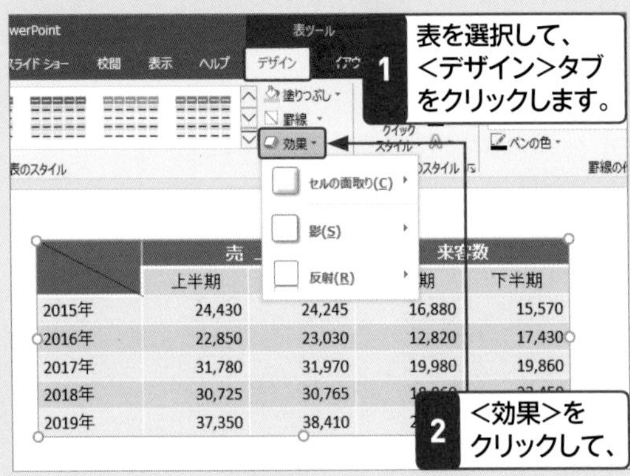

1 表を選択して、<デザイン>タブをクリックします。
2 <効果>をクリックして、

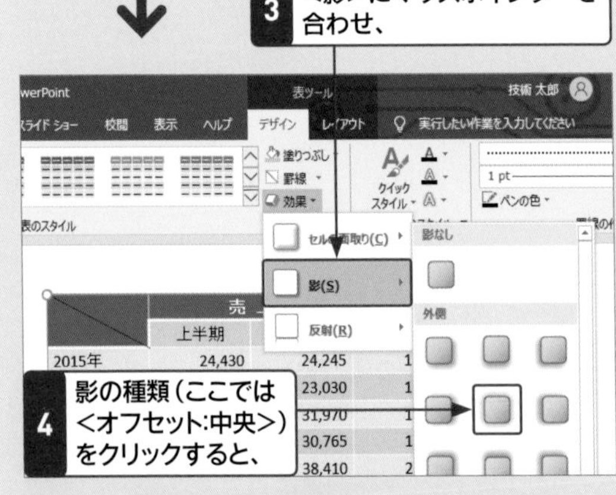

3 <影>にマウスポインターを合わせ、
4 影の種類（ここでは<オフセット:中央>）をクリックすると、

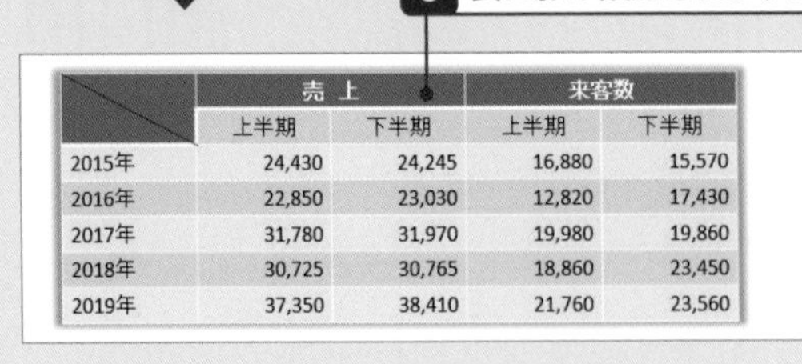

	売上		来客数	
	上半期	下半期	上半期	下半期
2015年	24,430	24,245	16,880	15,570
2016年	22,850	23,030	12,820	17,430
2017年	31,780	31,970	19,980	19,860
2018年	30,725	30,765	18,860	23,450
2019年	37,350	38,410	21,760	23,560

重要度 ★★★　サイズと比率

Q 318 表の大きさを数値で指定して変更したい！

A <レイアウト>タブの<高さ>と<幅>で数値を指定します。

表のサイズを数値で指定して変更するには、表を選択して、<レイアウト>タブの<表のサイズ>グループで、<高さ>や<幅>の数値を指定します。

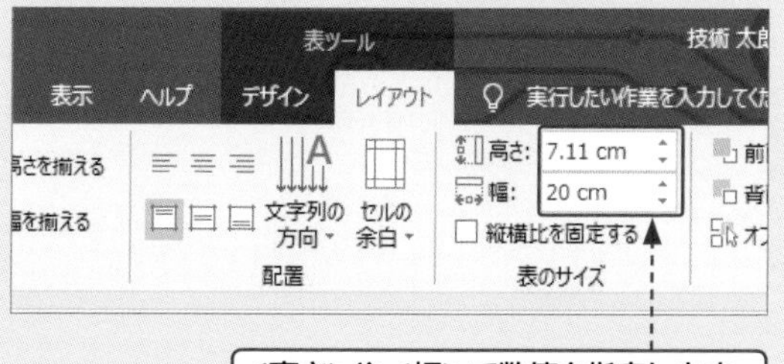

重要度 ★★★　サイズと比率

Q 319 表の縦横の比率を固定したい！

A <レイアウト>タブの<縦横比を固定する>をオンにします。

表の縦横の比率を固定するには、表を選択して、<レイアウト>タブの<縦横比を固定する>をクリックしてオンにします。縦横比を固定すると、<高さ>や<幅>のどちらか一方でサイズを指定すると、縦横比を保った状態でサイズが変更されます。

また、ハンドルをドラッグして大きさを変える場合は、Shift を押しながら四隅のハンドルをドラッグすると、縦横比を保ったままサイズを変えることができます。

参照▶Q 318

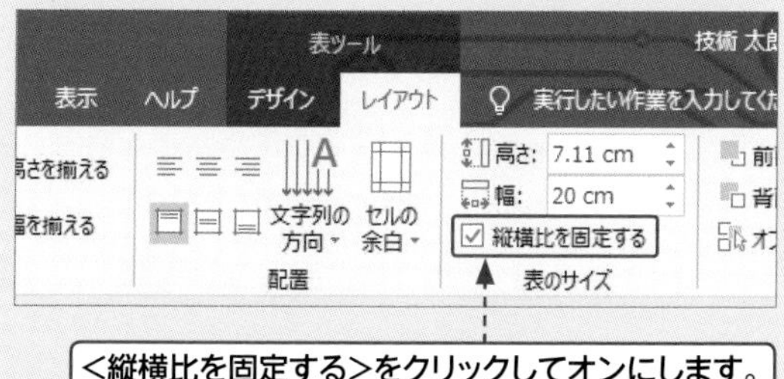

<縦横比を固定する>をクリックしてオンにします。

重要度 ★★★　Excelとの連携

Q 320 Excelで作った表を挿入したい！

A Excelで作成した表をコピーしてスライドに貼り付けます。

Excelで作成した表をPowerPointに貼り付けるには、Excelで表の範囲を選択して、<ホーム>タブの<コピー>をクリックします。続いて、PowerPointに切り替えて<貼り付け>をクリックします。貼り付けた表は、PowerPointで作成した表と同様に編集することができます。また、貼り付ける際に、形式を指定して貼り付けることもできます。

参照▶Q 321

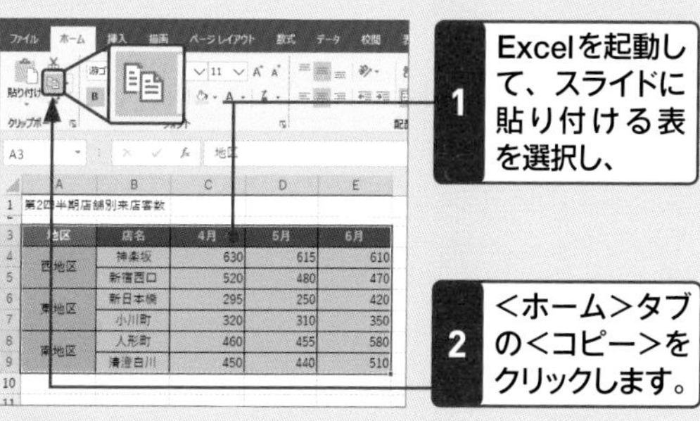

3 PowerPointに切り替えて、貼り付けるスライドを表示します。

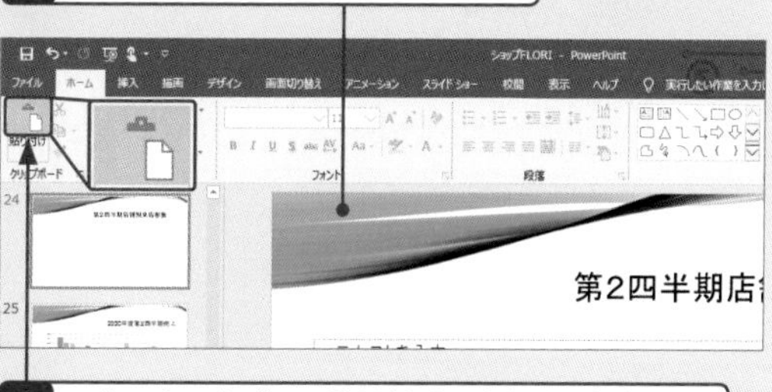

4 <ホーム>タブの<貼り付け>をクリックすると、

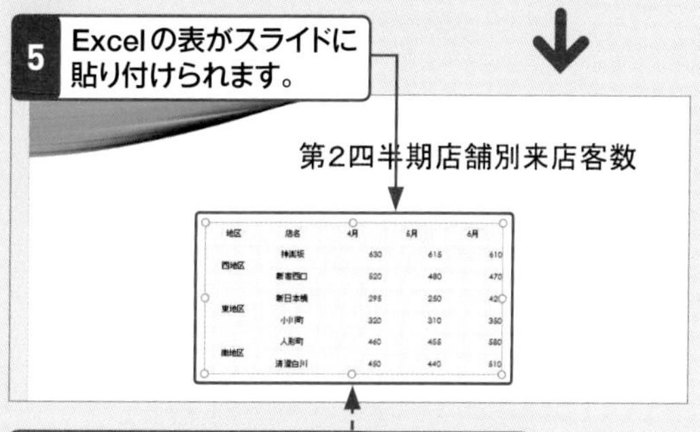

5 Excelの表がスライドに貼り付けられます。
第2四半期店舗別来店客数

貼り付けた表は、スライドに設定しているテーマに合わせて表示されます。

Q 321 「貼り付けのオプション」について知りたい！

A 表の貼り付ける形式を指定することができます。

Excelで作成した表をPowerPointに貼り付けると、初期設定では、スライドに設定しているスタイルに合わせて表示されますが、貼り付ける際に、<貼り付け>の下の部分をクリックすると表示される<貼り付けのオプション>を利用すると、貼り付ける形式を指定することができます。

また、貼り付けたあとに表示される<貼り付けのオプション>をクリックしても、貼り付ける形式を変更することができます。

<貼り付け>の下の部分をクリックすると、貼り付ける形式を指定できます。

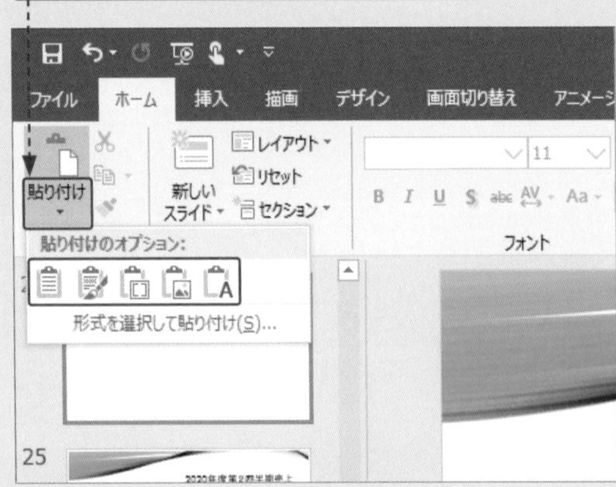

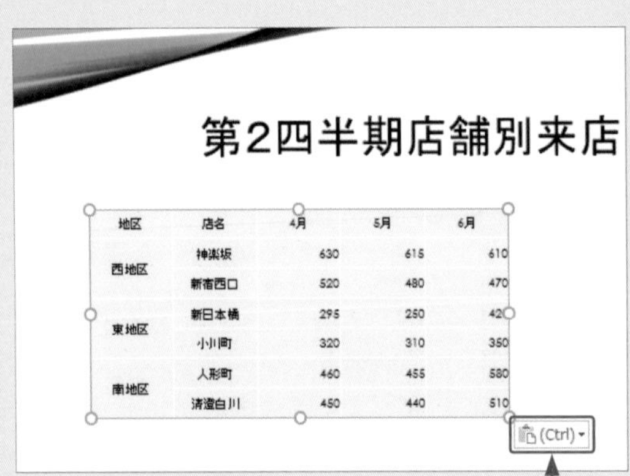

貼り付けたあとに表示される<貼り付けのオプション>をクリックしても、貼り付ける形式を変更できます。

● 貼り付けのオプション

項目	概要
貼り付け先のスタイルを使用	貼り付け先のスライドの書式に合わせて表が貼り付けられます。
元の書式を保持	Excelで設定した書式を保持して貼り付けられます。
埋め込み	Excelのオブジェクトとして貼り付けられます。表をダブルクリックすると、リボンがExcelのものに切り替わり修正することができます。
図	表が図として貼り付けられます。表の編集は行えません。
テキストのみ保持	表の枠を解除して文字のみが貼り付けられます。

● コピー元の表

第2四半期店舗別来店客数

地区	店名	4月	5月	6月
西地区	神楽坂	630	615	610
	新宿西口	520	480	470
東地区	新日本橋	295	250	420
	小川町	320	310	350
南地区	人形町	460	455	580
	清澄白川	450	440	510

● <元の書式を保持>して貼り付けた場合

第2四半期店舗別来店客数

● <図>として貼り付けた場合

● <テキストのみ保持>して貼り付けた場合

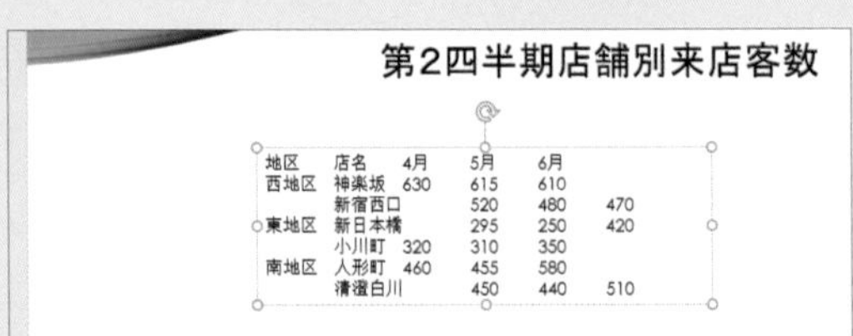

第9章

グラフの活用技!

322 >>> 325 グラフの挿入

326 >>> 329 データの編集

330 >>> 336 デザインの編集

337 >>> 346 グラフ要素の表示方法

347 >>> 349 棒グラフのテクニック

350 >>> 353 折れ線グラフのテクニック

354 >>> 355 円グラフのテクニック

356 >>> 358 応用的なグラフ

Q 322 グラフをスライドに挿入したい！

A プレースホルダー内の<グラフの挿入>を利用します。

グラフをスライドに挿入するには、プレースホルダーの<グラフの挿入>をクリックします。プレースホルダー以外の場所にグラフを挿入する場合は、<挿入>タブの<グラフ>をクリックします。
<グラフの挿入>ダイアログボックスが表示されるので、グラフの種類と目的のグラフを選択して<OK>をクリックすると、サンプルデータが入力されたワークシートと、サンプルデータに対応したグラフがスライドに表示されます。サンプルデータに代えて実際のデータを入力すると、入力したデータがグラフに反映されます。
なお、サンプルデータと実際に入力するデータの範囲が異なる場合は、ワークシート内の右下にあるハンドル■をドラッグして、範囲を指定します。

1 プレースホルダーの<グラフの挿入>をクリックします。

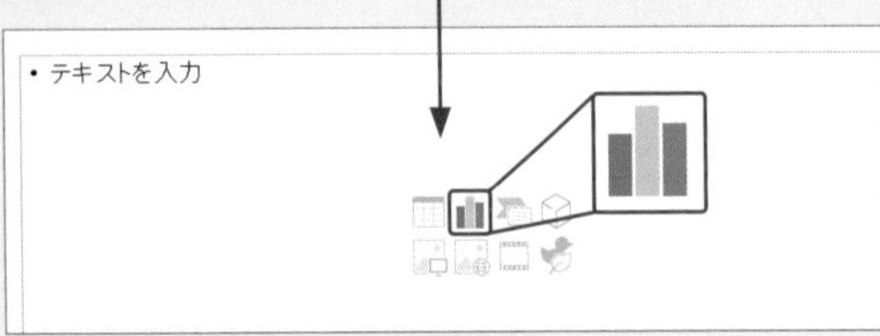

2 グラフの種類をクリックして、

3 目的のグラフをクリックし、

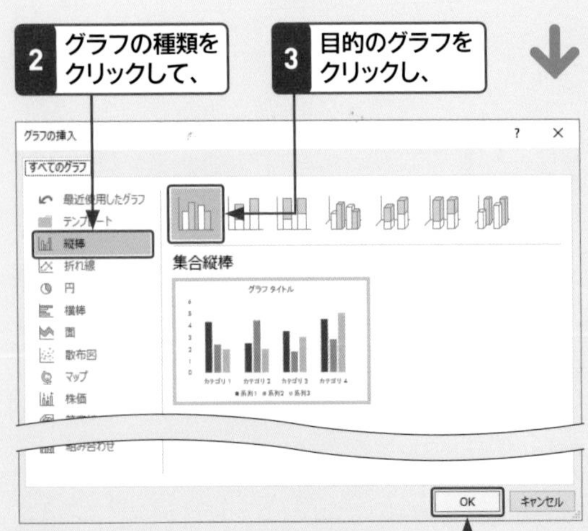

4 <OK>をクリックすると、

5 サンプルデータが入力されたワークシートが表示され、

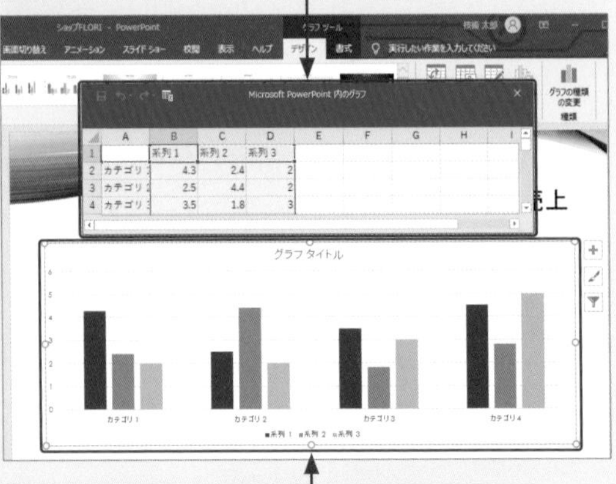

6 スライドにサンプルグラフが表示されます。

7 グラフにするデータを入力して、

8 <閉じる>をクリックすると、

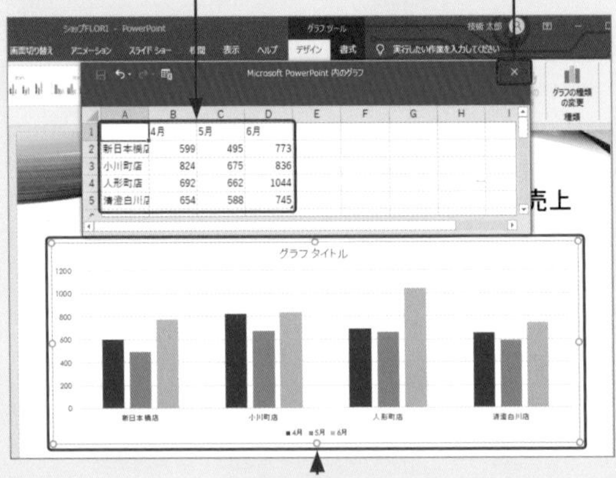

入力したデータは、すぐに反映されます。

9 グラフが作成されます。

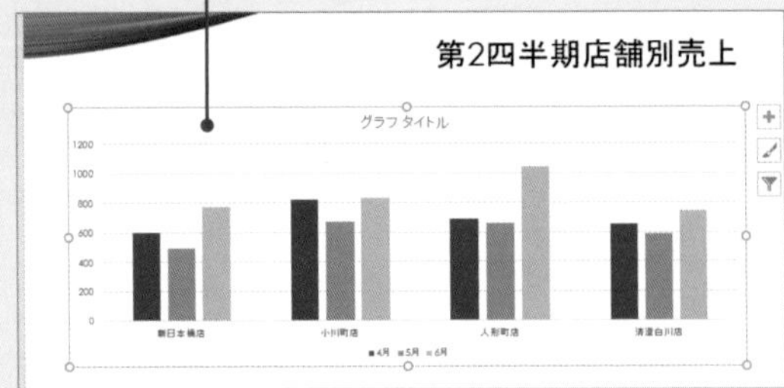

重要度★★★ グラフの挿入

Q 323 PowerPointではどんなグラフが使える？

A 棒、折れ線、円、面など、いろいろな種類のグラフを利用できます。

PowerPointには、棒グラフ、折れ線グラフ、円グラフなどの一般的なグラフのほかに、面グラフ、散布図、レーダーチャート図など、さまざまな種類のグラフが用意されています。

また、PowerPoint 2019には、じょうごグラフとマップグラフが追加されました。

● おもなグラフの種類と用途

●縦棒グラフ

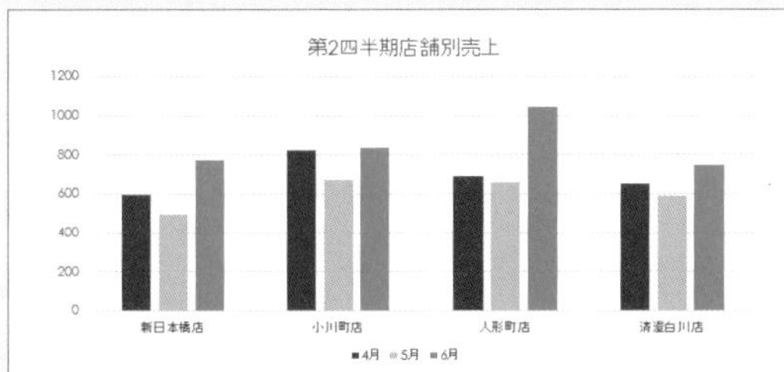

項目間の比較や一定期間のデータの変化を表します。

●折れ線グラフ

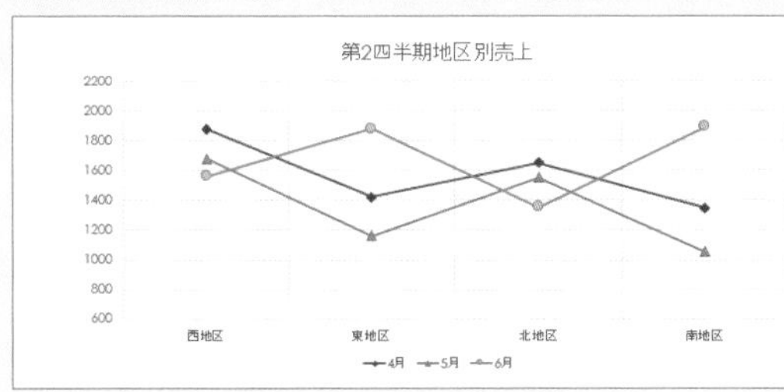

時間の経過に伴うデータの推移を表します。

●円グラフ

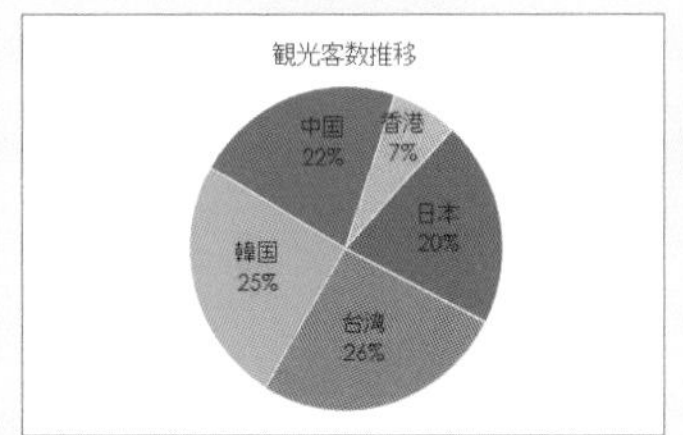

全体に占める各項目の割合を表します。

●面グラフ

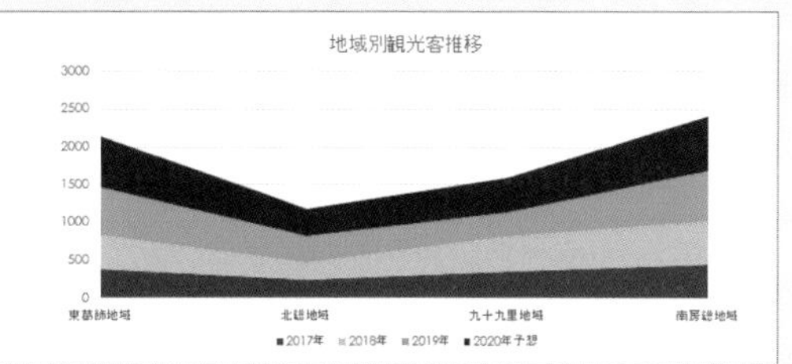

時間の経過に伴うデータの推移をより視覚的に表します。

●レーダーチャート

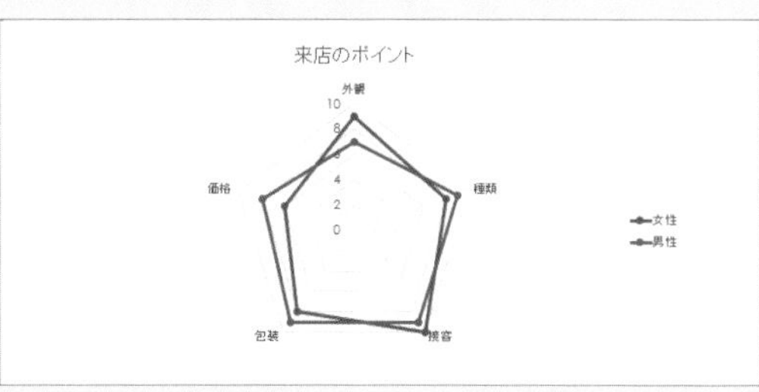

相対的なバランスを見たり、ほかの系列と比較したりするときに利用します。

●じょうごグラフ

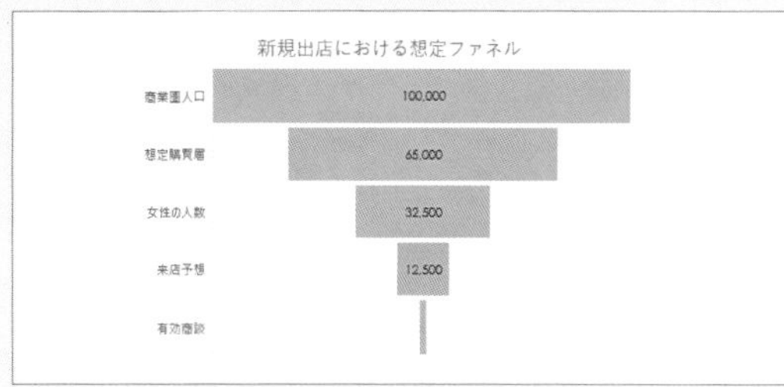

段階ごとの相対的な数値の変化を表します。

●マップグラフ

各国の人口やGDPなどのデータを地図上に表示させるときに利用します。

重要度 ★★★ グラフの挿入

Q 324 グラフの編集に使う用語について知りたい!

A 下図でグラフの構成要素を確認しましょう。

グラフを構成する部品のことを「グラフ要素」といいます。グラフ要素にはそれぞれ名前が付いており、マウスポインターを合わせると、名前がヒント（ポップヒント）で表示されます。グラフを編集する場合は、グラフ要素を知っておくと操作がスムーズに進みます。
ここで、おもなグラフ要素を確認しておきましょう。

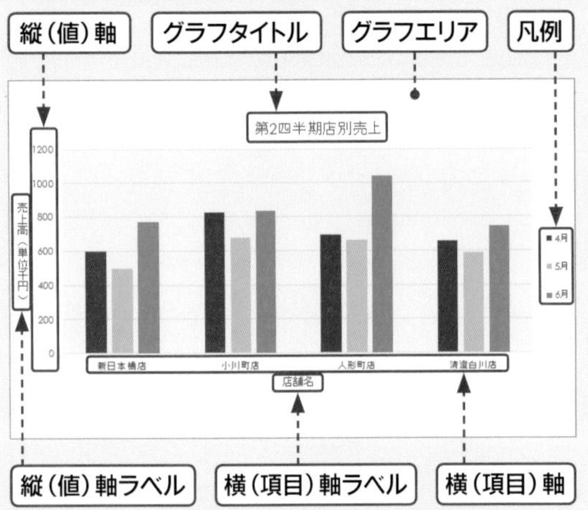

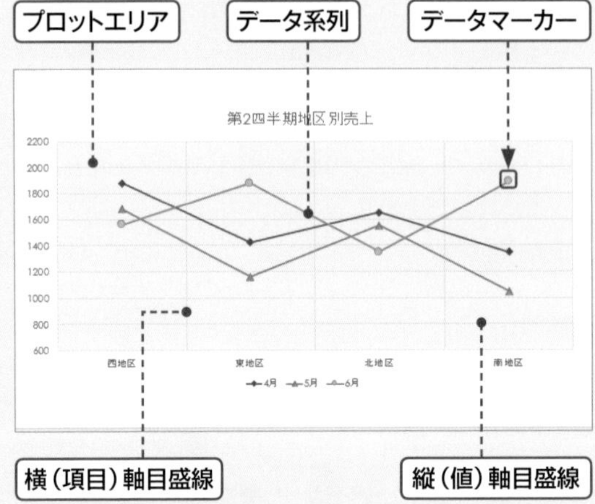

重要度 ★★★ グラフの挿入

Q 325 立体的なグラフを挿入したい!

A 3-Dグラフを作成します。

グラフを立体的にしたいときは、3-Dグラフを作成します。3-Dグラフは、縦棒グラフや折れ線グラフ、面グラフ、円グラフなどで利用できます。
グラフの作成方法は通常のグラフの場合と同じです。<グラフの挿入>ダイアログボックスでグラフの種類を選択したあと、目的の3-Dグラフをクリックします。

参照▶Q 322

1 プレースホルダーの<グラフの挿入>をクリックします。

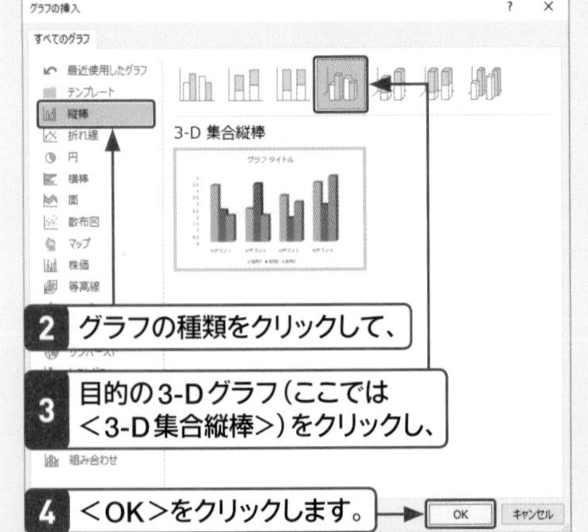

5 グラフにするデータを入力すると、

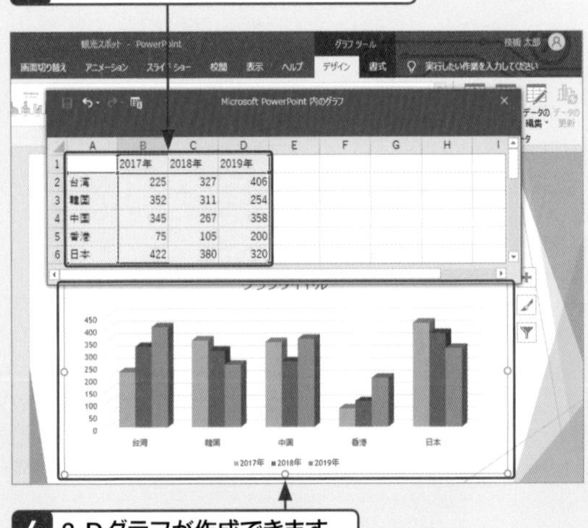

	A	B	C	D
1		2017年	2018年	2019年
2	台湾	225	327	406
3	韓国	352	311	254
4	中国	345	267	358
5	香港	75	105	200
6	日本	422	380	320

6 3-Dグラフが作成できます。

重要度 ★★★　データの編集

Q 326 グラフのデータを編集したい！

A ＜デザイン＞タブの＜データの編集＞を利用します。

スライドに挿入したグラフのデータは、グラフをクリックして、＜デザイン＞タブの＜データの編集＞をクリックすると表示されるワークシートで編集します。また、＜データの編集＞から＜Excelでデータを編集＞をクリックするとExcelが起動し、より高度な編集を行うこともできます。
ここでは、ワークシートを表示してデータを編集しましょう。

参照▶Q 328

1 グラフをクリックして、

2 ＜デザイン＞タブをクリックし、

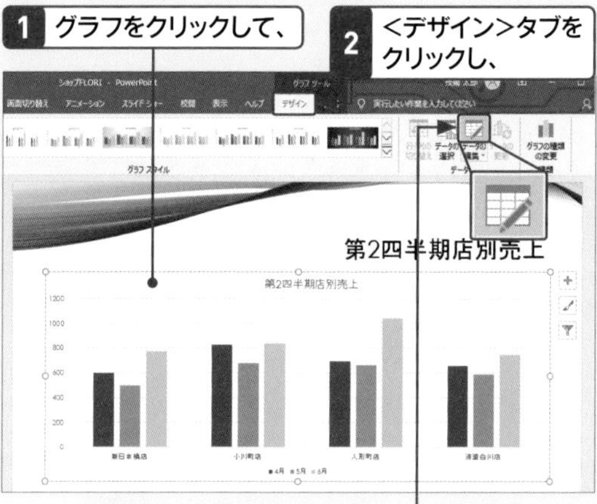

3 ＜データの編集＞をクリックします。

4 ワークシートが表示されるので、データを編集（ここでは「田町店」を追加）すると、

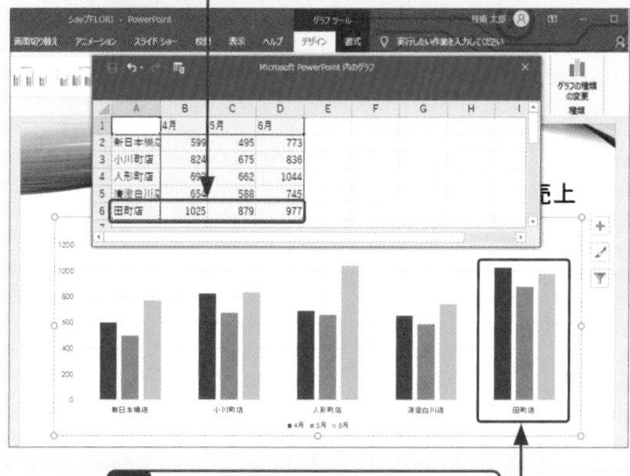

5 グラフに変更が反映されます。

重要度 ★★★　データの編集

Q 327 グラフの縦軸と横軸の項目を入れ替えたい！

A ＜デザイン＞タブの＜データの選択＞を利用します。

スライドに挿入したグラフの縦軸と横軸の項目を入れ替えることもできます。グラフをクリックして、＜デザイン＞タブの＜データの選択＞をクリックし、＜データソースの選択＞ダイアログボックスで＜行／列の入れ替え＞をクリックします。

1 グラフをクリックして、

2 ＜デザイン＞タブをクリックし、

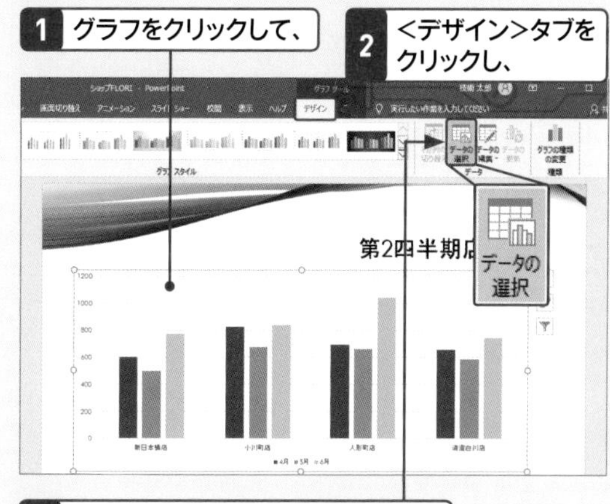

3 ＜データの選択＞をクリックします。

4 ＜行／列の入れ替え＞をクリックして、

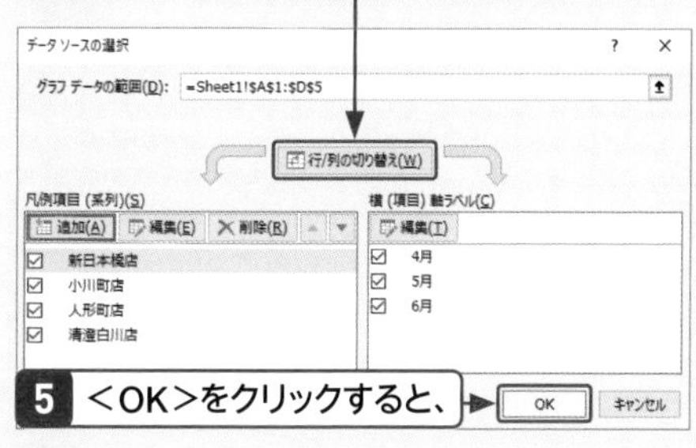

5 ＜OK＞をクリックすると、

6 グラフの縦軸と横軸の項目が入れ替わります。

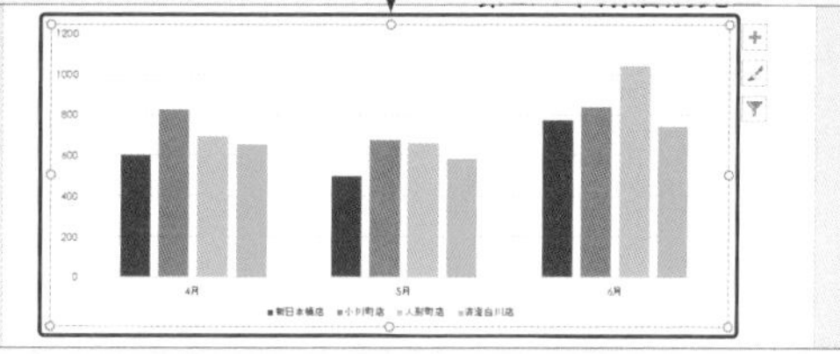

重要度 ★★★　データの編集

Q 328 数値が昇順になるように データを並べ替えたい！

A ＜データの編集＞から Excelを起動して並べ替えます。

スライドに挿入したグラフのデータを並べ替えるには、グラフをクリックして、＜デザイン＞タブの＜データの編集＞から＜Excelでデータを編集＞をクリックします。Excelが起動するので、並べ替えたい系列のセルをクリックして、＜データ＞タブの＜昇順＞をクリックします。

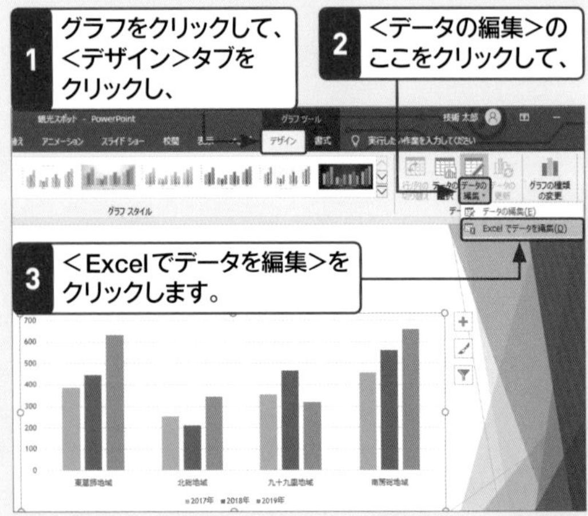
1 グラフをクリックして、＜デザイン＞タブをクリックし、
2 ＜データの編集＞のここをクリックして、
3 ＜Excelでデータを編集＞をクリックします。

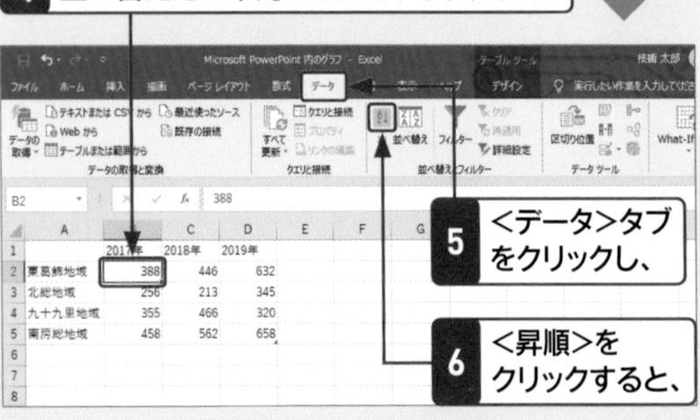
4 並べ替えたい系列のセルをクリックして、
5 ＜データ＞タブをクリックし、
6 ＜昇順＞をクリックすると、

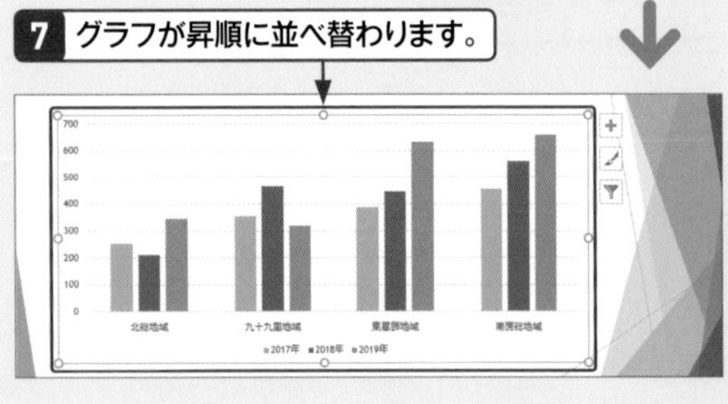
7 グラフが昇順に並べ替わります。

重要度 ★★★　データの編集

Q 329 データは保持したまま グラフの種類を変更したい！

A ＜デザイン＞タブの＜グラフの種類の変更＞から変更します。

入力したデータを変えずにスライドに挿入したグラフの種類を変更できます。グラフをクリックして、＜デザイン＞タブの＜グラフの種類の変更＞をクリックし、グラフの種類を選択します。

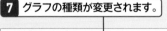

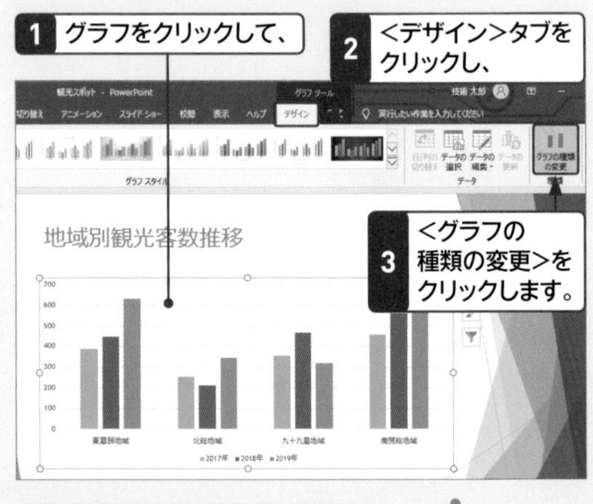
1 グラフをクリックして、
2 ＜デザイン＞タブをクリックし、
地域別観光客数推移
3 ＜グラフの種類の変更＞をクリックします。

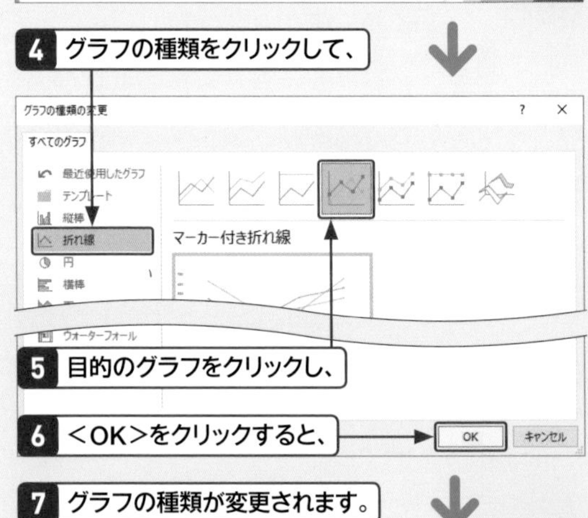
4 グラフの種類をクリックして、
グラフの種類の変更
すべてのグラフ
最近使用したグラフ
テンプレート
縦棒
折れ線
円
横棒
ウォーターフォール
マーカー付き折れ線
5 目的のグラフをクリックし、
6 ＜OK＞をクリックすると、
OK
キャンセル
7 グラフの種類が変更されます。

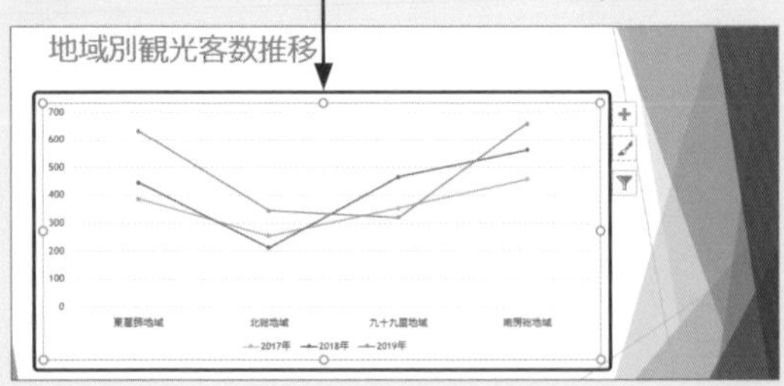
地域別観光客数推移

重要度 ★★★ デザインの編集

Q 330 グラフのレイアウトをかんたんに変更したい！

A <デザイン>タブの<クイックレイアウト>を利用します。

<クイックレイアウト>を利用すると、グラフタイトルや凡例、データラベルなどのグラフ要素をさまざまに組み合わせたレイアウトをかんたんに設定することができます。グラフをクリックして、<デザイン>タブの<クイックレイアウト>をクリックし、表示される一覧からレイアウトを選択します。

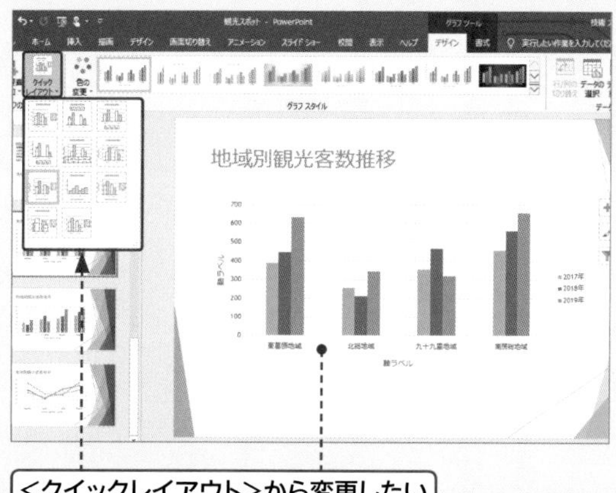
地域別観光客数推移
<クイックレイアウト>から変更したいレイアウトを指定します。

重要度 ★★★ デザインの編集

Q 331 表入りのグラフを利用したい！

A <クイックレイアウト>の<レイアウト5>を設定します。

棒グラフや折れ線グラフであれば、<デザイン>タブの<クイックレイアウト>から<レイアウト5>を指定して、もとデータの表を表示できます。グラフの下に表示されるもとデータは、「データテーブル」と呼ばれます。データテーブルは、<デザイン>タブの<グラフ要素を追加>から表示することもできます。

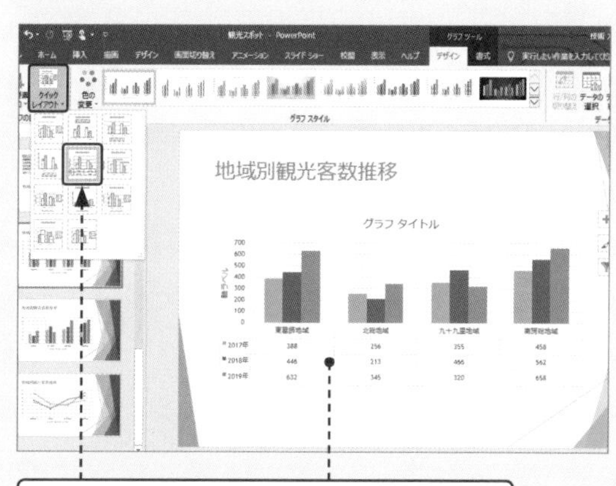
地域別観光客数推移
グラフ タイトル
<レイアウト5>を指定すると、グラフの下にもとデータの値が表示されます。

重要度 ★★★ デザインの編集

Q 332 グラフのデザインを変更したい！

A <デザイン>タブの<グラフスタイル>から設定します。

グラフの色や背景色など、グラフ全体のデザインを変更するには、<グラフスタイル>を利用します。グラフをクリックして、<デザイン>タブの<グラフスタイル>の<その他>☑をクリックし、表示される一覧から目的のデザインを指定します。

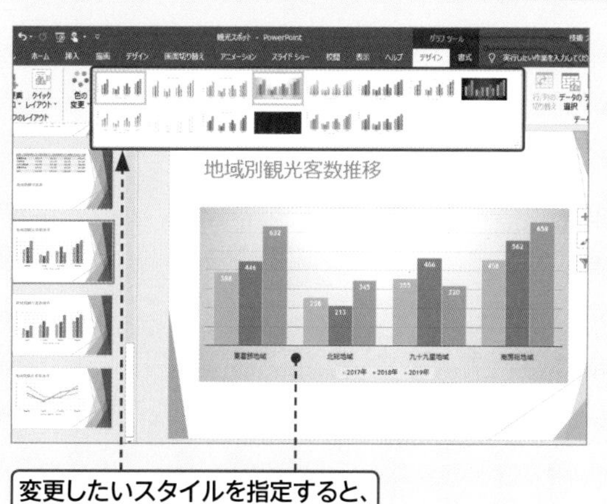
地域別観光客数推移
変更したいスタイルを指定すると、デザインが変更されます。

重要度 ★★★ デザインの編集

Q 333 グラフ全体の色合いを変更したい！

A <デザイン>タブの<色の変更>から設定します。

グラフ全体の色合いを変更するには、グラフをクリックして、<デザイン>タブの<色の変更>をクリックし、表示される一覧から目的の色合いを指定します。一覧に表示される色は、設定されているテーマやバリエーションによって異なります。

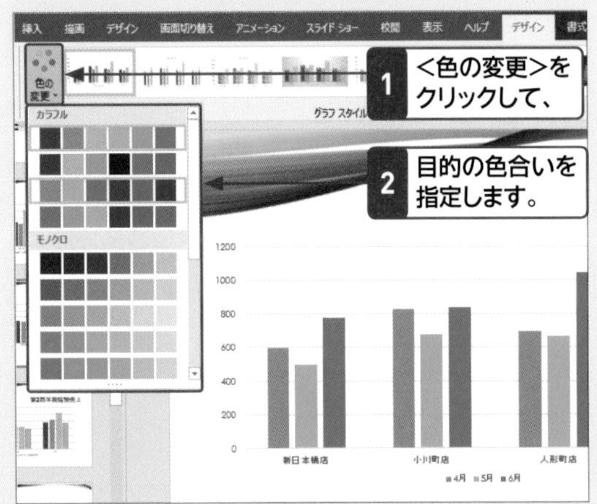
1 <色の変更>をクリックして、
2 目的の色合いを指定します。
カラフル
モノクロ

重要度 ★★★ デザインの編集

Q 334 グラフの一部だけ色を変更して強調させたい！

A <書式>タブの<図形の塗りつぶし>を利用します。

特定のデータ系列の色を変更するには、変更したいデータ系列をクリックして、<書式>タブの<図形の塗りつぶし>から色を指定します。特定のデータ1つだけの色を変更したい場合は、二度クリックして選択してから色を指定します。折れ線グラフの場合は、<図形の枠線>から色を指定します。

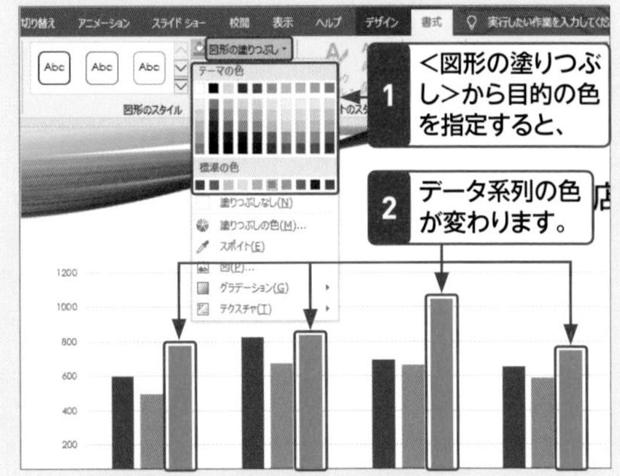
1 <図形の塗りつぶし>から目的の色を指定すると、
2 データ系列の色が変わります。
図形の塗りつぶし
テーマの色
標準の色

重要度 ★★★ デザインの編集

Q 335 作成したグラフのデザインを保存したい！

A テンプレートとして保存します。

作成したグラフをテンプレートとして保存しておくと、同じデザインのグラフをほかのスライドで利用することができます。グラフを右クリックして、<テンプレートとして保存>をクリックし、テンプレート名を入力して保存します。

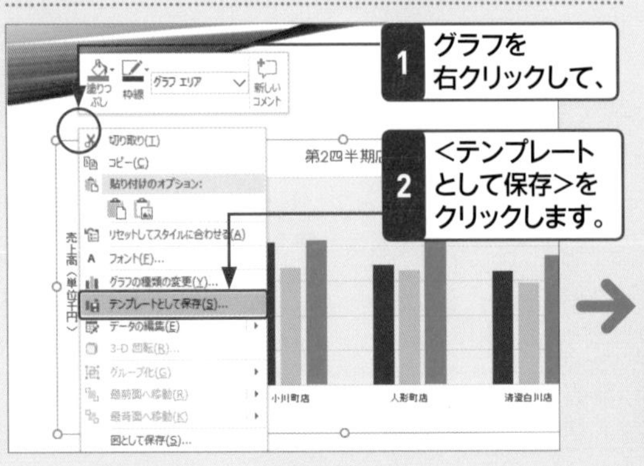
1 グラフを右クリックして、
2 <テンプレートとして保存>をクリックします。
テンプレートとして保存(S)...

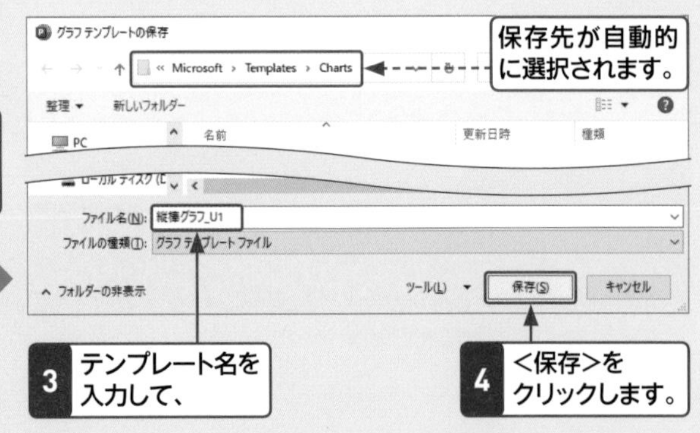
グラフ テンプレートの保存
« Microsoft › Templates › Charts
保存先が自動的に選択されます。
ファイル名(N): 縦棒グラフ_U1
ファイルの種類(T): グラフ テンプレート ファイル
保存(S)
キャンセル
3 テンプレート名を入力して、
4 <保存>をクリックします。

重要度★★★ デザインの編集

Q 336 保存したグラフのテンプレートを利用したい！

A ＜グラフの挿入＞ダイアログボックスで＜テンプレート＞を選択します。

保存したグラフのテンプレートは＜グラフの挿入＞ダイアログボックスの＜テンプレート＞に表示されます。テンプレートを利用するときは、使用したいテンプレートをクリックして＜OK＞をクリックし、グラフのデータを入力します。

参照▶Q 322, Q 335

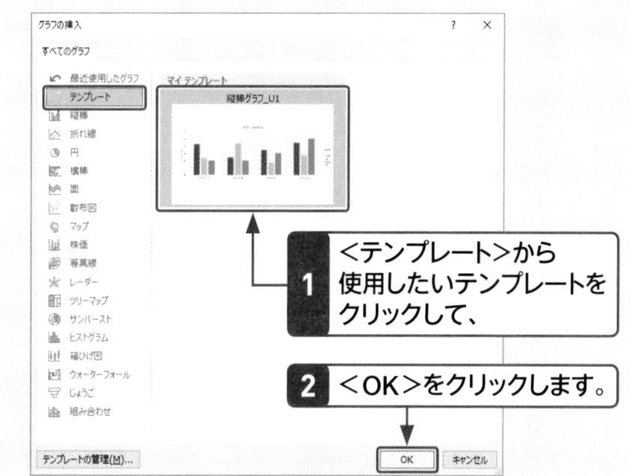

重要度★★★ グラフ要素の表示方法

Q 337 グラフの軸にラベルを追加したい！

A ＜グラフ要素＞をクリックして、軸ラベルを追加します。

軸ラベルを追加するには、グラフをクリックすると表示される＜グラフ要素＞をクリックして、＜軸ラベル＞から＜第1横軸＞または＜第1縦軸＞を選択します。縦軸の場合は文字が横向きに表示されますが、縦向きに変更することもできます。また、＜デザイン＞タブの＜グラフ要素を追加＞から軸ラベルを表示することもできます。

1 グラフをクリックして、<グラフ要素>をクリックします。

2 <軸ラベル>にマウスポインターを合わせて、ここをクリックし、

3 <第1縦軸>（あるいは<第1横軸>）をクリックしてオンにします。

再度、<グラフ要素>をクリックすると、グラフ要素のメニューが閉じます。

4 軸ラベルが表示されるので、クリックして内容を入力します。

5 <書式>タブをクリックし、

6 <選択対象の書式設定>をクリックします。

7 <文字のオプション>をクリックして、

8 <テキストボックス>をクリックし、

9 <文字列の方向>のここをクリックして、

10 <縦書き>をクリックします。

11 ラベルの文字が縦書きに変更されます。

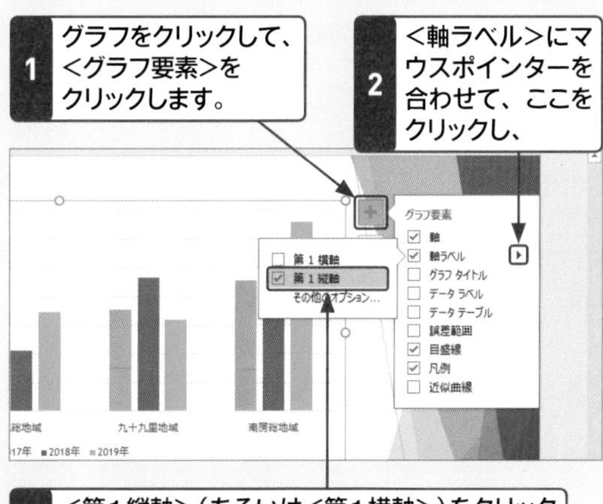

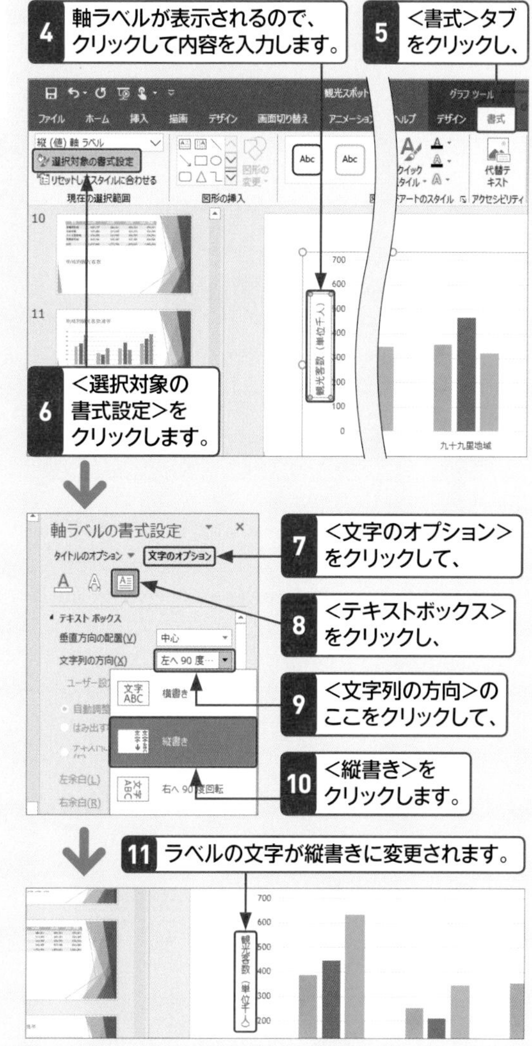

重要度★★★ グラフ要素の表示方法

Q 338 グラフにタイトルを追加したい！

A <グラフ要素>の<グラフタイトル>から追加します。

新たに挿入したグラフにはタイトルが表示されますが、レイアウトの変更などで非表示にした場合は<グラフ要素>をクリックして、<グラフタイトル>からタイトルを表示する場所を指定します。また、<デザイン>タブの<グラフ要素を追加>から表示することもできます。

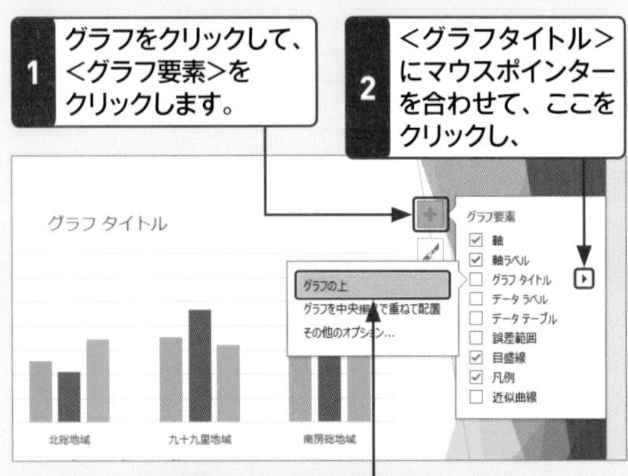

再度、<グラフ要素>をクリックすると、グラフ要素のメニューが閉じます。

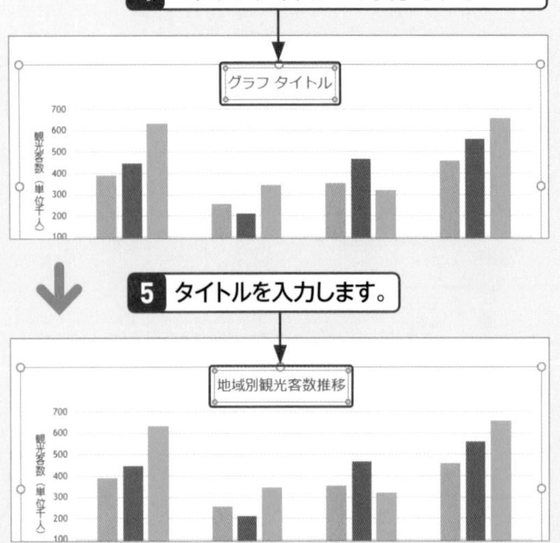

重要度★★★ グラフ要素の表示方法

Q 339 凡例の表示位置を変更したい！

A <グラフ要素>の<凡例>から表示位置を指定します。

凡例の表示位置を変更するには、グラフをクリックすると表示される<グラフ要素>をクリックして、<凡例>から表示位置を指定します。また、<デザイン>タブの<グラフ要素を追加>から変更することもできます。

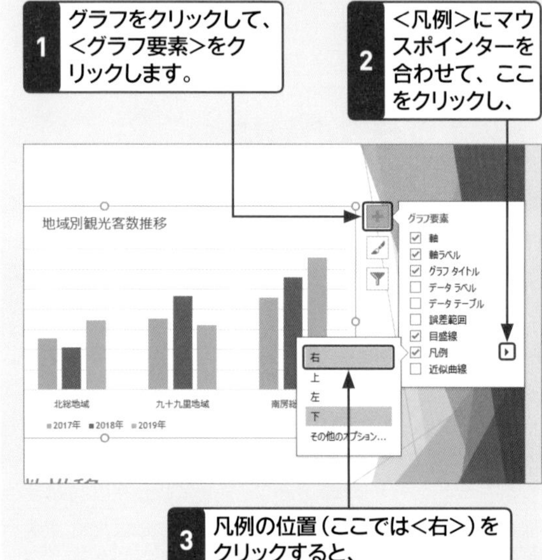

3 凡例の位置（ここでは<右>）をクリックすると、

再度、<グラフ要素>をクリックすると、グラフ要素のメニューが閉じます。

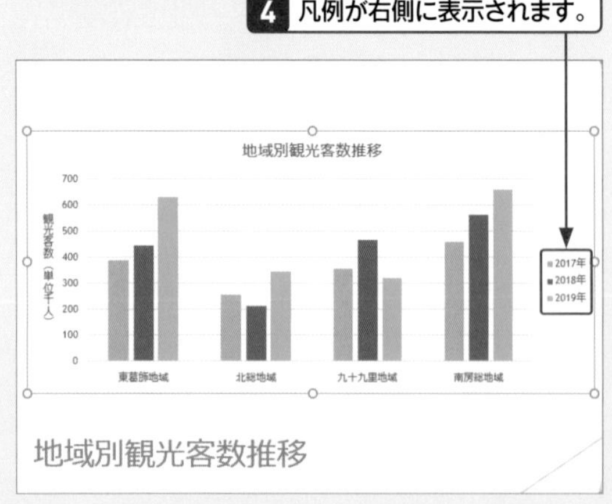

重要度 ★★★　グラフ要素の表示方法

Q 340 グラフの数値を万単位で表示させたい！

A <軸の書式設定>作業ウィンドウで<表示単位>を変更します。

縦(値)軸の表示単位を変更するには、縦(値)軸をクリックして、<書式>タブの<選択対象の書式設定>をクリックします。<軸の書式設定>作業ウィンドウが表示されるので、<表示単位>で単位を指定します。単位は百から兆まで選択できます。

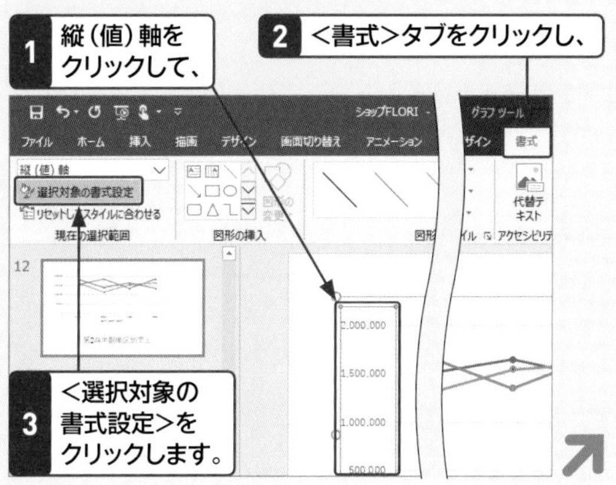

1 縦(値)軸をクリックして、
2 <書式>タブをクリックし、
3 <選択対象の書式設定>をクリックします。

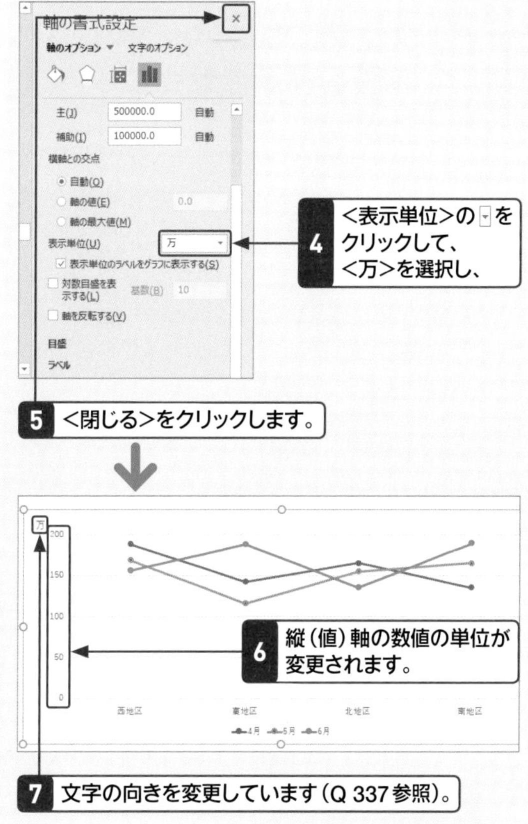

軸の書式設定
軸のオプション
文字のオプション
4 <表示単位>の▼をクリックして、<万>を選択し、
5 <閉じる>をクリックします。
6 縦(値)軸の数値の単位が変更されます。
7 文字の向きを変更しています(Q 337参照)。

重要度 ★★★　グラフ要素の表示方法

Q 341 グラフのオブジェクトを正確に選択したい！

A <書式>タブの<グラフ要素>を利用します。

グラフ要素を選択する際、要素をうまく選択できなかったり、要素の位置が正確にわからないときは、<書式>タブの<グラフ要素>を利用します。グラフ要素は系列ごとに選択することができます。

1 グラフをクリックして、<書式>タブをクリックし、

2 <グラフ要素>のここをクリックして、

3 目的のグラフ要素をクリックすると、

4 グラフの要素が選択されます。

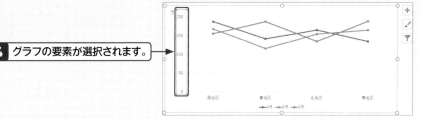

重要度 ★★★　グラフ要素の表示方法

Q 342 グラフにもとデータの数値を表示させたい！

A <グラフ要素>から<データラベル>を表示します。

グラフのデータ系列にもとデータの値（データラベル）を表示すると、よりわかりやすくなります。データラベルを表示するには、グラフを選択すると表示される<グラフ要素>をクリックして、<データラベル>からデータラベルの表示位置を指定します。また、<デザイン>タブの<グラフ要素を追加>から<データラベル>を選択して表示することもできます。

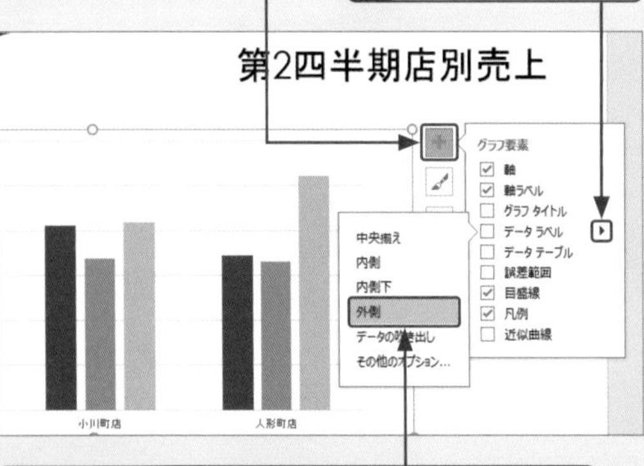

再度、<グラフ要素>をクリックすると、グラフ要素のメニューが閉じます。

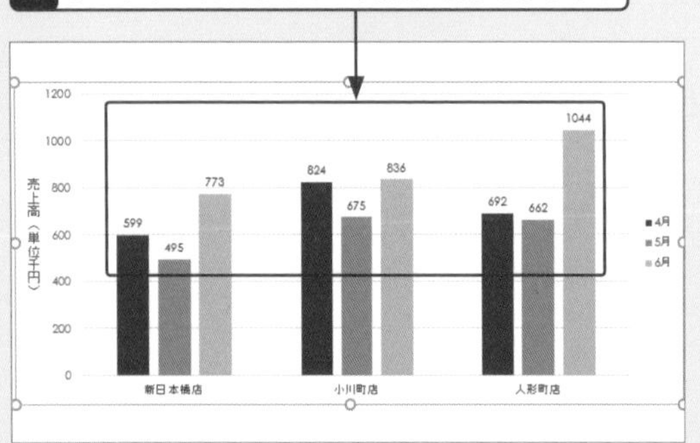

重要度 ★★★　グラフ要素の表示方法

Q 343 データラベルで何が表示できるか知りたい！

A <データラベルの書式設定>作業ウィンドウで確認できます。

データラベルには、もとデータの値のほかに系列名、分類名、凡例マーカーなどを表示させることができます。表示される内容は、<データラベルの書式設定>作業ウィンドウで確認できます。
ラベルの内容はグラフによって異なり、円グラフの場合は「パーセンテージ」を表示することができます。
<データラベルの書式設定>作業ウィンドウは、グラフを選択すると表示される<グラフ要素>をクリックして、<データラベル>の▶をクリックし、<その他のオプション>をクリックすると表示されます。

● データラベルに表示できる項目

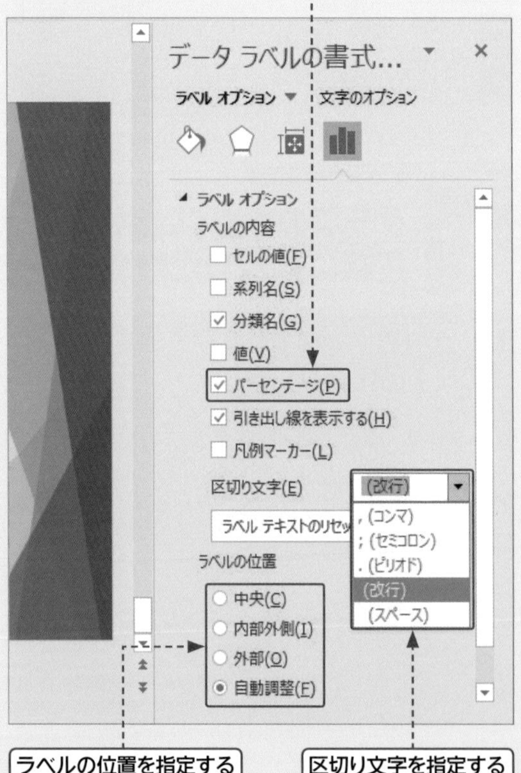

重要度 ★★★　グラフ要素の表示方法

Q 344 データラベルを吹き出しで表示したい！

A <データラベル>から<データの吹き出し>を設定します。

データラベルを吹き出しで表示するには、グラフを選択すると表示される<グラフ要素>をクリックして、<データラベル>から<データの吹き出し>をクリックします。また、<デザイン>タブの<グラフ要素を追加>から表示することもできます。
ここでは、特定のデータ系列だけに吹き出しのデータラベルを表示しましょう。吹き出しのデータラベルは、ドラッグして移動することもできます。

1 いずれかのデータ系列をクリックします。

2 <グラフ要素>をクリックして、

3 <データラベル>にマウスポインターを合わせて、ここをクリックし、

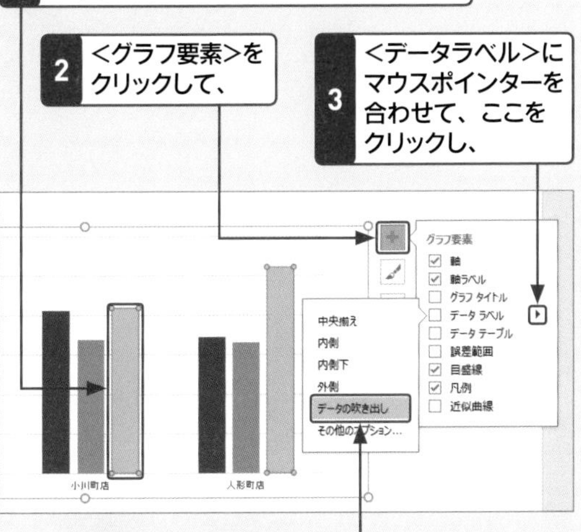

4 <データの吹き出し>をクリックすると、

再度、<グラフ要素>をクリックすると、グラフ要素のメニューが閉じます。

5 データラベルが吹き出しで表示されます。

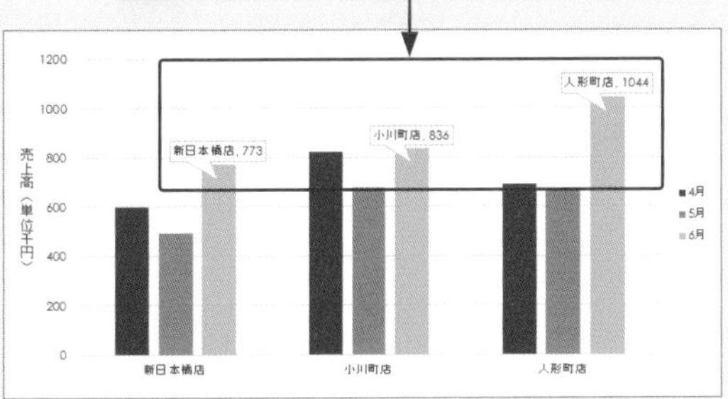

重要度 ★★★　グラフ要素の表示方法

Q 345 グラフの目盛線の間隔を調節したい！

A <軸の書式設定>作業ウィンドウの<軸のオプション>で調節します。

グラフの目盛線の間隔は、もとデータの値に合わせて自動的に設定されますが、<軸の書式設定>作業ウィンドウの<軸のオプション>で変更することができます。

1 縦(値)軸をクリックして、

2 <書式>タブをクリックし、

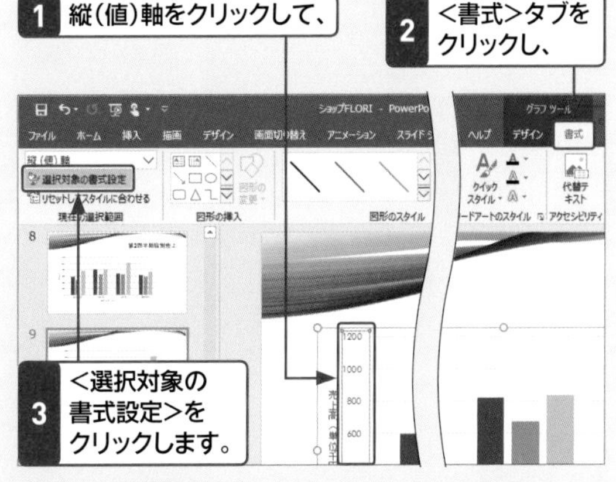

3 <選択対象の書式設定>をクリックします。

4 <単位>の<主>の数値を変更して、

5 <閉じる>をクリックします。

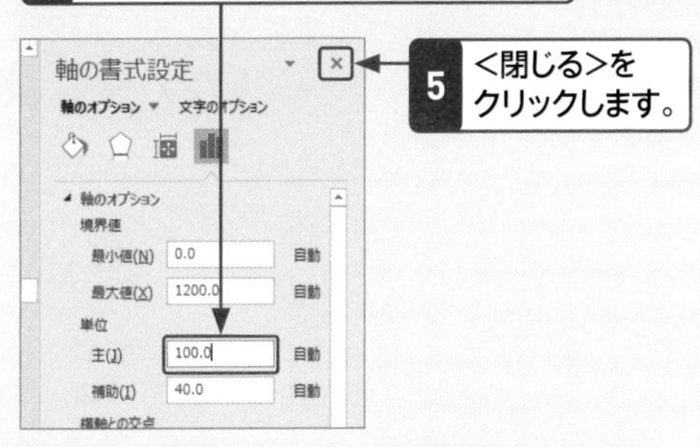

6 目盛線の間隔が変更されます。

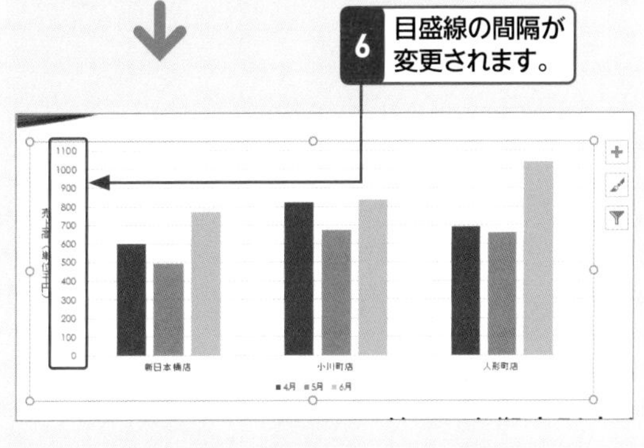

重要度★★★ グラフ要素の表示方法

Q 346 グラフの目盛線の最小値を変更したい！

A <軸の書式設定>作業ウィンドウの<軸のオプション>で変更します。

グラフの目盛線の最小値は自動的に「0」からに設定されますが、グラフの大小がわかりづらい場合は、<軸の書式設定>作業ウィンドウの<軸のオプション>で最小値を変更することができます。

1 縦（値）軸をクリックして、
2 <書式>タブをクリックし、
3 <選択対象の書式設定>をクリックします。

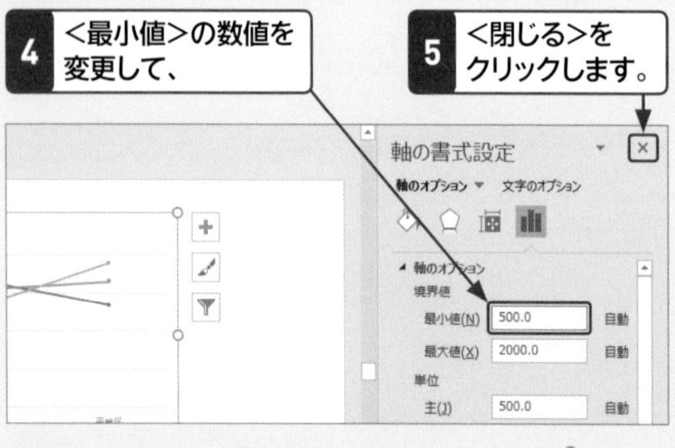
4 <最小値>の数値を変更して、
5 <閉じる>をクリックします。
軸の書式設定
軸のオプション
文字のオプション
境界値
最小値(N) 500.0 自動
最大値(X) 2000.0 自動
単位
主(J) 500.0 自動

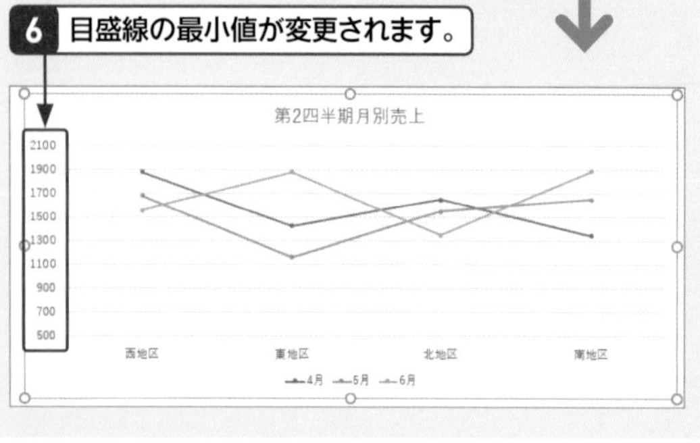
6 目盛線の最小値が変更されます。
第2四半期月別売上
西地区
東地区
北地区
南地区
4月
5月
6月

重要度★★★ 棒グラフのテクニック

Q 347 棒グラフどうしの間隔を調節したい！

A <データ系列の書式設定>作業ウィンドウで調節します。

棒グラフを挿入すると、棒の間隔はグラフのサイズや棒の数などで自動的に調整されます。この間隔を変更するには、<データ系列の書式設定>作業ウィンドウの<系列のオプション>で設定します。<要素の間隔>を右にドラッグすると間隔が広く、左にドラッグすると狭くなります。

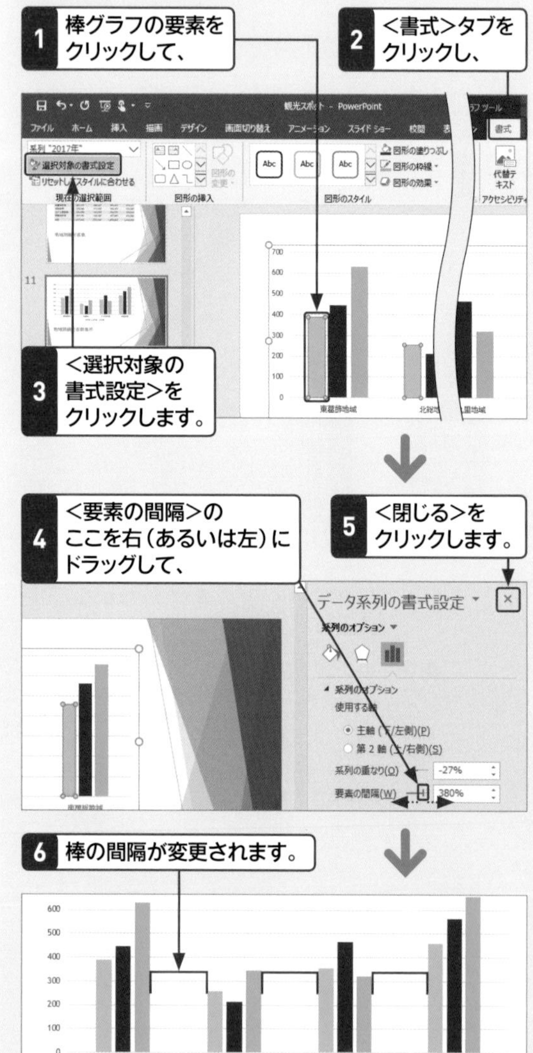
1 棒グラフの要素をクリックして、
2 <書式>タブをクリックし、
3 <選択対象の書式設定>をクリックします。
4 <要素の間隔>のここを右（あるいは左）にドラッグして、
5 <閉じる>をクリックします。
データ系列の書式設定
系列のオプション
系列の重なり(O) -27%
要素の間隔(W) 380%
6 棒の間隔が変更されます。
東葛飾地域
北総地域
九十九里地域
南房総地域

重要度★★★ 棒グラフのテクニック

Q 348 棒グラフを1本だけ輝かせて目立たせたい!

A データ要素を選択して<図形の効果>で<光彩>を設定します。

いずれかのデータ系列をクリックすると、同じデータ系列のすべての棒が選択されます。そのあと、選択したい棒をクリックすると、クリックした棒だけが選択されます。その状態で、<書式>タブの<図形の効果>をクリックして、<光彩>を指定すると、特定の棒を輝かせることができます。

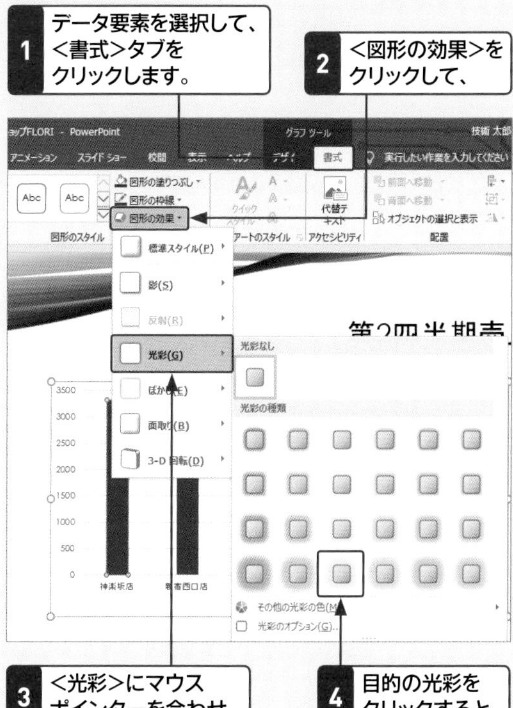

1 データ要素を選択して、<書式>タブをクリックします。
2 <図形の効果>をクリックして、
3 <光彩>にマウスポインターを合わせ、
4 目的の光彩をクリックすると、

5 選択したデータ要素に光彩が設定されます。

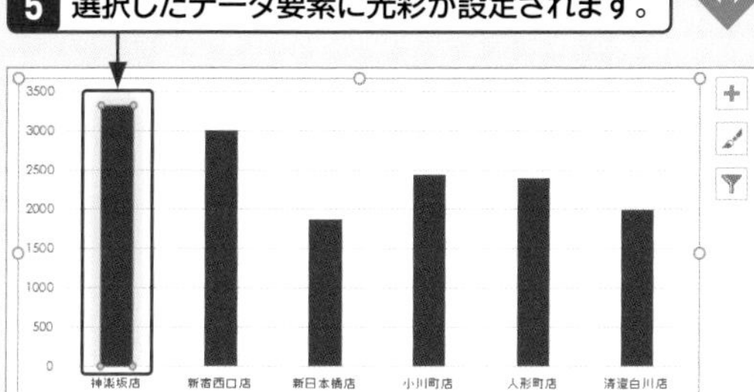

重要度★★★ 棒グラフのテクニック

Q 349 絵グラフを作成したい!

A <データ系列の書式設定>作業ウィンドウを利用します。

データ系列はイラストや画像を使って表示することができます。データ系列をクリックして、<書式>タブの<選択対象の書式設定>をクリックすると表示される<データ系列の書式設定>作業ウィンドウで設定します。グラフに使用する画像は、あらかじめ用意しておきます。なお、PowerPoint 2013の場合は、手順3で<図の挿入元>の<ファイル>をクリックします。

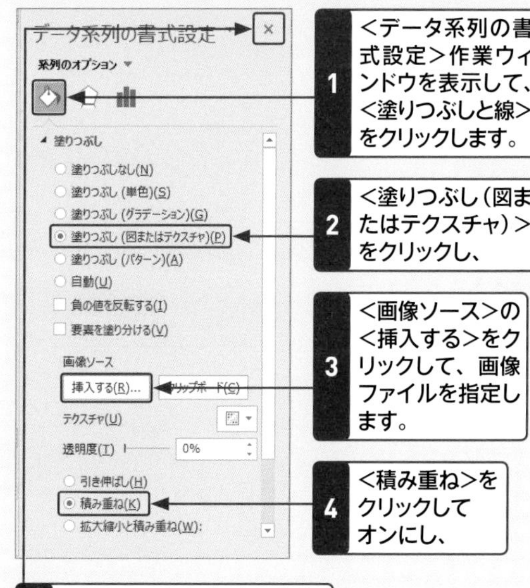

1 <データ系列の書式設定>作業ウィンドウを表示して、<塗りつぶしと線>をクリックします。
2 <塗りつぶし(図またはテクスチャ)>をクリックし、
3 <画像ソース>の<挿入する>をクリックして、画像ファイルを指定します。
4 <積み重ね>をクリックしてオンにし、
5 <閉じる>をクリックします。

6 データ系列にイラストが積み重ねられた絵グラフになります。

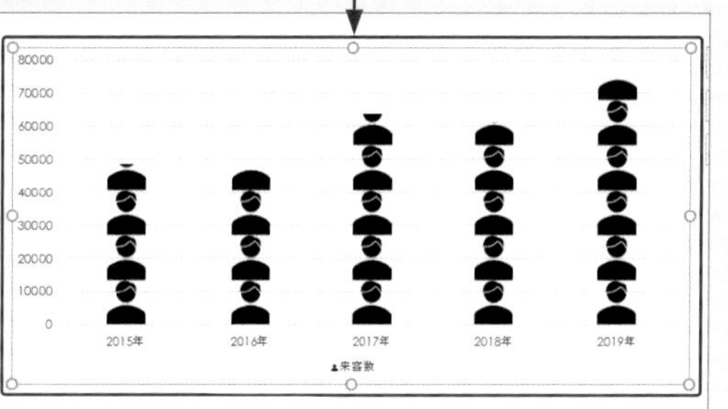

重要度★★★ 折れ線グラフのテクニック

Q 350 折れ線グラフの線の太さを変更したい！

A <データ系列の書式設定>作業ウィンドウで変更します。

折れ線グラフの線の太さを変更するには、データ系列をクリックして、<書式>タブの<選択対象の書式設定>をクリックします。<データ系列の書式設定>作業ウィンドウが表示されるので、<塗りつぶしと線>をクリックして設定します。

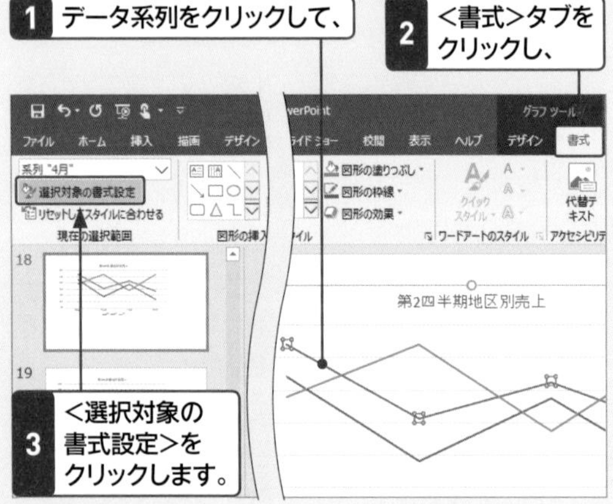

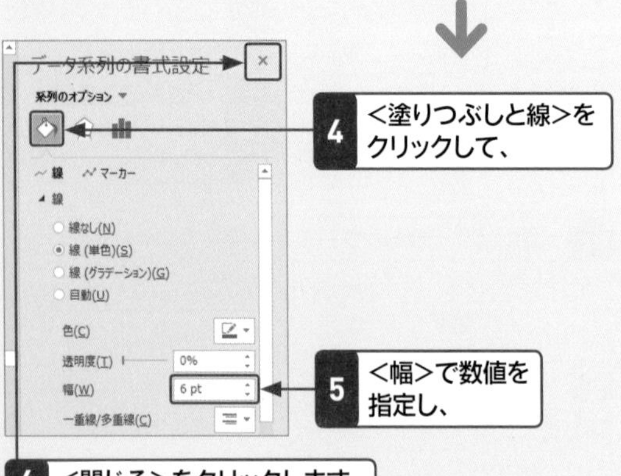

7 線の太さが変更されます。

重要度★★★ 折れ線グラフのテクニック

Q 351 折れ線グラフにマーカーを付けたい！

A <データ系列の書式設定>作業ウィンドウを利用します。

データの値を示す部分を「マーカー」といいます。マーカーを付けずに作成した折れ線グラフにマーカーを付けるには、データ系列をクリックして、<書式>タブの<選択対象の書式設定>をクリックすると表示される<データ系列の書式設定>作業ウィンドウで設定します。マーカーは、丸やひし形などの形や大きさを設定することができます。

参照▶Q 350

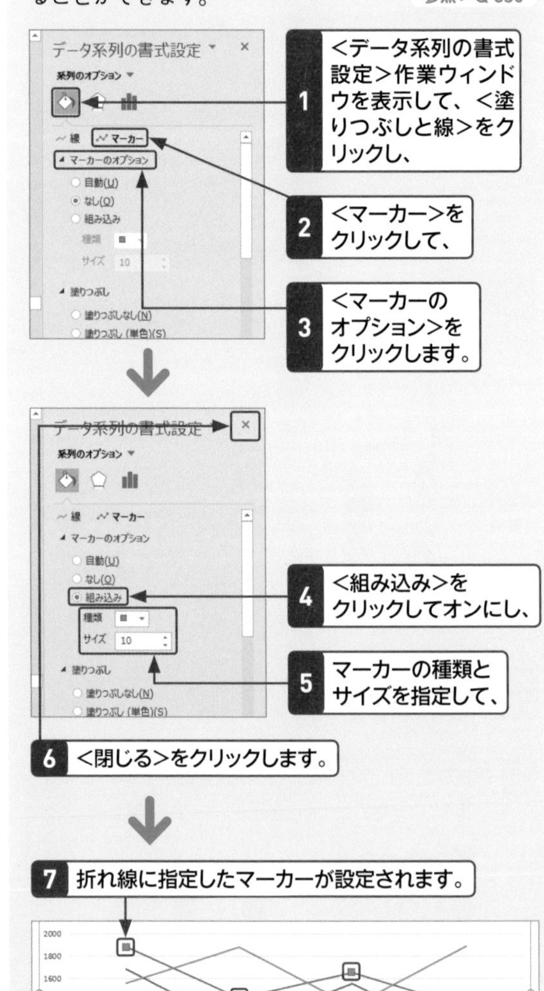

データ系列の書式設定
1 <データ系列の書式設定>作業ウィンドウを表示して、<塗りつぶしと線>をクリックし、
2 <マーカー>をクリックして、
3 <マーカーのオプション>をクリックします。
4 <組み込み>をクリックしてオンにし、
5 マーカーの種類とサイズを指定して、
6 <閉じる>をクリックします。
7 折れ線に指定したマーカーが設定されます。

Q 352 折れ線グラフのマーカーと項目名を線で結びたい！

A ＜グラフ要素を追加＞の＜線＞から＜降下線＞を設定します。

折れ線グラフのマーカーと横（項目）軸を結ぶ線（降下線）を表示するには、グラフをクリックして、＜デザイン＞タブの＜グラフ要素を追加＞をクリックし、＜線＞から＜降下線＞をクリックします。

1 グラフをクリックして、＜デザイン＞タブをクリックします。

2 ＜グラフ要素を追加＞をクリックして、

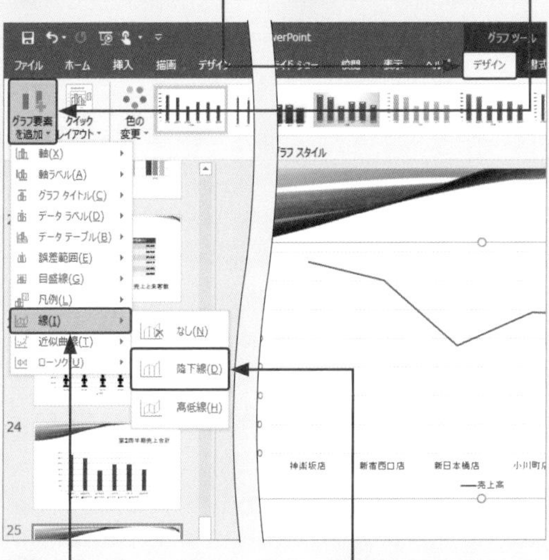

3 ＜線＞にマウスポインターを合わせ、

4 ＜降下線＞をクリックすると、

5 折れ線グラフのマーカーと項目名を結ぶ線が表示されます。

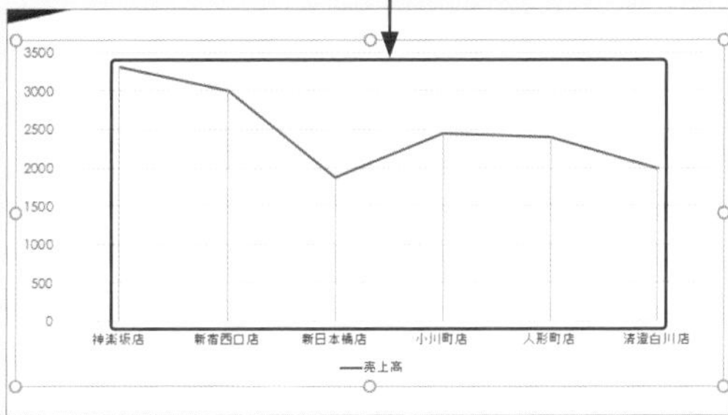

Q 353 ローソク足を表示したい！

A ＜グラフ要素＞で＜ローソク＞をオンにします。

株価チャートでは「始値」「高値」「安値」「終値」を図形で表す「ローソク足」を表示できます。本体部分とヒゲと呼ばれる線で表し、ヒゲの先端が高値、ヒゲの末端が安値となります。

ローソク足を表示するには、グラフをクリックすると表示される＜グラフ要素＞をクリックして、＜ローソク＞をクリックします。また、＜デザイン＞タブの＜グラフ要素を追加＞から表示することもできます。

1 グラフをクリックして、

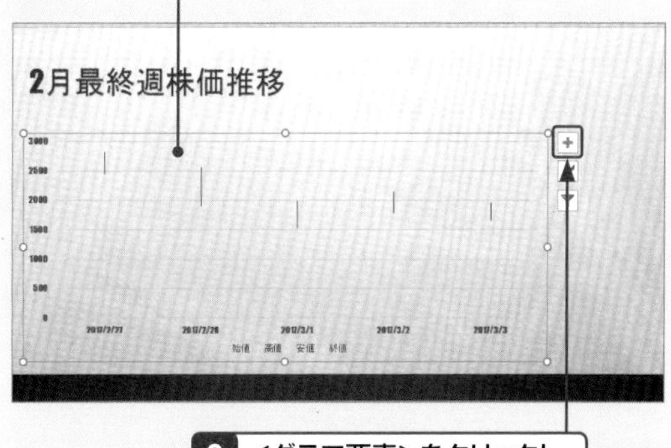

2 ＜グラフ要素＞をクリックし、

3 ＜ローソク＞をクリックすると、

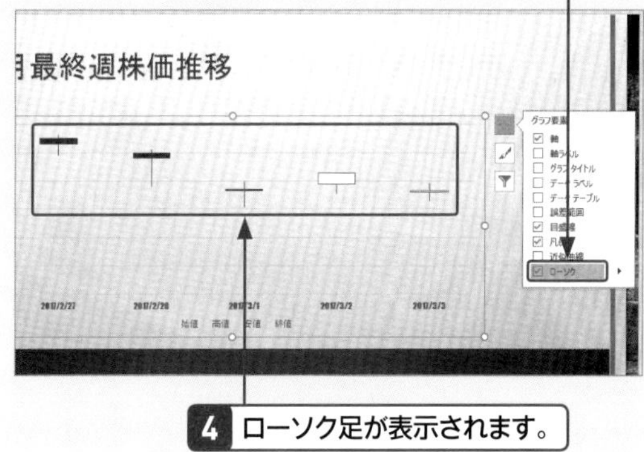

4 ローソク足が表示されます。

再度、＜グラフ要素＞をクリックすると、グラフ要素のメニューが閉じます。

重要度 ★★★　円グラフのテクニック

Q 354 円グラフを一部分だけ切り離して表示させたい！

A データ要素を選択してドラッグします。

円グラフの特定のデータ要素を目立たせたい場合は、切り離して表示すると効果的です。切り離したいデータ要素をクリックし、再度クリックすると、そのデータ要素のみが選択されます。選択したデータ要素をドラッグすると、切り離すことができます。

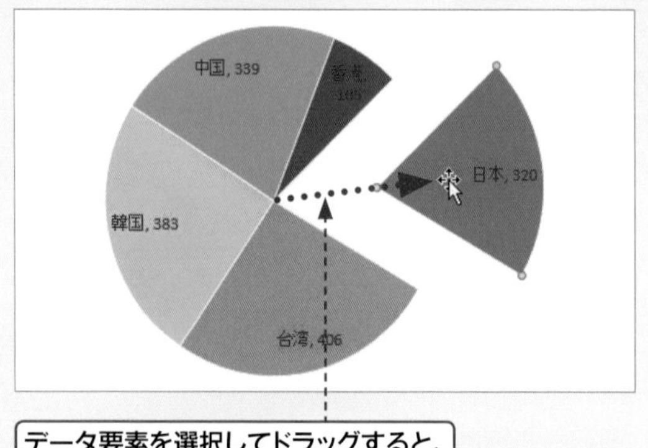

データ要素を選択してドラッグすると、切り離すことができます。

重要度 ★★★　円グラフのテクニック

Q 355 円グラフにパーセンテージを表示させたい！

A <データラベルの書式設定>作業ウィンドウで設定します。

円グラフに各系列のパーセンテージを表示するには、グラフをクリックして<グラフ要素>をクリックし、<データラベル>の▶をクリックして、<その他のオプション>をクリックします。<データラベルの書式設定>作業ウィンドウが表示されるので、<ラベルオプション>で設定します。

1 グラフをクリックして<グラフ要素>をクリックします。

2 <データラベル>にマウスポインターを合わせて、ここをクリックし、

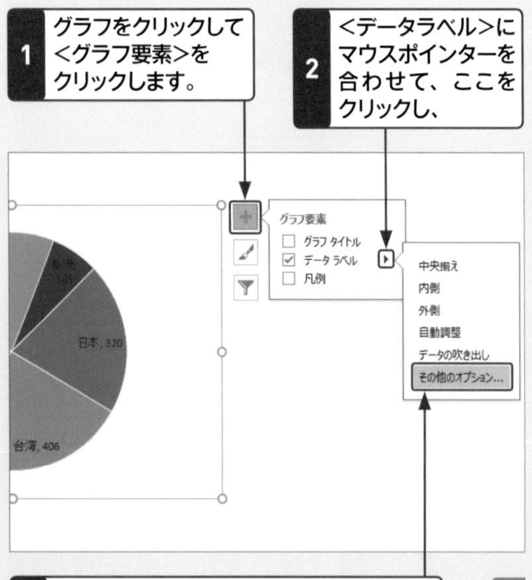

3 <その他のオプション>をクリックします。

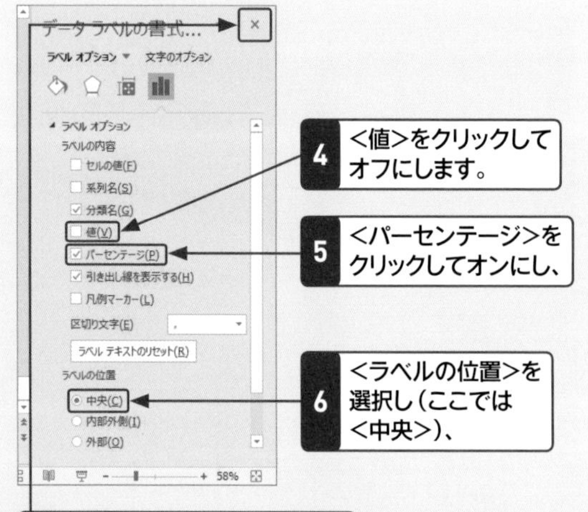

4 <値>をクリックしてオフにします。

5 <パーセンテージ>をクリックしてオンにし、

6 <ラベルの位置>を選択し（ここでは<中央>）、

7 <閉じる>をクリックします。

8 パーセンテージが各要素の中央に表示されます。

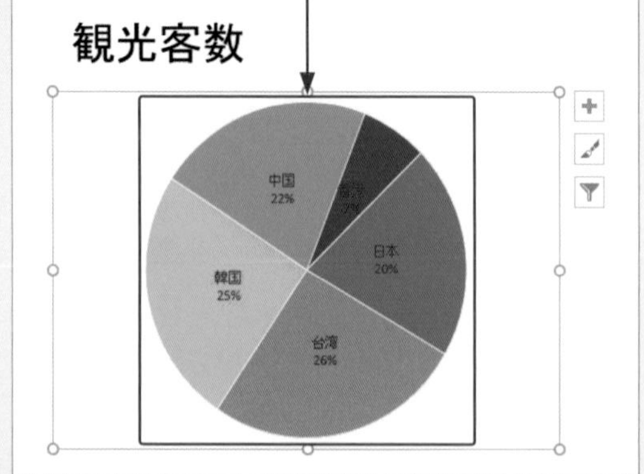

重要度 ★★★　応用的なグラフ

Q 356 棒グラフと折れ線グラフを組み合わせたい！

A ＜グラフの挿入＞ダイアログボックスで＜組み合わせ＞を選択します。

棒グラフと折れ線グラフなど、異なる種類のグラフを組み合わせたグラフを「複合グラフ」といいます。複合グラフを作成するには、プレースホルダーの＜グラフの挿入＞をクリックすると表示される＜グラフの挿入＞ダイアログボックスの＜組み合わせ＞を選択します。

1 プレースホルダーの＜グラフの挿入＞をクリックして、

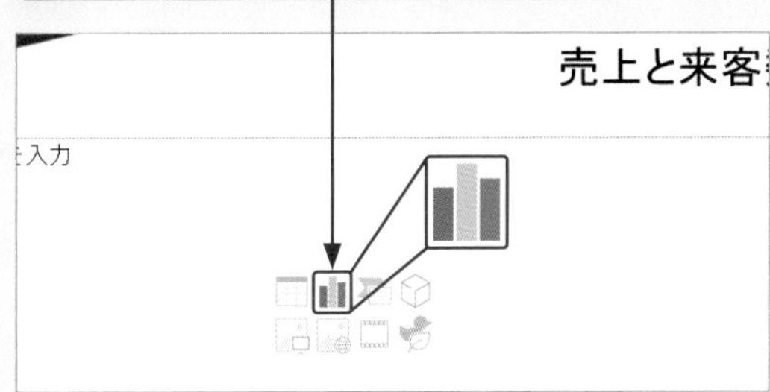

2 ＜組み合わせ＞をクリックします。
3 ＜ユーザー設定の組み合わせ＞をクリックして、

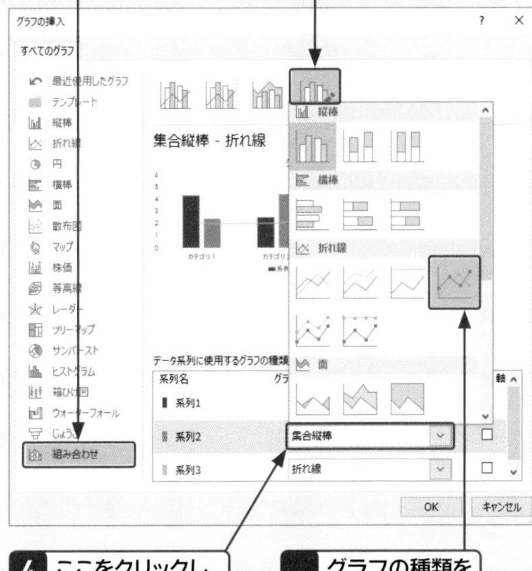

4 ここをクリックし、

5 グラフの種類を指定します。

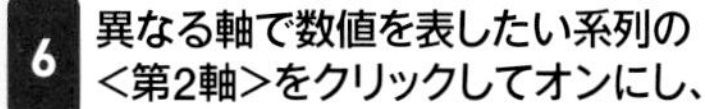

6 異なる軸で数値を表したい系列の＜第2軸＞をクリックしてオンにし、

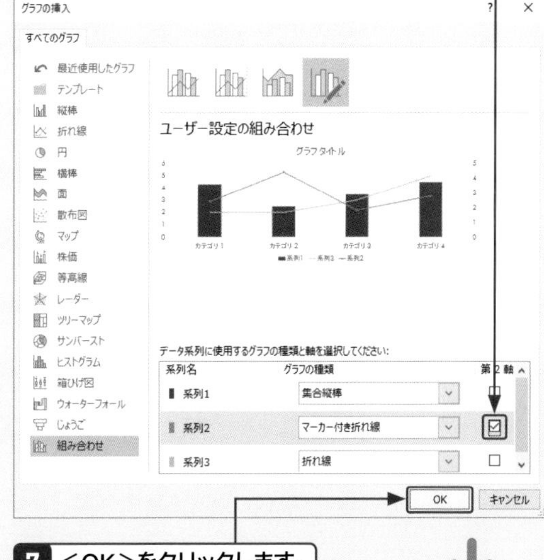

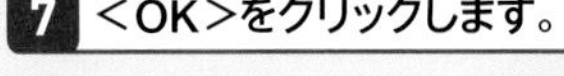

7 ＜OK＞をクリックします。

8 グラフにするデータを入力して、

9 必要に応じてハンドルをドラッグし、範囲を修正します。

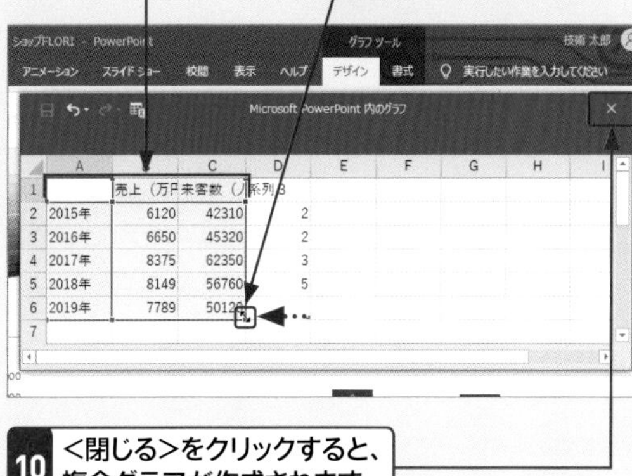

10 ＜閉じる＞をクリックすると、複合グラフが作成されます。

11 クリックしてタイトルを入力し、

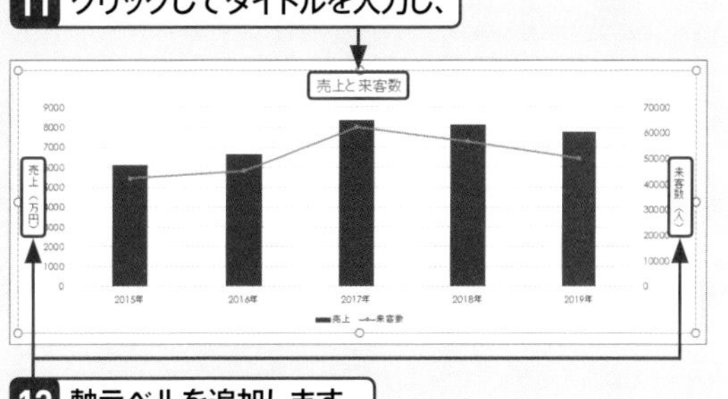

12 軸ラベルを追加します。

重要度 ★★★ 応用的なグラフ

Q 357 グラフに第2軸を表示させたい！

A ＜グラフの種類の変更＞ダイアログボックスを利用します。

グラフを作成したあとで第2軸を設定するには、第2軸に数値を表示したいデータ系列をクリックして、＜デザイン＞タブの＜グラフの種類の変更＞をクリックします。＜グラフの種類の変更＞ダイアログボックスが表示されるので、＜組み合わせ＞をクリックして設定します。

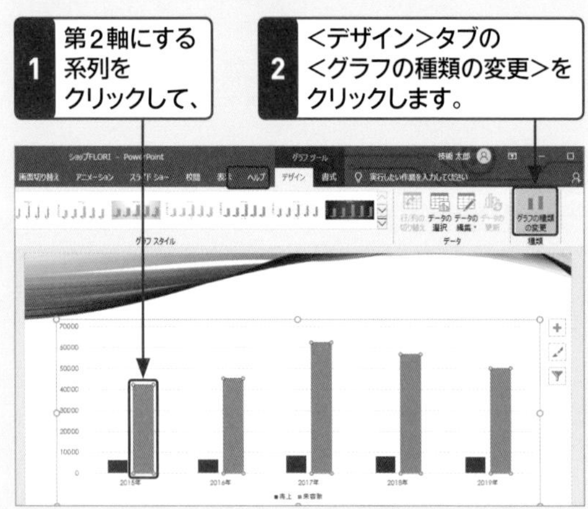

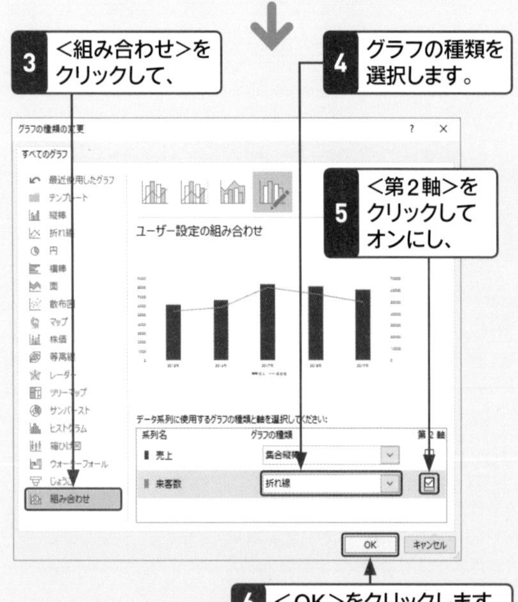

重要度 ★★★ 応用的なグラフ

Q 358 Excelで作ったグラフを挿入したい！

A Excelで作成したグラフをコピーしてスライドに貼り付けます。

Excelで作成したグラフをPowerPointに貼り付けるには、＜コピー＞と＜貼り付け＞を利用します。貼り付けたグラフは、PowerPointで作成したグラフと同様に編集できます。

なお、貼り付けたグラフはスライドのテーマに合わせた形式になりますが、＜貼り付けのオプション＞ (Ctrl) を利用すると、貼り付ける形式を変更することができます。このとき、＜貼り付け先テーマを使用しデータをリンク＞ か＜元の書式を保持しデータをリンク＞ を選択すると、Excelのもとデータを編集した結果がPowerPointのグラフにも反映されます。

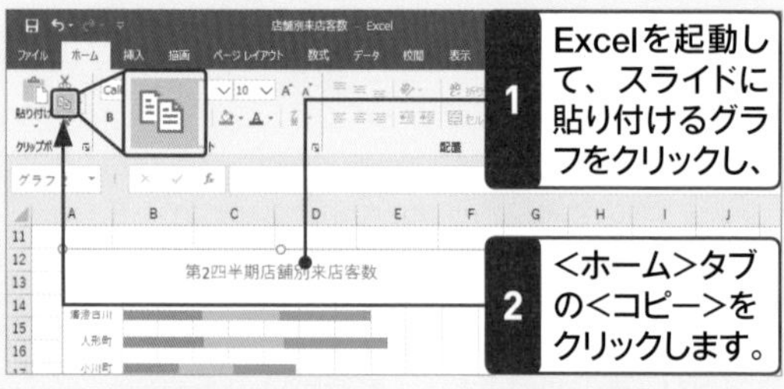

1 Excelを起動して、スライドに貼り付けるグラフをクリックし、
2 ＜ホーム＞タブの＜コピー＞をクリックします。
第2四半期店舗別来店客数

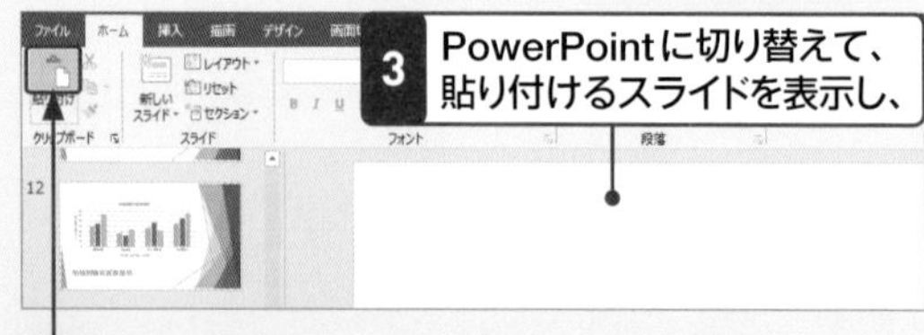

5 Excelのグラフがスライドに貼り付けられます。

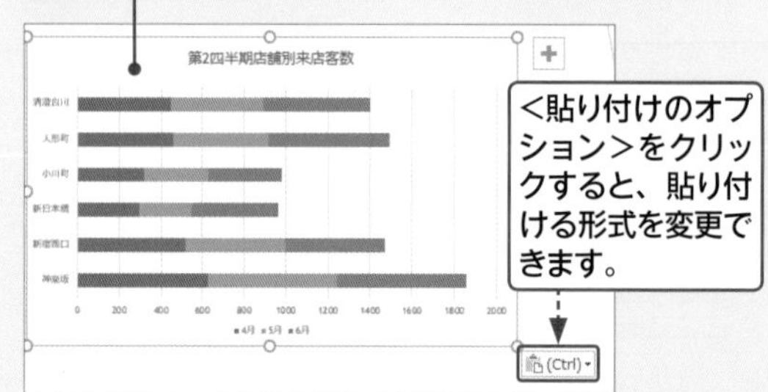

第10章

アニメーションの活用技!

359 >>> 365　アニメーションの基本
366 >>> 370　アニメーションの再生方法
371 >>> 377　アニメーションの組み合わせ
378 >>> 380　軌跡のアニメーション
381 >>> 385　アニメーションの詳細設定
386 >>> 394　オブジェクトごとの設定
395 >>> 405　アニメーションの活用例

重要度 ★★★　アニメーションの基本

Q 359 アニメーションについて知りたい!

A オブジェクトや文字に動きを付けることができます。

スライド上の図形や画像、グラフなどのオブジェクトや文字には、アニメーション効果を設定し、動きを付けることができます。スライドの切り替えに動きを付ける「画面切り替え効果」と組み合わせて使うと、スライドを印象的に演出することができます（画面切り替え効果は次の第11章で解説します）。

オブジェクトや文字に設定できるアニメーション効果には、大きく分けて以下のような4種類があり、それぞれに複数の効果が用意されています。一覧の下にある<その他の○○効果>をクリックすると、すべての効果が表示されます。

● 開始

オブジェクトや文字を表示させる際に設定します。発表者のタイミングに合わせて表示させると効果的です。

● 強調

表示されているオブジェクトや文字を強調させて目立たせます。文章やオブジェクトを注目させたいときに使用します。

● 終了

表示されているオブジェクトや文字を非表示にします。説明の終了に合わせて設定すると効果的です。

● アニメーションの軌跡

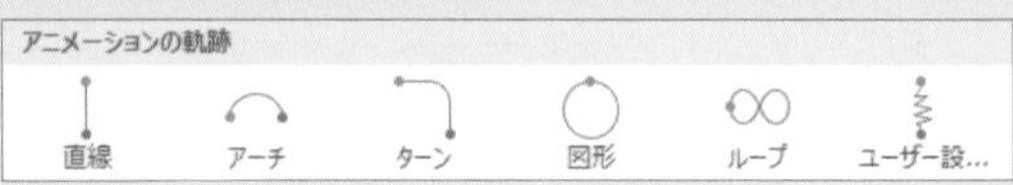

オブジェクトを軌跡に沿って自由に動かします。あらかじめ用意されている軌跡や、自分で描いた軌跡を使ってオブジェクトを動かすことができます。

● その他の効果

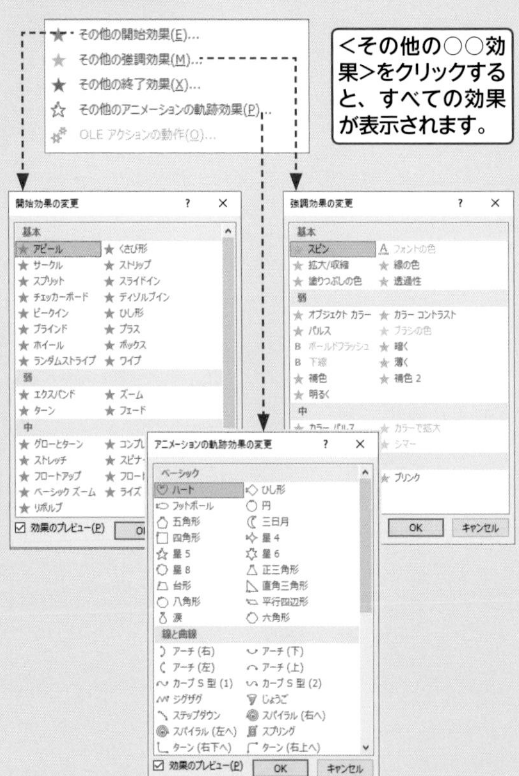

<その他の○○効果>をクリックすると、すべての効果が表示されます。

重要度★★★ アニメーションの基本

Q 360 アニメーションを設定したい！

A <アニメーション>タブの<アニメーション>で設定します。

アニメーション効果を設定するには、オブジェクトや文字を選択して、<アニメーション>タブをクリックし、アニメーションの一覧から目的のアニメーション効果を指定します。

アニメーション効果を設定すると、オブジェクトやプレースホルダーの左側にアニメーションの再生順序を示す「番号タグ」が表示されます。スライドのサムネイルには、<アニメーションの再生>アイコン★が表示されます。

なお、番号タグは、<アニメーション>タブをクリックしたときと、<アニメーションウィンドウ>を表示したときのみ表示されます。

参照▶Q 377

● 文字にアニメーション効果を設定する

1 プレースホルダーの枠をクリックするか、テキストをドラッグして選択します。

2 <アニメーション>タブをクリックして、

3 <アニメーション>の<その他>をクリックし、

4 目的のアニメーション効果をクリックすると、

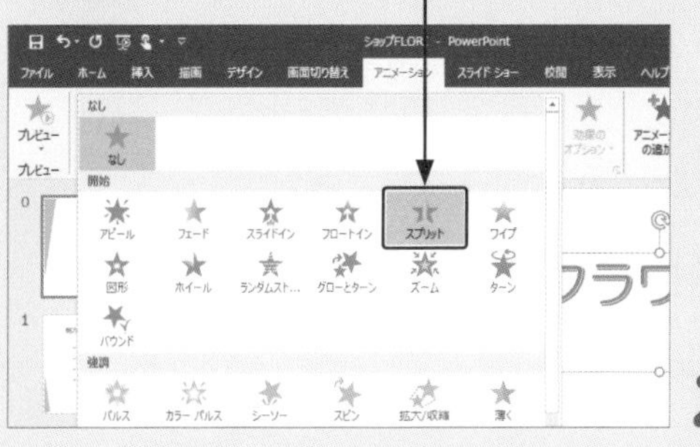

5 アニメーション効果が設定され、番号タグが表示されます。

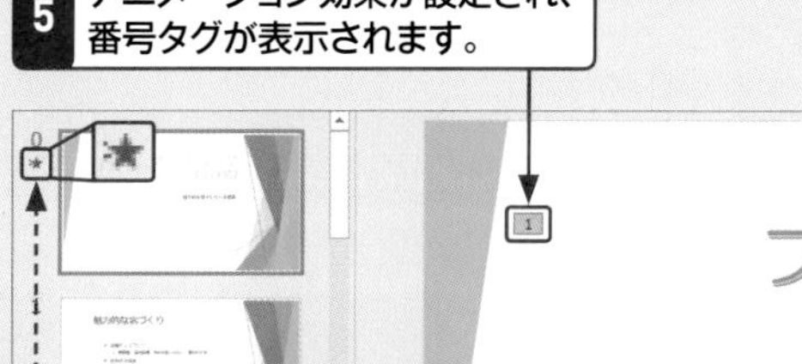

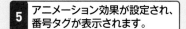

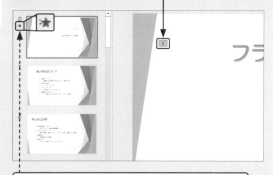

<アニメーションの再生>アイコンが表示されます。

● オブジェクトにアニメーション効果を設定する

1 図形をクリックします。

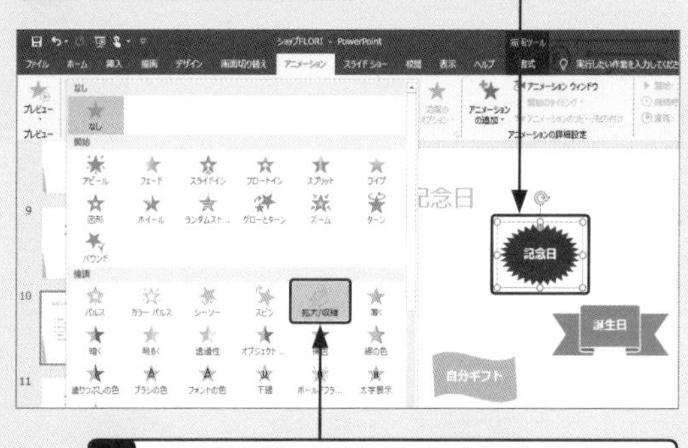

2 左の手順2、3の順に操作して、目的のアニメーション効果をクリックすると、

3 アニメーション効果が設定され、番号タグが表示されます。

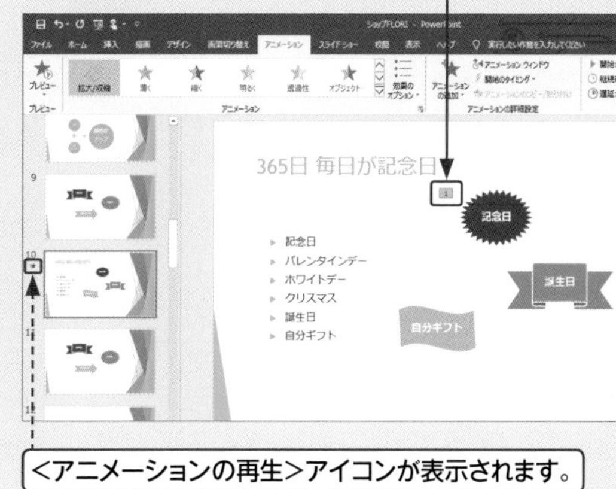

<アニメーションの再生>アイコンが表示されます。

重要度 ★★★　アニメーションの基本

Q 361 アニメーションの設定は印刷に影響する？

A 印刷には影響しません。

印刷はアニメーションが設定されていない状態の表示でされるので、印刷には影響しません。たとえば、消えていたテキストが浮かび上がるアニメーションを設定しても、印刷にはテキストが表示されます。また、オブジェクトや文字にアニメーション効果を設定すると、アニメーションの再生順序を示す番号タグが表示されますが、印刷はされません。

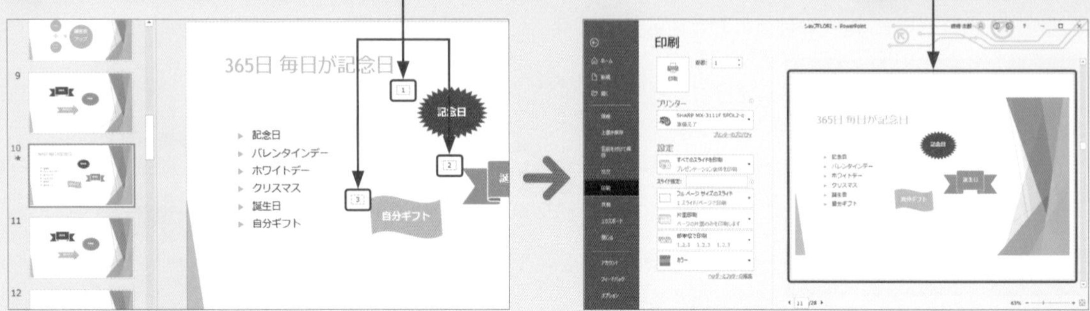

重要度 ★★★　アニメーションの基本

Q 362 アニメーションの方向を変更したい！

A <アニメーション>タブの<効果のオプション>から変更します。

アニメーションの種類によっては、オブジェクトや文字が動く方向を変更することができます。アニメーション効果が設定されているオブジェクトや文字を選択して、<アニメーション>タブの<効果のオプション>をクリックし、目的の方向を指定します。

<効果のオプション>に表示される項目は、設定しているアニメーションの種類によって異なります。

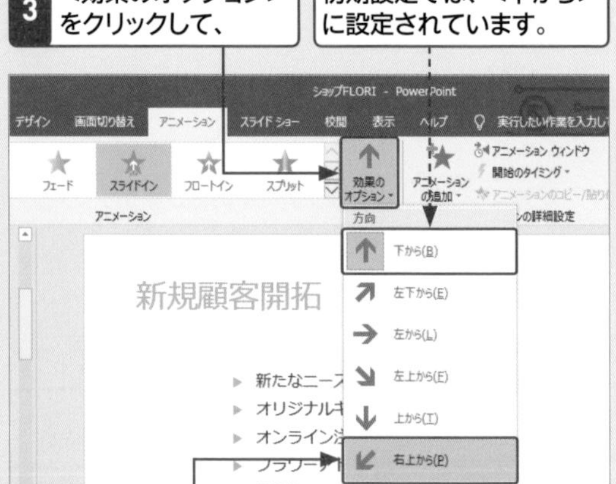

5 アニメーションの方向が変更されます。

重要度 ★★★　アニメーションの基本

Q 363 設定したアニメーションをプレビューで確認したい！

A ＜アニメーション＞タブの＜プレビュー＞をクリックします。

設定したアニメーション効果を確認するには、アニメーション効果を設定したスライドをクリックして、＜アニメーション＞タブの＜プレビュー＞をクリックします。また、スライドのサムネイルに表示されている＜アニメーションの再生＞アイコン★をクリックすると、アニメーション効果と切り替え効果がいっしょにプレビューされます。

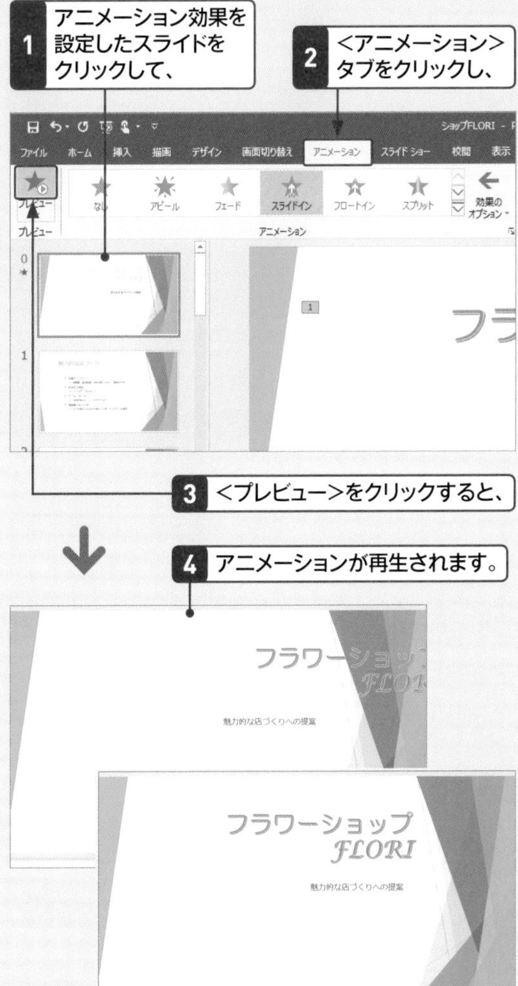

重要度 ★★★　アニメーションの基本

Q 364 アニメーション効果を削除したい！

A アニメーション効果を＜なし＞に設定します。

設定したアニメーション効果を削除するには、削除するアニメーション効果の番号タグをクリックして、＜アニメーション＞タブの＜アニメーション＞の一覧から＜なし＞を指定します。また、番号タグをクリックして Delete を押しても、削除することができます。

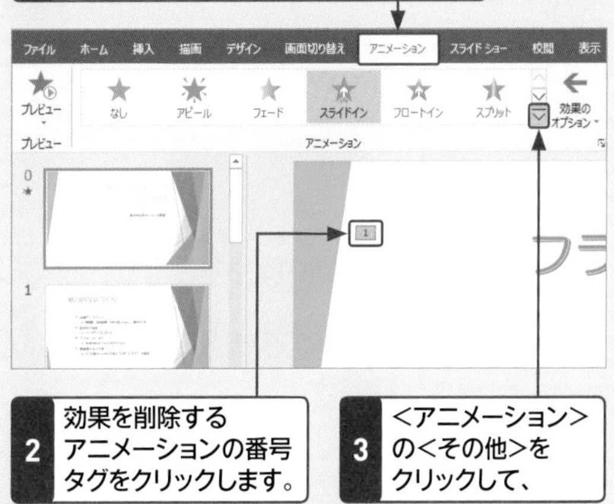

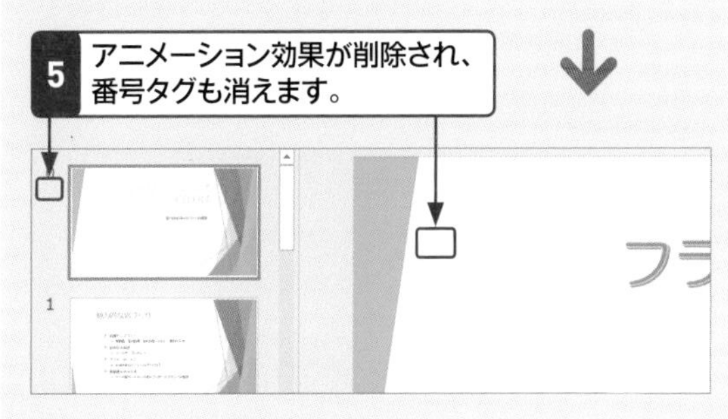

重要度 ★★★ アニメーションの基本

Q 365 アニメーションのプレビューを手動に設定したい！

A ＜プレビュー＞の＜自動プレビュー＞をオフにします。

初期設定では、アニメーション効果は設定したり変更したりしたあとに自動的にプレビューされます。自動的にプレビューされないようにするには、＜アニメーション＞タブの＜プレビュー＞をクリックし、＜自動プレビュー＞（PowerPoint 2013では＜自動再生＞）をクリックしてオフにします。

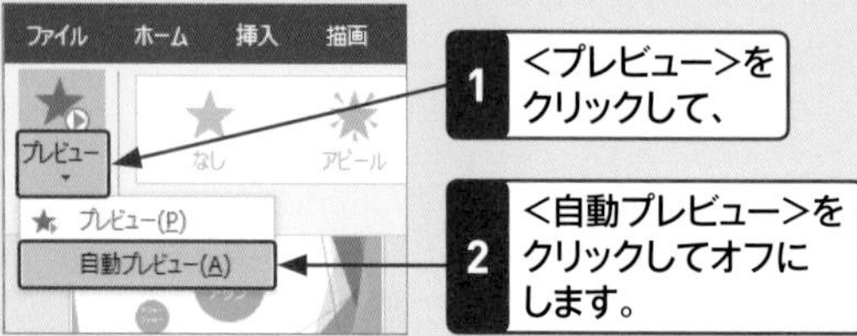

重要度 ★★★ アニメーションの再生方法

Q 366 アニメーションの速度を調節したい！

A ＜アニメーション＞タブの＜継続時間＞で調節します。

アニメーションの速度は、設定しているアニメーション効果によって異なります。再生速度を変更したい場合は、＜アニメーション＞タブの＜継続時間＞で時間を指定します。数値が大きいほど速度が遅くなります。なお、＜遅延＞の時間を指定すると、1つのアニメーション効果が終了後、指定した時間が経過してから、次の効果が再生されるようになります。

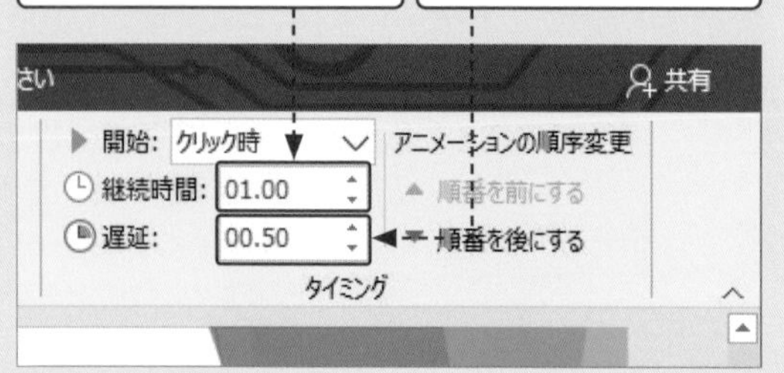

重要度 ★★★ アニメーションの再生方法

Q 367 スライド切り替え時にアニメーションも再生したい！

A 再生のタイミングを＜直前の動作と同時＞に設定します。

初期設定では、アニメーション効果の開始のタイミングは、＜クリック時＞に設定されており、クリックでアニメーションを再生させる必要があります。スライドが切り替わったと同時にアニメーションを自動で再生させたい場合は、＜アニメーション＞タブの＜開始＞を＜直前の動作と同時＞に設定します。
なお、スライドに画面切り替え効果が設定されている場合は、切り替え効果の動きが終わった直後にアニメーションが再生されます。

5 再生のタイミングが変更されます。

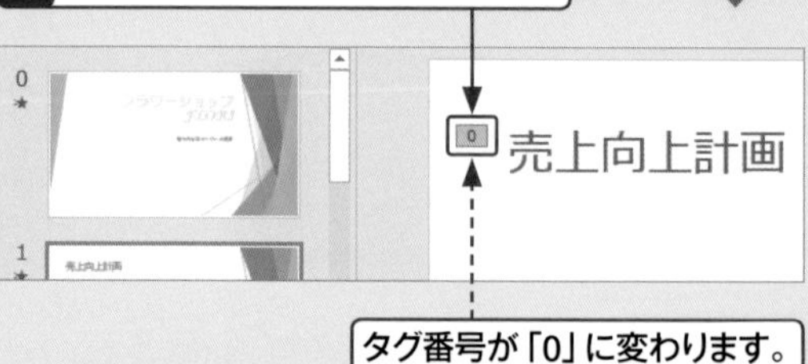

重要度 ★★★ アニメーションの再生方法

Q 368 アニメーションを繰り返し再生させたい！

A 効果のオプションの＜タイミング＞で＜繰り返し＞を設定します。

アニメーション効果を繰り返し再生させたい場合は、繰り返したいアニメーションの番号タグをクリックして、＜アニメーション＞グループの をクリックします。設定した効果のダイアログボックスが表示されるので、＜タイミング＞をクリックして、＜繰り返し＞から繰り返す回数、あるいは条件を指定します。ただし、＜アピール＞など繰り返しを設定できない効果もあります。

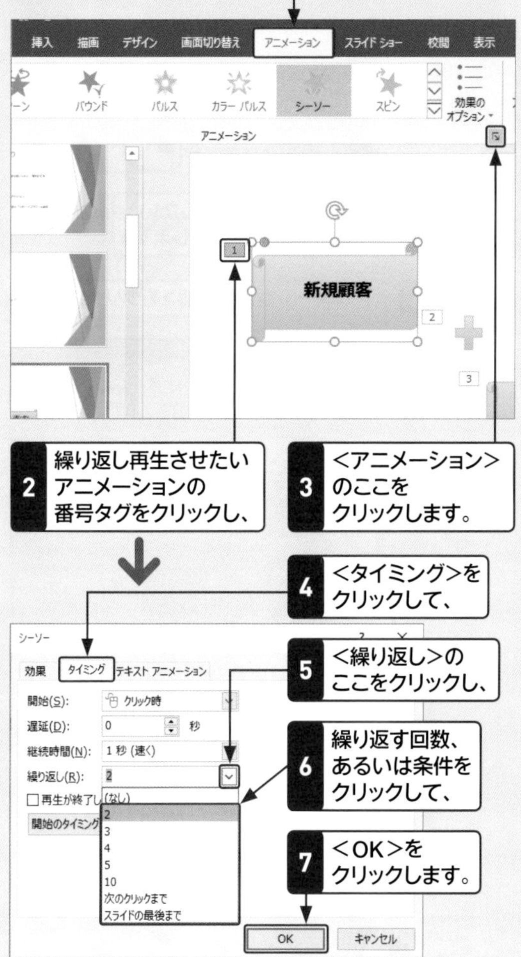

重要度 ★★★ アニメーションの再生方法

Q 369 アニメーションが終わったらもとの表示に戻したい！

A 効果のオプションで＜再生が終了したら巻き戻す＞をオンにします。

終了のアニメーションの再生後などに、再生前の表示と場所に自動的に戻すには、設定を変更したいアニメーションの番号タグをクリックして、＜アニメーション＞タブの＜アニメーション＞グループの をクリックします。設定した効果のダイアログボックスが表示されるので、＜タイミング＞の＜再生が終了したら巻き戻す＞をオンにします。

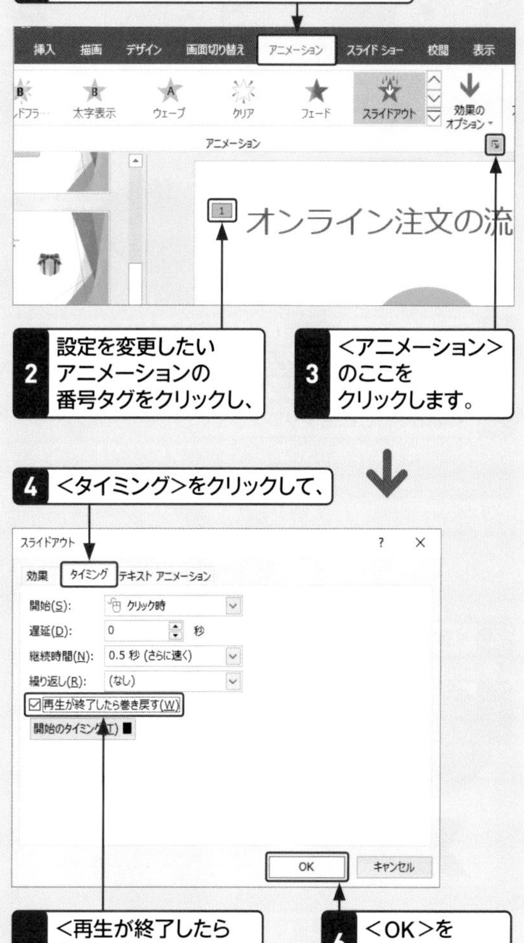

重要度 ★★★ アニメーションの組み合わせ

Q 373 アニメーションの再生順序を変更したい!

A <アニメーション>タブの<アニメーションの順序変更>で変更します。

アニメーション効果は、効果を設定した順に再生されます。再生順序を変更したい場合は、順序を変更したいアニメーションを選択して、<アニメーション>タブの<アニメーションの順序変更>で設定します。

1 <アニメーション>タブをクリックして、

2 順序を変更したいアニメーションの番号タグをクリックし、

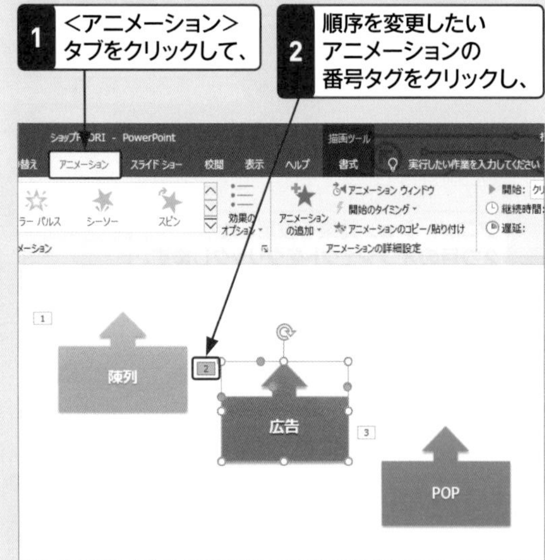

3 <順番を前にする>か<順番を後にする>をクリックすると(ここでは<順番を前にする>)、

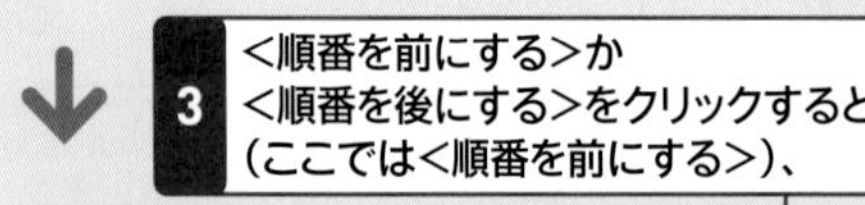

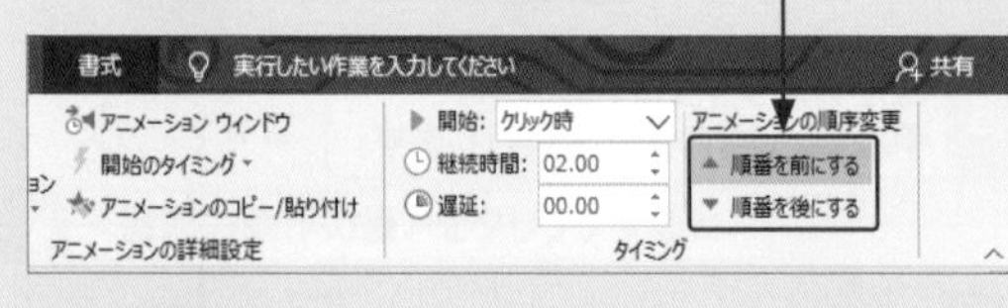

4 アニメーションの再生順序が変更されます。

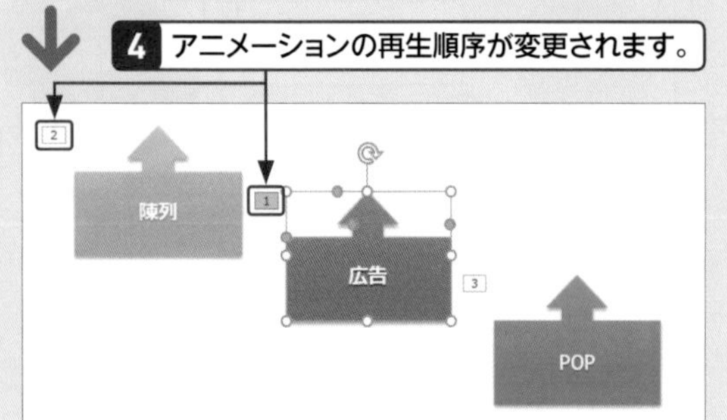

重要度 ★★★ アニメーションの組み合わせ

Q 374 アニメーションをコピーしたい!

A <アニメーションのコピー/貼り付け>を利用します。

複数のオブジェクトに同じアニメーション効果を設定したい場合、1つずつ設定するのは手間がかかります。この場合は、<アニメーション>タブの<アニメーションのコピー/貼り付け>をクリックして、アニメーション効果をコピーすると効率的です。

1 <アニメーション>タブをクリックして、

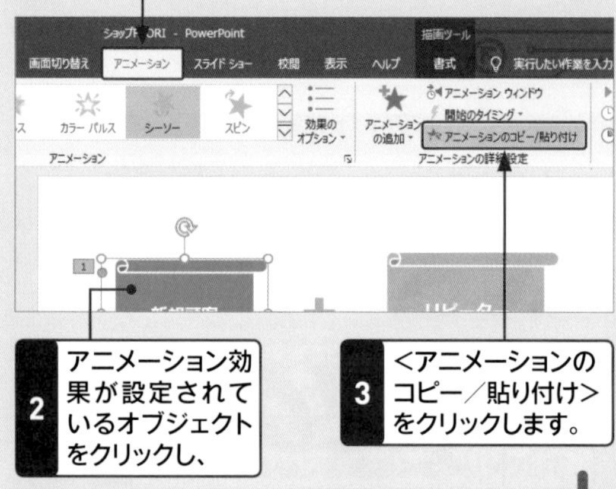

2 アニメーション効果が設定されているオブジェクトをクリックし、

3 <アニメーションのコピー/貼り付け>をクリックします。

4 貼り付け先のオブジェクトをクリックすると、

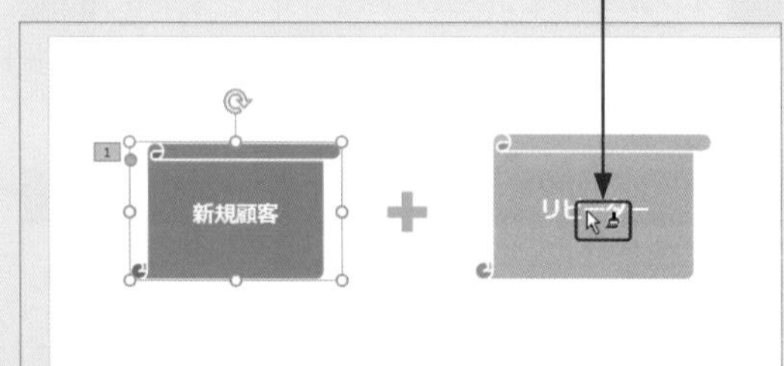

5 アニメーション効果が貼り付けられます。

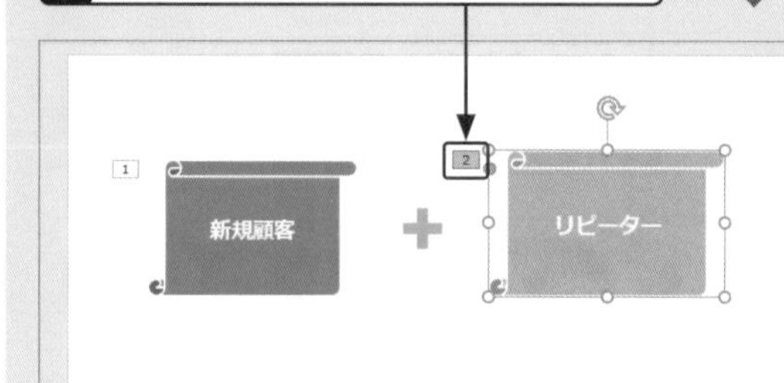

重要度 ★★★　アニメーションの組み合わせ

Q 375 複数のオブジェクトにすばやくコピーしたい！

A ＜アニメーションのコピー／貼り付け＞をダブルクリックします。

アニメーションをコピーするとき、＜アニメーション＞タブの＜アニメーションのコピー／貼り付け＞をダブルクリックすると、連続して貼り付けることができます。連続貼り付けを中止するには、Esc を押すか、再度、＜アニメーションのコピー／貼り付け＞をクリックします。

1 ＜アニメーション＞タブをクリックして、

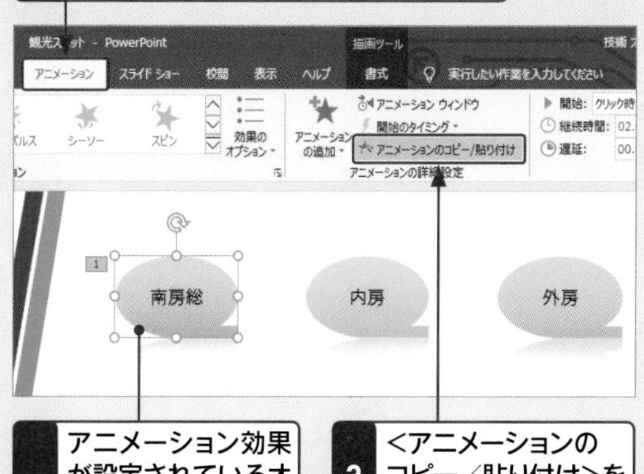

2 アニメーション効果が設定されているオブジェクトをクリックします。

3 ＜アニメーションのコピー／貼り付け＞をダブルクリックして、

4 貼り付け先のオブジェクトをクリックすると、アニメーション効果が貼り付けられます。

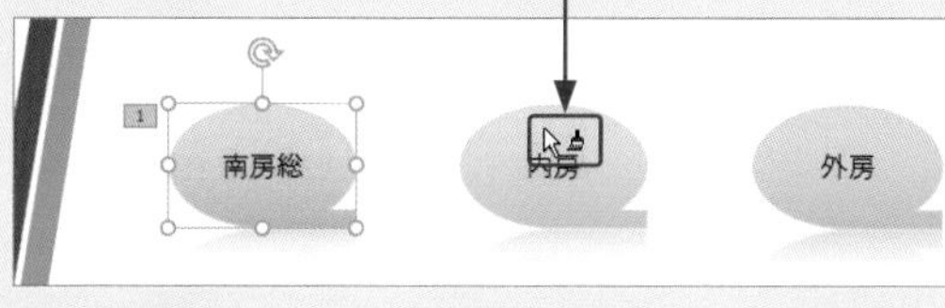

5 マウスポインターの形がのままなので、続けて貼り付けることができます。

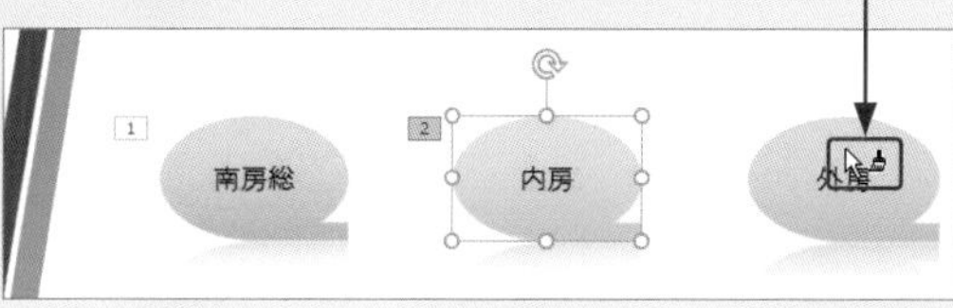

6 ＜アニメーションのコピー／貼り付け＞をクリックして、貼り付けを終了します。

重要度 ★★★　アニメーションの組み合わせ

Q 376 アニメーションの再生中に次の再生を開始したい！

A 開始のタイミングの＜直前の動作と同時＞と＜遅延＞を組み合わせます。

直前のアニメーションの再生中に、次のアニメーションが再生されるように設定するには、2つ目のオブジェクトをクリックして、＜アニメーション＞タブの＜開始＞を＜直前の動作と同時＞に設定します。続いて、1つ目のアニメーションの＜継続時間＞の時間内に収まるよう、2つ目のアニメーションの再生が始まるまでの時間を＜遅延＞で設定します。

1 ＜アニメーション＞タブをクリックして、

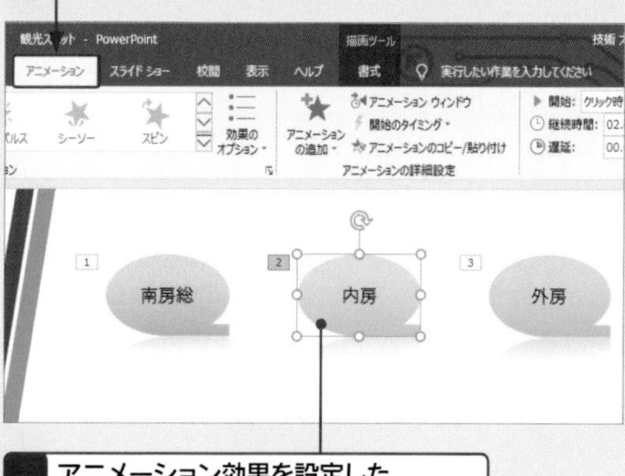

2 アニメーション効果を設定した2つ目のオブジェクトをクリックします。

3 ＜開始＞のここをクリックして、

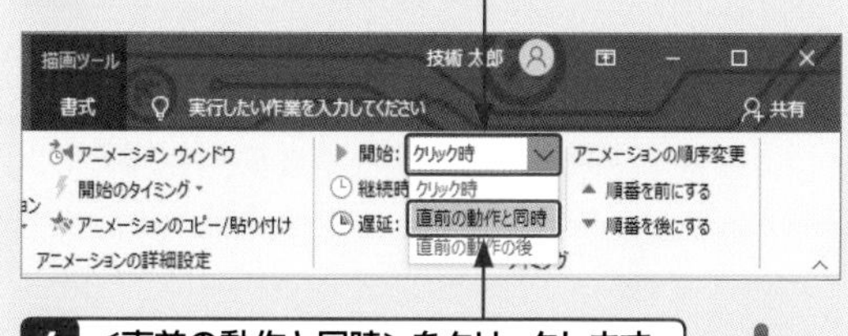

4 ＜直前の動作と同時＞をクリックします。

5 ＜遅延＞で再生が始まるまでの時間を指定します。

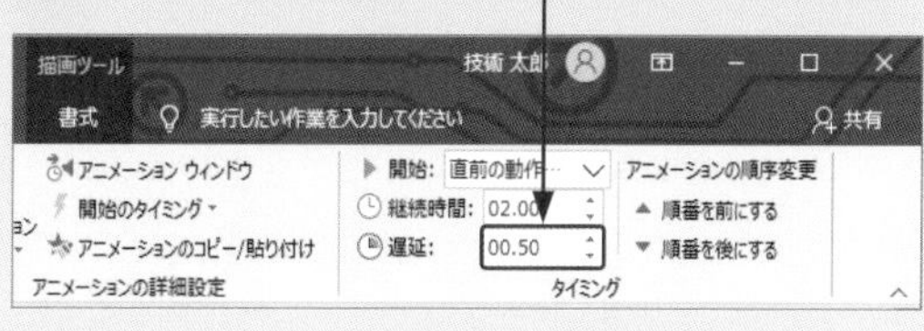

重要度 ★★★ アニメーションの組み合わせ

Q 377 アニメーションを詳細に設定したい！

A <アニメーションウィンドウ>で設定します。

<アニメーション>タブの<アニメーションウィンドウ>をクリックすると、<アニメーションウィンドウ>が表示されます。このウィンドウを利用すると、アニメーションの順序の変更や、タイミング、時間配分の調節などを詳細に設定することができます。

1 <アニメーション>タブをクリックして、

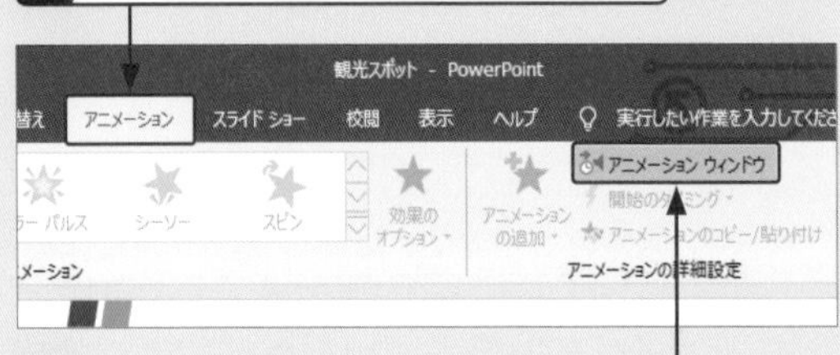

2 <アニメーションウィンドウ>をクリックすると、

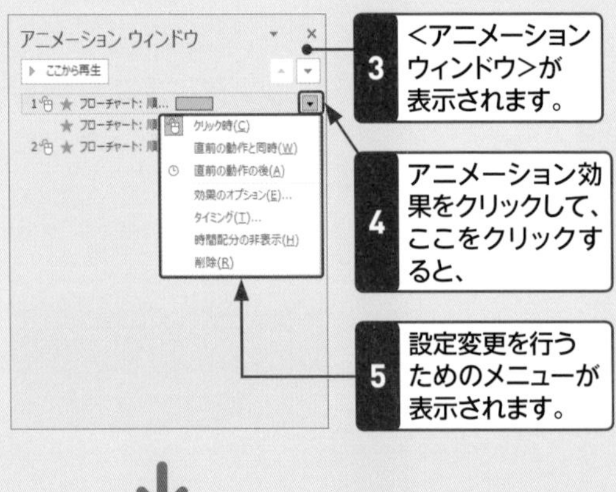

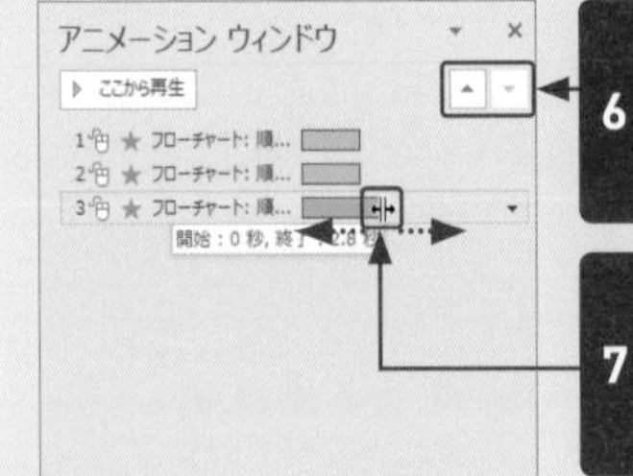

6 ここをクリックすると、アニメーションの再生順序を変更できます。

7 ここをドラッグすると、アニメーションの継続時間を調節できます。

重要度 ★★★ 軌跡のアニメーション

Q 378 オブジェクトを軌跡に沿って動かしたい！

A <アニメーション>の<アニメーションの軌跡>を利用します。

オブジェクトに<アニメーションの軌跡>を設定すると、指定した軌跡に沿ってオブジェクトを移動させることができます。軌跡とは、オブジェクトが通る道筋のことです。アニメーションの軌跡を設定するには、オブジェクトをクリックして、<アニメーション>タブのアニメーションの一覧から軌跡を指定します。

1 オブジェクトをクリックして、<アニメーション>タブの<アニメーション>の<その他>をクリックし、

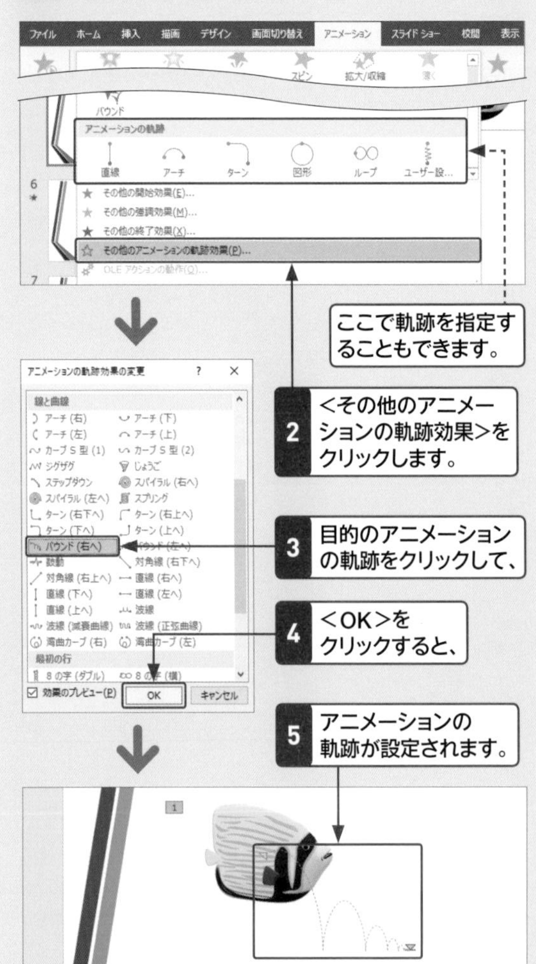

重要度 ★★★ 軌跡のアニメーション

Q 379 アニメーションの軌跡を編集したい！

A アニメーションの軌跡をクリックして、ハンドルをドラッグします。

設定したアニメーションの軌跡をクリックすると、軌跡の周囲にハンドル○が表示されます。ハンドルをドラッグすると軌跡のサイズを変更することができます。軌跡をドラッグすると、オブジェクトが動く位置を移動させることができます。

また、<アニメーション>タブの<効果のオプション>をクリックして、<逆方向の軌跡>をクリックすると、軌跡の方向を逆にすることができます。

1 アニメーションの軌跡をクリックすると、ハンドルが表示されます。

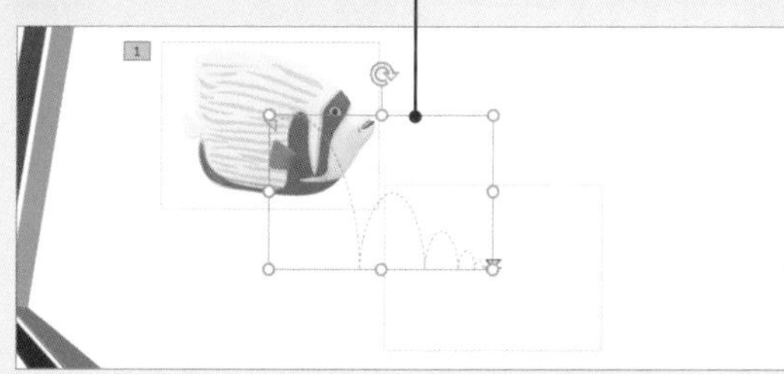

2 ハンドルをドラッグすると、

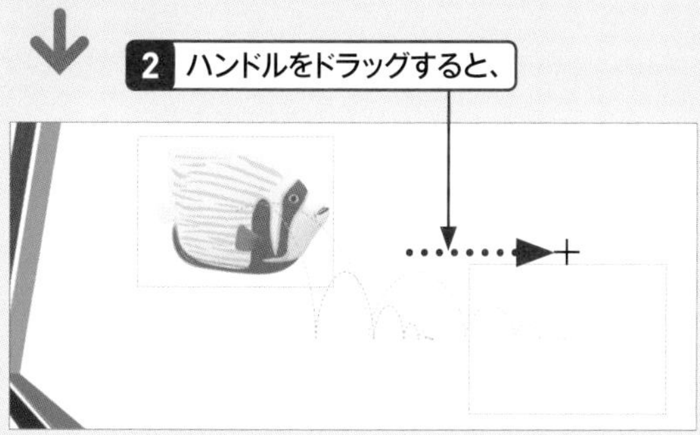

3 軌跡のサイズを変更することができます。

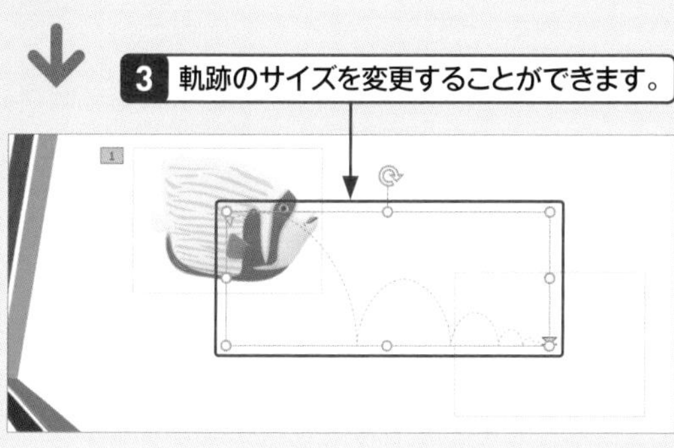

重要度 ★★★ 軌跡のアニメーション

Q 380 アニメーションの軌跡を自分で自由に設定したい！

A <ユーザー設定パス>をクリックして軌跡を指定します。

アニメーションの軌跡を自分で設定したい場合は、オブジェクトをクリックして、アニメーションの一覧から<ユーザー設定パス>をクリックします。マウスポインターの形が＋に変わるので、マウスをドラッグしながら図形を移動させる軌跡を描き、終点にしたい位置でダブルクリックします。

1 オブジェクトをクリックして、<アニメーション>タブの<アニメーション>の<その他>をクリックし、

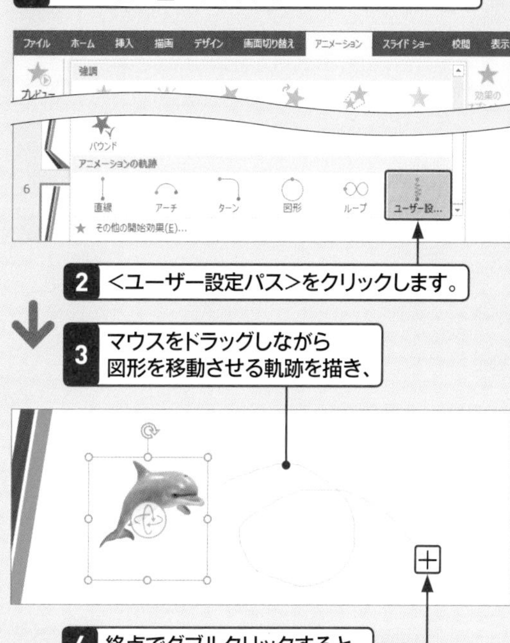

2 <ユーザー設定パス>をクリックします。

3 マウスをドラッグしながら図形を移動させる軌跡を描き、

4 終点でダブルクリックすると、

5 アニメーションの軌跡を描くことができます。

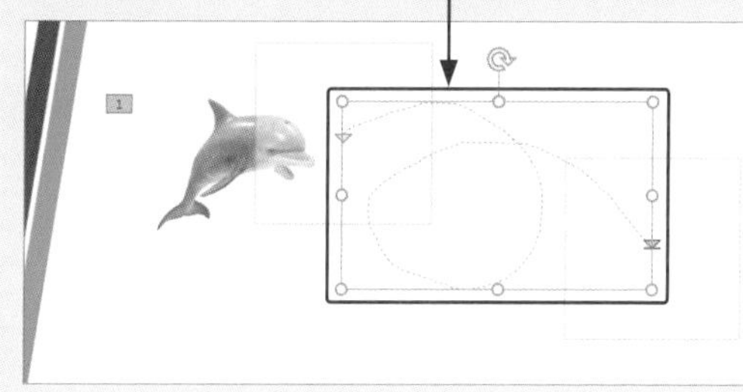

重要度 ★★★　アニメーションの詳細設定

Q 381 アニメーションの再生後に文字の色を変えたい！

A ＜アニメーションの後の動作＞でフォントの色を設定します。

文字にアニメーション効果を設定している場合、アニメーションの再生後に文字の色を変えることができます。アニメーション効果の番号タグをクリックして、設定した効果のダイアログボックスを表示し、フォントの色を指定します。
また、＜アニメーションの追加＞から＜強調＞の＜フォントの色＞をクリックし、＜効果のオプション＞をクリックしても文字の色を変えることができます。

1 ＜アニメーション＞タブをクリックして、

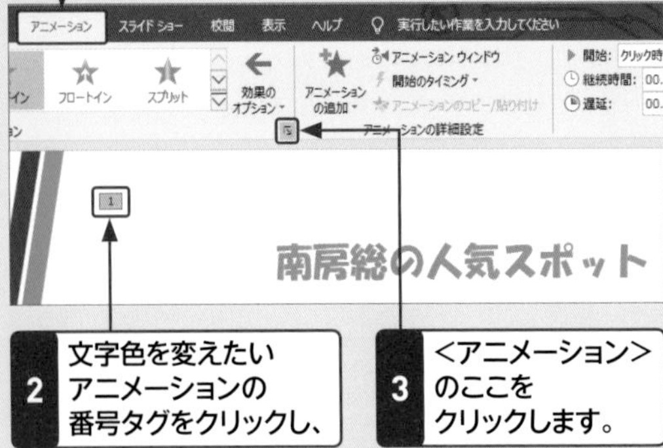

2 文字色を変えたいアニメーションの番号タグをクリックし、

3 ＜アニメーション＞のここをクリックします。

4 ＜アニメーションの後の動作＞のここをクリックしてフォントの色を選択し、

5 ＜OK＞をクリックすると、

6 アニメーションの再生後に文字色が変わるように設定されます。

重要度 ★★★　アニメーションの詳細設定

Q 382 アニメーションの再生後にオブジェクトを消したい！

A 効果のオプションの＜アニメーションの後の動作＞で設定します。

アニメーションの再生後にオブジェクトを消したい場合は、アニメーション効果を設定したオブジェクトをクリックし、設定した効果のダイアログボックスを表示して設定します。複数のアニメーション効果を設定している場合は、最後に再生される効果の番号タグをクリックしてから設定します。
また、＜アニメーションの追加＞から＜クリア＞などオブジェクトが消えるような終了の効果を設定しても、オブジェクトを消すことができます。

1 ＜アニメーション＞タブをクリックして、

2 アニメーション効果を設定したオブジェクトをクリックし、

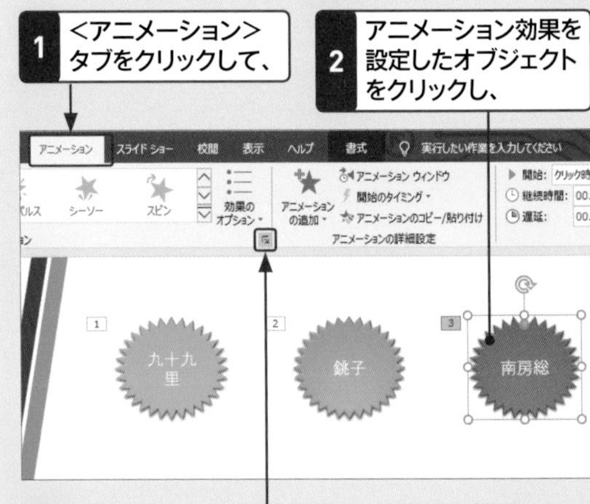

3 ＜アニメーション＞のここをクリックします。

4 ＜アニメーションの後の動作＞のここをクリックして、

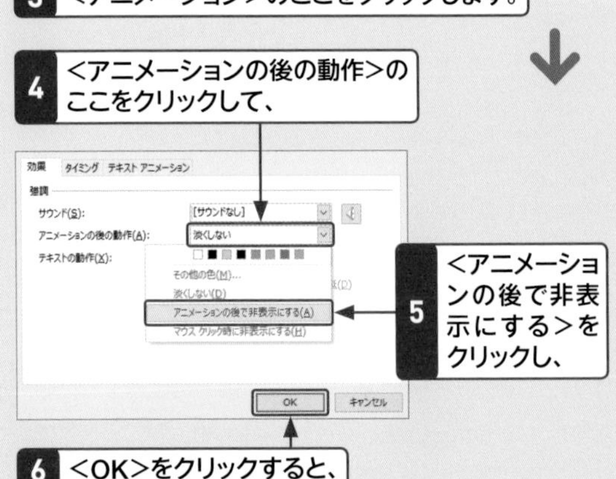

5 ＜アニメーションの後で非表示にする＞をクリックし、

6 ＜OK＞をクリックすると、

7 アニメーションの再生後にオブジェクトが非表示になります。

重要度 ★★★　アニメーションの詳細設定

Q 383 アニメーションに効果音を付けたい！

A 効果のオプションの<サウンド>でサウンドを指定します。

アニメーションの再生時に効果音を付けたい場合は、効果音を付けたいアニメーションの番号タグをクリックして、<アニメーション>タブの<アニメーション>グループの をクリックします。ダイアログボックスが表示されるので、<サウンド>で設定します。サウンドは、あらかじめ用意されている中から選択することができますが、手順5で<その他のサウンド>をクリックすると、パソコンに保存されている音声データを利用することができます。

1 <アニメーション>タブをクリックして、

2 効果音を付けたいアニメーションの番号タグをクリックし、

3 <アニメーション>のここをクリックします。

4 <サウンド>のここをクリックして、

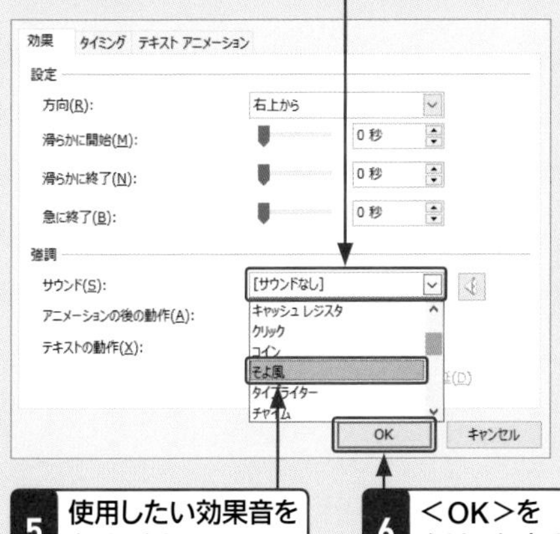

5 使用したい効果音をクリックし、

6 <OK>をクリックすると、

7 アニメーションに効果音が設定されます。

重要度 ★★★　アニメーションの詳細設定

Q 384 アニメーションの滑らかさを調節したい！

A <滑らかに開始>や<滑らかに終了>で時間を設定します。

<スライドイン>などのオブジェクトが移動するアニメーションでは、動きの滑らかさを調節できます。滑らかさを調節するには、アニメーション効果の番号タグをクリックして、<アニメーション>タブの<アニメーション>グループの をクリックします。ダイアログボックスが表示されるので、<滑らかに開始>や<滑らかに終了>の時間を設定します。

1 <アニメーション>タブをクリックして、

2 設定を変更したいアニメーションの番号タグをクリックし、

3 <アニメーション>のここをクリックします。

4 <滑らかに開始>（あるいは<滑らかに終了>）の時間を設定して、

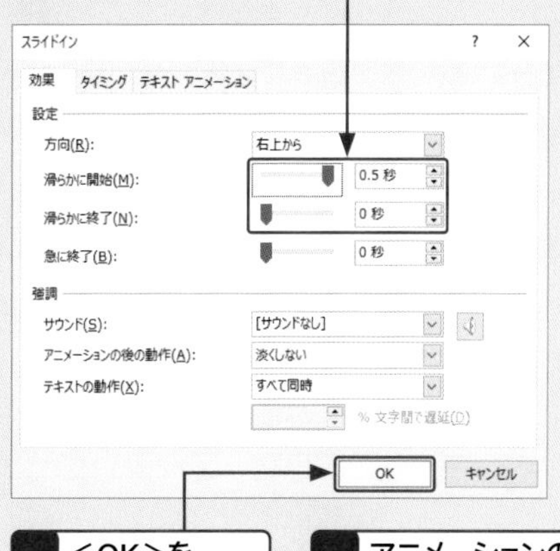

5 <OK>をクリックすると、

6 アニメーションの滑らかさが調節されます。

重要度 ★★★ アニメーションの詳細設定

Q 385 激しくぶれながらアニメーションを再生させたい！

A 効果のオプションの＜急に終了＞で時間を設定します。

＜スライドイン＞などのアニメーションでは、激しくぶれるなどの大きな動きが設定できます。アニメーションのぶれを強調したい場合は、設定を変更したいアニメーションの番号タグをクリックして、＜アニメーション＞タブの＜アニメーション＞グループの ⊡ をクリックします。ダイアログボックスが表示されるので、＜急に終了＞の時間を設定します。

1 ＜アニメーション＞タブをクリックして、

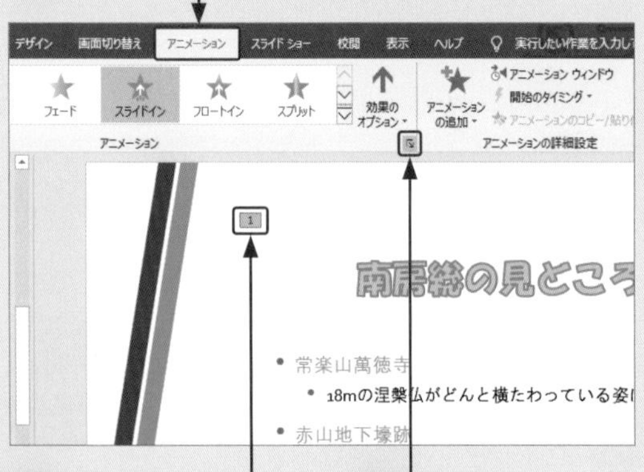

2 設定を変更したいアニメーションの番号タグをクリックし、

3 ＜アニメーション＞のここをクリックします。

4 ＜急に終了＞で時間を設定して、

5 ＜OK＞をクリックすると、

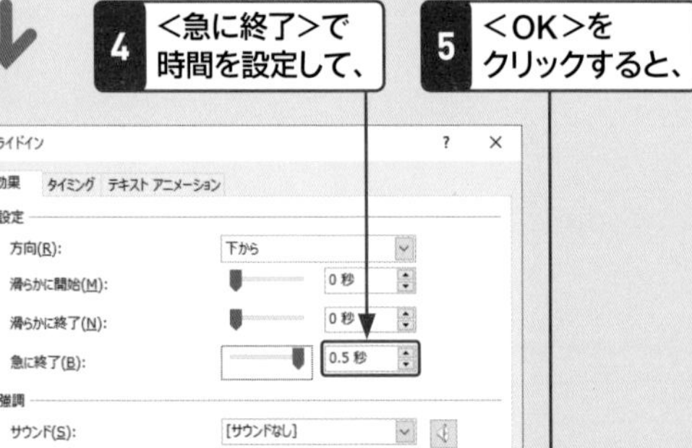

6 アニメーション効果のぶれが強調されます。

重要度 ★★★ オブジェクトごとの設定

Q 386 単語ごと／文字ごとにアニメーションを設定したい！

A ＜テキストの動作＞を単語単位や文字単位に設定します。

アニメーション効果を設定したテキストは、初期設定ではすべての文字が同時に動作しますが、単語や文字単位で動きを付けることもできます。設定を変更したいアニメーションの番号タグをクリックし、設定した効果のダイアログボックスを表示して＜テキストの動作＞を指定します。

1 ＜アニメーション＞タブをクリックして、

2 設定を変更したいアニメーションの番号タグをクリックし、

3 ＜アニメーション＞のここをクリックします。

4 ＜テキストの動作＞のここをクリックして、

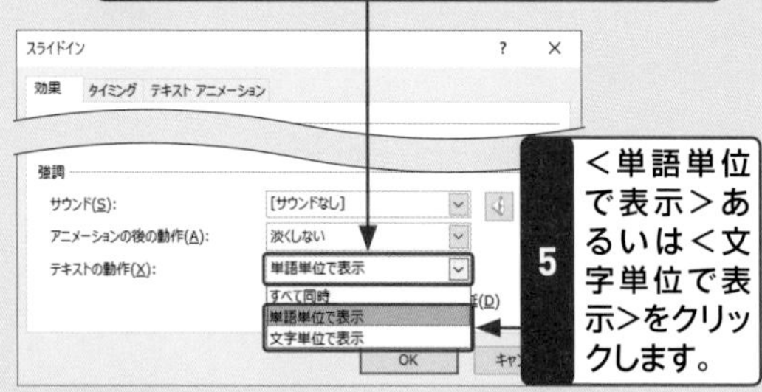

5 ＜単語単位で表示＞あるいは＜文字単位で表示＞をクリックします。

6 次の文字が表示されるタイミングを指定して、

7 ＜OK＞をクリックすると、

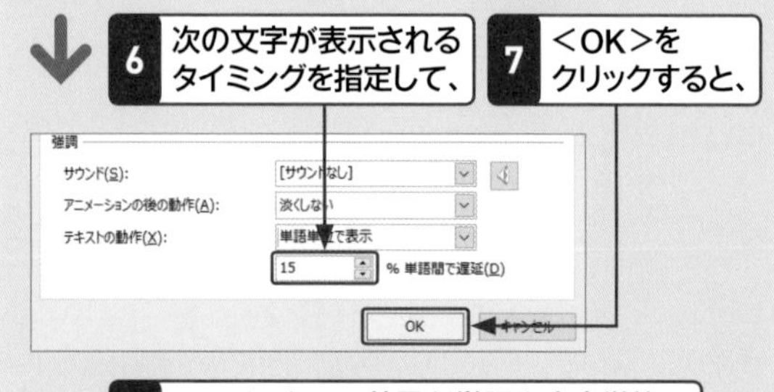

8 アニメーション効果が単語や文字単位で表示されるようになります。

重要度★★★　オブジェクトごとの設定

Q 387 箇条書きを1行ずつ表示させたい！

A 箇条書きにアニメーション効果を設定すると、1行ずつ表示されます。

箇条書きのテキストにアニメーション効果（＜アピール＞以外）を設定すると、初期設定では1行ずつアニメーション効果が設定されます。
また、アニメーションを設定したプレースホルダーを選択し、＜アニメーション＞タブの＜継続時間＞で時間を指定すると、箇条書き全体のアニメーション効果の速度を調整できます。

参照▶Q 366

1 アニメーション効果を設定するプレースホルダーを選択して、

2 ＜アニメーション＞タブをクリックします。

3 ＜アニメーション＞の＜その他＞をクリックして、

4 アニメーション効果をクリックすると、

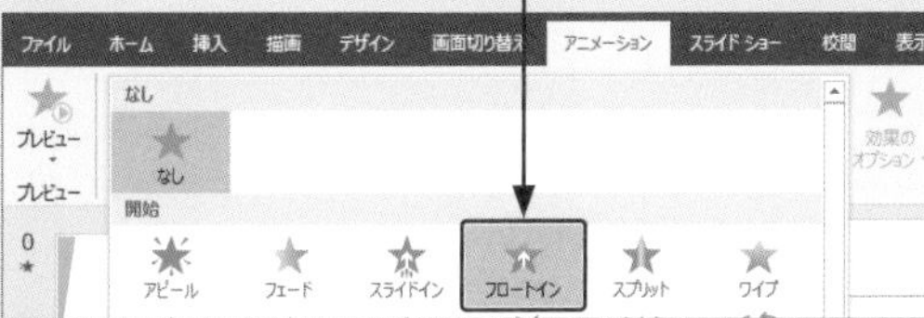

5 箇条書きに1行ずつアニメーション効果が設定されます。

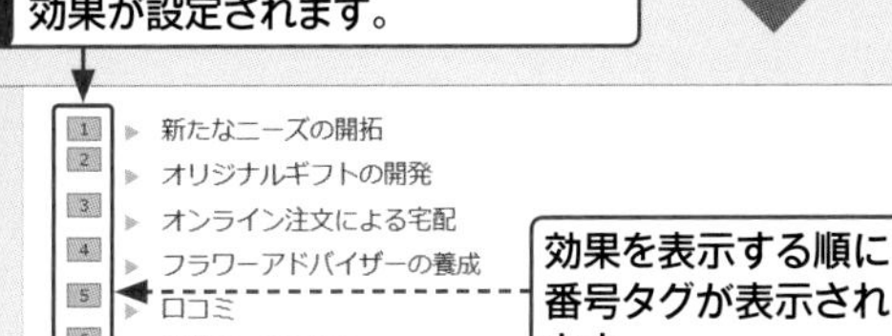

重要度★★★　オブジェクトごとの設定

Q 388 箇条書きを下から順番に表示させたい！

A ＜テキストアニメーション＞の＜表示順序を逆にする＞をオンにします。

箇条書きに設定したアニメーション効果は、初期設定では上から順に表示されます。これを下から順に表示させたい場合は、アニメーション効果を設定したプレースホルダーを選択し、設定した効果のダイアログボックスを表示して、＜テキストアニメーション＞で＜表示順位を逆にする＞をオンにします。

1 ＜アニメーション＞タブをクリックして、

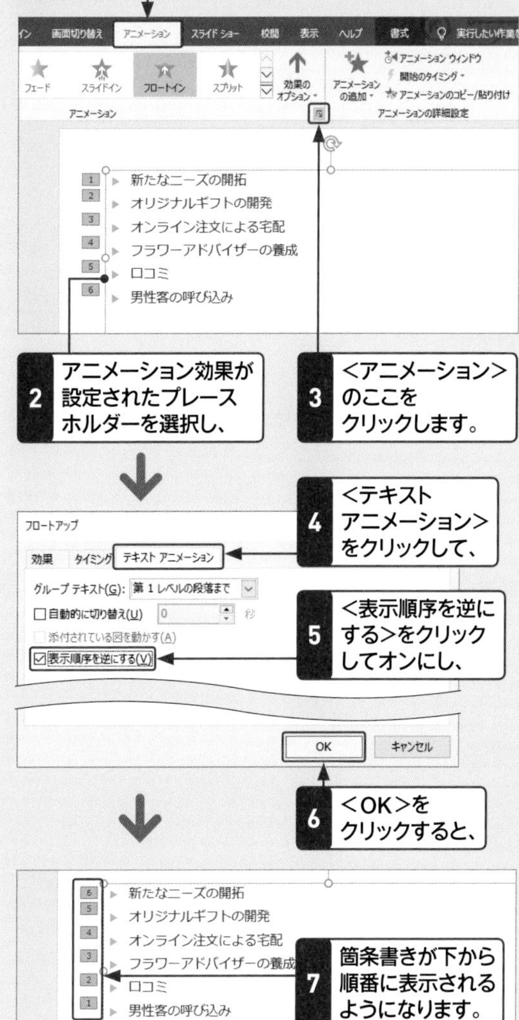

重要度★★★ オブジェクトごとの設定

Q 389 段落を順番に表示させたい!

A 段落レベルを設定した段落にアニメーション効果を設定します。

段落レベルの設定されたテキストにアニメーション効果を設定すると、初期設定では段落レベルごとにアニメーション効果が設定されます。 参照▶Q 387

段落レベルの設定されたテキストにアニメーション効果を設定すると、段落ごとに効果が設定されます。

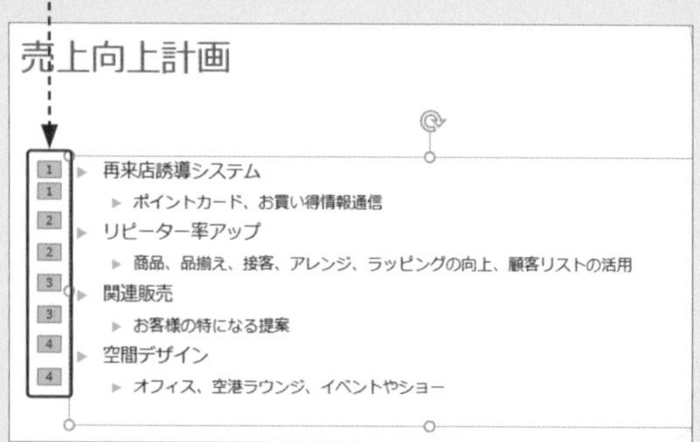

重要度★★★ オブジェクトごとの設定

Q 390 図形内の文字だけにアニメーションを付けたい!

A ＜添付されている図を動かす＞をオフにします。

文字の入力された図形にアニメーション効果を設定すると、初期設定では図形と文字が同時に再生されます。アニメーション効果を文字だけに設定したい場合は、効果を設定した図形をクリックして、＜アニメーション＞タブの＜アニメーション＞グループの ◲ をクリックし、表示されるダイアログボックスの＜テキストアニメーション＞で設定します。

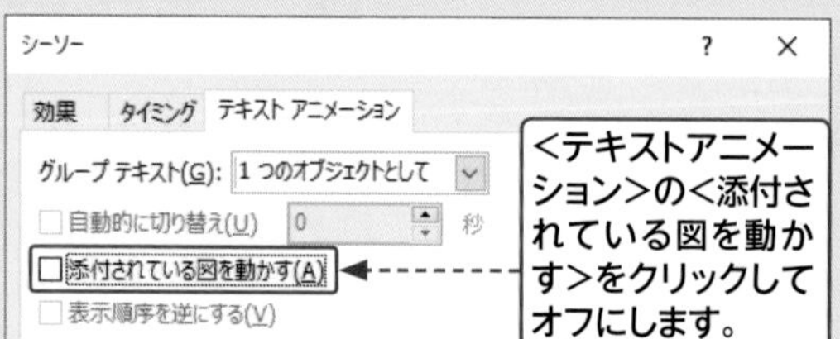

＜テキストアニメーション＞の＜添付されている図を動かす＞をクリックしてオフにします。

重要度★★★ オブジェクトごとの設定

Q 391 グラフの背景にまでアニメーションが付いてしまう!

A 初期設定ではグラフ全体にアニメーション効果が設定されます。

グラフにアニメーション効果を設定すると、初期設定ではグラフ全体が＜1つのオブジェクトとして＞表示されるように設定されます。アニメーション効果はグラフ全体だけでなく、系列別や項目別、要素別に設定することもできますが、いずれもグラフの背景が最初に表示されます。

グラフの背景にアニメーション効果を設定したくない場合は、次のQ 392を参照してください。

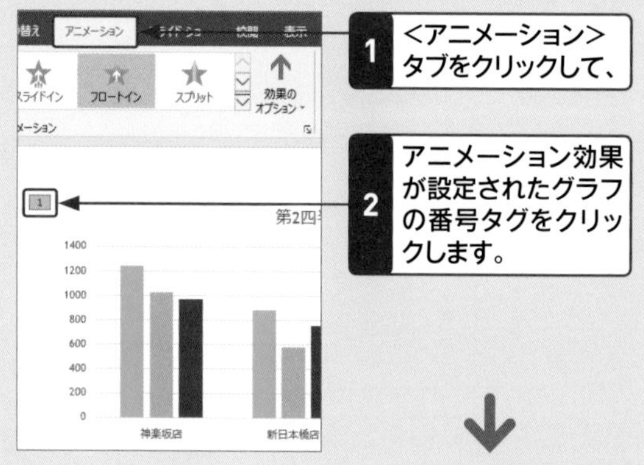

1 ＜アニメーション＞タブをクリックして、

2 アニメーション効果が設定されたグラフの番号タグをクリックします。

3 ＜効果のオプション＞をクリックすると、

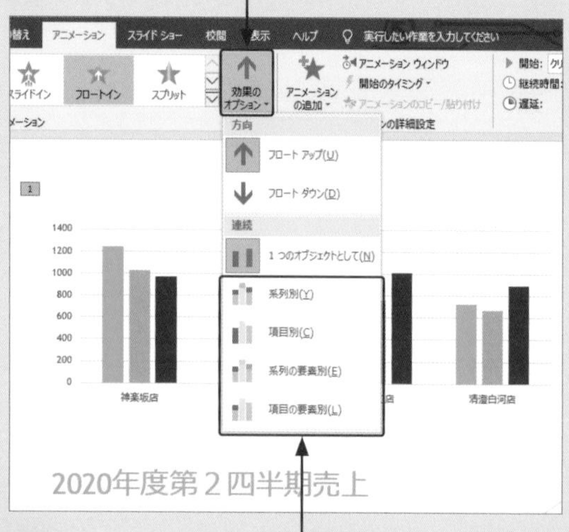

4 ＜系列別＞や＜項目別＞＜要素別＞にアニメーション効果を設定することもできます。

重要度★★★ オブジェクトごとの設定

Q 392 グラフの項目ごとにアニメーションを再生したい！

A 効果のオプションで<項目別>を指定します。

アニメーション効果は、グラフ全体に設定するほかに、グラフの系列別や項目別、要素別に設定することもできます。また、グラフの軸や目盛、凡例などにアニメーション効果を設定したくない場合は、それらが表示されている状態からアニメーションを再生させることもできます。

グラフの項目ごとにアニメーションを再生するには、グラフ全体にアニメーション効果を設定したあと、項目ごとに再生されるように変更します。棒グラフの表示方法は5種類用意されています（右下表参照）。

1 <アニメーション>タブをクリックして、

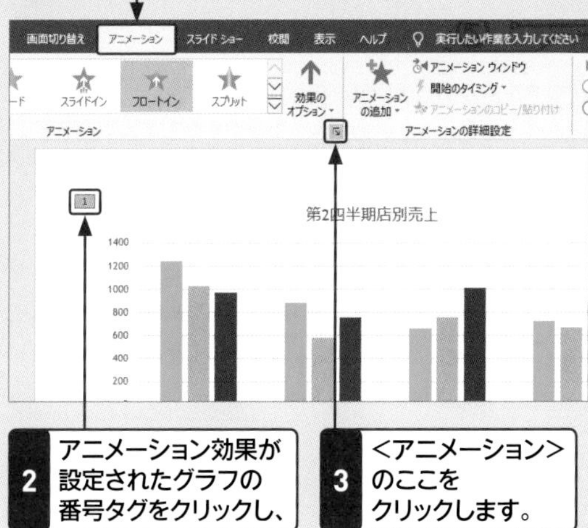

2 アニメーション効果が設定されたグラフの番号タグをクリックし、

3 <アニメーション>のここをクリックします。

4 <グラフ アニメーション>をクリックして、

5 <グループグラフ>のここをクリックし、

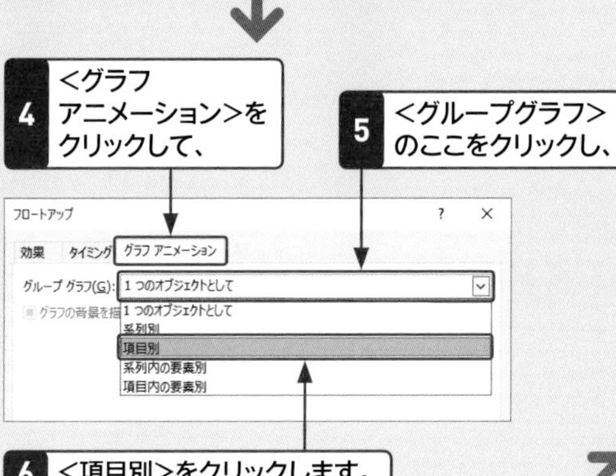

6 <項目別>をクリックします。

7 <グラフの背景を描画してアニメーションを開始>をクリックしてオフにし、

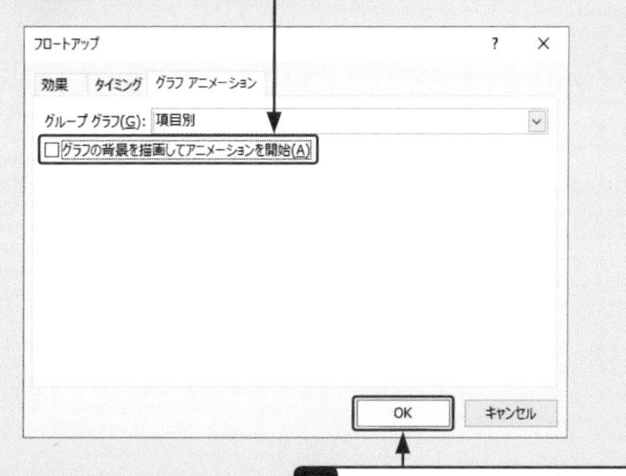

8 <OK>をクリックすると、

9 グラフの背景があらかじめ表示された状態で、グラフが項目ごとに表示されるようになります。

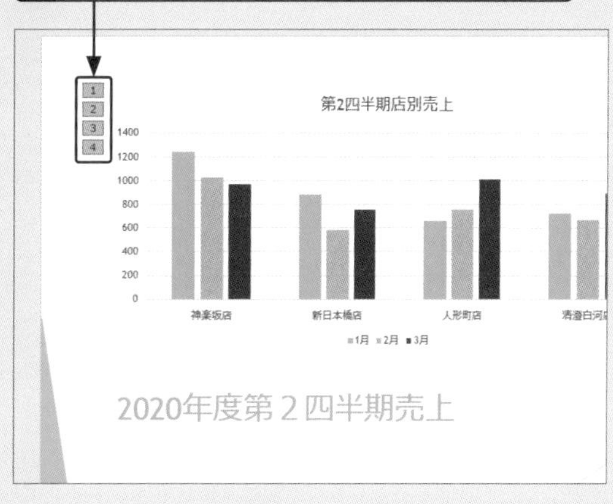

● グラフの表示方法

表示方法	説　明
1つのオブジェクトとして	グラフ全体が1つのオブジェクトとして再生されます。
系列別	系列ごとに再生されます。
項目別	項目ごとに再生されます。
系列内の要素別	同じ系列のデータが項目別に再生されます。
項目内の要素別	1つの項目内に2系列以上のデータがある場合、項目内で系列が個別に再生されます。

重要度 ★★★ オブジェクトごとの設定

Q 393 SmartArtグラフィックの図形を順番に表示させたい!

A <効果のオプション>で<個別>を指定します。

SmartArtグラフィックにもアニメーション効果を設定することができます。アニメーション効果は、SmartArtグラフィック全体を1つのオブジェクトとして再生したり、各図形を個別に再生したりできるので、目的に合わせて設定するとよいでしょう。

SmartArtグラフィックの図形を順番に再生するには、SmartArtグラフィック全体にアニメーション効果を設定したあと、<効果のオプション>で個別に表示されるように設定します。表示方法はSmartArtの種類によって異なりますが、おもに右下表の5種類が用意されています。

1 SmartArtグラフィックをクリックして、

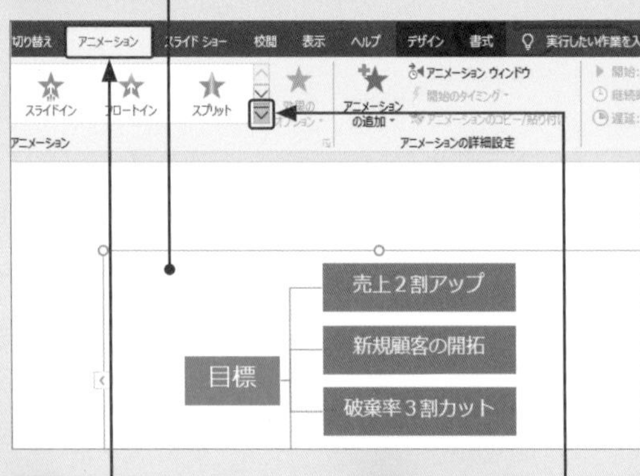

2 <アニメーション>タブをクリックし、

3 <アニメーション>の<その他>をクリックして、

4 目的のアニメーション効果をクリックします。

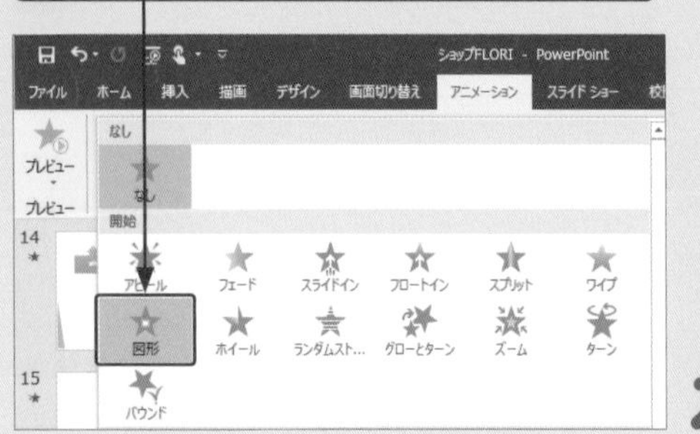

5 <効果のオプション>をクリックして、

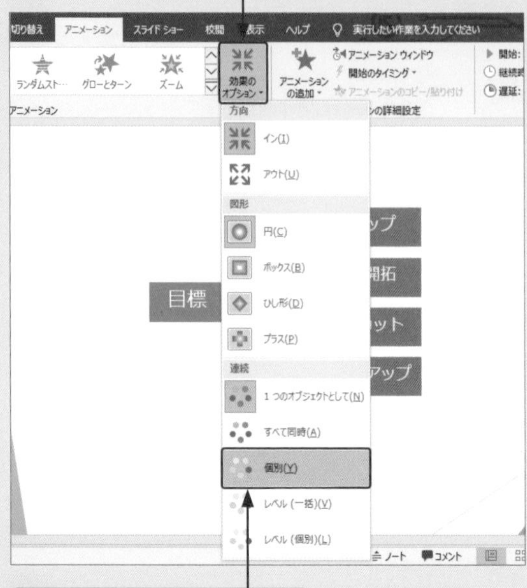

6 <個別>をクリックすると、

7 SmartArtの図形が個別に表示されるように設定されます。

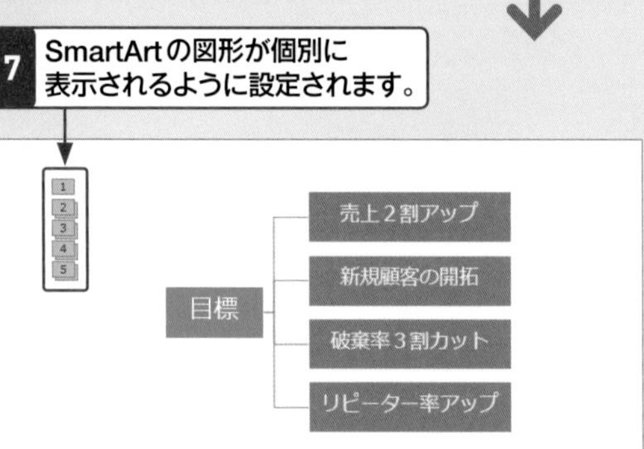

●SmartArtの表示方法

表示方法	説　明
1つのオブジェクトとして	SmartArtグラフィック全体が1つのオブジェクトとして再生されます。
すべて同時	SmartArtグラフィックのすべての図形が同時に再生されます。
個別	SmartArtグラフィックの各図形が順番に再生されます。
レベル(一括)	第1レベルの図形が同時に再生されたあと、第2レベルの図形が同時に再生されます。
レベル(個別)	第1レベルの図形が順番に再生されたあと、第2レベルの図形が順番に再生されます。

重要度★★★　オブジェクトごとの設定

Q 394 SmartArtグラフィックの階層を順番に表示させたい！

A ＜効果のオプション＞で＜レベル（一括）＞を指定します。

階層構造のSmartArtグラフィックは、階層を順番に表示させることができます。階層ごとに表示させるには、アニメーション効果を設定し、＜効果のオプション＞をクリックして、＜レベル（一括）＞を指定します。同じ階層内でさらに図形を1つずつ表示させたい場合は、＜レベル（個別）＞を指定します。

参照▶Q 393

1 SmartArtグラフィックの階層構造図を作成して、

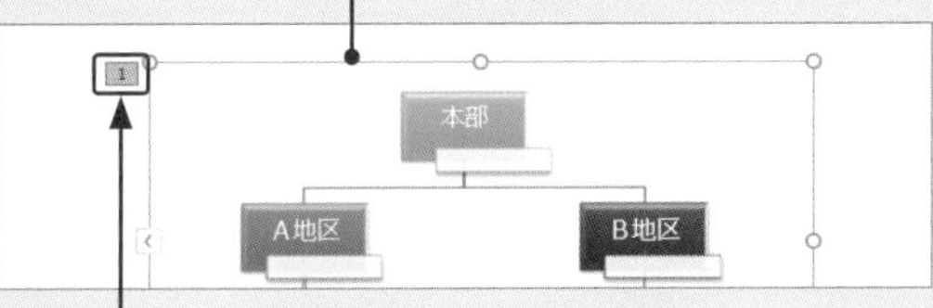

2 アニメーション効果を設定します。

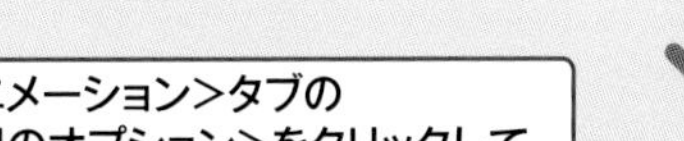

3 ＜アニメーション＞タブの＜効果のオプション＞をクリックして、

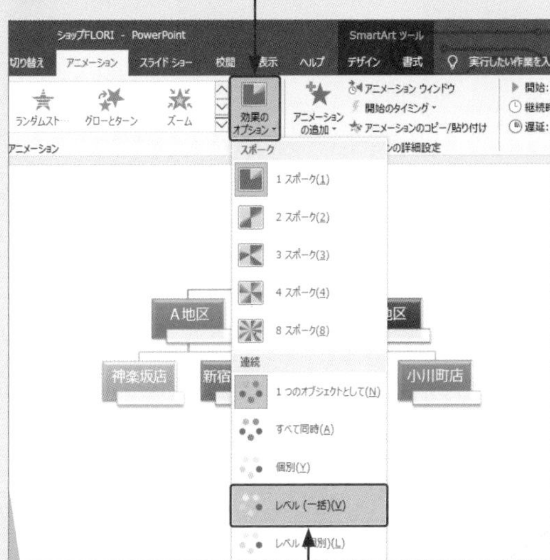

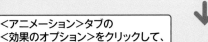

4 ＜レベル（一括）＞をクリックすると、

5 SmartArtグラフィックの階層が順番に表示されるように設定されます。

重要度★★★　アニメーションの活用例

Q 395 文章を行頭から表示させたい！

A ＜ワイプ＞の＜効果のオプション＞で＜左から＞を指定します。

文章を行頭から表示させたい場合は、文章に＜ワイプ＞を設定したあと、＜効果のオプション＞で＜左から＞を指定します。文章が行頭から徐々に表示されます。

1 プレースホルダーにアニメーション効果の＜ワイプ＞を設定します。

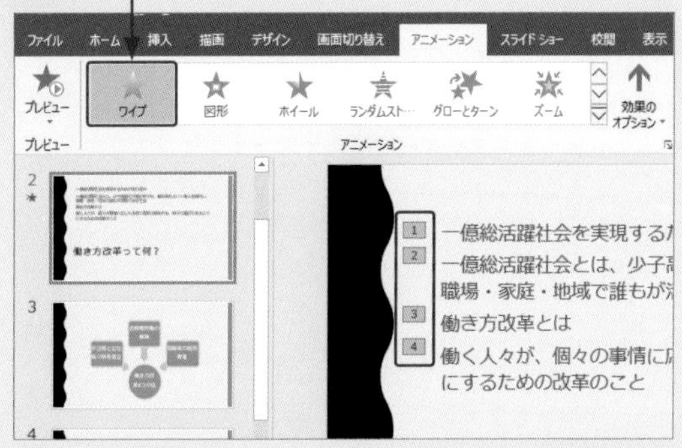

2 ＜効果のオプション＞をクリックして、

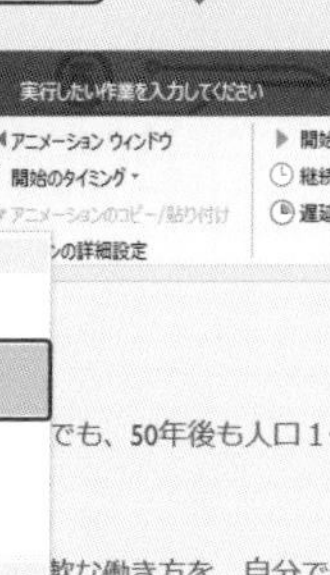

3 ＜左から＞をクリックすると、

4 文章が行頭から表示されるように設定されます。

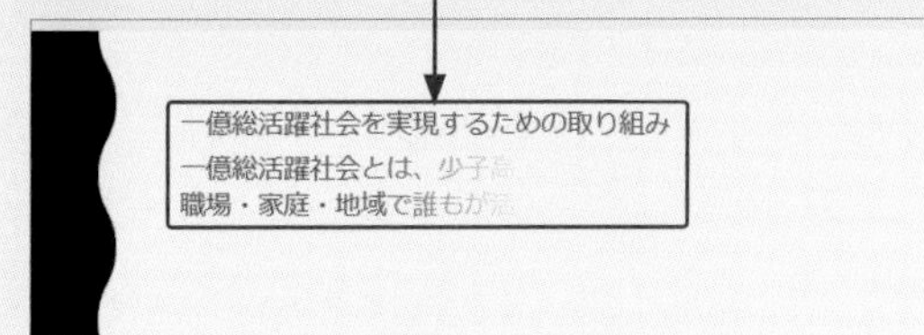

基本 1
スライド 2
マスター 3
文字入力 4
アウトライン 5
図形 6
写真・イラスト・表 7
表 8
グラフ 9
アニメーション 10
切り替え 11
動画・音楽 12
プレゼン 13
印刷 14
保存・共有 15

重要度★★★　アニメーションの活用例

Q 396 文字が浮かんで消えるように表示させたい！

A 開始に<ズーム>、終了に<フェード>を設定します。

文字が浮かんで消えるように表示させたい場合は、テキストのアニメーション効果の<開始>を<ズーム>に設定します。続いて、<アニメーションの追加>で<終了>の<フェード>を設定し、<フェード>のタイミングを<直前の動作の後>に設定します。

1 プレースホルダーを選択して、<アニメーション>タブの<アニメーション>の<その他>をクリックし、

2 <開始>の<ズーム>をクリックします。

3 <アニメーションの追加>をクリックして、

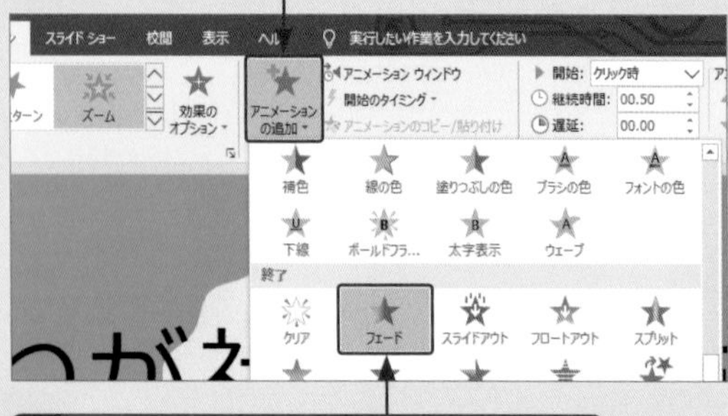

4 <終了>の<フェード>をクリックします。

5 <フェード>の<開始>を<直前の動作の後>に設定すると、

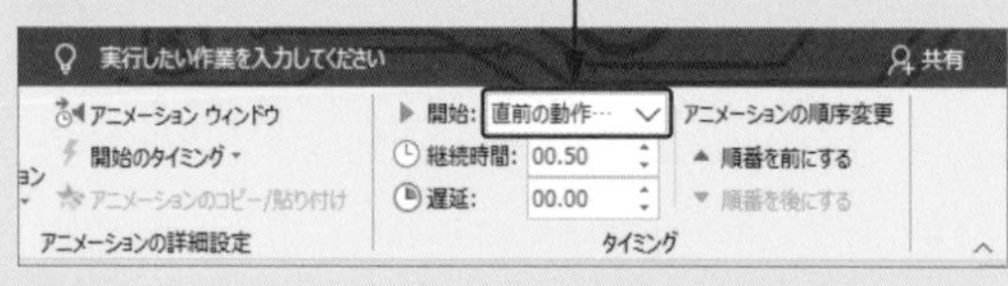

6 文字が浮かんで消えるような効果が設定されます。

重要度★★★　アニメーションの活用例

Q 397 目立たせたい文字や図形の色が変わるようにしたい！

A アニメーション効果を<フォントの色>や<塗りつぶしの色>に設定します。

目立たせたい文字や図形の色が変わるようにするには、文章の場合は<フォントの色>または<ブラシの色>、図形の場合は<塗りつぶしの色>のアニメーション効果を設定します。設定される色はテーマやバリエーションに基づきますが、<効果のオプション>で変更することができます。

ここでは、文章の色が変わるように設定しますが、図形の場合も同様の操作で実行できます。

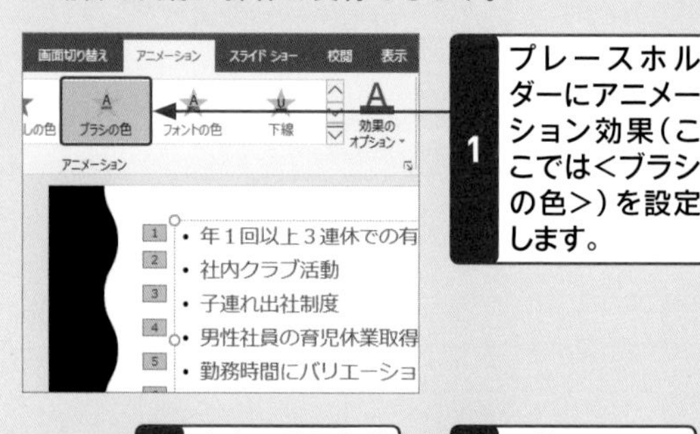

1 プレースホルダーにアニメーション効果（ここでは<ブラシの色>）を設定します。

2 文章の番号タグをクリックして、

3 <効果のオプション>をクリックし、

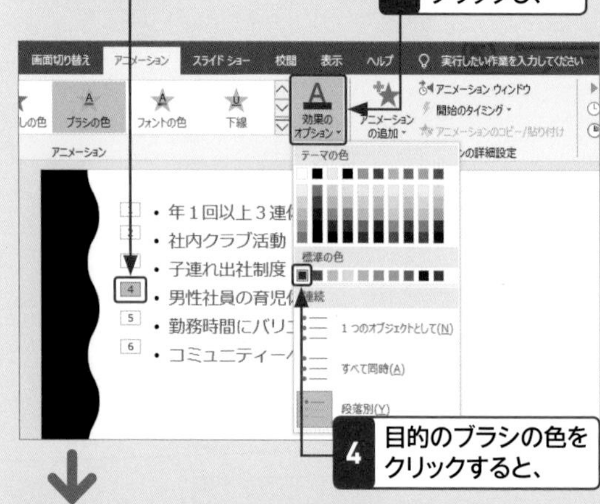

4 目的のブラシの色をクリックすると、

5 文字や図形の色が変わるように設定されます。

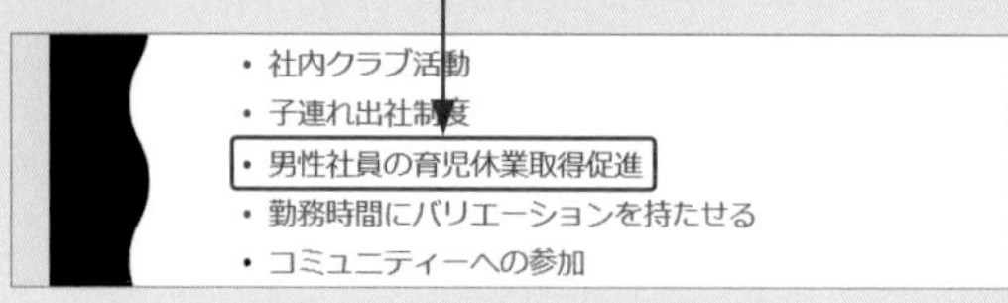

Q 398 目立たせたくない個所を半透明に変化させたい！

A アニメーション効果を<透過性>に設定します。

オブジェクトや文字を半透明にするには、オブジェクトや文字を選択して、アニメーションの一覧から<透過性>を指定します。<効果のオプション>をクリックすると、透過性の度合を変更することができます。

1 オブジェクトを選択してアニメーション効果の<透過性>を設定します。

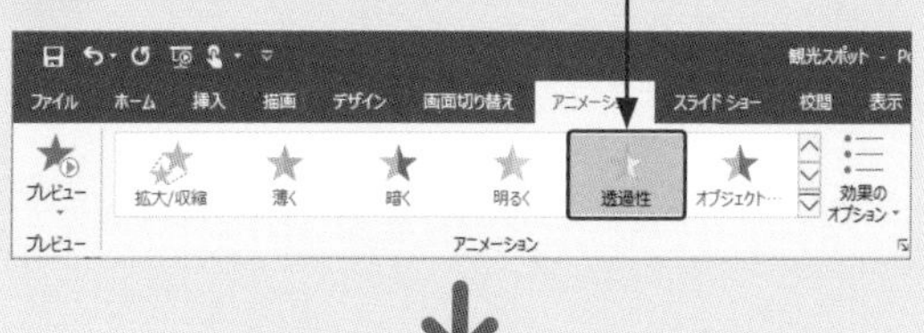

2 <効果のオプション>をクリックして、

3 目的の<度合>をクリックすると、

4 オブジェクトや文字が半透明になる効果が設定されます。

Q 399 エンドロールのように文字を流したい！

A アニメーション効果を設定して、<継続時間>を調節します。

エンドロールのように文字がゆっくり流れる効果を設定したい場合は、プレースホルダーのサイズをスライドいっぱいに広げ、テキストにアニメーション効果の<スライドイン>を設定します。<継続時間>は長めに設定するとよいでしょう。

1 テキストを入力したプレースホルダーをドラッグして、スライドいっぱいに広げます。

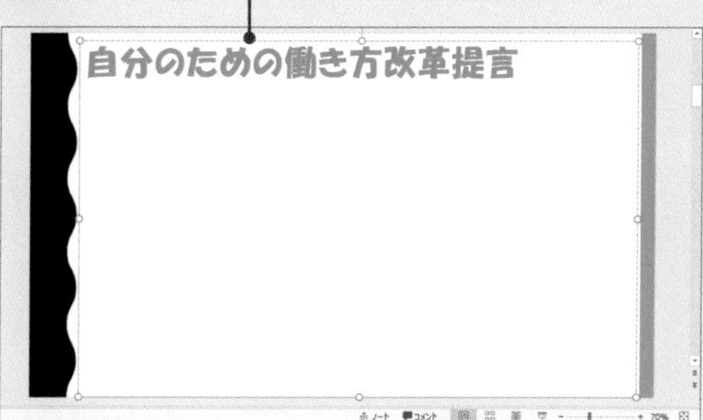

2 <アニメーション>タブをクリックして、

3 アニメーション効果（ここでは<スライドイン>）を設定し、

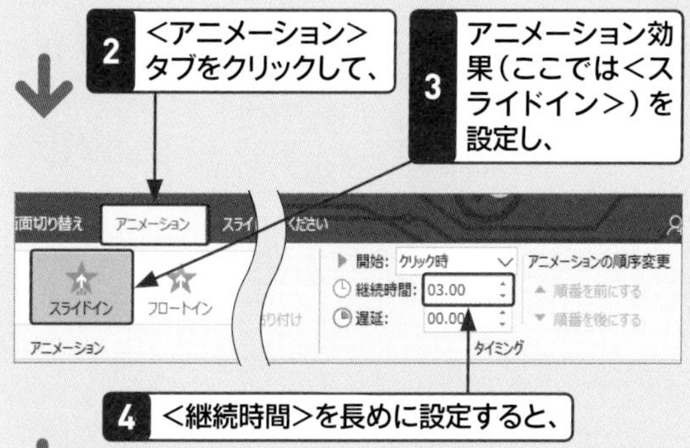

4 <継続時間>を長めに設定すると、

5 エンドロールのような効果が設定されます。

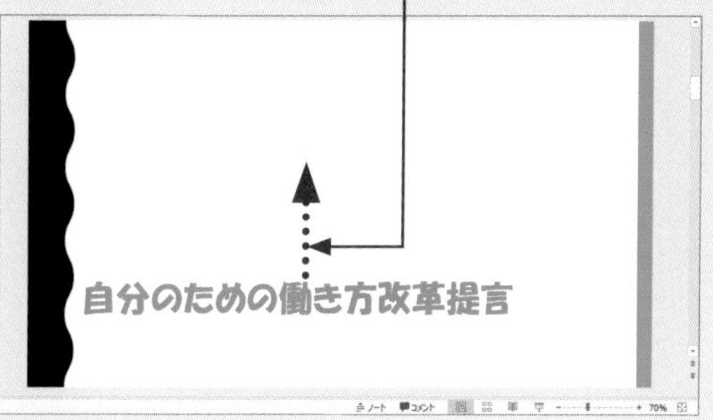

重要度★★★　アニメーションの活用例

Q 400 拡大したあと、もとの大きさに戻るようにしたい！

A ＜拡大／収縮＞を追加して、タイミングを＜直前の動作の後＞に設定します。

オブジェクトを拡大したあとに、もとの大きさに戻るようにするには、オブジェクトや文字に＜拡大／収縮＞のアニメーション効果を設定したあと、設定した効果のダイアログボックスを表示して、効果の＜サイズ＞を「200%」に設定します。さらに、＜拡大／収縮＞のアニメーション効果を追加して、＜開始＞を＜直前の動作の後＞に設定し、効果の＜サイズ＞を「50%」に設定します。

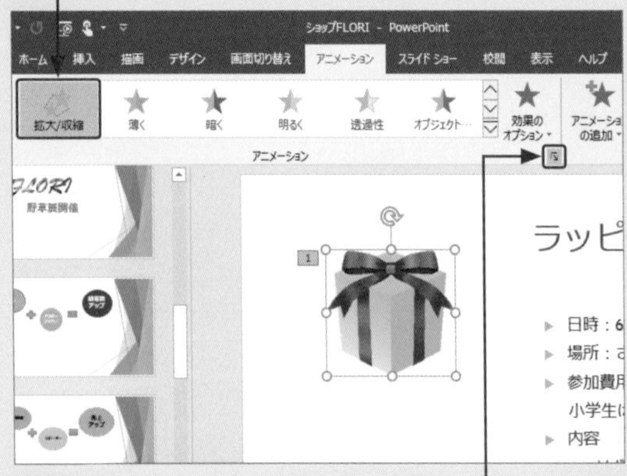

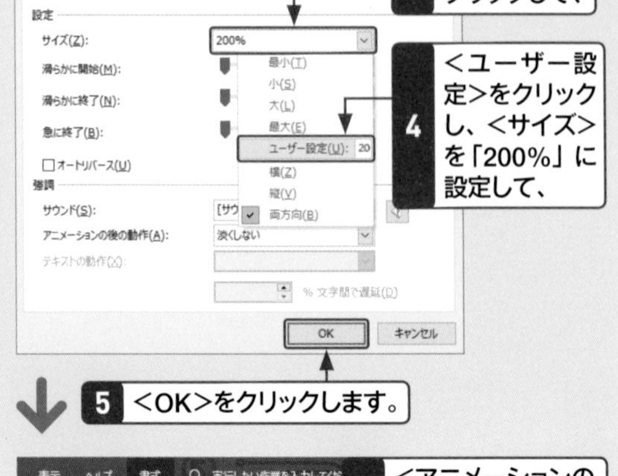

3 ここをクリックして、
4 ＜ユーザー設定＞をクリックし、＜サイズ＞を「200%」に設定して、
5 ＜OK＞をクリックします。

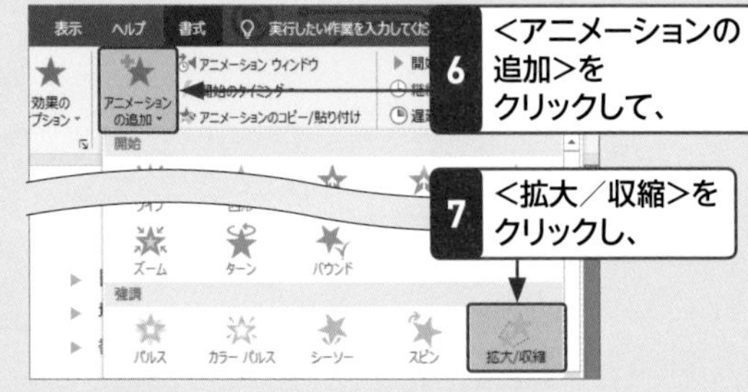

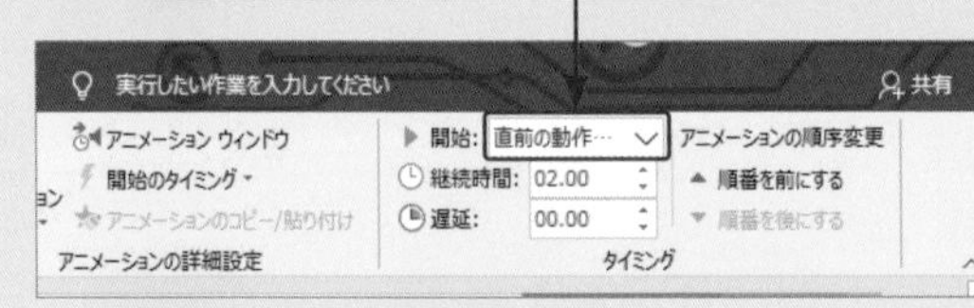

9 手順2、3と同様に操作して、＜サイズ＞を「50%」に設定し、＜OK＞をクリックします。

重要度★★★　アニメーションの活用例

Q 401 文章を太字に変化させて強調したい！

A アニメーション効果を＜太字表示＞に設定します。

アニメーション効果の＜太字表示＞を設定すると、文字が太字のフォントに変わります。文章を太字表示に設定したいプレースホルダーを選択して、＜アニメーション＞タブの＜アニメーション＞グループの＜その他＞▽をクリックし、＜太字表示＞をクリックします。

一部の行だけ太字で強調したい場合は、文章をドラッグして選択した状態で＜太字表示＞を設定します。

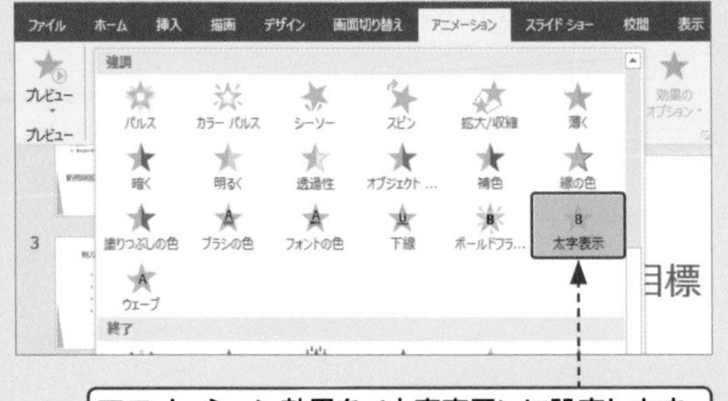

重要度 ★★★　アニメーションの活用例

Q 402 タイプライター風に文章を表示させたい！

A アニメーション効果とサウンド、文字単位の表示を組み合わせます。

タイプライターで文字が打ち出されているように文章を表示させるには、テキストにアニメーション効果の＜アピール＞を設定します。続いて、＜アニメーション＞タブの＜アニメーション＞グループの をクリックすると表示されるダイアログボックスで、＜サウンド＞に＜タイプライター＞を指定し、＜テキストの動作＞を＜文字単位で表示＞に設定します。

1 文章にアニメーション効果の＜アピール＞を設定して、

2 ＜アニメーション＞のここをクリックします。

3 ＜サウンド＞で＜タイプライター＞を選択し、

4 ＜テキストの動作＞で＜文字単位で表示＞を選択して、

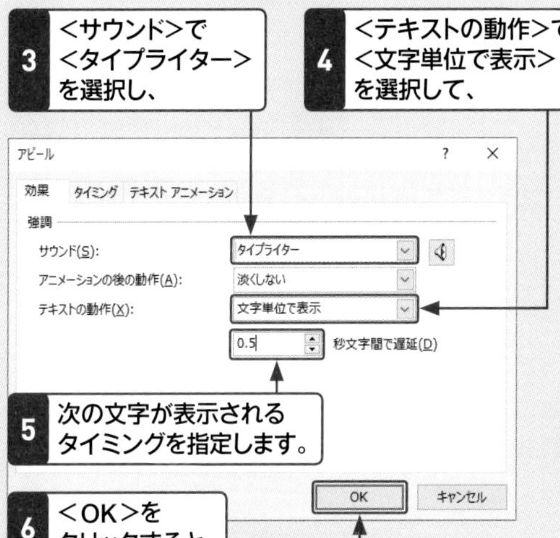

5 次の文字が表示されるタイミングを指定します。

6 ＜OK＞をクリックすると、

7 タイプライター風に文章が表示される効果が設定されます。

重要度 ★★★　アニメーションの活用例

Q 403 図形の矢印を伸ばしたい！

A アニメーション効果の＜拡大／収縮＞を設定し、方向を指定します。

図形の矢印は拡大／縮小するだけでなく、横に伸ばすアニメーション効果を設定することができます。矢印の図形にアニメーション効果の＜拡大／収縮＞を設定し、＜効果のオプション＞で＜横方向＞を設定します。

1 矢印の図形にアニメーション効果の＜拡大／収縮＞を設定します。

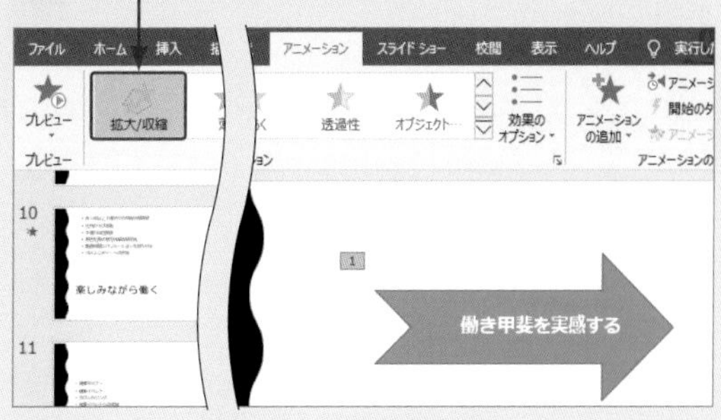

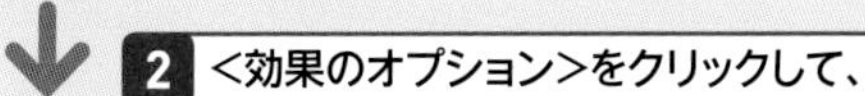

2 ＜効果のオプション＞をクリックして、

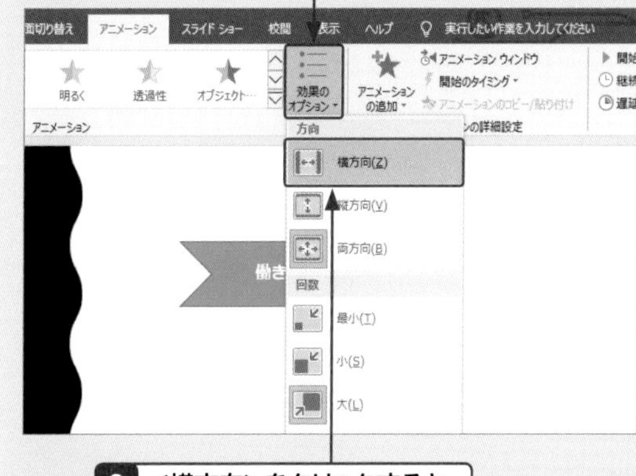

3 ＜横方向＞をクリックすると、

4 矢印を横方向に伸ばす効果が設定されます。

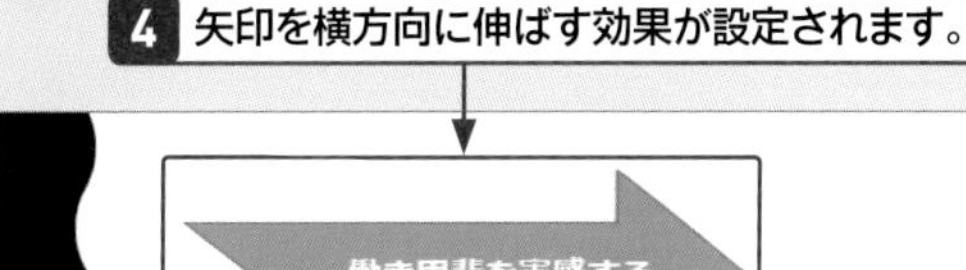

重要度 ★★★　アニメーションの活用例

Q 404 棒グラフを1本ずつ順に伸ばしたい！

A グラフに＜ワイプ＞を設定し、要素別に表示させます。

棒グラフにアニメーション効果を設定すると、初期設定では＜1つのオブジェクトとして＞表示されます。棒グラフを1本ずつ表示させたい場合は、棒グラフにアニメーション効果の＜ワイプ＞を設定したあと、＜効果のオプション＞で要素別に再生されるように設定し、効果のダイアログボックスで背景のアニメーション設定を解除します。

参照▶Q 392

1 グラフにアニメーション効果の＜ワイプ＞を設定します。

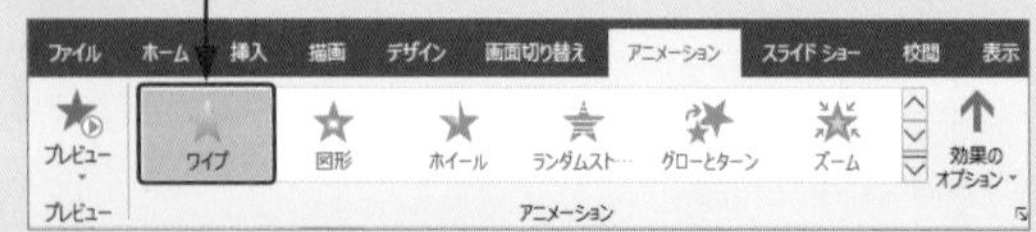

2 ＜効果のオプション＞をクリックして、

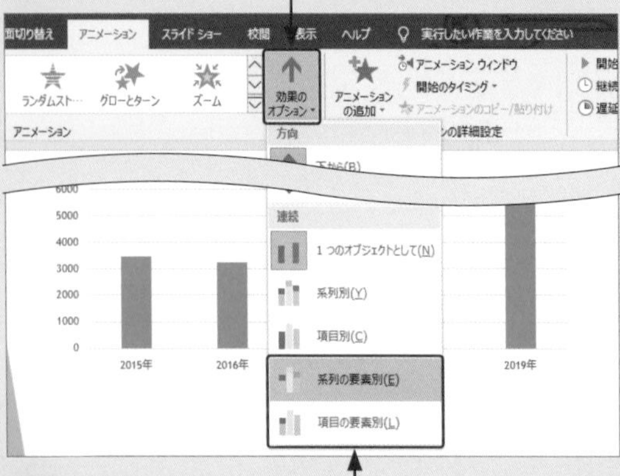

3 ＜系列の要素別＞あるいは＜項目の要素別＞をクリックすると、

4 棒グラフが1本ずつ表示される効果が設定されます。

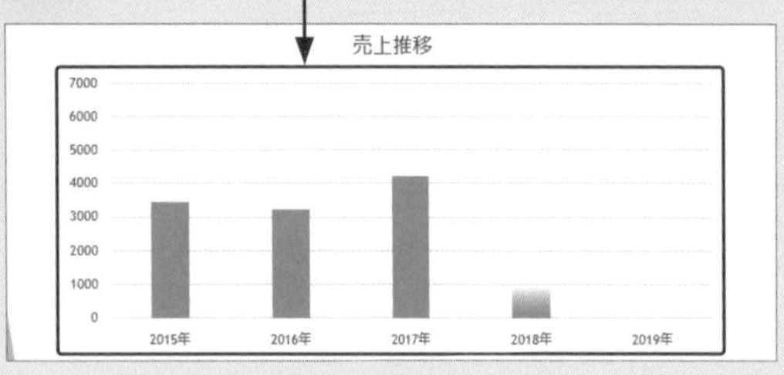

重要度 ★★★　アニメーションの活用例

Q 405 円グラフを時計回りに表示させたい！

A グラフに＜ホイール＞を設定し、＜項目別＞に表示させます。

円グラフにアニメーション効果を設定すると、初期設定では＜1つのオブジェクトとして＞時計回りに表示されます。円グラフのみを時計回りに表示させたい場合は、円グラフにアニメーション効果の＜ホイール＞を設定したあと、＜アニメーション＞タブの＜アニメーション＞グループの ⧉ をクリックすると表示されるダイアログボックスで、円グラフのみが項目別に表示されるように設定します。

なお、グラフ全体を滑らかに回転させたい場合は、＜タイミング＞の＜開始＞を＜直前の動作と同時＞に設定します。

1 円グラフにアニメーション効果の＜ホイール＞を設定して、

2 ＜アニメーション＞のここをクリックします。

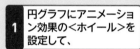

3 ＜グラフアニメーション＞をクリックして、

4 ＜グラフグループ＞で＜項目別＞を選択します。

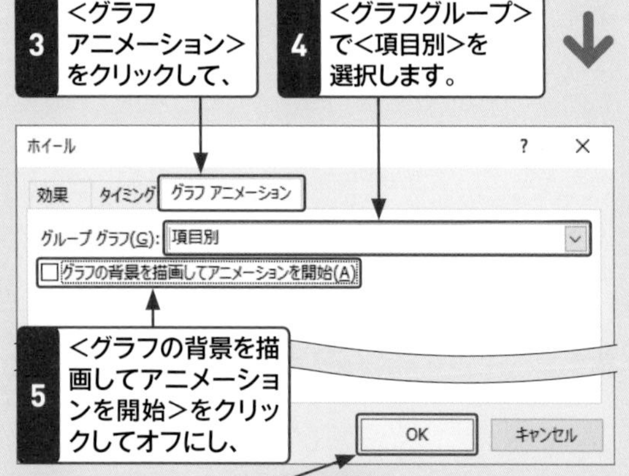

5 ＜グラフの背景を描画してアニメーションを開始＞をクリックしてオフにし、

6 ＜OK＞をクリックすると、

7 円グラフのみが項目別に表示される効果が設定されます。

第11章

スライド切り替えの活用技!

406 >>> 412　切り替えの基本
413 >>> 417　切り替えの詳細設定
418 >>> 424　切り替えの活用例

重要度 ★★★ 切り替えの基本

Q 406 「画面切り替え」と「アニメーション」は違う?

A 画面切り替えはスライド、アニメーションはオブジェクトや文字に設定します。

画面切り替え効果は、スライドからスライドへ切り替わる際に、画面にさまざまな動きを付けるアニメーションです。画面切り替え効果には、シンプルなものからダイナミックなものまで、さまざまな効果が用意されています。切り替えの際に効果音を鳴らすこともできます。アニメーション効果は、スライド上の図形や画像、グラフ、SmartArtグラフィックなどのオブジェクトや文字に対して設定します。

● 画面切り替え効果の種類

● アニメーション効果の種類

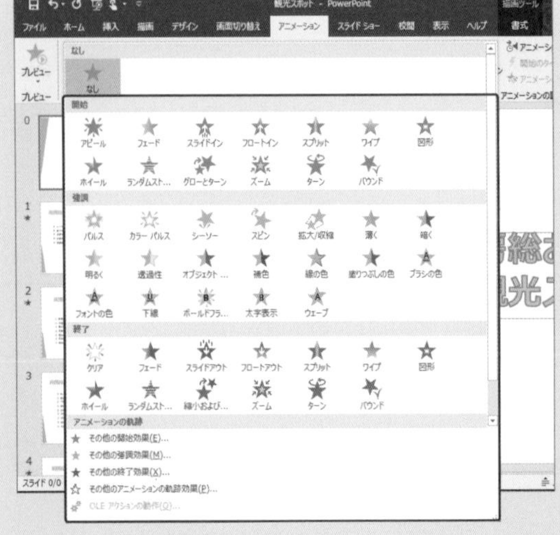

重要度 ★★★ 切り替えの基本

Q 407 スライドの切り替えに動きを付けたい!

A <画面切り替え>タブの<画面切り替え>で設定します。

画面切り替え効果を設定するには、スライドを選択して、<画面切り替え>タブの<画面切り替え>の一覧から選択します。切り替え効果を設定すると、スライドのサムネイルに<アニメーションの再生>アイコン ★ が表示されます。

1 切り替え効果を設定するスライドをクリックして、

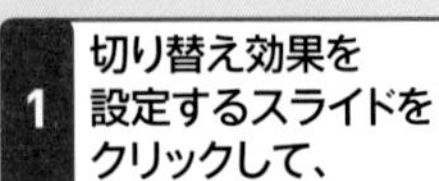

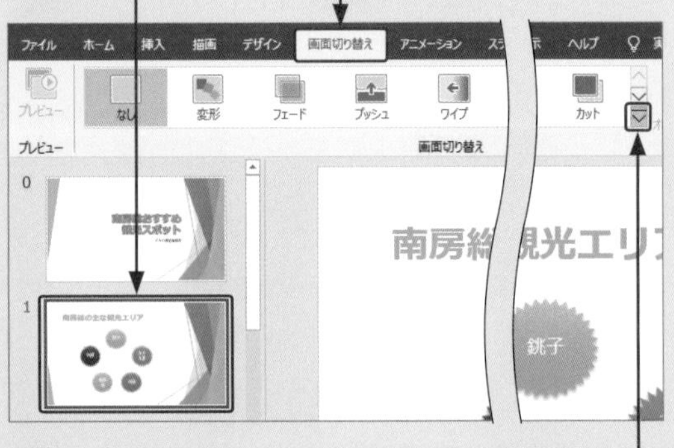

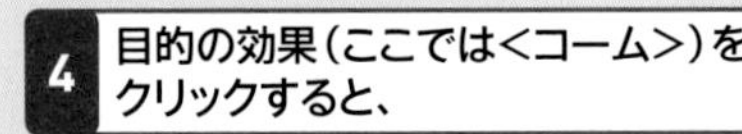

4 目的の効果(ここでは<コーム>)をクリックすると、

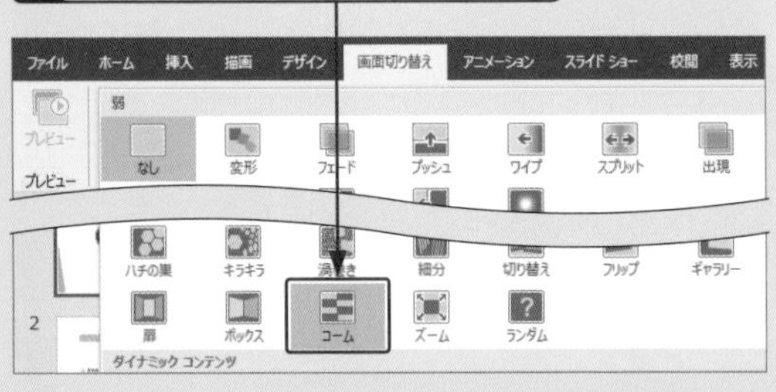

5 画面切り替え効果が設定されます。

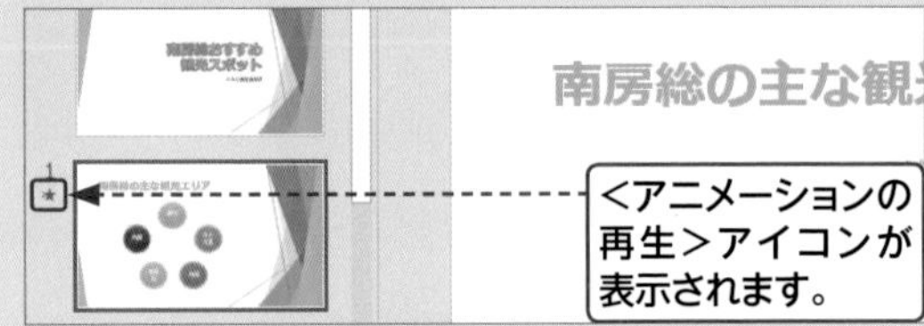

重要度 ★★★ 切り替えの基本

Q 408 切り替える動きの向きを変更したい！

A <画面切り替え>タブの<効果のオプション>から変更します。

画面切り替え効果の種類によっては、表示される方向を変更できるものがあります。切り替え効果を設定したスライドを選択し、<画面切り替え>タブの<効果のオプション>から目的の方向を指定します。<効果のオプション>に表示される項目は、設定している画面切り替え効果の種類によって異なります。

参照▶Q 407

ここでは、切り替え効果の<コーム>を設定しています。

1 切り替え効果を設定したスライドをクリックして、

2 <画面切り替え>タブをクリックします。

3 <効果のオプション>をクリックして、

4 目的の方向をクリックすると、

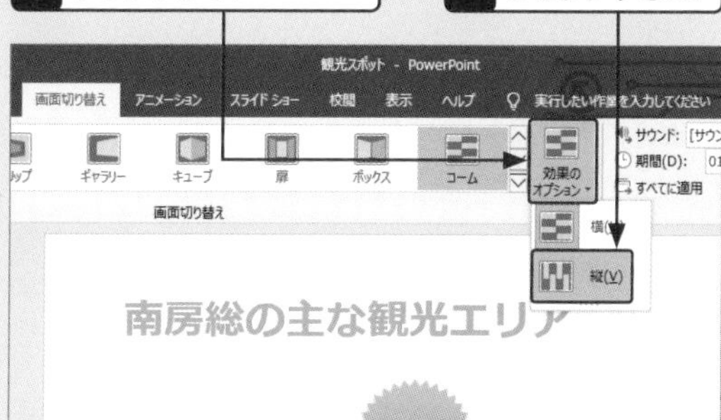

5 切り替え効果の方向が変更されます。

重要度 ★★★ 切り替えの基本

Q 409 設定した切り替え効果をプレビューで確認したい！

A <画面切り替え>タブの<プレビュー>をクリックします。

設定した画面切り替え効果を確認するには、切り替え効果を設定したスライドを選択して、<画面切り替え>タブの<プレビュー>をクリックします。
また、スライドのサムネイルに表示されている<アニメーションの再生>アイコン★をクリックすると、スライド内のオブジェクトに設定されているアニメーションもまとめて確認することができます。

1 切り替え効果を設定したスライドをクリックします。

2 <画面切り替え>タブをクリックして、

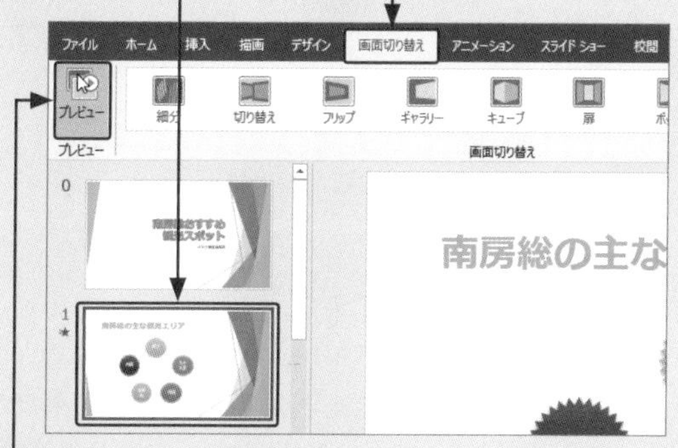

3 <プレビュー>をクリックすると、

4 画面切り替え効果（ここでは<コーム>）が再生されます。

重要度★★★ 切り替えの基本

Q 410 すべてのスライドに同じ切り替え効果を設定したい!

A ＜画面切り替え＞タブの＜すべてに適用＞をクリックします。

あるスライドに設定した画面切り替え効果をすべてのスライドに適用するには、切り替え効果を設定したスライドを選択して、＜画面切り替え＞タブの＜すべてに適用＞をクリックします。スライド全体に切り替え効果を設定すると、すべてのスライドのサムネイルに＜アニメーションの再生＞アイコン★が表示されます。

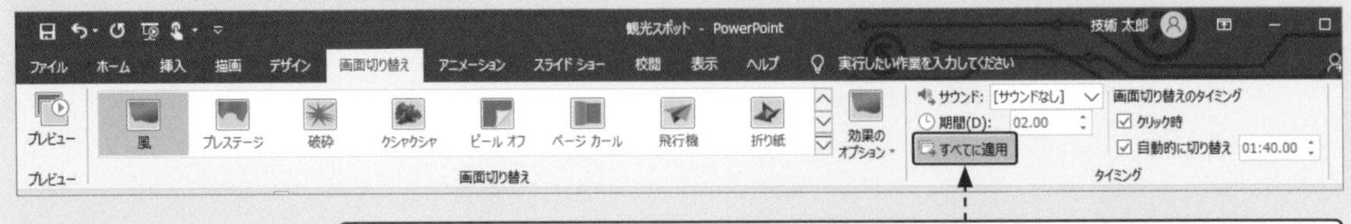

＜すべてに適用＞をクリックすると、すべてのスライドに同じ切り替え効果が設定されます。

重要度★★★ 切り替えの基本

Q 411 タイトルスライドに切り替え効果を付けると?

A 切り替え効果でスライドショーが始まります。

画面切り替え効果は、プレゼンテーションのタイトルスライドにもほかのスライドと同様に設定できます。タイトルスライドに切り替え効果を設定した場合は、スライドショーを実行する際、タイトルスライドに設定した切り替え効果でスライドショーが始まります。

参照▶Q 407

タイトルスライドにも切り替え効果を設定できます。

重要度★★★ 切り替えの基本

Q 412 切り替え効果を削除したい!

A 画面切り替え効果を＜なし＞に設定します。

設定した画面切り替え効果を削除するには、切り替え効果が設定されているスライドをクリックして、＜画面切り替え＞タブの＜画面切り替え＞の一覧から＜なし＞をクリックします。また、すべてのスライドの切り替え効果を削除するには、＜なし＞をクリックしたあとに、＜すべてに適用＞をクリックします。

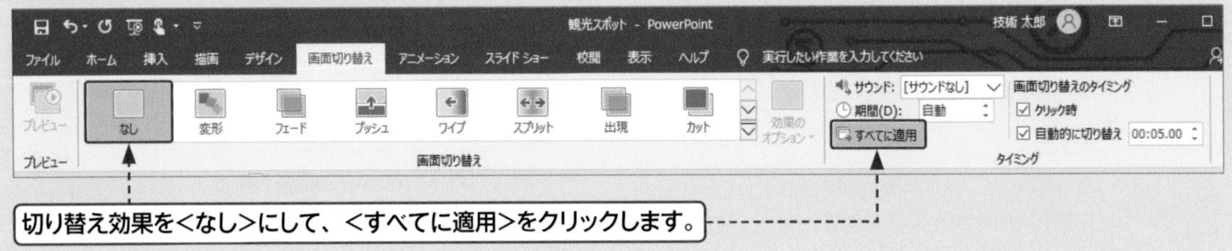

切り替え効果を＜なし＞にして、＜すべてに適用＞をクリックします。

重要度★★★ 切り替えの詳細設定

Q 413 一定時間で自動的に切り替わるようにしたい！

A <自動的に切り替え>をオンにして、時間を指定します。

画面切り替え効果は、初期設定ではスライドショーを実行中に画面をクリックすると実行されます。指定した時間が経過したあとで自動的に次のスライドに切り替わるようにするには、<画面切り替え>タブの<自動的に切り替え>をクリックしてオンにし、横のボックスで切り替わるまでの時間を指定します。

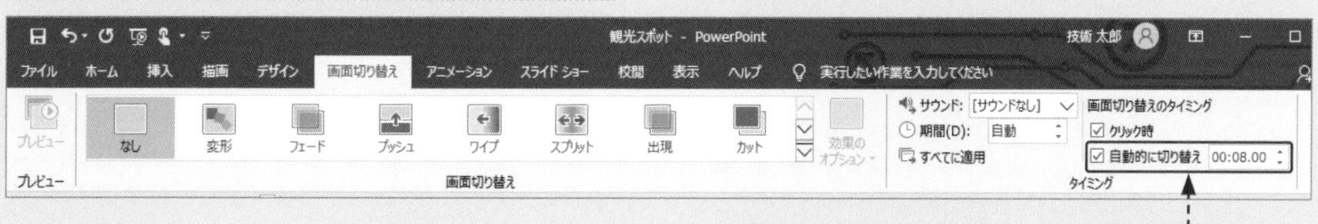

<自動的に切り替え>をオンにして、時間を指定します。

重要度★★★ 切り替えの詳細設定

Q 414 クリックするとスライドが切り替わるようにしたい！

A <画面切り替え>タブの<クリック時>をオンにします。

スライドを切り替えるタイミングがクリック時に設定されていない場合は、<画面切り替え>タブの<クリック時>をクリックすると手動で切り替えられます。また、<クリック時>と<自動的に切り替え>を同時に設定すると、クリック時か一定時間経過後のどちらでも切り替えることができます。

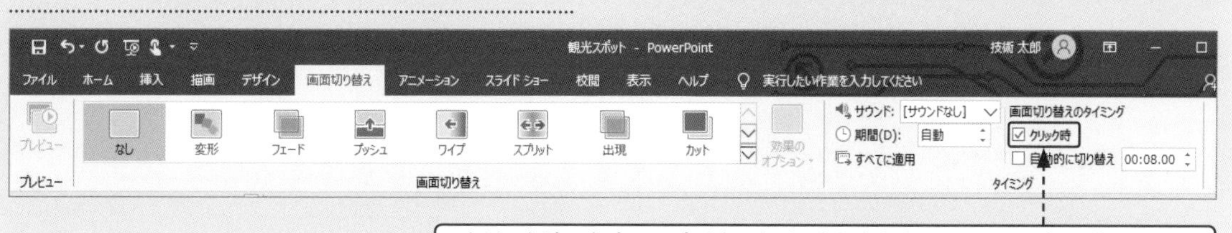

<クリック時>をオンにすると、クリックしたときにスライドが切り替わります。

重要度★★★ 切り替えの詳細設定

Q 415 スライドの切り替えにかかる時間を調節したい！

A <画面切り替え>タブの<期間>で調節します。

画面切り替え効果の速度は、設定した切り替え効果によって異なります。切り替え効果の速度を変更するには、切り替え効果を設定したスライドを選択して、<画面切り替え>タブの<期間>で時間を秒単位で指定します。数値が小さいと速度が速くなり、大きいと速度が遅くなります。

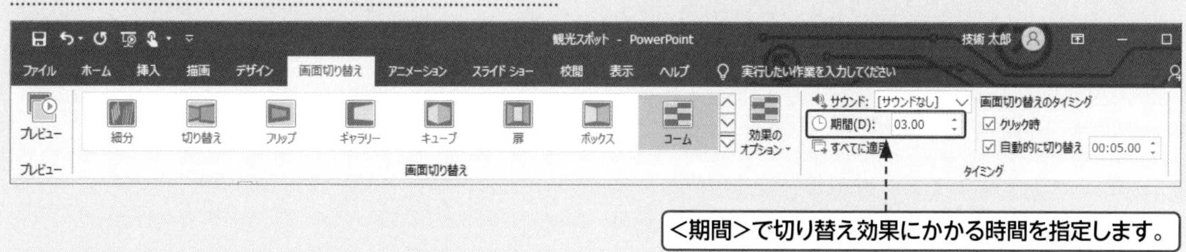

<期間>で切り替え効果にかかる時間を指定します。

重要度 ★★★　切り替えの詳細設定

Q 416 スライドの切り替えに効果音を付けたい！

A ＜画面切り替え＞タブの＜サウンド＞でサウンドを指定します。

スライドの切り替え時に効果音を鳴らすことができます。効果音は、画面切り替え効果といっしょに設定したり、切り替え効果を設定していないスライドに設定したりすることもできます。効果音を設定したいスライドを選択して、＜画面切り替え＞タブの＜サウンド＞から目的のサウンドを選択します。効果音を解除するには、＜[サウンドなし]＞を選択します。

1 効果音を設定するスライドをクリックして、
2 ＜画面切り替え＞タブをクリックします。

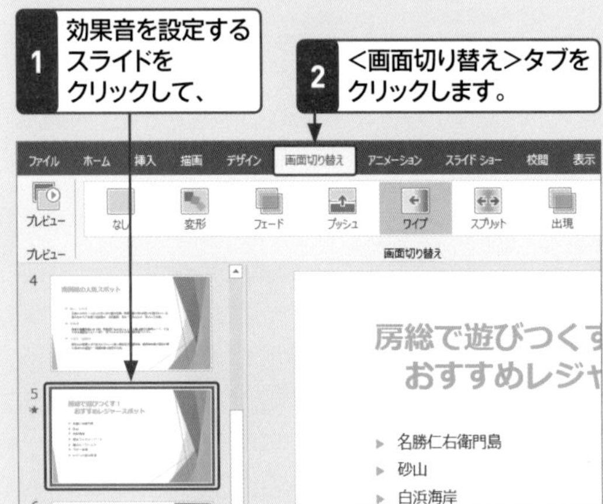

3 ＜サウンド＞のここをクリックして、

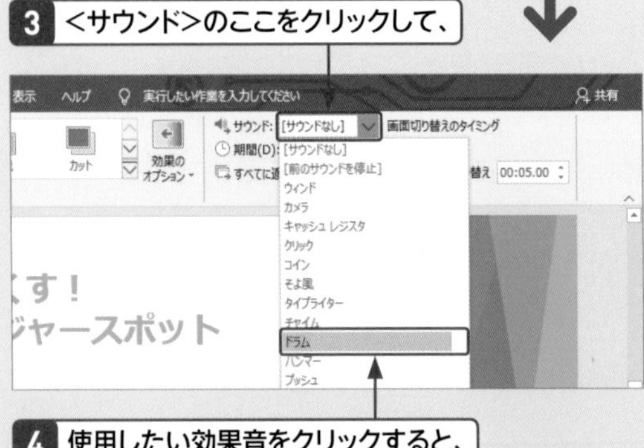

4 使用したい効果音をクリックすると、

5 スライドに効果音が設定されます。

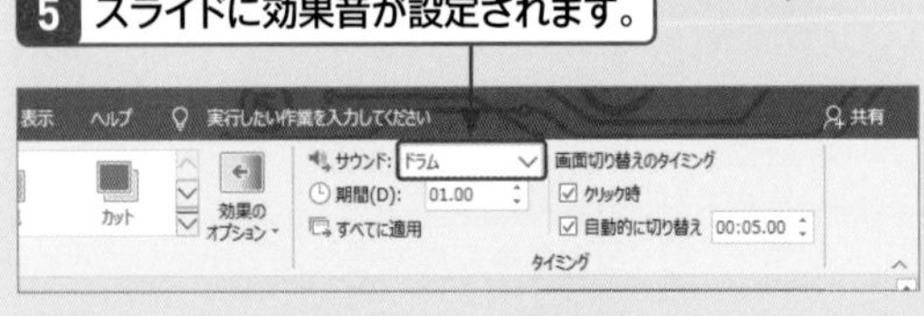

重要度 ★★★　切り替えの詳細設定

Q 417 パソコン内に保存してある音源を効果音に利用したい！

A ＜サウンド＞の＜その他のサウンド＞から設定します。

パソコン内にあるファイルをスライドの切り替え時の効果音に利用することもできます。スライドを選択して、＜画面切り替え＞タブの＜サウンド＞から＜その他のサウンド＞をクリックし、利用したいサウンドのファイルを指定します。サウンドとして使えるのは、拡張子が「.wav」のファイルです。

1 効果音を設定するスライドをクリックして、＜画面切り替え＞タブをクリックし、
2 ＜サウンド＞のここをクリックして、

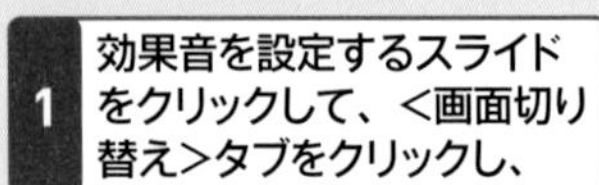

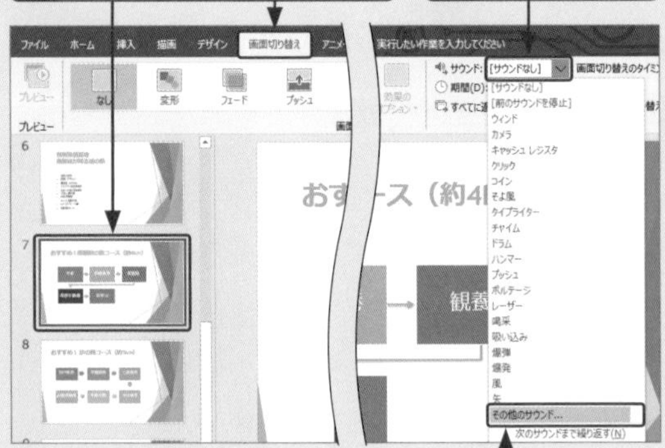

3 ＜その他のサウンド＞をクリックします。

4 サウンドの保存場所を指定して、
5 利用したいサウンドファイルをクリックし、

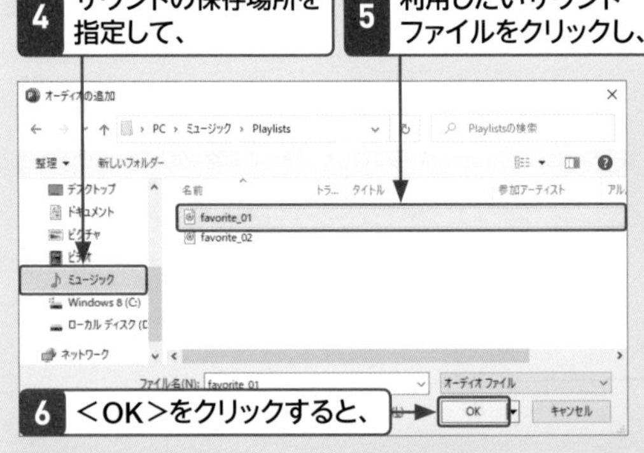

6 ＜OK＞をクリックすると、

7 オリジナルのサウンドが設定されます。

Q 418 暗い画面からスライドが表示されるようにしたい！

A ＜効果のオプション＞で＜黒いスクリーンから＞を指定します。

暗いスクリーンからスライドが表示されるようにするには、スライドに画面切り替え効果の＜フェード＞を設定し、＜効果のオプション＞で＜黒いスクリーンから＞を設定します。＜フェード＞を指定すると、前のスライドがフェードアウトして、現在のスライドが表示される効果が設定されます。

1 切り替え効果を設定するスライドをクリックして、

2 ＜画面切り替え＞タブをクリックし、

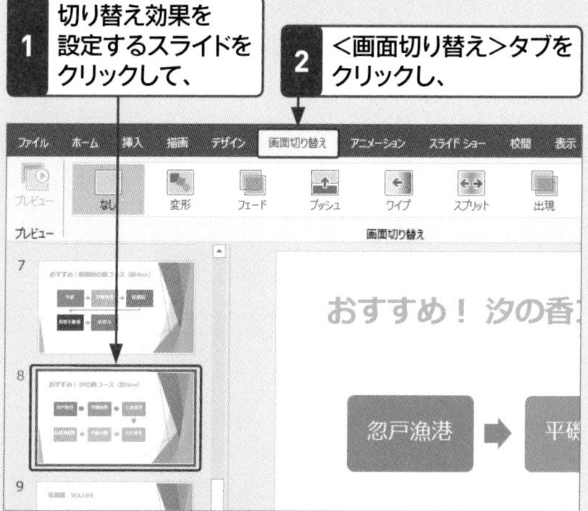

3 ＜フェード＞をクリックします。

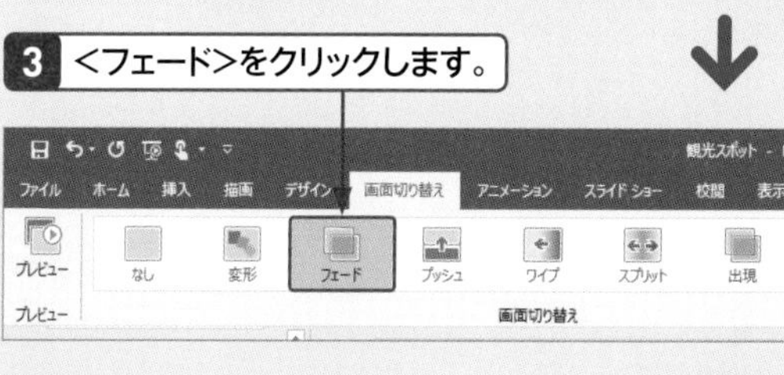

4 ＜効果のオプション＞をクリックして、

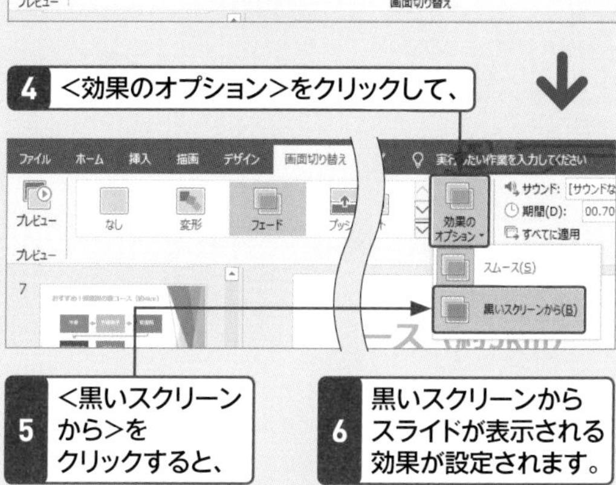

5 ＜黒いスクリーンから＞をクリックすると、

6 黒いスクリーンからスライドが表示される効果が設定されます。

Q 419 次のスライドがせり上がるように切り替えたい！

A 画面切り替え効果を＜プッシュ＞に設定します。

前のスライドを押し出して次のスライドが表示される効果を設定するには、スライドに画面切り替え効果の＜プッシュ＞を設定します。スライドの切り替えにかかる時間を調節して、ゆっくりせり上がるようにすると効果的です。

参照▶Q 415

1 切り替え効果を設定するスライドをクリックして、

2 ＜画面切り替え＞タブをクリックします。

3 ＜プッシュ＞をクリックすると、

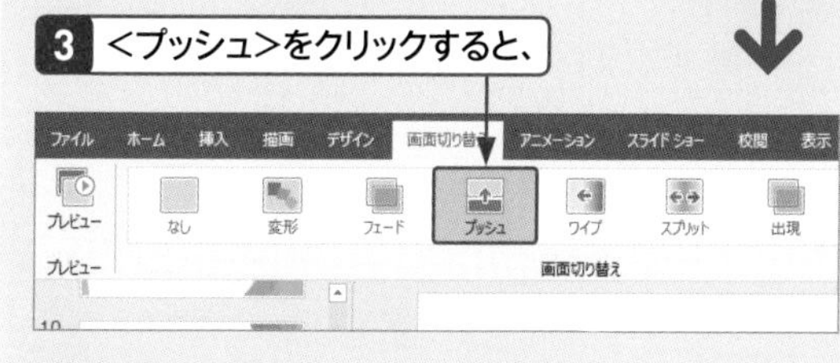

4 前のスライドを押し出して次のスライドが表示される効果が設定されます。

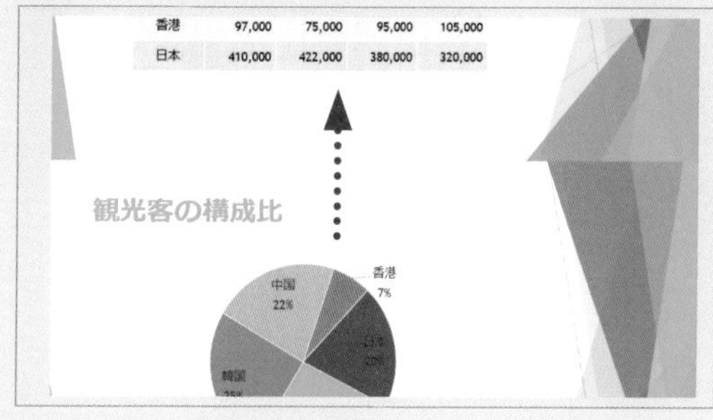

重要度 ★★★　切り替えの活用例

Q 420 扉の奥から次のスライドが浮かび上がるようにしたい！

A 画面切り替え効果を<扉>に設定します。

前のスライドが扉となって、扉の奥から次のスライドが表示される効果を設定するには、スライドに画面切り替え効果の<扉>を設定します。スライドの切り替えにかかる時間を調節して、扉がゆっくり開くようにしてもよいでしょう。

参照▶Q 415

1 切り替え効果を設定するスライドをクリックして、

2 <画面切り替え>タブをクリックします。

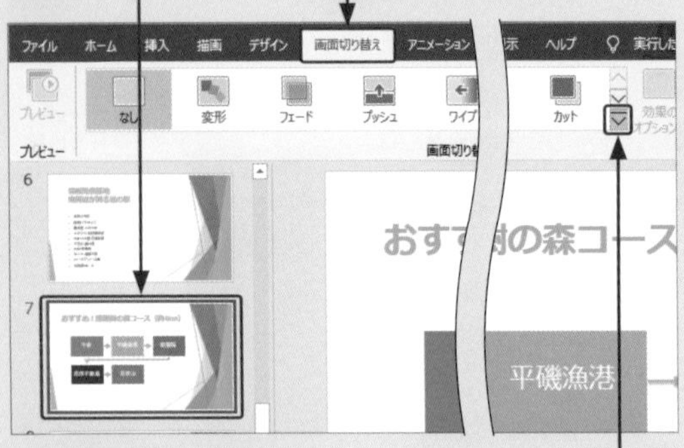

3 <画面切り替え>の<その他>をクリックして、

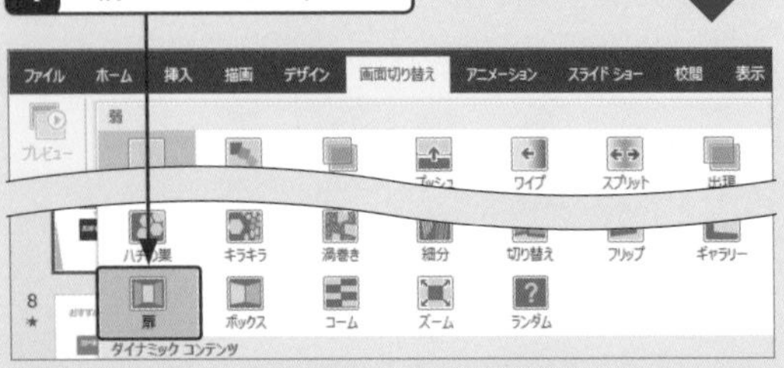

5 扉の奥から次のスライドが浮かび上がるような効果が設定されます。

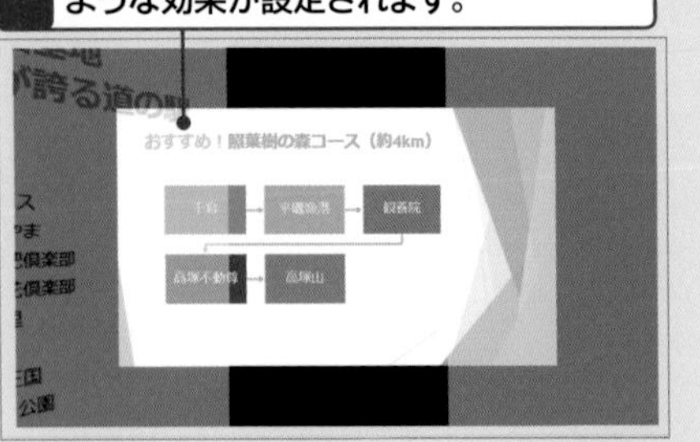

重要度 ★★★　切り替えの活用例

Q 421 中央から拡大して次のスライドに移るようにしたい！

A 画面切り替え効果を<ズーム>に設定します。

中央から拡大してスライドを表示させるような効果を設定するには、スライドに画面切り替え効果の<ズーム>を設定します。<ズーム>を指定すると、前のスライドが前面に向かって拡大して消え、現在のスライドが表示される効果が設定されます。

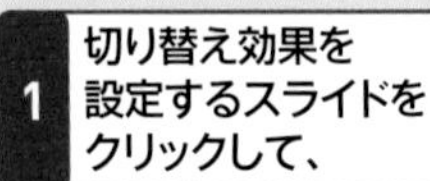

2 <画面切り替え>タブをクリックします。

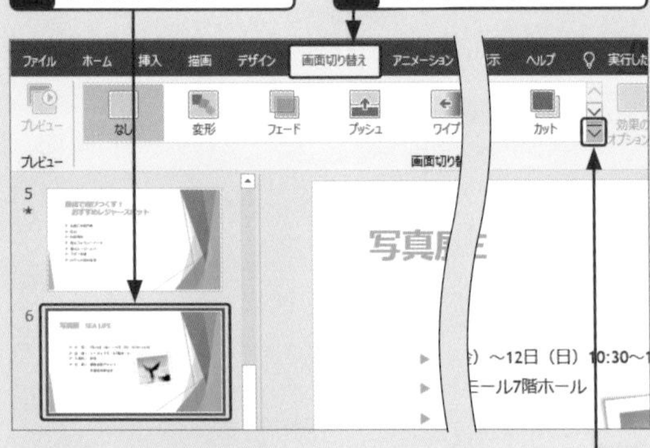

3 <画面切り替え>の<その他>をクリックして、

4 <ズーム>をクリックすると、

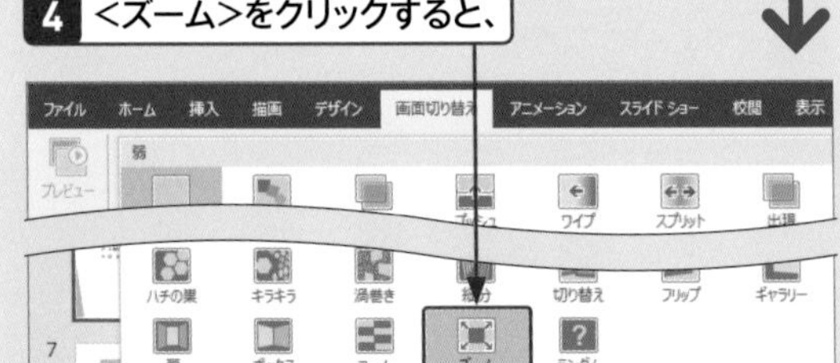

5 スライドにズームイン効果が設定されます。

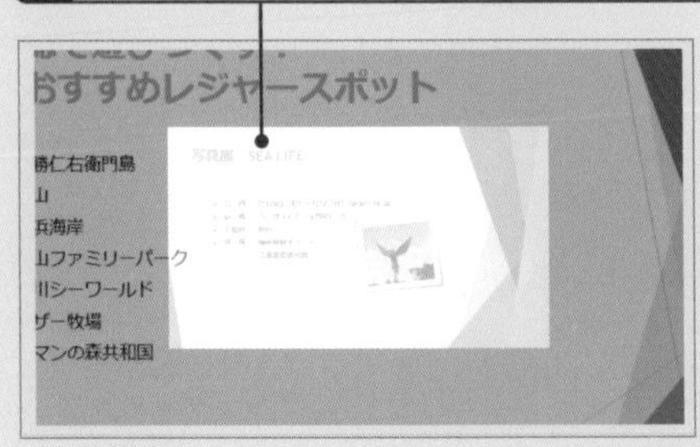

重要度 ★★★ 切り替えの活用例

Q 422 モザイク状に次のスライドを表示したい！

A 画面切り替え効果を<ディゾルブ>に設定します。

モザイク状に次のスライドへ切り替える効果を設定するには、画面切り替え効果を<ディゾルブ>に設定します。<ディゾルブ>を指定すると、前のスライドが不規則なサイズの断面になり、それが集まって現在のスライドになるような効果が設定されます。

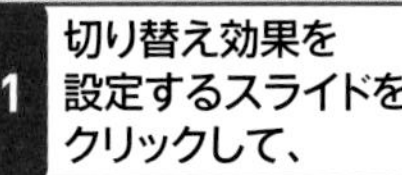

2 <画面切り替え>タブをクリックします。

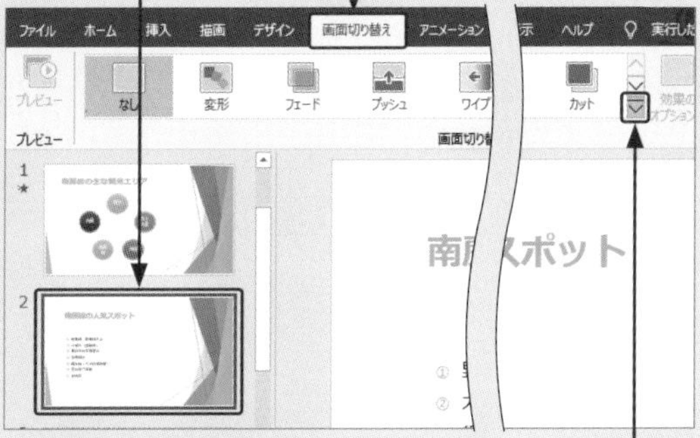

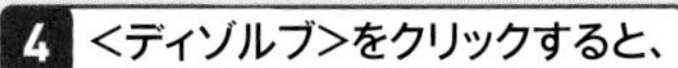

4 <ディゾルブ>をクリックすると、

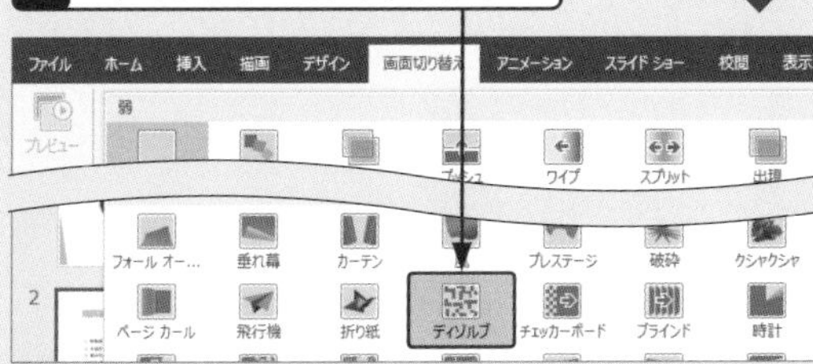

5 モザイク状に次のスライドへ切り替える効果が設定されます。

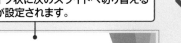

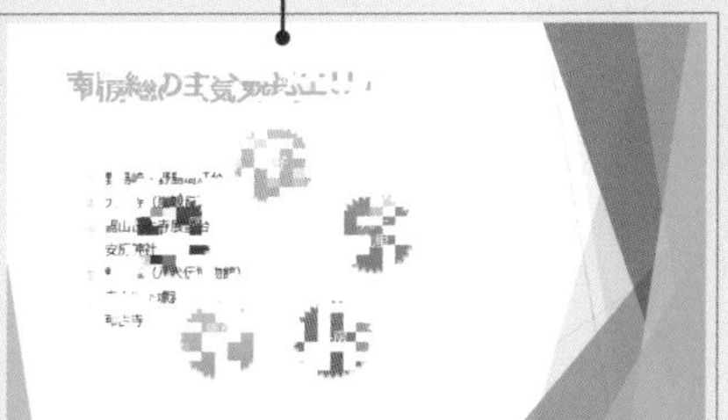

重要度 ★★★ 切り替えの活用例

Q 423 スライド内のオブジェクトだけを切り替えたい！

A 画面切り替え効果を<パン>に設定します。

スライド内のオブジェクトや文字だけが切り替わるようにするには、スライドに画面切り替え効果の<パン>を設定します。<パン>を指定すると、前のスライドの内容が滑り出ていき、次のスライドの内容が滑り込むように表示される効果が設定されます。

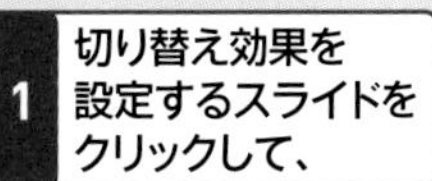

2 <画面切り替え>タブをクリックします。

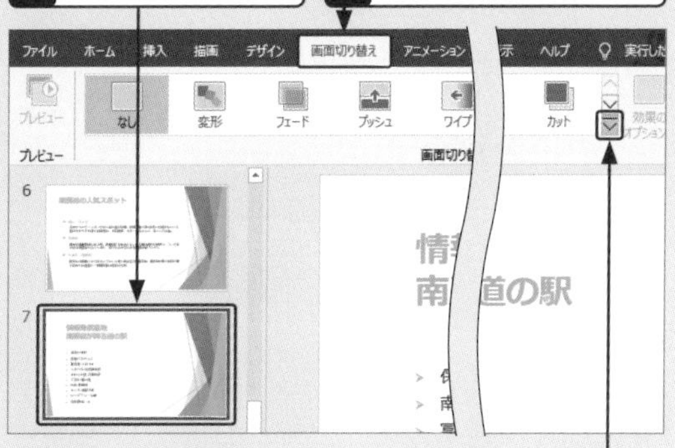

3 <画面切り替え>の<その他>をクリックして、

4 <パン>をクリックすると、

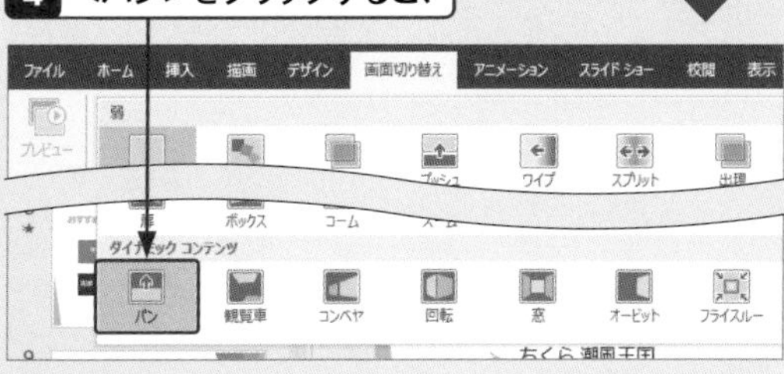

5 スライドの内容だけが滑り込むように表示される効果が設定されます。

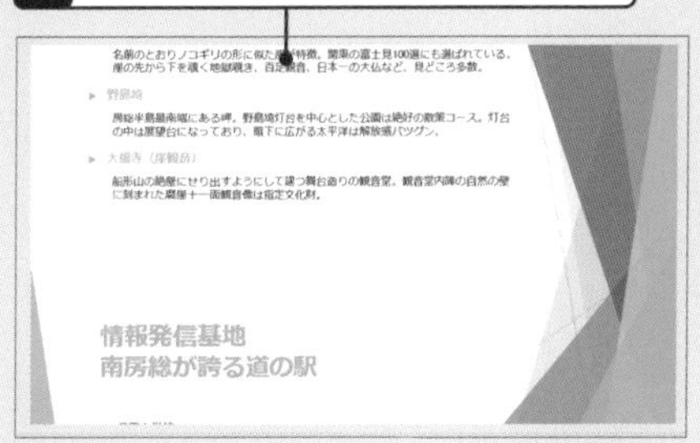

重要度 ★★★　切り替えの活用例

Q 424 カウントダウン風のスライドを作りたい！

A 数字だけのスライドを追加して、切り替え効果を設定します。

スライドショーが始まる前に、3、2、1と数字だけのスライドが表示されると、カウントダウン風のスライドになります。

カウントダウン風のスライドを作成するには、最初にタイトルスライドの前に数字の数だけの新規スライドを追加します。追加したスライドに数字を入力して書式を設定し、スライドの中央に配置します。続いて、数字のスライドに画面切り替え効果の<カット>を設定して、画面切り替えのタイミングを指定します。1秒くらいに設定するとカウントダウン風になります。

● 数字だけのスライドを作成する

1 タイトルスライドの前に数字の数だけ、新規のスライドを追加して、

2 テキストボックスあるいはワードアートで数字を入力し、書式を設定します。

3 数字を選択して<書式>タブをクリックし、

4 <配置>をクリックして、

5 <左右中央揃え>と<上下中央揃え>を指定し、

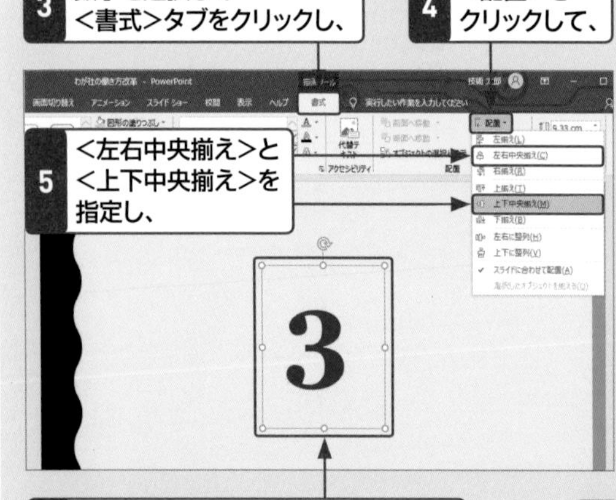

6 数字をスライドの中央に配置します。

7 ほかのスライドの数字も同様に、スライドの中央に配置します。

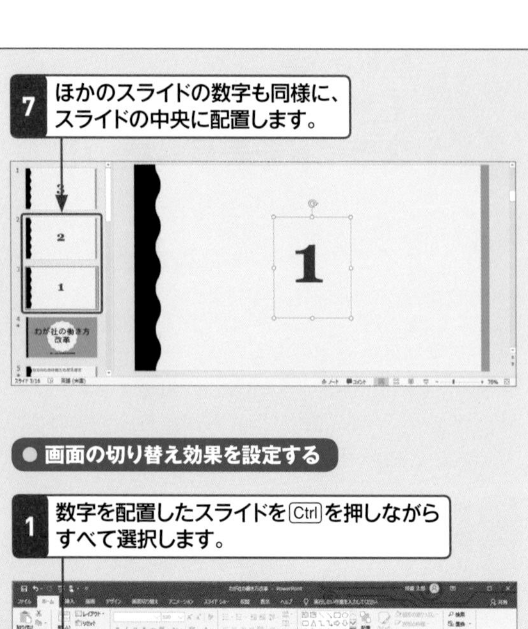

● 画面の切り替え効果を設定する

1 数字を配置したスライドを Ctrl を押しながらすべて選択します。

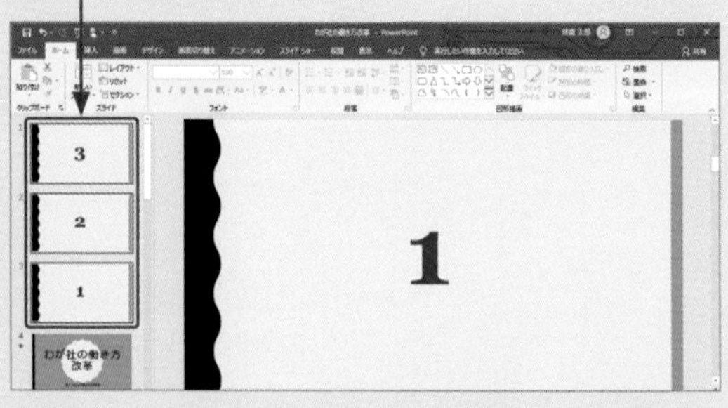

2 <画面切り替え>タブをクリックして、

3 <カット>をクリックします。

4 <自動的に切り替え>をオンにして、時間を指定すると、

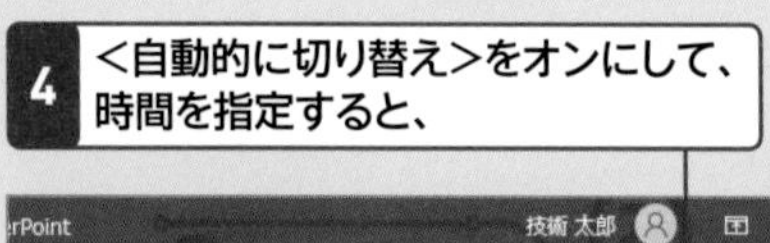

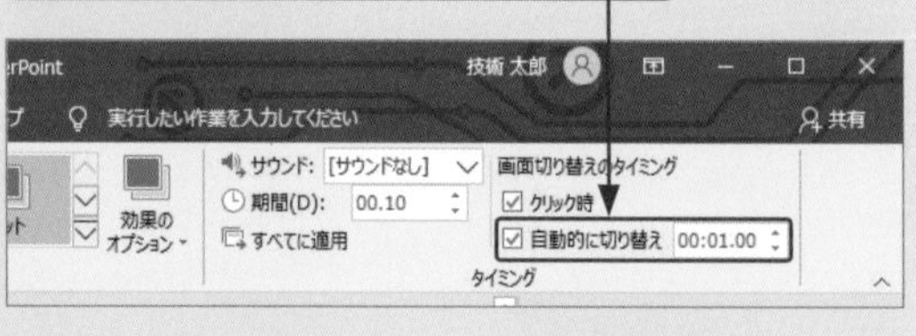

5 カウントダウン風のスライドが作成されます。

第12章

動画や音楽の便利技!

425 >>> 427 動画の挿入

428 >>> 432 動画のトリミング

433 >>> 435 動画の修整

436 >>> 439 動画の再生方法

440 >>> 444 画面のサイズと形

445 >>> 449 画面形式と表紙

450 >>> 452 音楽の挿入

453 >>> 456 音楽のトリミング

457 >>> 463 音楽の詳細設定

464 >>> 465 メディアファイルの操作

466 >>> 475 ハイパーリンクとPDF

Q 425 パソコン内の動画をスライドに挿入したい！

A プレースホルダー内の＜ビデオの挿入＞をクリックして挿入します。

スライドには、デジタルビデオカメラなどで撮影した動画やインターネット上に公開されている動画を挿入することができます。パソコンに保存してある動画をスライドに挿入するには、プレースホルダーの＜ビデオの挿入＞をクリックして、＜ビデオの挿入＞ダイアログボックスから動画を挿入します。

なお、PowerPoint 2013の場合は、手順1のあとに＜ビデオの挿入＞画面が表示されるので、＜ファイルから＞をクリックします。

プレースホルダー以外の場所に動画を挿入する場合は、＜挿入＞タブの＜ビデオ＞から＜このコンピューター上のビデオ＞をクリックして、動画ファイルを選択します。

スライドに挿入できるおもな動画ファイルの形式は、次のとおりです。

- Windows Mediaファイル（.asf）
- Windows videoファイル（.avi）
- QuickTime Movieファイル（.mov）
- MP4 Video（.mp4）
- Movieファイル（.mpegまたは.mpg）
- Adobe Falshメディア（.swf）
- Windows Media videoファイル（.wmv）

1 プレースホルダーの＜ビデオの挿入＞をクリックして、

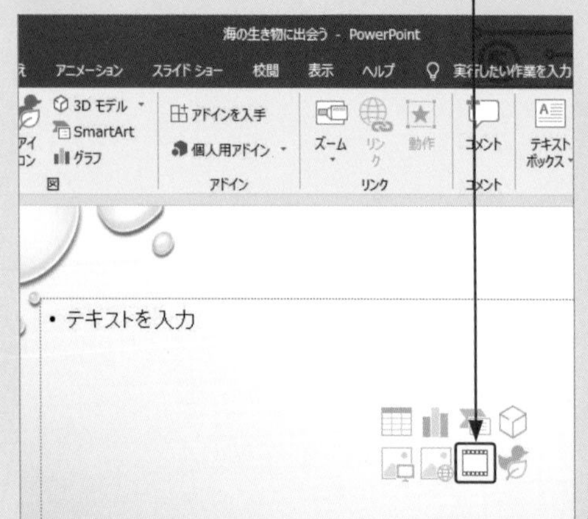

2 動画の保存場所を指定します。

3 挿入する動画ファイルをクリックして、

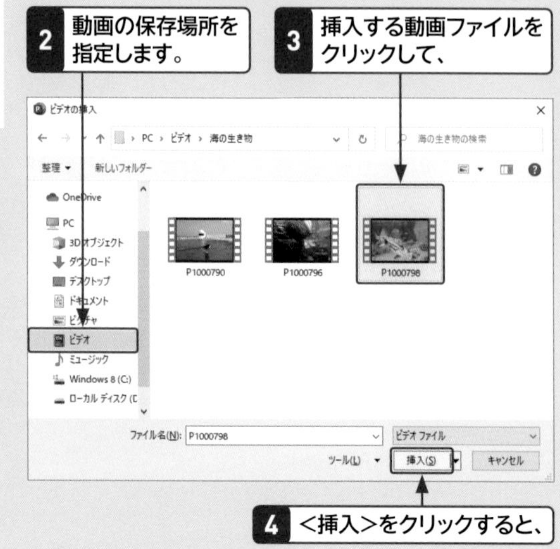

4 ＜挿入＞をクリックすると、

5 動画が挿入されます。

6 動画にマウスポインターを合わせると、動画の下にコントロールバーが表示されます。

ここをクリックすると、動画が再生されます。

重要度 ★★★　動画の挿入

Q 426 パソコンの画面を録画してスライドに挿入したい！

A ＜挿入＞タブの＜画面録画＞で画面上の操作を録画します。

パソコンの画面上の操作を録画して、スライドに動画として挿入することができます。録画したい画面は、あらかじめ開いておきます。画面録画を挿入したいスライドを表示して、＜挿入＞タブの＜画面録画＞をクリックし、録画する範囲を指定して、録画を開始します。

1 操作する画面（ここではエクスプローラー）を開いておきます。

2 画面録画を挿入したいスライドを表示して、＜挿入＞タブをクリックし、

3 ＜画面録画＞をクリックします。

4 録画したい範囲をドラッグして選択し、

5 ＜録画＞をクリックします。

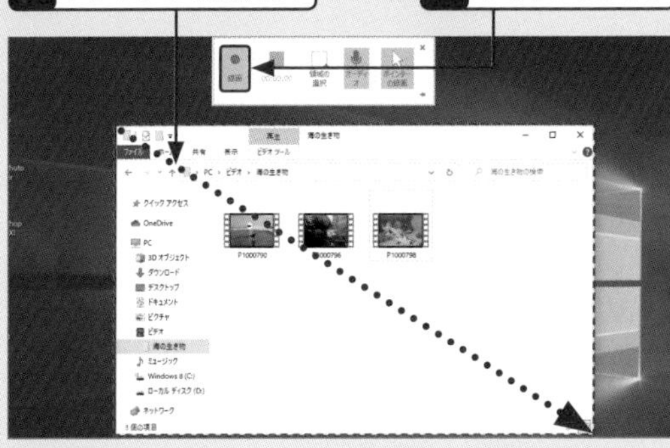

6 録画が開始されるので、録画したい操作を実行します。

7 録画が終了したら、ここをクリックすると、

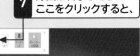

ここをクリックすると、録画が一時停止されます。

8 スライド上に画面録画が挿入されます。

重要度 ★★★　動画の挿入

Q 427 動画の再生画面の位置や大きさを操作したい！

A ドラッグして移動、ハンドルをドラッグしてサイズを変更します。

スライドに挿入した動画の位置を変更するには、動画の上にマウスポインターを合わせ、ポインターの形が ✥ に変わった状態でドラッグします。Shift を押しながらドラッグすると、垂直・水平に移動できます。
大きさをを変更するには、動画をクリックすると周囲に表示されるハンドル ○ をドラッグします。縦横の比率を変えずに大きさを変更するには、四隅のハンドルをドラッグします。

● 動画を移動する

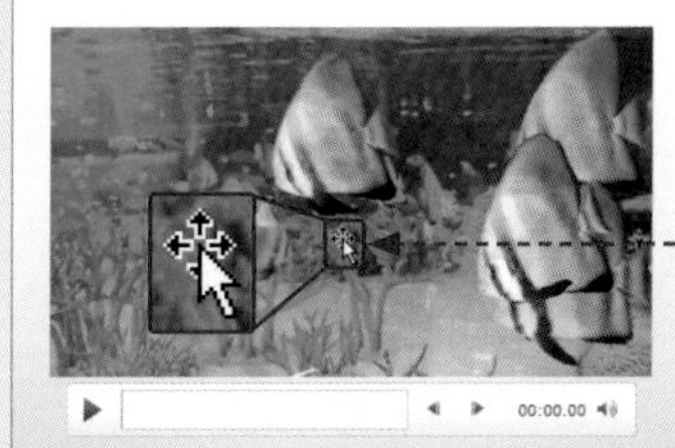

動画にマウスポインターを合わせてドラッグすると、動画が移動されます。

● 動画のサイズを変更する

1 四隅のハンドルにマウスポインターを合わせてドラッグすると、

2 縦横比を維持したままサイズが変更されます。

重要度 ★★★ 動画のトリミング

Q 428 再生個所を一部分だけ切り抜いて利用したい！

A <再生>タブの<ビデオのトリミング>を利用します。

挿入した動画は、スライド上で編集することができます。動画の不要な再生個所をカットして一部分だけ利用するには、動画をクリックして、<再生>タブの<ビデオのトリミング>をクリックし、表示される<ビデオのトリミング>ダイアログボックスで調節します。プレビューの下に表示される緑色のマーカーをドラッグすると開始位置を、赤色のマーカーをドラッグすると終了位置を指定できます。

1 動画をクリックして、<再生>タブをクリックし、
2 <ビデオのトリミング>をクリックします。
3 緑色のマーカーをドラッグして開始位置を指定します。
4 赤色のマーカーをドラッグして終了位置を指定します。
5 <OK>をクリックすると、動画がトリミングされます。

重要度 ★★★ 動画のトリミング

Q 429 動画にブックマークを付けて再生したい！

A <再生>タブの<ブックマークの追加>をクリックします。

ブックマークは、動画の特定の位置をすばやく再生するために付けるマークです。動画にブックマークを付けると、特定の位置にすばやくジャンプすることができます。動画にブックマークを付けるには、コントロールバーをクリックしてブックマークを付ける位置を指定し、<再生>タブの<ブックマークの追加>をクリックします。ブックマークは複数設定できます。

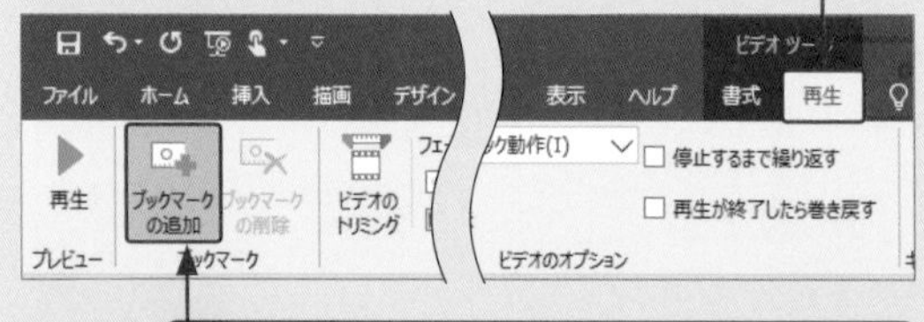

重要度★★★ 動画のトリミング

Q 430 ブックマークから動画をすばやく頭出ししたい！

A ブックマークをクリックして、再生します。

動画に設定したブックマークをクリックして動画を再生すると、その位置から動画を開始することができます。また、再生中にAltを押しながらHomeを押すと、前のブックマークに戻ることができます。Altを押しながらEndを押すと、次のブックマークに進むことができます。

参照▶Q 429

重要度★★★ 動画のトリミング

Q 431 ブックマークを削除したい！

A <再生>タブの<ブックマークの削除>をクリックします。

動画に設定したブックマークを削除するには、ブックマークをクリックして<再生>タブをクリックし、<ブックマークの削除>をクリックします。

重要度★★★ 動画のトリミング

Q 432 動画にフェードイン／フェードアウトを設定したい！

A <再生>タブの<フェードイン><フェードアウト>で設定します。

フェードインは映像が徐々に現れる効果、フェードアウトは映像が徐々に消えていく効果です。動画にフェードイン／フェードアウトを設定するには、動画をクリックして<再生>タブをクリックし、<フェードイン>と<フェードアウト>に時間を指定します。数値が多いほど長い時間をかけてフェードイン／フェードアウトされます。

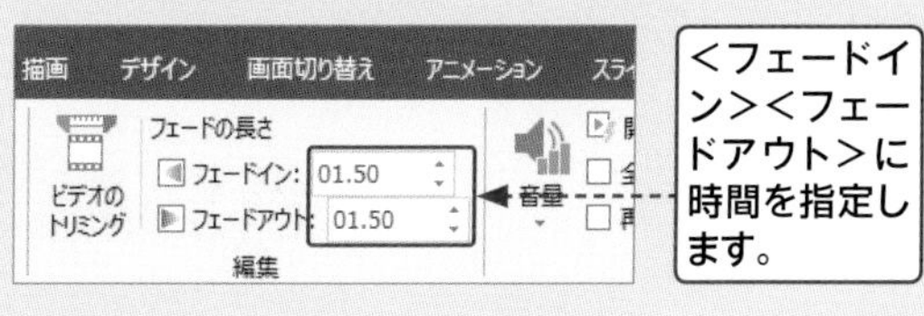

重要度★★★ 動画の修整

Q 433 動画の明るさを修整したい！

A <書式>タブの<修整>から<明るさ／コントラスト>を指定します。

スライドに挿入した動画の明るさとコントラスト（明暗の差）を修整するには、動画をクリックして<書式>タブの<修整>をクリックし、<明るさ／コントラスト>の一覧から最適な明るさを指定します。修整をもとに戻したい場合は、一覧の中央の<明るさ：0%（標準）コントラスト：0%（標準）>をクリックします。

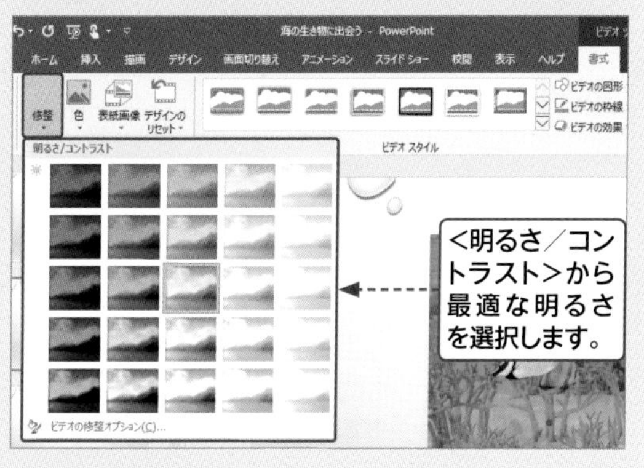

重要度 ★★★　動画の修整

Q 434 動画の色合いを変更したい！

A <書式>タブの<色>から色を指定します。

動画は、グレースケールにしたり、セピアカラーやモノクロにしたりと、さまざまな色に変更することができます。動画の色合いを変更するには、動画をクリックして<書式>タブの<色>をクリックし、<色の変更>の一覧から目的の色を指定します。

1 動画をクリックして、<書式>タブをクリックします。

2 <色>をクリックして、

3 <色の変更>から目的の色（ここでは<セピア>）をクリックすると、

4 動画がセピア色が変わります。

重要度 ★★★　動画の修整

Q 435 動画の修整をリセットしたい！

A <書式>タブの<デザインのリセット>をクリックします。

動画に設定した書式をリセット（解除）して、もとの動画に戻したい場合は、動画をクリックして、<書式>タブの<デザインのリセット>をクリックします。また、<デザインのリセット>の下の部分をクリックして、<デザインとサイズのリセット>をクリックすると、デザインがリセットされると同時に、サイズが原寸表示になります。

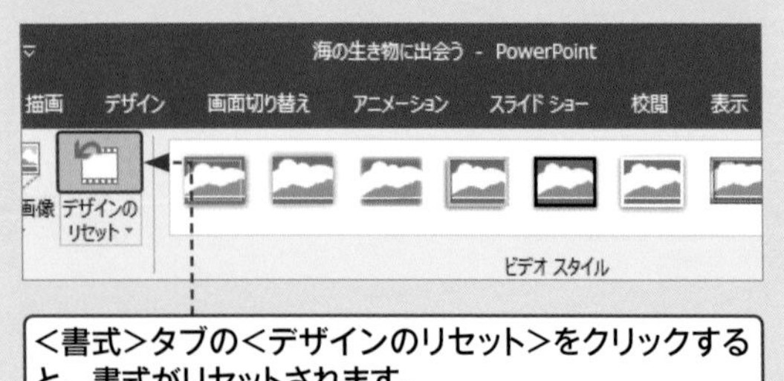

<書式>タブの<デザインのリセット>をクリックすると、書式がリセットされます。

重要度 ★★★　動画の再生方法

Q 436 スライド切り替え時に動画も再生させたい！

A <再生>タブの<開始>を<自動>に設定します。

初期設定では、<再生／一時停止>▶をクリックすると動画が再生されます。スライドが切り替わったときに自動的に動画を再生させるようにするには、動画をクリックして、<再生>タブの<開始>を<自動>に設定します。

1 <開始>のここをクリックして、

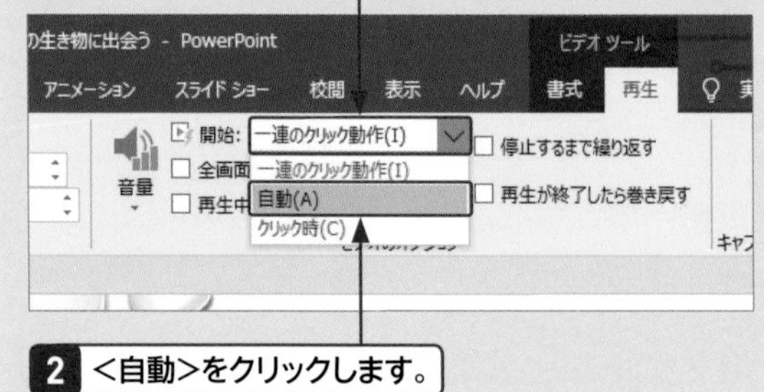

2 <自動>をクリックします。

重要度 ★★★　動画の再生方法

Q 437 動画の再生終了後にもとの状態に戻るようにしたい！

A ＜再生＞タブの＜再生が終了したら巻き戻す＞をオンにします。

動画を再生すると、終了した状態のまま表示されます。再生終了後に動画を巻き戻したい場合は、ビデオ画像をクリックして＜再生＞タブをクリックし、＜再生が終了したら巻き戻す＞をクリックしてオンにします。

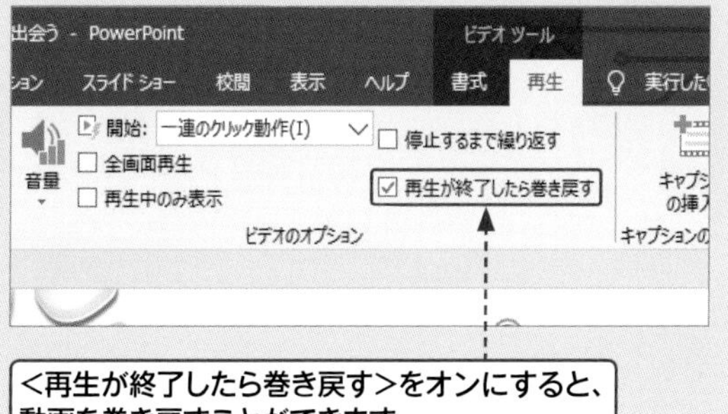

重要度 ★★★　動画の再生方法

Q 438 動画が繰り返し再生されるようにしたい！

A ＜再生＞タブの＜停止するまで繰り返す＞をオンにします。

初期設定では、動画は1回再生すると終了します。動画を繰り返し再生させたい場合は、動画をクリックして＜再生＞タブをクリックし、＜停止するまで繰り返す＞をクリックしてオンにします。動画を停止させるには、＜再生／一時停止＞ をクリックします。

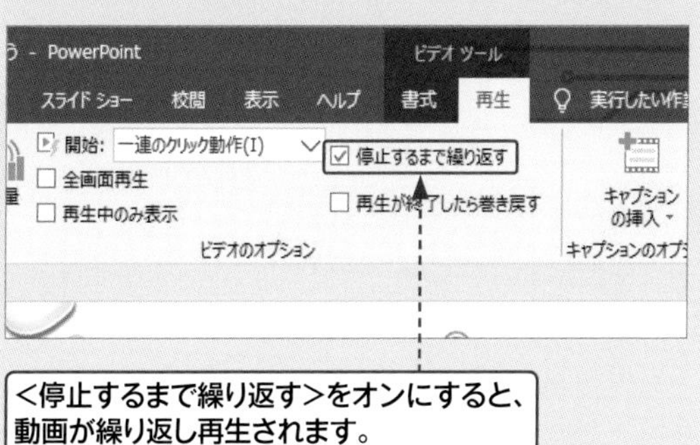

重要度 ★★★　動画の再生方法

Q 439 動画の音は流さず映像だけを使いたい！

A ＜再生＞タブの＜音量＞を＜ミュート＞にします。

動画の再生中に音を消すには、動画をクリックして＜再生＞タブの＜音量＞をクリックし、＜ミュート＞をクリックします。また、動画のコントロールバーの右端にある＜ミュート／ミュート解除＞ をクリックしてミュートにすることもできます。

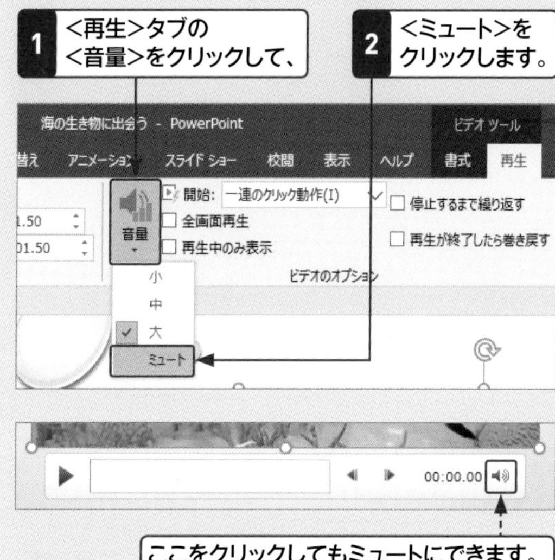

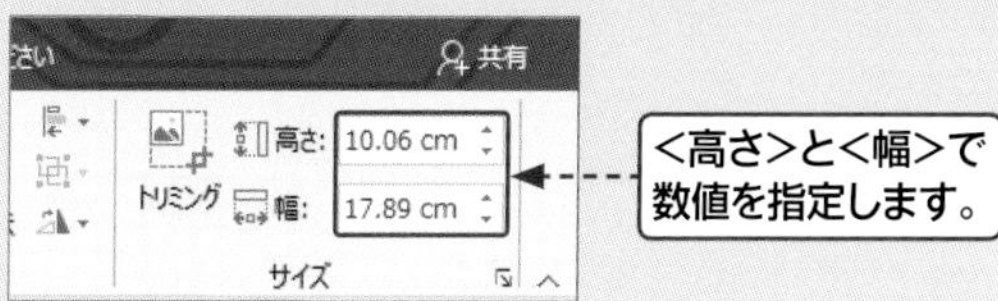

重要度 ★★★　画面のサイズと形

Q 440 数値を指定して動画のサイズを微調整したい！

A ＜書式＞タブの＜サイズ＞で数値を指定します。

動画のサイズを微調整するには、動画をクリックして＜書式＞タブをクリックし、＜サイズ＞の＜高さ＞と＜幅＞で数値を指定します。

重要度 ★★★ 画面のサイズと形

Q 441 動画の再生画面を枠線で縁取りたい！

A <書式>タブの<ビデオの枠線>で枠線の色や太さを指定します。

動画に枠線を付けるには、動画をクリックして、<書式>タブの<ビデオの枠線>の右側をクリックし、表示される一覧から枠線の色を指定します。枠線は、既定では0.75ptの太さで表示されますが、<太さ>や<実線／点線>から線の太さや種類を変更することができます。

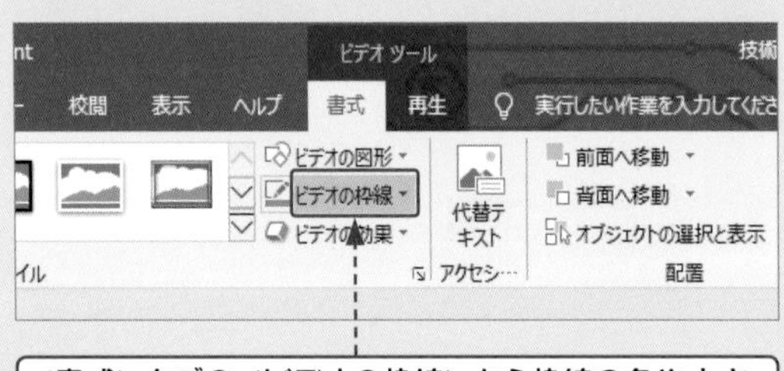

重要度 ★★★ 画面のサイズと形

Q 442 動画の再生画面を特殊効果で装飾したい！

A <書式>タブの<ビデオの効果>から設定します。

動画には、影や反射、光彩、ぼかし、面取り、3-D回転の6種類の効果を設定することができます。効果を設定するには、動画をクリックして、<書式>タブの<ビデオの効果>をクリックし、表示される一覧から効果の種類と目的の効果を指定します。

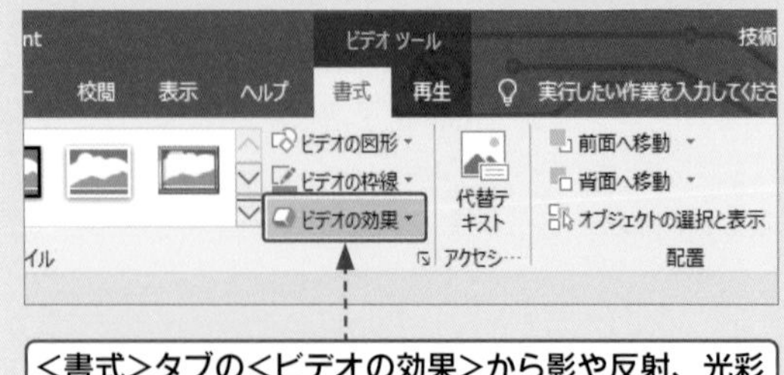

重要度 ★★★ 画面のサイズと形

Q 443 動画の再生画面をトリミングしたい！

A <書式>タブの<トリミング>を利用します。

動画の再生画面は任意の形にトリミングすることができます。動画をクリックして、<書式>タブの<トリミング>をクリックし、トリミングハンドルを内側にドラッグします。トリミングされた部分は、スライド上で非表示になるだけで、もとの動画ファイルに影響はありません。

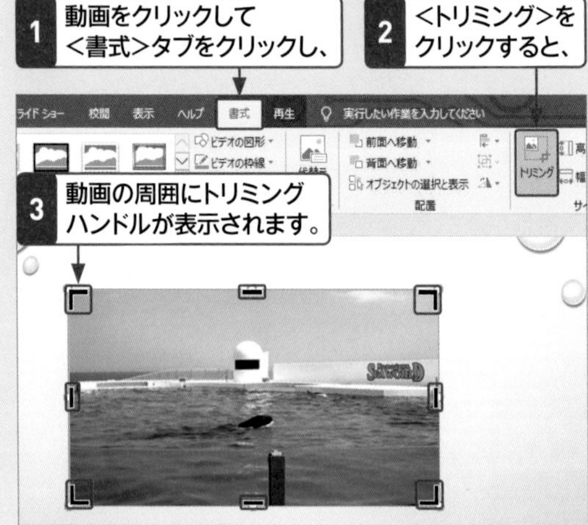

1 動画をクリックして<書式>タブをクリックし、
2 <トリミング>をクリックすると、
3 動画の周囲にトリミングハンドルが表示されます。
校閲
表示
ヘルプ
書式
再生
実行したい作業を入力してください
トリミング
配置

重要度 ★★★ 画面のサイズと形

Q 444 再生画面の大きさを解像度に合わせたい！

A <ビデオの設定>作業ウィンドウで解像度を指定します。

再生画面のサイズを解像度に合わせて調整したい場合は、動画をクリックして、<書式>タブの<サイズ>グループの ⊡ をクリックします。<ビデオの設定>作業ウィンドウが表示されるので、<サイズ>の<解像度に合わせてサイズを調整する>をクリックしてオンにし、<解像度>を指定します。

1 動画をクリックして、<書式>タブをクリックし、

2 <サイズ>のここをクリックします。

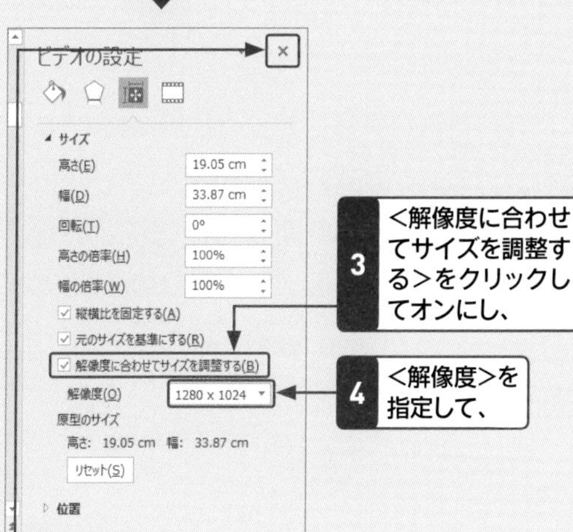

3 <解像度に合わせてサイズを調整する>をクリックしてオンにし、

4 <解像度>を指定して、

5 <閉じる>をクリックします。

重要度 ★★★ 画面形式と表紙

Q 445 パソコン内の画像を動画の表紙にしたい！

A <書式>タブの<表紙画像>から画像ファイルを指定します。

再生前の動画は、映像の最初が表示されていますが、表紙画像を設定することもできます。パソコンに保存されている画像を表紙に利用する場合は、動画をクリックして、<書式>タブの<表紙画像>から<ファイルから画像を挿入>をクリックし、画像を指定します。

1 動画をクリックして、<書式>タブをクリックし、

2 <表紙画像>をクリックして、

3 <ファイルから画像を挿入>をクリックします。

4 <ファイルから>をクリックすると、

5 <図の挿入>ダイアログボックスが表示されるので、画像ファイルをクリックして<挿入>をクリックすると、

6 表紙画像が設定されます。

重要度 ★★★　画面形式と表紙

Q 446 動画のワンシーンを表紙に設定したい！

A 再生を一時停止し、<表紙画像>の<現在の画像>をクリックします。

動画の表紙に動画のワンシーンを使いたい場合は、まず動画を再生します。表紙にしたい位置まで再生したら一時停止し、<書式>タブの<表紙画像>から<現在の画像>をクリックすると、動画のワンシーンが表紙画像として設定されます。

1 動画をクリックして、<書式>タブをクリックし、

2 <再生>をクリックします。

3 表紙にしたい位置まで再生したら、

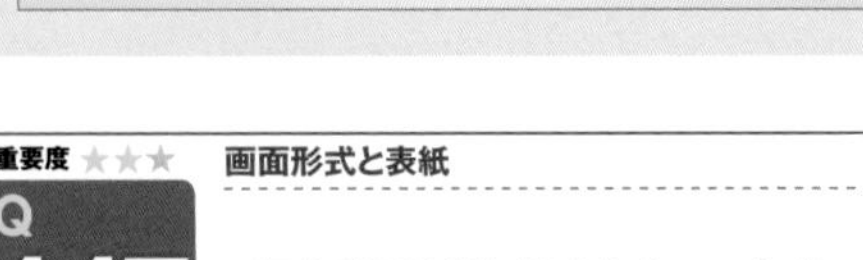

4 <一時停止>をクリックして停止します。

5 <表紙画像>をクリックして、

6 <現在の画像>をクリックすると、

7 動画のワンシーンが表紙画像として設定されます。

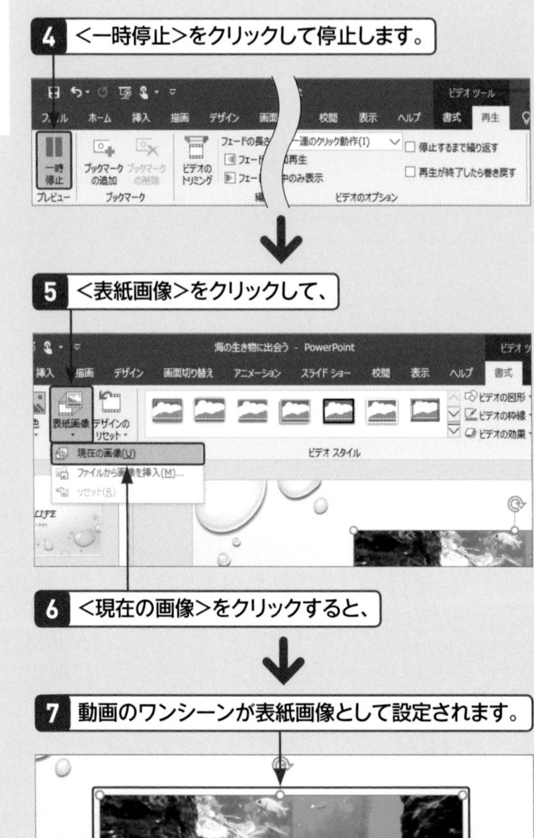

重要度 ★★★　画面形式と表紙

Q 447 表紙画像をリセットしたい！

A <書式>タブの<表紙画像>から<リセット>をクリックします。

設定した表紙画像を解除するには、動画をクリックして、<書式>タブの<表紙画像>をクリックし、<リセット>をクリックします。

参照▶Q 446

1 <表紙画像>をクリックして、

2 <リセット>をクリックします。

重要度★★★ 画面形式と表紙

Q 448 動画の再生中のみ画面が表示されるようにしたい！

A ＜再生＞タブの＜再生中のみ表示＞をオンにします。

プレゼンテーションの実行中、再生時以外は動画を非表示にすることができます。動画をクリックして＜再生＞タブをクリックし、＜再生中のみ表示＞をクリックしてオンにします。このとき、＜開始＞を＜クリック時＞にしていると、動画を再生できない場合があるので注意しましょう。

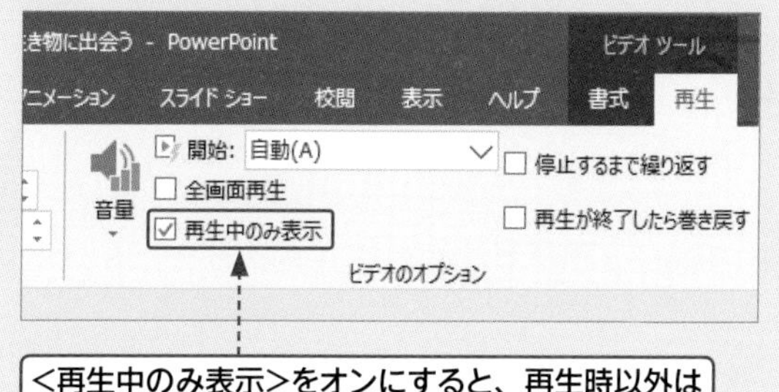

＜再生中のみ表示＞をオンにすると、再生時以外は動画を非表示にすることができます。

重要度★★★ 画面形式と表紙

Q 449 動画を全画面で再生させたい！

A ＜再生＞タブの＜全画面再生＞をオンにします。

プレゼンテーションを実行するとき、動画が画面全体に表示されるように設定することができます。動画をクリックして＜再生＞タブをクリックし、＜全画面再生＞をクリックしてオンにします。

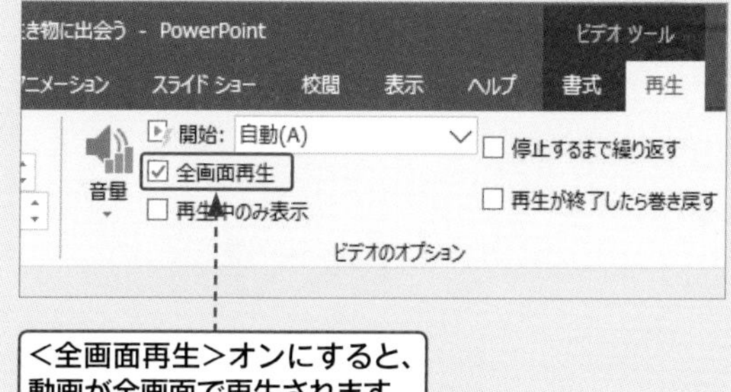

＜全画面再生＞オンにすると、動画が全画面で再生されます。

重要度★★★ 音楽の挿入

Q 450 スライドに音楽を付けたい！

A ＜挿入＞タブの＜オーディオ＞からオーディオファイルを指定します。

スライドに効果音やBGMなどのオーディオを挿入することができます。スライドを選択して、＜挿入＞タブの＜オーディオ＞から＜このコンピューター上のオーディオ＞をクリックし、オーディオファイルを指定します。オーディオを挿入すると、スライドにサウンドのアイコンが表示されます。＜再生／一時停止＞▶をクリックすると再生されます。

1 オーディオを挿入するスライドをクリックして、＜挿入＞タブをクリックし、

2 ＜オーディオ＞をクリックして、

3 ＜このコンピューター上のオーディオ＞をクリックします。

4 オーディオファイルの保存場所を指定して、

5 挿入するファイルをクリックし、

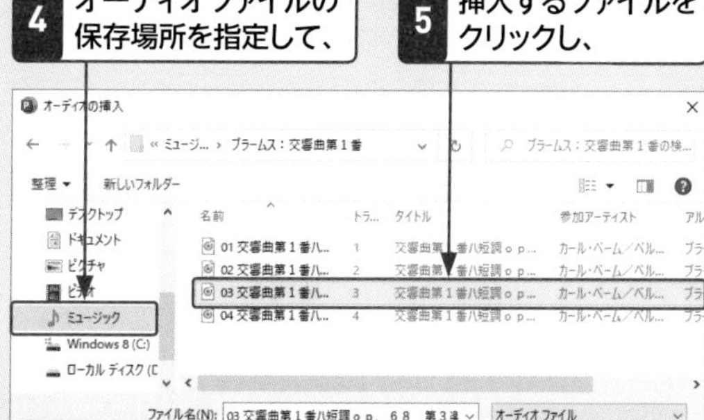

6 ＜挿入＞をクリックすると、

7 オーディオが挿入され、サウンドのアイコンが表示されます。

重要度 ★★★ 音楽の挿入

Q 451 スライドショー全体にBGMを設定したい!

A <再生>タブの<バッググラウンドで再生>をクリックします。

スライドショーの実行中にBGMを流したい場合は、スライドに挿入したサウンドアイコンをクリックして、<再生>タブの<バッググラウンドで再生>をクリックします。

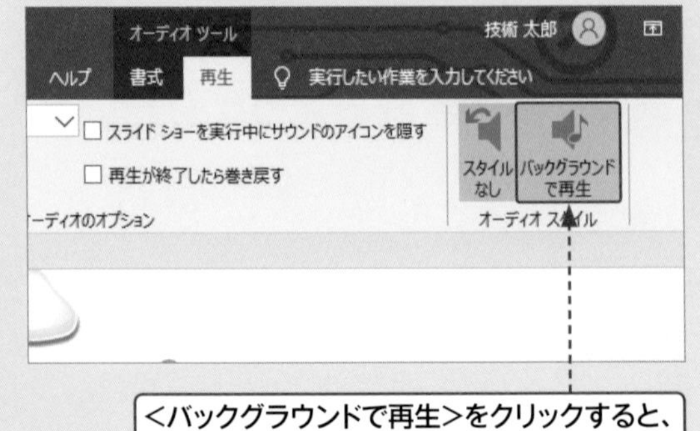

重要度 ★★★ 音楽の挿入

Q 452 録音した音声をスライドに挿入したい!

A <オーディオ>から<オーディオの録音>をクリックして録音します。

マイクを利用して録音した内容をオーディオとして挿入することができます。オーディオを挿入するスライドを選択して、<挿入>タブの<オーディオ>から<オーディオの録音>をクリックします。<サウンドの録音>ダイアログボックスが表示されるので、名前を入力して<録音>をクリックし、録音を開始します。録音が終了したら、<停止>をクリックして<OK>をクリックすると、スライドに録音内容が挿入されます。

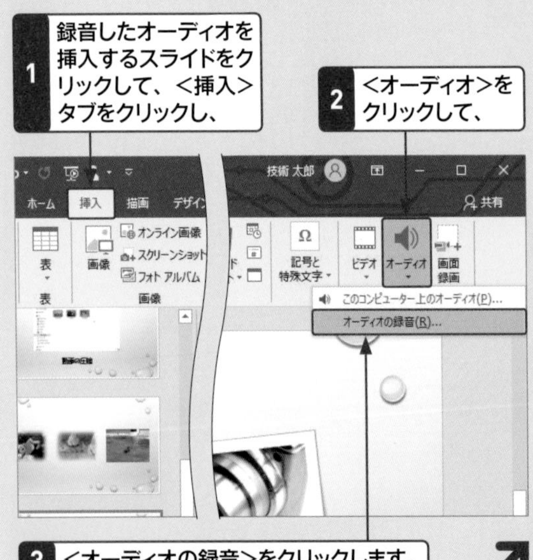

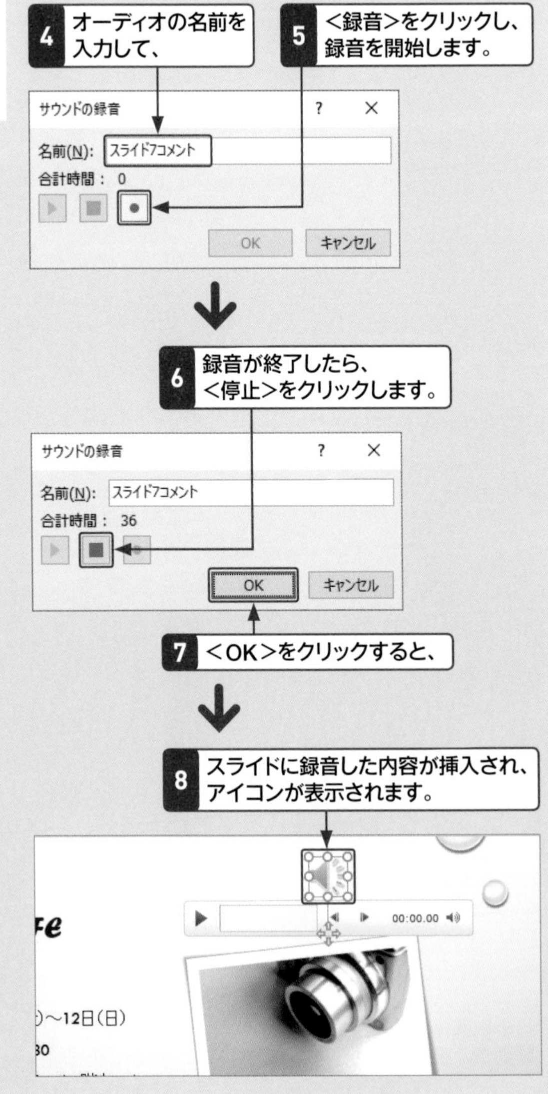

重要度 ★★★ 音楽のトリミング

Q 453 音楽の一部分だけを利用したい！

A 再生時間をトリミングします。

スライドに挿入したオーディオの一部分だけを利用したい場合は、サウンドアイコンをクリックして、＜再生＞タブの＜オーディオのトリミング＞をクリックします。＜オーディオのトリミング＞ダイアログボックスが表示されるので、再生個所を調節します。緑色のマーカーをドラッグして開始位置を、赤色のマーカーをドラッグして終了位置を指定し、＜OK＞をクリックします。

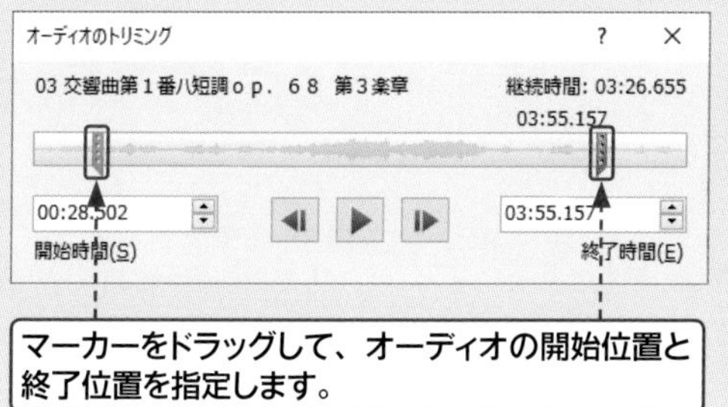

重要度 ★★★ 音楽のトリミング

Q 454 音楽にフェードイン／フェードアウトを設定したい！

A ＜再生＞タブの＜フェードイン＞＜フェードアウト＞で設定します。

フェードインは音楽が徐々に流れ始める効果、フェードアウトは音楽が徐々に消えていく効果です。オーディオにフェードイン／フェードアウトを設定するには、サウンドアイコンをクリックして＜再生＞タブをクリックし、＜フェードイン＞と＜フェードアウト＞に時間を指定します。数値が多いほど長い時間をかけてフェードイン／フェードアウトされます。

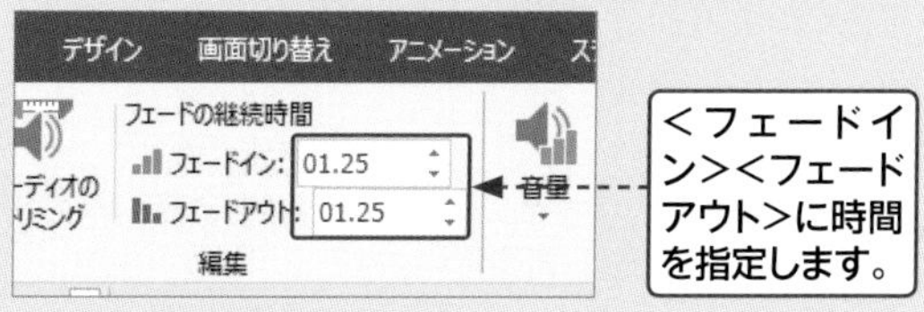

重要度 ★★★ 音楽のトリミング

Q 455 音楽にブックマークを付けたい！

A ＜再生＞タブの＜ブックマークの追加＞をクリックします。

ブックマークは、オーディオの特定の位置をすばやく再生するために付けるマークです。オーディオにブックマークを付けるには、コントロールバーのブックマークを付けたい位置をクリックし、＜再生＞タブの＜ブックマークの追加＞をクリックします。ブックマークは複数設定することもできます。

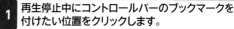

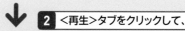

なお、ブックマークを削除するには、ブックマークをクリックして＜再生＞タブをクリックし、＜ブックマークの削除＞をクリックします。

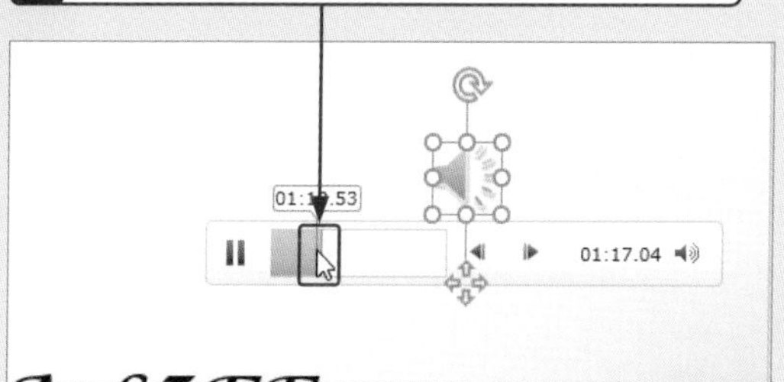

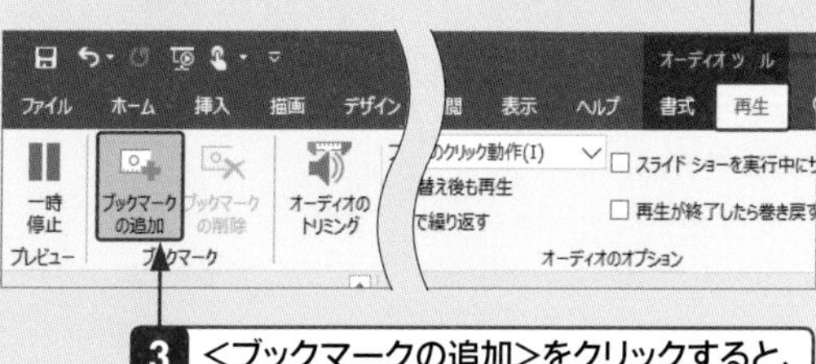

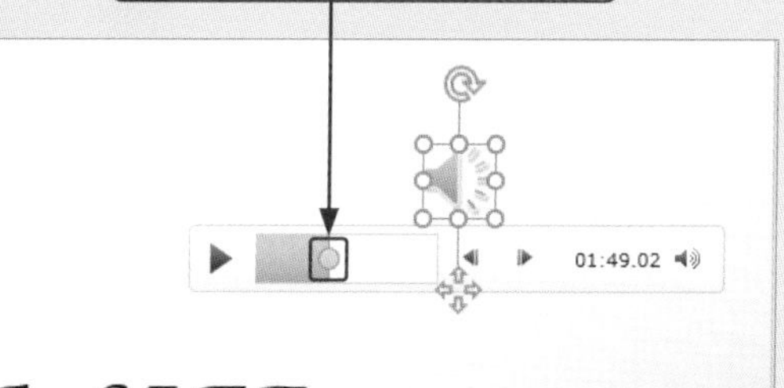

重要度 ★★★ 音楽のトリミング

Q 456 ブックマークから音楽を頭出ししたい！

A ブックマークをクリックして、再生します。

オーディオに設定したブックマークをクリックしてオーディオを再生すると、その位置からオーディオを開始することができます。また、再生中にAltを押しながらHomeを押すと、前のブックマークに戻ることができます。Altを押しながらEndを押すと、次のブックマークに進むことができます。 参照▶Q 455

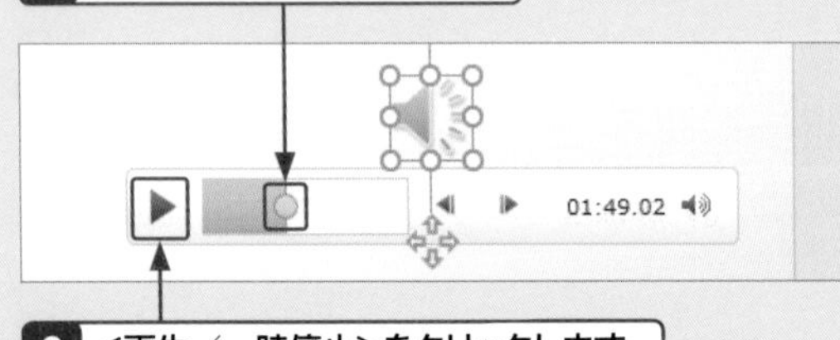

重要度 ★★★ 音楽の詳細設定

Q 457 スライド切り替え時に音楽を再生させたい！

A <再生>タブの<開始>を<自動>に指定します。

初期設定では、<再生／一時停止>▶をクリックするとオーディオが再生されます。スライドが切り替わったときに自動的に再生させるようにするには、サウンドアイコンをクリックして、<再生>タブをクリックし、<開始>を<自動>に設定します。

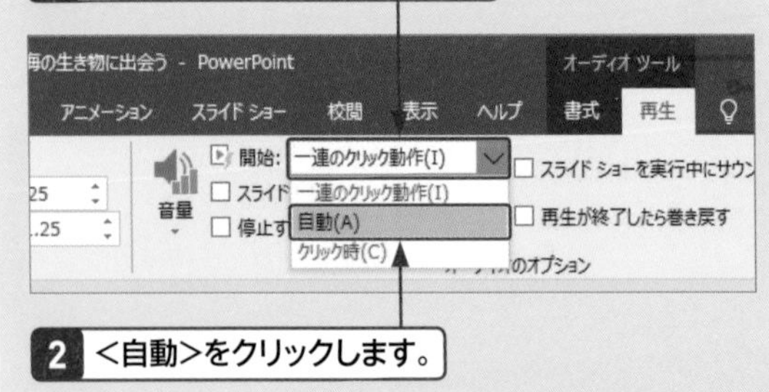

重要度 ★★★ 音楽の詳細設定

Q 458 スライドが切り替わっても音楽を再生させ続けたい！

A <再生>タブの<スライド切り替え後も再生>をオンにします。

スライドショー実行の際、次のスライドに切り替わったあともオーディオの再生を続けたい場合は、サウンドアイコンをクリックして<再生>タブをクリックし、<スライド切り替え後も再生>をクリックしてオンにします。

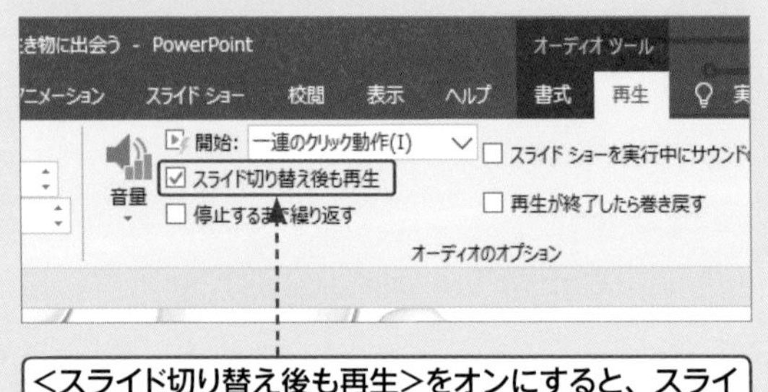

重要度 ★★★ 音楽の詳細設定

Q 459 音楽が繰り返し再生され続けるようにしたい！

A <再生>タブの<停止するまで繰り返す>をオンにします。

オーディオを繰り返し再生させたい場合は、サウンドアイコンをクリックして<再生>タブをクリックし、<停止するまで繰り返す>をクリックしてオンにします。オーディオを停止させるには、サウンドアイコンの<再生／一時停止>⏸をクリックします。

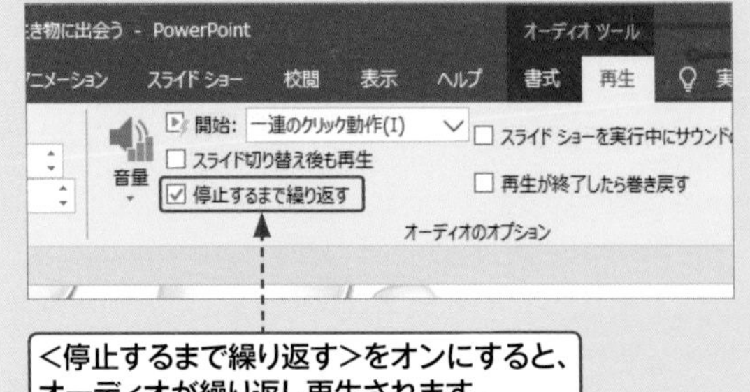

重要度★★★　音楽の詳細設定

Q 460 音楽の再生後に自動で巻き戻したい！

A ＜再生＞タブの＜再生が終了したら巻き戻す＞をオンにします。

オーディオを再生すると、終了した状態のまま停止されます。再生終了後にオーディオを巻き戻したい場合は、サウンドアイコンをクリックして＜再生＞タブをクリックし、＜再生が終了したら巻き戻す＞をクリックしてオンにします。

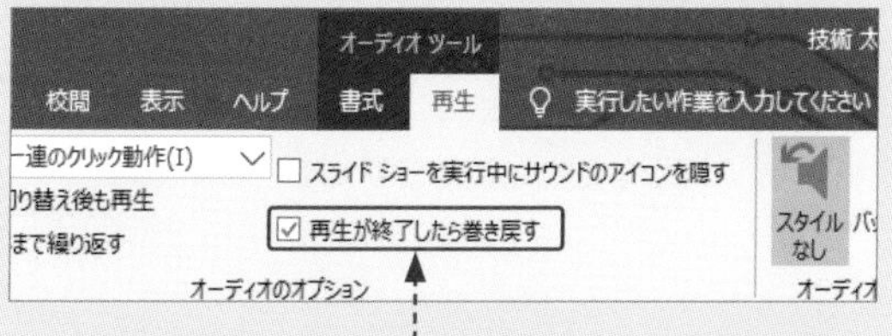

＜再生が終了したら巻き戻す＞をオンにすると、オーディオを巻き戻すことができます。

重要度★★★　音楽の詳細設定

Q 461 音楽の音量を設定したい！

A ＜再生＞タブの＜音量＞で設定します。

オーディオの音量をあらかじめ設定するには、サウンドアイコンをクリックして、＜再生＞タブの＜音量＞をクリックし、＜大＞＜中＞＜小＞から目的の音量を指定します。また、コントロールバーの＜ミュート／ミュート解除＞🔊にマウスポインターを合わせると表示されるボリュームでも調節できます。

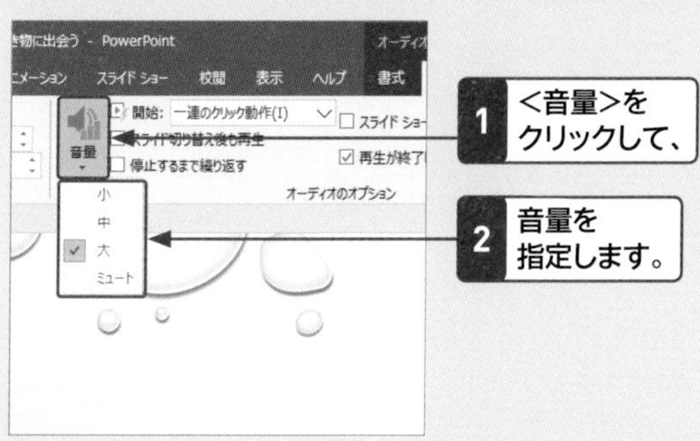

重要度★★★　音楽の詳細設定

Q 462 サウンドアイコンの位置を変更したい！

A サウンドアイコンをドラッグします。

オーディオを挿入すると、スライドの中央にサウンドアイコンが表示されます。このアイコンの位置は、ドラッグすることで自由に変更することができます。

サウンドアイコンをドラッグすると、移動することができます。

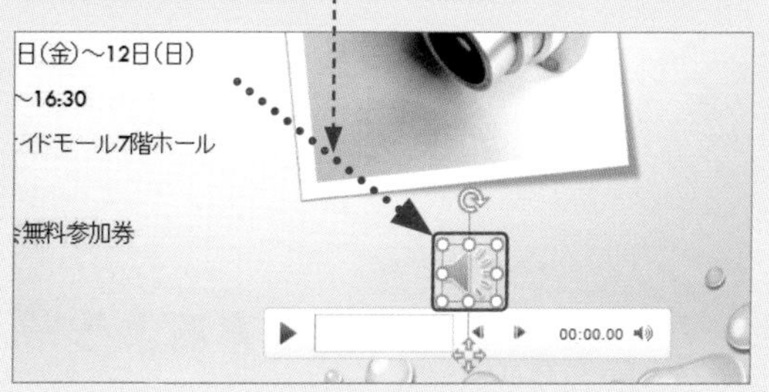

重要度★★★　音楽の詳細設定

Q 463 サウンドアイコンを非表示にしたい！

A ＜スライドショーを実行中にサウンドのアイコンを隠す＞をオンにします。

サウンドアイコンは、初期設定ではスライドショーの実行中も表示されていますが、非表示にすることもできます。サウンドアイコンをクリックして＜再生＞タブをクリックし、＜スライドショーを実行中にサウンドのアイコンを隠す＞をクリックしてオンにします。このとき、＜開始＞を＜クリック時＞にしていると、オーディオを再生できない場合があるので注意しましょう。

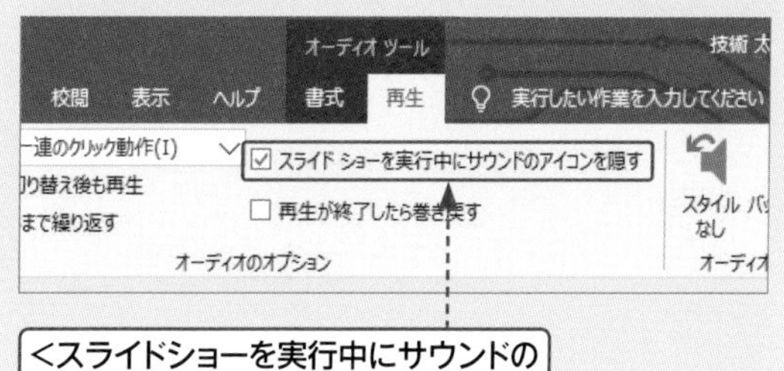

＜スライドショーを実行中にサウンドのアイコンを隠す＞をオンにします。

1 基本
2 スライド
3 マスター
5 アウトライン
6 図形
8 表
9 グラフ
10 アニメーション
11 切り替え
13 プレゼン
14 印刷

重要度 ★★★　メディアファイルの操作

Q 464 スライドのメディアの ファイルサイズを圧縮したい！

A ＜ファイル＞タブの ＜メディアの圧縮＞を利用します。

作成したプレゼンテーションに動画ファイルやオーディオファイルが含まれていると、プレゼンテーションのファイルサイズが大きくなります。この場合、ファイルサイズを圧縮すると、ハードディスクの領域が節約され、再生のパフォーマンスも向上します。＜ファイル＞タブの＜情報＞で＜メディアの圧縮＞をクリックして、圧縮方法を指定します。

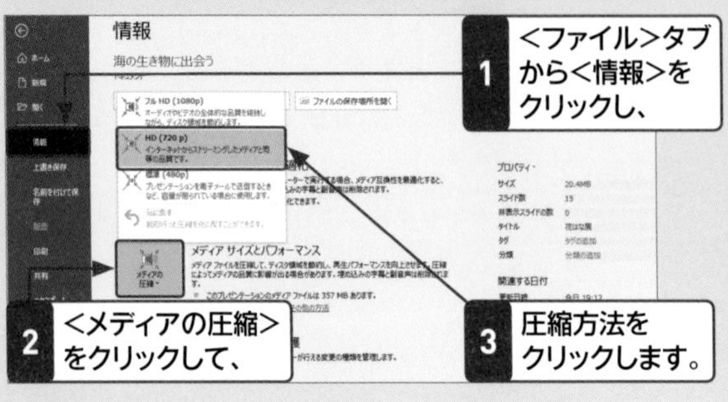

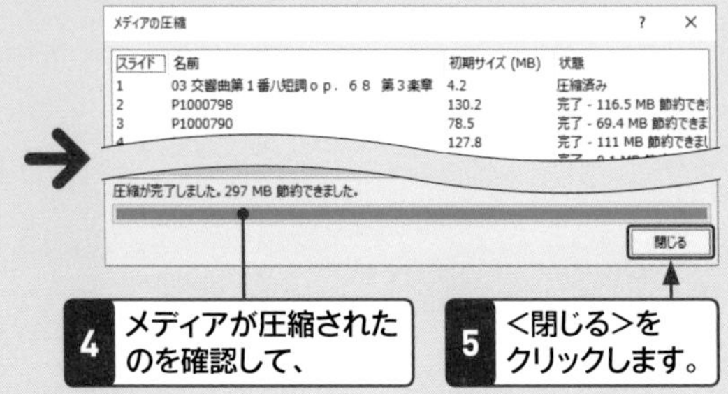

1 ＜ファイル＞タブから＜情報＞をクリックし、

2 ＜メディアの圧縮＞をクリックして、

3 圧縮方法をクリックします。

4 メディアが圧縮されたのを確認して、

5 ＜閉じる＞をクリックします。

重要度 ★★★　メディアファイルの操作

Q 465 どこでも再生できるよう メディアを最適化したい！

A ＜ファイル＞タブの ＜互換性の最適化＞を利用します。

作成したプレゼンテーションに動画ファイルやオーディオファイルが含まれている場合、ほかのコンピューターでそれらのファイルが正しく再生できない場合があります。この場合は、メディアの互換性を最適化すると、問題なく再生できるようになります。＜ファイル＞タブの＜情報＞で＜互換性の最適化＞をクリックします。

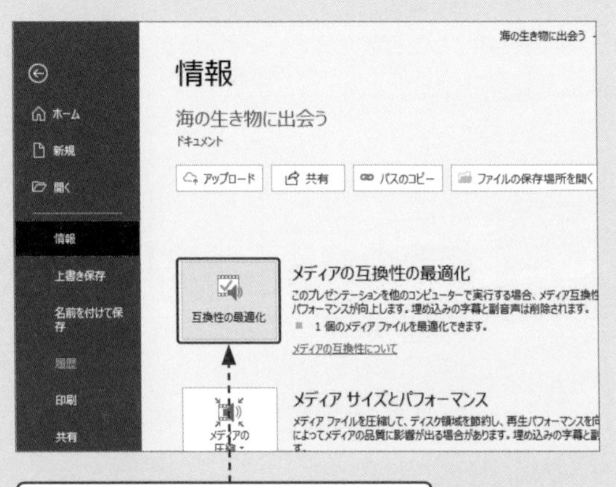

＜互換性の最適化＞をクリックすると、最適化が実行されます。

重要度 ★★★　ハイパーリンクとPDF

Q 466 ハイパーリンクとは？

A データの位置情報を埋め込んで、 内容を参照できるしくみです。

ハイパーリンクとは、文字や画像などに別の文書や画像、Webページなどの位置情報を埋め込んで、クリックするだけでその文書や画像、Webページなどを開いて参照できるしくみのことをいいます。単にリンクとも

いいます。PowerPointでは、スライドの文字やオブジェクトにハイパーリンクを設定し、スライドショーでリンク先を参照することができます。

▶ 売上アップ_2割以上目標
▶ 新規顧客の開拓
▶ 既存顧客のリピーター率アップ
▶ 廃棄率を現在より3割カット

売上2割ア
新規顧客の
リピーター率

PowerPointでは、文字やオブジェクトにハイパーリンクを設定することができます。

Q 467 ソフトやファイルをかんたんに起動したい!

A <挿入>タブの<リンク>からハイパーリンクを設定します。

スライド上の文字やオブジェクトに、ソフトやファイルへのハイパーリンクを設定するには、リンクを設定する文字列やオブジェクトを選択して、<挿入>タブの<リンク>(PowerPoint 2013では<ハイパーリンク>)をクリックし、<ハイパーリンクの挿入>ダイアログボックスで設定します。スライドショーでリンクをクリックすると、設定したファイルが開きます。

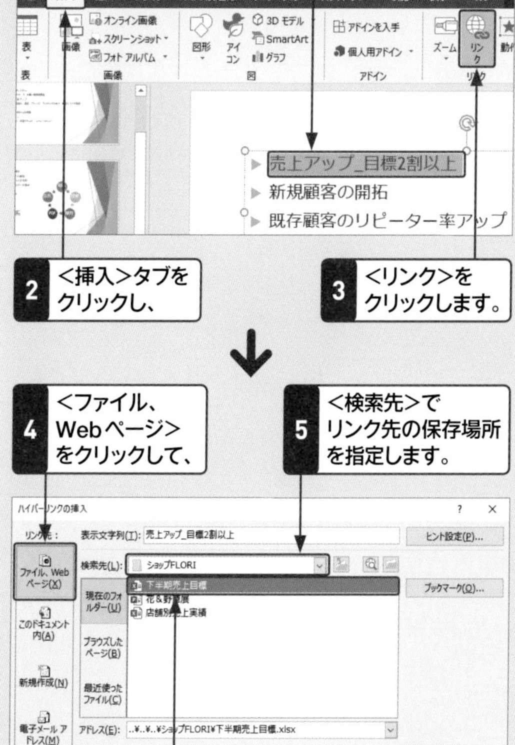

8 指定したテキストにファイルへのリンクが設定されます。

重要度 ★★★ ハイパーリンクとPDF

Q 468 Webサイトをすぐに表示したい!

A <ハイパーリンクの挿入>ダイアログボックスでURLを指定します。

Webサイトへのハイパーリンクを設定するには、リンクを設定する文字列やオブジェクトを選択して、<挿入>タブの<リンク>(PowerPoint 2013では<ハイパーリンク>)をクリックし、<ハイパーリンクの挿入>ダイアログボックスの<アドレス>にWebサイトのURLを入力します。この場合、WebページのアドレスバーのURLをコピーして貼り付けるとミスを防ぐことができます。ここでは、オブジェクトにハイパーリンクを設定します。オブジェクトにハイパーリンクを設定しても下線は付きません。

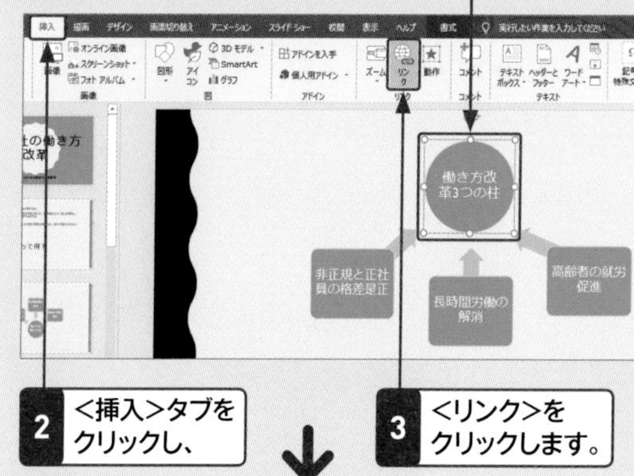

4 <ファイル、Webページ>をクリックして、

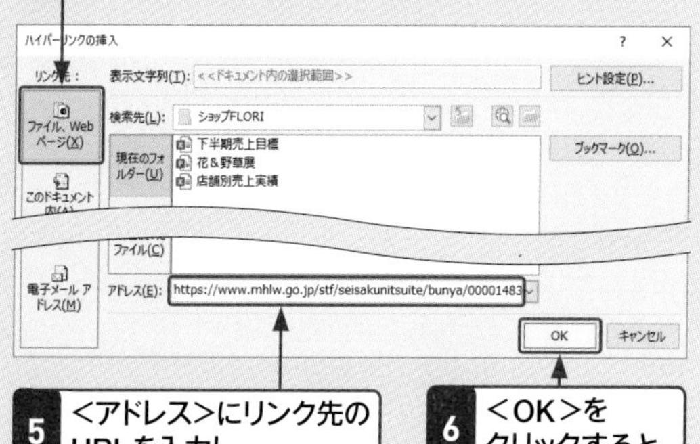

7 オブジェクトにWebサイトへのリンクが設定されます。

重要度 ★★★　ハイパーリンクとPDF

Q 469 ほかのスライドに自在に移動したい!

A ＜ハイパーリンクの挿入＞ダイアログボックスでスライドへのリンクを張ります。

プレゼンテーション内でほかのスライドに移動できるハイパーリンクも設定できます。リンクを設定するテキストやオブジェクトを選択して、＜挿入＞タブの＜リンク＞(PowerPoint 2013では＜ハイパーリンク＞)をクリックし、＜ハイパーリンクの挿入＞ダイアログボックスでリンクするスライドを指定します。リンクをクリックすると、リンク先のスライドをすぐに表示させることができます。

1 リンクを設定するテキストを選択して、

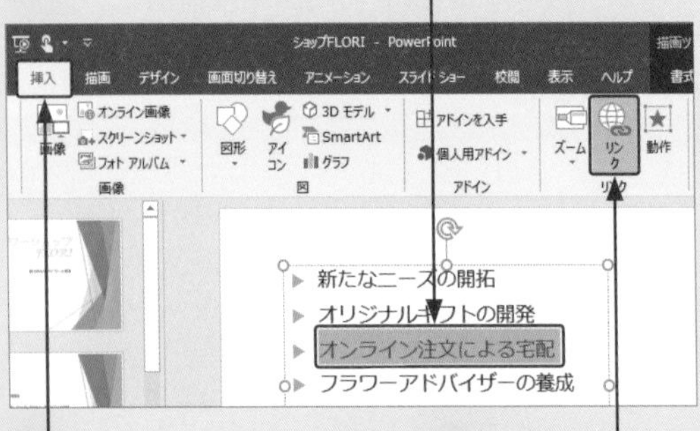

2 ＜挿入＞タブをクリックし、

3 ＜リンク＞をクリックします。

4 ＜このドキュメント内＞をクリックして、

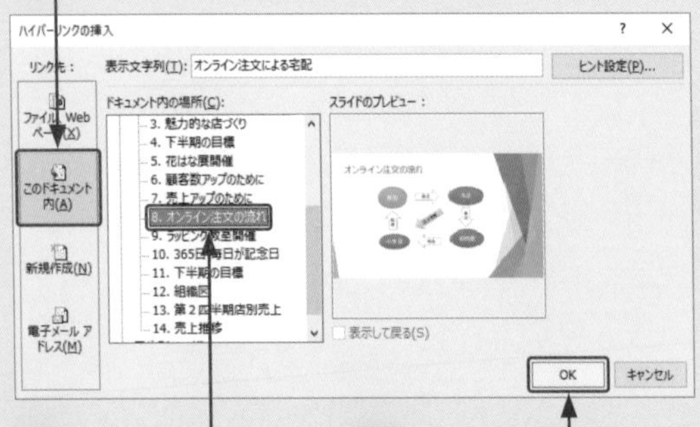

5 リンク先に設定するスライドをクリックします。

6 プレビューを確認して、＜OK＞をクリックすると、

7 指定したテキストにほかのスライドへのリンクが設定されます。

重要度 ★★★　ハイパーリンクとPDF

Q 470 ほかのプレゼンテーションへのリンクを張りたい!

A ＜ハイパーリンクの挿入＞ダイアログボックスでファイルを指定します。

ほかのプレゼンテーションへのハイパーリンクも設定できます。リンクを設定する文字列やオブジェクトを選択して、＜挿入＞タブの＜リンク＞(PowerPoint 2013では＜ハイパーリンク＞)をクリックし、＜ハイパーリンクの挿入＞ダイアログボックスでリンクするプレゼンテーションを指定します。

1 リンクを設定するテキストを選択して、

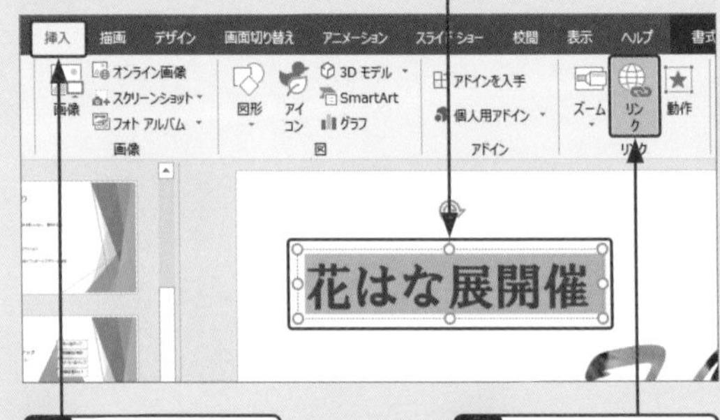

2 ＜挿入＞タブをクリックし、

3 ＜リンク＞をクリックします。

4 ＜ファイル、Webページ＞をクリックして、

5 ＜検索先＞でリンクするプレゼンテーションの保存場所を指定します。

6 リンクするプレゼンテーションをクリックして、

7 ＜OK＞をクリックすると、

8 指定したテキストに別のプレゼンテーションへのリンクが設定されます。

重要度 ★★★　ハイパーリンクとPDF

Q 471 ハイパーリンクが設定されたテキストを編集したい!

A <ハイパーリンクの編集>ダイアログボックスで変更します。

ハイパーリンクを設定したテキストを編集したいときは、リンクが設定されたテキストをクリックして、<挿入>タブの<リンク>(PowerPoint 2013では<ハイパーリンク>)をクリックします。<ハイパーリンクの編集>ダイアログボックスが表示されるので、<表示文字列>でテキストを変更します。

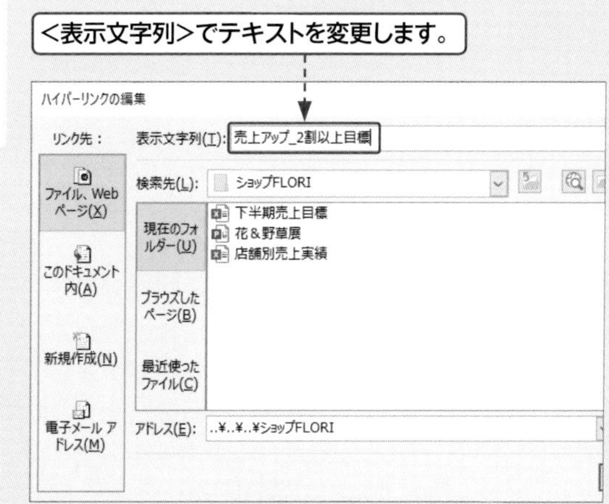

重要度 ★★★　ハイパーリンクとPDF

Q 472 リンクに表示されるヒントを設定したい!

A <ハイパーリンクの編集>ダイアログボックスで設定します。

ハイパーリンクには、マウスポインターを近づけると表示されるヒントを設定できます。リンクが設定されたテキストやオブジェクトを選択して、<挿入>タブの<リンク>(PowerPoint 2013では<ハイパーリンク>)をクリックし、<ハイパーリンクの編集>ダイアログボックスの<ヒント設定>でヒントを入力します。

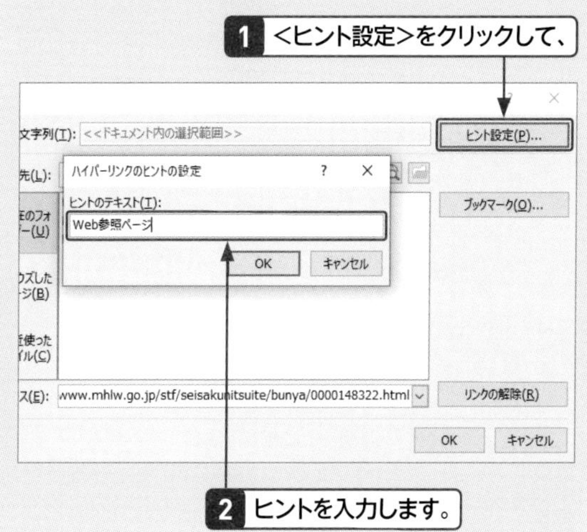

重要度 ★★★　ハイパーリンクとPDF

Q 473 ハイパーリンクを解除したい!

A <ハイパーリンクの編集>ダイアログボックスで解除します。

スライドに設定したハイパーリンクを解除するには、リンクが設定されているテキストやオブジェクトを選択して、<挿入>タブの<リンク>(PowerPoint 2013では<ハイパーリンク>)をクリックします。<ハイパーリンクの編集>ダイアログボックスが表示されるので、<リンクの解除>をクリックします。

＜リンクの解除＞をクリックすると、 リンクが解除されます。

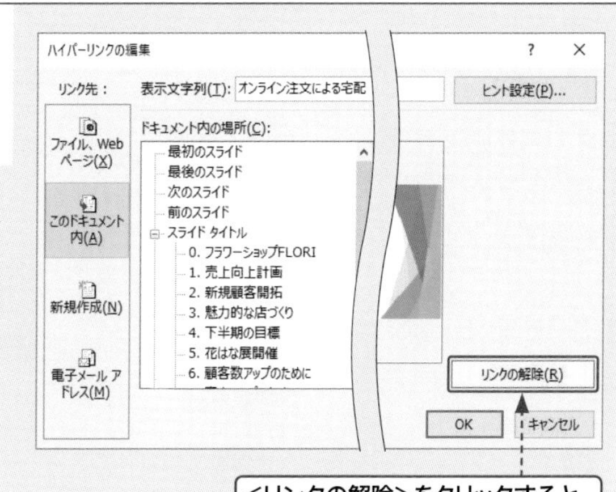

重要度★★★ ハイパーリンクとPDF

Q 474 オブジェクトに動作設定を加えたい！

A <挿入>タブの<動作>をクリックして設定します。

動作設定とは、オブジェクトをクリックしたり、マウスポインターを合わせたりしたときに目的の動作をさせる機能です。ハイパーリンクを設定したり、別のアプリを開いたり、次のスライドを表示させたりと、さまざまな動作を設定することができます。オブジェクトに動作を設定するには、オブジェクトをクリックして、<挿入>タブの<動作>をクリックし、<オブジェクトの動作設定>ダイアログボックスで設定します。

1 オブジェクトをクリックして、

2 <挿入>タブをクリックし、

3 <動作>をクリックします。

4 マウスの操作（ここでは<マウスの通過>）をクリックして、

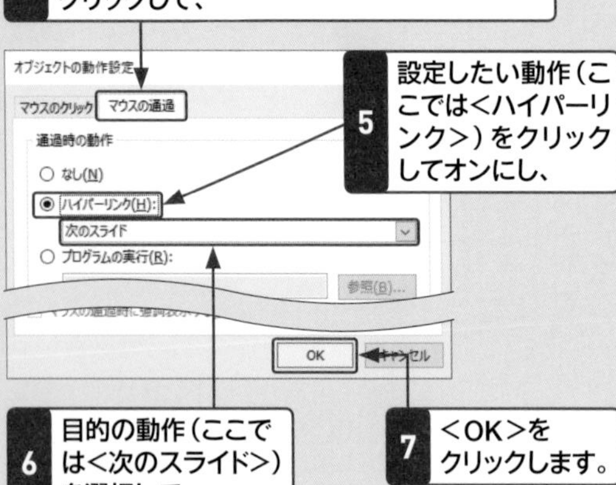

5 設定したい動作（ここでは<ハイパーリンク>）をクリックしてオンにし、

6 目的の動作（ここでは<次のスライド>）を選択して、

7 <OK>をクリックします。

重要度★★★ ハイパーリンクとPDF

Q 475 PDFをスライドに挿入したい！

A <挿入>タブの<オブジェクト>からPDFファイルを指定します。

PDFをスライドに挿入するには、挿入するスライドを選択して、<挿入>タブの<オブジェクト>をクリックします。<オブジェクトの挿入>ダイアログボックスが表示されるので、<ファイルから>をクリックしてオンにし、PDFファイルを指定します。

なお、PDFファイルがアイコンで挿入される場合があります。この場合は、アイコンをダブルクリックすると、PDFファイルが表示されます。

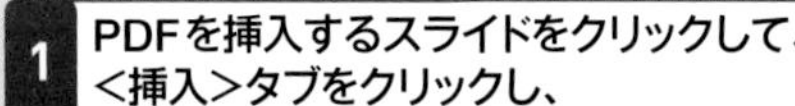

1 PDFを挿入するスライドをクリックして、<挿入>タブをクリックし、

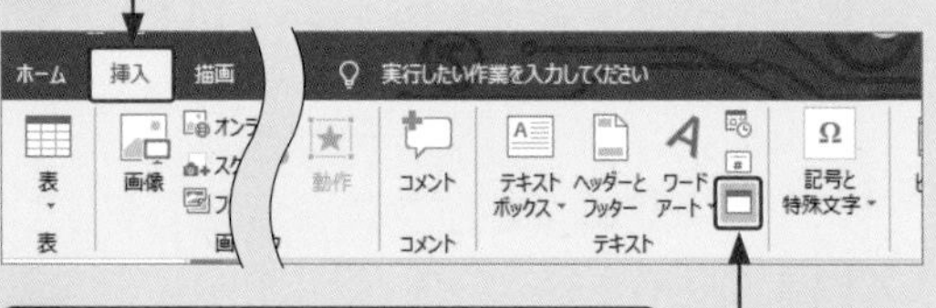

2 <オブジェクト>をクリックします。

3 <ファイルから>をクリックしてオンにし、

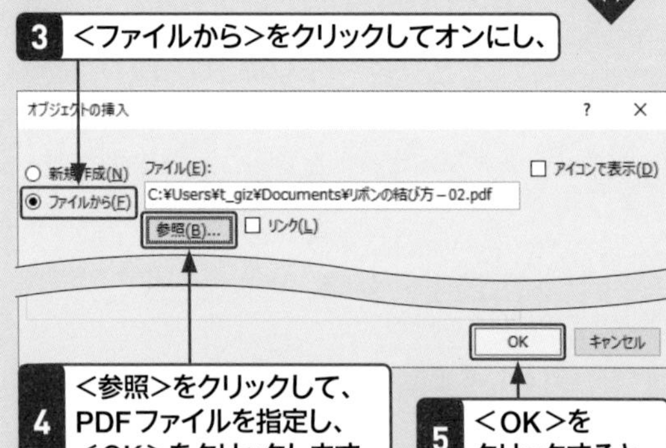

4 <参照>をクリックして、PDFファイルを指定し、<OK>をクリックします。

5 <OK>をクリックすると、

6 PDFファイルがスライドに挿入されます。

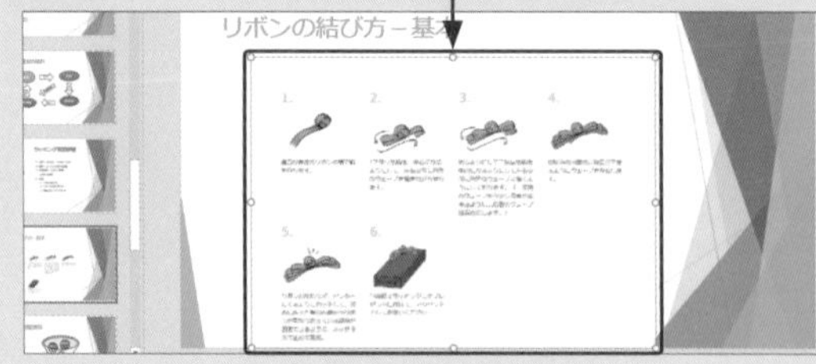

第13章

プレゼンテーションの活用技!

476 >>> 483　スライドショーの実行
484 >>> 489　画面表示の設定
490 >>> 493　スライド表示のテクニック
494 >>> 501　ポインター・マーカー
502 >>> 507　利用するスライドの選択
508 >>> 514　リハーサル
515 >>> 522　特殊なスライドショー

重要度★★★ スライドショーの実行

Q 476 プレゼンテーションの流れを知りたい!

A プレゼンテーションの準備をしてから、スライドショーを実行します。

作成したプレゼンテーションを発表するには、スライドショー機能を利用します。PowerPointには、ノートやリハーサル、発表者ツールなど、プレゼンテーションをサポートする機能が複数備わっているので、適宜活用するとよいでしょう。
実際のプレゼンテーション実行の流れは、どのようなプレゼンテーションを行うかによって決まりますが、一般的には、以下のような流れになります。

❶ 発表者用のメモを作成する

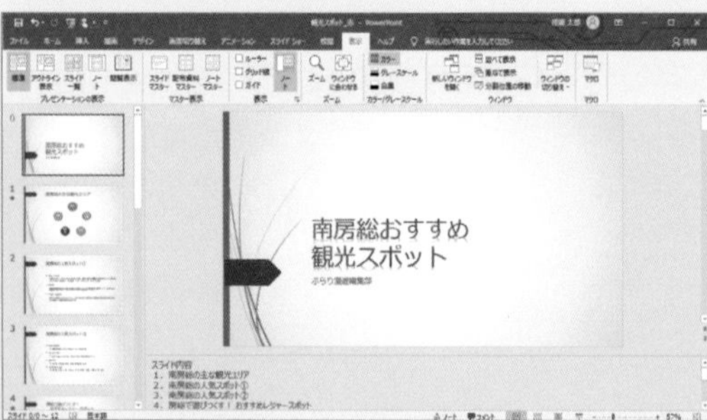

スライドショーの実行中に発表者用のメモとして利用したり、配布資料として利用する「ノート」を入力しておきます(Q 082参照)。

❷ 資料を印刷する

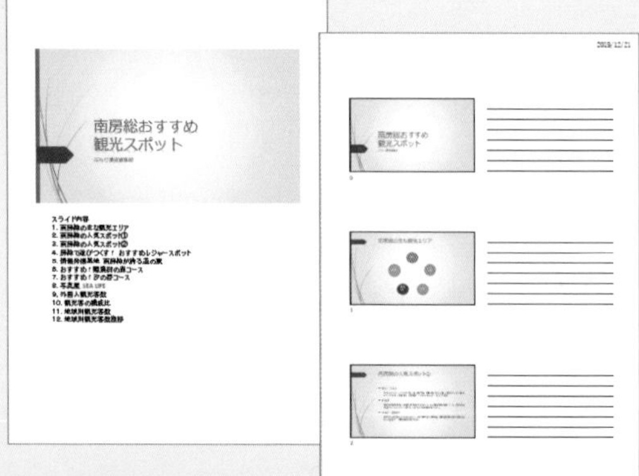

配布資料として、スライドの内容やノートなどを印刷します(第14章参照)。

❸ リハーサルを行う

リハーサル機能を利用して、スライドの切り替えのタイミングやアニメーション表示のタイミングを設定します。また、必要に応じてナレーションを録音します(Q 508、Q 510参照)。

❹ スライドショーを実行する

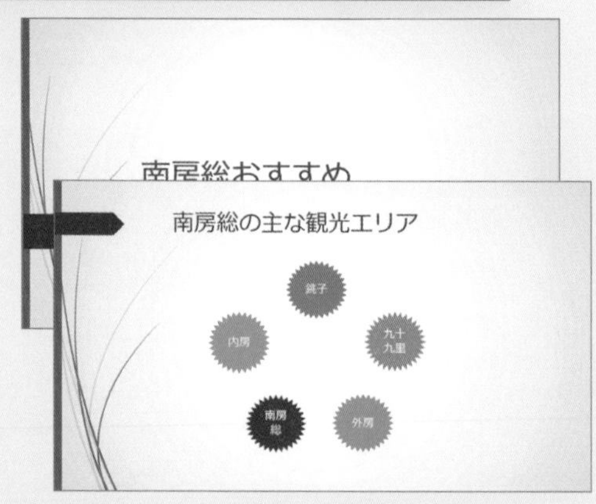

必要な機材(プロジェクターやスクリーンなど)を用意したら、実際にスライドショーを実行します。発表者ツールを利用すると、スライドやノートなどをパソコンで確認しながらプレゼンテーションを行うことができます(Q 484参照)。

重要度 ★★★　スライドショーの実行

Q 477 スライドショーを実行したい！

A ＜スライドショー＞タブの＜最初から＞をクリックします。

作成したスライドを1枚ずつ順番に表示していくことを「スライドショー」といいます。スライドショーを実行するには、＜スライドショー＞タブをクリックして、＜最初から＞をクリックします。

画面の切り替えを初期設定の「クリック時」に設定している場合は、スライドをクリックして次のスライドへ切り替えます。自動的に切り替える設定にしている場合は、指定した時間で順番に切り替わります。スライドショーが終了したら、画面をクリックして終了します。

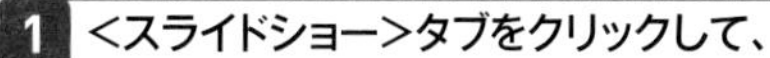

1 ＜スライドショー＞タブをクリックして、

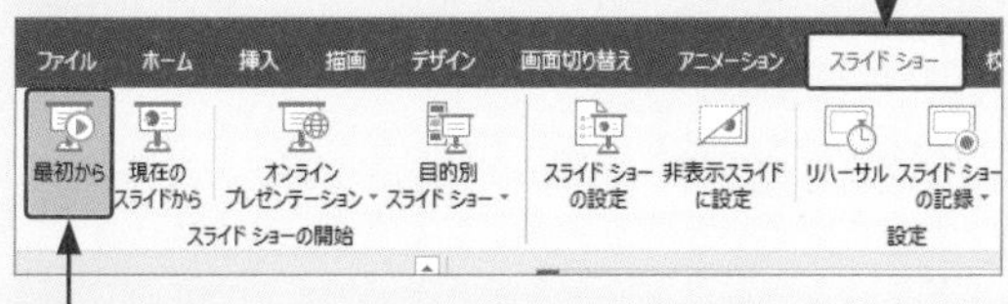

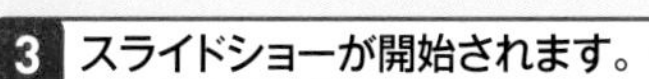

3 スライドショーが開始されます。

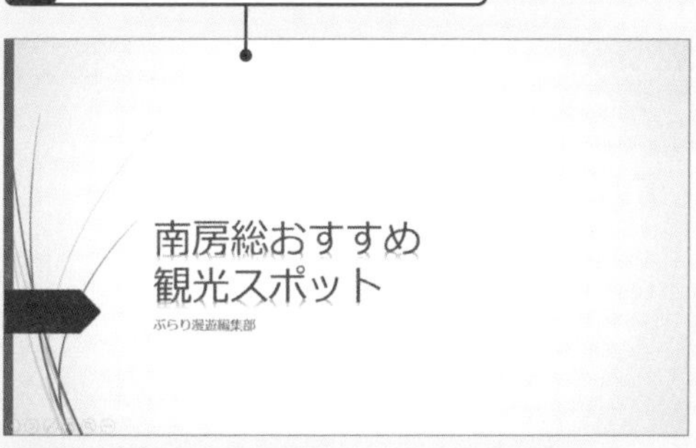

4 スライドショーが終了すると、この画面が表示されるので、

5 画面をクリックすると、スライドショーが終了します。

重要度 ★★★　スライドショーの実行

Q 478 スライドショーをすばやく始めたい！

A クイックアクセスツールバーの＜先頭から開始＞をクリックします。

スライドショーを実行する場合、通常は＜スライドショー＞タブの＜最初から＞をクリックしますが、クイックアクセスツールバーの＜先頭から開始＞をクリックすると、タブを切り替える手間が省け、すばやく実行することができます。

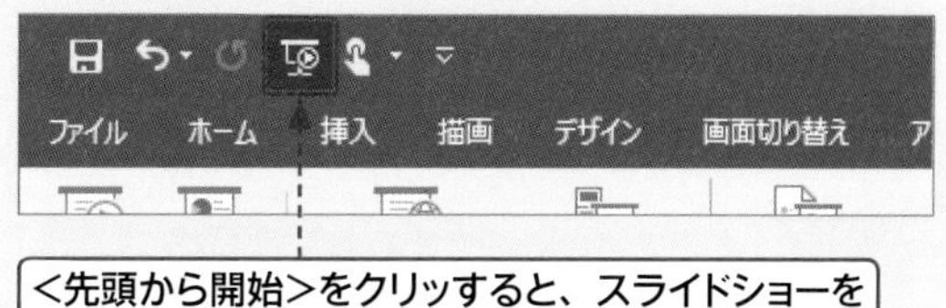

＜先頭から開始＞をクリッすると、スライドショーをすばやく実行できます。

重要度 ★★★　スライドショーの実行

Q 479 スライドショーを中断したい！

A スライドを右クリックして＜スライドショーの終了＞をクリックします。

スライドショーを中断するには、スライドの任意の位置で右クリックして、＜スライドショーの終了＞をクリックします。また、スライドショーの実行中にEscを押しても中断できます。

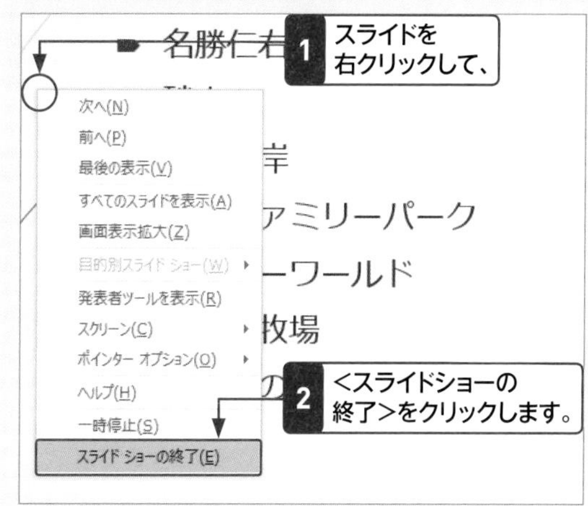

重要度 ★★★ スライドショーの実行

Q 480 スライドショーを途中から始めたい！

A ＜スライドショー＞タブの＜現在のスライドから＞をクリックします。

スライドショーを途中から始めるには、開始したいスライドをクリックして、＜スライドショー＞タブの＜現在のスライドから＞をクリックします。また、ステータスバーの＜スライドショー＞ をクリックしても、現在選択しているスライドからスライドショーを開始することができます。

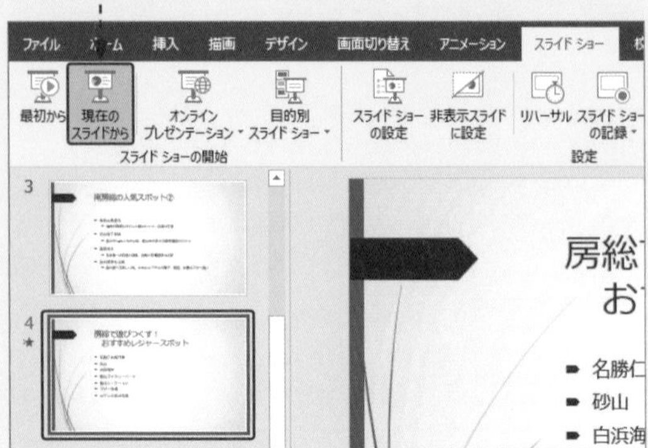

重要度 ★★★ スライドショーの実行

Q 481 デスクトップから直接スライドショーを始めたい！

A 「PowerPointスライドショー」形式でデスクトップに保存します。

デスクトップから直接スライドショーを始めたい場合は、ファイルの種類を「PowerPointスライドショー」形式にして、デスクトップに保存します。＜ファイル＞タブ→＜エクスポート＞→＜ファイルの種類の変更＞→＜PowerPointスライドショー＞→＜名前を付けて保存＞の順にクリックして保存します。「PowerPointスライドショー」形式のファイルを開くと、スライドショーの画面のみが表示されます。

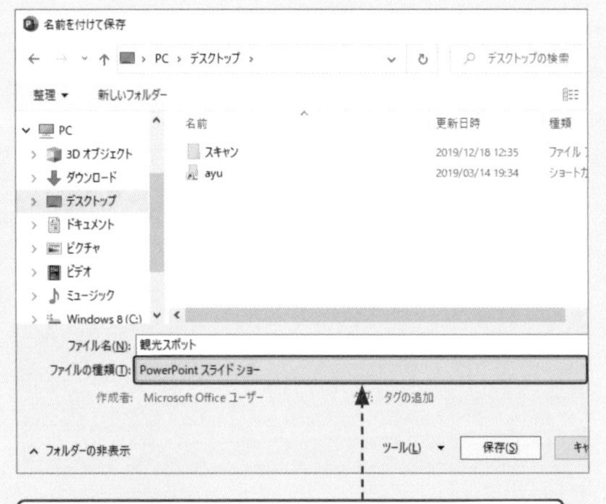

重要度 ★★★ スライドショーの実行

Q 482 複数のモニターを使ってスライドショーをしたい！

A ＜スライドショー＞タブの＜モニター＞で表示先を指定します。

プレゼンテーションを実行する場合、多くはスライドショーをプロジェクターなどの外部ディスプレイに投影して行います。パソコンに外部ディスプレイを接続したら、＜スライドショー＞タブの＜モニター＞のボックスをクリックして、外部ディスプレイを選択します。選択したディスプレイに、スライドショーを表示させることができます。

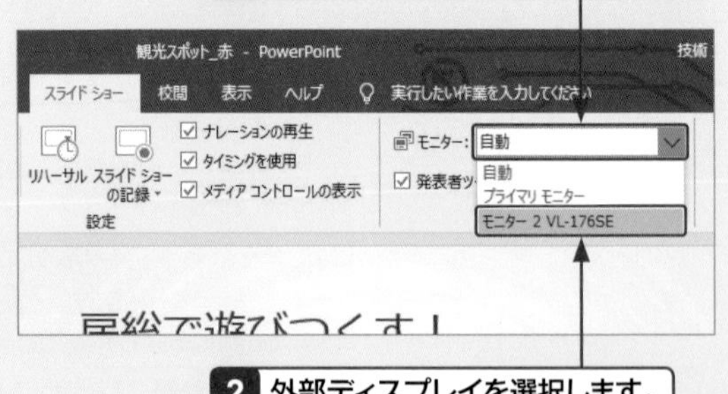

重要度 ★★★　スライドショーの実行

Q 483 ウィンドウ内でスライドショーを確認したい！

A ＜表示＞タブの＜閲覧表示＞をクリックします。

PowerPointのウィンドウ内でスライドショーを確認したい場合は、＜表示＞タブの＜閲覧表示＞をクリックします。閲覧表示モードにすると、ウィンドウ内でスライドショーが実行されます。また、ステータスバーの＜閲覧表示＞をクリックしても、ウィンドウ内でスライドショーが実行されます。

標準表示に戻すには、Escを押すか、ステータスバーの＜標準＞をクリックします。

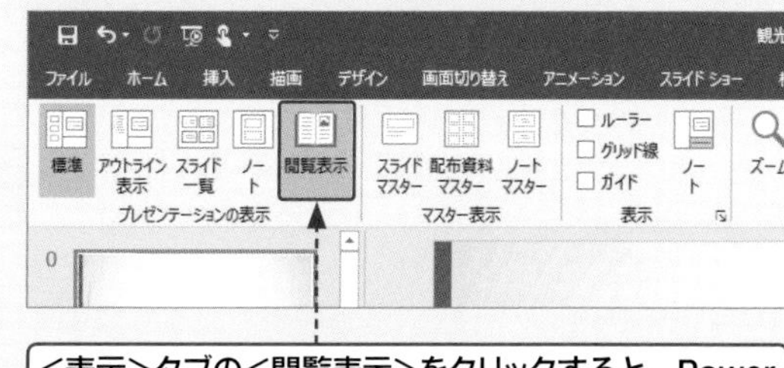

＜表示＞タブの＜閲覧表示＞をクリックすると、PowerPointのウィンドウ内でスライドショーが実行されます。

重要度 ★★★　画面表示の設定

Q 484 発表者ツールとは？

A スライドやノートなどを確認しながらプレゼンテーションを行える機能です。

発表者ツールとは、スライドショーを実行しているときに、発表者がパソコンでスライドやノートなどを確認できる機能のことです。ここでは、発表者ツールで利用できる機能を確認しておきましょう。

スライドショー開始からの経過時間が表示されます。

スライドショーを一時停止します。

スライドショーを終了します。

経過時間をリセットします。

現在の時刻が表示されます。

次のスライドやアニメーションが表示されます。

タスク バーの表示　表示設定　スライド ショーの終了

0:00:44　17:52　次のスライド

南房総の主な観光エリア

南房総おすすめ観光スポット

3．南房総の人気スポット②
4．房総で遊びつくす！ おすすめレジャースポット
5．情報発信基地 南房総が誇る道の駅
6．おすすめ！照葉樹の森コース
7．おすすめ！汐の香コース
8．写真展 SEA LIFE
9，外国人観光客数
10．観光客の構成比
11．地域別観光客数
12．地域別観光客数推移

スライド 1/13

ペンとレーザーポインターを利用できます。

スライドの一覧を表示します。

スライドを拡大します。

黒い画面を表示／非表示します。

スライドショーのメニューを表示します。

前のスライドを表示します。

現在のスライド番号とスライドの枚数が表示されます。

次のスライドを表示します。

ノートの文字サイズを拡大／縮小します。

ノートが表示されます。

重要度★★★ 画面表示の設定

Q 485 発表者ツールを使いたい！

A <スライドショー>タブの<発表者ツールを使用する>をオンにします。

発表者ツールを使うには、パソコンとプロジェクターなどを接続して、<スライドショー>タブをクリックし、<発表者ツールを使用する>をクリックしてオンにします。続いて、<スライドショー>タブの<最初から>をクリックするとスライドショーが実行され、パソコンには発表者ツールが表示されます。

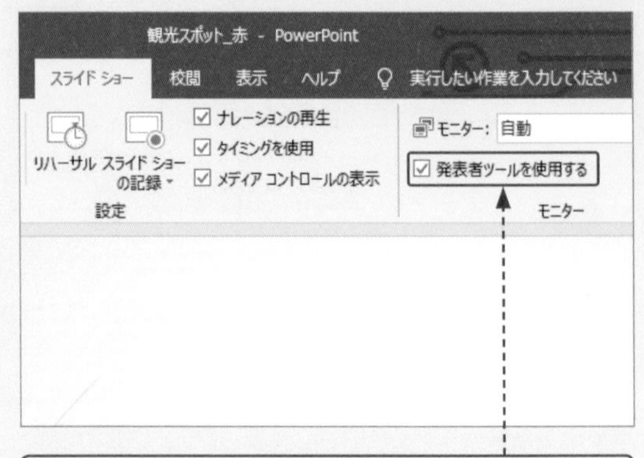

重要度★★★ 画面表示の設定

Q 486 スライドの表示から発表者ツールに切り替えたい！

A スライドショーの実行中に発表者ツールを表示します。

自分のパソコンに発表者ツールを表示させるには、スライドショーの実行中に右クリックして、<発表者ツールを表示>（PowerPoint 2013では<発表者ビューを表示>）をクリックします。もとの表示に戻すには、右クリックをするか、●をクリックして、<発表者ツールを非表示>をクリックします。

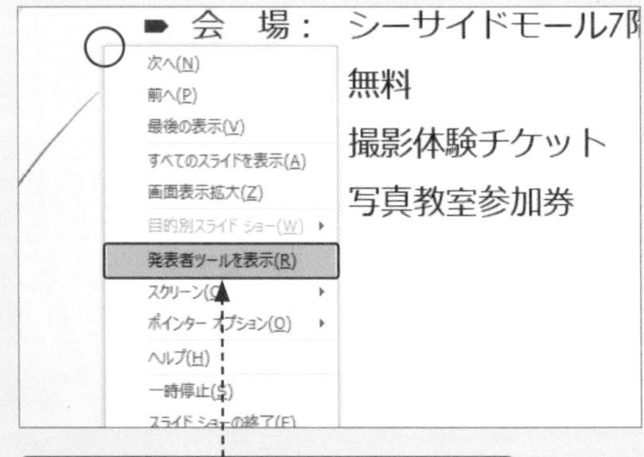

重要度★★★ 画面表示の設定

Q 487 最後のスライドのあとに黒い画面を表示させたくない！

A <PowerPointのオプション>ダイアログボックスで設定します。

スライドショーが終了すると、初期設定では黒い画面が表示されます。この画面を表示させずに、最後のスライドで停止させるには、<ファイル>タブから<オプション>をクリックして、<PowerPointのオプション>ダイアログボックスを表示します。<詳細設定>をクリックし、<スライドショー>から<最後に黒いスライドを表示する>をクリックしてオフにし、<OK>をクリックします。

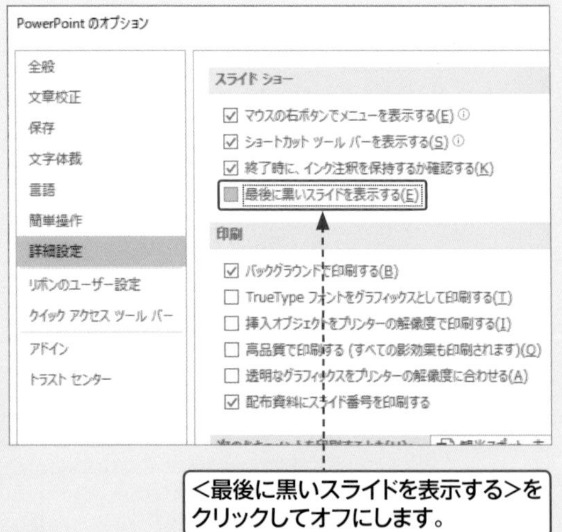

重要度 ★★★　画面表示の設定

Q 488 スライドショーの終了後にタイトルスライドに戻りたい!

A <スライドショー>タブの<スライドショーの設定>から設定します。

スライドショーがすべて終わったあと、タイトルスライドに戻りたい場合は、<スライドショー>タブの<スライドショーの設定>をクリックします。<スライドショーの設定>ダイアログボックスが表示されるので、<Escキーが押されるまで繰り返す>をクリックしてオンにします。

上記の設定をすると、最後のスライドを表示したあとスライドを切り替えると、タイトルスライドに戻ります。繰り返し再生されているスライドショーを停止するときは、Escを押します。

1 <スライドショー>タブをクリックして、

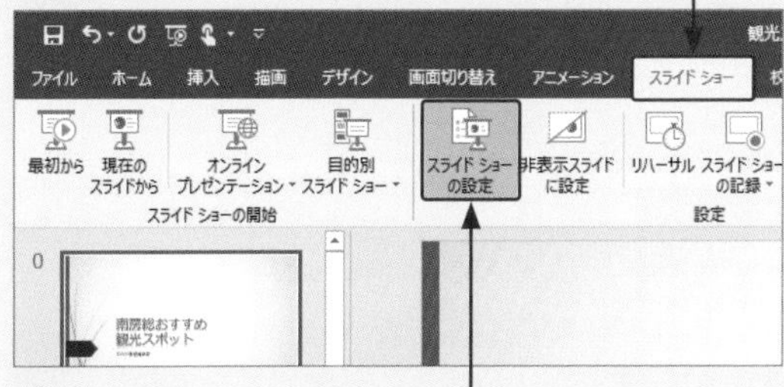

2 <スライドショーの設定>をクリックします。

3 <Escキーが押されるまで繰り返す>をクリックしてオンにし、

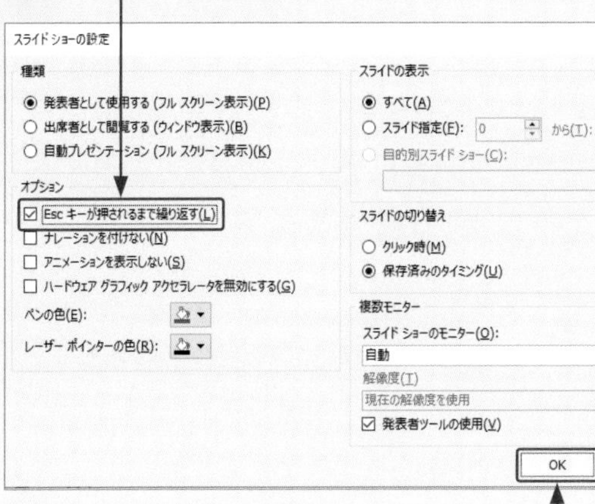

4 <OK>をクリックします。

重要度 ★★★　画面表示の設定

Q 489 プレゼン中にパソコンの画面が暗転してしまう!

A 電源を切る時間とスリープ状態にする時間を長めに設定します。

スライドショーの実行中にパソコンの画面が暗転表示になってしまうのは、パソコン本体に設定されているディスプレイの電源とスリープの時間の設定によるものです。電源を切る時間とスリープ状態にする時間を長めに設定しましょう。

Windowsの<スタート>から<設定>をクリックして、<システム>をクリックします。続いて、<電源とスリープ>をクリックし、ディスプレイの電源とスリープの時間を設定します。

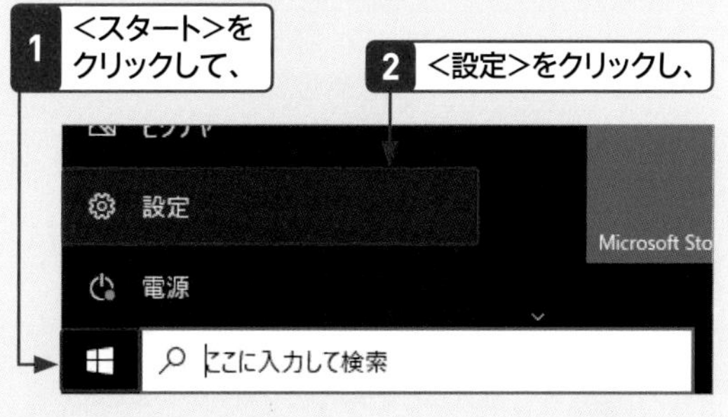

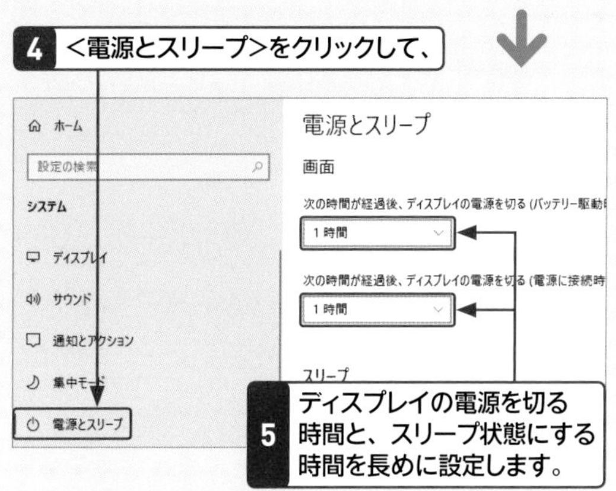

重要度★★★ スライド表示のテクニック

Q 490 スライドの注目させたい部分を拡大したい！

A スライドを右クリックして＜画面表示拡大＞をクリックします。

スライドショーの実行中に注目させたい部分を拡大するには、スライドショー中に右クリックして、＜画面表示拡大＞をクリックし、拡大したい部分をクリックします。発表者ツールでは、🔍をクリックして、拡大したい部分をクリックします。再度右クリックするかEscを押すと、もとの表示に戻ります。

1 スライドを右クリックして、

地域別観光客数

	2017年	2018年	2019年	2020（予想）
	687,197	684,621	698,534	670,431
	225,865	213,487	265,472	254,369
	254,578	243,987	256,729	258,934
	669,962	630,887	657,890	684,560
	1,837,602	1,772,982	1,878,625	1,868,294

次へ(N)
前へ(P)
最後の表示(V)
すべてのスライドを表示(A)
画面表示拡大(Z)
目的別スライド ショー(W)
発表者ツールを表示(R)
スクリーン(C)
ポインター オプション(O)
ヘルプ(H)
一時停止(S)
スライド ショーの終了(E)

2 ＜画面表示拡大＞をクリックします。

3 マウスポインターの形が🔍に変わった状態で、拡大したい部分をクリックすると、

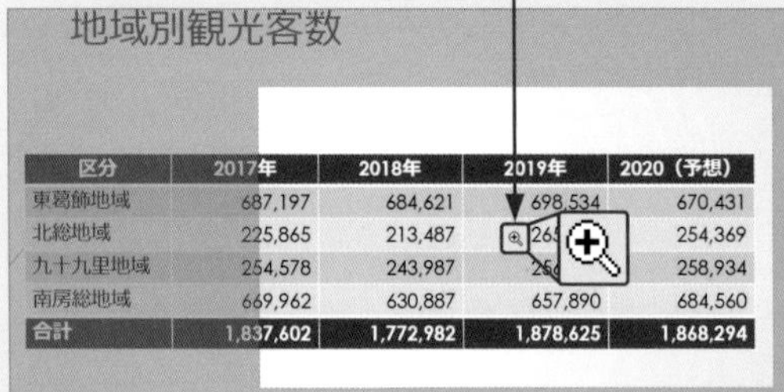

地域別観光客数

区分	2017年	2018年	2019年	2020（予想）
東葛飾地域	687,197	684,621	698,534	670,431
北総地域	225,865	213,487	265,472	254,369
九十九里地域	254,578	243,987	256,729	258,934
南房総地域	669,962	630,887	657,890	684,560
合計	1,837,602	1,772,982	1,878,625	1,868,294

4 クリックした部分が拡大表示されます。

年	2018年	2019年	2020（予想）
37,197	684,621	698,534	670,431
25,865	213,487	265,472	254,369
54,578	243,987	256,729	258,934
59,962	630,887	657,890	684,560
37,602	1,772,982	1,878,625	1,868,294

重要度★★★ スライド表示のテクニック

Q 491 スライドの一覧から特定のスライドに切り替えたい！

A スライドを一覧表示に切り替えて、スライドをクリックします。

スライドショーの実行中に特定のスライドに切り替えたい場合は、スライドショー中に右クリックして、＜すべてのスライドを表示＞をクリックします。発表者ツールでは、▦をクリックします。スライドが一覧で表示されるので、目的のスライドをクリックすると、そのスライドに切り替えることができます。

1 スライドを右クリックして、

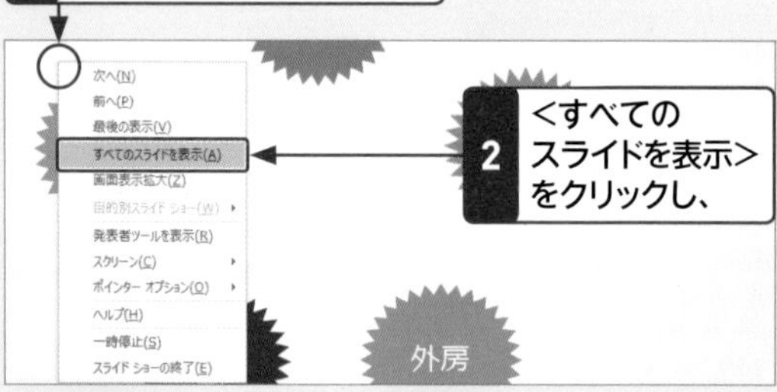

2 ＜すべてのスライドを表示＞をクリックし、

3 表示したいスライドをクリックします。

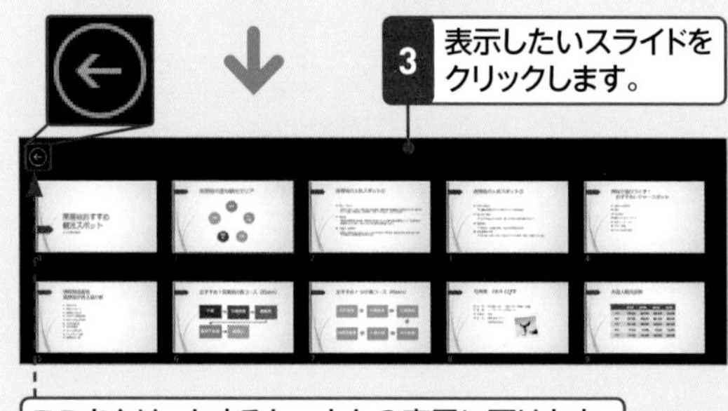

ここをクリックすると、もとの表示に戻ります。

重要度★★★ スライド表示のテクニック

Q 492 指定したページのスライドに切り替えたい！

A スライドショーの実行中にスライド番号を入力してEnterを押します。

スライドショーの実行中にスライド番号を指定してスライドを切り替えることができます。キーボードの右側にあるテンキーで、切り替えたいスライドの番号を入力し、Enterを押します。

重要度★★★ スライド表示のテクニック

Q 493 画面を暗転させたい!／真っ白にしたい!

A スライドショーの実行中にⒷを押すと黒、Ⓦを押すと白になります。

スライドショーの実行中に、スライドを一時停止して黒あるいは白の画面を表示することができます。黒い画面を表示するには、キーボードのⒷを押します。再度Ⓑを押すとスライドショーが再開されます。白い画面を表示するには、Ⓦを押します。再度Ⓦを押すとスライドショーが再開されます。

Ⓑを押すと、スライドショーが一時停止し、画面が黒くなります。

重要度★★★ ポインター・マーカー

Q 494 発表時にマウスカーソルの矢印を非表示にしたい!

A <ポインターオプション>の<矢印のオプション>から設定します。

スライドショー中のマウスカーソルの矢印は、初期設定ではマウスを動かすときだけ表示されます。矢印を常に表示させたくない場合は、スライドショー中に右クリックして、<ポインターオプション>の<矢印のオプション>から<常に表示しない>をクリックします。発表者ツールでは、▨をクリックして、同様に操作します。もとに戻す場合は、<自動>をクリックします。

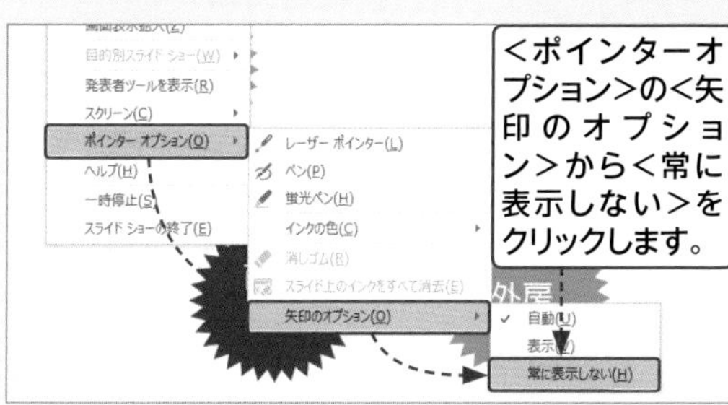

重要度★★★ ポインター・マーカー

Q 495 マウスカーソルをレーザーポインターに変更したい!

A <ポインターオプション>から<レーザーポインター>をクリックします。

スライドショーでは、レーザーポインターを表示して強調部分を指示することができます。マウスカーソルをレーザーポインターにするには、スライドショーの実行中に右クリックして、<ポインターオプション>から<レーザーポインター>をクリックします。発表者ツールでは、▨をクリックして、<レーザーポインター>をクリックします。Escを押すと、もとのポインターに戻ります。

1 スライドを右クリックして、

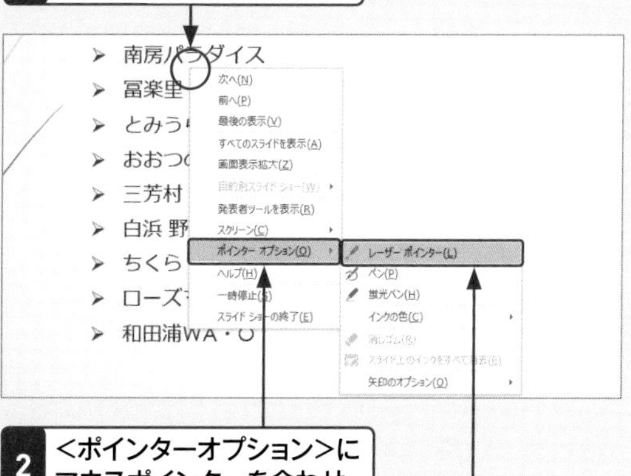

2 <ポインターオプション>にマウスポインターを合わせ、

3 <レーザーポインター>をクリックすると、

4 赤いレーザーポインターが表示されます。

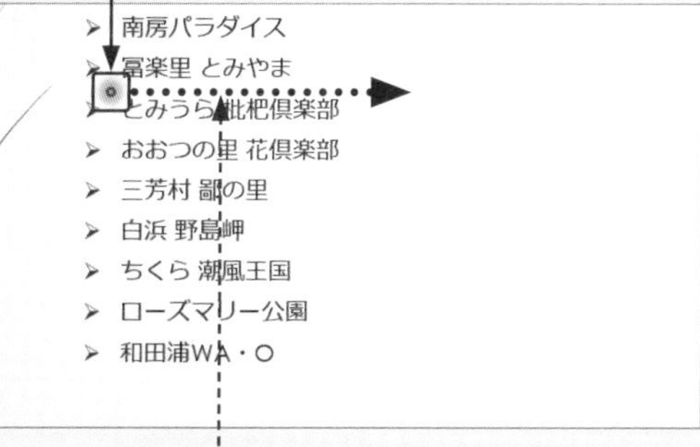

南房パラダイス
冨楽里 とみやま
とみうら枇杷倶楽部
おおつの里 花倶楽部
三芳村 鄙の里
白浜 野島岬
ちくら 潮風王国
ローズマリー公園
和田浦WA・O

ポインターを動かすと、レーザーポインターも移動します。

重要度 ★★★ ポインター・マーカー

Q 496 スライドに蛍光ペンでマークを付けたい！

A <ペン>あるいは<蛍光ペン>をクリックして書き込みます。

スライドショーの実行中に、スライドにペンや蛍光ペンを利用して書き込みを入れることができます。スライドショー中に右クリックして、<ポインターオプション>から<ペン>または<蛍光ペン>をクリックします。発表者ツールでは、■をクリックして、<ペン>または<蛍光ペン>をクリックします。マウスポインターがペンや蛍光ペンの形に変わったら、ドラッグしてスライドに書き込むことができます。Esc を押すと、通常のポインターに戻ります。

1 スライドを右クリックして、

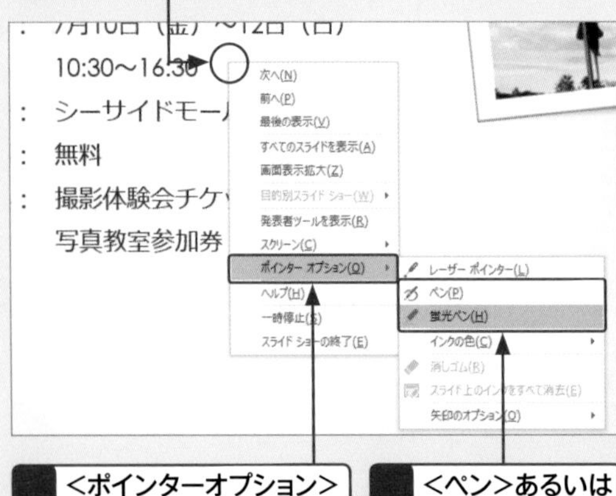

2 <ポインターオプション>にマウスポインターを合わせ、

3 <ペン>あるいは<蛍光ペン>をクリックします。

日　時：7月10日（金）～12日（日）
10:30～16:30
会　場：シーサイドモール 7階 ホール
入場料：無料
特　典：撮影体験会チケット
写真教室参加券

4 マウスポインターがペンや蛍光ペンの形に変わった状態でスライド上をドラッグすると、書き込むことができます。

重要度 ★★★ ポインター・マーカー

Q 497 レーザーポインターやマーカーの色を変更したい！

A <ポインターオプション>の<インクの色>から色を指定します。

初期設定では、レーザーポインターの色は赤、蛍光ペンの色は黄色に設定されています。これらの色を変更するには、スライドショー中に右クリックして、<ポインターオプション>から<インクの色>にマウスポインターを合わせ、一覧から色を指定します。発表者ツールでは、■をクリックして、<インクの色>から色を指定します。

1 スライドを右クリックして、

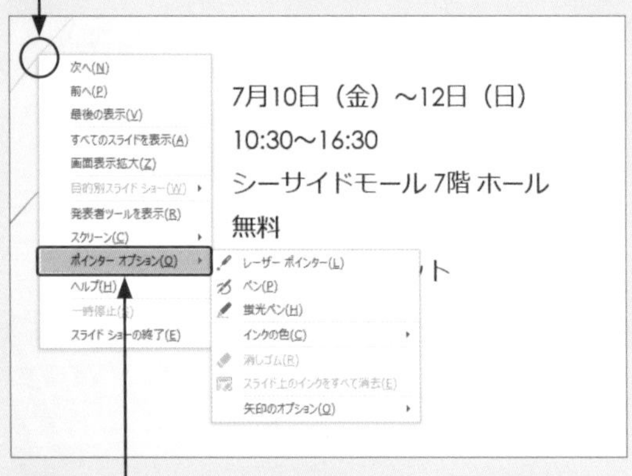

2 <ポインターオプション>にマウスポインターを合わせ、

3 <インクの色>にマウスポインターを合わせて、

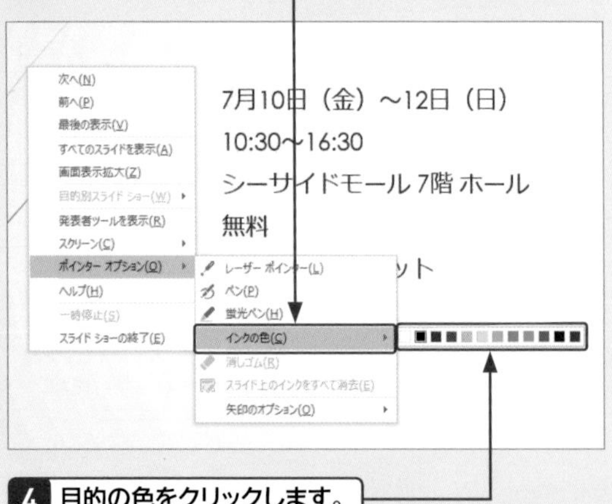

4 目的の色をクリックします。

重要度★★★ ポインター・マーカー

Q 498 スライドに書き込んだマーカーを削除したい！

A <消しゴム>または<スライド上のインクをすべて消去>を利用します。

スライドに書き込んだペンやマーカーを削除するには、任意の位置で右クリックして、<ポインターオプション>から<消しゴム>をクリックします。ペンやマーカーをクリックまたはドラッグすると削除できます。また、<スライド上のインクをすべて消去>をクリックすると、すべての書き込みを削除できます。

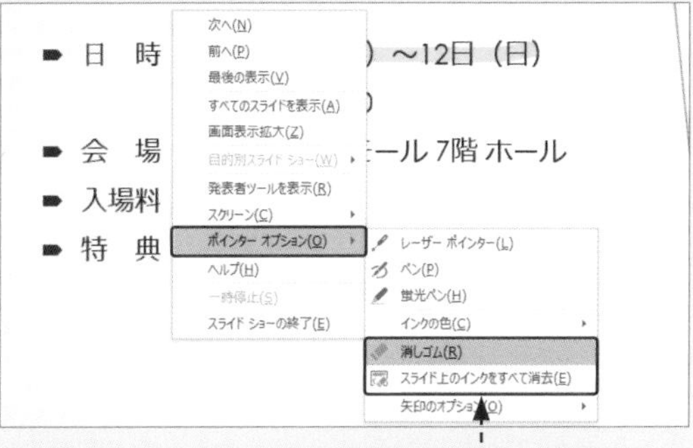

<ポインターオプション>から<消しゴム>または<スライド上のインクをすべて消去>をクリックします。

重要度★★★ ポインター・マーカー

Q 499 プレゼン時の書き込みを保存しておきたい！

A スライドショーの終了時に<保持>をクリックします。

スライドにペンやマーカーで書き込みをすると、スライドショーの終了時に、書き込みを保持するかどうかの確認のダイアログボックスが表示されます。<保持>をクリックすると、書き込みがオブジェクトとして保存されます。<破棄>をクリックすると、書き込みが破棄されます。

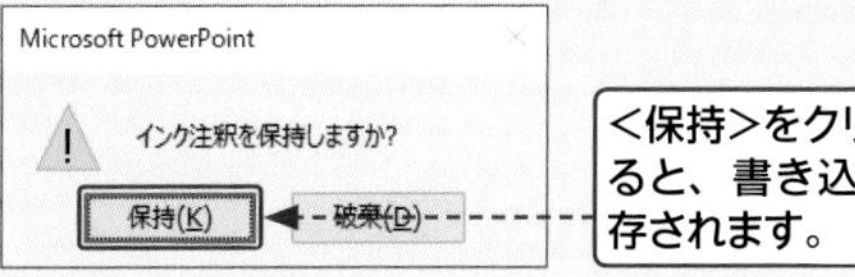

<保持>をクリックすると、書き込みが保存されます。

重要度★★★ ポインター・マーカー

Q 500 保存した書き込みを削除したい！

A 書き込みはオブジェクトに変換されるので、編集画面で削除できます。

スライドに書き込んだペンやマーカーは保持したあとでも、移動したり削除したりすることができます。編集画面を表示すると、書き込みはオブジェクトとして表示されるので、削除したい場合は、書き込みをクリックして Delete を押します。

1 削除したい書き込みをクリックして、

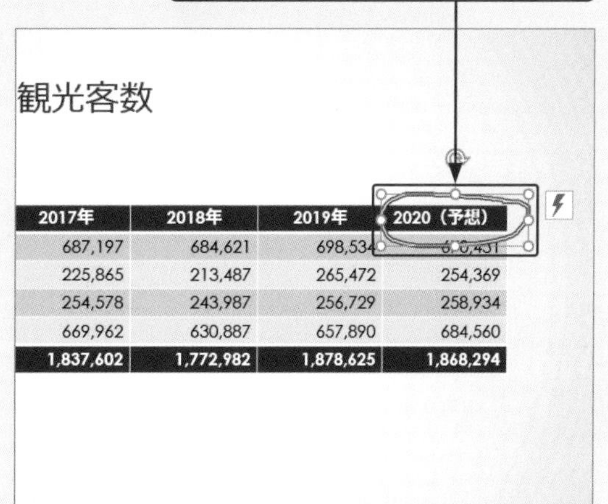

2017年	2018年	2019年	2020（予想）
687,197	684,621	698,534	670,431
225,865	213,487	265,472	254,369
254,578	243,987	256,729	258,934
669,962	630,887	657,890	684,560
1,837,602	1,772,982	1,878,625	1,868,294

2 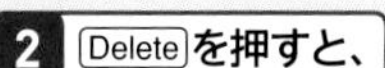 Delete を押すと、

3 書き込みが削除されます。

観光客数

2017年	2018年	2019年	2020（予想）
687,197	684,621	698,534	670,431
225,865	213,487	265,472	254,369
254,578	243,987	256,729	258,934
669,962	630,887	657,890	684,560
1,837,602	1,772,982	1,878,625	1,868,294

重要度★★★　ポインター・マーカー

Q 501 書き込みを非表示にしたい！

A <スクリーン>の<インクの表示／非表示>を利用します。

書き込みをスライドショーの実行中に非表示にしたい場合は、スライドショー中に右クリックして、<スクリーン>から<インクの表示／非表示>（PowerPoint 2013では<インクの変更履歴の表示／非表示>）をクリックします。発表者ツールでは、●をクリックして、同様に操作します。再び<インクの表示／非表示>をクリックすると、再表示されます。なお、保持した書き込みについても同様の操作で非表示にできます。

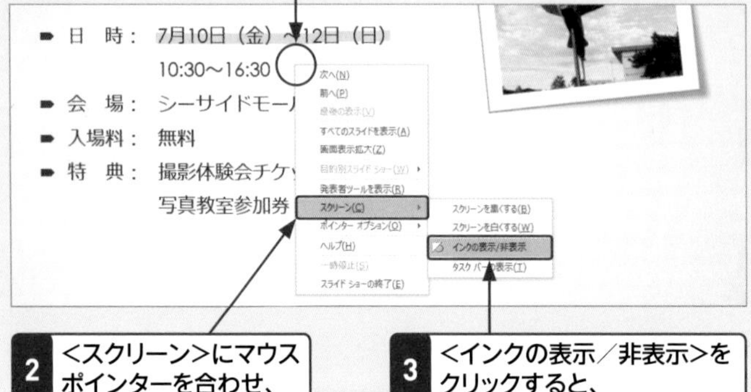
1 スライドを右クリックして、
日 時： 7月10日（金）～12日（日）
10:30～16:30
会 場： シーサイドモール 7階 ホール
入場料： 無料
特 典： 撮影体験会チケット
写真教室参加券
スクリーン(C)
インクの表示/非表示
2 <スクリーン>にマウスポインターを合わせ、
3 <インクの表示／非表示>をクリックすると、
4 書き込みが非表示になります。

重要度★★★　利用するスライドの選択

Q 502 使わないスライドを削除せず非表示にしたい！

A <スライドショー>タブの<非表示スライドに設定>をクリックします。

スライドショー実行時に、表示させたくないスライドを削除せずに非表示にすることができます。編集画面で非表示にしたいスライドを選択して、<スライドショー>タブの<非表示スライドに設定>をクリックしてオンにします。非表示にしたスライドには、サムネイルのスライド番号に斜線が引かれます。

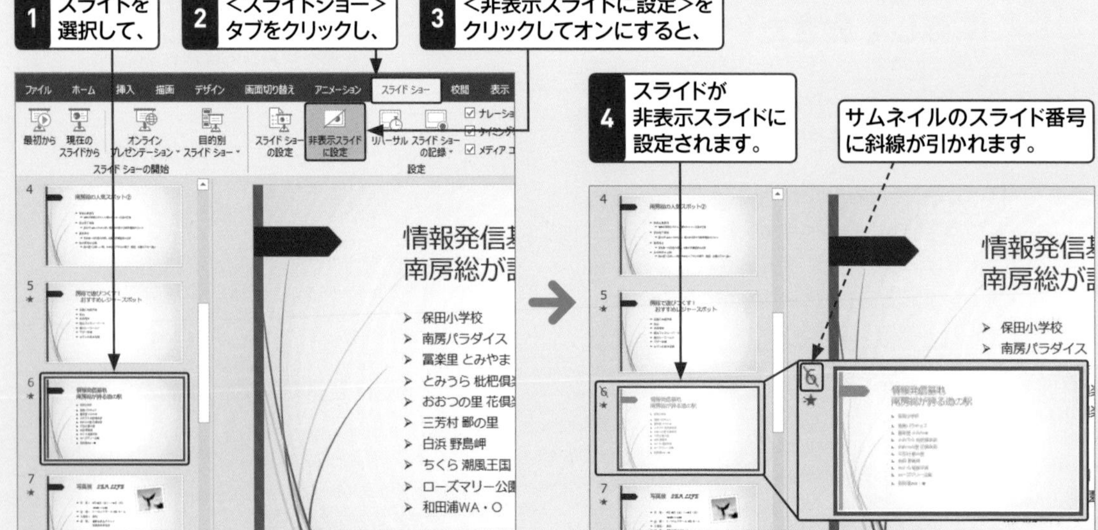
1 スライドを選択して、
2 <スライドショー>タブをクリックし、
3 <非表示スライドに設定>をクリックしてオンにすると、
ファイル ホーム 挿入 描画 デザイン 画面切り替え アニメーション スライド ショー 校閲 表示
非表示スライドに設定
4 スライドが非表示スライドに設定されます。
サムネイルのスライド番号に斜線が引かれます。
情報発信基
南房総が
保田小学校
南房パラダイス

重要度 ★★★　利用するスライドの選択

Q 503 非表示にしたスライドを再表示したい！

A <スライドショー>タブの<非表示スライドに設定>をクリックします。

非表示にしたスライドを再表示させるには、非表示にしたスライドを選択して、<スライドショー>タブをクリックし、<非表示スライドに設定>をクリックしてオフにします。

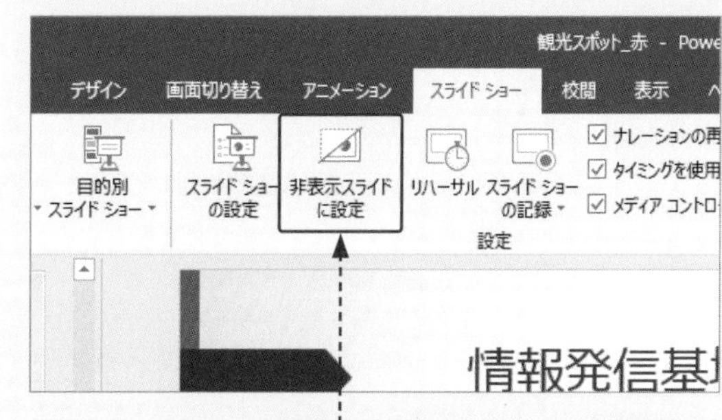

<スライドショー>タブの<非表示スライドに設定>をクリックしてオフにします。

重要度 ★★★　利用するスライドの選択

Q 504 プレゼンテーションの一部分だけ利用したい！

A <スライドショー>タブの<スライドショーの設定>から指定します。

プレゼンテーションの一部分だけを利用したスライドショーを実行することができます。<スライドショー>タブの<スライドショーの設定>をクリックすると<スライドショーの設定>ダイアログボックスが表示されるので、利用したいスライドを指定します。

1 <スライドショー>タブをクリックして、

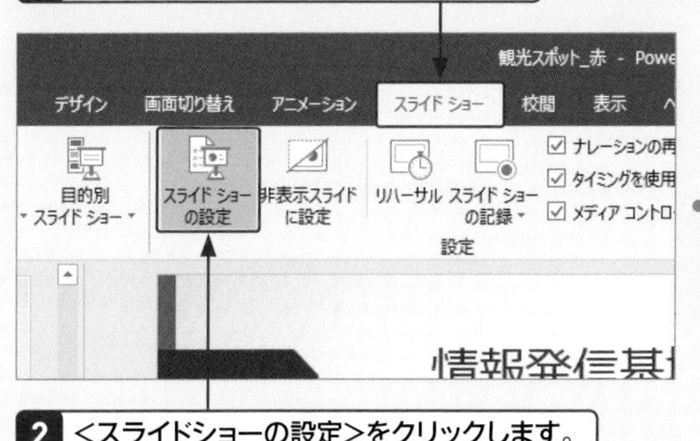

2 <スライドショーの設定>をクリックします。

3 <スライド指定>をクリックしてオンにし、利用するページ範囲を指定して、

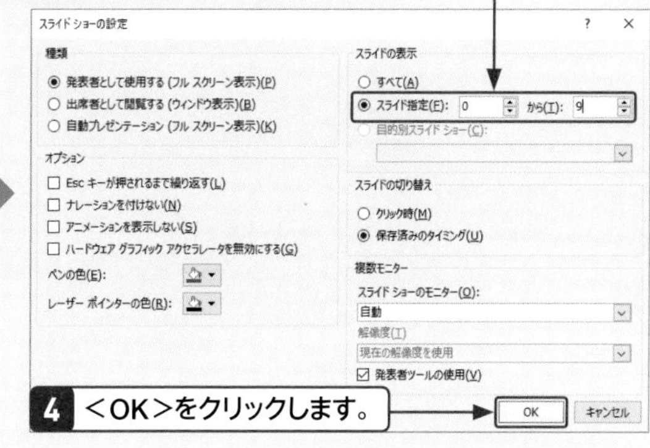

4 <OK>をクリックします。

重要度 ★★★　利用するスライドの選択

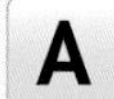

Q 505 目的別スライドショーとは？

A プレゼンテーションから目的に応じたスライドを作成する機能です。

目的別スライドショーとは、1つのプレゼンテーションから、表示するスライドを目的に応じて選択して、何通りかのプレゼンテーションを作成する機能です。もとのプレゼンテーションを編集し直す必要がないので、効率的に複数のプレゼンテーションを作成することができます。

参照▶Q 506

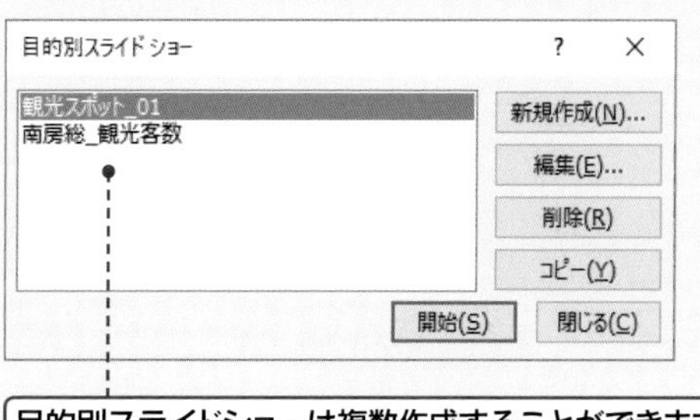

目的別スライドショーは複数作成することができます。

重要度 ★★★ 利用するスライドの選択

目的別スライドショーを作成したい!

A <スライドショー>タブの<目的別スライドショー>を利用します。

目的別スライドショーを作成するには、<スライドショー>タブの<目的別スライドショー>から<目的別スライドショー>をクリックします。<目的別スライドショー>ダイアログボックスが表示されるので、<新規作成>をクリックして、スライドを追加します。

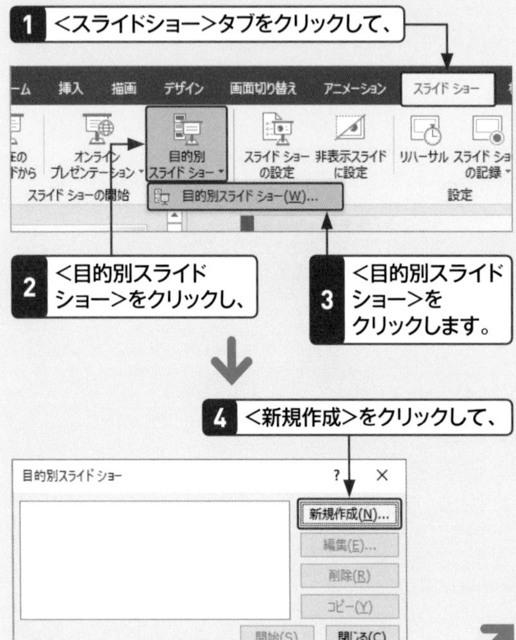

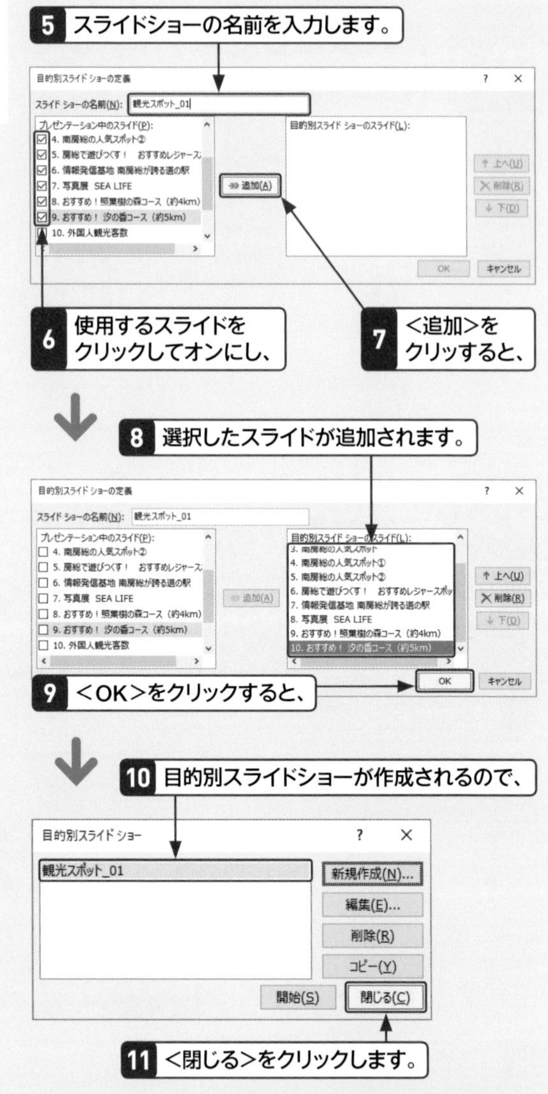

重要度 ★★★ 利用するスライドの選択

Q
507

目的別スライドショーを実行したい!

A 作成した目的別スライドショーをクリックします。

作成した目的別スライドショーを実行するには、<スライドショー>タブの<目的別スライドショー>をクリックして、実行したいスライドショーをクリックします。

参照 ▶ Q 506

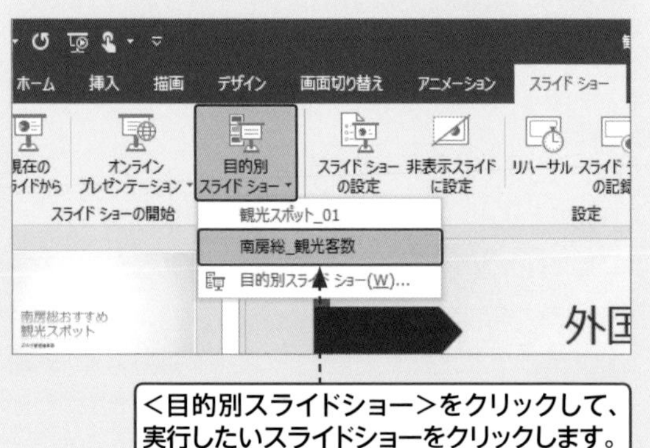

重要度 ★★★ リハーサル

Q 508 リハーサルをしたい！

A ＜スライドショー＞タブの＜リハーサル＞を利用します。

リハーサル機能を利用すると、本番と同じようにスライドショーを実行できます。＜スライドショー＞タブの＜リハーサル＞をクリックするとリハーサルが開始され、通常のスライドショーと違いスライドごとの所要時間が記録されます。また、アニメーション効果やスライド切り替えのタイミングも記録され、保存すると本番で再利用することができます。

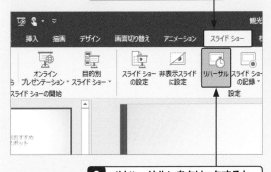

1 ＜スライドショー＞タブをクリックして、

2 ＜リハーサル＞をクリックすると、

3 スライドショーが開始され、＜記録中＞ツールバーが表示されます。

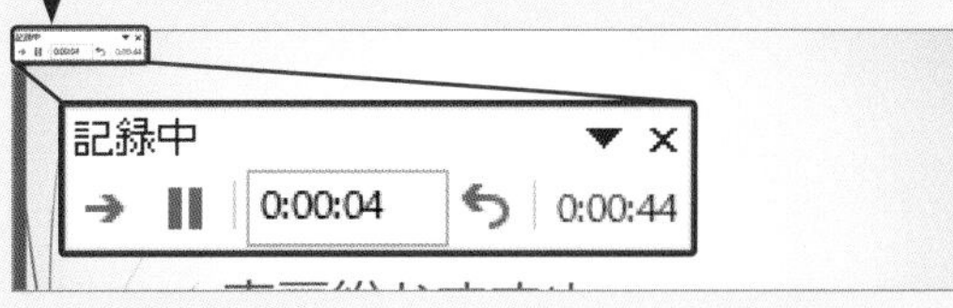

4 本番と同じように説明を行い、次のスライドを表示するタイミングでクリックします。

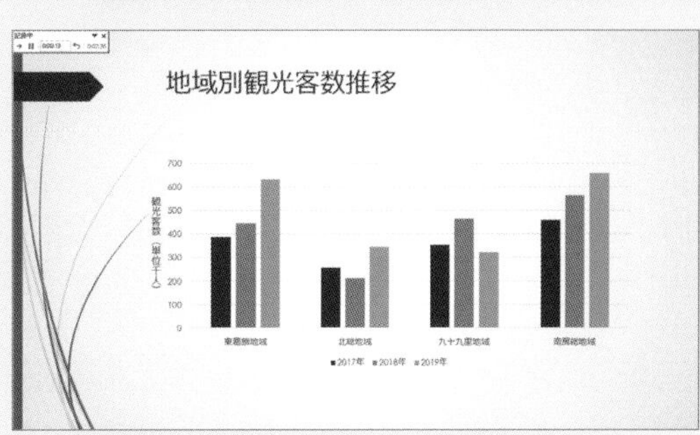

5 同様に操作して、すべてのスライドのタイミングを設定します。

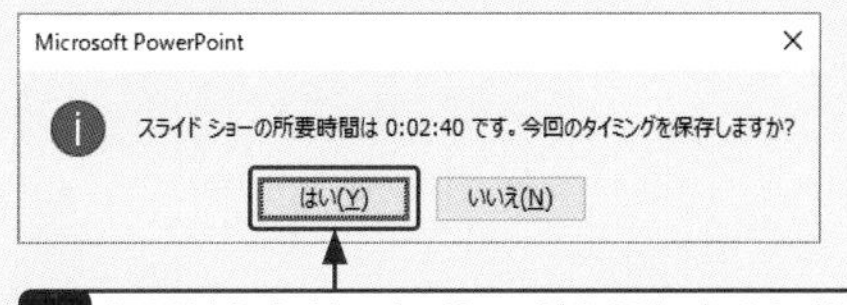

6 切り替えなどのタイミングを保存するかどうかの確認のダイアログボックスが表示されるので、＜はい＞をクリックします。

重要度 ★★★ リハーサル

Q 509 リハーサルでのスライドの動きを残しておきたい！

A リハーサルの終了時にタイミングを保存します。

リハーサル機能を利用すると、スライドの表示時間やアニメーション効果の表示時間が記録されます。リハーサルを終えてすべてのタイミングが記録されると、タイミングを保存するかどうかの確認のダイアログボックスが表示されます。設定したタイミングを残しておきたい場合は、＜はい＞をクリックします。

タイミングを保存しておくと、スライドショーを実行した際、記録したタイミングで自動的に切り替えることができます。 参照▶Q 508

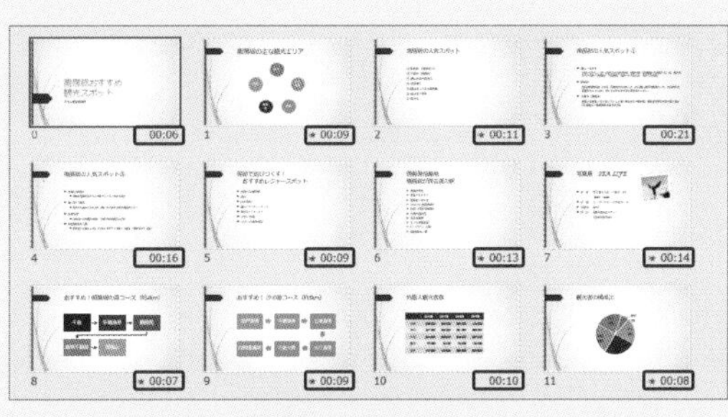

スライド一覧表示に切り替えると、各スライドの表示時間を確認できます。

重要度★★★　リハーサル

Q510 ナレーションを録音したい！

A ＜スライドショー＞タブの＜スライドショーの記録＞から録音します。

プレゼンテーションには、ナレーションを付けることができます。ナレーションに合わせて、スライドの切り替えのタイミングも保存できるので、発表者なしで実行されるスライドショーに利用することができます。ナレーションを録音するには、＜スライドショー＞タブの＜スライドショーの記録＞から開始します。

なお、PowerPoint 2016／2013の場合は、手順**2**のあとに＜スライドショーの記録＞ダイアログボックスが表示されるので、記録する項目を指定して、＜記録の開始＞をクリックします。

ナレーションを録音するには、パソコンにマイクが内蔵されているか、接続されている必要があります。

1 ＜スライドショー＞タブの＜スライドショーの記録＞のここをクリックして、

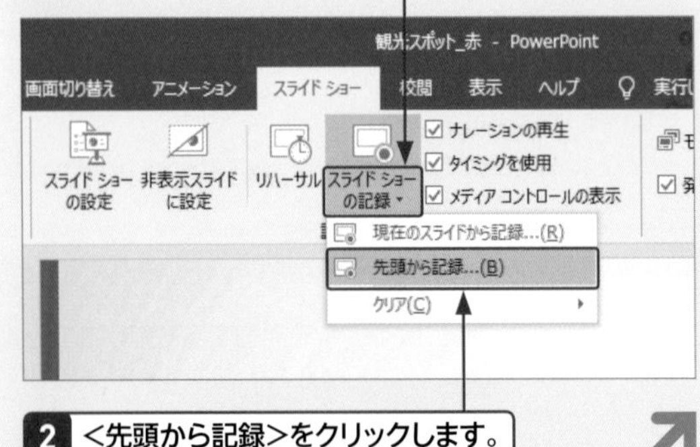

2 ＜先頭から記録＞をクリックします。

3 記録用の画面が表示されるので、画面の左上に表示されている＜記録＞をクリックすると、

4 録音が開始されます。

5 ここをクリックして、スライドを移動しながらナレーションを録音し、スライドショーの最後でクリックします。

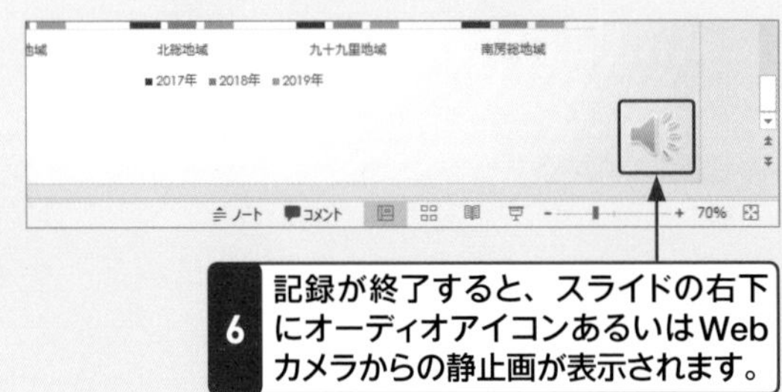

6 記録が終了すると、スライドの右下にオーディオアイコンあるいはWebカメラからの静止画が表示されます。

重要度★★★　リハーサル

Q511 録音を一時停止したりやり直したりしたい！

A 記録用画面のコマンドを利用します。

ナレーションの録音を開始すると、記録用の画面が表示され、タイミングが記録されます。記録を一時停止したいときは、画面左上の＜一時停止＞をクリックします。再開するには、＜記録＞をクリックします。

録音をやり直したいときは、＜停止＞をクリックすると、設定時間がリセットされます。 参照▶Q 510

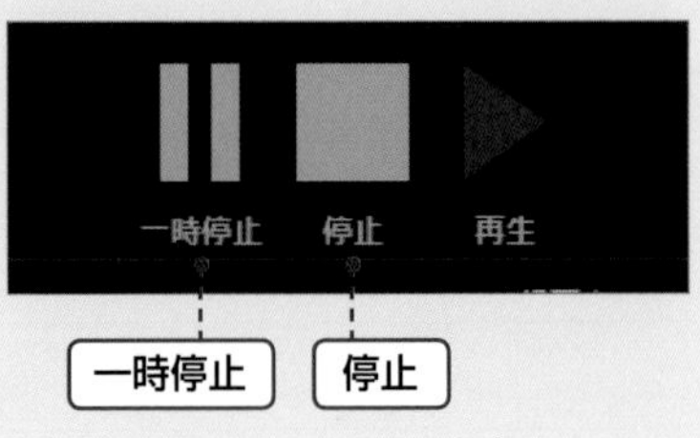

重要度 ★★★ リハーサル

Q 512 記録したタイミングを利用したい！

A ＜スライドショー＞タブの＜タイミングを使用＞をオンにします。

記録したスライドの切り替えのタイミングを利用するには、＜スライドショー＞タブの＜タイミングを使用＞をクリックしてオンにします。＜スライドショー＞タブの＜最初から＞をクリックすると、スライドショーが記録したタイミングで自動的に実行されます。

なお、実際にスライドショーを実行してタイミングが合わない場合は変更することができます。＜画面切り替え＞タブをクリックして、タイミングを変更するスライドをクリックし、＜自動的に切り替え＞で表示時間を変更します。

参照▶Q 508

1 ＜スライドショー＞タブをクリックし、

2 ＜タイミングを使用＞をクリックしてオンにし、

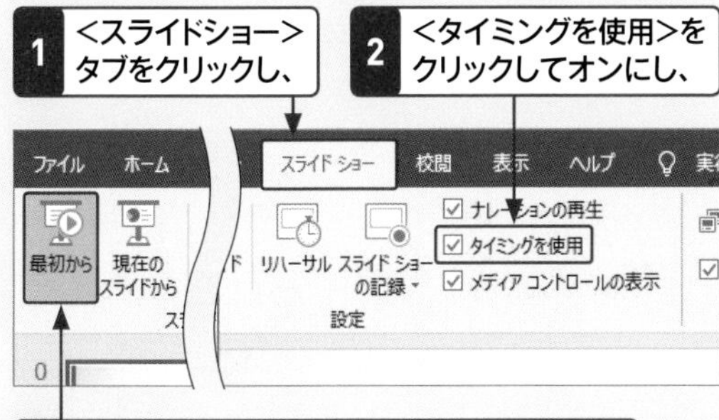

3 ＜最初から＞をクリックしてスライドショーを開始します。

● タイミングを変更する

1 ＜画面切り替え＞タブをクリックして、

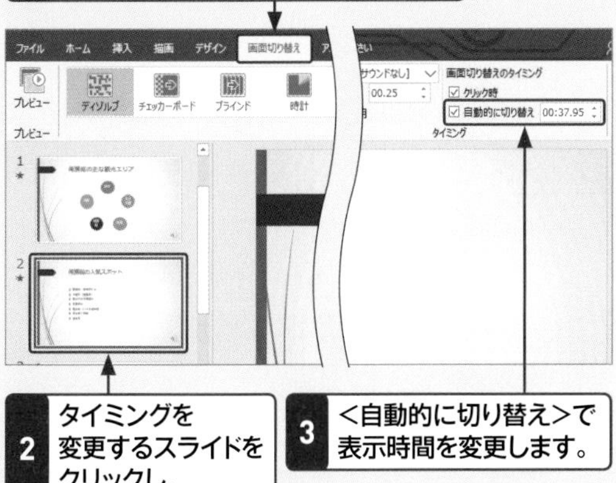

2 タイミングを変更するスライドをクリックし、

3 ＜自動的に切り替え＞で表示時間を変更します。

重要度 ★★★ リハーサル

Q 513 録音したナレーションを再生したい！

A ＜スライドショー＞タブの＜ナレーションの再生＞をオンにします。

録音したナレーションを再生するには、＜スライドショー＞タブの＜ナレーションの再生＞をクリックしてオンにします。＜スライドショー＞タブの＜最初から＞をクリックすると、ナレーション付きのプレゼンテーションが開始されます。

参照▶Q 510

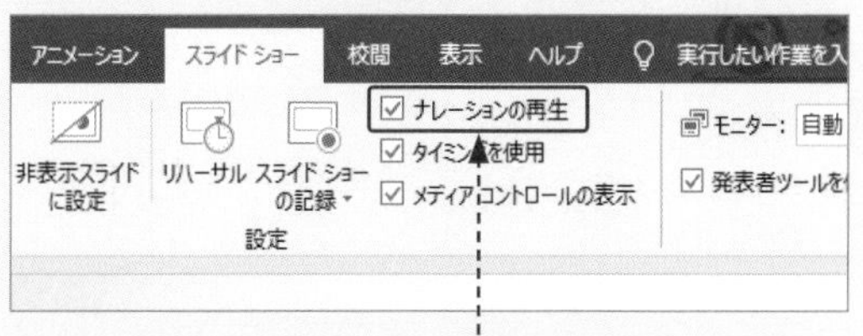

＜スライドショー＞タブの＜ナレーションの再生＞をオンにして、スライドショーを開始します。

重要度 ★★★ リハーサル

Q 514 記録したタイミングやナレーションを削除したい！

A ＜スライドショーの記録＞の＜クリア＞から削除します。

記録したスライドの切り替えのタイミングやナレーションを削除するには、＜スライドショー＞タブの＜スライドショーの記録＞の下の部分をクリックして、＜クリア＞から削除したいタイミングやナレーションを指定します。

1 ＜スライドショーの記録＞のここをクリックして、

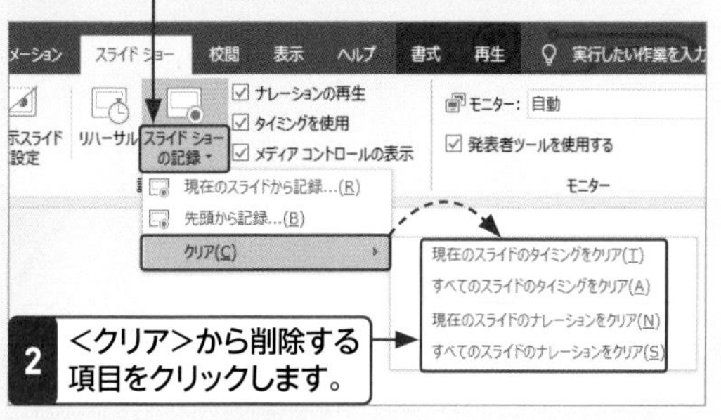

2 ＜クリア＞から削除する項目をクリックします。

重要度 ★★★　特殊なスライドショー

Q 515 PowerPointを使わずにスライドを見せたい！

A ビデオを作成したり、PowerPoint Onlineを利用したりします。

作成したプレゼンテーションをPowerPointがインストールされていないパソコンで閲覧したり、スライドショーを再生したりするには、プレゼンテーションをビデオファイルで保存する方法と、PowerPoint Onlineを利用する方法があります。
保存したビデオファイルは、動画再生ソフトで再生できます。PowerPoint Onlineは、インターネット上で利用できるオンラインアプリケーションで、Microsoftアカウントがあれば無料で利用できます。

参照▶Q 516, Q 517

重要度 ★★★　特殊なスライドショー

Q 516 スライドショーをムービーで保存したい！

A プレゼンテーションをビデオとして保存します。

プレゼンテーションをビデオとして保存すると、PowerPointがインストールされていないパソコンでもスライドショーを再生することができます。ファイル形式は、「MPEG-ビデオ」または「Windows Mediaビデオ」が選択できます。
プレゼンテーションをビデオとして保存するには、<ファイル>タブから<エクスポート>をクリックし、<ビデオの作成>をクリックして保存します。

1 <ファイル>タブから<エクスポート>をクリックして、

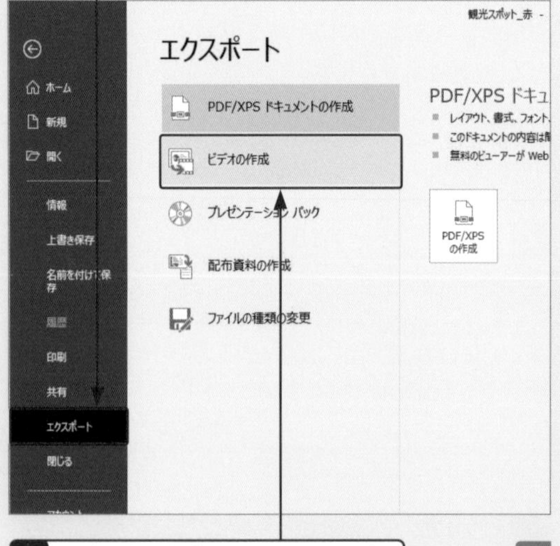

2 <ビデオの作成>をクリックします。

3 ここをクリックして、

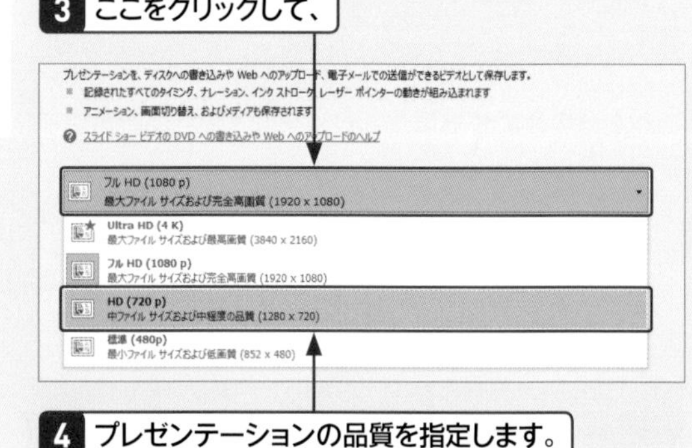

4 プレゼンテーションの品質を指定します。

5 記録されたタイミングとナレーションを使用するかどうかを指定して、

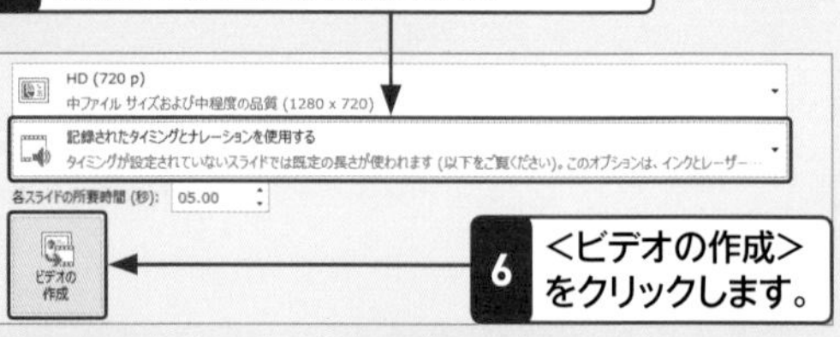

6 <ビデオの作成>をクリックします。

7 保存場所を指定して、

8 ファイル名を入力します。

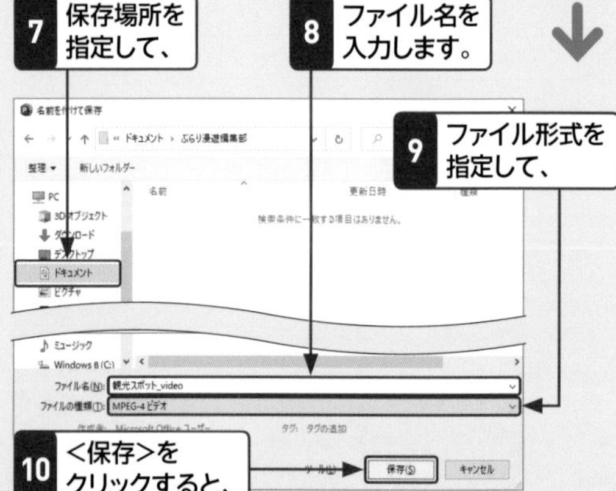

9 ファイル形式を指定して、

10 <保存>をクリックすると、

11 プレゼンテーションがビデオとして保存されます。

Q 517 スライドショーをPowerPoint Onlineで再生したい！

A OneDriveにPowerPointファイルを保存しておきます。

PowerPoint Onlineは、インターネット上で利用できる無料のオンラインアプリケーションで、インターネットに接続できる環境があれば、どこからでもスライドを表示できます。PowerPoint Onlineを利用するには、Microsoftアカウントが必要です。

PowerPoint Onlineでスライドショーを再生するには、マイクロソフトが提供するオンラインサービスであるOneDriveにPowerPointファイルを保存しておく必要があります。OneDriveにファイルを保存するには、<ファイル>タブから<名前を付けて保存>をクリックし、<OneDrive-個人用>から保存します。

1 Webブラウザーを起動して、OneDriveのWebページ（https://onedrive.live.com）を表示します。

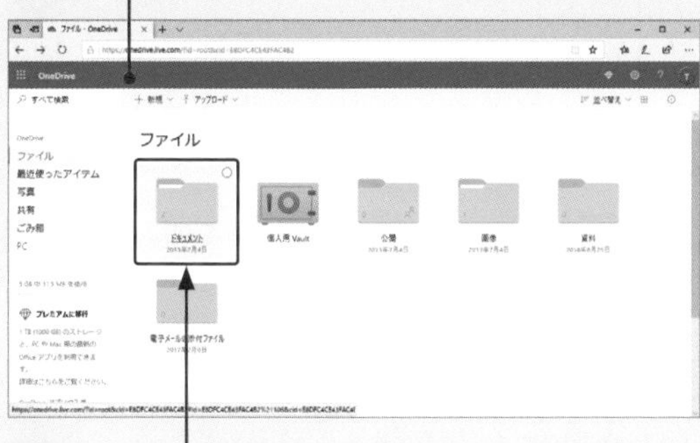

2 ファイルの保存場所（ここでは<ドキュメント>）をクリックして、

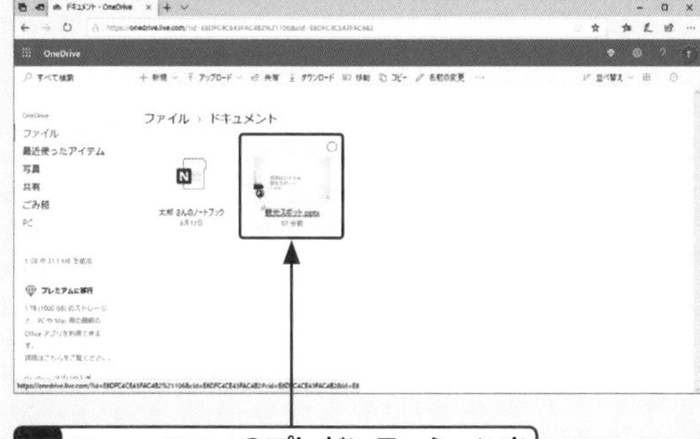

3 PowerPointのプレゼンテーションをクリックすると、

4 PowerPoint Onlineが起動して、プレゼンテーションが表示されます。

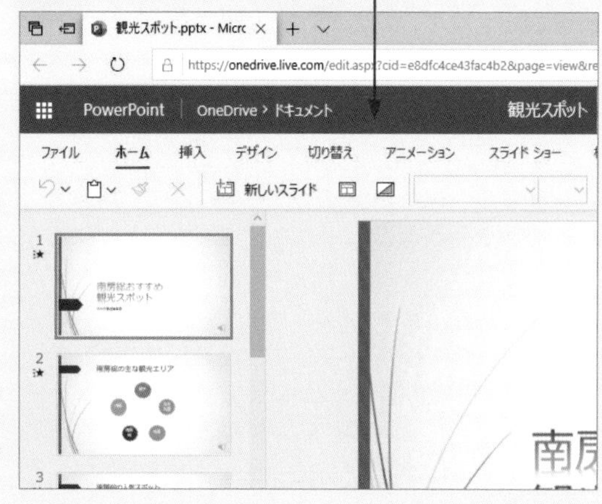

5 <スライドショー>をクリックして、

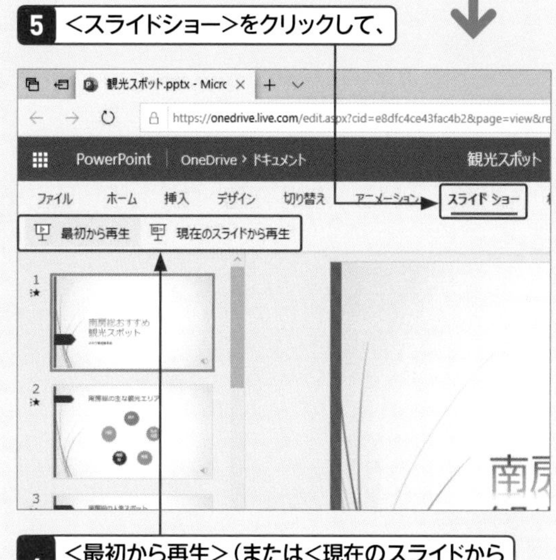

6 <最初から再生>（または<現在のスライドから再生>）をクリックすると、

7 スライドショーが開始されます。

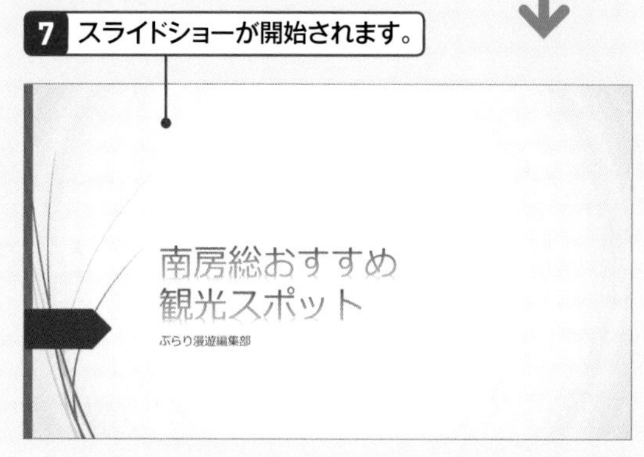

重要度 ★★★　特殊なスライドショー

Q 518 スライドショーをCD-RやUSBに保存したい！

A プレゼンテーションパックを利用します。

プレゼンテーションをCD-RやUSBに保存するには、プレゼンテーションパックを利用します。プレゼンテーションパックとは、PowerPointで作成したプレゼンテーションファイルと、リンクしたファイルをまとめたもののことです。プレゼンテーションパックをCD-RやUSBに保存すると、外出先で別のパソコンを使ってスライドショー実行したり、ほかの人が任意のパソコンでプレゼンテーションを再生したりすることができます。

プレゼンテーションパックを作成するには、<ファイル>タブから<エクスポート>をクリックして、<プレゼンテーションパック>から<プレゼンテーションパック>をクリックして作成します。

ここでは、CD-Rにプレゼンテーションを保存します。USBに保存する場合は、手順 7 で<フォルダーにコピー>をクリックして、USBをセットしたドライブを指定します。

1 <ファイル>タブをクリックして、

2 <エクスポート>をクリックし、

エクスポート
ホーム
新規
開く
情報
上書き保存
名前を付けて保存
履歴
印刷
共有
エクスポート
閉じる
PDF/XPS ドキュメントの作成
ビデオの作成
プレゼンテーション パック
配布資料の作成
ファイルの種類の変更
プレゼンテーション
プレゼンテーション パック

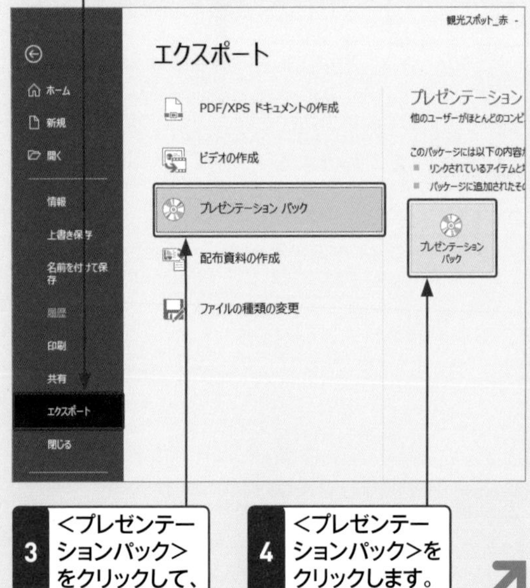

3 <プレゼンテーションパック>をクリックして、

4 <プレゼンテーションパック>をクリックします。

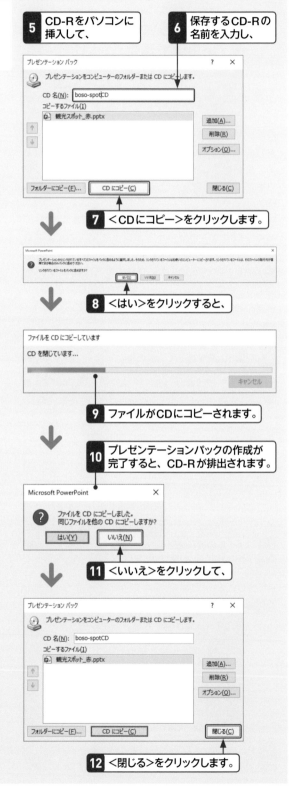

5 CD-Rをパソコンに挿入して、

6 保存するCD-Rの名前を入力し、

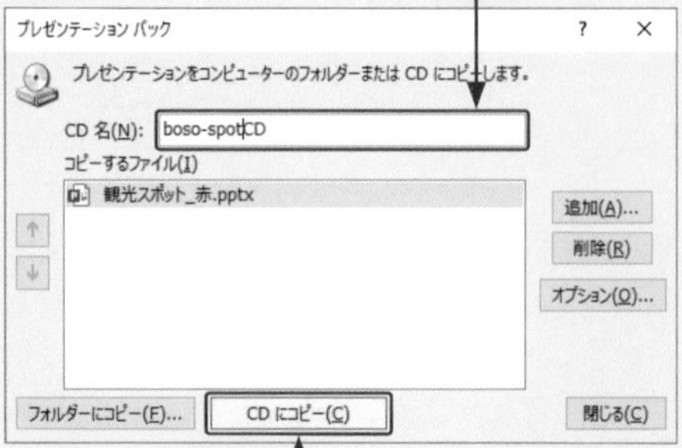

プレゼンテーション パック
プレゼンテーションをコンピューターのフォルダーまたは CD にコピーします。
CD 名(N): boso-spotCD
コピーするファイル(I)
観光スポット_赤.pptx
追加(A)...
削除(R)
オプション(O)...
フォルダーにコピー(F)...
CD にコピー(C)
閉じる(C)

7 <CDにコピー>をクリックします。

はい(Y)
いいえ(N)
キャンセル

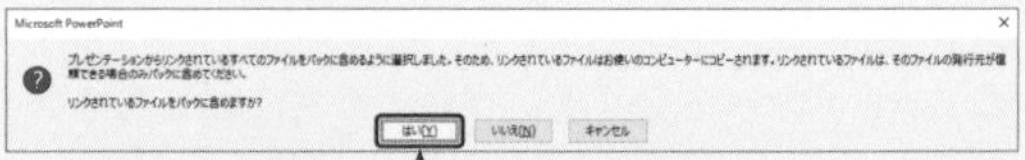

8 <はい>をクリックすると、

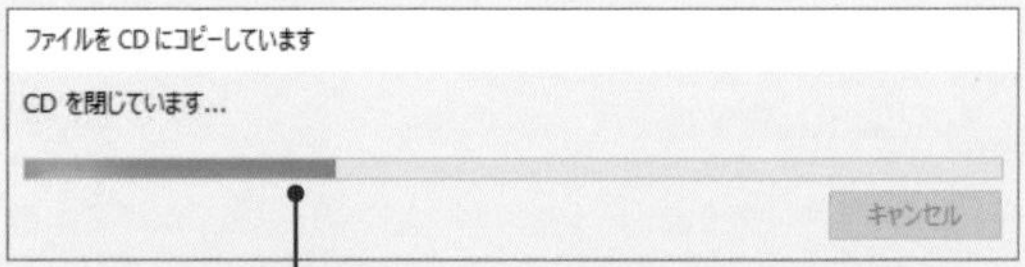

ファイルを CD にコピーしています
CD を閉じています...
キャンセル

9 ファイルがCDにコピーされます。

10 プレゼンテーションパックの作成が完了すると、CD-Rが排出されます。

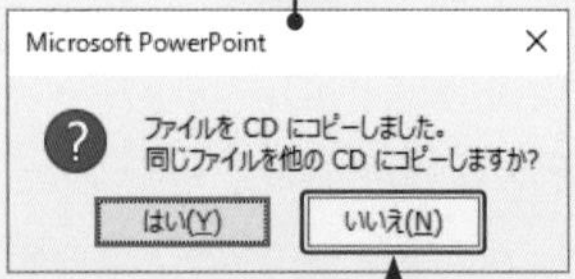

Microsoft PowerPoint
ファイルを CD にコピーしました。
同じファイルを他の CD にコピーしますか?
はい(Y)
いいえ(N)

11 <いいえ>をクリックして、

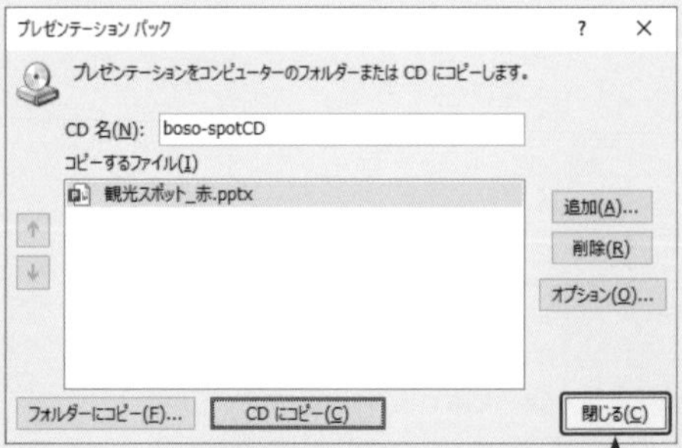

プレゼンテーション パック
プレゼンテーションをコンピューターのフォルダーまたは CD にコピーします。
CD 名(N): boso-spotCD
コピーするファイル(I)
観光スポット_赤.pptx
追加(A)...
削除(R)
オプション(O)...
フォルダーにコピー(F)...
CD にコピー(C)
閉じる(C)

12 <閉じる>をクリックします。

重要度★★★ 特殊なスライドショー

Q 519 プレゼンテーションパックを再生したい!

A CD-RやUSBを挿入して、プレゼンテーションパックを開きます。

プレゼンテーションパックを再生するには、CD-RあるいはUSBをパソコンに挿入して、保存したプレゼンテーションパックをダブルクリックします。パソコンにPowerPointがインストールされているときはPowerPointが起動して、保存されたプレゼンテーションが表示されます。
パソコンにPowerPointがインストールされていない場合は、PowerPoint Onlineを利用してスライドショーを実行することができます。 参照▶Q 517

1 パソコンにCD-Rを挿入して、表示されたメッセージをクリックし、

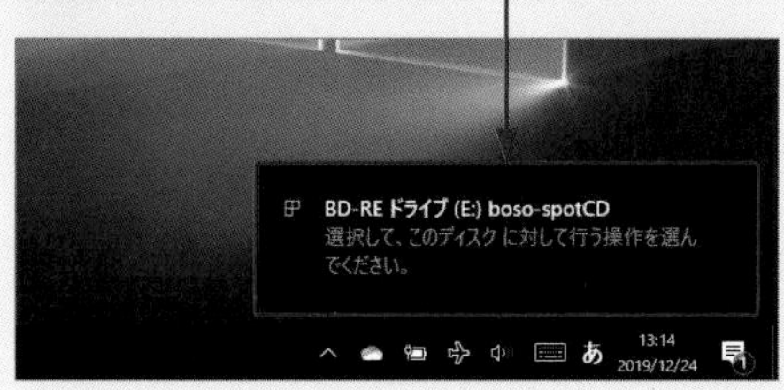

2 <フォルダーを開いてファイルを表示>をクリックします。

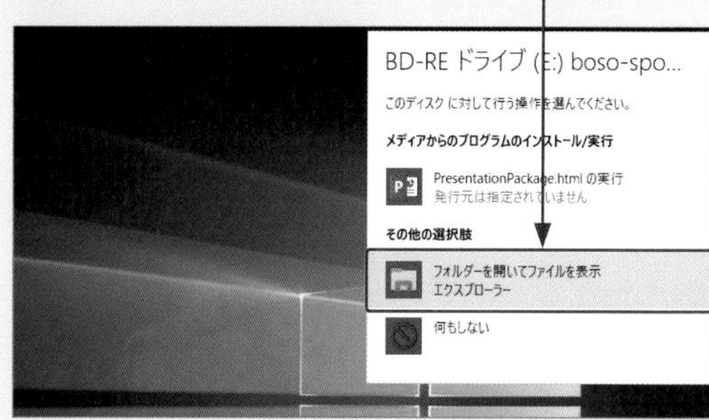

3 保存したプレゼンテーションパックをダブルクリックすると、

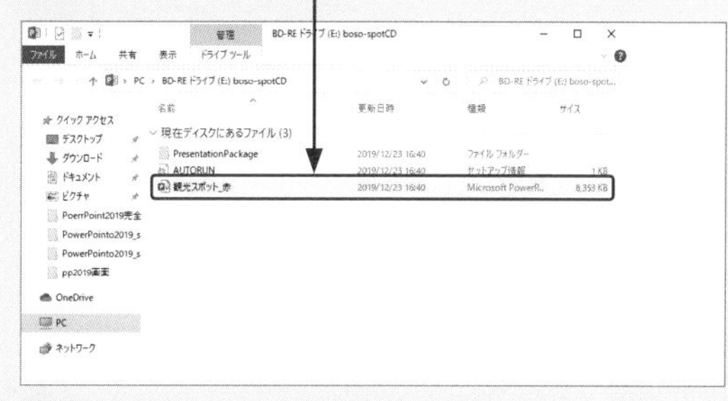

4 PowerPointが起動して、プレゼンテーションが表示されます。

重要度★★★ 特殊なスライドショー

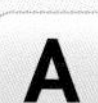

Q 520 オンラインプレゼンテーションとは？

A インターネットを経由してスライドショーを実行できる機能です。

オンラインプレゼンテーションは、Office Presentation Serviceを使ってプレゼンテーションにアクセスしたり、ダウンロードしたりできる無料の公開サービスです。オンラインプレゼンテーンを利用するには、Microsoftアカウントが必要です。
Office Presentation Serviceを使って、PowerPointからプレゼンテーションを実行すると、ほかのユーザーがWebブラウザーを利用してスライドショーを閲覧することができます。閲覧するユーザーは、PowerPointをインストールする必要はありません。
なお、オンラインプレゼンテーションでは、PowerPointの以下の機能が利用できません。

- サウンドやナレーションは再生されません。
- 動画を再生しても、Webブラウザー上では表示されません。
- プレゼンテーションの実行中、ペンを利用した書き込みができません。

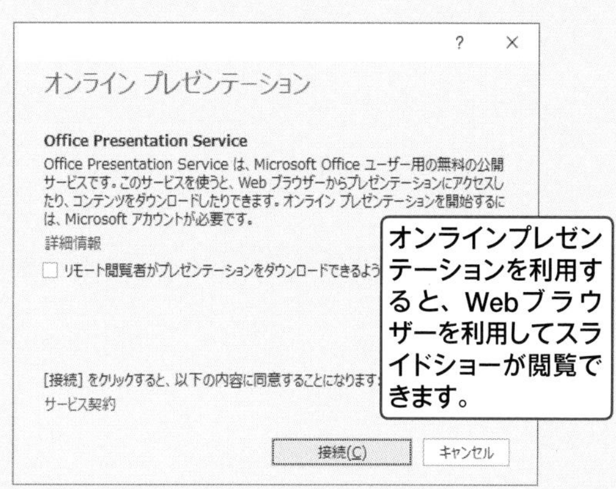

重要度 ★★★　特殊なスライドショー

Q 521 オンラインプレゼンテーションを利用したい!

A <スライドショー>タブの<オンラインプレゼンテーション>を利用します。

オンラインプレゼンテーションを利用するには、<スライドショー>タブの<オンラインプレゼンテーション>をクリックして、<接続>をクリックし、リンク(URL)を閲覧者と共有して、プレゼンテーションを開始します。URLが送られてきた閲覧者は、リンクをクリックしてスライドショーを表示します。

なお、手順3の画面で<リモート閲覧者がプレゼンテーションをダウンロードできるようにする>をクリックしてオンにすると、閲覧者がプレゼンテーションをダウンロードできるようになります。

● プレゼンテーションをアップロードする

1 <スライドショー>タブをクリックして、

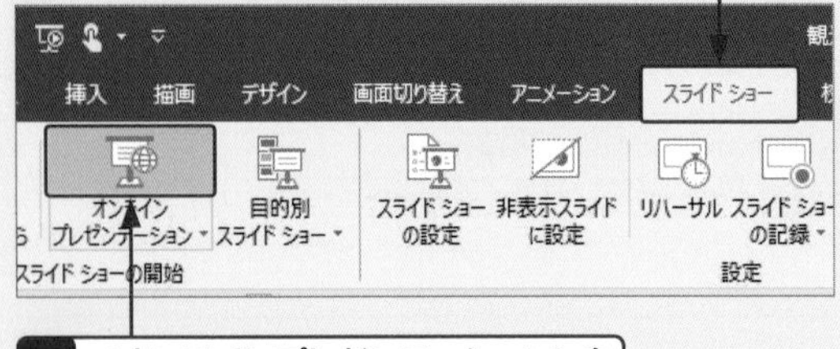

2 <オンラインプレゼンテーション>をクリックします。

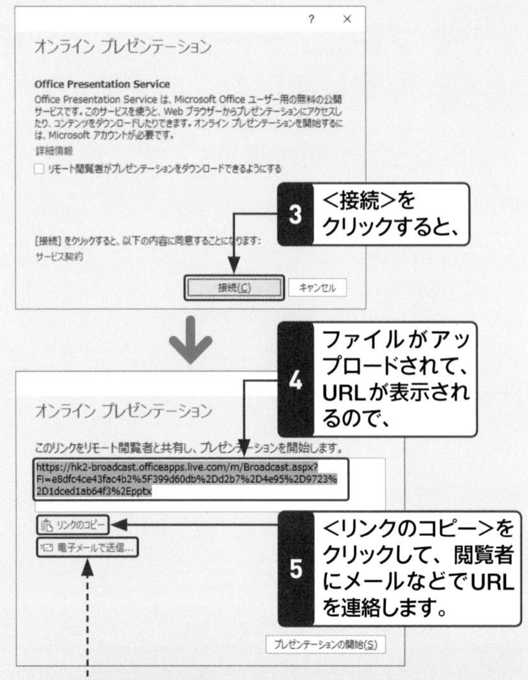

3 <接続>をクリックすると、

4 ファイルがアップロードされて、URLが表示されるので、

5 <リンクのコピー>をクリックして、閲覧者にメールなどでURLを連絡します。

<電子メールで送信>をクリックすると、URLが記載されたOutlookの新規メッセージが作成されます。

● プレゼンテーションを実行する

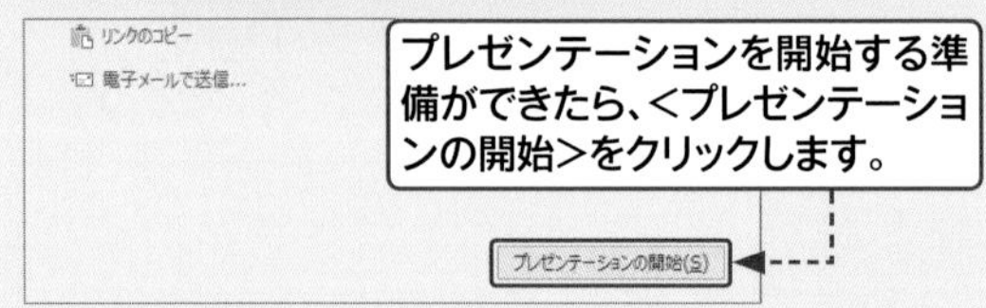

プレゼンテーションを開始する準備ができたら、<プレゼンテーションの開始>をクリックします。

重要度 ★★★　特殊なスライドショー

Q 522 オンラインプレゼンテーションを終了したい!

A <オンラインプレゼンテーションの終了>をクリックします。

オンラインプレゼンテーションを終了するには、Esc を押してスライドショーを終了し、PowerPointの編集画面の<オンラインプレゼンテーションの終了>をクリックします。オンラインプレゼンテーションを終了すると、閲覧者との接続が切断され、閲覧画面には終了の表示が出ます。

1 <オンラインプレゼンテーションの終了>をクリックして、

2 <オンラインプレゼンテーションの終了>をクリックします。

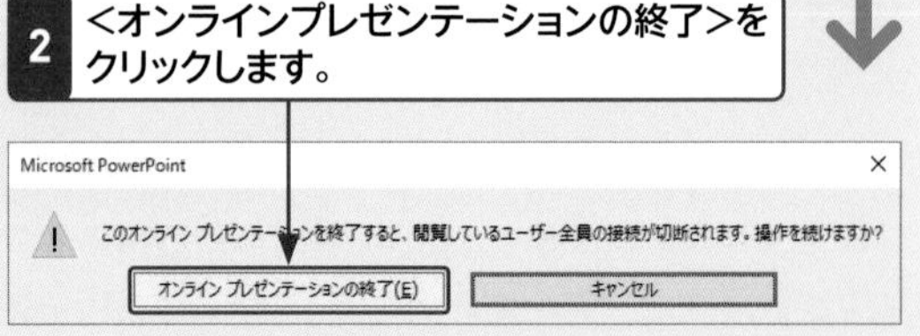

第14章

印刷の快適技!

523 >>> 527　印刷の基本
528 >>> 533　フッターの印刷
534 >>> 538　ノートとアウトラインの印刷
539 >>> 541　さまざまな配布資料

Q 523 スライドを印刷したい！

A <ファイル>タブから<印刷>をクリックして必要な設定を行います。

プレゼンテーションを行う際に、スライドの内容を印刷したものを配布しておくと参加者が理解しやすくなります。PowerPointでは、1枚の用紙に1枚のスライドを印刷するだけでなく、複数のスライドを配置したり、メモとなるノートを付けたりと、さまざまなレイアウトで印刷することができます。
印刷をするには、<ファイル>タブから<印刷>をクリックし、表示される<印刷>画面で必要な設定を行い実行します。<印刷>画面の右側にはプレビューが表示されるので、印刷結果を確認しながら設定を行うことができます。

1 <ファイル>タブをクリックして、

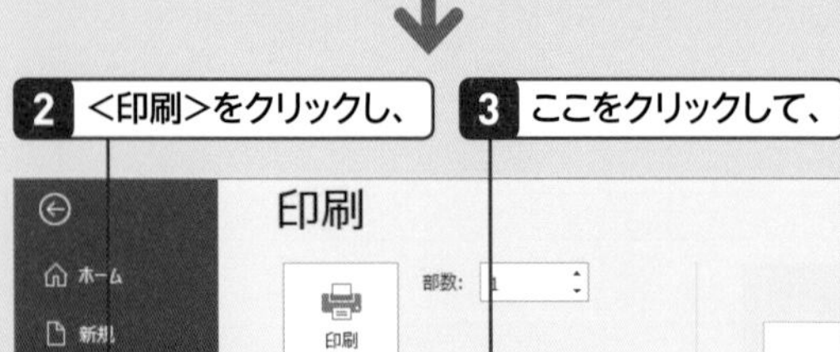

2 <印刷>をクリックし、

3 ここをクリックして、

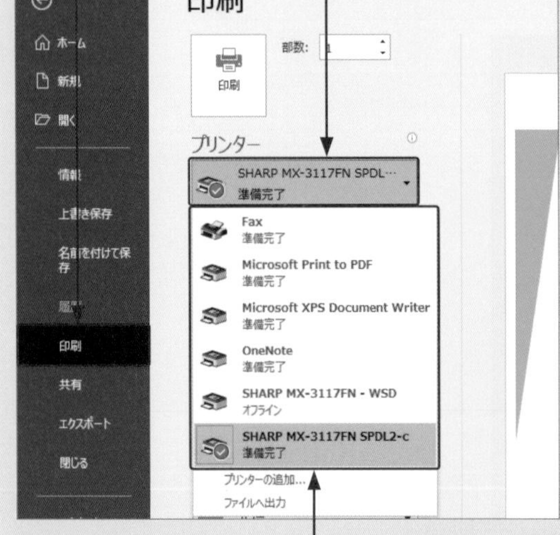

4 使用するプリンターを指定します。

5 ここをクリックして、

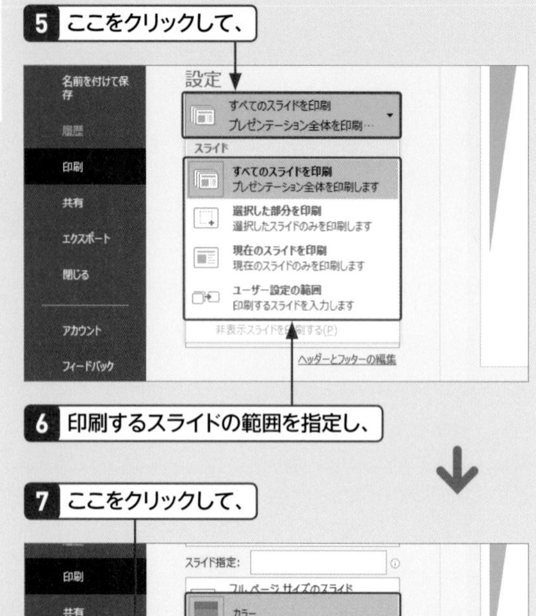

6 印刷するスライドの範囲を指定し、

7 ここをクリックして、

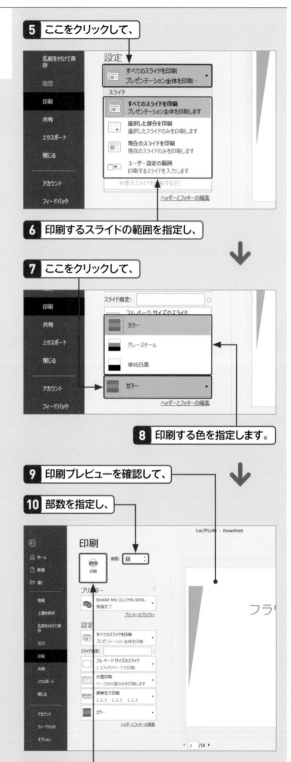

8 印刷する色を指定します。

9 印刷プレビューを確認して、

10 部数を指定し、

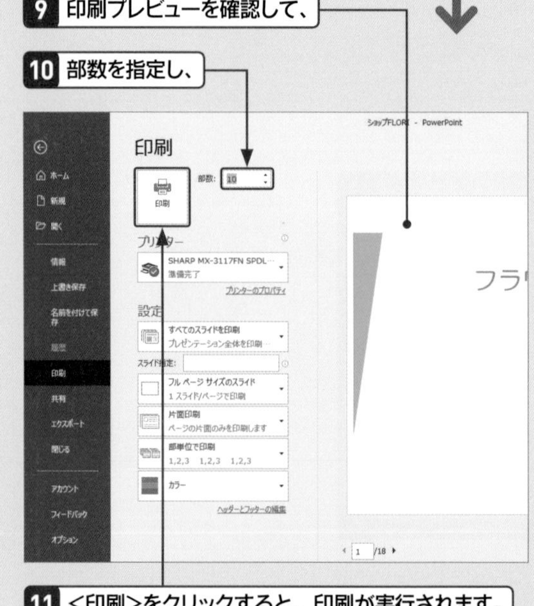

11 <印刷>をクリックすると、印刷が実行されます。

重要度★★★　印刷の基本

Q 524 1枚の用紙に複数のスライドを印刷したい！

A <印刷>画面で用紙1枚に印刷するスライドの数を指定します。

PowerPointの印刷の初期設定では、1枚の用紙に1枚のスライドを印刷するようになっています。スライドの枚数が多い場合は、1枚の用紙に複数のスライドを配置して印刷すると、流れが理解しやすくなります。<ファイル>タブから<印刷>をクリックして、<フルページサイズのスライド>をクリックし、<配布資料>からスライドの枚数と方向を指定します。

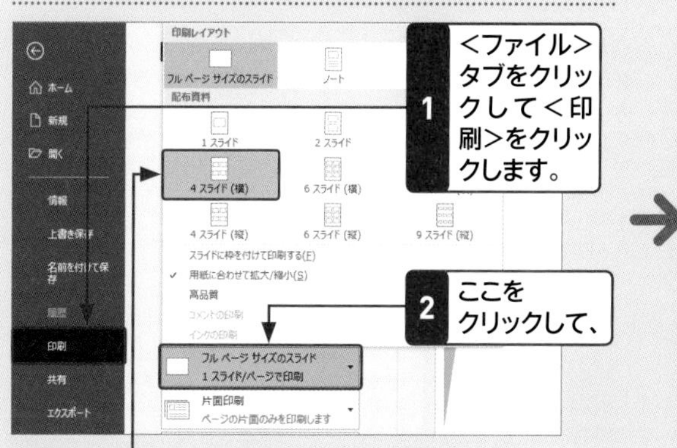

3 1枚の用紙に印刷したいスライドの枚数（ここでは<4スライド（横）>）をクリックします。

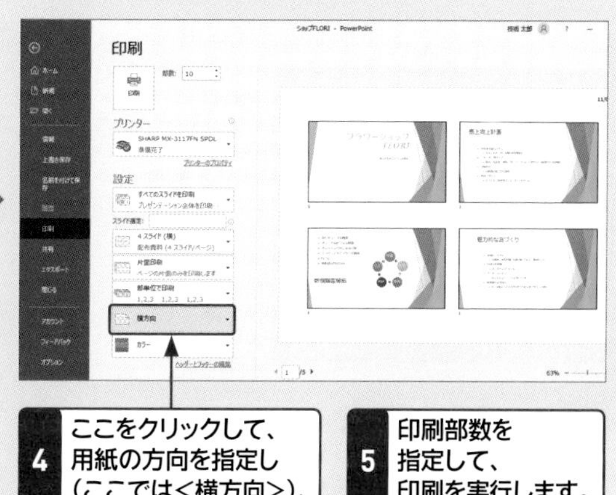

4 ここをクリックして、用紙の方向を指定し（ここでは<横方向>）、
5 印刷部数を指定して、印刷を実行します。

重要度★★★　印刷の基本

Q 525 メモ欄付きでスライドを印刷したい！

A <印刷>画面で<配布資料>の<3スライド>を選択します。

<印刷>画面の<配布資料>で<3スライド>を選択すると、1枚の用紙に3枚のスライドが配置され、スライドの横や下にメモ用の罫線が表示された状態で印刷されます。<ファイル>タブから<印刷>をクリックして、<フルページサイズのスライド>をクリックし、<配布資料>の<3スライド>をクリックします。

参照▶Q 524

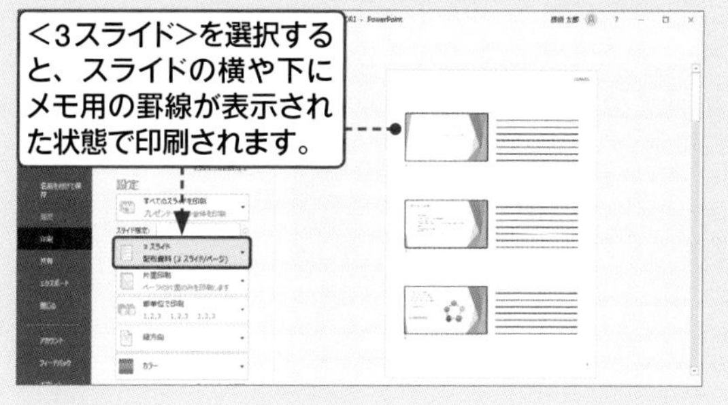

重要度★★★　印刷の基本

Q 526 スライドに枠線を付けて印刷したい！

A <印刷>画面で<スライドに枠を付けて印刷する>をオンにします。

スライドの周囲に枠線を付けて印刷するには、<ファイル>タブから<印刷>をクリックして、<フルページサイズのスライド>をクリックし、<スライドに枠を付けて印刷する>をクリックしてオンにします。

参照▶Q 524

<スライドに枠を付けて印刷する>をオンにすると、スライドに枠線が付いた状態で印刷されます。

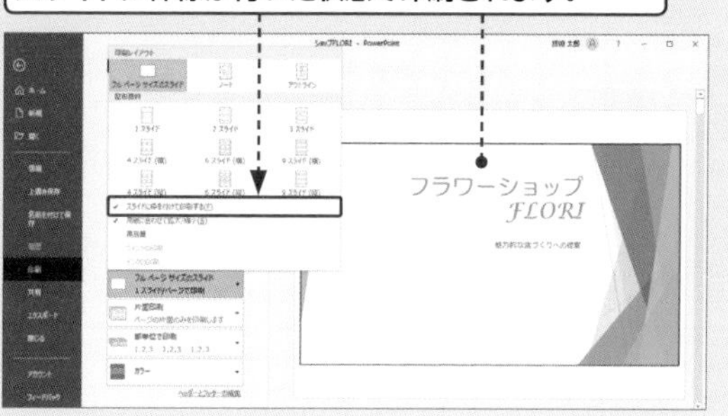

重要度 ★★★　印刷の基本

Q 527 印刷用紙の大きさを変更したい！

A ＜プリンターのプロパティ＞ダイアログボックスで設定します。

印刷用紙の大きさを変えるには、プリンターのプロパティで設定を変更します。＜ファイル＞タブから＜印刷＞をクリックし、＜プリンターのプロパティ＞をクリックすると、＜(プリンター名)のプロパティ＞ダイアログボックスが表示されるので、用紙サイズを設定します。なお、表示されるダイアログボックスや設定方法は、使用するプリンターの機種によって異なります。

1 ＜ファイル＞タブをクリックして、＜印刷＞をクリックし、

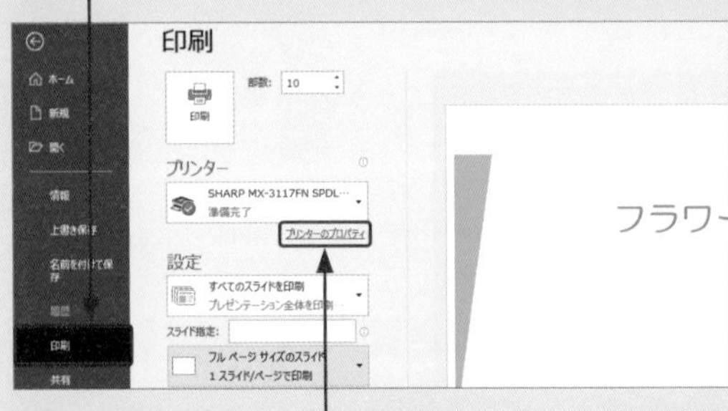

2 ＜プリンターのプロパティ＞をクリックします。

3 ＜用紙＞をクリックし、

4 ここをクリックして用紙サイズを選択し、

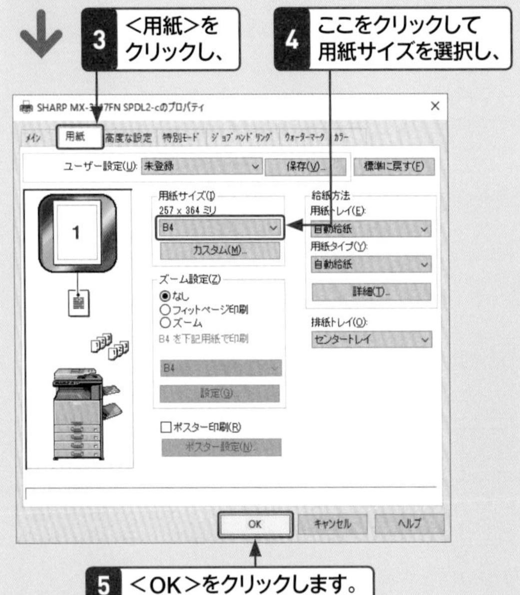

5 ＜OK＞をクリックします。

重要度 ★★★　フッターの印刷

Q 528 印刷する資料に日付やページ番号を追加したい！

A ＜ヘッダーとフッター＞ダイアログボックスで設定します。

印刷する資料に日付やページ番号を印刷しておくと、管理する際などに便利です。日付やページ番号は、＜印刷＞画面で＜ヘッダーとフッターの編集＞をクリックして、表示される＜ヘッダーとフッター＞ダイアログボックスで設定します。初期設定では日付は右上に、ページ番号は右下に印刷されます。なお、ここで設定したヘッダーとフッターの内容は、ノートと配布資料だけに反映されます。スライドには反映されません。

1 ＜ファイル＞タブをクリックして、＜印刷＞をクリックし、

2 ＜ヘッダーとフッターの編集＞をクリックします。

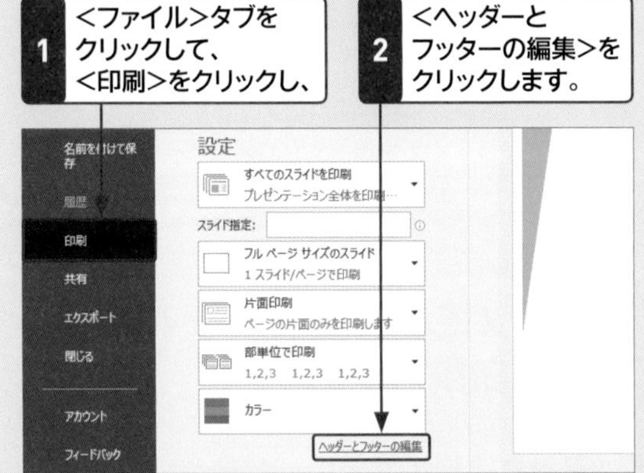

3 ＜ノートと配布資料＞をクリックして、

4 ＜日付と時刻＞をクリックしてオンにし、

5 ＜自動更新＞あるいは＜固定＞をオンにします。＜固定＞をオンにした場合は、下の入力欄に日付を入力します。

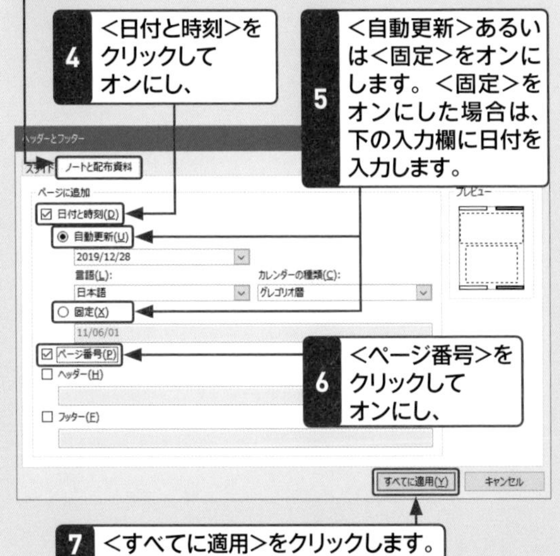

6 ＜ページ番号＞をクリックしてオンにし、

7 ＜すべてに適用＞をクリックします。

重要度 ★★★ フッターの印刷

Q 529 印刷する資料に会社名を入れたい！

A ＜ヘッダーとフッター＞ダイアログボックスで設定します。

印刷する資料に会社名などの情報を入れて印刷するには、＜印刷＞画面で＜ヘッダーとフッターの編集＞をクリックし、表示される＜ヘッダーとフッター＞ダイアログボックスの＜ノートと配布資料＞で設定します。＜ヘッダー＞または＜フッター＞をクリックしてオンにし、会社名を入力します。初期設定ではヘッダーは左上に、フッターは左下に印刷されます。

なお、ここで設定したヘッダーとフッターの内容は、ノートと配布資料だけに反映されます。スライドには反映されません。

参照▶Q 528

1 ＜ファイル＞タブから＜印刷＞をクリックし、＜ヘッダーとフッターの編集＞をクリックします。

2 ＜ノートと配布資料＞をクリックして、

3 ＜ヘッダー＞（あるいは＜フッター＞）をクリックしてオンにします。

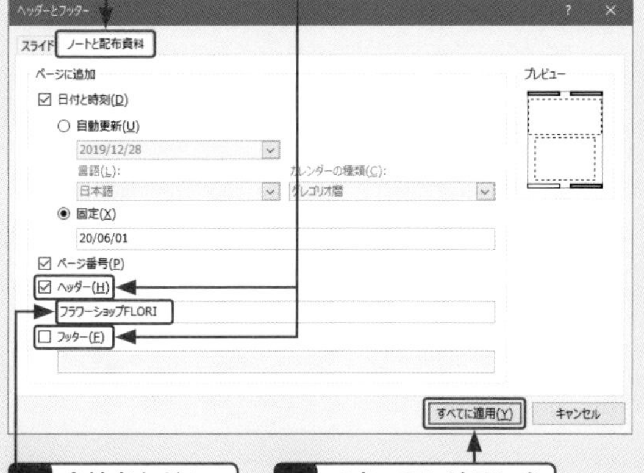

4 会社名などヘッダーやフッターの内容を入力して、

5 ＜すべてに適用＞をクリックすると、

6 ヘッダー（あるいはフッター）に手順4で入力した内容が表示されます。

＜配布資料＞から＜2スライド＞を選択しています。

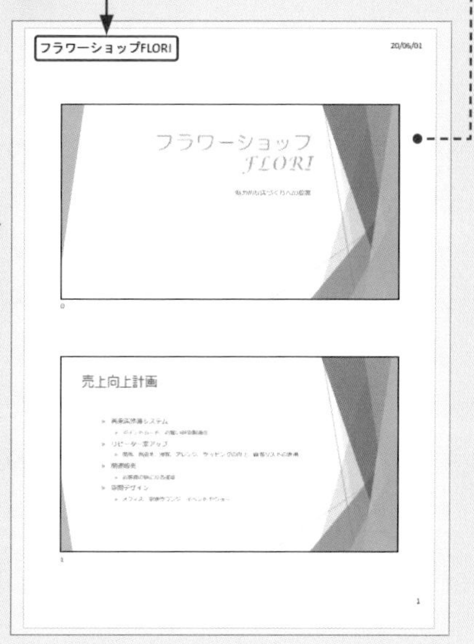

重要度 ★★★ フッターの印刷

Q 530 印刷する資料のレイアウトを設定したい！

A 配布資料マスターを利用して設定します。

印刷する配布資料のテキストの書式やヘッダー／フッターの位置、背景のスタイルなどを変更するには、配布資料マスターを利用します。配布資料マスターで設定した内容は、印刷される配布資料のすべてのページとアウトラインの印刷に反映されます。配布資料マスターは、＜表示＞タブの＜配布資料マスター＞をクリックすると表示できます。

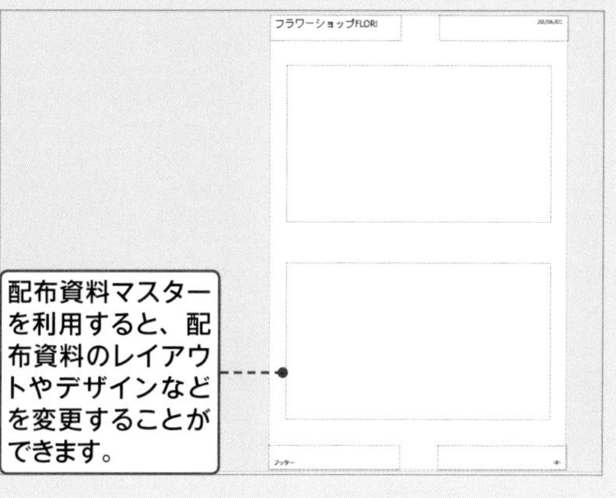

配布資料マスターを利用すると、配布資料のレイアウトやデザインなどを変更することができます。

重要度 ★★★　フッターの印刷

Q 531 ヘッダーやフッターのレイアウトを変更したい!

A 配布資料マスターを表示して、プレースホルダーを移動します。

配布資料のヘッダーやフッターなどのレイアウトを変更するには、配布資料マスターを表示して、ヘッダーやフッターのプレースホルダーをドラッグ操作で移動します。また、<配布資料マスター>タブの<プレースホルダー>グループで、ヘッダーやフッターを非表示にすることもできます。
ここでは、<ヘッダー>を非表示にして、<日付>を左に移動します。

1 <表示>タブをクリックして、

2 <配布資料マスター>をクリックします。

3 <ヘッダー>をクリックしてオフにし、

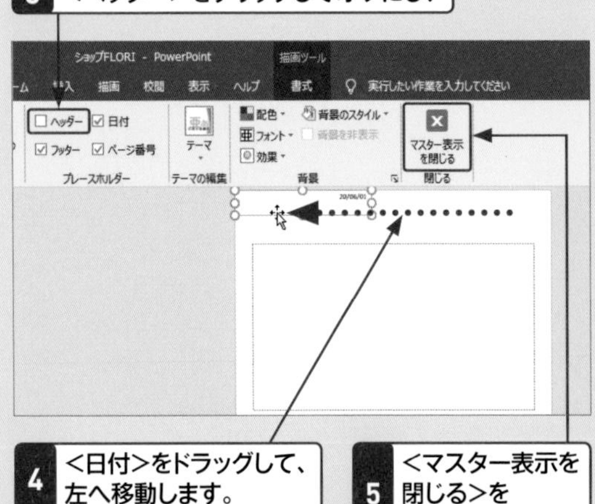

4 <日付>をドラッグして、左へ移動します。

5 <マスター表示を閉じる>をクリックします。

重要度 ★★★　フッターの印刷

Q 532 配布資料のヘッダーやフッターの書式を編集したい!

A <配布資料マスター>タブや<ホーム>タブを利用します。

配布資料のヘッダーやフッターの書式を変更するには、<配布資料マスター>タブの<フォント>で設定します。<配布資料マスター>タブの<フォント>を利用すると、印刷する配布資料のヘッダーやフッターのフォントがまとめて変更されます。
個別に変更したい場合は、プレースホルダーを選択してから<ホーム>タブに切り替え、<フォント>グループで設定します。<ホーム>タブの<フォント>グループからは、フォント以外にも、文字の大きさやスタイルなども設定することができます。

参照 ▶ Q 531

● フォントをまとめて変更する

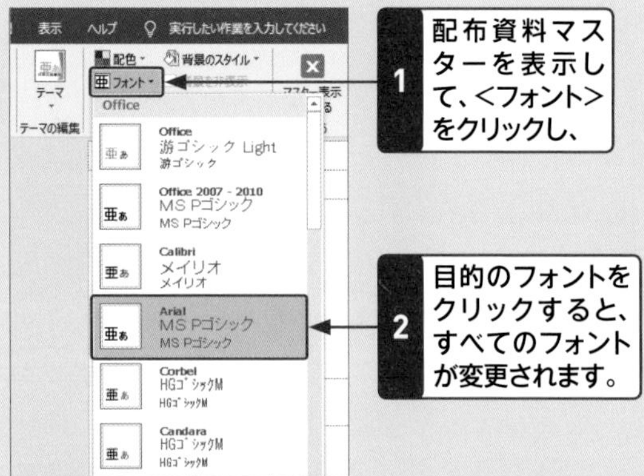

1 配布資料マスターを表示して、<フォント>をクリックし、

2 目的のフォントをクリックすると、すべてのフォントが変更されます。

● フォントやフォントサイズを個別に変更する

1 配布資料マスターを表示して、プレースホルダーを選択し、

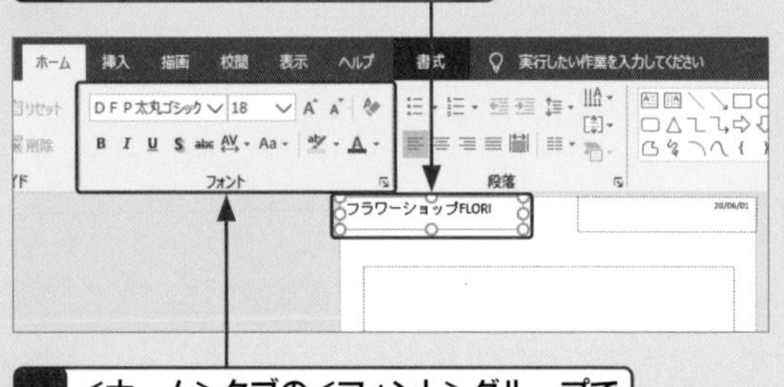

2 <ホーム>タブの<フォント>グループで書式を設定します。

重要度 ★★★　フッターの印刷

Q 533 配布資料の背景を設定したい！

A 配布資料マスターの<背景のスタイル>で設定します。

配布資料の背景は、配布資料マスターで変更できます。<表示>タブの<配布資料マスター>をクリックし、<背景のスタイル>から設定します。背景のスタイルは配布資料の印刷のほか、アウトラインの印刷にも反映されます。

1 <表示>タブをクリックして、

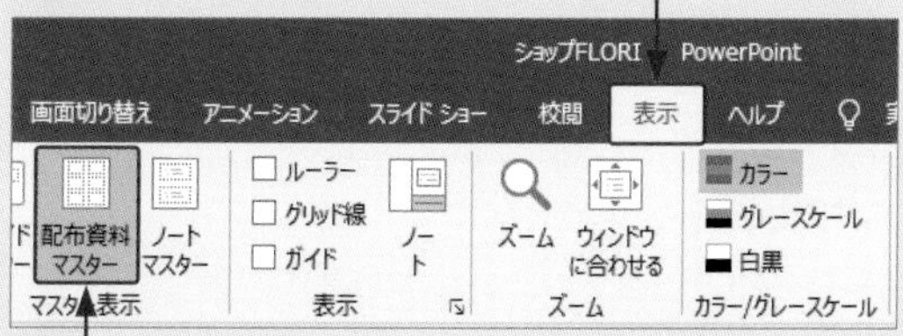

2 <配布資料マスター>をクリックします。

3 <背景のスタイル>をクリックして、

4 目的のスタイルをクリックします。

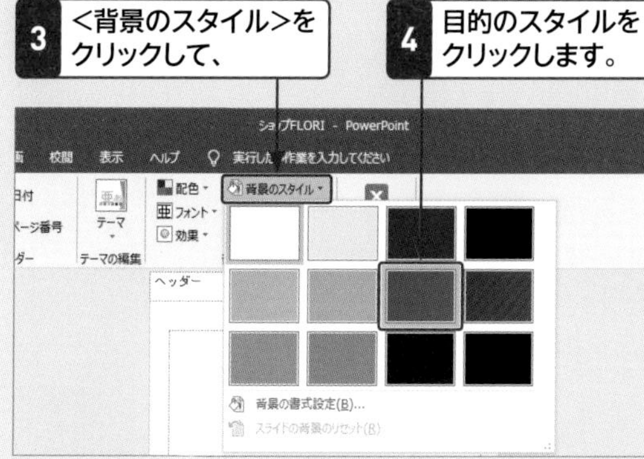

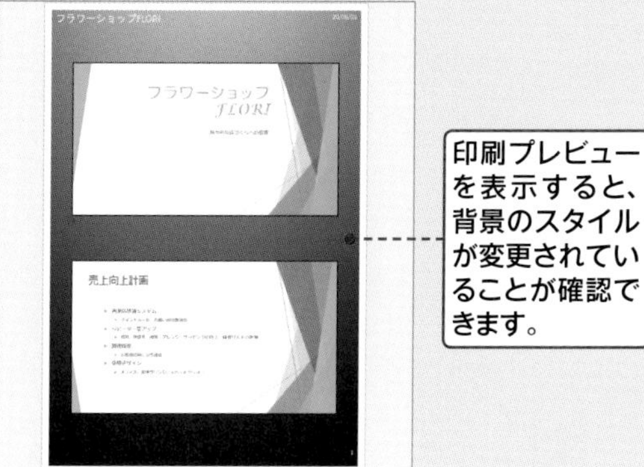

フラワーショップ FLORI
売上向上計画
印刷プレビューを表示すると、背景のスタイルが変更されていることが確認できます。

重要度 ★★★　ノートとアウトラインの印刷

Q 534 補足説明付きでスライドを印刷したい！

A <印刷>画面で<印刷レイアウト>の<ノート>を選択します。

ノートは、スライドショー実行中に発表者用のメモにしたり、印刷して参考資料として利用するものです。ノートを付けてスライドを印刷するには、<ファイル>タブから<印刷>をクリックして、<フルページサイズのスライド>をクリックし、<ノート>をクリックします。

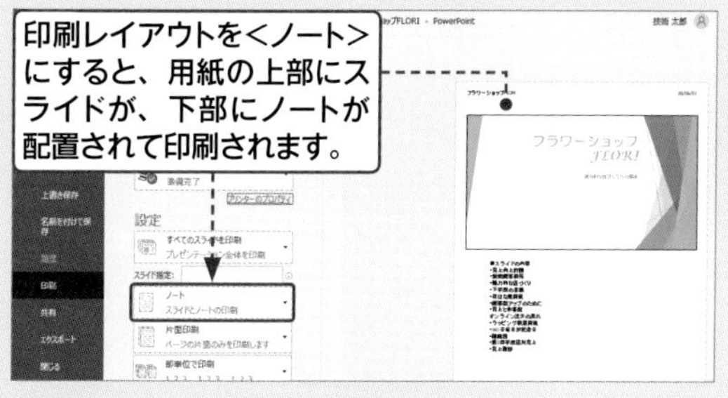

重要度 ★★★　ノートとアウトラインの印刷

Q 535 ノート付き配布資料のレイアウトを設定したい！

A ノートマスターを利用して設定します。

ノートを付けて印刷する配布資料のノートの書式やヘッダー／フッターの位置や書式、背景のスタイルなどは、ノートマスターを利用して変更できます。

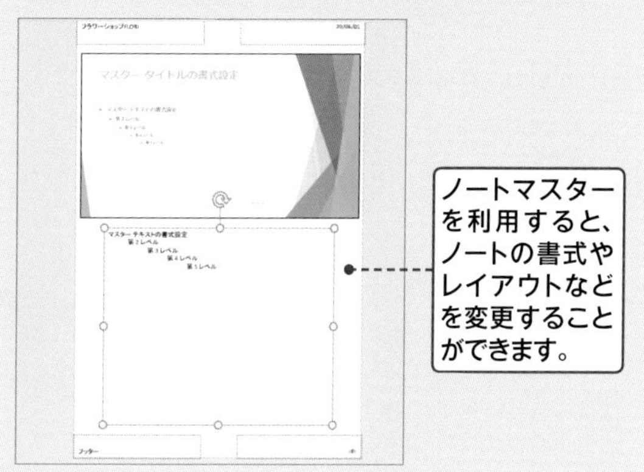

重要度★★★ ノートとアウトラインの印刷

Q 536 ノートの書式を編集したい!

A ノートマスターを表示して、マスターテキストの書式を編集します。

ノートの書式を編集するには、ノートマスターを表示します。<表示>タブをクリックして<ノートマスター>をクリックするとノートマスターが表示されるので、マスターに表示される<マスターテキストの書式設定>のプレースホルダーを選択して、フォントやフォントサイズ、文字色などを設定します。

1 <表示>タブをクリックして、

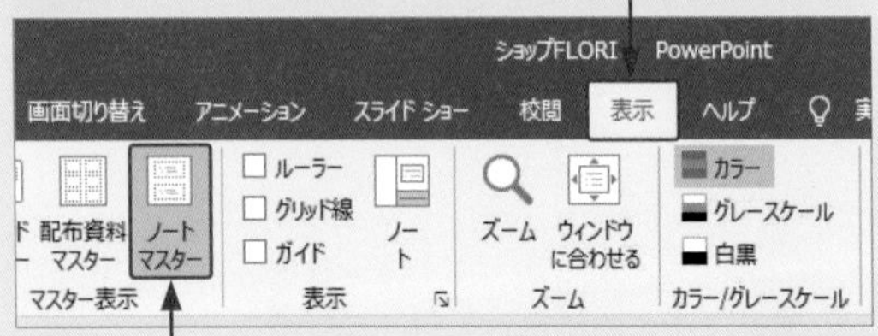

2 <ノートマスター>をクリックします。

3 <マスターテキストの書式設定>のプレースホルダーを選択して、

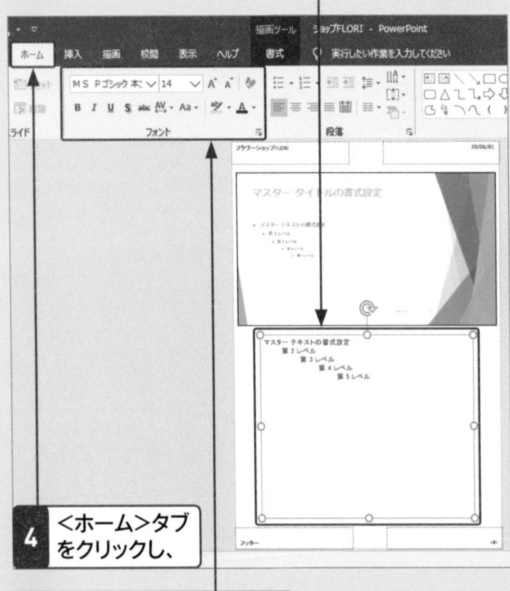

4 <ホーム>タブをクリックし、

5 フォントやフォントサイズ、文字色などを設定します。

重要度★★★ ノートとアウトラインの印刷

Q 537 ノート付き資料のレイアウトを変えたい!

A ノートマスターを表示して、プレースホルダーを移動します。

ノートを付けて印刷する資料に表示するフッターなどのレイアウトを変更するには、ノートマスターを表示して、ヘッダーやフッターのプレースホルダーをドラッグ操作で移動します。また、<ノートマスター>タブの<プレースホルダー>グループで、非表示にしたい項目を設定することもできます。
ここでは、<フッター>を非表示にして、<日付>を左下に移動します。

参照▶Q 536

1 ノートマスターを表示して、<フッター>をクリックしてオフにします。

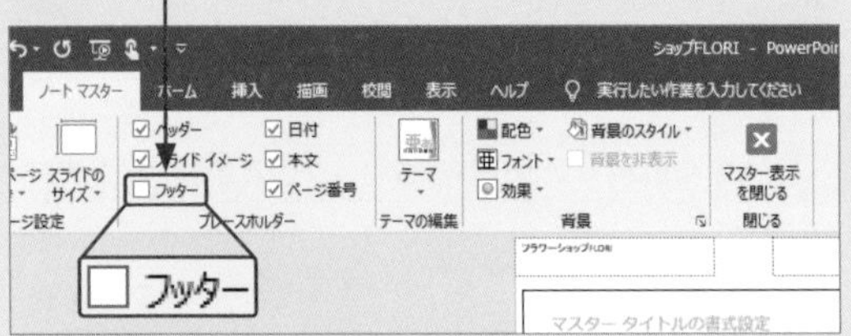

2 <日付>をドラッグして、左下へ移動し、

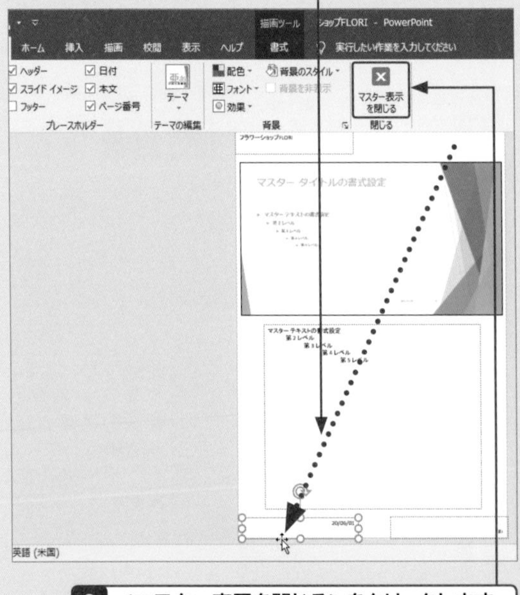

3 <マスター表示を閉じる>をクリックします。

重要度 ★★★　ノートとアウトラインの印刷

Q538 スライドのアウトラインを印刷したい！

A ＜印刷＞画面で＜印刷レイアウト＞の＜アウトライン＞を選択します。

スライド全体の構成を確認したいときは、内容の構造を文章だけで表示するアウトラインを印刷します。＜ファイル＞タブから＜印刷＞をクリックして、＜フルページサイズのスライド＞をクリックし、＜アウトライン＞をクリックします。アウトライン印刷のレイアウトなどを変更したい場合は、配布資料マスターから行えます。 参照▶Q 531

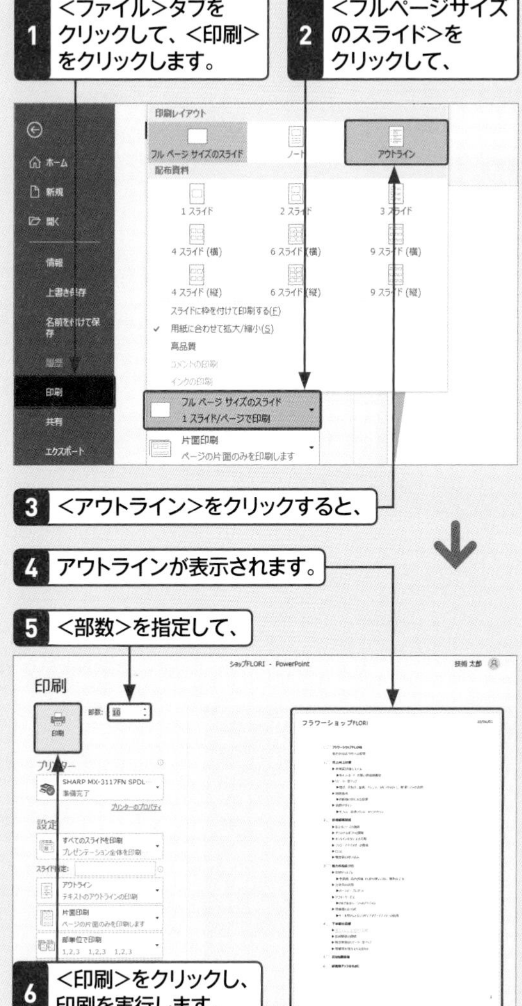

重要度 ★★★　さまざまな配布資料

Q539 プレゼンテーションをPDFで配布したい！

A ＜ファイル＞タブの＜エクスポート＞からPDFファイルを作成します。

プレゼンテーションをPDF形式で保存すると、PowerPointを持っていない人でも、Windowsに搭載されているリーダーや無料のAcrobat Reader DCでプレゼンテーションを閲覧できます。＜ファイル＞タブから＜エクスポート＞をクリックして、＜PDF／XPSドキュメントの作成＞から＜PDF／XPSの作成＞をクリックして保存します。

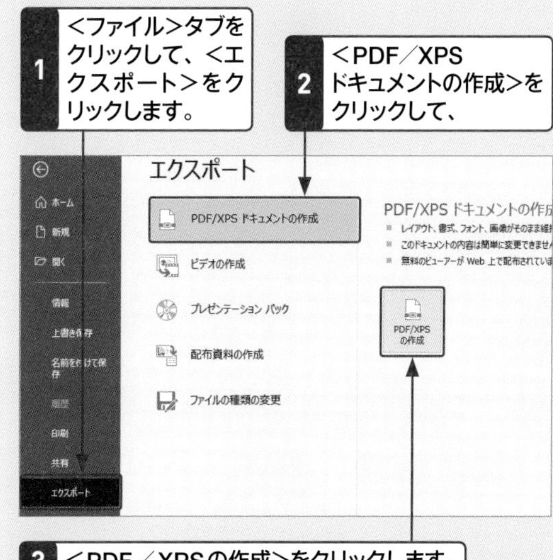

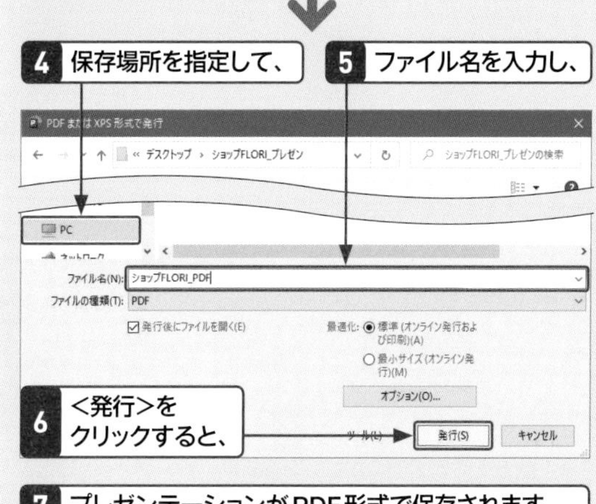

重要度★★★ さまざまな配布資料

Q 540 見やすい企画書を作成したい!

A A4サイズの「1枚企画書」を作成するとよいでしょう。

PowerPointでは、複数のスライドから構成される「プレゼンテーション」以外にも、1枚のスライドからなる「1枚企画書」を作成することができます。
プレゼンテーションは、大勢の参加者に向けて発表する用途には適していますが、企画書として配布する用途には向いていません。企画書として利用する場合は、A4サイズの1枚企画書が有用です。

重要度★★★ さまざまな配布資料

Q 541 A4サイズ1枚の企画書を作成したい!

A スライドのサイズをA4に、印刷の向きを縦に設定します。

A4サイズ1枚の企画書を作成するには、最初にテーマが設定されていない新規のプレゼンテーションを作成して、レイアウトを白紙に変更し、用紙サイズをA4サイズの縦向きに設定します。次にテキストボックスを適宜配置して文字を入力し、表や画像、グラフなどを挿入します。

1 ＜デザイン＞タブをクリックして、

2 ＜スライドのサイズ＞をクリックし、

3 ＜ユーザー設定のスライドのサイズ＞をクリックします。

4 ＜ユーザー設定＞を選択して、

5 ＜幅＞に「21cm」、＜高さ＞に「29.7cm」と入力し、

6 ＜スライド＞の＜縦＞をクリックしてオンにし、

7 ＜OK＞をクリックします。

Microsoft PowerPoint

新しいスライド サイズに拡大縮小します。コンテンツのサイズをなるべく大きくしますか、それとも新しいスライドに収まるように縮小しますか？

最大化　　サイズに合わせて調整

最大化(M)　サイズに合わせて調整(E)　キャンセル

8 ＜最大化＞（または＜サイズに合わせて調整＞）をクリックします。

9

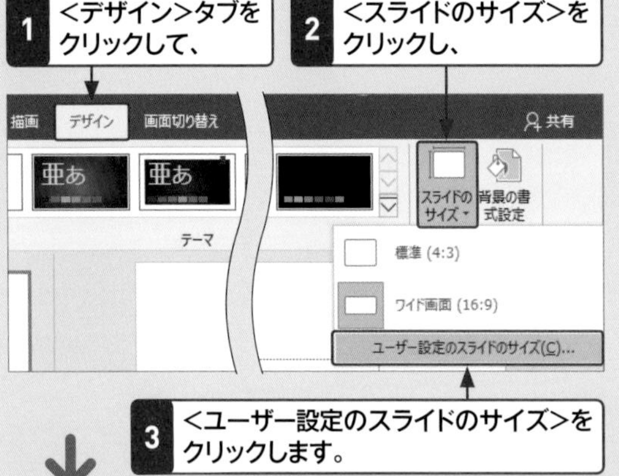

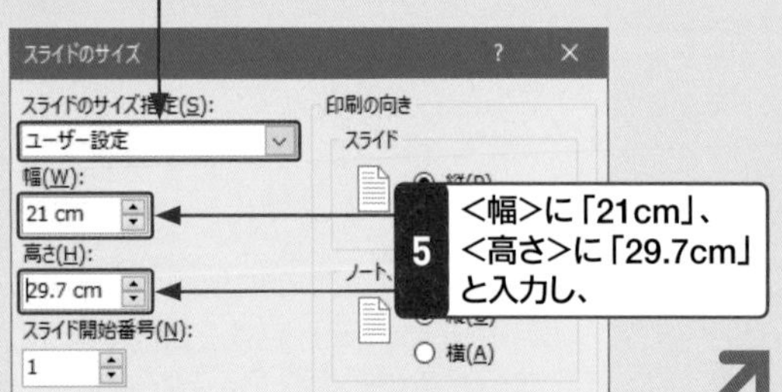

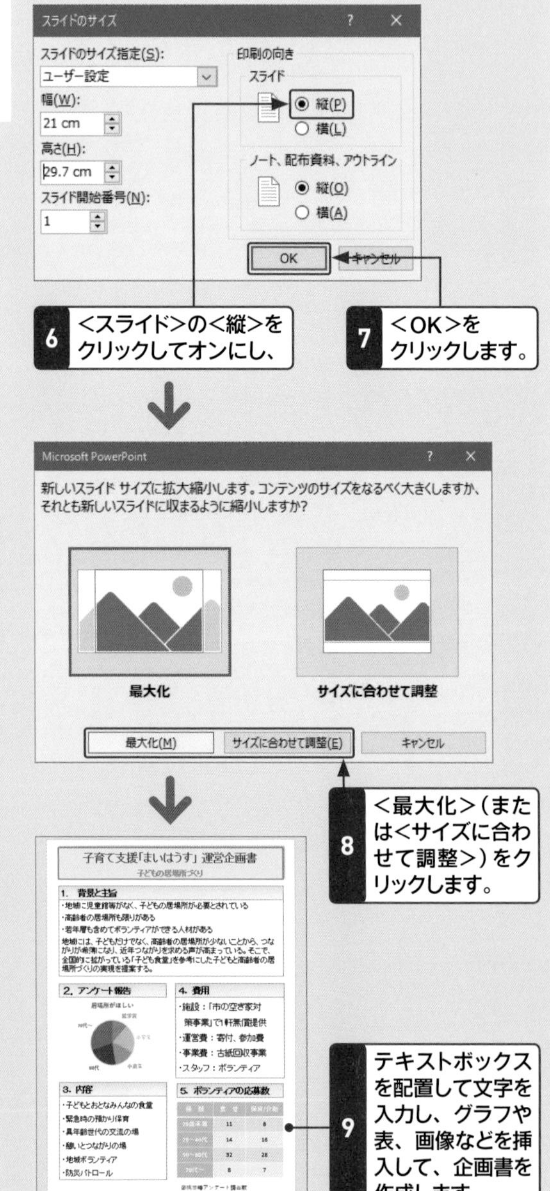

第15章

保存や共有の便利技!

542 >>> 545　起動と保存の応用
546 >>> 550　ファイルの保護
551 >>> 557　共有
558 >>> 560　タブレット／スマートフォンでの使用

重要度 ★★★ 起動と保存の応用

Q 542 よく使うファイルをすぐに開けるようにしたい！

A ＜最近使ったアイテム＞の一覧にファイルを固定します。

PowerPointを起動すると、画面の左側に＜最近使ったアイテム＞（PowerPoint 2013では＜最近使ったファイル＞）の一覧がファイルを開いた順番に表示されています。ファイルは古い順に一覧から削除されますが、常に表示されるようにファイルを固定しておくこともできます。

1 PowerPointを起動します。

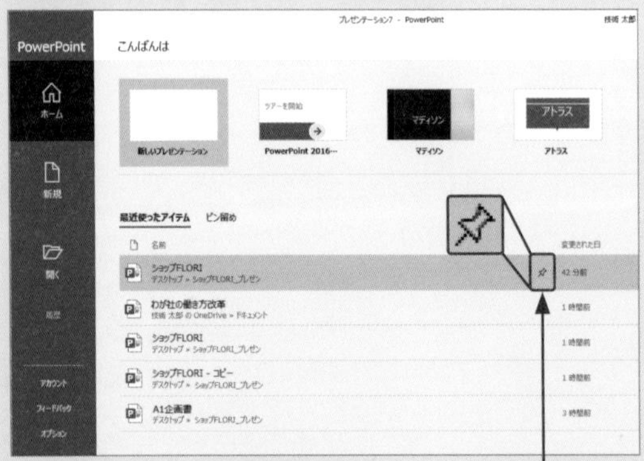

2 固定したいファイルにマウスポインターを合わせて、ここをクリックすると、

3 ファイルが固定され、常に一覧に表示させておくことができます。

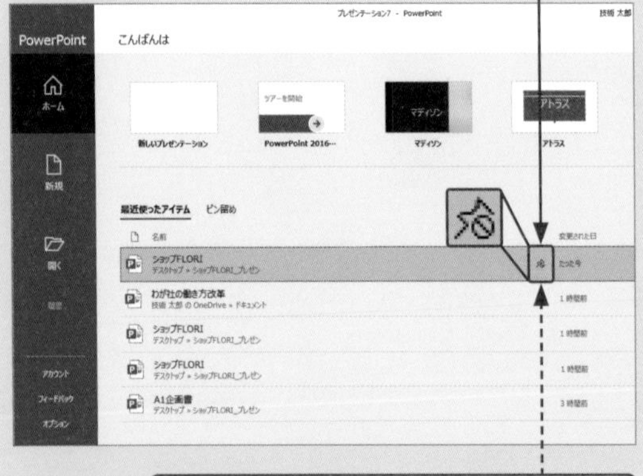

再度クリックすると、固定が解除されます。

重要度 ★★★ 起動と保存の応用

Q 543 よく使うフォルダーを保存先として設定したい！

A ＜PowerPointのオプション＞ダイアログボックスで設定します。

新たにファイルを保存する際、最初に保存先として指定されるフォルダーは、ユーザーフォルダー内のドキュメントフォルダーになっています。最初に指定される保存場所を変更するには、＜PowerPointのオプション＞ダイアログボックスの＜保存＞で設定します。

1 ＜ファイル＞タブをクリックして、＜オプション＞をクリックします。

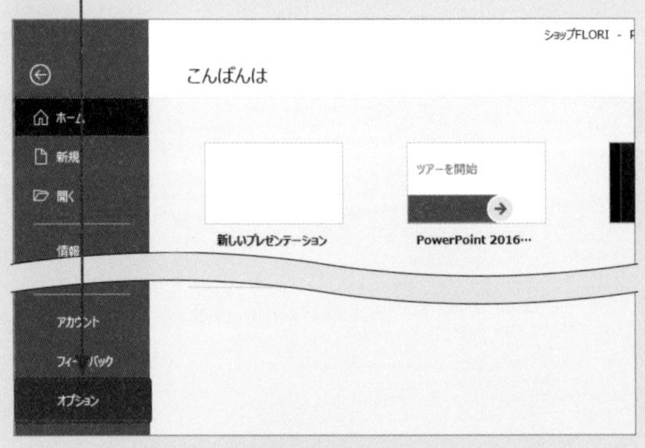

2 ＜保存＞をクリックして、

3 ＜既定のローカルファイルの保存場所＞に保存場所を入力し、

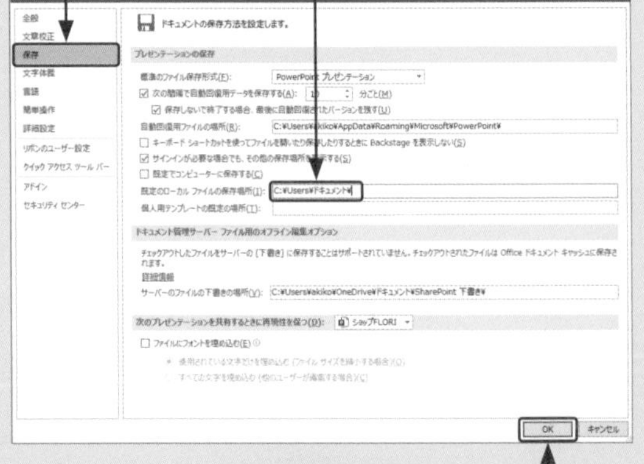

4 ＜OK＞をクリックします。

重要度★★★ 起動と保存の応用

Q 544 古いバージョンのソフトでも編集できるようにしたい！

A PowerPoint 97-2003プレゼンテーション形式で保存します。

PowerPoint 2019のファイル形式は、PowerPoint 2007以降に使われているもので、PowerPoint 2003以前のバージョンの形式とは異なります。PowerPoint 2007以降で作成したプレゼンテーションをPowerPoint 2003以前のバージョンでも編集できるようにしたい場合は、ファイルの種類を「PowerPoint 97-2003プレゼンテーション」にして保存します。

なお、PowerPoint 2007以降の新機能を使っているプレゼンテーションを97-2003形式で保存しようとすると、<互換性チェック>ダイアログボックスが表示される場合があります。この場合は互換性を確認し、保存を中止する場合は<キャンセル>をクリックします。<続行>をクリックすると、新バージョンで使用した機能が削除されるか、旧バージョンのPowerPointの最も近い形式に変換されます。

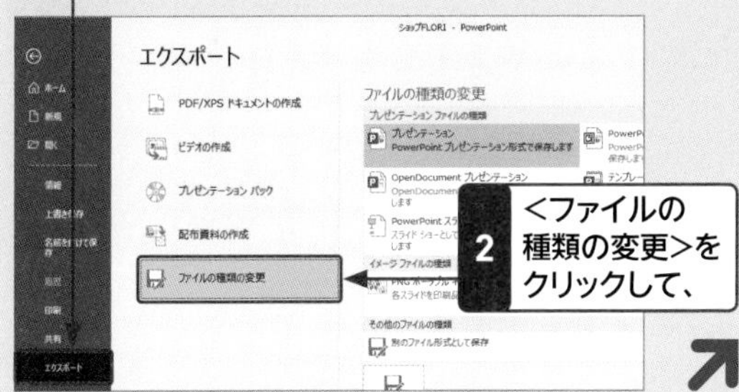

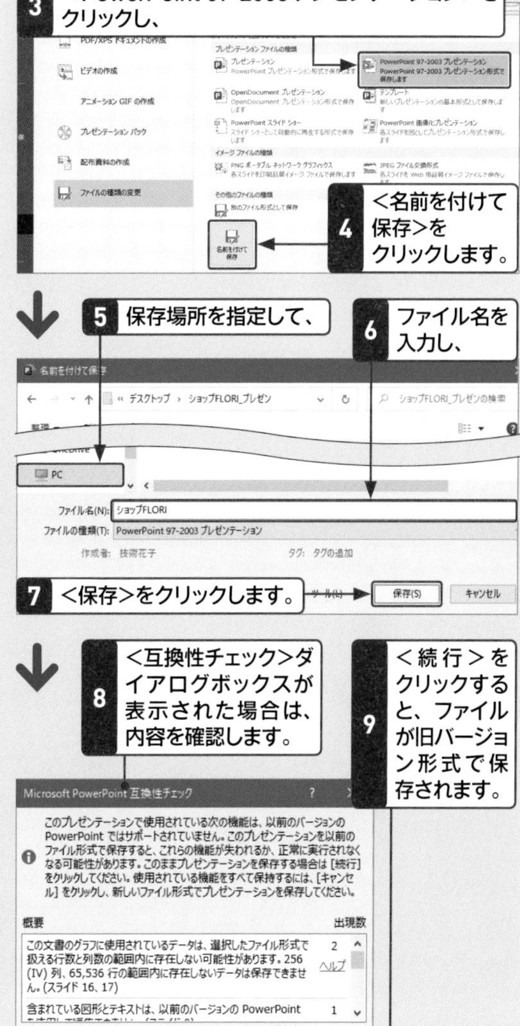

重要度★★★ 起動と保存の応用

Q 545 古いバージョンで作成されたファイルを開きたい！

A 「互換モード」で開くことができます。

PowerPoint 2003以前の古いバージョンで作成したファイルも、「互換モード」で通常のファイルと同様に開くことができます。「互換モード」では、バージョンの違いを気にせずにファイルを扱うことができるように、新しいバージョンでしか利用できない機能の使用が制限されます。ファイルを旧バージョンで編集する必要がある場合は、互換モードのままで編集しましょう。また、<ファイル>タブの<情報>で<変換>をクリックすると、新しい形式でもファイルを保存できます。

重要度 ★★★ ファイルの保護

Q 546 ファイルにパスワードを設定したい！

A <情報>の<プレゼンテーションの保護>から設定します。

ファイルにパスワードを設定して、ほかのユーザーに開かれないようにすることができます。<ファイル>タブの<情報>から<プレゼンテーションの保護>をクリックして、<パスワードを使用して暗号化>をクリックし、パスワードを設定します。

パスワードを変更する場合も、同様の方法で設定できます。なお、パスワードを忘れた場合は、ファイルを開くことができなくなるので、注意が必要です。

4 パスワードを半角英数字で入力して、

5 ＜OK＞をクリックします。

6 確認のために同じパスワードをもう一度入力して、

7 ＜OK＞をクリックし、

8 プレゼンテーションを上書き保存します。

パスワードを設定したファイルを開こうとすると、パスワードの入力が求められます。

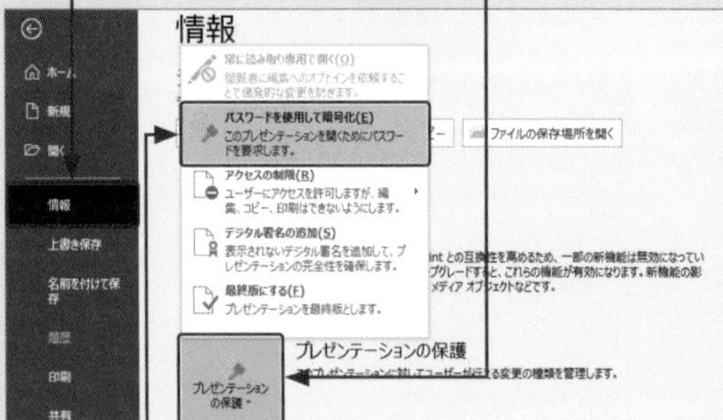

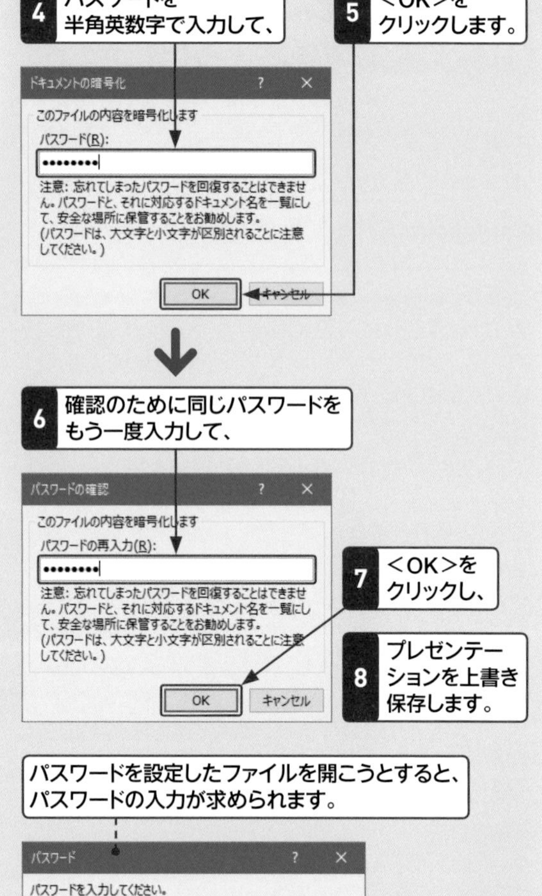

重要度 ★★★ ファイルの保護

Q 547 設定したパスワードを解除したい！

A <ドキュメントの暗号化>ダイアログボックスで解除します。

パスワードを解除するには、パスワードを設定したファイルをパスワードを入力して開き、<ファイル>タブの<情報>から<プレゼンテーションの保護>をクリックし、<パスワードを使用して暗号化>をクリックします。<ドキュメントの暗号化>ダイアログボックスが表示されるので、設定したパスワードを削除して<OK>をクリックし、上書き保存します。

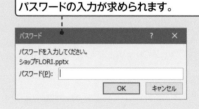

参照 ▶ Q 546

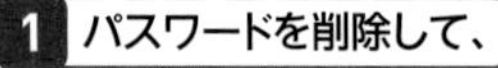

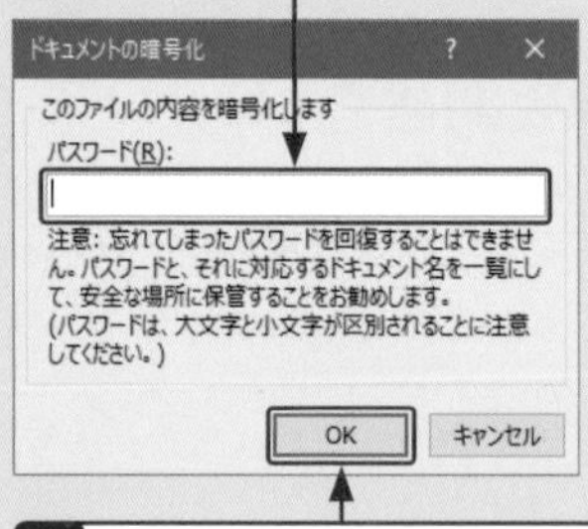

重要度 ★★★　ファイルの保護

Q 548 完成したファイルをスライドショー専用にしたい！

A ＜プレゼンテーションの保護＞から＜最終版にする＞を指定します。

作成したプレゼンテーションを最終版に設定すると、スライドへの入力や編集ができなくなり、ファイルが読み取り専用(スライドショー専用)になります。ファイルを最終版に設定するには、＜ファイル＞タブの＜情報＞から＜プレゼンテーションの保護＞をクリックして、＜最終版にする＞をクリックします。プレゼンテーションを最終版にすると、タブの下に＜最終版＞と表示された情報バーが表示されます。

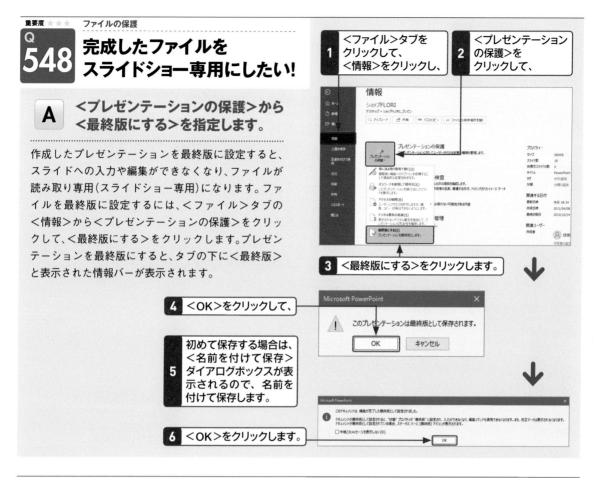

1 ＜ファイル＞タブをクリックして、＜情報＞をクリックし、

2 ＜プレゼンテーションの保護＞をクリックして、

3 ＜最終版にする＞をクリックします。

4 ＜OK＞をクリックして、

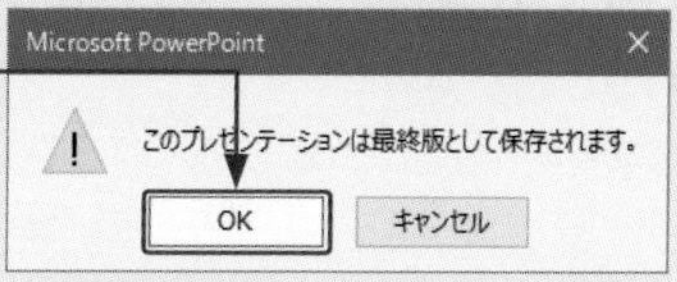

5 初めて保存する場合は、＜名前を付けて保存＞ダイアログボックスが表示されるので、名前を付けて保存します。

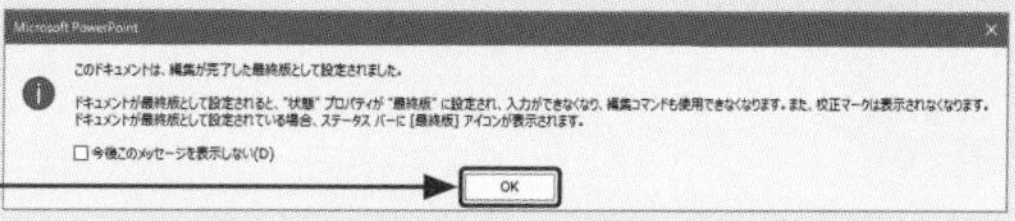

6 ＜OK＞をクリックします。

重要度 ★★★　ファイルの保護

Q 549 スライドショー専用にしたファイルを編集したい！

A ＜編集する＞をクリックして、最終版の設定を解除します。

最終版にしたファイルを開くと、リボンが非表示になり、タブをクリックしてリボンを表示しても、多くのコマンドが利用不可になります。最終版にしたファイルを編集できるようにするには、タブの下の情報バーに表示されている＜編集する＞をクリックします。

1 ＜編集する＞をクリックすると、

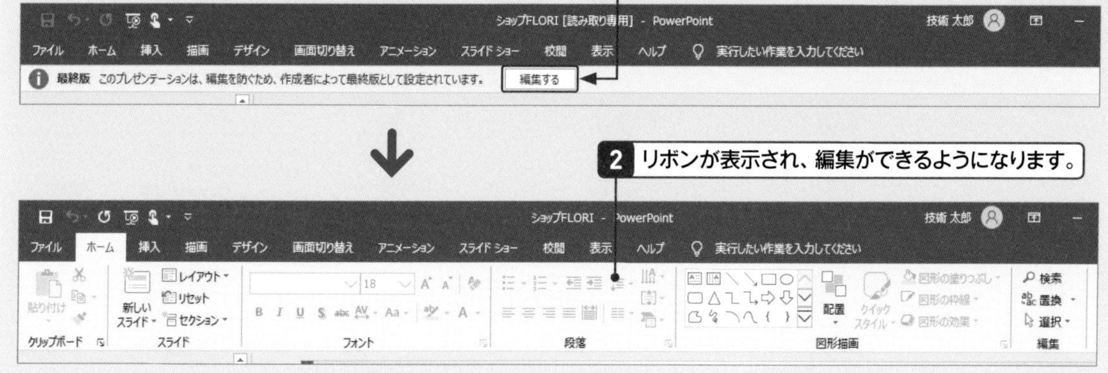

2 リボンが表示され、編集ができるようになります。

重要度★★★　ファイルの保護

Q 550 ファイルに個人情報がないかチェックしたい！

A <問題のチェック>から<ドキュメント検査>をクリックします。

ファイルには、スライドの作成者などの個人情報が記録されている場合があります。プレゼンテーションを共有したり配布したりする場合は、ファイルに個人情報や非表示のデータが含まれていないかどうかを確認しましょう。<ファイル>タブの<情報>から<問題のチェック>をクリックし、<ドキュメント検査>をクリックすると、検査が実行されます。

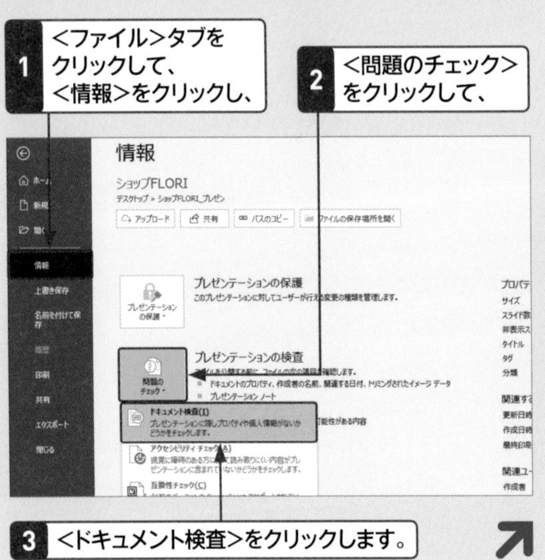

1 <ファイル>タブをクリックして、<情報>をクリックし、
2 <問題のチェック>をクリックして、
3 <ドキュメント検査>をクリックします。
情報
ショップFLORI
プレゼンテーションの保護
プレゼンテーションの検査

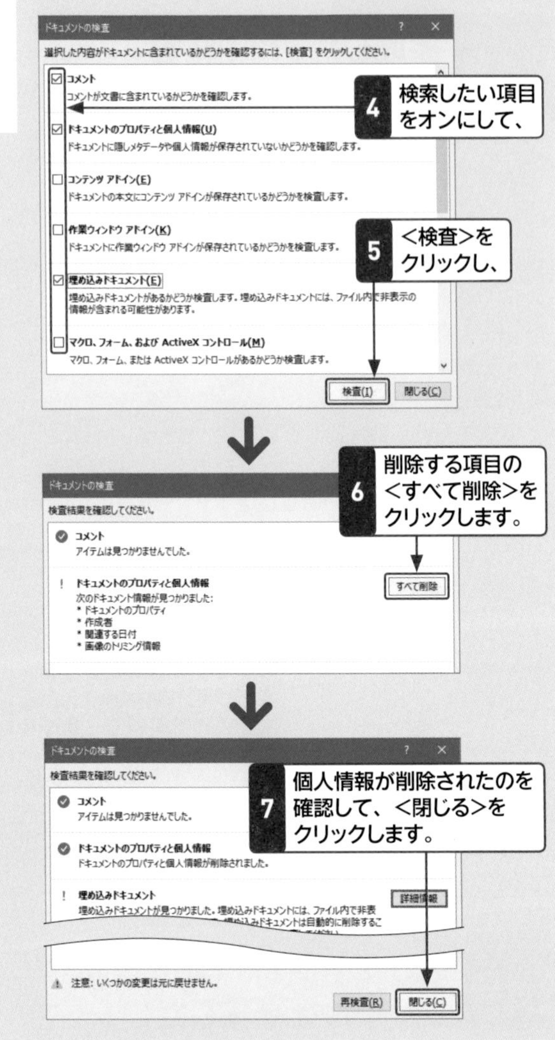

ドキュメントの検査
4 検索したい項目をオンにして、
5 <検査>をクリックし、
6 削除する項目の<すべて削除>をクリックします。
7 個人情報が削除されたのを確認して、<閉じる>をクリックします。

重要度★★★　共有

Q 551 共有とは？

A ファイルをほかのユーザーがアクセスできるようにすることです。

共有とは、オンライン上に保存してあるファイルを、ほかの人と共同で編集できるように設定することをいいます。PowerPointでファイルを共有するには、マイクロソフトが提供するオンラインストレージサービスであるOneDriveにファイルを保存しておく必要があります。

OneDriveにファイルを保存するには、<ファイル>タブから<名前を付けて保存>をクリックし、<OneDrive－個人用>から保存します。

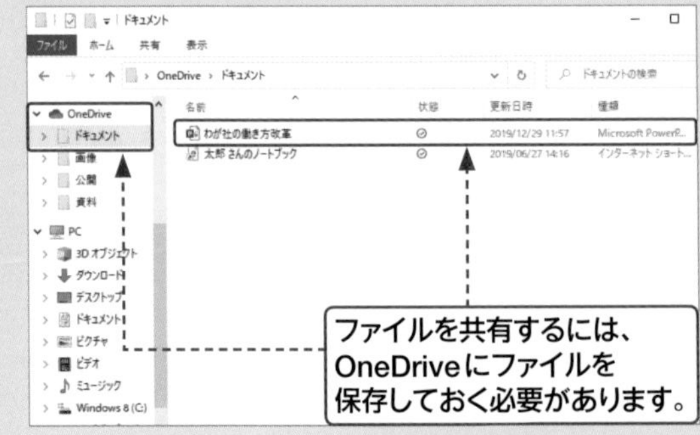

ファイルを共有するには、OneDriveにファイルを保存しておく必要があります。

重要度★★★　共有

Q 552 ほかの人とファイルを共有したい！

A OneDriveからファイルを共有します。

OneDriveに保存したファイルを共有するには、Webブラウザーを起動して「https://onedrive.live.com」にアクセスします。OneDriveのWebページが表示されるので、共有ファイルを指定して<共有>をクリックし、共有相手にメールを送信します。ファイルへのリンクが相手に送信されるので、相手はリンクをクリックするとファイルを表示することができます。

1 OneDriveのWebページを表示して、共有するファイルのここをクリックしてオンにします。

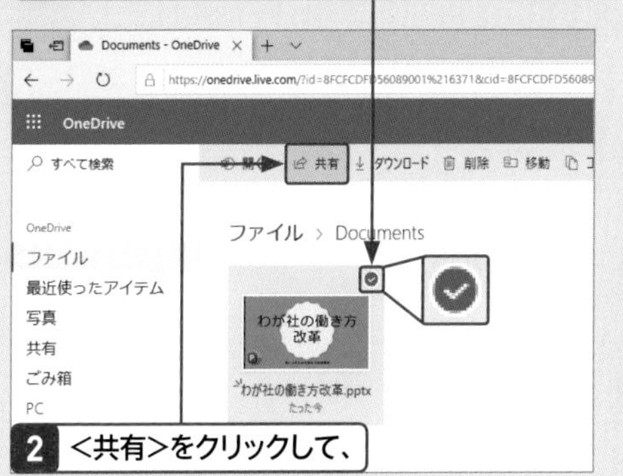

2 <共有>をクリックして、

3 共有相手のメールアドレスを入力します。

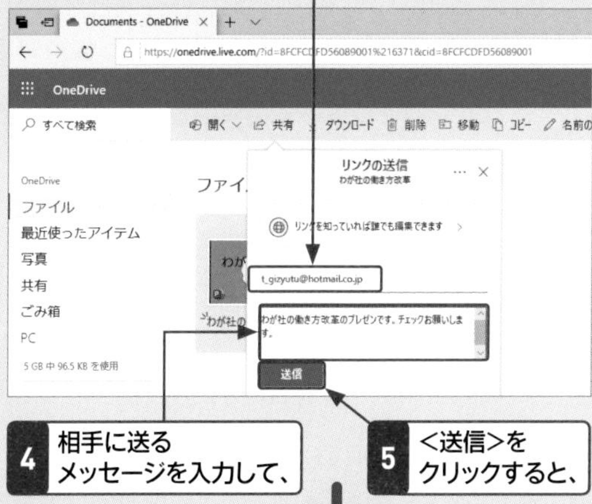

4 相手に送るメッセージを入力して、

5 <送信>をクリックすると、

6 共有が設定され、相手にメールが送信されます。

重要度★★★　共有

Q 553 ほかの人から共有されたファイルを開きたい！

A メールに記載されているリンクをクリックします。

ほかの人から共有されたファイルを開くには、受信したメールを開いて、メッセージに記載されている共有ファイルのリンクをクリックします。Webブラウザーが起動して、PowerPoint Onlineで共有ファイルが表示されます。PowerPoint Onlineは、インターネット上で利用できる無料のオンラインアプリケーションです。使用できる機能は制限されますが、インターネットに接続できる環境があれば、どこからでもアクセスして編集することができます。

より細かく編集したい場合は、PowerPointで編集することもできます。

参照 ▶ Q 554

1 メールソフトを起動して、共有ファイルへのリンクをクリックすると、

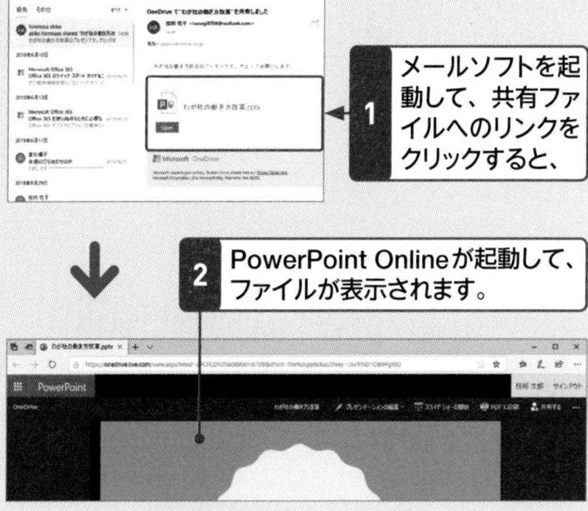

2 PowerPoint Onlineが起動して、ファイルが表示されます。

重要度 ★★★　共有

Q 554 共有されたファイルを編集したい!

A PowerPoint OnlineやPowerPointで編集します。

共有されたファイルを開くと、PowerPoint Onlineで表示されます。ファイルの編集は、PowerPoint Onlineでもパソコン上のPowerPointでも行えます。
PowerPoint Onlineの<プレゼンテーションの編集>をクリックして、<ブラウザーで編集>をクリックすると、PowerPoint Onlineで編集ができます。<PowerPointで編集>をクリックすると、PowerPointで共有ファイルが開きます。

参照▶Q 553

● Webブラウザーで編集する

1 <プレゼンテーションの編集>をクリックして、

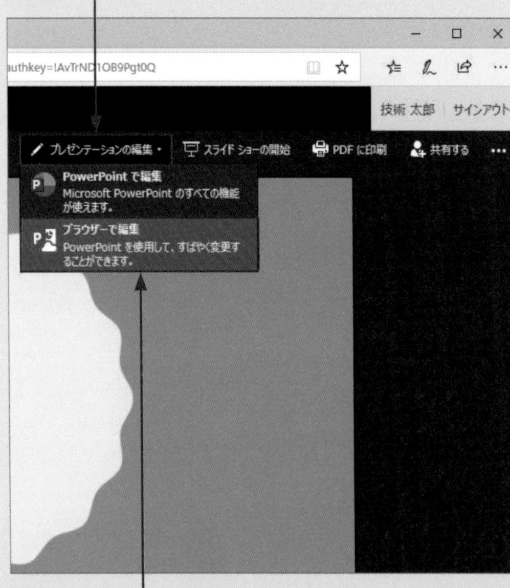

2 <ブラウザーで編集>をクリックし、

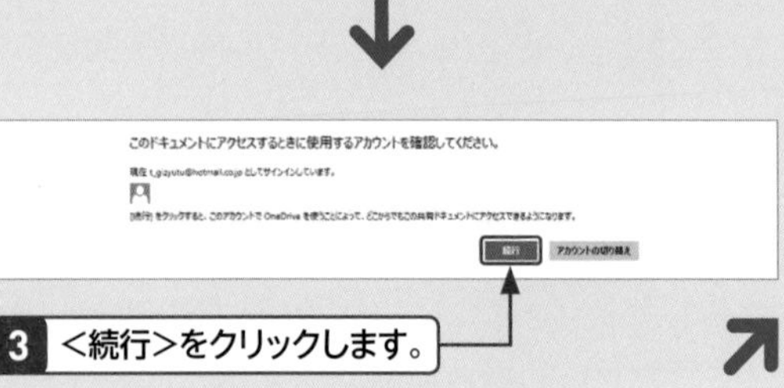

3 <続行>をクリックします。

4 共有ファイルがPowerPoint Onlineで開くので、必要に応じて編集を行います。

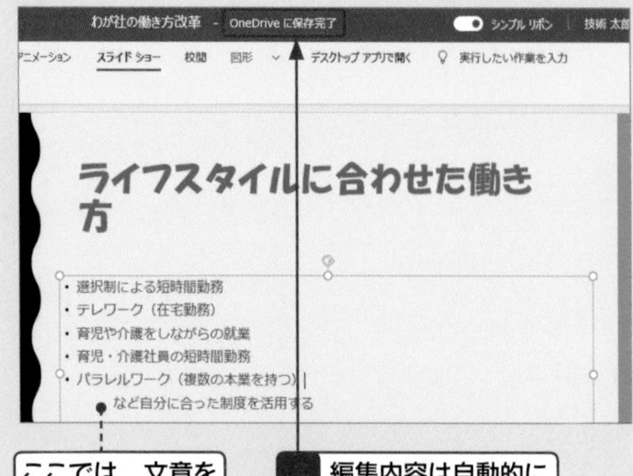

ここでは、文章を追加しています。

5 編集内容は自動的に保存されます。

● PowerPointで編集する

1 <プレゼンテーションの編集>をクリックして、

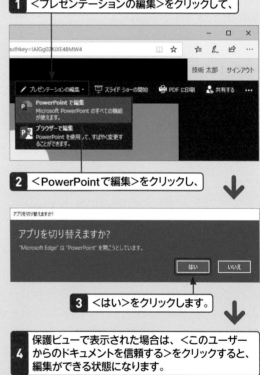

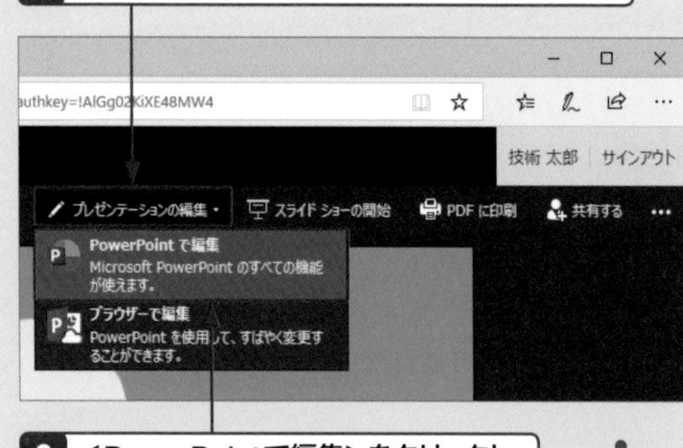

2 <PowerPointで編集>をクリックし、

アプリを切り替えますか?

アプリを切り替えますか?
"Microsoft Edge" は "PowerPoint" を開こうとしています。
はい　いいえ

3 <はい>をクリックします。

4 保護ビューで表示された場合は、<このユーザーからのドキュメントを信頼する>をクリックすると、編集ができる状態になります。

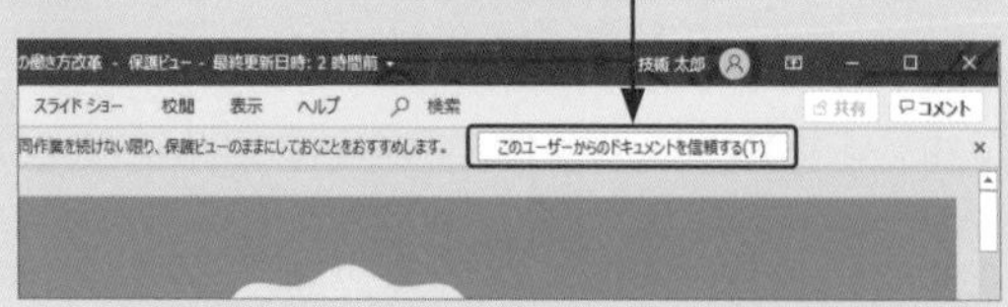

重要度 ★★★　共有

Q 555 コメントを付けて共同で編集しやすくしたい！

A ＜校閲＞タブの＜新しいコメント＞をクリックして挿入します。

コメントは、文書を共有する際に意見や感想などを伝えたいときに利用する機能です。スライドにコメントを挿入するには、＜校閲＞タブの＜新しいコメント＞をクリックして、＜コメント＞ウィンドウを表示し、コメントを入力します。＜コメント＞ウィンドウには、各スライドに付けたコメントの一覧が表示されます。

コメントを削除する場合は、コメントをクリックして、＜校閲＞タブの＜削除＞をクリックするか、コメントにマウスポインターを合わせると表示される ☒ をクリックします。

PowerPoint 2013の場合は、＜コメントの挿入＞をクリックしてコメントを入力します。コメントを削除する場合は、＜コメントの削除＞をクリックします。

1 コメントを付けたいスライドやオブジェクトをクリックして、

2 ＜校閲＞タブをクリックし、

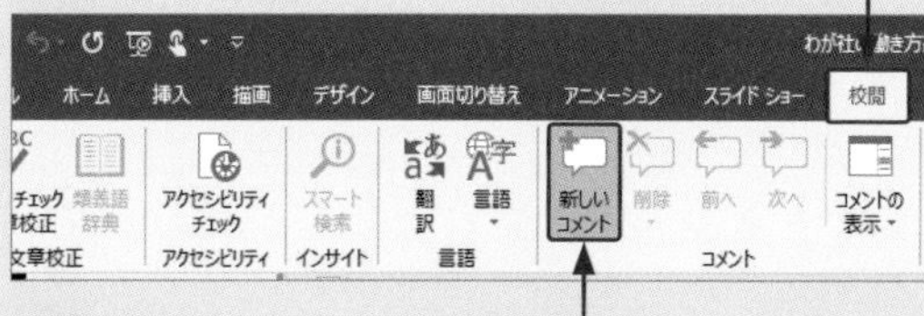

3 ＜新しいコメント＞をクリックします。

4 ＜コメント＞ウィンドウが表示されるので、コメントを入力します。

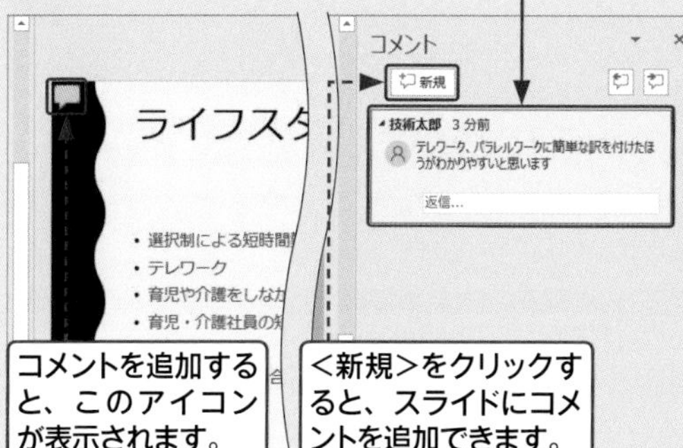

5 編集が終了したら、上書き保存して閉じます。

重要度 ★★★　共有

Q 556 変更個所と変更内容を確認したい！

A もとのファイルと共有ファイルを比較します。

共有ファイルの編集が終わったら、もとのファイルを表示して、＜校閲＞タブの＜比較＞をクリックします。＜現在のプレゼンテーションと比較するファイルの選択＞ダイアログボックスが表示されるので、OneDriveに保存した共有ファイルを開くと、ファイルが比較され、変更内容が表示されます。

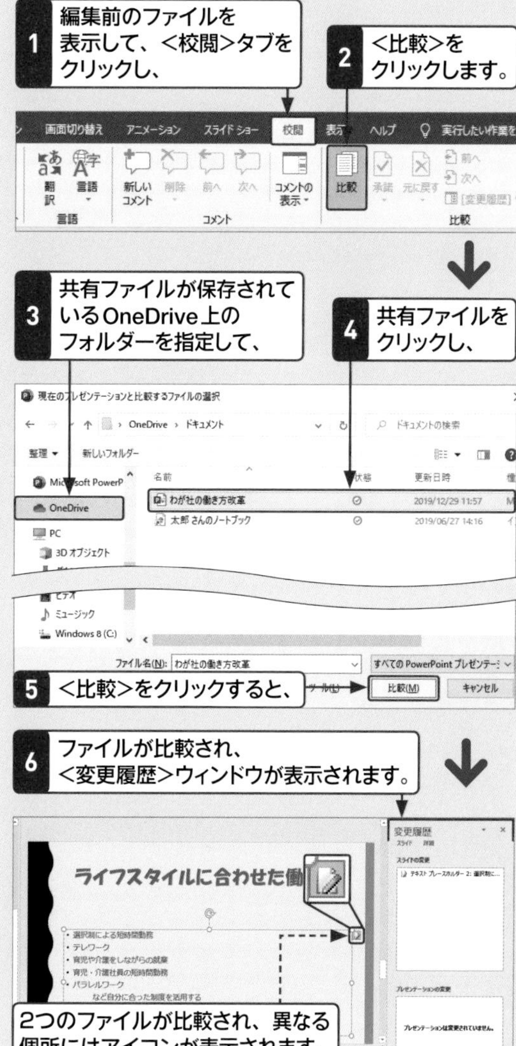

重要度★★★ 共有

Q 557 変更内容を反映したい！

A ＜校閲＞タブの＜承諾＞から変更を反映します。

共有ファイルに加えられた変更内容を反映するには、Q 556の方法でもとのファイルと共有ファイルを表示します。変更が加えられているスライドを表示して、＜校閲＞タブの＜承諾＞の下の部分をクリックし、＜変更の承諾＞をクリックします。変更をまとめて反映させることもできます。変更の反映をもとに戻す場合は、＜校閲＞タブの＜元に戻す＞の下の部分をクリックして、変更を取り消す範囲を指定します。

参照▶Q 556

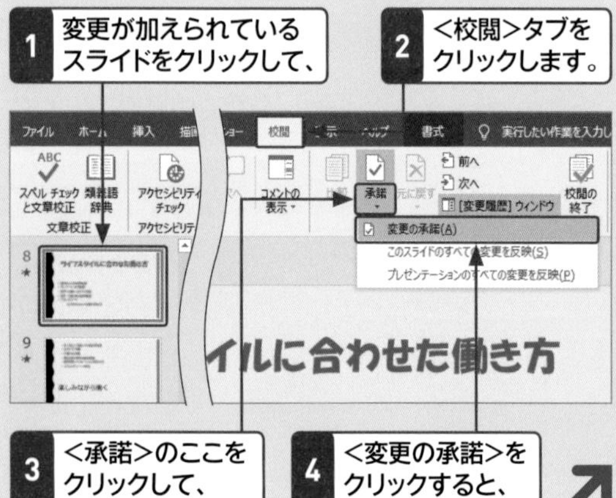

1 変更が加えられているスライドをクリックして、
2 ＜校閲＞タブをクリックします。
3 ＜承諾＞のここをクリックして、
4 ＜変更の承諾＞をクリックすると、
変更の承諾(A)
このスライドのすべての変更を反映(S)
プレゼンテーションのすべての変更を反映(P)

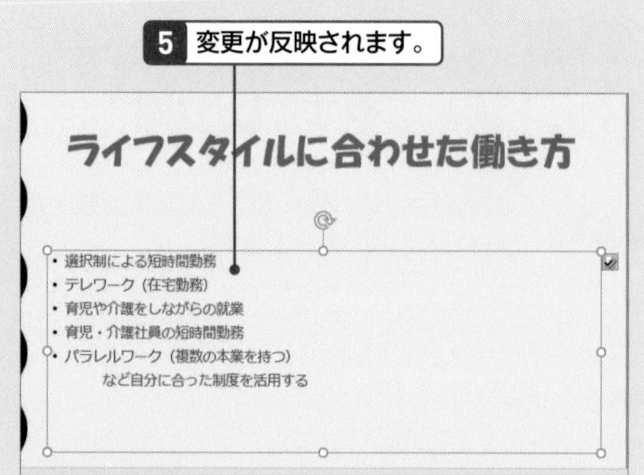

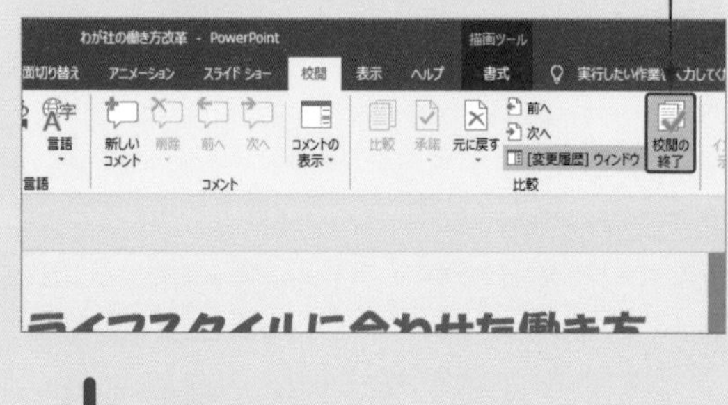

6 すべての変更箇所の確認が終わったら、＜校閲の終了＞をクリックして、
校閲の終了

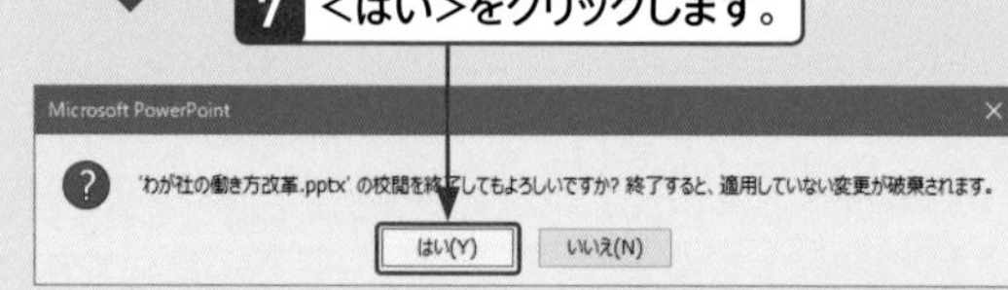

重要度★★★ タブレット／スマートフォンでの使用

Q 558 タブレットやスマートフォン用のアプリはないの？

A それぞれのデバイス向けのアプリを無料でダウンロードできます。

タブレットやスマートフォンでPowerPointを使用するには、それぞれのデバイス向けのPowerPointのアプリをダウンロードしてインストールします。iPad／iPhoneの場合はApp Storeから、Androidの場合はGoogle Playから、Windowsタブレットの場合はWindowsストアから無料でダウンロードできます。パソコン版のPowerPointと比較すると制限はありますが、プレゼンテーションの閲覧や作成、編集などの基本的な機能は備えており、画面サイズ10.1インチ以下のデバイスで利用できます。なお、Microsoft 365サブスクリプション（月額1,284円、2020年5月現在）を契約すると、10.1インチ以上のデバイスでも利用できます。また、PowerPointのすべての機能を利用できるようになります。

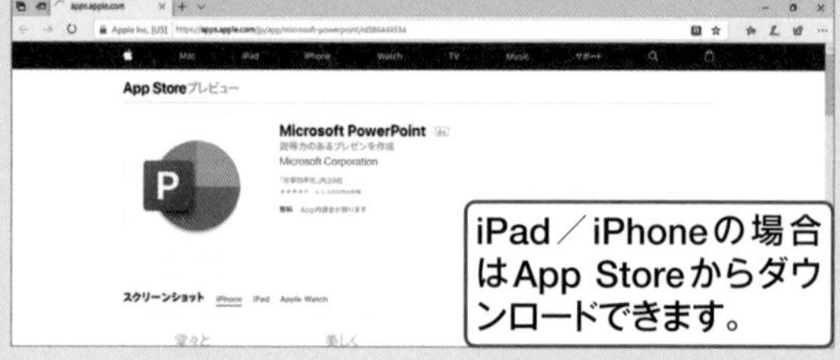

Q559 タブレットやスマートフォンでも編集したい！

A OneDriveからファイルを開いて編集できます。

プレゼンテーションをOneDriveに保存しておくと、タブレットやスマートフォンなど、どのデバイスからでも目的のプレゼンテーションを開いて、ファイルを編集したり閲覧したりすることができます。変更内容は自動的に保存されます。また、新規にスライドを作成することもできます。

なお、ここではiPhoneを利用していますが、Androidでも同様の方法で操作を行えます。 参照▶Q 558

1 スマートフォンでPowerPointを起動し、<開く>→<OneDrive-個人用>の順にタップし、開くファイルを選択します。

2 サムネイルをタップすると、スライドが切り替わります。

3 テキストをタップすると、

ここをタップすると、新しいスライドを追加できます。

4 コマンドが表示され、プレゼンテーションを編集することができます。

Q560 タッチ操作しやすいようにしたい！

A 画面をタッチモードに切り替えます。

タッチ操作ができるパソコン向けに、タッチ操作に適した表示に切り替えることもできます。タッチ操作をしやすくするには、クイックアクセスツールバーの<タッチ／マウスモードの切り替え>をクリックして、<タッチ>をクリックします。タッチモードからマウスモードに戻るには、<マウス>をクリックします。

1 <タッチ／マウスモードの切り替え>をクリックして、

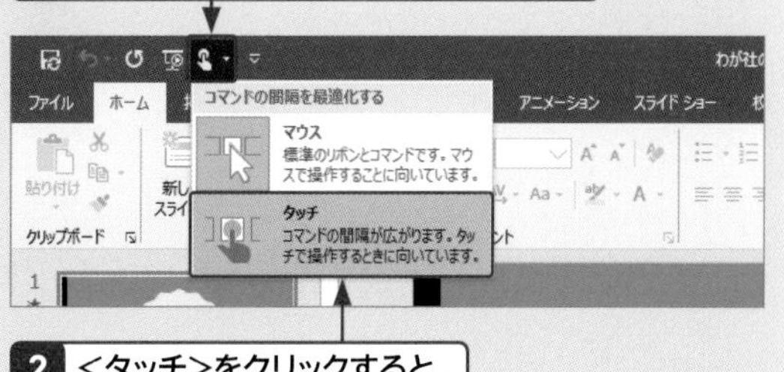

2 <タッチ>をクリックすると、

3 コマンドの間隔が広がり、タッチ操作がしやすくなります。

● コマンドが表示されていない場合

1 <タッチ／マウスモードの切り替え>が表示されていない場合は、ここをクリックして、

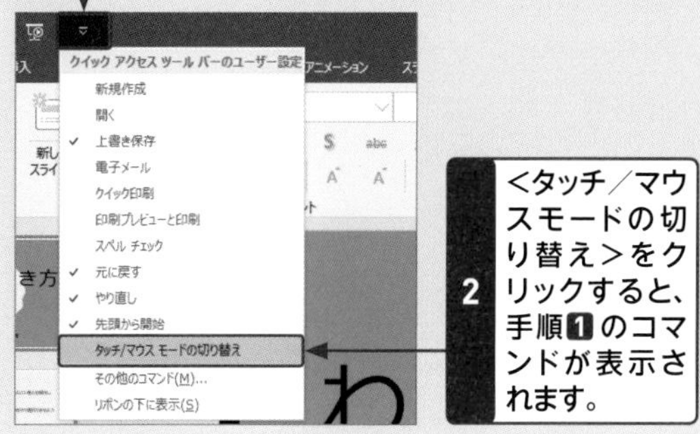

2 <タッチ／マウスモードの切り替え>をクリックすると、手順1のコマンドが表示されます。

ショートカットキー一覧

PowerPointを活用するうえで覚えておくと便利なのがショートカットキーです。ショートカットキーとは、キーボードの特定のキーを押すことで、操作を実行する機能です。ショートカットキーを利用すれば、すばやく操作を実行することができます。ここでは、PowerPointで利用できるおもなショートカットキーを紹介します。

●編集時に使用するショートカットキー

ソフト・ファイルの操作	
Ctrl + N	新しいプレゼンテーションを作成する。
Ctrl + M	新しいスライドを追加する。
Ctrl + F12	＜ファイルを開く＞ダイアログボックスを表示する。
Ctrl + D	スライドを複製する。
Ctrl + S	上書き保存する。
Ctrl + P	＜印刷＞画面を表示する。
Ctrl + W	プレゼンテーションを閉じる。
F12	＜名前を付けて保存＞ダイアログボックスを表示する。
F1	＜ヘルプ＞ウィンドウを表示する。
Alt + F4	PowerPointを終了する。

スライドへのデータの入力・編集	
Ctrl + Z	直前の操作を取り消す。
Ctrl + Y	直前の操作をやり直す。
Ctrl + C	コピーを実行する。
Ctrl + X	切り取りを実行する。
Ctrl + V	コピーまたは切り取ったデータなどを貼り付ける。
Ctrl + E	文字列を中央揃えにする。
Ctrl + L	文字列を左揃えにする。
Ctrl + R	文字列を右揃えにする。
Ctrl + B	文字に太字を設定／解除する。
Ctrl + U	文字に下線を設定／解除する。
Ctrl + Shift + > (<)	文字を少し大きく（小さく）する。
Ctrl + Space	書式設定を解除する。
Ctrl + F	＜検索＞ダイアログボックスを表示する。
Ctrl + H	＜置換＞ダイアログボックスを表示する。
F4	直前の操作を繰り返す。
Home (End)	カーソルのある行の先頭（末尾）へ移動する。
PageUp (PageDown)	1スライド上（下）に移動する。
F7	スペルチェックを行う。
Shift + F9	グリッドの表示／非表示を切り替える。
Alt + F9	ガイドの表示／非表示を切り替える。
Alt + N → P	画像を挿入する。
Alt + H → S + H	図形を挿入する。

テキスト・オブジェクトの選択	
Ctrl＋A	表示中のスライドのすべてのオブジェクトを選択する。
Ctrl＋Shift＋←→	選択範囲をカーソル位置から1単語左・右方向に拡張／縮小する。
Shift＋↑↓	選択範囲をカーソル位置から1文字上・下方向に拡張／縮小する。
Shift＋←→	選択範囲をカーソル位置から1文字左・右方向に拡張／縮小する。
Shift＋Home（End）	カーソルの位置からその行の先頭（末尾）まで選択する。
F2	プレースホルダー内のテキストを選択する。

アウトラインでの操作	
Alt＋Shift＋←／Shift＋Tab	段落のレベルを上げる。
Alt＋Shift＋→／Tab	段落のレベルを下げる。
Alt＋Shift＋↑	段落を上に移動する。
Alt＋Shift＋↓	段落を下に移動する。
Alt＋Shift＋1	タイトルだけを表示する。
Alt＋Shift＋+	選択したスライドの内容を表示する。
Alt＋Shift＋-	選択したスライドの内容を非表示にする。
Ctrl＋A	すべてのテキストを選択する。

●プレゼンテーション時に使用するショートカットキー

スライドショーの基本	
F5	最初のスライドからスライドショーを開始する。
Shift＋F5	現在のスライドからスライドショーを開始する。
N、Enter、PageDown、Space、→、↓	次のスライドに進む。
P、BackSpace、PageUp、↑、←	前のスライドに戻る。
数字＋Enter	指定した数字（番号）のスライドを表示する。
Home（End）	先頭（最後）のスライドへ移動する。
Esc	スライドショーを終了する。

マウスポインターの切り替え	
Ctrl＋L	マウスポインターをレーザーポインターに変更する。
Ctrl＋P	マウスポインターをペンに変更する。
Ctrl＋A	マウスポインターを矢印ポインターに変更する。
Ctrl＋H	マウスポインターとコントロールバーを非表示にする。

画面の表示	
E	スライドへの書き込みを削除する。
W、,（カンマ）	白い画面を表示する／もとの画面に戻す。
B、.（ピリオド）	黒い画面を表示する／もとの画面に戻す。
G	すべてのスライドを一覧で表示する／もとの表示に戻す。
+、Ctrl＋+	一覧表示したスライドを拡大表示する。
-、Ctrl＋-	一覧表示したスライドを縮小表示する。
S	自動実行中のスライドショーを停止／再開する。

用語集

3D(スリーディー)モデル

3D(3次元)で作成された立体の画像データのことです。PowerPoint 2019では、3D画像をパソコン内のファイルやオンラインソースからダウンロードして挿入できます。挿入した3D 画像は、任意の方向に回転させたり、上下に傾けて表示させたりできます。

参考▶Q 005

オンライン3Dモデル

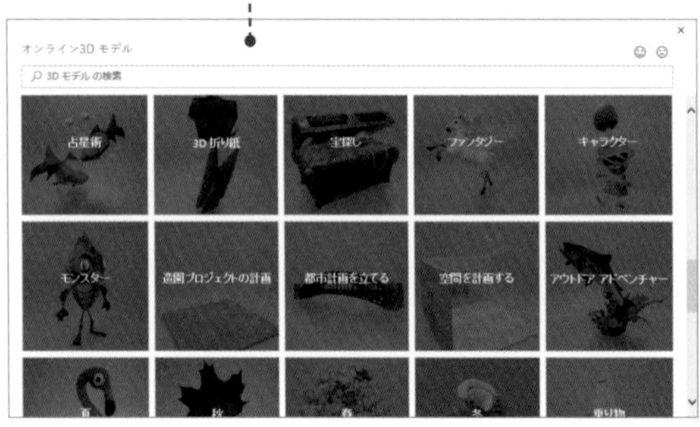

Microsoft 365(マイクロソフトサンロクゴ)

Officeを購入するのではなく、月額や年額の金額を支払って使用するサブスクリプション版のOfficeのことです。ビジネス用と個人用があり、個人用はMicrosoft 365 Personalという名称で販売されています。Microsoft 365 Personalは、Windowsパソコン、Mac、タブレット、スマートフォンなど、複数のデバイスに台数無制限にインストールできます。

参考▶Q 007

Microsoft(マイクロソフト)アカウント

マイクロソフトが提供するOneDrive、PowerPoint OnlineなどのWebサービスや各種アプリを利用するために必要な権利のことをいいます。マイクロソフトのWebサイトで取得できます(無料)。

参考▶Q 006, Q 517, Q 520

Office(オフィス)

マイクロソフトが開発・販売しているビジネス用のソフトをまとめたパッケージの総称です。表計算ソフトのExcel、ワープロソフトのWord、プレゼンテーションソフトのPowerPoint、電子メールソフトのOutlook、データベースソフトのAccessなどが含まれます。

参考▶Q 002

OneDrive(ワンドライブ)

マイクロソフトが無料で提供しているオンラインストレージサービス(データの保管場所)です。標準で5GBの容量を利用できます。

参考▶Q 551, Q 552, Q 559

OneDriveのWebページ

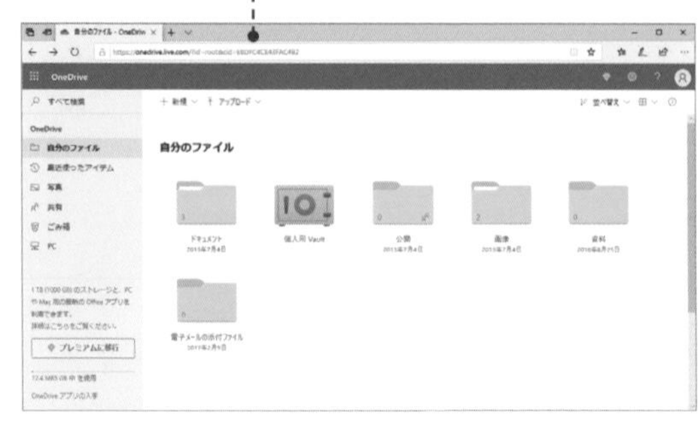

PDF(ピーディーエフ)ファイル

アドビシステムズによって開発された電子文書の規格の1つです。レイアウトや書式、画像などがそのまま維持されるので、パソコンの環境に依存せず、同じ見た目で文書を表示することができます。

参考▶Q 475

PowerPoint(パワーポイント) 97-2003プレゼンテーション

PowerPoint 97/2000/2002/2003に対応したファイル形式のことです。PowerPoint 2007からは新しいファイル形式が採用されたため、PowerPoint 2003以前のバージョンで利用する場合は、＜PowerPoint 97-2003プレゼンテーション＞形式で保存する必要があります。

参考▶Q 544

PowerPoint Online(パワーポイントオンライン)

インターネット上で利用できる無料のオンラインアプリです。インターネットに接続する環境があれば、どこからでもアクセスでき、PowerPoint文書を作成、編集、保存することができます。

参考▶Q 515, Q 517, Q 554

SmartArt(スマートアート)

アイディアや情報を視覚的な図として表現したものです。さまざまな図表の枠組みが用意されており、必要な文字を入力したり画像を挿入したりするだけで、グラフィカルな図表をかんたんに作成できます。

参考▶Q 237, Q 238

SVG(エスブイジー)ファイル

Scalable Vector Graphicsの略で、ベクターデータと呼ばれる点の座標とそれを結ぶ線で再現される画像です。ファイルサイズが小さく、拡大／縮小しても画質が劣化しないという特徴があります。PowerPoint 2019からスライドへの挿入が可能になりました。

参考▶Q 005, Q 097

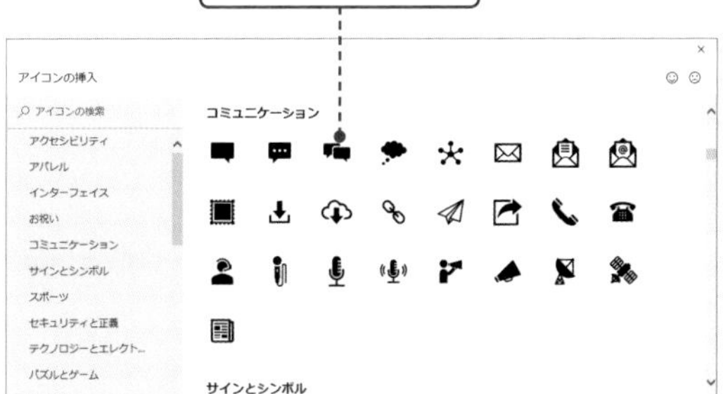

USB(ユーエスビー)

Universal Serial Busの略で、パソコンに周辺機器を接続するための規格の1つです。機器をつなぐだけで認識したり、機器の電源が入ったままで接続や切断ができたりするのが特長です。

参考▶Q 518

Web(ウェブ)サイト

インターネット上に公開されている文書のことをWebページ、個人や企業が作成した複数のWebページを構成するまとまりをWebサイトといいます。

参考▶Q 468

アイコン

プログラムやデータの内容を、図や絵にしてわかりやすく表現したものです。アイコンをダブルクリックすることにより、プログラムの実行やファイルを開くなど、直観的な操作ができます。

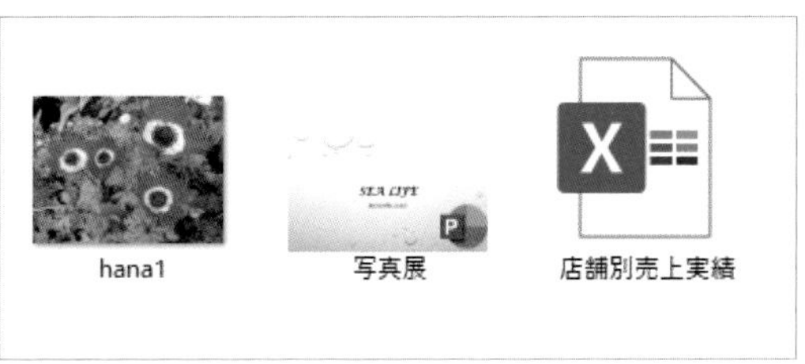

アウトライン

プレゼンテーション内の文章だけを階層構造で表示する機能のことです。プレゼンテーション全体が階層構造で表示され、全体の流れや項目間の上下関係などがひと目で確認できます。

参考▶Q 168

アップデート

ソフトウェアを最新版に更新することです。不具合の修正や追加機能、セキュリティ対策ソフトで最新のウイルスなどに対抗するための新しいデータを取得するときなどに行われます。

参考▶Q 003

アニメーション

スライド上の図形や画像、グラフなどのオブジェクトや文字に動きを付けて、表現豊かに見せるための機能です。

参考▶Q 359, Q 360

印刷プレビュー

印刷結果のイメージを画面で確認する機能です。実際に印刷する前に印刷プレビューで確認することで、印刷ミスを防ぐことができます。

参考▶Q 523

インデント

文書の左端(あるいは右端)から先頭文字(あるいは行の最後尾の文字)を内側に移動すること、またはその幅を指します。「字下げ」ともいいます。

参考▶Q 130, Q 135

エクスポート

データをほかのアプリが読み込める形式に変換することです。<ファイル>タブのエクスポートでは、PDF形式などの変換を実行します。

参考▶Q 516, Q 539

円グラフ

円で全体を示し、それに対して占める内容や割合を視覚的に確認できるグラフです。

参考▶Q 323, Q 354, Q 355

オートコレクト

英単語の2文字目を小文字にしたり、先頭の文字を大文字にしたりするなど、特定の単語や入力ミスと思われる文字列を自動的に修正する機能です。

参考▶Q 155, Q 157

オブジェクト

文字データ以外の、図や画像、表、ワードアート、テキストボックスなどを総じてオブジェクトといいます。

参考▶Q 231, Q 474

折れ線グラフ

一定時点のデータを線で結んだグラフです。時系列に沿ってデータがどのように変化しているか、その傾向を視覚的に確認できます。 参考▶Q 323, Q 350, Q 351

オンライン画像

インターネット上に公開されている写真やイラストなどの画像のことです。 参考▶Q 249, Q 254

カーソル

文字の入力位置や操作の対象となる場所を示すマークのことで、「文字カーソル」ともいいます。なお、マウスポインターのことを「マウスカーソル」と呼ぶこともあります。 参考▶Q 494, Q 495

解像度

画面をどれくらいの細かさで描画するかを決める設定のことです。Windowsでは、「1920×1080」など、画面を構成する点の数で表現されます。 参考▶Q 444

拡張子

ファイル名の後半部分に、「.」(ピリオド)に続けて付加される「.pptx」や「.wav」などの文字列のことです。ファイルを作成したアプリやファイルのデータ形式ごとに個別の拡張子が付きます。ただし、Windowsの初期設定では、拡張子が表示されないように設定されています。 参考▶Q 417

画面切り替え効果

スライドから次のスライドへ切り替わる際に、画面に変化を与えるアニメーション効果のことです。シンプルなものからダイナミックなものまで、さまざまな効果が用意されています。 参考▶Q 406, Q 407

共有

同じファイルを複数のユーザーで同時に編集したり、閲覧したりする機能のことです。ファイルをOneDriveに保存すると、インターネット経由で共有することができます。 参考▶Q 551, Q 552

クイックアクセスツールバー

よく使う機能をコマンドとして登録しておくことができる画面左上の領域のことです。タブを切り替えるより、常に表示されているコマンドをクリックするだけですばやく操作できます。 参考▶Q 009, Q 040

クラウド(クラウドコンピューティング)

ネットワーク上に存在するサーバーが提供するサービスを、その所在や時間、場所を意識することなく利用できる形態を表す言葉です。 参考▶Q 249

グラデーション

色の明るさや濃淡、色彩に変化を付けることです。

参考▶Q 215

グリッド線

スライド上に表示される碁盤の目のような罫線です。図形を作成したり配置したりする場合などに便利です。<表示>タブの<グリッド線>で表示/非表示を切り替えることができます。 参考▶Q 227

クリップボード

コピーしたり、切り取ったりしたデータを一時的に保管しておく場所のことです。 参考▶Q 125

<クリップボード>作業ウィンドウ

グループ化

複数の図形などを1つの図形として扱えるようにまとめることをいいます。 参考▶Q 233

互換性チェック

以前のバージョンのPowerPointでサポートされていない機能が使用されているかどうかを確認する機能です。互換性に関する項目がある場合は、＜互換性チェック＞ダイアログボックスが表示されます。

参考▶Q 544

コメント

文書を作成する際に気づいた点を書き留めたり、文書を共有する際に意見や感想など、ほかの人に伝えたいことを書き留めたりする文章のことです。

参考▶Q 555

コンテンツ

スライドに配置するテキスト、表、グラフ、SmartArt、3Dモデル、図、ビデオなどのことです。コンテンツを含むスライドを追加すると、コンテンツを挿入できるプレースホルダーが配置されています。

参考▶Q 017, Q 020

コントラスト

明るい部分と暗い部分の明暗の差のことです。コントラストを強くすると、明るい部分がより明るくなり、一方で暗い部分がより暗く表現されます。 参考▶Q 433

再起動

パソコンを終了して、再度起動し直すことです。更新プログラムのインストール後やアプリのインストール時などに、再起動が必要な場合があります。

最大化

作業中のウィンドウを画面いっぱいのサイズに拡大することです。＜元に戻す（縮小）＞をクリックすると、もとのサイズに戻ります。

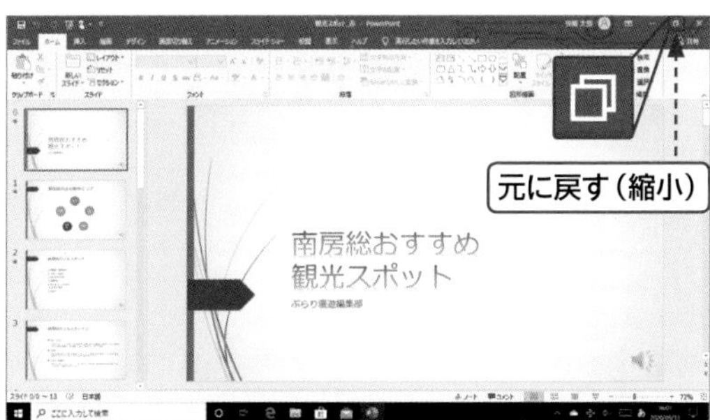

サムネイル

ファイルの内容を縮小表示した画像のことをいいます。起動中のウィンドウの内容をタスクバー上から表示したり、スライドをフォルダーウィンドウに並べて表示したりすることができます。 参考▶Q 009

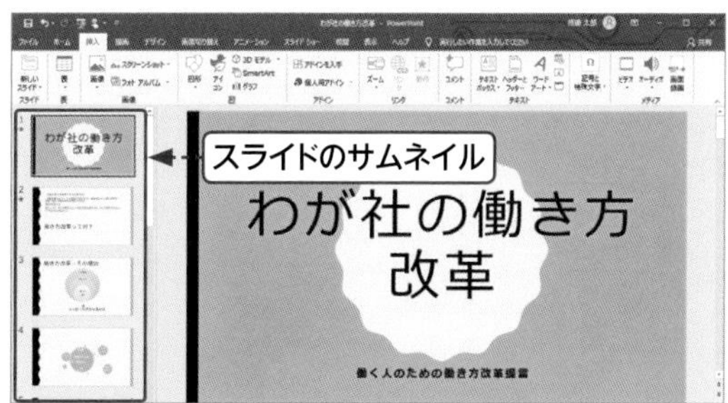

シャットダウン

起動していたアプリをすべて終了させ、パソコンの電源を完全に切ることです。

じょうごグラフ

プロセス内の複数の段階ごとに値を表示するグラフです。相対的な数値の変化を視覚的に確認できます。

参考▶Q 323

ショートカットキー

キーボードの特定のキーを押すことで、操作を実行する機能です。本書では、P.310に主なショートカットキーを掲載しています。

書式

文字や図、表、グラフなどの見せ方を設定するものです。文字サイズや文字色、フォントなどを設定する文字書式、箇条書きや行間、文字配置などを設定する段落書式など、さまざまな書式が設定できます。 参考▶Q 050

ズームスライダー

スライドの表示倍率を拡大／縮小する機能です。ズームスライダーのつまみを左右にドラッグするか、スライダーの左右にある＜拡大＞／＜縮小＞をクリックすることで変更できます。 参考▶Q 009

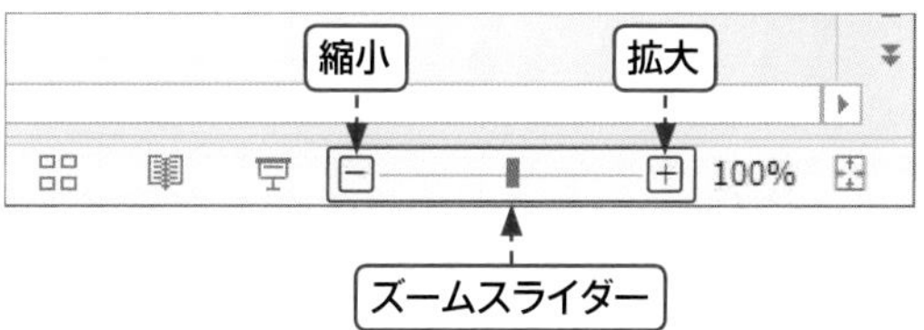

スクリーンショット

ディスプレイの表示を画像データとして保存する機能です。「スクリーンキャプチャ」ともいいます。

参考▶Q 277, Q 278

スマートガイド

図形をドラッグして移動する際に表示される赤い点線のことです。上下に揃える、等間隔に配置する、スライドの中央に配置する、などのタイミングで表示されます。

参考▶Q 253

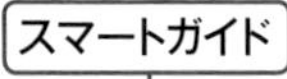

スマートフォン

パソコンのような機能を持ち、タッチ操作で操作できる多機能携帯電話です。「スマホ」とも呼ばれます。

参考▶Q 558, Q 559

スライド

PowerPointのファイルを構成するそれぞれのページのことです。

参考▶Q 009

スライドショー

PowerPointの表示モードの1つで、1枚ずつ順番にスライドを切り替えながらプレゼンテーションを行う際に利用します。

参考▶Q 477

スライド番号

各スライドに表示する番号のことで、表示位置はテーマによって異なります。タイトルスライドには番号を付けないのが一般的です。

参考▶Q 068, Q 069, Q 070

スライドマスター

プレゼンテーション全体の書式やレイアウトを設定できる機能のことです。スライドマスターを利用すると、統一感のあるプレゼンテーションを作成できます。

参考▶Q 085

セクション

枚数の多いプレゼンテーションをグループに分けて管理する機能のことです。

参考▶Q 075

ソフトウェア

パソコンを動作させるためのプログラムをまとめたものです。単に「ソフト」ともいいます。

参考▶Q 001

ダイアログボックス

PowerPointの詳細設定を行ったり、ユーザーに入力やメッセージ確認を促したりするために、メインのウィンドウとは別に開くウィンドウです。詳細設定を行うためのダイアログボックスは、各タブのグループの右下にあるダイアログボックス起動ツールをクリックしたり、メニューの末尾にある項目をクリックしたりすると表示されます。

ダイアログボックス起動ツール

ダウンロード

インターネット上で提供されているファイルやプログラムを、パソコンのハードディスクなどに保存することです。

参考▶Q 042

タスクバー

デスクトップの最下段に表示される横長のバーのことです。アプリの起動や切り替えなどに利用します。

参考▶Q 008

タッチモード

タッチ操作対応のパソコンで、画面をタッチで操作しやすいようにするモードのことです。

参考▶Q 560

タブ

プログラムの機能を実行するためのものです。タブの数はプログラムのバージョンによって異なりますが、PowerPoint 2019では11個（あるいは10個）のタブが表示されています。それぞれのタブには、コマンドが用途別のグループに分かれて配置されています。
そのほかのタブは作業に応じて新しいタブとして表示されます。

参考▶Q 009

タブレット

画面を直接触って操作する携帯端末のことをいいます。スマートフォンより画面が大きいので操作性がよく、ノートパソコンより小さいので持ち運びに便利なのが特長です。 参考▶Q 558, Q 559

テーマ

スライドの配色やフォント(書体)、効果、背景色などの組み合わせがあらかじめ登録されているデザインのひな形のことです。テーマごとにカラーや画像などが異なるバリエーションも用意されています。

参考▶Q 013

デジタルインク

デジタルペンや指、マウスを使って手書き文字や図形などを自由に書き込むことができる機能です。

参考▶Q 005

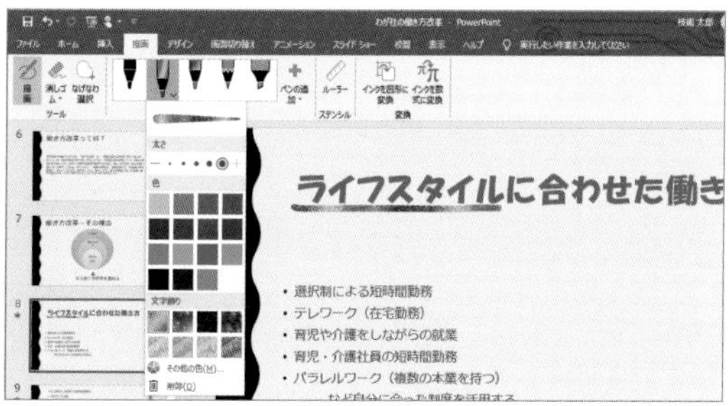

デスクトップ

デスクトップアプリを表示したり、ファイルを操作するためのウィンドウを表示したりする作業領域です。

参考▶Q 481

テンプレート

新しいプレゼンテーションを作成する際のひな形となるファイルのことです。テンプレートを利用すれば、ストーリーのあるプレゼンテーションをかんたんに作成することができます。 参考▶Q 041

トリミング

画像で不要な部分を取り除いて、見た目を整えることです。 参考▶Q 258

ノート

スライドショーの実行中の発表者用のメモとしたり、印刷して参考資料としたりして利用する機能です。ノートはノートペインに入力します。 参考▶Q 082

バージョン

ソフトの改良、改訂の段階を表すもので、ソフト名の後ろに数字で表記され、通常は数字が大きいほど新しいものであることを示します。Windows版のPowerPointの場合は、「2013→2016→2019」のようにバージョンアップされています。 参考▶Q 003

ハイパーリンク

文字や画像などに別の文書や画像、Webページなどの位置情報を埋め込んで、クリックするだけでその文書や画像、Webページなどを開いて参照できるしくみのことです。単に「リンク」ともいいます。 参考▶Q 466

配布資料

プレゼンテーションを行う際に、あらかじめスライドの内容を印刷したものを出席者に資料として配布するものです。1枚の用紙に1枚から9枚のスライドを必要に応じて配置し、印刷できます。 参考▶Q 524, Q 525

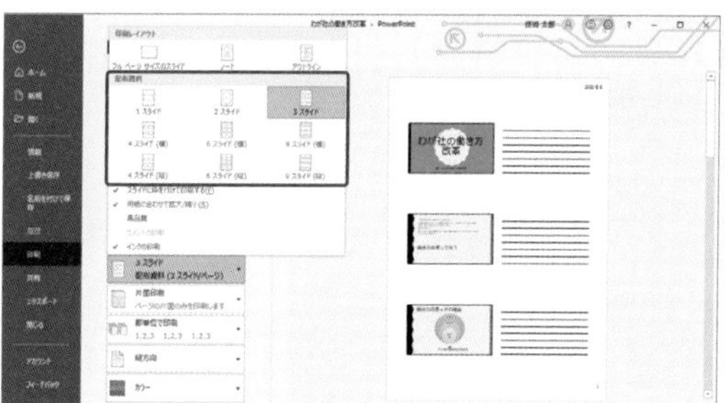

パスワード

ファイルやオンラインサービスなどを利用する際に、正規の利用者であることを証明するために入力する文字列のことです。 参考▶Q 546

発表者ツール

スライドショーを実行しているときに、発表者がパソコンでスライドやノートなどを確認できる機能のことです。 参考▶Q 484

ファイル

ハードディスクなどに保存された、ひとかたまりのデータやプログラムのことです。パソコンでは、ファイル単位でデータが管理されます。

フェードアウト

音楽や動画などの終わりの部分において、少しずつ小さくなっていく効果のことです。 参考▶Q 432, Q 454

フェードイン

音楽や動画などの始まりの部分において、少しずつ大きくなっていく効果のことです。 **参考▶Q 432, Q 454**

フォルダー

ファイルを分類して整理するための場所のことです。フォルダーの中にフォルダーを作ってファイルを管理することもできます。

フォント

文字をパソコンの画面に表示したり、印刷したりする際の文字の形のことです。 **参考▶Q 051, Q 112**

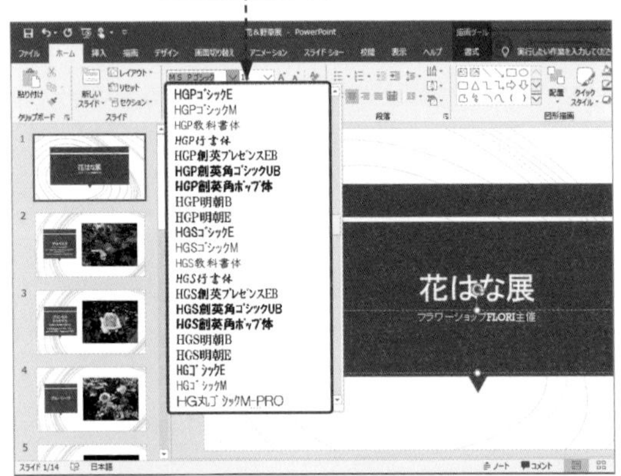

フッター

スライドの下部余白部分に設定される情報、あるいはそのスペースをいいます。 **参考▶Q 061, Q 529**

プレースホルダー

スライド上に文字を入力したり、表やグラフ、画像などのオブジェクトを挿入したりするために配置されている枠のことです。 **参考▶Q 017**

プレゼンテーション

資料などの情報を示しながら、話し手が聞き手に対して内容を理解してもらうようにする伝達手段のことです。 **参考▶Q 476**

プレビュー

アニメーション効果や画面切り替え効果など、スライドショーを実行する前に、前もってその内容を確認することです。 **参考▶Q 363, Q 409**

プログラム

パソコンを動作させるための命令が組み込まれたファイルのことです。ソフトウェアは、膨大な数のプログラムから成り立っています。

プロパティ

ファイルやプリンター、画面などに関する詳細な情報のことです。たとえば、ファイルのプロパティでは、そのファイルの保存場所、サイズ、作成日時、作成者などを知ることができます。

ページ番号

ページの順番を示し、デフォルトではページの右下に印刷されます。ノートと配布資料だけに反映され、スライドには反映されません。 **参考▶Q 528**

ヘッダー

スライドの上部余白部分に設定される情報、あるいはそのスペースをいいます。 **参考▶Q 061, Q 529**

ヘルプ

ソフトウェアやハードウェアの使用法や、トラブルを解決するための解説をパソコンの画面上で説明している文書のことです。

変更履歴

ファイルを共有する際に、書式の変更や文字の挿入／削除など、どこを変更したのかがわかるように記録・表示される機能です。ファイルを比較すると変更個所を確認できます。 **参考▶Q 556**

棒グラフ

複数のデータを棒で表現するグラフです。データは棒の長さで確認できるため、データを比較するなどに適しています。 **参考▶Q 323**

マウス

パソコンで利用されている入力装置の1つです。左右のボタンやホイールを利用することで、アプリを起動したり、ウィンドウの操作やコマンドの操作などを行ったりします。

マウスポインター

マウスの動きと連動して、画面上を移動するマークのことです。基本的には矢印の形をしていますが、形は状況によってさまざまに変化します。単に「ポインター」、もしくは「マウスカーソル」ともいいます。

参考▶Q 304

マップグラフ

地図上でデータを表現するグラフです。色などによって地域ごとのデータを視覚的に確認できます。

参考▶Q 323

面グラフ

複数の折れ線で表現し、それぞれの折れ線で挟まれた領域を色などで表すグラフです。時間の経過に伴うデータの推移を視覚的に確認できます。 参考▶Q 323

ユーザー

ソフトウェアやハードウェアを使用する使用者自身のことを指します。

ユーザー定義

ユーザーが独自に定義する機能のことです。おもに、テーマや配色、フォントなどのデザインで利用します。

参考▶Q 049, Q 052

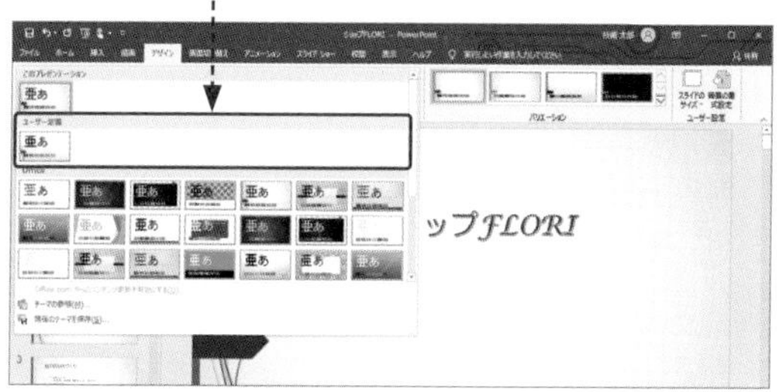

読み取り専用

保存した内容を上書き保存できないように文書ファイルを保護する機能です。PowerPointではスライドショーでのみ使用可能になります。 参考▶Q 548

リハーサル

本番と同じようにスライドショーを実行して、スライドごとにアニメーションを再生するタイミングや、スライドを切り替えるタイミングを設定する機能です。

参考▶Q 508

リボン

マイクロソフトのユーザーインターフェースの1つで、プログラムの機能が用途別のタブに分類されて整理されているコマンドバーのことです。PowerPointやExcelなどのOfficeソフトやWindows 10に搭載されているエクスプローラーなどに搭載されています。

参考▶Q 009

両端揃え

プレースホルダーに入力した文章の行末が、プレースホルダーの端に揃うように、文字間隔を調整する機能です。 参考▶Q 140

ルーラー

スライドウィンドウの上側と左側に表示される目盛です。インデントの設定やタブ位置を調整するのに利用します。<表示>タブの<ルーラー>で表示／非表示を切り替えることができます。 参考▶Q 135

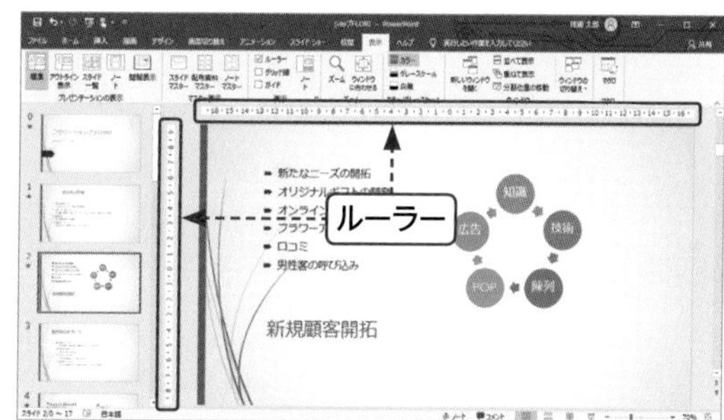

レーダーチャート

複数の項目内の要素を折れ線グラフで表示し、相対的なバランスを見たり、ほかの系列と比較したりするグラフです。 参考▶Q 323

ワードアート

デザインされた文字を作成するための機能、もしくはその機能を使って作成された文字のことです。

参考▶Q 158

目的別索引

数字

1 枚企画書を作成する……298（Q 541）
2 段組みや 3 段組みを設定する……104（Q 142）
3-D グラフを作成する……194（Q 325）

A ～ Z

Excel のグラフを挿入する……210（Q 358）
Excel の表を挿入する……189（Q 320）
Office 製品の情報を確認する……32（Q 004）
PDF ファイルをスライドに挿入する……266（Q 475）
PowerPoint 97-2003 プレゼンテーション形式で保存する……301（Q 544）
PowerPoint スライドショー形式で保存する……270（Q 481）
PowerPoint を起動する……34（Q 008）
PowerPoint を終了する……48（Q 035）
SmartArt グラフィックを挿入する……147（Q 237）
　色を変更する……149（Q 241），150（Q 242）
　画像を挿入する……150（Q 243）
　図形に変換する……152（Q 247）
　図形を追加する……151（Q 245），152（Q 246）
　スタイルを変更する……149（Q 240）
　文字を入力する……148（Q 238）
Word のアウトラインからスライドを作成する……128（Q 192）

あ行

アウトライン表示……117（Q 169）
　同じ段落レベルのテキストを入力する……120（Q 175）
　サブタイトルを入力する……118（Q 171）
　書式を設定する……122（Q 181）
　スライドの表示を大きくする……127（Q 191）
　スライドを追加する……118（Q 172）
　タイトルだけを表示する……124（Q 185）
　タイトルを入力する……117（Q 170）
　タブを挿入する……121（Q 180）
　段落レベルを下げる／上げる……121（Q 178，Q 179）
　段落を変えずに改行する……120（Q 176）
　テキストを移動する……125（Q 188）
　テキストを折りたたむ／展開する……124（Q 186）
　テキストを入力する……119（Q 173）
アウトライン表示で PowerPoint を起動する……127（Q 190）
アウトラインを保存する……126（Q 189）
新しいプレゼンテーションを作成する……38（Q 012）
アニメーション効果を設定する……213（Q 360）
　SmartArt に設定する……230（Q 393）
　箇条書きを 1 行ずつ表示する……227（Q 387，Q 388）
　軌跡を設定する……222（Q 378），223（Q 380）
　グラフに設定する……229（Q 392），236（Q 404，Q 405）
　繰り返し再生する……217（Q 368）
　コピー／貼り付けする……220（Q 374），221（Q 375）
　再生が終了したら巻き戻す……217（Q 369）
　再生順序を変更する……220（Q 373）
　サウンドを付ける……225（Q 383）
　削除する……215（Q 364）
　自動で再生する……216（Q 367）
　図形内の文字だけを動かす……228（Q 390）
　速度を調節する……216（Q 366）
　単語や文字ごとに設定する……226（Q 386）
　同時に再生する……219（Q 372）
　文章を行頭から表示する……231（Q 395）
　方向を変更する……214（Q 362）
　連続して自動再生する……218（Q 370）
イラストを挿入する……159（Q 256）
印刷する……290（Q 523），291（Q 524）
　アウトラインを印刷する……297（Q 538）
　ノートを付けて印刷する……295（Q 534）
　ヘッダーやフッターを付けて印刷する……292（Q 528），293（Q 529）
　メモ欄を付けて印刷する……291（Q 525）
　用紙サイズを変えて印刷する……292（Q 527）
上書き保存する……47（Q 034）
英単語の先頭文字を大文字にしない……110（Q 157）
英単語の文字種を変換する……92（Q 117）
絵グラフを作成する……205（Q 349）
円グラフにパーセンテージを表示する……208（Q 355）
円グラフのデータ要素を切り離す……208（Q 354）
オーディオ（音楽）を挿入する……257（Q 450）
　音量を設定する……261（Q 461）
　再生が終了したら巻き戻す……261（Q 460）
　自動的に再生する……260（Q 457）
　スライド切り替え後も再生する……260（Q 458）
　停止するまで繰り返す……260（Q 459）
　トリミングする……259（Q 453）
　バックグラウンドで再生する……258（Q 451）
　フェードイン／フェードアウトを設定する……259（Q 454）
　ブックマークを付ける……259（Q 455）
　録音した音声を挿入する……258（Q 452）
オブジェクトに動作設定を加える……266（Q 474）
折れ線グラフに降下線を付ける……207（Q 352）
折れ線グラフにマーカーを付ける……206（Q 351）
折れ線グラフの線の太さを変更する……206（Q 350）
オンラインプレゼンテーションを利用する……288（Q 521）

か行

ガイドを表示する……143（Q 228）
箇条書きに段落番号を付ける……98（Q 129）
箇条書きの行頭記号を変更する……97（Q 128），99（Q 131）
箇条書きの段落レベルを変更する……98（Q 130）
画像を挿入する……154（Q 248），155（Q 249）
　SmartArt に変換する……151（Q 244）
　アート効果を設定する……164（Q 269）

移動する……156 (**Q 251**)
色を変える……164 (**Q 267, Q 268**)
効果を付ける……166 (**Q 273**)
サイズを変える……155 (**Q 250**)
左右反転する……156 (**Q 252**)
図形に合わせてトリミングする……161 (**Q 260**)
図形に挿入する……139 (**Q 216**)
修整する……163 (**Q 264, Q 265, Q 266**)
書式設定を解除する……167 (**Q 275**)
書式をコピー／貼り付けする……167 (**Q 274**)
書式を保持したまま画像を差し替える……168 (**Q 276**)
スタイルを設定する……165 (**Q 270**)
トリミングする……160 (**Q 160, Q 262**)
トリミング部分を削除する……162 (**Q 263**)
背景を削除する……161 (**Q 259**)
配置を整える……157 (**Q 253**)
ワードアートの形に切り抜く……162 (**Q 261**)
枠線を付ける……165 (**Q 271**), 166 (**Q 272**)
画面切り替え効果を付ける……238 (**Q 407**), 240 (**Q 410**)
切り替えるタイミングを設定する……241 (**Q 413, Q 414**)
サウンドを付ける……242 (**Q 416**)
削除する……240 (**Q 412**)
速度を調節する……241 (**Q 415**)
プレビューする……239 (**Q 409**)
方向を変更する……239 (**Q 408**)
画面をタッチモードに切り替える……309 (**Q 0560**
既定のファイルの保存場所を変更する……300 (**Q 543**)
行間を変更する……100 (**Q 134**)
行頭文字を付けずに改行する……44 (**Q 025**)
共有ファイルとももとのファイルを比較する……307 (**Q 556**)
共有ファイルの変更内容を反映する……308 (**Q 557**)
共有ファイルを開く……305 (**Q 553**)
共有ファイルを編集する……306 (**Q 554**)
曲線を描く……130 (**Q 193**)
クイックアクセスツールバーにコマンドを登録する
……50 (**Q 040**)
グラフ要素を選択する……201 (**Q 341**)
グラフを挿入する……192 (**Q 322**)
色を変更する……198 (**Q 333, Q 334**)
効果を設定する……205 (**Q 348**)
軸ラベルを付ける……199 (**Q 337**)
種類を変更する……196 (**Q 329**)
タイトルを付ける……200 (**Q 338**)
縦（値）軸の表示単位を変更する……201 (**Q 340**)
縦軸と横軸を入れ替える……195 (**Q 327**)
データテーブルを表示する……197 (**Q 331**)
データラベルを表示する……202 (**Q 342**), 203 (**Q 344**)
データを並べ替える……196 (**Q 328**)
データを編集する……195 (**Q 326**)
デザインを変更する……197 (**Q 332**)
テンプレートとして保存する……198 (**Q 335**)
凡例の表示位置を変える……200 (**Q 339**)
棒グラフの間隔を調節する……204 (**Q 347**)
目盛線の間隔を変更する……203 (**Q 345**)
目盛線の最小値を変更する……204 (**Q 346**)
レイアウトを変更する……197 (**Q 330**)
グリッド線を表示する……143 (**Q 227**)
クリップボードのデータを張り付ける……96 (**Q 125, Q 126**)
コメントを挿入する……307 (**Q 555**)

さ行

<最近使ったアイテム>にファイルを固定する…300 (**Q 542**)
サウンドアイコンを移動する……261 (**Q 462**)
サウンドアイコンを非表示にする……261 (**Q 463**)
自動修正機能をオフにする……109 (**Q 155**)
水平線や垂直線を描く……132 (**Q 198**)
数式を入力する……114 (**Q 167**)
スクリーンショットを挿入する……168 (**Q 277**), 169 (**Q 278**)
図形どうしを線で結ぶ……136 (**Q 210**)
図形を描く……130 (**Q 193**)
一時的に隠す……145 (**Q 231**)
移動する……131 (**Q 195**), 134 (**Q 204**)
色を変更する……137 (**Q 211**)
大きさを変更する
……131 (**Q 195**), 133 (**Q 200, Q 201**), 134 (**Q 202**)
同じ図形を連続して描く……132 (**Q 197**)
回転する……134 (**Q 205**), 135 (**Q 206**)
重なり順を変更する……144 (**Q 229**)
既定の図形に設定する……141 (**Q 222**)
グラデーションを設定する……139 (**Q 215**)
グループ化する……146 (**Q 233**)
結合する……147 (**Q 236**)
効果を設定する……58 (**Q 053**) , 140 (**Q 218**)
コピーする……142 (**Q 223**)
種類だけを変更する……142 (**Q 224**)
書式だけをコピー／貼り付けする……141 (**Q 220**)
スタイルを設定する……138 (**Q 214**)
選択する……144 (**Q 230**) , 145 (**Q 232**)
テクスチャを設定する……140 (**Q 217**)
配置を整える……142 (**Q 225**) , 143 (**Q 226**)
反転する……135 (**Q 207**)
半透明にする……140 (**Q 219**)
変形する……135 (**Q 208**)
文字を入力する……132 (**Q 196**)
輪郭を変更する……136 (**Q 209**)
枠線の色を変更する……137 (**Q 212**)
枠線の種類を変更する……138 (**Q 213**)
スライド
一覧表示に切り替える……45 (**Q 029**)
移動する……46 (**Q 030**), 71 (**Q 079**), 125 (**Q 187**)
グレースケールにする……72 (**Q 084**)
コピーする……46 (**Q 031**)
サイズを変更する……68 (**Q 072, Q 073**), 69 (**Q 074**),
85 (**Q 105**), 298 (**Q 541**)
再利用する……61 (**Q 060**)
削除する……46 (**Q 032**), 123 (**Q 183**)

書式を変更する……75 (**Q 087**), 76 (**Q 088**)
追加する……41 (**Q 018**)
テンプレートとして登録する……53 (**Q 043**)
非表示スライドに設定する……278 (**Q 502**)
文字書式をリセットする……94 (**Q 120, Q 121**)
余白を変更する……67 (**Q 071**)
スライドショーを開始する…269 (**Q 477, Q 478**), 270 (**Q 480**)
PowerPointのウィンドウ内で実行する……271 (**Q 483**)
一時停止する……275 (**Q 493**)
一部分を拡大する……274 (**Q 490**)
書き込みを入れる……276 (**Q 496**)
書き込みを削除する……277 (**Q 498, Q 500**)
書き込みを非表示にする……278 (**Q 501**)
書き込みを保持する……277 (**Q 499**)
切り替えのタイミングを記録する……281 (**Q 508**)
切り替えのタイミングを利用する……283 (**Q 512**)
最後のスライドで停止させる……272 (**Q 487**)
終了時にタイトルスライドに戻る……273 (**Q 488**)
スライドを切り替える……274 (**Q 491, Q 492**)
中断する……269 (**Q 479**)
ナレーションを再生する……283 (**Q 513**)
ナレーションを録音する……282 (**Q 510**)
マウスカーソルを非表示にする……275 (**Q 494**)
レーザーポインターやマーカーの色を変更する
……276 (**Q 497**)
レーザーポインターを表示する……275 (**Q 495**)
スライド番号を表示する……66 (**Q 068**)
スライドマスターの要素を変更する……85 (**Q 106**)
スライドマスター表示に切り替える……74 (**Q 086**)
スライドマスターを追加する……78 (**Q 092**)
スライドレイアウトのタイトルを削除する……83 (**Q 102**)
スライドレイアウトを削除する……87 (**Q 109**)
正円や正方形を描く……133 (**Q 199**)
セクションを追加する……69 (**Q 075**)
セクションの順番を変更する……70 (**Q 078**)
セクション名を変更する……70 (**Q 076**)
セクションを折りたたむ／展開する……70 (**Q 077**)
セクションを削除する……71 (**Q 080, Q 081**)
セル内の文字位置を変更する……179 (**Q 296**), 180 (**Q 297**)
セル内の文字を縦書きにする……181 (**Q 299**)
セルに色を付ける……185 (**Q 310**)
セルにカーソルを移動する……179 (**Q 295**)
セルの余白を変更する……180 (**Q 298**)
セルを結合する……178 (**Q 293**)
セルを分割する……178 (**Q 294**)
操作を取り消す……45 (**Q 027**)
操作をやり直す……45 (**Q 028**)

た行

タイトルスライドを作る……40 (**Q 016**)
段組みを設定する……104 (**Q 142**)
段落前後の間隔を変更する……103 (**Q 141**)
段落の先頭位置を揃える……101 (**Q 135**)
テーマのバリエーションを変更する……39 (**Q 015**)
テーマを設定する……54 (**Q 045**), 76 (**Q 089**)
テーマを変更する……39 (**Q 014**)
テーマを保存する……60 (**Q 058**)
テキストのみをコピーする……95 (**Q 124**)
テキストファイルからスライドを作成する……122 (**Q 182**)
テキストボックスを挿入する……106 (**Q 147, Q 148**)
テンプレートを利用する……53 (**Q 042**)
特殊な記号を入力する……114 (**Q 166**)

な行

名前を付けて保存する……47 (**Q 033**)
ノート付き資料のレイアウトを変更する……296 (**Q 537**)
ノートの書式を編集する……296 (**Q 536**)
ノート表示に切り替える……72 (**Q 083**)
ノートペインを表示する……72 (**Q 082**)

は行

背景に画像を挿入する……59 (**Q 054**), 79 (**Q 094**)
背景に透かし図を入れる……81 (**Q 097**)
背景に透かし文字を入れる……78 (**Q 093**)
背景のスタイルを変更する……55 (**Q 047**), 80 (**Q 096**)
背景の設定を取り消す……60 (**Q 057**)
配色を変更する……55 (**Q 046**), 56 (**Q 048**), 77 (**Q 090**)
ハイパーリンクを解除する……265 (**Q 473**)
ハイパーリンクを設定する
……263 (**Q 467, Q 468**), 264 (**Q 469,Q 470**)
配布資料の書式を変更する……294 (**Q 532**)
配布資料の背景スタイルを変更する……295 (**Q 533**)
配布資料のレイアウトを変更する……294 (**Q 531**)
パスワードを設定する……302 (**Q 546**)
発表者ツールを使用する……272 (**Q 485, Q 486**)
離れた文字をまとめて選択する……45 (**Q 026**)
日付と時刻を表示する……63 (**Q 063**), 64 (**Q 065**)
日付の表示形式を変える……64 (**Q 064**), 65 (**Q 066, Q 067**)
ビデオ（動画）の再生画面
移動する……249 (**Q 427**)
大きさを解像度に合わせる……255 (**Q 444**)
効果を設定する……254 (**Q 442**)
サイズを変更する……249 (**Q 427**), 253 (**Q 440**)
トリミングする……254 (**Q 443**)
表紙画像を設定する……255 (**Q 445**), 256 (**Q 446**)
枠線を付ける……254 (**Q 441**)
ビデオ（動画）を挿入する……248 (**Q 425**)
明るさ／コントラストを修整する……251 (**Q 433**)
色を変更する……252 (**Q 434**)
音量を消す……253 (**Q 439**)
画面を録画して挿入する……249 (**Q 426**)
繰り返し再生する……253 (**Q 438**)
再生が終了したら巻き戻す……253 (**Q 437**)
再生中のみ表示する……257 (**Q 448**)
自動的に再生する……252 (**Q 436**)
書式を解除する……252 (**Q 435**)

全画面で再生する……257 (Q 449)
トリミングする……250 (Q 428)
フェードイン／フェードアウトを設定する……251 (Q 432)
ブックマークを付ける……250 (Q 429)
表を挿入する……174 (Q 286)
大きさを変更する……189 (Q 318)
行の高さや列の幅を揃える……177 (Q 291, Q 292)
行の高さや列の幅を変更する……176 (Q 290)
行や列を削除する……176 (Q 289)
行や列を挿入する……175 (Q 287, Q 288)
罫線の色を変更する……184 (Q 307)
罫線の種類を変更する……183 (Q 305)
罫線の太さを変更する……184 (Q 306)
罫線を削除する……183 (Q 303)
罫線を引く……184 (Q 308)
効果を設定する……188 (Q 316, Q 317)
斜線を引く……184 (Q 308)
スタイルをクリアする……186 (Q 311)
スタイルを変更する
……185 (Q 309), 186 (Q 312), 187 (Q 314, Q 315)
縦横比を固定する……189 (Q 319)
文字をワードアートにする……181 (Q 300)
ファイルから個人情報を削除する……304 (Q 550)
ファイルを共有する……305 (Q 552)
ファイルを開く……49 (Q 038)
ファイルを復元する……48 (Q 037)
ファイルを読み取り専用にする……303 (Q 548)
フォトアルバムを作成する……170 (Q 280)
フォントサイズを変更する……90 (Q 113)
フォントの色を変更する……91 (Q 114)
フォントを置換する……108 (Q 153)
フォントを変更する……57 (Q 051), 90 (Q 112)
複合グラフを作成する……209 (Q 356)
フッターの位置を変更する……83 (Q 101)
フッターを挿入する……62 (Q 061), 63 (Q 062)
プレースホルダーに文字を入力する……43 (Q 022)
移動する……83 (Q 100)
サイズを変える……83 (Q 100)
削除する……84 (Q 104)
自動調整をしない……109 (Q 154)
追加する……82 (Q 098), 84 (Q 103)
プレゼンテーションの一部分を利用する……279 (Q 504)
プレゼンテーションを CD-R や USB に保存する
……286 (Q 518)
プレゼンテーションを PDF 形式で保存する……297 (Q 539)
プレゼンテーションを最終版にする……303 (Q 548)
プレゼンテーションをビデオとして保存する……284 (Q 516)
プレゼンテーションを保存する……47 (Q 033, Q 034)
プレビューする……215 (Q 363), 239 (Q 409)
文章の行頭を揃える……101 (Q 135)
文章の両端を揃える……103 (Q 140)
文章を SmartArt に変換する……148 (Q 239)
文章を上下中央に揃える……102 (Q 139)
文章を縦書きにする……105 (Q 144)
文章を右揃えにする……102 (Q 137)
ヘッダーを挿入する……62 (Q 061)
保存し忘れたファイルを回復する……48 (Q 037)

ま行

見出しと本文で異なる書式を設定する
……58 (Q 052), 80 (Q 095)
メールアドレスや URL の下線を表示しない……110 (Q 156)
メディアの互換性を最適化する……262 (Q 465)
メディアファイルを圧縮する……262 (Q 464)
目的別スライドショーを作成する……280 (Q 506)
文字色を変更する……91 (Q 114)
文字飾りを設定する……91 (Q 115)
文字サイズを変更する……90 (Q 113)
文字書式を解除する……94 (Q 120, Q 121)
文字書式をコピー／貼り付けする……94 (Q 122)
文字だけをコピー／貼り付けする……95 (Q 124)
文字に効果を付ける……93 (Q 119)
文字の位置を揃える……101 (Q 136)
文字の間隔を変更する……100 (Q 133)
文字の書体を変更する……90 (Q 112)
文字列を均等に割り付ける……103 (Q 140)
文字を移動する……44 (Q 024)
文字を回転する……105 (Q 146)
文字を検索する……107 (Q 150)
文字をコピーする……44 (Q 023)
文字を置換する……107 (Q 151), 108 (Q 152)
文字をワードアートに変換する……111 (Q 160)
もとの書式を保持して貼り付ける……97 (Q 127)

ら行

リハーサル機能を利用する……281 (Q 508)
リボンを表示する……49 (Q 039)
ルーラーを表示する……101 (Q 135)
レイアウト名を変更する……87 (Q 108)
レイアウトを作成する……86 (Q 107)
レイアウトを変更する……43 (Q 021)
録音した内容をスライドに挿入する……258 (Q 452)

わ行

ワードアートを挿入する……111 (Q 159)
色を変更する……112 (Q 161)
解除する……113 (Q 165)
白抜き文字にする……113 (Q 163)
スタイルを変更する……112 (Q 162)
文字効果を設定する……113 (Q 164)

用語索引

数字

1 枚企画書……298
2 段組み……104
3-D グラフ……194
3D モデル……33

A ~ Z

BGM の設定……258
Bing イメージ検索……139, 158
Excel……189, 210
Microsoft 365……34
Microsoft アカウント……33
Office……32
Office クリップボード……96
OneDrive……155, 304, 305
PDF ファイルの作成……297
PDF ファイルの挿入……266
PowerPoint……32
PowerPoint 2019 の新機能……33
PowerPoint 97-2003 プレゼンテーション……301
PowerPoint Online……285, 305, 306
PowerPoint スライドショー……270
SmartArt グラフィック……147
　色の変更……149
　画像の挿入……150
　図形に変換……152
　図形の追加……151, 152
　図形の塗りつぶし……150
　テキストウィンドウ……148
　文章を SmartArt に変換……148
SmartArt のスタイル……149
Word……128

あ行

アイコン……33, 81
アウトライン……116
アウトラインからスライド……122, 128
アウトライン表示……37, 117
　印刷……297
　オブジェクトの挿入……119
　折りたたみ／展開……124
　書式の設定……122
　スライドの移動……125
　スライドの追加……118
　タブの挿入……121
　段落レベル……121
　テキストの移動……125
　保存……126
新しいスライド……41
新しいプレゼンテーション……38
アニメーションウィンドウ……222
アニメーション効果……212, 213
　SmartArt……230
　グラフ……229, 236
　繰り返し……217
　継続時間……216
　コピー／貼り付け……220, 221
　再生順序……220
　サウンド……225
　自動プレビュー……216
　遅延……216, 221
　直前の動作と同時……216, 219
　直前の動作の後……218, 221
　テキストの動作……226
　プレビュー……215
アニメーションの後の動作……224
アニメーションの軌跡……222, 223
アニメーションの追加……218
アニメーションの方向……214
イラストの検索……159, 160
インク数式……114
インクの表示／非表示……278
印刷……290, 291
印刷プレビュー……290
インデント……101
インデントを増やす／減らす……98
上書き保存……47
絵グラフ……205
閲覧表示……37, 271
円グラフ……208
オーディオ（音楽）……257
　音量……261
　自動再生……260
　トリミング……259
　バックグラウンドで再生……258
　フェードイン／フェードアウト……259
　ブックマーク……259
オーディオの録音……258
オートコレクト……109, 110
オブジェクトの選択と表示……144, 145
オブジェクトの動作設定……266
オブジェクトの表示／非表示……145
折れ線グラフ……206, 207
オンライン画像……155, 158

オンラインプレゼンテーション……287, 288

か行

回転ハンドル……134
ガイド……143
箇条書き……97, 98, 99
画像……154
　SmartArtに変換……151
　アート効果……164
　明るさ／コントラスト……163
　色の修整……163, 164
　左右反転……156
　シャープネス……163
　トリミング……160, 162
　背景の削除……161
　配置……157
株価チャート……207
画面切り替え効果……238
　クリック時……241
　サウンド……242
　自動的に切り替え……241
　すべてに適用……240
　速度……241
　プレビュー……239
画面表示拡大……274
画面録画……249
記号と特殊文字……114
既定の図形に設定……141
既定のローカルファイルの保存場所……300
起動……34
行間……100, 103
行頭記号（行頭文字）……44, 97, 99
共有……304, 305
曲線……130
均等割り付け……103
クイックアクセスツールバー……35, 50
グラフ……192
　アニメーション効果……229, 236
　色の変更……198
　行／列の入れ替え……195
　クイックレイアウト……197
　種類の変更……196
　データの編集……195, 196
　テンプレートとして保存……198
　棒の間隔……204
グラフエリア……194
グラフスタイル……197
グラフタイトル……194, 200
グラフ要素……194, 201
グリッド線……143
クリップアート……159
クリップボード……96
グループ化……146
グレースケール……72
蛍光ペン（スライド）……276
蛍光ペン（文章）……33, 93
罫線の削除……183
罫線を引く……182
検索……107
降下線……207
互換性チェック……301
互換性の最適化……262
互換モード……301
コネクタ……136
コメント……307

さ行

最近使ったアイテム……300
最終版にする……303
サブタイトル……40
軸ラベル……199
下揃え……180
自動調整オプション……109
自動保存……48
斜線……184
終了……48
上下中央揃え（セル内の文字）……180
上下中央揃え（文章）……102
書式……57
書式のコピー／貼り付け……94, 141, 167
白抜き文字……113
水平線／垂直線……132
数式……114
ズームスライダー……35
透かし図……81
透かし文字……78
スクリーンショット……168, 169
図形……130
　回転……134, 135
　グラデーション……139
　効果のリセット……141
　コピー……142
　種類の変更……142
　選択……144, 145
　前面へ移動……144
　縦横比を固定する……134
　頂点の編集……136
　テクスチャ……140
　配置……142, 143
　背面へ移動……144

図形に合わせてトリミング……161
図形の結合……147, 162
図形の効果……58, 140
図形のスタイル……138, 140
図形の塗りつぶし……137, 139, 140
図形の枠線……137, 138
ステータスバー……35
図の圧縮……162
図の効果……166
図のスタイル……165
図の変更……168
図のリセット……167
図の枠線……165, 166
すべての書式をクリア……94
スマートガイド……157
スマートフォン……308, 309
スライド……35
スライド一覧表示……37, 45, 274
スライドウィンドウ……35
スライドショー……269, 270
　書き込み……276, 277
　タイミング……281, 283
　ナレーション……282, 283
スライドショーの記録……282
スライドショーの終了……269
スライドのサイズ……68, 69, 85, 298
スライドの再利用……61
スライドのサムネイル……35
スライド番号……66, 67
スライドマスター……74
　画像の挿入……79
　書式の変更……75, 76
　タイトルの削除……83
　配色……77
　フォントの設定……80
　マスターのレイアウト……85
　レイアウトの挿入……86
　レイアウトの複製……88
　レイアウト名の変更……87
スライドマスターの挿入……78
スライドレイアウト……74
スライドレイアウトの削除……87
正円／正方形……133
セクション……69, 70, 71
セルの移動……179
セルの結合……178
セルの塗りつぶし……185
セルの分割……178
セルの余白……180

た行

タイトル……40
タイトルバー……35
タッチ／マウスモードの切り替え……309
縦書き（セル内の文字）……181
縦書き（文章）……105
タブ……35
タブ位置……101
タブレット……308, 309
段組み……104
段落番号……98, 99
置換……107, 108
中央揃え（セル内の文字）……179
中央揃え（文章）……102
調整ハンドル……135
データ系列……194
データテーブル……197
データマーカー……194
データラベル……202, 203
テーマ……38, 39, 54, 60, 76
テキストのみ保持……95
テキストボックス……106
電源とスリープ……273
テンプレート……52, 53
ドキュメント検査……304

な行

名前を付けて保存……47
入力オートフォーマット……110
ノートと配布資料……292
ノート表示……37, 72
ノートペイン……72
ノートマスター……295, 296
ノートを付けて印刷……295

は行

バージョン……32
背景の削除……161
背景の書式設定……59
背景のスタイル……55, 80
背景のリセット……60
配色……55, 56
ハイパーリンク……262, 263, 264
配布資料……291
配布資料の背景……295
配布資料のレイアウト……294
配布資料マスター……293, 294
パスワード……302
発表者ツール……271, 272
発表者ツールを表示……272